ISBN 978-0-332-35921-2
PIBN 10982865

This book is a reproduction of an important historical work. Forgotten Books uses
state-of-the-art technology to digitally reconstruct the work, preserving the original format
whilst repairing imperfections present in the aged copy. In rare cases, an imperfection in
the original, such as a blemish or missing page, may be replicated in our edition. We do,
however, repair the vast majority of imperfections successfully; any imperfections that
remain are intentionally left to preserve the state of such historical works.

1 MONTH OF FREE READING

at

www.ForgottenBooks.com

By purchasing this book you are eligible for one month membership to ForgottenBooks.com, giving you unlimited access to our entire collection of over 1,000,000 titles via our web site and mobile apps.

To claim your free month visit:

www.forgottenbooks.com/free982865

EMPREZA

DA

BIBLIOTHECA DAS MARAVILHAS

PROPRIETARIO

PEDRO M. POSSER

ESCRIPTORIO

NO PRIMEIRO ANDAR DA

LIVRARIA FRANCO-LUSITANA

246 e 248 Rua do Ouro 246 e 248

(Entrada pela Travessa de St.ª Justa, 95)

MARAVILHAS

DA

R A

ou

HISTORIA

E

DESCRIPÇÃO ILLUSTRADA DOS ANIMAES

COMPREHENDENDO

MAMIFEROS, AVES, REPTIS E PEIXES

Sua CLASSIFICAÇÃO SCIENTIFICA, CARACTERES, HABITOS, USOS
E INSTINCTOS

uecida na parte respectiva ao homem com as noções mais essenciaes de anato-
e physiologia

COMPILAÇÃO DAS OBRAS DOS MAIS NOTAVEIS NATURALISTAS ESTRANGEIROS

POR

PEDRO M. POSSER

VOLUME TERCEIRO

1880

LALLEMANT FRÈRES, TYP. LISBOA

6 RUA DO THESOURO VELHO 6

AS AVES

As aves, como dissemos na introducção que abre o primeiro volume d'esta obra, formam a segunda classe dos vertebrados, isto é, do typo dos animaes cuja historia promettemos fazer, descrevendo as suas principaes especies.

Feita a descripção dos animaes da primeira classe dos vertebrados, os mamiferos, — se não tão miudamente como muitos dos nossos leitores desejariam, dando-lhe, todavia, desenvolvimento consoante ás proporções d'esta obra, onde temos de tratar assumpto que pela sua vastidão requer, para ser largamente estudado, dezenas de volumes — segue-se fazer a historia das aves, animaes que em todos os tempos mereceram, uns a sympathia e a amizade do homem pela sua gentileza ou pela melodia dos seus gorgeios, outros que se tornaram estimados pela parte importante que teem na nossa alimentação, havendo ainda um grande numero que presta serviços de ordem superior, desconhecidos d'uma grande parte dos homens, que por ignorancia perseguem estes animaes, serviços attinentes a limitar a demasiada multiplicação de animaes nocivos, e n'alguns pontos da terra a expurgal-a dos cadaveres e substancias em putrefaccção, cujos effeitos deleterios comprometteriam a saude e a vida dos habitantes.

Antes de entrarmos na descripção das especies comprehendidas nas ordens em que se divide a classe das aves, pareceu-nos util e interessante dar algumas noções ácerca da sua organisação, funcções physiologicas, e outros caracteres peculiares a estes animaes.

O plano geral da conformação das aves é analogo ao dos mamiferos, e o seu esqueleto póde comparar-se ao d'estes, tendo quasi que os mesmos ossos, modificados no sentido de as tornar aptas para o vôo.

As azas são membros anteriores transformados em orgãos proprios para voar, e compõem-se de braço, ante-braço e mão. Os membros posteriores dividem-se em côxa, perna e pé, e são nùs ou cobertos de pennugem terminando geralmente em quatro dedos, separados ou unidos no todo ou em parte por uma membrana. Dos dedos, tres dirigem-se para a frente e um para traz, que é o pollex ; n'algumas especies não existe o pollex e a ave só tem tres dedos ; dois tem o abestruz da Africa. Outras especies ha em que os quatro dedos estão situados dois para a frente e dois para traz, como se dá nos papagaios. Os dedos são armados de unhas que variam na fórma, segundo os habitos d'estes animaes, sendo vigorosas e aduncas nas aves de rapina, direitas, grossas e chatas nas especies que vivem mais sobre o solo.

As pennas são productos corneos, compostos de tres partes : o *tubo*, a *haste,* que se continua á parte superior do tubo, e finalmente as *barbas* que nascem dos dois lados da haste.

Teem as pennas nome especial conforme a região do corpo. As pennas grandes das azas chamam-se *remiges ; remiges primarias* as que se prendem á mão, *remiges secundarias* as que estão fixas no ante-braço, *escapulares* as que estão presas no humero, *bastardas* as que nascem do dedo pollegar, *remiges rectrizes* as da cauda. O resto do corpo é coberto de pennugem.

É muito variavel o colorido das pennas e da pennugem, e mais brilhante e de côres mais vivas nas aves dos paizes quentes. Ha especies em que só o macho ostenta galas de côres vivas, pertencendo á femea tamsómente as côres sombrias ; e os pequenos só depois da primeira muda egualam o colorido dos paes.

O bico é composto de duas peças ócas chamadas mandibulas, sendo movediça só a inferior, e a superior soldada ao craneo. O bico é o orgão principal de prehensão na ave, e toma variadas formas segundo o seu genero d'alimentação. E' tambem a sua arma mais importante de defesa, e com ella ataca a presa.

As aves differem muito dos mamiferos no apparelho digestivo. Não tendo dentes, engolem os alimentos sem os mastigar, e estes em muitas especies dão primeiro entrada n'uma dilatação do esophago , chamada *papo*, onde se conservam e soffrem a primeira digestão ; e n'outras vão immediatamente para o *ventriculo succenturiado,* ou segundo estomago, que existe em todas as aves, com maior desenvolvimento nas que não teem papo, e onde se segrega um succo analogo ao succo gastrico. Finalmente vão transformar-se em chymo na *moela*, ou terceiro estomago, dotado de grande força muscular, podendo operar sobre os corpos mais resistentes, e triturar até mesmo pedras.

Segue-se o intestino delgado, e depois o grosso, muito curto em relação ao dos mamiferos, que vae terminar na *cloaca,* onde tambem vão dar os conductos excretores dos orgãos genito-urinarios.

As aves não teem bexiga, e a urina mistura-se com os productos fecaes sendo expulsa ao mesmo tempo pela cloaca.

A circulação nas aves é dupla, e o coração dividido em duas metades, direita e esquerda ; o sangue é mais rico em globulos do que o do homem, porque o seu contacto com o ar é mais repetido, não se limitando ao que se exerce nos pulmões, como acontece nos mamiferos, porque o ar entrando nos pulmões, passa aos saccos aereos e d'estes ás cavidades dos ossos.

«O que realmente distingue a ave não é o vôo, existindo quadrupedes, por exemplo o morcego, e até mesmo certos peixes, os exocetos, que podem mover-se no ar, mas sim o modo porque se executa a respiração.

Nas aves não existe a separação movediça que se encontra nos mamiferos, chamada diaphragma, e que n'estes serve para estorvar que o ar vá além do peito, podendo, portanto, o ar exterior introduzir-se em todas as partes do corpo pelas vias respiratorias, que se ramificam em todo o tecido cellular, nas pennas, no interior dos ossos e até mesmo por entre os musculos. O corpo, dilatando-se pelo ar inspirado, perde uma parte importante do seu peso, e cheio d'ar pode nadar, para assim dizer, no elemento gazoso.

As azas não bastavam á ave para se manter no espaço ; era-lhe necessaria a respiração dupla, para que o corpo tivesse sufficiente leveza especifica, e a circulação se activasse, avivada pelo oxygenio do ar que penetra em todas as cavidades do corpo, porque o calor vital, nos animaes, está sempre em relação com a respiração. D'este modo as aves, graças á sua organisação opulenta, podem viver nas mais frias regiões da atmosphera.

As azas servem-lhe de remos para se dirigirem, subir ou descer a seu bel prazer, e conforme o impulso que lhe dão.

Nem todas as aves voam, e d'estas é exemplo o abestruz, que possuindo azas rudimentares, servem-lhe tamsómente para rebater o ar quando anda.

As azas das aves são agudas ou obtusas. Quanto mais agudas são, isto é, as pennas vão diminuindo de comprimento a partir da ponta da aza, tanta maior é a aptidão do animal para voar, e com mais actividade se move em todas as direcções. A cauda, composta de doze pennas, denominadas *remiges rectrizes*, serve como que de leme para dar direcção ao vôo.

As aves reunem todos os graus de organisação : voam, andam e nadam, conformando-se com os seus habitos aerios, terrestres ou aquaticos. As diversas partes do corpo, posto que em todas as especies se assimilhem, são todavia modificadas segundo o genero de vida que a natureza lhe distribuiu. É digno de menção que a pelle das aves nos logares onde as pennas a cobrem é formada por uma derme pouco espessa ; rija porém, e até mesmo coberta de escamas, em todos os sitios que ficam a descoberto.» (L. Figuier.)

Nas aves os sentidos do tacto, do gosto e do ouvido são pouco desenvolvidos ; o sentido do olfato parece ser, principalmente nas aves de rapina, bastante apurado, sendo pelo cheiro que presentem a grande distancia a existencia dos corpos mortos. Alguns escriptores, porém, teem por melhor opinião ser a vista e não o olfato que as guia n'este caso. Evidentemente a vista alcança nas aves o maior grau de perfeição, e é superior á dos mamiferos.

No dizer de Spallanzani o gaivão tem a vista tão apurada, que consegue ver objectos não excedendo o diametro d'um centimetro á distancia de cem metros.

A rapidez com que as aves podem percorrer distancias consideraveis é realmente surprehendente, e nenhum dos outros seres da creação pode com ellas competir. «Emquanto que, diz Figuier, os mamiferos mais rapidos na carreira apenas conseguem andar cinco ou seis leguas por hora, certas aves no mesmo periodo fazem vinte leguas. Em menos de tres minutos perde-se de vista uma das maiores aves, uma aguia ou um milhafre, que não tenham menos d'um metro de comprimento, podendo-se d'aqui concluir que devem percorrer mais de 1460 metros por minuto ou 86 leguas por hora.

Na Persia, segundo affirma Pietro Delle Valle, o pombo viajante percorre n'um dia a distancia que um peão andaria em seis. Um falcão que pertenceu a Henrique II partindo um dia de Fontainebleau em perseguição d'uma betarda, foi no dia seguinte encontrado na ilha de Malta. Outro falcão que haviam mandado das ilhas Canarias ao duque de Lerma, para Hespanha, regressou d'Andaluzia ao pico de Teneriffe em 16 horas, fazendo um trajecto de 250 leguas.»

O apparelho vocal das aves differe do do homem ; teem duas larynges, uma superior e outra inferior. A larynge inferior, situada na bifurcação da trachea-arteria, é o orgão productor do canto ; a larynge superior, situada na parte superior da trachea, é um orgão complementar destinado ao maior aperfeiçoamento da voz.

«O canto das aves, diz Figuier, é a expressão do seu sentir. Cantam não só pelo prazer que isso lhes causa como tambem para que as escutem. Quando os accentos melodiosos da sua voz resoam por entre o arvoredo, parece que estes graciosos artistas, ufanos do seu talento, se comprazem em que lhes admirem a voz, e olhando constantemente em volta de si, como que buscam fazer-se notar. Variam as aves o canto segundo as estações, sendo principalmente na primavera que mais se póde gozar do encanto dos seus gorgeios e do conjuncto harmonioso dos seus concertos. Ha porventura alguma coisa mais deleitosa do que ouvir os trinados da toutinegra, ao despontar da aurora, repercutindo-se sob uma abobada de folhas verdes, ou as melodias cadenciadas do rouxinol, quebrando poeticamente o silencio da floresta nas noites serenas de junho ? »

Possuem as aves uma linguagem que ellas bem comprehendem. «Amoldando-os ás circumstancias, diz Brehm, os sons que soltam podem, sem exagero, considerar-se como outras tantas palavras, não só comprehensiveis para os seus similhantes, como tambem para quem as observa attentamente. Chamam-se, expressam o prazer e o amor, provocam-se á luta, pedem soccorro, avisam-se mutuamente da aproximação do perigo, n'uma palavra, communicam-se mil coisas. Os seus similhantes e até mesmo as aves das especies mais intelligentes sabem o que taes sons querem expressar. Todas as pequenas aves escutam com attenção as advertencias que lhes veem das aves ribeirinhas ; os estorninhos e os outros passaros do campo ouvem attentos as gralhas; o grito d'alerta dado pelo melro põe em guarda toda a população alada da floresta. São as mais vigilantes sentinellas.

No tempo das nupcias as aves teem os seus colloquios : conversam, tagarellam, ás vezes, com o tom mais amavel. »

Não se pode negar a intelligencia ás aves, e erro manifesto é por certo chamar instincto ao sentimento que as leva a praticar um certo numero d'actos que são a nossa admiração. São susceptiveis de educação, e o homem consegue ensinal-as a fazer coisas que na verdade não são resultado do instincto, ou então o instincto pode aperfeiçoar-se e muito se assimilha á intelligencia. O homem no seu immenso orgulho recusa aos animaes esta faculdade, temendo que a sua supremacía possa soffrer com tal concessão, entretanto, não deve ella ser denegada por quem de boa fé os observar.

As aves são *oviparas*, isto é, põem ovos dos quaes nascem os filhos. A côr dos ovos varia segundo as especies, e da mesma forma a sua configuração, havendo-os arredondados ou alongados, ou deseguaes nas duas extremidades, á maneira dos da gallinha. Compõe-se o ovo de duas partes : a *gema* e a *clara,* encerradas n'um involucro de natureza calcarea, a que se dá o nome de *casca*.

A gema forma-se no ovario e é coberta por uma membrana muito tenue chamada *membrana vitellina,* observando-se n'ella um pequeno ponto branco, que tem o nome de *cicatricula,* sendo n'esta parte da gema que começa o trabalho embryonario, como ponto de partida da formação do novo ser.

Tão depressa a gema tem attingido o seu completo desenvolvimento, solta-se do ovario e passa para o *oviducto,* um canal longo que vem terminar na cloaca, sendo n'esta passagem que se cobre successivamente de camadas de albumina, aqui segregada, e que constituem a clara. A clara, que fica cercando a gema, é então coberta exteriormente por uma membrana espessa, que forra a face interna da casca, á excepção da extremidade mais grossa do ovo, ficando n'esta parte separada e formando um espaço cheio d'ar que se denomina *camara do ar*.

Em ultimo logar forma-se a casca, na occasião da postura do ovo, e algumas vezes observa-se nas gallinhas o pôrem ovos cujo involucro não está ainda completamente solidificado, o que se deve attribuir á escassez de saes calcarios contidos na alimentação.

A formação do novo ser dentro do ovo requer um certo grau de calor, que nas gallinhas é de 28 a 30 graus aproximadamente. Na maior parte das especies são as proprias aves que chocam os ovos nos ninhos que construem, citando-se como excepção os abestruzes da Africa que enterram os ovos na areia, cuja temperatura é sufficiente para fazer desenvolver o germen.

O cuco impõe ás aves d'outras especies o trabalho de lhe chocarem os ovos, tendo porém o cuidado de não os confiar senão as insectivoras como elle.

Um dos primeiros orgãos que se forma é o coração, depois os lineamentos da columna vertebral, e a cavidade thoracica-abdominal, onde se desenvolvem os intestinos e os principaes vasos. Apparecem os membros a principio todos de forma egual, os olhos logo nos primeiros tempos são visiveis, e assim pouco a pouco o embryão passa ao estado de feto. Tão depressa o novo ser está completamente formado, quebra o involucro calcareo do ovo, com o auxilio d'um tuberculo muito resistente que lhe termina a mandibula superior.

Os ninhos d'algumas aves, — sendo as especies mais pequenas as que mais arte empregam na sua construcção, contentando-se as grandes em fazei-os mais toscos, — são verdadeiras maravilhas que fazem a nossa admiração. Parece, diz Figuier, que foi tomando por modelo esses encantadores edificios que os homens aprenderam a pedreiros, carpinteiros, mineiros, tecelões, cesteiros, etc.

Muito haveria a accrescentar sobre a organisação e caracteres das aves em geral; mas não nos sobra espaço para mais longa resenha, e guardamos para quando tratarmos das especies em particular outros pormenores que por agora omittimos.

As aves constituem uma divisão bem natural, e o plano da sua organisação é uniforme; mas determinadas differenças secundarias nas formas e no genero de vida, — sendo umas carnivoras, outras insectivoras ou granivoras, e algumas omnivoras, habitando certas especies nos cimos das montanhas, vivendo outras sobre as arvores, e algumas preferindo os pantanos ou o mar, —serviram de base para dividir a classe das aves em seis ordens, conforme a classificação mais seguida, pois ha naturalistas que admittem maior numero.

Seis são pois as ordens em que dividiremos as aves, para descrevermos em particular as suas especies mais principaes, seguindo o methodo que usámos nos mamiferos. Eil-as : as *aves de rapina,* os *passaros,* as *aves trepadoras,* os *gallinaceos,* as *aves ribeirinhas ou pernaltas,* e as *aves aquaticas ou palmipedes*.

AVES

ORDEM DAS AVES DE RAPINA

As aves comprehendidas n'esta ordem são bem faceis de distinguir pelos seus caracteres geraes : — bico rijo e adunco, tendo a extremidade da mandibula superior aguda e recurvada para baixo, azas grandes e muito vigorosas, pernas curtas e fortes cobertas de pennugem, dedos muito compridos, tres para diante e um para traz, armados de unhas muito robustas, recurvas, com a fórma de garras.

A organisação é perfeitamente appropriada ao seu genero de vida : a robustez das azas permitte-lhes elevarem-se a alturas consideraveis, e em poucos instantes transportar-se a grandes distancias; a vista singularmente aguda dá-lhes a vantagem de poderem enxergar muito longe a presa accommettendo-a subitamente, segurando-a nas garras, e elevando-se com ella novamente para a devorar em sitio que lhes pareça mais azado.

Correspondem as aves de rapina aos carnivoros, nos mamiferos, e como estes o seu alimento compõe-se para algumas especies de carne fornecida pelos corpos mortos que encontram sobre a terra, para outras das presas vivas que accommettem com vigor e destreza notaveis, satisfazendo assim os seus appetites sanguinarios.

Falta ás aves de rapina uma qualidade, que é apanagio de quasi todas : a voz, geralmente agradavel n'estas e que n'aquellas se limita a duas ou tres notas pouco sonoras, uma especie de gritos roucos, que n'algumas teem o seu tanto de lugubres. A airosidade e belleza do colorido, que se observa na maioria das aves, falta nos animaes d'esta ordem, não podendo em compensação negar-se-lhes a coragem, uma certa consciencia da sua força, e até mesmo uma tal ou qual magestade. São, porém, crueis, ferozes e astuciosas.

Dá-se uma circumstancia singular n'estes animaes: a femea é frequentes vezes maior que o macho um terço, provindo d'aqui dar-se o nome de *tercó* ao macho em certas especies.

Com os seus instinctos guerreiros e sanguinarios são o terror das outras aves, que ellas victimam, e vivem no geral solitarias, aos casaes nos sitios desertos, reunindo-se excepcionalmente quando se trata de devorar algum cadaver.

Em toda a parte do mundo se encontram as aves de rapina, vivendo as especies maiores nos cimos das serras em logares inaccessiveis ao homem. Muitas especies emigram quando o inverno se aproxima, e dirigem-se para o sul em seguimento das aves mais pequenas, e n'essa occasião reunem-se em grandes bandos.

Divide-se esta ordem em duas subordens : as *aves de rapina diurnas* e as *aves de rapina nocturnas*.

AVES DE RAPINA DIURNAS

O que acima dissemos ácerca das aves de rapina cabe principalmente a esta sub-ordem. Como caracteres particulares mencionaremos a existencia d'uma membrana na base do bico, de côr amarellada, chamada *cera,* e na qual se abrem as ventas ; os olhos são lateraes, as pernas cobertas de pennugem, e os dedos nús.

Differem muito os animaes d'esta subordem em tamanho, desde o condor que mede da extremidade d'uma aza á da outra quatro a cinco metros, até uma das especies do falcão que apenas tem trinta centimetros.

Quasi todos caçam em pleno dia, poucos ás horas do crepusculo.

Dividem-se as aves de rapina diurnas em tres familias : os *abutres,* os *serpentarios* e os *falcões.* [1]

OS ABUTRES

Distinguem-se os individuos d'esta familia pelos seguintes caracteres : bico direito e recurvo só na extremidade, cabeça e pescoço em geral nús e cobertos de membranas carnudas mais ou menos espessas, unhas fracas e quasi direitas, cauda curta e azas muito compridas. Quando andam conservam o corpo horisontal, porque sem esta precaução varreriam o chão com as azas, differindo n'isto das aves comprehendidas na familia dos falcões, que trazem o corpo levantado e teem porte mais nobre.

Caracterisam-se tambem estes animaes pelo gosto particular por carne corrompida, que constitue quasi que exclusivamente a sua alimentação, sendo raro atacarem animaes vivos ; assim a missão que a natureza lhes conferiu é uma das mais importantes, destinados como são a livrar a superficie da terra dos cadaveres que a tornariam inhabitavel.

Os egypcios renderam culto a estas aves, e n'algumas nações ainda hoje se considera um delicto grave matar um abutre.

O seu regimen é motivo para que exhalem constantemente mau cheiro, e a carne não seja aproveitavel.

Dividem os zoologos esta familia em muitos generos, dos quaes, porém, só daremos algumas das especies principaes, começando pelas que se encontram em Portugal.

O GRIFFO

Gyps fulvus, de Gmelin. — *Le gyps griffon,* dos francezes

Tem este abutre $1^m,13$ de comprido, e as azas abertas medem de ponta a ponta $2^m,72$. E' trigueiro arruivado, mais escuro no ventre, com as remiges primarias e as pennas da cauda pretas, as remiges secundarias escuras com uma orla ruiva pela parte de fóra ; as pennas da colleira brancas ou brancas-amarelladas, a cera côr de chumbo escuro, o bico pardo, e os pés pardos-escuros.

Encontra-se o griffo principalmente no sul e no sudoeste da Europa ; sendo frequente nos Pyreneos, nos Alpes, na Sardenha, na Italia, na Grecia, em Hespanha, e em Portugal é vulgar no Alemtejo. Vive tambem no noroeste da Asia.

Os animaes d'esta especie habitam nos rochedos, encontrando-se principalmente nas vizinhanças das montanhas. De dia, as horas que não empregam em procurar o alimento passam-n'as empoleirados n'alguma saliencia ou aresta dos rochedos, e muito antes do pôr do sol recolhem ao sitio onde teem estabelecida a morada.

A epoca dos amores é para o griffo de fevereiro a março, e faz o ninho n'alguma fenda de rocha, formado d'uma camada pouco volumosa de ramos d'arvore. A femea põe um unico ovo, do tamanho d'um ovo de ganso, que é chocado pelo macho e pela femea. Nos primeiros tempos os pequenos são alimentados pelos paes com carne proveniente de corpos mortos.

De todos os abutres parece ser esta especie e todas as do genero *gyps* as mais bravias e irasciveis. E' escassa a sua intelligencia.

«N'uma caçada na serra de Guadarrama, conta meu irmão, vi apparecer no ar dois gyps e subitamente accommetterem-se. Seguros um ao outro, e não podendo voar, deixaram-se cair redemoinhando como um corpo morto, sem que

[1] A maior parte dos naturalistas discordam na classificação das aves, e cada um geralmente segue methodo seu. Não tivemos o intento de escrever um tratado de zoologia quando nos propozemos a fazer este livro ; por isso fugindo a embrenhar-nos com o leitor nos meandros da classificação ornithologica, como antecedentemente fizemos com a dos mamiferos, teremos em vista a descripção das especies mais importantes, e d'estas preferindo ainda as que vivem no nosso paiz e no Brazil, considerando a classificação scientifica como objecto secundario, e seguindo-a principalmente para conservar certo methodo e ordem n'este trabalho e para que ao leitor não fique ella sendo completamente estranha.

isto lhes diminuisse o furor, e no solo continuaram a lucta sem se preoccuparem com o que existia em volta. Um pastor querendo apanhal-os correu para elles com um cajado, e só depois de receberem.um certo numero de pancadas perceberam que melhor lhes seria pór-se em fuga, e deixarem o duello adiado para mais tarde. Então separaram-se, e voando rapidamente, foi cada um para seu lado.

Quando atacam um cadaver, preferem os orgãos contidos no interior. Bastam algumas bicadas para romperem o abdomen e abrir uma brecha por onde podem introduzir o pescoço bastante comprido. Pelo estremecimento do corpo percebe-se etnão o ardor com que se entregam á operação, cevando-se nas visceras, taes como o coração e o figado, sem nunca retirar a cabeça da cavidade abdominal; e só quando chega a vez aos intestinos os sacam para fóra do corpo, para depois de os cortar com uma bicada, engolil-os aos pedaços.

Manchado a cabeça e o pescoço de sangue e despojos, o aspecto d'este animal é n'esta occasião horroroso. Não sei realmente se atacam os animaes doen-

Gr. n.º 244 — O Griffo

tes e os muribundos, á maneira do condor, mas os arabes e os pastores das montanhas do sul da Hungria accusam-n'os d'estes maleficios. Estes ultimos affirmaram a Lazar que o abutre cinzento atacava e matava os carneiros que encontrava dispersos (Brehm).

O griffo é susceptivel de domesticar-se, posto que se não torne completamente manso.

Conta Nordmann que uma senhora, que residia em Taganrog, possuia um griffo que todas as manhãs saía da sua habitação, situada no pateo da casa, e se dirigia ao estabelecimento onde se vendia a carne, e ahi não só o conheciam mas habitual-mente davam-lhe de comer. Caso lhe recusavam a pitança do costume, procurava ardilosamente roubal-a, e uma vez realisado o furto fugia para o telhado d'uma casa vizinha para ahi devoral-o em paz. Atravessava ás vezes o mar d'Azof para ir á cidade d'este nome, e passava por lá o dia, regressando a casa para dormir.»

O PICA-OSSO

Vultur monachus, de Linneo — *Le vautour arrian dos francezes*

É a maior das aves da Europa, mede $1^m, 20$ de comprimento e $2^m, 34$ entre as extremidades das azas; a femea é maior.

E' trigueiro escuro por egual, bico azulado na base, em partes vermelho ou roxo vivo, e azul na ponta; pés brancos ou côr de carne com reflexos violaceos, as partes nuas do pescoço côr de chumbo claro e o circulo despido de pennugem que lhe cerca os olhos côr de violeta.

E' frequente nos Alpes, nos Pyreneos, no archipelago grego, no sul da Hespanha, no Egypto. Em Portugal tem sido visto no Ribatejo e no Alemtejo.

Esta especie, no dizer de Brehm, parece ser menos commum que os griffos, e encontram-se estas aves isoladas ou reunidas em familias de tres a cinco individuos. Teem presença mais nobre e mais similhante á das aguias. Alimentam-se da carne dos animaes mortos, aproveitando os intestinos só quando não teem por onde escolher, e não desdenham os ossos. Conta-se que atacam e matam alguns mamiferos.

Aninham nas arvores, e o ninho é construido sobre um dos ramos principaes, primeiro formado de cavacos da grossura d'um braço, sobre elles uma camada de troncos mais delgados, e tapisado depois com ramos seccos. A femea põe um ovo branco, de casca espessa, mais pequeno que o do griffo. Os pequenos só aos quatro mezes começam a voar, sendo alimentados até essa epoca pelos paes com carne corrupta.

Este animal pode viver em domesticidade e parece haver exemplos de se tor-

Gr. n.º 245 — O pica-osso

nar manso para as pessoas que o tratam, conservando-se, porém, bravio para os estranhos. D'um d'estes animaes domestico conta Leisler que digeria ossos de cinco a seis polegadas de comprimento, e que nunca atacou animaes vivos. Se lhe apresentavam um gato morto e por meio d'um cordel o faziam mover, o abutre fugia, e só depois de lhe dar com os pés e certificar-se que não vivia começava a devoral-o.

O ABUTRE DO EGYPTO

Neophron percnopterus, de Linneo. — *Le vautour alimoche,* dos francezes

Medem os individuos d'esta especie desde $0^m,70$ até $0^m,80$ de comprimento, e $1^m,68$ a $1^m,73$ entre as pontas das azas; teem a cauda curta e as azas alongadas. As pennas da nuca são compridas, estreitas e separadas, e uma parte da cabeça e as faces são nuas.

Os adultos são brancos, tirante a amarellos no pescoço e na parte superior do peito, com uma malha de côr amarella alaranjada no papo ; as remiges primarias pretas, as escapulares pardas, o bico côr de chumbo, os pés amarellos e as unhas pretas.

Encontra-se em muitos paizes da Europa, é vulgar em Hespanha e frequente em Portugal na serra da Louzã. Na Africa é principalmente commum no Egypto, onde o appellidam *gallinha de Pharaó*.

Esta especie encontra-se representada nos monumentos egypcios, e foi motivo de culto no Egypto, sendo ainda hoje tida em grande apreço pelos povos d'alguns paizes do Oriente. Conta Cuvier que alguns musulmanos legam quantias destinadas a alimentar um certo numero d'estas aves, e Shaw, na sua *Viagem ao Egypto*, diz que o pachá fornecia diariamente dois bois para alimento dos abutres.

Os animaes d'esta especie são sociaveis como todos os abutres, sendo raro encontral-os isolados; vivem d'ordinario aos pares, e nos pontos onde são mais frequentes, taes como na Turquia, na Grecia, e principalmente no Egypto e na Arabia, véem-se cruzar nos ares, em grandes bandos, vivendo na melhor harmonia.

O abutre do Egypto pousa geralmente sobre os rochedos, e raro é vel-o nas arvores, não penetrando nunca nas florestas; no norte da Africa e na Arabia véem-se sobre os edificios.

O seu alimento consiste não só em carne corrupta e em excrementos, como tambem em pequenos mamiferos e aves que póde apanhar. Diz Figuier que no antigo continente desempenha este animal funcções eguaes ás do urubu na America. Em Constantinopla e nas cidades do Egypto tem a seu cargo alimpar as ruas das materias susceptiveis de cor-

Gr. n.º 246 — O abutre do Egypto

romper-se, contribuindo d'esta sorte para a salubridade publica, o que lhe dá a estima das populações musulmanas que o deixam viver tranquillamente.

«A protecção que o homem lhe concéde, diz Brehm, ou antes a indifferença cóm que o trata, inspira-lhe tal confiança, que vem passeiar socegadamente por defronte das portas das habitações, em busca das substancias que lhe possam servir de pasto, á maneira das aves domesticas. Quando eu, na minha barraca, me occupava em abrir alguma ave, via-o chegar á entrada; olhar-me attentamente, e alli mesmo devorar os pedaços que lhe ati-

rava. Nas minhas viagens pelo deserto aprendi a estimal-o: seguia a caravana dias inteiros, e á maneira do corvo do deserto era a primeira ave a apparecer no acampamento e a ultima a deixal-o. Já Hasselquist affirma que este abutre acompanha os peregrinos que vão a Meca, alimentando-se dos restos dos animaes que matam, e dos camelos que morrem durante a viagem.»

O ninho do abutre do Egypto é formado de troncos e diversos outros materiaes, e ahi põe a femea dois ovos. Os pequenos nascem cobertos de pennugem branca pardacenta, sendo sustentados nos

2

primeiros tempos pelos paes, que lhes dão o alimento, já por elles em parte digerido, até que possam voar; depois d'esta epoca ainda por muitos mezes os pequenos vivem com os paes.

- Estas aves apanhadas novas domesticam-se facilmente, e no dizer de Brehm podem ter-se na capoeira sem receio mesmo de que ataquem os pintos que andam em companhia da mãe. Apren-dem a conhecer o dono, andam atraz d'elle como um cão, e quando alguem se lhe aproxima gritam como os gansos novos.

O CONDOR

Sarcoramphus gryphus, de Duméril—*Le sarcoramphe condor*, dos francezes

O nome de condor vem-lhe de *cuntur* em lingua peruana, e é denominado

Gr. n.º 247 — O condor

tambem *grande abutre dos Andes*. A pennugem que o veste é preta com reflexos azulados, as remiges primarias negras foscas, as secundarias negras pardaças orladas exteriormente de branco; o alto da cabeça, a face e a garganta pardos trigueiros, o pescoço côr de carne. Tem na cabeça uma crista cartilaginosa, que occupa tambem a parte posterior do bico, e dois appendices carnosos, vermelhos vivos, na frente do pescoço por cima da colleira; a parte inferior do pescoço é ornada com uma colleira de pennas compridas e brancas; tem olhos vermelhos e pernas escuras.

A femea não tem crista, e a pelle do pescoço e da cabeça é nua e atrigueirada.

O condor póde medir 1ᵐ, 20 de comprimento, e 2ᵐ, 80 d'envergadura, isto é d'uma a outra ponta das azas.

A patria do condor é nas montanhas da America do Sul, habitando principalmente na vertente occidental da cordilheira dos Andes, na Bolivia, no Peru e no Chili. Por vezes encontra-se nas costas do mar, na Patagonia e no estreito de Magalhães, procurando alimentar-se com os despojos que o mar arroja, e outras pairando sobre o Chimborazo, onde a neve é constante, muito acima das nuvens, á altura de 7:500 metros.

Supporta portanto o condor uma temperatura a que o homem não resistiria, porque a 6:000 metros de altura já o ar é por tal forma rarefeito e o frio tão intenso, que nenhuma creatura humana alli poderia demorar-se. De todas as aves é esta a que mais alto se remonta.

«O condor, diz Figuier, passa a noite nas cavidades dos rochedos, proximo dos quaes a neve é eterna, e tão depressa o sol vem doirar o cimo das montanhas, o animal ergúendo o pescoço até ahi occulto entre as pennas das costas, abandona o seu retiro, e agitando as immensas azas precipita-se no espaço. A principio vae levado pelo proprio peso, mas em breve, suspendendo-se na queda, percorre os ares tornando-se magestoso pelo tamanho e pela destreza do vôo. Movimentos quasi imperceptiveis das azas bastam para que possa seguir em todas as direcções, e tão depressa rasteja pela superficie do solo como se eleva á altura de mil metros. D'ahi, então, domina os dois oceanos, e se deixa de ser visivel para os habitantes da terra, nem por isso os menores movimentos d'estes escapam á sua longa vista. Mal divisa uma presa, recolhendo um tanto as azas, precipita-se sobre a victima com a rapidez do raio.

Embora a natureza o dotasse de poderosos meios d'acção, o condor não ataca os animaes vivos senão emquanto são novos, ou encontrando-os enfraquecidos e doentes, preferindo a carne corrompida e as immundicies. As narrações de alguns viajantes attinentes a provar a audacia d'esta ave são puras invenções. Dizem que se arremessa ao homem, e é falso, porque uma creança de dez annos armada com um pau é sufficiente para ó pôr em fuga. Affirmou-se que o condor arrebatava cordeiros, lhamas pequenos e até mesmo creanças, e esta asseveração não resiste a um simples exame dos dedos, porque, á maneira de todos os abutres, os tem esta ave pequenos e armados d'unhas que não pode retrahir, sendo-lhe completamente impossivel apo-

derar-se e levantar qualquer presa um pouco mais pesada.

O que, todavia, não é duvidoso é o facto de pairar em volta dos rebanhos de vaccas e de ovelhas, e, a exemplo dos caracarás, arremessar-se sobre alguns d'esses animaes recem-nascidos e devoral-os. Acompanha tambem as caravanas que atravessam as aridas planicies da America meridional, e se algum malaventurado jumento, extenuado de fadiga e privações, se deixa cair na estrada, sem forças para mais caminhar, é assaltado por estes rapinantes alados, que o devoram a pouco e pouco, fazendo-o soffrer mil tormentos.

Castelnau, que observou os condores nos Andes, conta a proposito o seguinte : «Tem acontecido a alguns viajantes, a quem as fadigas e os soffrimentos prostram, serem atacados e despedaçados por estas aves ferozes, que ao mesmo tempo que arrancam pedaços de carne á victima lhe fracturam os membros com as pancadas dadas com as azas. Os infelizes conseguem ainda resistir por alguns instantes; em breve, porém, os restos ensanguentados que jazem no solo servirão para advertir os viajantes que outros que n'estas paragens perigosas os precederam foram victimas de morte horrorosa.

Possue o condor extraordinaria vitalidade. Humboldt conta que não pôde estrangular uma d'estas aves, e que para levar a melhor lhe foi mister espancal-a com a espingarda.

Quando está farto, o condor torna-se pesado e mal pode voar. Os indios, que não ignoram esta particularidade, sabem aproveital-a para destruir similhante casta, que lhes é tão nociva. Attrahem os condores pondo-lhes como engodo, em sitio bem descoberto, uma porção de carne corrompida, e tão depressa os vêem bem fartos perseguem-n'os a cavallo, atiram-lhes o terrivel laço, e matam-n'os a pau.

Os condores reunem-se para devorar algum animal de maior corpulencia ; findo o banquete cada qual vae para seu lado fazer a digestão n'alguma cavidade dos rochedos. Não construem ninho, e a femea põe dois ovos n'uma fenda das rochas ou nas penedias á borda do mar. Dura a creação dos pequenos alguns mezes, e os paes alimentam-n'os dando-lhes as substancias depositadas no papó e que lhes vem ao bico, no que imitam todos os abutres.

E' difficil domesticar o condor, e preso torna-se ainda mais bravio. Humboldt teve um durante oito dias, em Quito, e no seu dizer era perigoso aproximar-se-lhe.

O URUBU REI

Sarcoramphus papa, de Dumeril. — *Le sarcoramphe' pape*, dos francezes

O urubu rei não deve o nome só ás côres brilhantes das pennas; outra circumstancia deu origem ao appellidarem-

Gr. n.º 248 — O urubu rei

n'o *rex. vulturum* (rei dos abutres). Conta d'Orbigny que um bando de urubus que em volta do corpo d'um animal disputa entre si a posse dos pedaços que lhe arrancam, ao ver o urubu rei que se aproxima retiram-se á distancia d'alguns passos.

É o urubu rei uma bella ave que se distingue do condor pelo collar que lhe rodeia completamente o pescoço, de côr parda, e pela crista alaranjada que lhe reveste apenas a base do bico. A cara, o pescoço e a cabeça são amarellos claros, o bico preto na base, vermelho claro no meio e branco amarellado na extremidade, a parte anterior das costas e a superior das azas brancas avermelhadas, o ventre branco puro, as pennas das azas e da cauda negras, sendo as primeiras orladas de pardo pela parte de fóra; as pernas escuras. Mede 0,88 de comprido e 1,ᵐ86 entre as extremidades das azas abertas.

Encontra-se no Mexico, no Perú, na Guiana, no Brazil e no Paraguay. A sua elevação maxima é de 1:600 metros acima do nivel do mar.

Ao contrario do condor, que vive nos sitios mais aridos e escalvados, o urubu rei frequenta as florestas virgens e as planicies cobertas de arvoredo, e passa a noite pousado nos ramos das arvores.

O seu regimen é egual ao do condor. Acérca da influencia, a que já nos referimos, que este animal tem sobre os demais abutres, lemos em Brehm os seguintes periodos de Schomburgk. «Centos de abutres reunidos em volta de quaesquer substancias corruptas retiram-se apenas divisam o urubu rei. Empoleirados nas arvores vizinhas, ou simplesmente pousados no solo a certa distancia, aguardam, e n'isto os olhos brilham-lhe de cubiça, que o seu tyranno se haja saciado e se retire. Finda que seja a refeição do urubu rei, precipitam-se todos sobre os restos, e cada qual trata de obter a melhor parte.

Fui muitas vezes testemunha d'este facto, e posso affirmar que em frente de nenhuma outra ave as especies mais pequenas dos abutres abandonam a presa, como o fazem em frente do urubu rei. Tão depressa o enxergam, por mais entretidos que estejam, todos se retiram, e a vel-o aproximar-se como que o saudam levantando e abaixando alternadamente as azas e a cauda. Toma o urubu rei o logar que elles lhe cedem, e todos aguardam silenciosos que haja por bem retirar-se.»

Não é bem conhecido o modo porque estas aves construem o ninho, nem melhor conheçidas são as circumstancias especiaes da sua reproducção.

O URUBU

Cathartes foetens — L'urubu, dos francezes

O urubu assimilha-se bastante ao perú, e parece ser esta a razão de haver sido appellidado *gallinazo* pelos primeiros colonos hespanhoes que se estabeleceram na America. Tem a cabeça e a frente do pescoço pardas azuladas escuras tirantes a negro, o corpo, as azas e a cauda negras, o bico trigueiro escuro e esbranquiçado na ponta.

Habita em toda a America do Sul e na do Norte.

«O urubu tem a corporatura d'um perú pequeno. A pennugem negra dá-lhe ares d'um *gato pingado*, similhança que os seus habitos repellentes justificam plenamente. Como seja bastante sociavel, encontra-se sempre em grupos numerosos, e, á maneira de todas as aves que se

Gr. n.º 249 — O urubu

alimentam de substancias corruptas, é companheiro assiduo do homem e segue-o em todas as suas peregrinações.

Na maior parte das cidades da America meridional adquiriu direitos de cidadão, e corre livre e tranquillamente pelas ruas, para assim dizer, como domestico, e sob a protecção da lei multiplicando-se cada vez mais. No Perú é certo que a lei prohibe matar o urubu, sob pena da multa de 40$000 réis. Na Jamaica existe egual prohibição. Estas immunidades concedidas aos urubus comprehendem-se tão depressa se saiba que são os unicos encarregados, n'aquelles paizes, de alimpar as ruas dos detritos de toda a especie, que sob a acção

da temperatura bastante elevada, inti-
cionariam o ar, e seriam o germen de
continuadas epidemias. São, pois, estas
aves de rapina os zeladores da hygiene
e da salubridade publicas, e sob este ponto de vista bastante uteis, e explica-se
que a lei os proteja não obstante tudo
quanto teem de repellentes, e do terrivel
fetido que exhalam.

«A familiaridade dos urubus é excessiva,
diz Alcide de Orbigny: vi-os na provincia
de Mojos, na occasião de se distribuir
a carne aos indios, arrebatarem-lh'a no
mesmo instante em que lh'a davam. Em
Conceição de Mojos, quando se effectuava
uma d'estas distribuições periodicas, pre-
veniu-me um indio que ia ver um dos
mais descarados urubus, conhecido por
ter uma perna de menos.

Não tardou, effectivamente, que o vis-
semos apparecer e manifestar toda a sua
annunciada ousadia. Affirmaram-me que
conhecia perfeitamente a epoca da distribuição da carne, que se faz todos os quinze dias em cada missão, e na semana seguinte, estando eu na missão da Magdalena, distante vinte leguas da Conceição,
á hora da distribuição ouvi os gritos dos
indios e reconheci o urubu manco que
chegara. Os superiores das duas missões
affirmaram-me que este urubu não faltava nos dias destinados para a distribuição, o que denota n'esta ave um instincto
elevadissimo, reunido a uma memoria
rara entre as aves.»

Conforme habita no campo ou na cidade, o urubu passa a noite nos ramos
mais grossos das arvores ou sobre os telhados das casas. De manhã, tão depressa
rompe o dia, eil-o em busca de alimento,
descrevendo grandes circulos no ar, e
explorando os arredores. Se avista algum
animal morto, corre avidamente a cevar-se,
e os outros urubus, observando-lhe os movimentos, chegam sem demora aos milhares para tomar parte no festim. Succedem-se então rixas e lutas, e d'ellas
sae sempre victorioso o mais forte. Em
poucos instantes o animal é devorado, e
nada mais resta senão o esqueleto, tão
bem escarnado que um anatomista o não
faria melhor. Vão em seguida os urubus
pousar em sitio perto, e ahi, com o pescoço entre as espadoas, e as azas estendidas, digerem tranquillamente os alimentos com que acabaram de cevar-se.

Os urubus, á imitação da maior parte
dos abutres, abrem as azas ainda mesmo
quando repousam, e assim as conservam
horas inteiras, porque exhalando do
corpo uma especie de suor gorduroso,
cuja evaporação o ar favorece, sen-
tem-se assim mais frescos.

A repugnancia que inspiram, não obstante os serviços que prestam, é motivo
para que ninguem os queira ter em domesticidade. Entretanto Orbigny viu muitos completamente domesticos, e observou que são susceptiveis de affeiçoar-se
Um indigena tinha uma d'estas aves, conta este naturalista, que havia creado,
e que o seguia para toda a parte. Certo
dia o dono do urubu adoeceu, e este
não o vendo andava triste, até que
em certa occasião, encontrando a porta
do quarto aberta, pôde voar para junto
d'elle, e manifestar-lhe pelas suas caricias a alegria que sentia ao vel-o.»
(L. Figuier.)

Além d'esta especie mencionam alguns
naturalistas outra, o *catharthes aura*, que
no Brazil appellidam vulgarmente *urubu
pellado*. Brehm diz serem muito similhantes nos habitos os individuos das duas
especies.

O GYPAETO BARBUDO

*Gypaetus barbatus, de Cuvier— Le gypaete barbu
ou vautour des agneaux, dos francezes*

Os gypaetos formam um genero intermediario entre os abutres e as aguias, e
aproximam-se d'estas por ter a cabeça, o
pescoço e os tarsos cobertos de pennugem ; o bico é vigoroso e muito recurvo
na extremidade ; teem um tufo de pellos asperos sob a mandibula inferior em
fórma de barba, e d'ahi lhe provém o
nome de *gypaeto barbudo*.

É a maior das aves de rapina do antigo continente, e alguns ha que attingem o comprimento de $1^m,48$ e $3^m,13$
entre as pontas das azas abertas.

O gypaeto adulto tem a cabeça branca
amarellada, a nuca e a parte posterior
da cabeça amarella ferrugenta, as costas,
a pennugem da parte superior das azas
e da cauda negras com a haste esbranquiçada e a extremidade malhada de
amarello, as pennas das azas e da cauda negras com a haste branca ; a parte
inferior do corpo amarella ferrugenta
mais escura na garganta ; uma linha
preta partindo do bico dirige-se aos
olhos e segue para a parte posterior da
cabeça. A cera é negra azulada, o bico

pardo com a extremidade negra, e os pés côr de chumbo. Este colorido varia segundo o paiz onde a especie vive.

Habita nas montanhas mais altas da Europa, da Asia e da Africa.

«O gypaeto é dotado de grande força muscular e o vôo é vigoroso, não sendo para admirar que ataque animaes de grande corpulencia, taes como os vitellos,

Gr. n.º 250 — O gypaeto barbudo

os cordeiros, os gamos, as camurças, e que possa derrubal-os. Para alcançar este resultado usa d'um artificio empregado tambem pela aguia, que consiste em aguardar que a presa esteja só á borda d'um precipicio, para então arremessar-se contra ella, dando-lhe com o peito e descarregando-lhe golpes successivos com as azas até conseguir lançal-a no precipicio, onde a segue para devoral-a.

Affirma-se que accommette por vezes o homem, se o encontra adormecido, e que até mesmo ataca os caçadores de camurças procurando fazer-lhes perder o equilibrio nas passagens mais difficeis; mas não pode admittir-se que arrebate os cordeiros e até mesmo as creanças para o ninho. As unhas não são tão vigorosas que lhe permittam segurar qualquer presa um pouco mais pesada, e por isso vê-se obrigado a despedaçal-a e a cevar-se sobre o solo.

Se não pode arrebatar as creanças, entretanto ataca-as, e a tanto servem de prova os dois seguintes factos:

Em 1819 foram duas creanças devoradas pelos gypaetos nas cercanías de Saxe-Gotha, e o governo poz a preço a cabeça dos temiveis rapinantes.

Crespon, na sua obra *Ornithologia de Gard,* narra o seguinte facto: «Possuo ha muitos annos um gypaeto que embora se não mostre corajoso em demasia para com as outras aves de rapina, que com ella habitam, para as creanças não se dá o mesmo, pois accommette-as com as azas abertas e procurando aggredil-as com o peito. Ultimamente tendo-o soltado no jardim, esperou occasião em que ninguem o visse e arremessou-se a uma sobrinha minha, com dois annos e meio de edade, e havendo-a agarrado pelos hombros lançou-a por terra. Felizmente os gritos da creança advertiram-nos do perigo que corria, e apressei-me a soccorrel-a. A creança só soffreu o susto e o vestido tinha um rasgão.»

Só quando a fome o aguilhoa e na falta de presa viva o gypaeto se alimenta de animaes mortos.

Este rapinante dá provas de coragem quando se trata de defender os filhos. O caçador de camurças, José Scherrer, havendo trepado até ao sitio onde existia um ninho de gypaetos, para apanhar os pequenos, teve de sustentar, depois de matar o macho, luta tão furiosa contra a femea, que vendo-se nos maiores embaraços para se livrar d'ella, só conseguiu abatel-a servindo-se da espingarda. Ainda assim voltou da expedição mal ferido.

Os gypaetos não são muito sociaveis, o que acontece frequentemente a todos os animaes que a natureza dotou de certa superioridade physica, porque só os fracos põem em pratica a maxima: «A união faz a força». Vivem isolados aos pares, e è raro encontral-os reunidos em maior numero (L. Figuier.)»

O gypaeto devora ossos, e conta-se que deixa cair os maiores de grande altura para que partindo-se melhor os possa engulir.

«Digere os ossos maiores, diz Brehm, em tão curto tempo, que custa a acreditar como tal possa fazer. Georgi, o excellente pintor que illustrou a obra de Tschudi, contou-me ter observado um dia, com auxilio d'um oculo, um gypaeto pousado n'um rochedo aguardando que findasse a digestão d'um osso tão comprido, que uma parte lhe ficava fóra do bico. Observações d'estas teem-se feito muitas vezes em gypaetos captivos.»

O logar preferido pelo gypaeto para construir o ninho é o cimo dos rochedos, em sitio quasi sempre inaccessivel ao homem, ou de difficil accesso. A femea põe dois ovos.

Brehm, falando da reproducção do gypaeto, entre outros pormenores conta os seguintes : «Meu irmão foi, creio eu, o primeiro naturalista que visitou o ninho do gypaeto. Era situado sobre um rochedo, n'uma ponta saliente, que ficava a 50 braças da base, protegida um pouco contra os raios do sol pela massa de rochedos que lhe ficava superior e sobre elle debruçada. Não era difficil lá chegar. O ninho era muito grande : teria o diametro aproximado de 1^m,60, 1^m de altura e a cavidade central 0^m,60 de diametro e 0^m,14 de fundo. Era construido de troncos compridos, variando de grossura desde a d'um dedo pollegar até á do braço d'uma creança, seguindo-se uma camada pouco espessa de pequenos ramos e sob estes assentava a cavidade central, tapisada de fibras de casca de arvores, de pellos de boi e de crinas de cavallo. O rochedo, todo em volta do ninho, cobria-se de uma espessa camada de excrementos brancos como a neve.»

Este naturalista fala d'um gypaeto captivo que ao fim de certo tempo se tornou manso, não só para os homens como tambem para os animaes.

OS SERPENTARIOS

Comprehende-se n'esta familia um genero unico, e este com uma só especie. Os caracteres que mais distinguem estas aves são os seguintes : bico rijo e muito recurvo na ponta, azas pequenas armadas de tres esporões bem pronunciados, com quanto sejam obtusos, destinados a atordoar os reptis, principal se não o unico alimento dos serpentarios. A cauda é muito comprida, e as duas pennas do centro mais compridas que as lateraes ; tarsos muito altos e revestidos de escamas largas e resistentes que lhe cobrem tambem os dedos armados d'unhas pouco curvas. Na parte posterior da cabeça teem uma poupa formada de doze pennas, que de ordinario trazem caídas, mas que podem erguer quando querem.

A unica especie da familia é a seguinte :

O SECRETARIO

Serpentarius secretarius, de Gray —*Le serpentaire*, dos francezes

Tem esta ave tres nomes : *serpentario*, que lhe vem do seu regimen especial, porque a sua alimentação consta no todo ou na maior parte de reptis, e principalmente de serpentes ; *mensageiro*, que lhe é dado pela rapidez com que anda ; *secretario*, que aqui lhe damos por nome vulgar, tirado da fórma da poupa, que tem certa analogia com a penna posta atraz da orelha, usó habitualmente seguido pelos escreventes. Seja dito, porém, que tal analogia só podia existir no tempo em que se escrevia com penna d'ave.

O macho adulto tem a pennugem da parte superior da cabeça, a da nuca, a poupa, as pennas remiges e as rectrizes, á excepção das duas do centro, negras com as extremidades brancas ; o ventre rajado de negro e pardo claro ; as coxas de negra e trigueiro, as duas pennas do centro da cauda pardas azuladas com as extremidades brancas e malhadas de negro. O bico é preto na ponta, a cera amarella escura, os tarsos amarellos alaranjados. Mede aproximadamente 1^m,18 de comprido, e a femea é pouco maior que o macho. Encontra-se esta ave n'uma grande parte da Africa.

O secretario passa a vida sobre o solo, evitando as florestas e caçando nas vastas planicies da sua patria. Nenhuma ave de rapina corre mais do que elle, podendo caminhar horas inteiras sem se fatigar. Quando voa, á maneira da cegonha, deita as pernas para traz e a cabeça para a frente. Vivem aos pares, «mas em determinadas circumstancias, diz Brehm, os secretarios reunem-se em grande numero. Quando, antes da estação chuvosa, se larga fogo ás hervas resequidas da planicie, e o incendio lavra na extensão de muitas leguas, levando diante de si os animaes espavoridos que ahi habitavam, os serpentarios correm ao logar do incendio para caçarem em toda a linha do fogc.

Já dissemos que o secretario é reptilivoro; parece porém que não desdenha outros vertebrados. É muito voraz.

Le Vaillant conta da seguinte fórma as lutas do secretario com as cobras venenosas que infestam as planicies da Africa, lutas de que sae sempre vencedor, e que o tornam justamente estimado. dos homens, que n'elle véem o mais denodado destruidor d'aquelles terriveis reptis.

«A cobra, quando. a alcançam a distancia do covil, detem-se, ergue uma parte do corpo, e busca intimidar o adversario avolumando extraordinariamente a cabeça e dando agudos silvos. Então a ave, abrindo uma das azas, colloca-a de modo que lhe sirva de escudo e lhe pro-

Gr. n.º 231 — O secretario

teja as pernas e a parte inferior do corpo. O reptil arremessa-se contra a ave, e esta dando um salto aggride-o por seu turno, recuando, furtando-lhe o corpo, movendo-se finalmente em todas as direcções — espectaculo verdadeiramente comico para quem o observa — mas sem nunca abandonar a luta, e oppondo ao dente venenoso do adversario a extremidade da aza, que lhe serve d'arma defensiva. Em quanto a cobra emprega inutilmente o veneno nas pennas d'uma das azas do secretario, este applica-lhe com a outra rijos golpes, e que mais violentos os tornam as duras prominencias que tem nas azas.

Finalmente o reptil, atordoado pelos golpes recebidos, vacilla e cae, sendo então destramente agarrado pela ave que o arremessa ao ar repetidas vezes, até que, vendo-o derreado e já sem forças, lhe esmaga o craneo ás bicadas, engolindo-o d'uma vez, se é pequeno, ou prendendo-o entre os dedos, e fazendo-o primeiro pedaços se é de mais avantajadas dimensões.»

O macho ajuda a femea na construção do ninho, d'ordinario feito no cimo d'uma arvore. Servem-lhe de base os ramos d'esta, ligados com barro amassado, sendo pouco fundo e tapisado com pennugem e outras substancias macias. Servindo o mesmo ninho durante annos, acontece que os ramos sobre que é feito, lançando novos rebentos, o envolvem completamente, occultando-o a todas as vistas. A femea põe dois ovos e raras vezes tres.

No Cabo da Boa Esperança os secretarios são muito queridos dos colonos, não só pelos serviços a que já nos referimos, como tambem pela facilidade com que se domesticam quando são novos, podendo viver nas capoeiras com as aves domesticas, e livrando-as dos ataques dos reptis venenosos e dos ratos. Não pára aqui o seu prestimo. Conta-se que ao vêr brigar dois individuos, dos que vivem com elles na mesma capoeira, os separam, empregando a força se tanto fôr mister.

É preciso, porém, não esquecer alimental-os convenientemente, sem o que não porão duvida em devorar algum dos frangãos.

No Cabo da Boa Esperança poucas casas ha onde não exista uma d'estas aves, e é prohibido matal-as sob penas severas. Para as Antilhas francezas foram transportadas algumas em 1832, com o fim de destruirem uma terrivel cobra, alli muito frequente.

OS FALCÕES

Esta terceira familia da sub-ordem das aves de rapina diurnas, muito numerosa, comprehende grande numero de generos e corresponde ao genero *falco* de Linneo e á tribu dos *falconidés* dos naturalistas francezes.

A esta familia pertencem as aves de rapina mais perfeitas, tendo os caracteres geraes seguintes : corpo refeito, cabeça regular e pescoço curto coberto de pennugem, bico relativamente curto mas muito vigoroso, com a mandibula superior denteada nos lados, recurva e aguda na extremidade, azas grandes, cauda sobre o comprido e muito larga, e unhas fortes, muito aduncas e afiadas.

São caçadoras e carnivoras, alimentando-se geralmente da carne dos animaes que podem alcançar e prender nas garras, sendo de todas as aves as mais corajosas e intrepidas. Vôam com grande rapidez e remontam a consideravel altura, não se demorando no solo além do tempo necessario para empolgarem a presa. Encontram-se em todas as partes do globo, sós ou aos pares, reunindo-se algumas vezes para caçar ou quando emigram. As especies, de que em seguida fazemos a historia, são as mais importantes dos generos principaes em que se divide esta familia.

O CARACARÁ VULGAR

Falco brasiliensis, de Gmelin — *Le caracará du Brésil*, dos francezes

A especie de que vamos tratar pertence ao genero *polyborus*, que faz a transição dos abutres para os falcões, tendo como aquelles o papo saliente, parte da face nua, o bico grande, pouco curvo e direito na base, os dedos compridos principalmente o do meio, e armados de unhas levemente curvas. Além do caracará vulgar, o mais commum d'este grupo de aves que vivem na America do Sul, existe mais o *caracará chimango* e o *caracará chimachima (milvago chimango e milvago chimachima.)*

O caracará vulgar tem 0,38 de comprido e mais de 1,^m 30 de envergadura. Na parte posterior da cabeça possue uma especie de poupa negra atrigueirada, as costas trigueiras escuras com riscos brancos transversaes, as faces, a garganta e a parte inferior do pescoço brancas ou brancas amarelladas, o ventre, as coxas e as remiges na base e nas pontas trigueiras escuras, sendo estas ultimas brancas no centro, com as barbas cortadas de riscas estreitas transversaes, e de pequenas malhas escuras; as rectrizes brancas cortadas transversalmente por algumas riscas trigueiras claras e trigueiras escuras nas extremidades. A cera e a parte que lhe contorna os olhos brancas amarelladas, o bico azulado, os pés amarellos tirantes a côr de laranja.

Habita esta ave no Brazil e em toda a America do Sul, sendo principalmente frequente nas proximidades dos pantanos. Apparece tambem nas grandes planicies, nos bosques pouco espessos, mas nunca nas florestas virgens.

O nome porque vulgarmente é conhecido o caracará foi-lhe dado por imitação do seu grito mais habitual, que solta deitando a cabeça sobre as costas, de modo que o bico fica perpendicular, facilitando assim a emissão da voz.

«O caracará, diz Orbigny, é omnivoro, e alimenta-se dc qualquer substancia animal embora corrompida, preferindo, porém, os animaes vertebrados, e d'estes os reptis, substituindo n'este ponto, na America, o secretario do Cabo da Boa Esperança. Fomos muitas vezes testemunha da preferencia que esta ave dá ás serpentes para devoral-as. Uma vez um caracará seguiu um criado que ia a cavallo, porque levava de rastos uma correia, que lhe pareceu uma cobra, não o largando senão quando deu pelo erro.

Come por vezes caracoes e insectos, mas para tanto é necessario que a fome o aperte. Se ataca alguns pequenos mamiferos, prefere, comtudo, caça mais facil de apanhar, ou contenta-se com alguns restos de carne putrefacta. Não persegue as aves que encontra correndo livremente pelo campo, embora em certos pontos seja constantemente perseguido por bandos de papa moscas, sendo estes passaros que principalmente mais o importunam, certos de que o caracará se não defeude. Mais ousado, porém, com as aves domesticas, se habita proximo d'algum sitio onde haja uma ninhada de pintos, quando menos o esperam cae sobre elles, e arrebata algum, não obstante a

Gr. n.º 252 — O caracará vulgar

pobre mãe correr em soccorro dos filhos, indo devoral-o para longe.

Este rapinante acompanha por vezes o caçador, sem que este dê pela sua presença, e tão depressa alguma ave cae ferida pelo chumbo, se o homem se não apressa a levantal-a, será precedido pelo caracará, que com descaro sem egual lhe roubará a caça. A ave, já ferida pelo caçador, é então morta pelo caracará, que não se atreve, todavia, a atacar mesmo um passaro pequeno, quando o encontre vigoroso.

Se o pastor perde de vista a ovelha no momento de ter a cria, o caracará nem um instante deixa de espreital-a, e a falta de zelo do homem custará a vida

ao pobre cordeiro, ao qual o rapinante alado despedaçará começando pelo cordão umbilical. Vimos o cão de gado na provincia de Corrientes, tão activo como intelligente, correndo solicito em volta do rebanho, que elle só conduz e guarda, sem nunca permittir que o caracará se aproxime impunemente dos animaes que lhe confiaram.

Quando o viajante, que atravessa as vastas solidões d'America do Sul, julga estar só, engana-se; acompanham-n'o uns convivas que se escondem até elle fazer alto, porque n'essa occasião vél-os-ha apparecer e pousarem nas arvores vizinhas, aguardando os sobejos da sua refeição. Comidos estes, e adormecido o viajante, adeus caracarás até ao dia seguinte. Posto que os não veja, elles partem ao mesmo tempo, seguem-n'o, e só de novo lhe apparecem na primeira parada.

Quando se lança fogo ás hervas seccas do campo, para que de novo reverdeçam os pastos, o caracará é o primeiro a pairar sobre esta scena de destruição, para lançar as garras aos pobres animaes que alli viviam, quando buscam na rapidez da fuga escapar ao terrivel elemento.»

Reunem-se muitas vezes os caracarás para perseguir os urubus, e parecendo adivinhar as occasiões em que estes ultimos teem terminado a sua refeição, tanto os acoçam que os obrigam a vomitar os alimentos, de que os caracarás então se aproveitam.

O caracará construe o ninho sobre as

Gr. n.º 253 — O tartaranhão

arvores, e fal-o espaçoso, de pedaços de troncos e de cipós, forrado com uma espessa camada de crinas, onde a femea põe dois ovos.

O caracará chimango e o chimachima são tambem frequentes no Brazil, e em grande parte da America do Sul, constando o seu principal alimento de carne corrupta, de vermes, larvas e insectos, não atacando as aves nem os mamiferos. Uma d'estas especies, porém, o caracará chimachima, tem o habito de pousar no dorso dos animaes de carga, sempre que lhes observa chagas ou feridas, e por ahi começaria a devoral-os, se estes não tivessem o instincto de se espojar no chão, escapando assim a tão terrivel inimigo.

O TARTARANHÃO

Falco buteo, de Linneo — *La buse vulgaire*,
dos francezes ...

Esta especie·do genero *Buteo*, é á mais

commum na Europa e teem estas aves como caracteres genericos o bico curto, largo, curvo a partir da base, e arredoudado na parte superior ; tarsos nús, curtos e vigorosos, cauda mediocre e arredondada, e azas muito compridas, que alcançam quasi a extremidade da cauda.

. O tartaranhão tem desde $0^m,60$ até $0^m,69$ de comprido e $1^m,37$ a $1^m,60$ de envergadura. O colorido soffre grandes variações, e raro é encontrar dois individuos perfeitamente eguaes. Uns são pardos escuros por egual, á excepção da cauda que é rajada ; outros teem as costas, o peito e as coxas trigueiras e o resto do corpo pardo trigueiro claro, cortado de malhas transversaes; outros teem a pennugem trigueira clara, com malhas compridas longitudinaes ; finalmente encontram-se individuos brancos amarellados com as pennas das azas e da cauda escuras, e o peito malhado. A cera e os pés são amarellos, o bico azulado na raiz e annegrado na ponta.

Encontra-se esta especie em grande parte da Europa e da Asia central, e é muito commum no nosso paiz.

O tartaranhão vôa lentamente, sem que isso obste a que remonte a grande altura, pairando por vezes no ar por largo espaço, até descobrir a presa. Prefere, porém, empoleirar-se n'uma arvore ou n'algum monte de terra, e ahi aguardar immovel, durante horas, sobre uma perna, e com a outra escondida entre a pennngem, que alguma presa lhe passe ao alcance, para se arremessar sobre ella.

O seu alimento principal consiste em pequenos roedores dos mais nocivos á agricultura, devorando consideraveis quantidades de ratos campestres ; não desdenha as toupeiras, as rãs, os gafanhotos, á falta de melhor caça. Se por vezes ataca os lebrachos e os perdigotos, destroe tambem os reptis, e nomeadamente a vibora, evitando d'este modo a sua maior propagação. O tartaranhão é pois, incontestavelmente, uma ave util, prestando importantes serviços que lhe devem ser levados em conta.

No fim de abril ou principio de maio o tartaranhão construe o ninho ou repara o do anno antecedente, sempre situado n'uma arvore e feito de ramos seccos, primeiro os mais grossos com os mais delgados por cima, forrado depois de herva secca, musgo, pello de animaes, e outras substancias macias. A femea põe tres ou quatro ovos; e se é a unica que tem o encargo da incubação, os pequenos são, todavia, alimentados e educados pelo pae e pela mãe.

O tartaranhão pode domesticar-se facilmente, e alguns naturalistas citam exemplos que provam quanto este animal se torna manso. Buffon fala d'uma d'estas aves que pertencia a um tal cura chamado Fontaine, a qual não só se tornou mansa como tambem affeiçoada ao dono. Não tentava fugir, antes voltava a casa depois de vaguear horas inteiras pela floresta proxima, nunca faltando á hora do jantar, empoleirada a um canto da mesa, e acariciando o dono com o bico e com a cabeça.

Este tartaranhão tinha antipathia com os barretes vermelhos, e se via algum na cabeça d'um camponez, tinha artes para lh'o tirar com tanta destreza, que o homem só dava por tal depois de ter a cabeça descoberta. O barrete era levado para o cimo d'uma arvore.

A URUBITINGA

Falco urubitinga, de Gmelin — *L'urubitinga,* dos francezes

Esta especie é tambem denominada aguia do Brazil, e pertence ao genero *Morphnus,* comprehendido no grupo das aguias.

As aves d'este genero habitam as florestas do Brazil, e teem o tamanho, a força, e o todo arrogante das aguias ; o corpo é vigoroso, a cabeça grossa, o bico alongado, pouco alto, com a mandibula superior adunca e pontuda. As azas em geral alcançam a extremidade da cauda, e esta é comprida e larga ; os dedos são curtos mas vigorosos, e as unhas rijas e agudas.

A urubitinga tem $0^m,69$ de comprimento e $1^m,57$ de envergadura, o bico negro, a cera amarella, o corpo trigueiro annegrado com uma mistura de cinzento nas azas, as pennas da cauda brancas com as extremidades negras, mas terminando brancas. As diagnoses variando muito conforme os naturalistas que descrevem a urubitinga, provam que o colorido varia muito n'estas aves.

«Nunca encontrámos a urubitinga nas montanhas ou nas florestas muito espessas, nem mesmo nas planicies mais vastas. Vimol-a sempre á borda das lagoas, dos pantanos e das ribeiras, pousada no cimo das arvores seccas mais proximas quando se preparava para caçar, ou nos ramos inferiores das arvores mais frondosas quando queria dormir. Taciturna, sempre só, conserva-se immovel durante horas, olhando attentamente em volta de si, e procurando enxergar presa do seu agrado: um reptil, um mamifero pequeno, uma ave morta.

Descia então com rapidez, devorava a presa, e voltava gravemente para o seu posto. Raras vezes a vimos voar, porque quasi sempre caça sem abandonar o pouso; tamsómente de manhã se dá ao incommodo de percorrer as vizinhanças do logar onde dormiu, para obter a primeira refeição, e só faz de tarde segunda excursão, quando inutilmente espera todo o dia que nova presa lhe passe proxima. Então vôa lentamente, remontando a grande altura, descansando repetidas vezes nas arvores isoladas que encontra, para d'este modo melhor ob-

Gr. n.º 254 — A urubitinga

servar em roda, evitando o prolongar o vôo.

A urubitinga alimenta-se principalmente de reptis, de mamiferos pequenos, de aves mortas, e parece que tambem de peixes. Cremos que não ataca as aves, mas devora as que encontra feridas. E' raro vel-a pousada no solo, mas quando o faz, parece buscar de preferencia os logares pantanosos, supposição que se baseia em a termos visto com os pés enlameados.

Pudemos vel-a em domesticidade, sendo muito facil reduzil-a a este estado.» (A. d'Orbigny.)

A AGUIA REAL

Falco chrysaetos, de Linneo. — *L'aigle royal ou doré*, dos francezes

As aguias teem o bico vigoroso, direito junto á base, e muito adunco na extremidade; azas alongadas e largas, com a quarta e quinta remiges mais compridas, alcançando e por vezes excedendo as pennas da cauda; os tarsos curtos inteiramente cobertos de pennugem até ao nascimento dos dedos, que são de comprimento regular, armados de unhas grandes e agudas, muito recurvas. Teem a pennugem muito basta e espessa, pontuda, e a da nuca e da parte posterior da cabeça estreita e comprida.

A aguia real tem 1^m de comprimento e $2^m,50$ de envergadura. A femea é maior. O alto da cabeça e a nuca são guarnecidos de pennugem d'um ruivo claro e doirado, e a do resto do corpo trigueira escura, mais ou menos annegrada, conforme a edade ; a parte interior das coxas e a pennugem dos tarsos trigueiras claras, a cauda mais comprida que as azas, arredondada e parda escura, regularmente rajada de trigueiro annegrado, terminando por uma facha larga d'esta ultima côr. O bico é azulado, a cera e os pés amarellos.

Esta especie é a maior de todas, muito frequente na Europa, encontrando-se em todas as serras de Portugal.

No nosso paiz encontra-se tambem a aguia imperial, *aquila heliaca*, observada nas serras do Alemtejo, em Villa Viçosa, Borba, etc. e uma especie commum nas immediações de Coimbra, especie cujo nome vulgar ignoramos, a *aquila Bonelli*, ou *aigle Bonelli* dos francezes. [1] Ou tras especies de aguias propriamente ditas habitam na Europa e na Africa, sendo muito longo dar de todas noticia, e podendo a descripção que em seguida se lê applicar-se ás differentes especies, porque analog^{os} são os seus habitos.

«A aguia, por uma metaphora de rhetorica, appellidaram-n'a a rainha das aves. Se a força e o abuso que d'ella se faça são caracteristicos da realeza, a aguia tem a esta direitos incontestaveis ; mas se a esse titulo se prenderem idéas de coragem e de nobreza, não será na cabeça da aguia que se deva collocar a corôa.

Melhor avisados foram os antigos quando da aguia fizeram o symbolo da victoria. Os assyrios, os persas e os romanos traziam no alto dos seus estandartes uma aguia com as azas abertas, e nos nossos dias ainda esta ave desempenha o mesmo papel emblematico, figurando nas armas de diversas nações da Europa. Algumas ha, como a Austria, que usam como arma falante de duas aguias.

[1] Instru·ções praticas etc. Lista das aves de Portugal, pelo dr. Barbosa du Bocage.

A aguia, porque remonta a alturas consideraveis, foi pelos antigos tida como a ave de Jupiter, e houveram-n'a como mensageira dos deuses. Quando, depois da desgraça de Hebe, Jupiter quiz outro copeiro, mandou para esse fim arrebatar Ganimedes por uma aguia.

Deixemos, porém, a mythologia e os symbolos, e vamos á historia real d'esta grande ave de rapina.

Na aguia a vista é quanto possivel desenvolvida. Contemplae-a quando magestosamente paira no espaço, acima das nuvens e de todos os seres vivos, mantendo-se a tão prodigiosa altura sem fadiga e apenas com um imperceptivel remigio, lançando a vista sobre o formigueiro terrestre, situado a dois mil metros abaixo d'ella. Subito enxerga uma ave entre as urzes, e colhendo as azas, desce em poucos segundos até perto do solo, cae sobre a victima com as pernas estendidas, e, lançando-lhe as garras, arrebata-a para a montanha vizinha.

O immenso vigor dos musculos que operam os movimentos das azas d'esta ave explica a força e a duração do vôo. A aguia, dotada d'uma energia muscular enorme, pode lutar com o vento mais impetuoso. O naturalista Ramond, appellidado o *pintor dos Pyreneos*, conta ter tendo subido ao cume do monte Perdido, o pico mais alto d'aquellas montanhas, viu uma aguia passar-lhe sobre a cabeça com uma rapidez surprehendente, posto que voasse contra o vento impetuoso que então soprava do sudoeste.

Se ao peso da aguia addicionarmos o da presa que segura nas garras, e considerarmos que esta presa por ella arrebatada a distancias consideraveis, transpondo por vezes a cordilheira dos Alpes, que separa dois paizes, é ordinariamente uma camurça nova ou um cordeiro, poder-se-ha fazer idéa do seu grande vigor e energia muscular.

Varia a corporatura da aguia segundo as especies, mas attinge sempre proporções imponentes. A femea da aguia real mede $1^m,15$ da extremidade do bico aos pés, e perto de 3^m d'envergadura, que na aguia imperial não é superior a 2^m.

Tem-se dito que a aguia pode percorrer 20 metros por segundo, o que daria a velocidade de 18 leguas por hora ; mas Naumann desmente positivamente esta asseveração, e affirma que a aguia não consegue alcançar um pombo a todo o vôo, sendo certo, todavia, que voa rapidamente. Tem sido vista a aguia caçar a lebre no campo, e apertal-a n'um circulo por tal forma impossivel de transpor, que a victima não consegue escapar-se por nenhum dos lados, vendo-se sempre precedida pelo inimigo.

A aguia construe o ninho nas fendas das rochas menos accessiveis, á borda dos precipicios, com o fim de ter os filhos ao abrigo dos ataques. O ninho não passa, para assim dizer, d'um estrado formado de cavacos, collocados sem arte uns junto dos outros, e ligados por alguns ramos flexiveis, tapizando-o de folhas, juncos e urzes. É, todavia, solidamente construido, resistindo por muitos annos á acção do tempo, e podendo aguentar não só o peso de quatro ou cinco aves pesando 30 ou 40 kilogrammas, mas tambem as provisões alli accumuladas, quasi sempre, com extrema abundancia.

Ha ninhos d'aguias que teem cinco pés quadrados de superficie, e d'ordinario estas aves põem dois ou tres ovos, raras vezes quatro. Dura a incubação trinta dias.

Os pequenos são muito vorazes, e os paes para lhes fornecerem sufficiente alimentação caçam sem descanso. Todavia se os alimentos escasseiam, não é grande o seu soffrimento, porque a natureza dotou-os com a faculdade de supportarem o jejum por muitos dias, faculdade que se estende aos adultos, e em geral a todas as aves de rapina.

Fala Buffon d'uma aguia, que, sendo apanhada n'uma armadilha, passou cinco semanas sem comer, e só nos ultimos oito dias deu mostras de enfraquecimento. Um autor inglez conta haver-se esquecido de dar de comer a uma aguia domestica por espaço de vinte e um dias, sem que ao fim d'este tempo a ave desse indicio de haver soffrido com tão prolongado jejum.

Tão depressa os pequenos podem prover ás suas necessidades, os paes expulsam-n'os sem piedade do ninho paterno, para que vão estabelecer-se n'outro ponto do paiz.

A aguia é dotada, como já dissemos, de grande vigor muscular, e assim torna-se-lhe facil arrebatar aves de grande volume, taes como gansos, perus, grous, e bem assim lebres, cabritos e cordeiros. Nas montanhas, onde as camurças abundam, dá caça a este animal, empregando diversos ardis para apanhal-o. Não ousa atacal-o de frente, porque a camurça defende-se bem com os cornos, sempre que encontra abrigo pela parte de traz.

Algumas vezes a aguia mata a presa com um unico golpe dado com a aza, sem lhe tocar sequer com as garras ou com o bico, e não sendo para admirar que o vigor dos musculos das azas lhe permitta arrebatar uma creança, e transportal-a a distancia. Por longo tempo se negou credito a estes factos, até que o testemunho de pessoas dignas de inteira confiança, não permittiu que por mais tempo fosse posto em duvida. Citaremos alguns exemplos.

No cantão de Vaud, duas raparigas, uma de tres outra de cinco annos, brincavam no campo; veiu uma aguia e arremessando-se á mais velha, levou-a. Por mais activas que foram as pesquizas feitas por toda a parte, só se poderam encontrar um sapato e uma meia da creança. Dois mezes depois um pastor topou com o cadaver da creança, horrivelmente mutilado sobre um rochedo, a meia legua pelo menos do sitio onde se effectuara o acontecimento.

Na ilha de Skye, na Escossia, uma mulher deixara o filho só no campo. Uma aguia arrebatou-lh'o levando-o nas garras, e d'este modo atravessou por cima d'uma vasta lagoa, indo depôl-o n'uma rocha. Por felicidade o rapinante fôra visto pelos pastores que por alli andavam, e que poderam chegar a tempo de lhe tirar a creança, trazendo-a sã e salva.

Na Suecia outra creança foi arrebatada em circumstancias similhantes, e a mãe, que estava a alguma distancia, ouviu por muito tempo os gritos da infeliz, sem todavia poder soccorrel-a. Breve a viu desapparecer e de pezar enlouqueceu.

No cantão de Genebra, um rapaz de dez annos andava roubando as aguietas dos ninhos, e foi por uma das aguias levado a seiscentos metros de distancia do logar d'onde fôra arrebatado. Salvaram-n'o os companheiros, sem que soffresse outro damno além d'uma forte contusão feita pelas garras da ave.

Na ilha de Feroé uma aguia arrebatou uma creança que a mãe havia instantes deixára só, e levou-a para o ninho no cimo d'uma rocha a pique. Deu o amor maternal forças á mal aventurada mãe para chegar até ao logar onde jazia o filho, mas só lhe encontrou o cadaver.

Na America, proximo de New-Yorck, um rapaz de sete annos foi assaltado por uma aguia, e póde escapar ao primeiro ataque. De novo a ave se lhe arremessou, mas o pequeno, esperando-a com firmeza, atirou-lhe á aza esquerda golpe tão certeiro e vigoroso, com uma fouce que trazia, que a derribou. Aberto o estomago da ave, encontraram-n'o vasio; a aguia estava esfaimada, e por consequencia enfraquecida, sem o que se não explicaria tanta teimosia e audacia, e bem assim a facilidade com que a creança levara a melhor.

Gr. n.º 255 — A aguia real

Devemos, porém, accrescentar que, apezar do que fica narrado, estes casos são muito raros. A aguia d'ordinario foge da vizinhança do homem, contra quem não pode lutar. Ataca de preferencia os cordeiros recem-nascidos, e frequentemente os arrebata, por mais que gritem os pastores e ladrem os cães. Accommette e devora algumas vezes os corços e os vitellos novos sem os arrebatar, no proprio logar em que os agarra, contentando-se apenas em transportar pedaços para o ninho.

Ha homens tão engenhosos como intrepidos sabendo aproveitar, para se alimentarem sem dispendio, do habito d'estas aves que as leva a amontoar grande quantidade de provisões no ninho, destinadas á alimentação dos filhos. Um aldeão irlandez viveu por muito tempo, elle e toda a familia, dos furtos praticados nos ninhos das aguias, apossando-se dos alimentos que em abundancia o pae e a mãe traziam para os filhos. Para prolongar por mais tempo este singular modo d'existeueia, demorou a occasião em que os pequenos deveriam ser expulsos pelos paes, cortando-lhe as azas para os collocar na impossibilidade de voarem. Teve até mesmo a lembrança de os ligar, para que gritassem, e assim estimulava os paes a que soccorressem os filhos ¡trazendo-lhes novos alimentos.

São desconfiadas as aguias, e difficil é poder abordal-as, deitar-lhes a mão ou matal-as. Os montanhezes dos Pyreneos soffrem grandes prejuizos com os destroços feitos por estas aves nos rebanhos, e por isso arriscam-se a ir desaninhar as aguietas.

Deixa-se a aguia cair no laço, mas se a armadilha não estiver bem segura, haverá occasiões em que consiga arrancal-a e escapar-se com ella. Conta Meisner que uma aguia, tendo ficado presa por um pé n'uma armadilha destinada aos raposos, tanto forcejou que a arrancou levando-a para o outro lado da montanha, não obstante o peso não ser inferior a 4 kilogrammas.

A longevidade da aguia é digna de menção, com quanto se não possa fixar exactamente a edade que attinge. Klein cita o exemplo d'uma d'estas aves que viveu captiva em Vienna cento e quatro annos, e fala mais d'um casal d'aguias que no condado de Forfarshire, na Escossia, habitou por tão longo tempo o mesmo ninho, que os mais edosos dos habitantes o conheceram desde creanças.

A aguia é susceptivel de ser educada, conservando-se sempre no fundo arisca, por isso triste e pouco dada. Quando tem dois ou tres annos já é difficil domestical-a, e distribue vigorosas bicadas a quem tenta aproximar-se-lhe. Velha é inteiramente indomesticavel. Captiva, toda a sorte de presa lhe convem, devora até mesmo as aves da sua especie, se se offerece occasião. Á falta de melhor contenta-se com cobras, lagartos, e no dizer de Buffon come até mesmo pão.

De tempos a tempos ouve se-lhe o grito agudo e pungente.

Embora a aguia seja de seu natural irascivel, dá algumas vezes provas d'uma do-

cilidade para espantar. Serve de exemplo uma que em 1807 vivia no Jardim das Plantas em Paris, apanhada na floresta de Fontainebleau. Partira uma perna na armadilha onde se deixára cair, tornando-se necessario fazer uma operação das mais dolorosas, que ella supportou com sangue frio e coragem admiraveis. Depois da cura, que não levou menos de tres mezes, havia-se por tal forma familiarisado com o seu tratador, que permittia que elle a acariciasse, e á hora de deitar ia empoleirar-se proximo do seu leito.

Os antigos falcoeiros do occidente não empregavam a aguia na caça ás aves, porque a sua indocilidade e o seu graude peso tornavam-n'a pouco apta para este genero d'exercicio ; por isso, não tendo em conta mais do que as suas conveniencias, collocaram-n'a sem ceremonia no grupo de aves *ignobeis*. Os tartaros, porém, empregam-n'a com vantagem na caça á lebre, ao raposo, ao antilope e ao lobo.

Como é pesada em demasia para que possa levar-se pousada no pulso, á maneira do falcão, collocam-n'a no arção da sella, e em occasião opportuna soltam-n'a á caça.» (L. Figuier.)

A AGUIA RABALVA

Falco olbicilla, de Linneo— *L' pyguargue vulgaire, dos francezes*

Esta especie é uma das mais notaveis do genero *Haliaetus*, ou *pyguargue* dos francezes, nome derivado do grego e que significa *cauda branca*.

A aguia rabalva tem as dimensões da aguia imperial, 1^m de comprimento e $2^m,33$ a $2^m,66$ de envergadura. Os individuos adultos são trigueiros arruivados, com a cabeça e o pescoço pardos trigueiros e a cauda branca ; o bico, a cera e os pés amarellos claros.

Vive na Europa e na Asia, e no inverno emigra para o norte da Africa. Não está averiguado que se encontre no nosso paiz.

Além de muitas outras especies que vivem em diversos pontos da Africa e da Asia, comprehendidas no genero *haliaetus*, existe a *aguia de cabeça branca*, le *pyguargue à tête blanche*, dos francezes, que habita a America do Norte, vendo-se representada como emblema no estandarte dos Estados Unidos.

Os individuos d'este genero são muito

similhantes nos habitos, e bem lhes cabe o nome de *aguias do mar*, que lhes tem sido dado.

Differem estas aves das aguias propriamente ditas, por viverem constantemente nas vizinhanças dos rios e dos lagos.

«Fóra da época das nupcias, vivem em bandos, e n'isto mais se parecem com os abutres do que com as aguias. Uma floresta ou um rochedo serve-lhes de ponto de reunião. No verão pousam muitas vezes á noite nas ilhotas, ou nas maiores arvores situadas á borda d'agua.

Aos primeiros clarões da aurora approximam-se das costas para caçar as aves aquaticas, os patos, os alcyones, os mamiferos marinhos e os peixes.

No dizer de Wallengren, as aves e os mamiferos que podem mergulhar estão ainda mais expostos aos ataques d'esta ave, do que os que não possuem tal faculdade, pois que estes ao divisar o seu terrivel inimigo voam e escapam-lhe muitas vezes, em quanto os primeiros se refugiam debaixo d'agua. Mal véem vir a aguia mergulham, mas o inimigo deixa-se ficar, espreitando o momento em que elles devem vir ao lume d'agua, e se lhe podem escapar uma, duas ou tres vezes, á quarta, como se hajam demorado por mais tempo carecem portanto de tomar a respiração, e n'este instante o rapinante os agarra arrebatando-os.

Por muitas vezes vi a aguia rabalva na Noruega e nas margens do lago Mensaleh, no Baixo Egypto, e observei sempre que todos os animaes, até mesmo as outras aves de rapina, a temem. Rouba a presa á aguia pesqueira, e não duvido até mesmo que ella propria lhe não escape. Á audacia e perfeito conhecimento da propria força, reune a maior tenacidade. A. de Homeyer viu ;uma d'estas aves assaltar por diversas vezes um raposo, que podia muito bem defender-se, sendo-lhe affirmado por pessoas dignas de fé e testemunhas presenciaes, que o raposo é quasi sempre victima da aguia, porque esta, perseguindo-o sem treguas, sabe evitar-lhe as mordeduras, e impedir que possa refugiar-se na floresta. É sabido que o gado miudo não escapa á aguia rabalva, que ataca tambem as crean-ças.

No Norte estabelece a residencia proximo das penedias, á beira mar, onde aninham innumeras aves, e rouba-lhes os filhos dos ninhos. Caça os gansos,

arrebata as phocas pequena, ás mães, persegue os peixes até mesmo debaixo d'agua, mergulhando atraz d'elles, com quanto, por vezes, estes atrevimentos lhes saiam caros. Os kamtchadales contaram a Kittlitz que a aguia rabalva é levada para o fundo pelo golfinho, ao qual lança as garras.

Conta Lenz que uma d'estas aves, voando sobre o Havel, ao ver um esturjão precipitou-se sobre elle ; mas havia por certo presumido em demasia da sua força, porque o esturjão era de peso a não poder ser arrebatado fóra d'agua, posto que não fosse tão vigoroso que podesse obrigar a ave a mergulhar, e assim corria ao

Gr. n.º 256 — A aguia rabalva

lume d'agua como uma frecha, levando a aguia presa ao dorso, com as azas abertas, parecendo um navio navegando a todo o panno. Houve testemunhas d'este espectaculo singular, que embarcaram n'uma canoa e poderam apanhar o esturjão e a aguia ; estava esta de tal forma presa com as garras ao corpo do peixe, que não pudera soltar-se.» (Brehm).

A aguia rabalva põe dois ou tres ovos em ninho que ella construe, servindo-lhe para muitos annos, apenas com os necessarios reparos, feito de troncos grossos por baixo, outros mais delgados por cima, e tapizado de ramos e de pennugem que a femea arranca do corpo. Por vezes tem o ninho o diametro de 1ᵐ,30 a 1ᵐ,60 e 0ᵐ,50 a 1ᵐ d'altura.

E' domesticavel esta ave, comquanto a principio se mostre bravia, terminando por affeiçoar-se ao seu tratador, que dis-tingue entre outras pessoas, e a quem sauda com os seus gritos.

A AGUIA PESQUEIRA

Falco haliaetus, de Linneo. — *Le balbuzard*, dos francezes

Esta é a especie mais commum do ge-

Gr. n.º 257 — A aguia pesqueira

nero *Pandion*, que se caracterisa pelo bico muito curto e recurvo desde a base, azas muito compridas excedendo a cauda, e tarsos curtos só cobertos de pennugem até um pouco abaixo da articulação, e no resto revestidos de escamas. Os dedos são curtos e armados d'unhas vigorosas e agudas.

A aguia pesqueira tem a pennugem da cabeça e da nuca esbranquiçada, a do ventre branca ou branca amarellada, a das costas trigueira orlada de claro, a cauda rajada de trigueiro e de negro. Tem no peito uma malha trigueira, e uma facha trigueira que partindo dos olhos desce até meio do pescoço; a cera e os pés são côr de chumbo, o bico e as unhas negras.

Encontra-se esta ave em toda a Europa, na Asia e no norte da Africa. E' commum no nosso paiz nas proximidades das lagôas e dos pantanos.

«O regimen exclusivo d'esta ave obriga-a a viver em determinados pontos ; e por que só se alimenta de peixe, não reside senão nas proximidades das correntes d'agua.

Quando emigra, porém, entra pelo interior das terras, achando sempre com que se alimentar na mais pequena albufeira. Aninha nas arvores mais altas, e o ninho construe-o de troncos grossos, de musgo e d'outros materiaes similhantes. No mez de maio a femea põe dois ou tres ovos, alongados, brancos pardacentos, e semeados de malhas côr de oca avermelhadas. O ninho é o centro do seu dominio, que o macho e a femea percorrem regularmente todos os dias. Permittem-lhe as grandes azas poder facilmente transpôr grandes distancias. Remonta a uma altura prodigiosa, pairando por algum tempo, para em seguida descer e adejar á superficie da agua, dando começo á pesca...

Primeiro, descrevendo grandes circulos no ar, observa se ha algum perigo para depois descer até á distancia aproximadamente de 20ᵐ acima da superficie da agua, conservando-se por momentos, á maneira do francelho, como que immovel, espreitando os peixes, até que deixando-se cair subitamente na agua, com as garras abertas, desapparece por um instante para se erguer em seguida com o auxilio d'alguns movimentos vigorosos das azas, sacudindo rapidamente as gottas d'agua presas á pennugem.

Porque o primeiro ataque foi infructifero, não desanima, prosegue na empresa. Ao agarrar a presa, enterra-lhe as unhas nas costas com tal vigor, que não pode soltal-as rapidamente.

Acontece muitas vezes arriscar a vida, e até mesmo perdel-a se o peixe a que lança as garras for pesado em demasia para o poder levantar, e bastante vigoroso para conseguir arrastal-a para o fundo, e afogal-a. E' sabido que empolga sempre os peixes lançando-lhe dois dedos de cada lado do dorso.

Se pode levantar facilmente a presa, eleva-se e leva-a para longe, preferindo transportal-a para a floresta onde a devora a seu commodo. Se o peixe é mais pesado, contenta-se em arrastal-o para a praia. Come-lhe os melhores bocados e abandona o resto, engole as escamas, mas parece que desdenha os intestinos.

As aves aquaticas todas conhecem a aguia pesqueira, e não a temem. Olham-n'a como se fôra da sua especie, e não se amedrontam ao vel-a proxima. Perto do lago Mensaleh, no Baixo Egypto, onde todos os invernos arribam centenas d'aguias pesqueiras, vi-as muitas vezes d'envolta com os patos, sem que estes dessem mostras de que a sua presença os inquietasse. Ao inverso, as outras aves de rapina são-lhe adversas ; e nos nossos paizes as gralhas, as andorinhas e as alveloas, com quanto lhe não façam mal, perseguem-n'a, e onde vivem as aguias rabalvas a aguia pesqueira trabalha muitas vezes em proveito d'ellas.

O *pyguargue leucocéphale* (aguia de cabeça branca, especie a que acima nos referimos), principalmente, está sempre em guerra aberta com ella, e ataca-a tão depressa a vé apossar-se d'uma presa, não a largando sem que lh'a ceda. Até os milhafres, muitas vezes, a perseguem para lhe roubar o peixe que ella pescou.» (Brehm)

Parece que a aguia pesqueira vive mal captiva, e não se domestica.

A HARPIA

Falco harpyia, de Gmelin — *La harpie,* dos francezes

Esta especie, unica do genero *Thrasaetus,* é uma das mais notaveis de todas as aves do grupo das aguias da America do Sul. Possue corpo robusto, cabeça grossa, cauda larga, azas curtas alcançando apenas o nascimento da cauda, bico alto e vigoroso, e mais adunco do que em nenhuma das aguias, os tarsos muito robustos, cobertos de pennugem só na metade superior da frente, e no resto cobertos d'escamas ; dedos grandes e terminando em unhas enormes, muito vigorosas. Tem a nuca ornada com uma poupa comprida e larga, que pode erguer quando quer.

A harpia tem a cabeça e o pescoço pardo, a poupa, as costas, as azas, a cauda, a parte superior do peito negras azuladas, a parte inferior do peito e o uropigio brancos, o ventre branco malhado de preto, as coxas brancas ondeadas de preto, o bico e as unhas negras, e os pés amarellos. Alguns escriptores dão a esta ave dimensões superiores ás da aguia real, e dizem attingir 1ᵐ,50 d'altura do bico á extremidade da cauda, e ter as unhas dos dedos medios mais compridas e mais grossas do que os dedos do homem.

Habita esta ave na America do Sul, encontrando-se no Brazil.

Frequenta as florestas humidas e principalmente as margens dos rios, sempre só, exceptuando a epoca das nupcias em que vive aos pares. Pousa de preferen-

Gr. n.º 258 — A harpia

cia á pouca altura do solo, não é timida, e deixa que o homem se lhe aproxime.

No dizer de Orbigny a harpia não devora as aves, só caça os mamiferos, preferindo os monos a quaesquer outros, com quanto Tschudi diga tel-a visto perseguir as aves.

Attribuem-se á harpia instinctos de notavel ferocidade: — que não receia atacar os maiores mamiferos carnivoros e até

mesmo o homem, que caindo sobre a victima fende-lhe o cranco ás primeiras bicadas, e que com as garras lhe rasga as ilhargas e despedaça o coração. Posto que possam ser exageradas estas asseverações d'alguns escriptores, parece certo que a harpia é dotada de notavel vigor e grande ferocidade.

Conta Orbigny que navegando no rio Securia, na Bolivia, indo elle e as pessoas que o acompanhavam n'uma piroga tripulada por tres indios, viram uma harpia empoleirada n'uma arvore. Á segunda frechada dos indios a harpia caiu, e estes depois de lhe haverem descarregado algumas pancadas na cabeça, para acabarem de a matar, tiraram-lhe as pennas das azas e da cauda, que teem em grande apreço, e arrancaram-lhe parte da pennugem, de que se servem, como nós das teias das aranhas para os golpes, e trouxeram-n'a. «Todos a julgámos morta, e foi collocada na piroga em frente de nós, sem que dessemos por que ella a pouco e pouco voltara a si do estado de atordoamento em que ficara. Furiosa, e querendo sem duvida vingar-se, arremessa-se violentamente contra mim, não podendo, felizmente, servir-se com maior resultado senão d'uma das garras, com a qual me atravessou o ante-braço de lado a lado, entre o cubito e o radio, e com a outra rasgava-me o resto do bra·ço. Fazia simultaneamente esforços, por felicidade em vão, para poder aecommetter-me com o bico, e não obstante estar ferida foram precisas duas pessoas para obrigai-a a largar-me.»

Os indios teem esta ave, naturalmente pela sua indole guerreira, em grande consideração, e as pennas são muito estimadas para guarnecer as frechas. Alguns conservam-n'a viva para poderem tirar-lhe as pennas duas vezes por anno. Diz Figuier que utilisam tambem a pennugem para se enfeitarem nos dias de gala, pondo oleo de coco nos cabellos, e por cima lançando a pennugem que d'este modo fica adherente.

O GUINCHO DA TAINHA[1]

Falco gallicus, de Gmelin — *L'aigle Jean le Blanc* dos francezes

Esta ave, uma especie do genero *Circaetus*, tem de 0ᵐ,70 a 0ᵐ,77 de compri-

[1] Dr. Albino Geraldes — Catalogo das aves de Portugal, existente no museu de Coimbra.

Impresso por Lallemant frères. Lisboa

O GERIFALTO BRANCO

mento e 1^m,80 a 1^m,90 de envergadura;
o corpo estreito mas vigoroso, pescoço
curto e cabeça grossa, bico vigoroso e
recurvo a partir da base, azas grandes e
largas com a terceira e quarta pennas
mais compridas; cauda de comprimento
regular e larga, tarsos altos cobertos de
escamas, dedos curtos armados d'unhas
pequenas, curvas e agudas.

Tem a parte superior do corpo trigueiro, as pennas pontudas da cabeça e da
nuca trigueiras desbotadas, com uma
bordadura clara, as pennas das azas trigueiras escuras bordadas de trigueiro
claro, com tubos brancos, e cortadas de
riscas transversaes negras, as da cauda

Gr. n.º 259 — O guincho da tainha

trigueiras escuras com tres fachas largas
transversaes pretas, terminando n'uma
facha larga branca. As faces e a garganta
esbranquiçadas, a parte superior do peito
trigueira clara, o resto do corpo pela
parte inferior todo branco com algumas
malhas trigueiras claras. O bico é preto
azulado, a cera e os pés trigueiros claros.

Vive na Europa e em certas épocas do
anno no norte da Africa, e tem sido vista
no nosso paiz.

O guincho da tainha encontra-se nas
mattas, no campo ou á borda dos rios e
dos lagos, e no dizer de Brehm mais se parece com o tartaranhão nos habitos e no
modo de vida do que com as aguias. «E'
uma ave pacifica e indolente, diz aquel-

le autor, que só cuida dos animaes que
lhe podem servir de presa.»

Quando quer alcançar algum dos indi-
vidnos que constituem a sua alimentação,
desce lentamente, adejando por algum
tempo perto do solo, até cair com as
azas abertas sobre a victima. Entra na
agua muitas vezes para ir buscar a presa. Devora as cobras, os lagartos, as rãs,
os peixes, os ratos, as aves pequenas, os
caranguejos e os insectos grandes, posto
que as primeiras sejam as preferidas.

O meu circaeto domestico, escreve Me-
chlenberg a Lenz, precipita-se como um
raio sobre as cobras, por maiores e mais
terriveis que sejam, segurando-as com as
garras de um dos pés pela parte posterior
da cabeça, e com o outro subjugando-as
pelo dorso, dando n'esta occasião grandes
gritos e batendo as azas. Corta-lhes em
seguida os tendões e ligamentos, destron-
cando-lhes d'este modo a cabeça, de maneira que a cobra não póde defender-se.
Instantes depois começa a devoral-a, principiando pela cabeça, e, a cada bocado que
engole, applica uma bicada na espinha
dorsal do reptil. N'uma manhã comeu
tres grandes cobras, das quaes uma tinha
perto de 1^m,30 de comprimento» (Brehm).

O ninho é construido de troncos seccos,
forrado de folhas verdes, com as quaes
lhe prepara tambem uma especie de cobertura. Serve para muitos annos, feitas
as reparações indespensaveis. D'ordinario
a femea põe um unico ovo, havendo porém observadores que affirmam ter visto
dois.

Estas aves são faceis de domesticar
quando sejam apanhadas novas e bem
tratadas.

O GERIFALTO BRANCO

Falco candicans, de Gmelin.— *Le gerfault blanc*,
dos francezes

Os gerifaltos são tidos como as aves
mais nobres da familia dos falcões, sendo
os mais bem proporcionados e mais vigorosos dos falcões propriamente ditos.
Medem aproximadamente 0,^m60 de comprimento e 1^m,30 de envergadura, sendo
as femeas maiores; o bico é robusto e
muito recurvo, os tarsos são cobertos de
pennugem em duas terças partes, a cauda
é longa e larga, excedendo a extremidade
das azas.

As aves da especie acima citada teem
a pennugem branca, rajada na parte superior do corpo e na cauda de riscas estrei-

ias trigueiras, e a parte inferior do corpo egualmente branca com pequenas malhas trigueiras em fórma de lagrimas, maiores e mais numerosas nas ilhargas; bico amarellado, cera amarella clara, e pés amarellos. A' maneira que envelhecem fazem-se mais brancos.

Esta ave encontra-se na Islandia, e as outras especies de gerifaltos, que differem d'esta na côr da plumagem, predominando mais ou menos a côr branca, e tambem na forma das malhas, vivem tamsómente nos paizes situados mais ao norte: na Noruega, na Russia, na Groenlandia, na Siberia etc.

Os gerifaltos, sem fugirem das florestas, não imitam comtudo os seus congeneres; habitam as penedias á beira mar, estabelecendo-se de preferencia nos sitios onde as aves aquaticas veem aninhar. Nunca encontrei um destes sitios que ahi não visse d'estas aves...

O logar uma vez escolhido para resideneia d'um casal, sel-o-ha para sempre, e na falta d'este outro virá substituil-o. Na Laponia ha certas rochas que sempre foram habitadas pelos gerifaltos, pelo menos desde que ha memoria de homem: Em Warangerfjord, um negociante que alli existe chamado Nordvi, habil ornithologista, póde-me indicar um sitio onde eu encontraria sem falta os garifaltos, posto que elle ahi não tivesse ido havia muitos annos, nem recebesse informações a tal respeito.

Os gerifaltos alimentam-se no verão de aves aquaticas, e no inverno de lagopedes, perseguindo tambem a lebre, e vivendo muitos mezes d'esquilos, no dizer de Radde. Em Nyken, n'umas penedias das costas da Noruega, onde habitam numerosas aves marinhas, nos tres dias que alli estive vi um casal de gerifaltos da especie da Noruega chegar todos os dias regularmente ás dez horas da manhã e ás quatro da tarde, em busca do alimento. Não era demorada a operação: chegavam, descreviam um ou dois circulos em volta dos rochedos, e afinal precipitavam-se sobre o bando d'aves alli reunidas, levando cada um o seu. Nunca os vi arremessar-se de balde.» (Brehm.)

Estas aves aninham nas fendas das rochas, em sitio inaccessivel, e nas vizinhanças do mar.

Existia uma antiga lei na Dinamarca, abolida em 1758, que punia com pena de morte quem matasse um gerifalto, e então o governo d'aquelle paiz enviava todos os annos um navio á Islandia, denominado o navio dos falcões, por ser principalmente destinado a trazer um certo numero d'estas aves. Ainda hoje veem d'alli alguns, todos os annos, para Copenhague.

O FALCÃO

Falco communis. de Gmelin.—*Le faucon pelerin,* dos francezes.

Esta especie dos falcões propriamente ditos é a que mais se encontra espalhadas pelo globo, differindo dos gerifaltos por ser mais pequena, ter o bico mais curto e ainda mais recurvo, uma terça parte dos tarsos apenas coberta de pennugem, e a cauda mais curta não alcançando por vezes as extremidades das azas.

A cabeça, a parte superior do pescoço, e um risca larga, ou especie de bigode nascido na base do bico, côr d'ardosia, as outras partes superiores do corpo azul cinzento com riscas mais escuras; cauda raiada alternadamente de riscas cinzentas e negras, garganta e peito de côr branca. limpa com algumas riscas delgadas longitudinaes, e d'ahi para baixo branca suja, com pequenas riscas transversaes trigueiras; numerosas malhas arruivadas ou esbranquiçadas regularmente dispostas pelo lado de dentro das barbas das remiges. A parte nua em volta dos olhos, a cera e os cantos do bico, amarellos, o bico azul com a ponta negra, os pés amarellos.

O macho adulto tem desde 0m, 44 até 0,m49 de comprimento e 1m a 1m,10 de envergadura. A femea é maior, attinge 0m,58 de comprimento.

Os falcoeiros dão a esta especie o nome de *falcão passageiro*, que bem lhe cabe, porque viajando por todo o mundo, é visto na Europa, na Asia e até no centro da Africa, ignorando-se se o falcão que na America representa esta especie não será tambem o falcão commum. É pouco vulgar no nosso paiz.

Antes de proseguirmos na descripção dos habitos e mais circumstancias do viver desta ave, não serão tidas por inoportunas duas palavras ácerca da *falcoaria*, ou arte de adestrar os falcões a caçar, arte que tem regras estabelecidas e até mesmo terminologia propria.

«A falcoaria, ou arte de adestrar certas aves de rapina para a caça a vôo, foi outr'ora tida em grande apreço em alguns paizes da Europa. Tendo por muitos seculos feito as delicias da nobreza, foi abandonada logo depois de descobertas as armas de fogo. Só entre os arabes e n'alguns paizes da Asia ainda hoje a falcoaria está em uso.

Remonta esta arte a epoca bastante remota, e a ella se referiram Aristoteles, e mais tarde Plinio, sendo introduzida na Europa no correr do seculo quatorze, florescendo na edade media e na Renascença. Toda a nobreza, desde o rei até ao mais modesto fidalgo, era apaixonada pela *Volateria*, nome que então se dava á caça com o falcão e outras aves, e os reis e os mais opulentos senhores d'aquelle tempo despendiam com ella sommas consideraveis : era o luxo d'aquellas epocas. Considerava-se como um presente magnifico alguns falcões dos melhores, e os reis de França recebiam todos os annos, solemnemente, doze falcões que lhes eram offerecidos pelo grã-mestre da ordem de S. João de Jerusalem. Um cavalleiro francez d'esta ordem era o encarregado de apresentar ao monarcha os falcões, e recebia em troca, a titulo de brinde, a quantia de 3:000 libras e as despezas da viagem.

Um fidalgo francez e até mesmo uma dama, na edade media, não appareciam em publico sem um falcão pousado no punho, exemplo seguido pelos bispos e pelos abbades. Entravam estes nas egrejas com o falcão em punho, e, durante a missa, empoleiravam-n'o nos degraus do altar. Os grandes dignitarios, por occasião de actos publicos, apresentavam-se com o maior arreganho trazendo n'uma mão o falcão e na outra a espada. . .

Este modo de caçar está hoje completamente abandonado, posto que se haja tentado fazel-o reviver sem grande successo, principalmente em Inglaterra e na Alemanha. Para tal fim reune-se todos os annos o Hawking-Club n'uma dependencia do castello real de Loo, sob a presidencia do rei dos Paizes Baixos, e alli caçam garças, não caindo menos de cem a duzentas d'estas aves em poder dos caçadores. Não passa tudo isto, porém, de baldados esforços para revocar instituições caducas.

As aves out'rora empregadas na falcoaria dividiam-se em duas classes — *alta* e *baixa volateria*. Na primeira comprehendiam-se o gerifalto, o falcão, o falcão tagarote, e o esmerilhão ; e na segunda o açor e o gavião.» (L. Figuier).

Os arabes ainda hoje teem por um dos mais nobres passatempos a falcoaria, e adestram o falcão para caçar aos pombos, ás perdizes e ás lebres. Utilisam-n'o tambem na caça á gazella, servindo para retardar a marcha do quadrupede até os cães poderem alcançal-o. O falcão destinado a este exercicio é por muito tempo habituado a não comer senão na cabeça d'uma gazella empalhada, e assim aprende, mal avista um d'estes animaes no campo, a pousar-lhe nas ventas, segurando-se com as garras de modo que a gazella não pode sacudil-o, e com o constante adejar não só lhe estorva a carreira como tambem a impede de ver.

Gr. n.º 260 — O falcão

Ainda hoje se caça com o falcão na India e na China.

Posto que não possamos dar aqui larga noticia acerca do processo seguido na educação dos falcões destinados a caçar as aves e as lebres, não queremos comtudo privar o leitor d'alguns pormenores interessantes que nos pareceu seriam lidos com curiosidade.

Os aprestos são : um *caparão*, ou especie de capuz de coiro mais largo no logar dos olhos; duas correias de coiro para lhe prender os pés, uma corda comprida, c uma negaça formada de um pedaço de madeira coberto pelos dois lados com pennas de pombo. O falcoeiro usa de luvas grossas para que o

4

falcão lhe não fira as mãos com as garras.

Apanhado o falcão, prendem-se-lhe os pés com as correias, cobre-se-lhe a cabeça com o caparão, e deixa-se jejuar por vinte e quatro horas, andando o falcoeiro com elle pousado no punho de dia e de noite, sem o deixar descansar, mettendo-lhe a cabeça em agua fria se tenta aggredil-o com o bico ; ao fim das vinte e quatro horas tira-lhe o caparão e mostra-lhe uma ave. Se a não devora, põe-se-lhe de novo o caparão que só se lhe tira no dia seguinte, c assim se vae praticando segui ·damente, não lhe dando de comer durante quatro ou cinco dias, até que acceite o alimento da mão do homem e o coma pousado no punho, experiencia que se deverá repetir amiudadas vezes, porque assim mais facilmente se obtem resultado.

Obtido elle, empoleira-se o falcão nas costas d'uma cadeira, e tirando-lhe o caparão ensina-se a saltar do movel para o punho do falcoeiro, para ahi comer, augmentando progressivamente a distancia que tenha a percorrer; tão depressa esteja exercitado n'este manejo, repete-se ao ar livre, tendo o falcão preso a uma corda de vinte a quarenta metros. Tira-se-lhe outra vez o caparão e motrando-lhe a negaça posta a principio a pequena distancia, e que deve ter um pedaço de carne em cima, faz-se-lhe um signal falando-lhe para indicar-lhe a presa ; se elle investe permitte-se que empolgue a carne que está sobre o manequim, mas que só deve comer quando esteja pousado no punho. Vae-se então augmentando a distancia entre o falcão e a presa até que tenha a percorrer todo o comprimento da corda, dando-se-lhe a comer a carne que estiver sobre a negaça, e sempre depois de pousado no punho do falcoeiro, afim de que conheça que trazendo a presa ao dono este o recompensa dando-lh'a a comer.

Tão depressa o falcão obedece á chamada do dono, vindo de toda a extensão da corda, pode-se soltar, pois a qualquer distancia que esteja, virá pousar-lhe no punho quando o falcoeiro o chamar, e quando tente escapar-se chama-se até vir mostrando-lhe a negaça. Ao mesmo tempo que estes exercicios se praticam é necessario passeal-o por sitios frequentados afim de o familiarisar com as pessoas, e da mesma sorte habitual-o á presença dos cães e dos cavallos, animaes com que terá d'acompanhar.

É pois chegada a occasião de o ensinar a caçar, e então atira-se ao ar um· pombo morto, para que o falcão invista com elle, permittindo-se-lhe que comece a devoral-o, mas tirando-se-lhe no melhor do gosto para que acabe de o comer pousado no punho do dono. Repete-se em seguida o exercicio com aves vivas, ás quaes se cortam primeiro as azas, e quando já esteja bem adestrado n'este manejo, leva-se ao campo em companhia d'um cão perdigueiro ; tão depressa o cão pára alguma perdiz tira-se o caparão ao falcão e indica-se-lhe a presa no momento d'ella tomar o vôo. Se erra a presa attrahe-se mostrando-lhe um pombo ou a negaça.

Se se destina o falcão para a caça ás lebres, com uma pelle d'este animal cheia de palha faz se uma negaça, pondo em cima um pedaço de carne, negaça que um homem arrasta primeiro devagar e depois mais depressa, e mostrando-a ao falcão faz-se-lhe signal para que se lhe arremesse. Mais tarde repete-se este exercicio sendo a negaça levada por um cavallo. Não se pode caçar ás lebres com o falcão senão em planicie descoberta.

O falcão é, por excellencia, a ave de prear, e de todas a que possue maior vigor, agilidade e vôo mais rapido. Estas qualidades reunidas a uma visão das mais perfeitas, e á robustez das suas aduncas garras, tornam-o adversario bem para temer, espalhando o terror entre as aves por toda a parte por onde passa. Só se alimenta da presa ainda palpitante, e caça a vôo, acompanhando nas suas emigrações as aves, cada dia empolgando entre as do bando aquellas de que carece para o seu sustento.

«O falcão commum parece alimentar-se tamsómente de aves, sendo o terror das creaturas aladas desde o ganso bravo até á cotovia. São consideraveis os destroços causados nos bandos de perdigotos e de pombos, perseguindo tambem os gansos sem treguas, e tornando-se até mesmo o algoz das gralhas que topa isoladas, sendo por vezes estas aves, que, durante semanas inteiras, lhe servem de sustento. Se lhe não é facil empolgar a ave que pousa no solo, com a maior destreza, porém, empolga a que vôa ou nada. Para obrigar a perdiz a tomar o vôo, e poder lançar-lhe as garras, adeja primeirameute sobre o bando, volteando. Os pombos quando se vêem perseguidos pelo falcão precipitam-se algumas vezes na agua para poderem escapar-lhe. Primeiro que empolgue os gansos, afadiga-os por tal fórma que por ultimo já não podem mergulhar.

As aves de vôo mais rapido conseguem com difficuldade escapar-lhe, e os pombos domesticos, no dizer de Naumann, teem como unico meio de salvação voarem em columnas cerradas; mas tão depressa algum se aparta o falcão cae-lhe em cima. Se não conseguiu agarral-o á primeira, o pombo busca então fugir-lhe remontando mais alto do que o seu adversario, e n'este caso salva-se porque o falcão depois de fatigado abandona-o.

Todas as aves conhecem o falcão passageiro, e diligenceiam por todos os meios fugir-lhe; as proprias gralhas escapam-se mal o avistam, não se atrevendo a fazer-lhe frente. O falcão d'ordinario empolga a presa voando, e se é tão pesada que não póde arrebatal-a; se se trata por exemplo d'um ganso bravo, aferra-se-lhe e vence-a pela fadiga dando com ella em terra. Quando investe com a presa é tão rapido o vôo que a vista não póde acompanhal-o : ouve-se-lhe o adejar, vê-se um vulto fender os ares, sem que todavia seja possivel distinguil-o.

O impeto com que accommette a presa é de certo o motivo do falcão evitar o arremessar-se ás aves empoleiradas ou pousadas no solo, porque corre risco de se despedaçar d'encontro a algum objecto resistente, havendo exemplos d'algumas d'estas aves morrerem ao topar com os ramos das arvores. É affirmado por Pallas que muitas vezes se afoga ao accommetter os patos bravos, pois que tão grande é a velocidade com que cae sobre a victima, que, mergulhando até grande profundidade, não póde voltar ao lume d'agua.

E raro o falcão errar a presa, e ao empolgal-a transporta-a para algum sitio descoberto, não sendo demasiadamente pesada, e ahi a devora; no caso contrario devora-a no proprio sitio onde a preou. Antes de devoral-a arranca-lhe pelo menos uma parte das pennas, engulindo as aves pequenas com as entranhas, não fazendo o mesmo ás maiores.

Aninha nas fendas inaccessiveis das rochas, e na faltas d'estas, nas arvores mais altas, aproveitando algum ninho de gralha abandonado ou roubando-o ao proprietario. O ninho que o falcão construe é mal feito, formado de ramos seccos.

No fim de maio ou principio de junho a femea põe tres ou quatro ovos arredondados, d'um amarello avermelhado, manchados de trigueiro, encarregando-se ella só da incubação, em quanto o macho busca distrahil-a com os seus exercicios de altanaria.

Os paes alimentam os filhos de carne já em parte digerida no papo, dando-lhes mais tarde aves, e quando começam a voar ensinam-lhes a empolgar a presa. (Brehm)

O falcão vive muitos annos captivo se o tratam bem, alimentando-o de carne fresca; sendo naturalmente arisco e irascivel, insensivel ás caricias, só se consegue domal-o e adestral-o para a caça submettendo, como já vimos, a toda a casta de privações.

A longevidade do falcão parece ser maior ainda do que a da aguia, e Figuier conta que um falcão fôra apanhado em 1797 no Cabo da Boa Esperança, com um collar d'oiro ao pescoço, por onde se averiguara haver pertencido em 1610 ao rei d'Inglaterra Jacques I, tendo portanto 187 annos.

O FALCÃO TAGAROTE

Falco subbuteo, de Linneo. — *Le faucon hobereau*, dos francezes

O tagarote adulto tem a parte superior do corpo negra azulada, a cabeça parda, a garganta branca, e de cada lado a partir dos olhos uma malha larga negra, que se estende pelos lados do pescoço, e uma malha esbranquiçada que lhe toma a nuca, as ramiges e rectrizes negras, á excepção das duas do centro que teem oito malhas arruivadas formando riscas transversaes. Nas partes inferiores é branco ou branco amarellado, com malhas negras longitudinaes ; as coxas e o uropigio ruivos vivos, a parte nua em volta dos olhos trigueira escura, a cera e os pés amarellos, o bico azulado.

Tem o corpo alongado, azas compridas que alcançam ou excedem a extremidade da cauda, e é mais pequeno que o falcão commum, medindo $0^m,33$ de comprido e $0^m,82$ d'envergadura.

A femea é maior, tem as partes superiores do corpo trigueiras annegradas, a côr branca das inferiores é mais suja, as malhas são mais trigueiras, e as coxas e o uropigio ruivos, menos vivos porém que o macho.

. Esta ave encontra-se em quasi todos os pontos da Europa, e é bastante commum no nosso paiz.

Vive nas mattas, pousando raras vezes no solo e dando preferencia ás arvores; é viva, agil e arrojada, rivalisando em velocidade com todos os seus congeneres. Devora a presa no solo. O macho e a femea vivem sempre reunidos, e juntos emigram, caçando de sociedade, e os seus habitos denotam grande intelligencia.

O falcão tagarote alimenta-se de aves pequenas e de insectos, e parece ser o terror das cotovias, a sua caça preferi-da, tornando-se não menos perigoso para as andorinhas, apezar da rapidez do vôo d'estes passaros.

«Por mais arrojadas que sejam as andorinhas, diz Neumann, perseguindo d'ordinario as aves de rapina com os seus gritos zombeteiros, nem por isso deixam de recciar o tagarote, e fogem mal o avistam. Observei muitas vezes um tagarote investir com um bando d'andorinhas, e estas temerem-se por tal forma do ataque do falcão, que muitas caíam por terra como mortas, deixavam-se agarrar, e só voavam muito tempo depois.»

Gr. n.º 261 — O falcão tagarote (macho e femea)

As cotovias não arreceiam menos d'este adversario, e ao vél-o buscam refugiar-se junto do homem, passando por entre as pernas dos camponezes e dos cavallos, e de tal modo espavoridas que é facil apanhal-as. D'ordinario o tagarote vôa baixo, e tão depressa as cotovias o enxergam, remontam rapidamente a tão grande altura, que não alcança a vista acompanhal-as, soltando então os seus cantos, pois bem sabem estarem alli em'segurança, porque o tagarote só investe com a presa de cima para baixo, e nunca sobe a tão grande altura.»

O tagarote aninha nas arvores, e o ninho é similhante ao dos outros falcões, construido de ramos e tapizado de pellos, de lã e de substancias macias. A femea põe de tres a cinco ovos.

Era outr'ora o falcão tagarote adestrado para a caça, e de todas as aves da familia dos falcões é a que depois de captiva se torna mais agradavel, mostrando-se docil, conhecendo o dono, e apreciando as caricias que lhe fazem.

O FRANCELHO, OU PENEIREIRO

Falco tinnunculus, de Linneo —*La crécerelle*, dos francezes

O peneireiro assimilha-se aos falcões na fórma do bico, das azas e da cauda, sendo esta relativamente mais comprida e excedendo as pennas das azas. O alto da cabeça é pardo azulado, as partes superiores do corpo trigueiras avermelhadas, regularmente semeadas de malhas angulares negras, e as inferiores brancas levemente coradas de vermelho, com malhas oblongas trigueiras, cauda cinzenta com uma faxa larga negra na extremidade e franjada de branco ; bico azulado, a cera, a parte núa em volta dos olhos e os pés amarellos. Mede aproximadamente 0,^{m} 35 de comprido.

A femea é maior, tem as partes superiores do corpo mais avermelhadas, cortadas transversalmente· de riscas triguei-

Gr. n.º 262 — O peneireiro (macho e femea)

ras annegradas, e as inferiores ruivas amarelladas com malhas oblongas negras; a cauda arruivada é atravessada por nove ou dez riscas estreitas negras, e uma mais larga da mesma côr na extremidade, acabando em branco arruivado.

Encontra-se esta ave em toda a Europa, sendo muito frequente no nosso paiz.

Vive nas mattas, nos rochedos, e algumas vezes encontra-se nos edificios em ruina, até mesmo no interior das cidades, alimentando-se de ratos, d'outros pequenos roedores e de insectos, não desdenhando as aves pequenas, uma ou outra rã e alguns lagartos. E' util pelo

grande numero de animaes nocivos que destroe.

O ninho é similhante ao dos seus congeneres. A femea põe desde quatro até sete ovos brancos amarellados ou amarellos ferrugentos com salpicos e manchas vermelhas trigueiras.

Além das especies de que antecedentemente falámos, — o falcão passageiro, o falcão tagarote e o francelho,—outras do genero *Falco* existem na Europa, mais pequenas do que aquellas, similhantes nos habitos, e alimentando-se de aves menores e de insectos, taes como o *esmerilhão—falco lithofalco* de Gmelin, l'*emerillon* dos francezes, que não excede em ta-

Gr. n.º 263 — O esmerilhão (macho e femea)

manho o tordo e o *falcão de pés vermelhos — falco vespertinus* de Linneo, le *kobez* dos francezes, com· 0,^{m} 33 de comprimento ; a cera, o circulo em volta dos olhos e os pés carmezins, vivendo de insectos e principalmente de gafanhotos que empolga no ar.

O MILHAFRE OU MILHANO

Falco milvus, de Linneo—*Le milan royal,* dos francezes

Os individuos do genero *Milvus,* a que esta especie pertence, teem a cabeça pequena, o bico forte e arqueado desde a base, azas muito longas, cauda comprida e mais ou menos aforquilhada, tarsos curtos cobertos de pennugem até um pouco abaixo da articulação, unhas compridas e pouco vigorosas.

O milhafre é a especie mais commum do genero na Europa: o macho mede 0,^m65 de comprido e 1^m57 d'envergadura; a femea é maior. Tem esta a parte superior do corpo ruiva ferrugenta em malhas e riscas trigueiras escuras, a cabeça e o pescoço esbranquiçados em riscas longitudinaes trigueiras, a cauda ruiva atravessada de riscas trigueiras escuras.

Encontra-se esta ave em quasi toda a Europa, sendo muito commum no nosso paiz, principalmente no Alemtejo.

É notavel pelo seu vóo dependurado, aguentando-se muitas vezes um quarto

Gr. n.º 264 — O milhafre

de hora sem um unico movimento d'azas, e tão depressa se eleva a uma altura tal que a vista mal pode alcançal-o, como adeja perto do solo.

Alimenta-se de mamiferos pequenos, de aves que rouba nos ninhos, de lagartos, cobras, rãs, sapos, gafanhotos e vermes. Não lhe escapam os pintos, os patos pequenos, os perdigotos e os lebrachos. Pairando algumas vezes a alturas prodigiosas, observa d'alli a presa, e, caindo sobre ella como um raio, empolga-a, e vae devoral-a para o topo d'uma arvore vizinha. O milhafre é preguiçoso e cobarde, o que o não impede de ser um dos mais descarados e atrevidos rapinantes.

«No Cairo, conta o dr. Petit, vi um dia um milhafre arrebatar das mãos d'uma mulher arabe um pedaço de pão coberto de queijo, no momento em que ella ia mettel-o na bocca. Em Chiré, na Abyssinia, outro roubou, mesmo á vista do cão que os guardava, e que investiu ladrando com o milhafre, os restos d'um carneiro que fôra morto havia pouco.

De todos, porém, o maior arrojo foi o d'um milhafre com o qual se deu, a 4 de junho de 1841, o facto seguinte; Leusoua, um pequeno preparador negro que eu tinha, estava sentado no pateo da casa e acabava de preparar um pombo, ao qual na vespera extrahira a carne, restando apenas a pelle e a cabeça ainda completa, quando ao voltar a pelle na mão, um milhafre lhe levou a cabeça do pombo, deixando apenas um resto da pelle na mão do pobre rapaz, afflicto e desesperado. Poucos momentos depois estava de volta, e ia roubar umas pimentas vermelhas que estavam a seccar ao sol, sem o menor receio de que o fizessem pagar caro tanta ousadia.»

Apezar dos prejuizos causados pelo milhafre, pode considerar-se esta ave como util, tendo em conta os numerosos ratos campestres que destroe para seu alimento e dos filhos.

O milhafre aninha nas arvores mais altas, e o ninho é formado de troncos seccos e tapizado de substancias mais macias, por vezes de trapos e pedaços de papel, e quando encontra um ninho abandonado de gralha ou de falcão aproveita-o. No fim d'abril a femea tem posto dois ovos e ás vezes tres, esbranquiçados e salpicados de manchas avermelhadas, encarregando-se ella só da incubação e o macho de prover á sua mantença durante este tempo. Na educação e alimentação dos pequenos cooperam os dois.

O milhafre captivo torna-se manso, e até mesmo muito dado com as pessoas que conhece.

Existem outras especies do genero *Milvus* e entre ellas o *milhafre preto — falco ater* de Linneo, le *milan noir* dos francezes, e o *milhafre parasita — milvus parasitus* de Degland, que habitam na Europa, não havendo comtudo certeza que arribem ao nosso paiz.

O primeiro apparece em França e na Alemanha e é frequente na Russia. Além dos pequenos mamiferos e das aves não lhe escapam tambem os peixes; é pescador habil, e introduz-se com o maior arrojo nos logares onde haja creação, para empolgar as aves pequenas. No inverno emigra para o Egypto, sendo alli tão frequente que se vê pousado nas janellas das habitações até mesmo nas cidades.

O milhafre parasita, sendo originario d'Africa, vem á Europa, costumando visitar a Grecia, e parece dever o appellido ao habito de viver á custa do homem, roubando-lhe as aves dos gallinheiros e até mesmo os comestiveis aos viajantes. A proposito do milhafre parasita conta Levaillant o seguinte facto :

O *parasita* é mais atrevido que o nosso milhafre, e a presença do homem não o estorva de se arremessar ás aves domesticas pequenas, não havendo habitação onde a certas horas do dia não appareça algum d'estes rapinantes. Nas minhas viagens era certo vêl-os chegar quando acampavamos, e pousando nos carros roubar-nos muitas vezes pedaços de carne.

Os meus hottentotes enxotavam-nos, mas os parasitas regressavam mais vorazes e atrevidos, e nem a tiro se podiam afugentar, que até mesmo depois de feridos voltavam. A nossa cozinha ao ar livre era de molde para que, attrahidos pela carne que nos viam preparar, nol-a viessem arrebatar, para assim dizer das mãos, e a nosso pezar viamo-nos obrigados a sustental-os.»

Na America existe uma especie, sedentaria no Brazil e ahi vulgarmente denominada *Gaivão das praias* — *falco furcatus*, de Linneo, *le milan de la Caroline*, ou *naucler* dos francezes, notavel pelo aforquilhado da cauda, similhante á das andorinhas, com a cabeça, o pescoço e o ventre brancos de neve, as costas, as azas e a cauda negras com reflexos azues e verdes, bico negro, cera azulada, e pés verdes claros. Mede 0m,63 de comprido e 1m,37 de envergadura. O seu principal alimento são os insectos.

O AÇOR

Falco palumbarius, de Linneo — *L'autour*, dos francezes

Esta especie é a unica do genero *Astur* que habita a Europa; tem o bico curto e largo, alto na base e muito arqueado até á extremidade, as azas alcançam apenas a metade da cauda, e esta é comprida, larga, arredondada ou levemente chanfrada. Os tarsos são do comprimento do dedo medio, os dedos vigorosos, e as unhas robustas, aduncas e lacerantes.

O açor tem as costas pardas trigueiras com reflexos mais ou menos cinzentos, o ventre branco, com as hastes da pennugem trigueiras annegradas e pequenas riscas ondeadas da mesma côr, bico negro, cera amarella clara, pés amarellos. A femea tem menos reflexos cinzentos, a pennugem é mais tirante a trigueira, e são mais numerosas as riscas trigueiras abaixo da garganta. Mede o macho 0,m58 de comprido e 1m,15 de envergadura ; a femea é maior.

Vive na Europa e encontra-se no nosso paiz.

De preferencia frequenta as mattas em sitios montanhosos, e nos povoados acerca-se das habitações com a mira nas gallinhas e nos pombos. A sua voracidade insaciavel não lhe permitte que repouse, está sempre esfaimado, e sempre sequioso de sangue. Ataca todas as aves desde a betarda até aos passaros mais pequenos, e todos os mamiferos que suppõe menos vigorosos do que elle. Investe com as lebres, arrebata a doninha, vae buscar o esquilo ao seu pouso, e tanto empolga a presa no vôo como pousada, seja uma ave aquatica ou um mamifero.

«Caça principalmente os pombos, e um casal de açorés é sufficiente para em pouco tempo exterminar o pombal mais bem fornecido. Mal avistam o sanguinario inimigo, os pombos fogem, e o açor, investindo com elles rapido como uma frecha, busca separar algum do bando. As azas parece que se não movem; conserva-as um pouco caidas e estende as garras para a frente, arremessando-se com tal impeto que o estrepito produzido pelas azas ouve-se a cem ou cento e cincoenta passos...

Empolga facilmente os **lebrachos**, e caça as lebres com certo **methodo**. A lebre busca escapar-se pela fuga, e n'este caso o açor dá-lhe numerosas investidas, e espícaçando-a, n'estas investidas, termina por subjugal-a depois de ferida e exhausta de forças, e estrangula-a entre as garras. Prolonga-se por vezes a luta, e a uma assisti eu em que o açor e a victima rolaram um sobre o outro por muito tempo, sem que o açor largasse a lebre. Um amigo meu, que merece credito, contou-me haver morto d'um tiro uma lebre e um açor n'estas circumstancias.

O açor não se contenta com uma presa; agarra quantas possa, estrangula-as, devorando-as depois socegadamente. (Brehm).

Aninha o açor nas arvores mais altas, mas em geral perto do tronco; o ninho, é grande e raso, feito de troncos seccos e sobreposto de ramos verdes, com o centro tapizado de pennugem e de pennas. Serve para muitos annos feitos os reparos indispensaveis, e n'elle a femea põe dois a quatro ovos, chocando-os com a maior solicitude, e defendendo o macho e a femea a sua progenie com grande coragem, havendo exemplos de accommetterem até mesmo o homem que se atreva a trepar á arvore onde esteja situado o ninho. Os

Gr. n.º 265 — O açor (macho e femea)

paes fornecem aos filhos o alimento de que carecem — e de muito precisam elles para se saciarem,—trazendo-lhes tudo que encontram, ás vezes ninhos inteiros de tordos e de melros com os pequenos ainda implumes.

Este cruel rapinante é difficil de amansar, e ainda depois de captivo persiste sanguinario, não poupando qualquer animal mais fraco que lhe déem por companheiro, mesmo os da sua especie. Entre os numerosos exemplos do instincto sanguinario do açor, contados por diversos naturalistas, ha os seguintes que lêmos em Brehm: «Na primavera passada, conta meu irmão, mandei apanhar para o Jardim Zoologico de Hamburgo um

açor femea com dois filhos. Metti-os de manhã n'uma gaiola grande, e ao meio dia, quando fui para dar-lhes de comer, encontrei metade d'um dos filhos já devorada e o outro estrangulado.

Alguns dias depois recebi um casal de açores com dois pequenos, e puz cada um d'elles em gaiola separada, dei-lhes de comer com abundancia, e enviei-os ao seu destino. Quando lá chegaram juntaram-n'os com um açor já preso havia um anno, mas que nem por isso deixou de investir com os mais novos e matal-os, devorando em seguida os paes. Afinal tambem foi devorado por outro açor.»

O GAVIÃO

Falco nisus, de Linneo — L'épervier, dos francezes

Esta especie, representante na Europa do genero *Nisus*, conta numerosas especies espalhadas pelo globo. São seus caracteres o corpo alongado, cabeça pequena, bico curto, inclinado a partir da base e muito adunco, azas curtas, cauda comprida, mais ou menos arredondada ou quadrada, tarsos delgados e altos, unhas lacerantes. Mede o macho 0^m 35 de comprimento e 0^m 66 d'envergadura, e a femea é maior.

O gavião é nas partes superiores do corpo cinzento azulado com uma malha branca na nuca, nas inferiores branco com riscas longitudinaes logo abaixo da garganta, e transversaes no peito e no ventre; a cauda é parda cinzenta com cinco faxas cinzentas annegradas, bico escuro, cera amarella esverdeada, pés amarellos. A femea é similhante ao macho, mas algumas teem a pennugem das partes superiores parda trigueira orlada de ruivo, com algumas malhas brancas nas espadoas.

Vive o gavião na Europa, na Asia e na Africa, sendo frequente na primeira e commum no nosso paiz.

«O gavião, conta meu pae, esconde-se a maior parte do dia, e só apparece quando caça. Não obstante ter as azas curtas vôa com facilidade e rapidez, andando mal e aos saltos. E' desconfiado mas intrepido, não temendo nem mesmo as aves mais fortes.

A femea é mais vigorosa e póde lutar onde o macho succumbiria. Fui testemunha do seguinte facto:

Um gavião femea havia empolgado um pardal, e transportara-o para detraz d'uma sebe, a curta distancia de minha caza, para ahi devoral-o. Havia apenas começado quando uma gralha correu a roubar-lhe a presa; o gavião então abriu as azas para defendel-a. A gralha tantas vezes investiu com o gavião até que este tomou o vôo, levando o pardal n'uma das garras, mas voltando-se com admiravel agilidade, quasi que tocando com as costas no chão, atirou tão valente golpe á gralha com o pé que lhe ficava livre, que ella julgou mais prudente retirar-se.

Em arrojo não cede o macho á femea, e penetram ambos no interior das cidades.

E' o mais encarniçado inimigo de todas as aves pequenas; desde a perdiz até a carriça nenhuma está ao abrigo dos seus ataques, e da sua extrema audacia; accommette os gallos e até as lebres, parecendo, comtudo, com respeito ás ultimas, ter em vista divertir-se assustando-as.» (Brehm).

Gr. n.º 266 — O milhano, o falcão, o gavião

O gavião construe o ninho geralmente a pouca altura do solo, entre o matto, formando-o de ramos seccos e com o centro forrado da pennugem da femea. Põe esta de tres até cinco ovos que só ella choca; os paes provêem á sustentação dos pequenos que vivem com elles por muito tempo.

O gavião domestica-se, e, em tempo, como dissemos, adestravam-n'o para a caça á maneira dos falcões. Na India, conta Jerdon, ao gavião commum e a uma especie mais pequena, ensinam-n'os de pequenos a caçar as perdizes, as codornizes, as gallinholas e os pombos.

O TARTARANHÃO RUIVO DOS PAUES

Falco æruginosus, de Linneo—Le busard de marais dos francezes

Pertence esta especie ao genero *Circus*, caracterisado pelo bico curto e recurvo a partir da base, pellos longos cobrindo a cera e inclinados para a frente, tarsos longos e delgados, dedos mediocres, cauda comprida e arredondada, e uma especie de colleira semi-circular em volta do pescoço, estendendo-se de ambos os lados até aos ouvidos, com uma tal ou qual similhança com o disco facial das corujas.

O tartaranhão ruivo dos panes tem a cabeça, o pescoço e o peito brancos amarellados com numerosas malhas trigueiras longitudinaes, que occupam o centro da pennugem, as pennas escapulares e a parte superior das azas trigueiras arrnivadas, as remiges brancas na base e negras no resto, sendo as secundarias e as pennas da cauda pardas cinzentas; a parte interior das azas branca, o ventre, as ilhargas e as coxas ruivas ferrugentas com manchas amarelladas, o bico negro, cera amarella esverdeada, pés amarellos. Mede 0,ᵐ 58 de comprimento por 1ᵐ, 30 de envergadura.

Gr. n.º 267 — O tartaranhão ruivo dos panes

Esta especie vive na Europa, e no nosso paiz observa-se frequentemente nas proximidades das lagoas e dos pantanos.

Habitam estas aves nos sitios humidos e pantanosos, frequentando as margens das lagoas, dos pantanos e os bosques

Gr. n.º 268 — O tartaranhão azulado, ou Ritaforme

situados na vizinhança de rios. O seu alimento consta, principalmente, d'aves aquaticas, mas na falta d'estas devoram as rãs, os peixes e os insectos.

Diz Brehm que na epoca dos amores esta ave é uma das mais nocivas rapinantes, destruindo os ovos das aves aquaticas. Parte habilmente os grandes, e devora os pequenos mesmo com casca.

O ninho é grosseiramente construido de juncos, cannas e rastolho, onde a femea põe de quatro a seis ovos, brancos esverdeados, que ella só se encarrega de chocar.

O TARTARANHÃO AZULADO, OU RITAFORME

Falco cyaneus, de Linneo—*Le busard Saint Martin*, dos francezes

Esta ave, congenere da antecedente, é mais pequena do que ella, medindo 0,ᵐ47 de comprimento por 1,ᵐ10 de envergadura. 'Tem a cabeça, o pescoço, as costas, as azas e o uropigio pardos azulados, as remiges brancas na base e depois negras, as azas pelo lado de dentro, junto ao corpo, o ventre, as ilhargas, as coxas e a parte inferior da cauda brancas limpas, a parte superior da cauda cinzenta com a extremidade das pennas esbranquiçadas, pés amarellos.

A femea tem as partes superiores trigueiras foscas, com a pennugem da cabeça, do pescoço e do alto das costas orlada de ruivo, as partes inferiores amarellas arruivadas com grandes malhas trigueiras longitudinaes, as duas pennas do centro da cauda riscadas de negro e de cinzento muito escuro, e as dos lados de ruivo amarellado e de escuro.

Esta especie habita em quasi toda a Europa e na Asia central, sendo commum no nosso paiz, e frequentando os mesmos logares que a especie antecedente.

O tartaranhão azulado tem habitos muito similhantes aos da especie antecedente. Alimenta-se de pequenos mamiferos, d'aves, de rãs e de reptis ; construe o ninho entre os juncos e as hervas que bordam os pantanos.

AVES RAPINA NOCTURNAS

Os individuos d'esta sub-ordem distinguem-se das aves de rapina diurnas pelos olhos grandes e muito abertos, situados muito á superficie e dirigidos para diante, rodeados d'um circulo de pennas estreitas e desfiadas, chamado *disco facial*, saindo-lhe do centro o bico. Não teem cera, o bico é curto e adunco, os tarsos e os dedos curtos e geralmente cobertos de pennugem, o dedo externo tão movediço que podem dirigil-o para traz ou para diante, unhas robustas e lacerantes, cauda geralmente curta ; a pennugem espessa, abundante e sedosa, augmenta-lhes consideravelmente o volume do corpo e da cabeça, sendo esta maior que a das aves de rapina diurnas.

As pennas d'estas aves, pela sua natureza especial, permittem-lhes voar sem ruido, podendo d'este modo atacar a presa sem que esta dê pela aproximação do seu adversario, e possa escapar-se.

O que as caracterisa porém, principalmente, é a sensibilidade extraordinaria da vista, que não lhes permittindo sup-

portar a luz do dia, em compensação lhes dá a faculdade de vêr de noite, faculdade que resulta da grande dilatação da pupilla. Occultas durante o dia, tão depressa o sol se esconde no horisonte eil-as saindo dos seus lobregos escondrijos em busca de presa.

Destinadas a impedir a desmarcada multiplicação dos roedores que vivem sob a terra, e que só nas trevas saem das suas habitações, a natureza concedeu-lhes tudo quanto podesse auxilial-as nas suas caçadas nocturnas.

Já vimos quanto a visão é desenvolvida n'estas aves ; pois a audição parece ser das mais apuradas, e Buffon diz que teem o ouvido superior a todas, e talvez mesmo a todos os outros animaes, pois que, guardadas as proporções, nenhum possue a concha do ouvido tão desenvolvida.

Podendo mover as duas mandibulas, engole a presa facilmente d'uma só vez, sendo pequena, pois é consideravel a abertura do bico, e no estomago se separam as partes não digeriveis, taes como os ossos, os pellos e as pennas, que vomita reunidos n'uma especie de novello.

As aves de rapina diurnas, que se alimentam de presas vivas, possuem egual faculdade.

Digamos por ultimo que o epitheto de nocturnas dado a estas aves não deve ser tomado tanto ao pé da letra, que se julgue não lhes ser possivel voarem de dia, e que possam vêr quando a escuridão seja completa. Se a maior parte só caça ás horas do crepusculo, e melhor nas noites de luar, as especies que existem no polo e as que habitam nos tropicos vagueiam durante o dia.

As aves de rapina d'esta sub ordem ganharam pelos seus habitos nocturnos tal reputação, que o vulgo considera-as prenuncio de grandes males, e por toda a parte o homem as persegue e não as poupa. Esta antipathia do homem é imitada pelas aves diurnas, que todas as odeiam, e assim que as avistam manifestam a sua mal querença por uma extrema excitação e pelos seus gritos repetidos Chamam-se umas ás outras, correm todas a rodeiar a ave nocturna, e perseguem-n'a, acoçam-n'a, chegam até a espicaçal-a, sem que ella se defenda.

O homem, melhor avisado que as aves, longe de querer mal a estes hospedes das trevas, para elle inoffensivos, devia protegel-os, porque lhe prestam excellen-

tes serviços, destruindo vasta quantidade
de ratos e d'outros roedores bem nocivos ; e nada ha, realmente, que possa jus-
tificar o terror supersticioso que elles in-
fundem a muita gente.

. Minerva, a deusa da sabedoria, é representada tendo a seu lado um mocho. Diz Figuier que ós gregos assim praticavam, certamente pela attitude calma e grave peculiar áquellas aves nocturnas, que lhes dá
certo ar de philosophos meditando sobre
os problemas da vida.

As aves de rapina nocturnas, segundo
o methodo de Linneo e de outros naturalistas, formam uma unica familia, —
Strix, de Linneo, *Les strigiens*, dos francezes,—da qual iremos successivamente
descrevendo algumas das especies principaes.

A CORUJA FUSCALVA

Strix ulula, de Linneo — *La chouette caparacoch*
dos francezes

Esta especie é uma das do genero *Sur-
nia,* que comprehende as aves de rapina
nocturnas chamadas pelos naturalistas
francezes *chouettes epervières,* coruja-ga-
vião ; e posto que pela sua conformação
pertençam á sub ordem das aves de rapina nocturnas, pelos habitos diurnos e
modo de caçar a presa, á maneira do gavião, formam a transição dos falcões
para as corujas.

A coruja fuscalva tem a cabeça larga,
a fronte chata, olhos grandes, bico curto
mais alto que largo, muito adunco, tarsos e dedos curtos cobertos de pennugem,
cauda comprida. A fronte é salpicada de
branco e trigueiro, com uma risca negra
que nasce atraz dos olhos, dá volta em
roda dos ouvidos e vae terminar ao lado
do pescoço ; as partes superiores são cobertas de malhas de fórmas variadas, trigueiras e brancas ; a garganta é branca,
e bem assim as partes inferiores, cortadas de riscas transversaes trigueiras cinzentas ; as pennas da cauda são trigueiras
cinzentas com riscas estreitas transversaes
e em zig-zag ; bico amarello com manchas negras que variam com a edade,

Mede aproximadamente 0,^{m}41 a 0,^{m}44,
tendo de envergadura 0,^{m} 80 a 0,^{m} 85.

A verdadeira patria d'esta ave é nas regiões arcticas, encontrando-se na Finlan-
dia, na Russia, na Siberia, e em grande
numero no norte da America. Arriba á
Allemanha, e raras vezes é vista em Fran-

ça, não se estendendo nunca d'ahi para
o sul.

A coruja fuscalva vive nas florestas, e,
como já dissemos, vagueia de dia em procura da presa. Alimenta-se de pequenos
roedores e d'insectos que surprehende
empoleirada nas arvores.

Aninha nas arvores mais altas, construindo o ninho de troncos e tapizando-o
interiormente de musgo e de lichens, onde

Gr. 269. — A coruja fuscalva

a femea põe seis ou sete ovos brancos.
Pode conservar-se captiva.

O MOCHO ORDINARIO

Athene noctua, de Gray — *La chevêche commune,*
dos francezes

A ave que nas gravuras vemos representada junto da deusa Minerva pertence ao genero *Athene,* de que faz parte a
especie de que vamos falar.

Teem as aves d'este genero a cabeça
regular, bico curto e muito recurvo a

partir da base, azas curtas e arredondadas, cobrindo apenas duas terças partes de cauda, cauda mediocre, pernas altas, tarsos pouco pennugentos. São de pequena corporatura, não medindo além de 0ᵐ,25 de comprimento e 0ᵐ,55 d'envergadura, sendo a femea maior que o macho.

A parte superior do corpo é trigueira tirante á côr de rato com malhas brancas irregulares, as faces pardas esbranquiçadas, as partes superiores do corpo esbranquiçadas com malhas trigueiras longitudinaes. As remiges são pardas trigueiras cortadas de malhas triangulares e riscas transversaes brancas arruivadas, e as rectrizes egualmente trigueiras com cinco faxas brancas arruivadas pouco visiveis. O bico é amarello esverdeado, e os pés pardos amarellados.

Encontra-se esta especie em toda a Europa central, sendo uma variedade d'ella que habita o nosso paiz.

Para descrever esta ave bem conhecida de todos nós, cujo piar faz estremecer e apavora mais d'um espirito fraco, que liga áquelles gritos, que só teem de funebres a hora em que d'ordinario os ouvimos, a idéa de prenuncios de morte e de ruina, vamos transcrever em parte a descripção do tantas vezes por nós citado e distincto naturalista allemão A. Brehm.

«O mocho ordinario foge das grandes florestas e de preferencia encontra-se nos logares onde o arvoredo é menos cerrado. Por toda a parte onde as aldeias são cercadas de pomares e de arvores vetustas é certo encontral-o. Acoita-se até mesmo no interior das cidades, estabelecendo a sua morada nas torres, nos telhados, nos tumulos, e ahi se conserva occulto durante o dia. O homem não o assusta; pelo contrario é o mocho que o homem considera como vizinho pouco agradavel.

É na verdade vergonhoso que ainda hoje, em certos paizes, tão supersticiosos como o podem ser populações d'indios selvagens, sejam as corujas e os mochos tidos como seres sobrenaturaes. Em muitos paizes da Allemanha teem o mocho como ave de mau agouro, e o seu piar como prenuncio de morte. Honra seja feita aos habitantes do meio dia da Europa, onde o mocho ordinario é tão frequente, que longe de attribuir a esta ave o condão de agourar desgraças, n'elle véem um ente util e digno da protecção do ho-

mem. Realmente o mocho merece a nossa amizade.

Não se póde dizer que seja uma ave diurna, porque a sua actividade começa ao pôr do sol; mas não foge da luz á maneira da maior parte das aves de rapina nocturnas, e pode a qualquer hora do dia entregar-se ás suas occupações. Nunca dorme tão profundamente que possa ser surprehendido, despertando ao mais leve rumor, e voando ainda que seja em pleno dia. Vôa descrevendo curvas, avança rapidamente, e passa sem maior custo por entre o matto mais cerrado.

Quando repousa conserva-se encolhido, mas ao vêr objecto que se lhe torne suspeito, endireita-se, inclinando successivamente o corpo da direita para a

Gr. n.º 270 — O mocho ordinario

esquerda, para fixar bem o objecto que lhe attrahiu a attenção. Tem no olhar alguma coisa de dissimulado e de astuto, mas nada n'elle indica maldade, e comprehende-se que os gregos fizessem d'esta ave o favorito da deusa da sabedoria. Não é das mais acanhadas a sua intelligencia, podendo considerar-se sob este ponto de vista como sendo um dos mais bem dotados da familia.

Vive bem com os da sua especie. No meio dia da Europa e no norte d'Africa encontram-se muitas vezes bandos numerosos de mochos que parece viverem em optimas relações. Acoitam-se em commum no mesmo escondrijo, juntos vão á caça, n'uma palavra, reina entre elles a mais completa harmonia.

Já antes do pôr do sol se ouve resoar

a voz do mocho, e á hora do crepusculo sae para caçar. Se a lua brilha no firmamento,passa a noite inteira em continuado vaguear, percorrendo, todavia, curta distancia em volta da habitação. Tudo o attrahe: esvoaça em torno da fogueira accesa pelo caçador, aproxima-se das janellas illuminadas, e póde d'esta sorte amedrontar alguma boa alma, fraca e credula.

O seu alimento consiste principalmente em mamiferos, aves e insectos. Destroe os morcegos, os musaranhos, os ratos, os ratos campestres, as cotovias, os pardaes, os gafanhotos e os besouros, mas a sua caça predilecta são os pequenos roedores. São-lhe necessarios cinco ou seis para o saciar, mas ainda que só admittamos, segundo a opinião de Lenz, que não devora mais de quatro, chegamos ao resultado de que n'um anno destroe 1460 roedores. E não teremos nós interesse real em proteger ave tão util?

Reproduz-se em abril ou maio, e n'esta epoca é grande a sua excitação, grita e agita-se fóra do commum. Não construe ninho, limita-se a escolher uma cavidade conveniente entre as rochas, debaixo d'algum monte de pedras, n'algum muro meio derrocado, no tronco ôco d'alguma arvore e ahi deposita os ovos. A postura não excede de quatro a sete ovos, que a femea choca durante quatorze ou dezeseis dias, e com tanta dedicação, que Naumann conta ter podido acariciar uma femea no ninho e pegar n'um dos ovos sem que ella fugisse. Alimenta os pequenos de roedores, aves e insectos. Afóra os inimigos que o mocho tem em todas as pessoas credulas e supersticiosas, existem outros muitos: o açor e o gavião matam-n'o, a doninha destroe-lhe os ovos, as gralhas, as pegas, os gaios e todas as aves pequenas perseguem-n'o com os seus gritos.

O mocho acostuma-se com facilidade a estar preso, até mesmo em logar acanhado. A Italia é o unico paiz onde ainda hoje se educa com o fim de utilisar os seus prestimos.

«Para que não escasseiem os mochos, conta Lenz, os italianos teem o cuidado de preparar sob os telhados logares apropriados e de facil accesso, onde aquellas aves vão aninhar. Depois facilmente apanham tantos quantos individuos carecerem, deixando os outros em paz. Os mochos tornam-se então verdadeiros animaes domesticos, e deixam-se, depois de se lhes cortar as azas, correr livremente pelas casas e pelos pateos, onde empolgam os pequenos roedores, e principalmente vaguear pelos quintaes e jardins, onde destroem os caracoes e todos os vermes, sem causarem o mais leve prejuizo.

Os alfaiates, sapateiros, oleiros e outros artistas que trabalham perto da rua, teem junto de si n'um poleiro dois ou quatro mochos, e com elles trocam de vez em quando os mais ternos olhares. Como nem sempre teem carne para dar-lhes, habituam-n'os a alimentar-se de *polenta*.[1]»

O BUFO, OU CORUJÃO

Strix bubo, de Linneo—*Le grand duc*, dos francezes

Esta especie do genero *Bubo* é das aves de rapina nocturnas a maior e a mais perfeita. Mede $0,^m 66$ de comprimento por $1.^m 60$ d'envergadura. A femea é maior.

Tem a cabeça chata ornada de dois martinetes de pennas nos lados, por cima dos ouvidos, e inclinados para traz; bico vigoroso, adunco, com duas terças partes occulto pelas pennas do disco facial; azas mediocres, cauda curta e arredondada, tarsos curtos cobertos de pennugem que lhe reveste os dedos, armados d'unhas robustas, muito aduncas e agudas.

O bufo tem a parte superior do corpo mesclado e ondeado de preto e amarello ocre, as partes inferiores d'esta ultima côr com manchas longitudinaes negras, a garganta branca, os pés cobertos até ás unhas de pennugem ruiva amarellada, bico e unhas escuros.

Encontra-se em toda a Europa, sendo commum no nosso paiz. O museu de Lisboa possue bellos exemplares, alguns apanhados em Mafra.

O bufo vive nas mattas e principalmente nas vizinhanças de rochas escarpadas, onde estabelece a sua morada, sendo raro afastar-se para longe e encontral-o nas planicies descobertas. Se de dia o vôo é menos facil, á noite move-se com grande destreza esvoaçando proximo do solo e remontando a grande altura. Tem-se dito que accommette os veados, os vitellos, que não recua em frente da aguia, e que se bate com o raposo; entretanto estes factos parece não estarem provados, sabendo-se todavia que devora as lebres, os

---

[1] Papas de farinha de milho com manteiga e queijo parmezão ralado.

coelhos, os gansos, as perdizes, não pou-- pandos os corvos e as gralhas, e que até mesmo o ouriço, armado com os seus espinhos, não escapa aos seus ataques. Em caso de necessidade, ou quando teem de prover á sustentação dos filhos, não desdenham as rãs e os reptis pequenos.

Aninham, segundo as circumstancias, na fenda d'uma rocha, n'uma toca, em alguma habitação em ruinas, sobre uma arvore e até mesmo no chão. Se encon- tram um ninho abandonado que lhes convenha, quando muito fazem-lhe os reparos necessarios; mas se teem de o construir de novo, é grosseiramente feito de folhas e hervas seccas. A femea põe dois ou tres ovos, brancos e arredondados, encarregando-se de os chocar, e durante esse periodo o macho encarrega-se da sua manutenção.

O bufo tem grande amor á sua progenie, e em volta do ninho abundam sem-

Gr. n.º 271 — A coruja das torres — O bufó, ou corujão — O mocho pequeno

pre os restos de diversos animaes destinados a saciar o appetite dos filhos. Conta Figuier que um fidalgo sueco, chamado Cronstedt, habitou por muitos annos uma propriedade situada no sopé d'uma montanha, no cimo da qual havia construido o ninho um casal de bufos. Os criados um dia apanharam um dos filhos que havia abandonado prematuramente o ninho paterno, e encerraram-n'o na capoeira.

No dia seguinte de manhã ficaram surprehendidos, ao approximarem-se da capoeira, vendo junto da porta uma perdiz morta de fresco, o que os levou a crer que os paes do pequeno bufo, attrahidos pelos seus gritos, tinham vindo de noite trazer-lhe alimento; realmente assim era, repetindo-se o facto quatorze noites successivas.

O sr. Cronstedt, para obter completa certeza, perdeu algumas noites em observação, querendo apanhar a femea em flagrante delicto d'amor maternal. Debalde, porém, procurou vél-a; provavelmente a ave, graças á sua vista penetrante, aguardava occasião em que estivesse distrahido para depor junto da porta as provisões destinadas ao filho. Chegado o mez de agosto, epoca em que os pequenos já podem prover ás suas necessidades, os paes cessaram de lhe fornecer o alimento.»

Não obstante o bufo ser naturalmente bravio e irascivel, sendo bem tratado pode conservar-se captivo, e até mesmo á força de cuidados tornar-se manso. Contam-se exemplos d'algumas d'estas aves, depois de domesticadas, andarem livremente pelo campo, voltando regularmente a casa, darem pelo nome, e responderem até á chamada do dono. Entretanto pode dizer-se, em geral, que a educação tem escassa influencia no seu natural bravio.

Entre as muitas especies do genero *Bubo*, das quaes a antecedente e outra, o *Bubo ascalaphus,* se encontram na Europa, existe uma que habita a America septentrional e meridional—o *bufo da Virginia, —bubo Virginianis,*—mais pequeno que o bufo, e distinguindo-se pela diversa disposição dos martinetes que nascem junto ao bico. Faz grandes estragos na criação, e parece que o peru é de todos o seu manjar mais predilecto.

O BUFO MEDIOCRE

Strix otus, de Linneo—*Le moyen duc,* dos francezes

Esta especie, a mais commum na Europa, do genero *Otus,* mais pequena que a antecedente, mede de $0,^m 36$ a $0.^m 39$ de altura e $0,^m 96$ a $1,^m 04$ d'envergadura.

O bufo mediocre tem o bico curto, quasi que escondido entre as pennas do disco facial, as pennas do martinete mais curtas que as do bufo, azas alongadas que alcançam e por vezes excedem a cauda, tarsos e dedos cobertos de pennugem. Tem as costas d'um amarello arruivado sujo, malhado, salpicado e cortado de riscas pardas trigueiras escuras ; o ventre amarello ruivo mais claro semeado de malhas trigueiras transversaes ou longitudinaes, as faces variando entre o pardo, o ruivo e o trigueiro, cauda ruiva pela parte superior com faxas trigueiras, pennugem dos pés arruivada, bico escuro.

Esta ave vive espalhada por toda a Europa e parte da Asia, encontrando-se no nosso paiz, onde vulgarmente lhe chamam *mocho,* sem distinguil-o das outras especies de egual nome.

«Ao bufo mediocre vae-lhe bem o appellidarem-n'o *mocho das mattas,* porque só n'ellas se encontra. Se de noite vem algumas vezes vaguear pelos pomares que rodeiam as povoações, só o faz excepcionalmente.

Nos habitos differe do bufo, e posto que de dia repouse como este, e só ás horas do crepusculo da tarde dé principio ás suas caçadas, é comtudo muito mais sociavel e menos bravio. Só na epoca das nupcias vive aos pares, porque mal os filhos podem voar reunem-se em bandos muitas vezes bastante numerosos. No outono vagueiam pelo paiz sem emigrarem, e vi bandos superiores a vinte individuos todos pousados n'uma arvore.

Embora o vulgo ignorante o persiga e o não poupe, o bufo mediocre não é timido, e deixa que se aproximem da arvore onde estiver pousado sem pensar sequer em voar, sendo necessario ás vezes sacudir a arvore com violencia para o obrigar a fugir.

Os pequenos mamiferos, principalmente os ratinhos dos mattos, os campestres e os musaranhos, são o alimento quasi exclusivo que do bufo mediocre. Isto não quer dizer uma vez por outra não invista com alguma ave pequena, alguma perdiz ferida ou cansada ; factos porém tão raros são estes que não devem servir para empanar o brilho da sua reputação de ave util, que leva a vida a expurgar os nossos campos dos pequenos mamiferos nocivos que os devastam.

Deposita o bufo mediocre os ovos em ninho abandonado da gralha, do pombo torcaz, d'alguma ave de rapina diurna, ou do esquilo, sem ao menos se dar ao trabalho de reparal-o. A postura é feita em março, e consta de quatro ovos arredondados, brancos, que a femea choca durante tres semanas. Em quanto dura a incubação o macho encarrega-se do alimento da femea, e dá-lhe provas do seu carinho, gritando e batendo as azas. Os dois alimentam os filhos testemunhando-lhes a mais viva affeição.

São muito vorazes, os pequenos ; gritam e piam sem cessar, como se nunca se saciassem, obrigando os paes a caçar constantemente.

O bufo mediocre é util desde que nasce; o homem intelligente sabe conhecer os serviços que elle presta, e não o maltrata ; o ignorante, ao inverso, mata-o, pequeno ou grande, e, como prova do seu alto feito, prega-o de azas abertas á porta da quinta.

A' maneira de todas as aves de rapina nocturnas, o bufo mediocre é detestado pelas aves pequenas, que não podem vél-o sem o perseguir. Apanhado novo, quando ainda os cobre a primeira pennugem, e bem tratado, torna-se muito dado e interessante». (Brehm).

Como prova da grande affeição d'estas aves aos filhos, e de que n'ellas existe avultada parcella d'intelligencia, transcreveremos a seguinte curiosa noticia publicada no jornal *La France* de 15 de setembro de 1880.

«Beuvry acaba de ser theatro d'uma terrivel vingança tirada por uma ave de rapina.

No tronco carcomido d'um carvalho vetusto, situado nas proximidades d'uma herdade, aninhava um casal de mochos; no principio de julho, chocando a femea tranquillamente os ovos, haviam nascido os pequenos. Um moço da herdade, instigado certamente pela antipathia que os mochos geralmente inspiram, foi-se ao ninho e matou os pequenos já em vesperas de poderem voar.

Na tarde seguinte o aldeão ao voltar do trabalho notou que o mocho pae andava esvoaçando em torno da casa, repetindo-se o facto cinco ou seis tardes successivas e na setima o rapaz, ao sair

Gr. 272 — O bufo mediocre

de casa para ir á aldeia, foi accommettido pelo mocho, que do alto d'uma arvore investiu com elle, arrancando-lhe com as unhas o olho esquerdo.

Louco de dôr, o homem gritou por soccorro ate cair por terra sem sentidos; o medico chamado para lhe acudir declarou que a ave lhe rasgara a iris em toda a largura, podendo considerar-se o olho como perdido.

O mocho n'esse meio tempo voara para longe.»

O MOCHO PEQUENO

Strix scops, de Linneo — *Le petit duc*, dos francezes.

Esta especie do genero *Scops*, a mais pequena da familia, caracterisa-se pelo corpo mais esguio, cabeça muito grande, azas compridas, cauda curta e arredondada, tarsos altos cobertos de pennugem pela frente, bico forte e recurvo, martinetes curtos, dedos nús. Mede de 0,^{m}18 a 0,^{m}20 de comprimento.

A pennugem é variegada : a das costas trigueira ruiva, mesclada de pardo cinzento e rajada longitudinalmente de negro, as azas riscadas de branco, as espadoas de côr avermelhada, o ventre sarapintado de trigueiro ruivo, d'amarello e de pardo esbranquiçado, o bico pardo azulado, pés côr de chumbo escura. A femea differe pouco do macho.

Encontra-se em todos os pontos da Europa, emigrando em setembro ou principio de outubro para o interior da Africa. E' pouco frequente no nosso paiz.

O mocho pequeno acoita-se nas arvores ou no chão entre as plantas, e ahi se conserva durante o dia, não sendo facil enxergal-o. A presença do homem não o assusta, porque, introduzindo-se nas povoações ruraes e até mesmo nas cidades, não foge dos logares mais povoados. Diz Brehm que é muito vulgar vêl-o em Madrid, pousado nas arvores dos passeios mais frequentados.

Ao pôr do sol começa a vida activa do mocho pequeno, dando principio á caçada. Os insectos são o seu principal alimento, taes como os grillos, os gafanhotos, os besouros, os escaravelhos, posto que não desdenhe os pequenos vertebrados, fazendo importante consumo de ratos pequenos, o que o torna de grande utilidade para a agricultura.

Conta um escriptor inglez, Dale, que em 1580 foi tão consideravel o numero de ratos pequenos que invadiram os campos vizinhos de Southminster, que as plantas que cobriam a terra foram roidas até á raiz. N'este meio tempo, porém, appareceram os mochos pequenos em grande quantidade e destruiram-n'os.

A femea põe os ovos, de quatro até seis, nas cavidades das arvores, nas fendas dos muros, e até mesmo sob os telhados das casas, sem se dar ao trabalho de guarnecer o ninho de folhas óu dé qualquer ou-

Gr. n.º 273 — A coruja do matto

tra substancia. E' raro que aproveite o ninho abandonado d'alguma outra ave.

De todas as aves de rapina nocturnas, o mocho pequeno é a que melhor se domestica, tornando-se tão dado e familiar que obedece á chamada das pessoas com quem está costumado a viver.

Se o tiverem cuidado de pequeno e habituado a dar-lhe de comer em liberdade, não abandona o sitio onde foi creado; mas ao chegar a epoca de emigrar nada o prende; por melhor que o tratem, abandona o seu tratador e vae em busca de novas regiões, sendo mister, querendo conserval-o, tel-o fechado antes de chegar a epoca da emigração, d'ordinario em setembro.

A CORUJA DO MATTO

Strix aluco, de Linneo — *La chouëtte hulotte*, dos francezes.

A especie acima referida pertence ao genero *Ulula*, do latim *ululare*, uivar, por que os gritos d'estas corujas, *hou ou ou*, se assimilham ao uivar dos lobos.

Tem esta ave a cabeça muito grande, o bico adunco e quasi escondido nas pennas do disco facial, largo e bem pronunciado; o pescoço grosso, corpo refeito, tarsos e dedos cobertos de pennugem, azas obtusas, cauda alongada e arredondada na extremidade. Mede aproximadamente 0,^m40 de comprimento.

E' muito variavel o colorido da pennugem nos individuos d'esta especie, sendo a côr principal o trigueiro pardo ou o trigueiro ruivo claro, mais escuro nas partes superiores que nas inferiores, e as azas cobertas de manchas claras regularmente dispostas.

Encontra-se esta coruja na Europa, sendo commum no nosso paiz, principalmente no Alemtejo.

As mattas são os logares favoritos onde se acoita, e raro habita algum edificio em ruinas, e quando o faz é temporariamente. No verão vive no cimo das arvores, e no inverno n'alguma cavidade do tronco. É de todas as aves de rapina nocturnas a menos agil e a que mais evita a luz do sol.

Occulta durante o dia, sae do seu escondrijo depois do pôr do sol em perseguição das aves pequenas, mas principalmente dos ratinhos campestres, e dos musaranhos, que constituem a parte principal da sua alimentação, circumstancia que lhe dá direito á protecção do homem.

No fim d'abril ou principio de maio é chegada a epoca da femea aninhar, para o que procura o tronco carcomido d'uma arvore, um buraco n'algum muro meio derrocado, ou ninho que pertencesse a ·ave de rapina, ao corvo ou á pega.

D'ordinario contenta-se em pôr os ovos sem primeiro lhes fazer cama, sendo raras as vezes em que forra o ninho com algumas hervas seccas, musgo ou pellos. A femea põe dois ou tres ovos, e encarrega-se só ella da incubação, auxiliando-a o macho na creação dos filhos.

A coruja do matto é naturalmente docil, sendo facil domestical-a. No fim d'algum tempo aprende a conhecer o dono, sauda-o com os seus gritos e deixa-se acariciar.

A CORUJA DAS TORRES

Strix flammea, de Linneo — La chouette effraie, dos francezes

A coruja das torres, especie européa do genero *Strix*, tem o corpo alongado, pescoço comprido, cabeça larga e grande, bico direito na base e adunco na extremidade, meio occulto entre as pennas do disco facial, e·este em fórma de coração. A cauda é curta e larga, os tarsos altos, cobertos de pennugem, e os dedos mal semeados de pellos e armados d'unhas compridas, delgadas e lacerantes. Mede de $0,^m33$ a $0,^m38$ de comprimento por $1,^m$ a $1,^m08$ de envergadura.

Nas partes superiores do corpo é loira clara com riscos pardos e trigueiros em zig-zag, e numerosos salpicos esbranquiçados ; as faces e a garganta brancas,· as partes inferiores brancas arruivadas ou brancas com pequenos salpicos trigueiros.

Encontra-se esta especie na Europa, sendo muito commum no nosso paiz.

A coruja das torres, como já o nome indica, habita de preferencia as torres das egrejas, os edificios em ruinas, as casas deshabitadas ; é esta ave que, no si'encio da noite, com os seus gritos discordantes, perturba o somno e apavora os que créem em almas do outro mundo e lobis-homens, e que, considerando-a como mensageira da morte, teem por certo que pousando em telhado d'alguma habitação, morre cedo pessoa da familia que debaixo d'elle se abrigue.

Ao inverso de todos estes falsos e injustos preconceitos, a coruja é dos animaes mais uteis ao homem, destruindo prodigiosa quantidade de pequenos roedores nocivos á agricultura. O seu alimento consiste em ratinhos, ratazanas, musaranhos, toupeiras, insectos grandes e aves pequenas, e durante o tempo em que tem de prover ao sustento dos filhos, é enorme a quantidade de roedores que destroe.

Pesa sobre esta ave a terrivel accusação de se introduzir nos pombaes para destruir os ovos e devorar os pombos pequenos, quando os verdadeiros criminosos são os ratos, e ella, pelo contrario, quando alli se acolhe, para repousar, torna-se util destruindo os roedores que lá encontra, verdadeiro flagello dos pombaes. D'outro crime a accusam, — o de beber sacrilegamete o azeite das lampadas de noite accesas nas egrejas.

A coruja das torres põe os ovos a um canto da sua habitação encarregando-se a femea da incubação. Os paes cuidam da manutenção dos filhos, e trazem-lhes alimento em abundancia, que geralmente consta de ratos e outros pequenos roedores.

Domestica-se esta ave facilmente ; apanhando-a nova e não querendo ter o encargo de sustental-a, basta encerral-a n'uma gaiola com grades largas, por que os paes se encarregam de lhe trazer o alimento. Em liberdade vive bem, morrendo se a fecharem em gaiola estreita por melhor que a tratem. Não abandona a morada do dono, e deixa-se acariciar por elle.

Diz Figuier que os chins e os tartaros rendem culto especial a esta especie das corujas, em memoria d'um facto que merece ser narrado. Gengis Khan, fundador do imperio, derrotado pelo inimigo, viu-se na necessidade de procurar abrigo n'um bosque, e póde escapar ás pesquisas dos vencedores porque uma coruja veiu pousar na mouta que lhe servia de escondrijo. Os que o perseguiam, ao vêr a coruja, tiveram como fóra de toda a duvida que no mesmo sitio se não podiam acoitar o homem e a ave.

Gr. n.º 274 — Ninho da coruja das torres

AVES

ORDEM DOS PASSAROS

N'esta ordem, cuja denominação se deriva de *passer*, nome latino do pardal, comprehendem-se numerosas especies de aves, quasi cinco setimas partes das especies ornithologicas conhecidas, e de tão encontradas fórmas e habitos, que difficil é marcar caracteres que pela sua homogeneidade sirvam para reunil-as no mesmo grupo.

Pode dizer-se que os individuos d'esta ordem se distinguem por caracteres negativos, isto é — que são passaros todas as aves, que não possuindo os caracteres peculiares aos individuos das outras ordens, não podem pertencer ás aves de rapina, ás trepadoras, aos gallinaceos, ás pernaltas, nem ás palmipedes.

Os maviosos cantores alados, que animam com os seus gorgeios a solidão do campo ou da floresta, estão comprehendidos na ordem dos passaros, e muitas das especies d'esta ordem, pelo brilho e variegado da plumagem, são encanto para a vista.

Numerosas são as divisões da ordem dos passaros adoptadas pelos diversos naturalistas, e posto que nós tenhamos principalmente em vista descrever os habitos d'algumas das especies mais importantes, para que a descripção seja regular e methodica seguiremos uma classificação, adoptando a de Cuvier, que dividiu os passaros em cinco grandes familias : os *dentirostros*, os *fissirostros*, os *conirostros*, os *tenuirostros* e os *syndactylos*.

As primeiras quatro denominações fundam-se na fórma do bico ; a ultima na estructura dos pés.

OS DENTIROSTROS

Os passaros do grupo dos dentirostros são de pequena corporatura, tendo o bico mais ou menos robusto, por vezes esguio ou sovelado, ou um tanto recurvo, com a mandibula superior chanfrada na extremidade.

Divide-se o grupo ou tribu em muitas familias, e estas em generos comprehendendo numerosas especies, das quaes citaremos successivamente algumas das mais importantes.

O PICANÇO

Lanius excubitor, de Linneo— e *pie-griéche griae*, dos francezes

O genero *Lanius*, a que pertence a especie de que vamos tratar, é rico em especies que vivem espalhadas por todo o globo, e que pelo bico mais ou menos adunco na extremidade, e pelos instinctos bellicosos e sanguinarios, se aproximam das aves de rapina.

Das especies que se encontram na Europa são frequentes no nosso paiz a que acima citámos, e o *lanius meridionalis* de Temminch, vulgarmente conhecido pelo mesmo nome de picanço.

Estas aves teem o corpo refeito, o peito

amplo, pescoço comprido, cabeça redonda e grande, azas curtas, largas e arredondadas, cauda comprida, bico vigoroso, adunco, com um bem pronunciado dente, tarsos fortes e dedos compridos armados de unhas rijas e lacerantes.

O picanço da especie *excubitor* é cinzento claro nas partes superiores do corpo, branco por baixo, com uma faxa negra atravessando-lhe os olhos e o orificio dos ouvidos ; azas negras com duas malhas brancas, bico e pés negros. Mede $0,^m26$ a $0,^m28$ de comprimento por $0,^m36$ a $0,^m38$ de envergadura.

Vivem os picanços de ordinario nas mattas, pousados de dia nos ramos mais altos, d'onde espreitam a presa, para d'alli investirem com ella. Espraiando a vista

Gr. n.º 275 — O picanço

em volta de si, não lhes escapa a ave de rapina que passa fendendo os ares, nem o rato ou o insecto que se move sobre o solo.

«Mal enxerga uma ave de rapina corre para ella dando um grito agudo, e com a maior intrepidez persegue-a gritando sempre. Serve o grito do picanço para advertir as aves da vizinhança de que o perigo está imminente, e bem cabido é o nome de *avisador* que lhe teem dado. Quando avista as aves pequenas arremessa-se contra ellas, e posto que o picanço pareça pesado e pouco destro corre atraz dos ratos.

No inverno é muitas vezes visto no meio dos pardaes, aquecendo-se aos raios do sol ; de subito, empolga um, mata-o ás bicadas ou estrangula-o. A victima é em seguida levada para sitio se-

guro, e se n'essa occasião lhe escasseia o appetite, enfia-a n'um espinho ou na ponta d'um ramo, para a devorar mais tarde, a seu commodo, depois de a fazer pedaços.

A temeridade leva o picanço a atacar animaes maiores do que elle, e meu pae viu um investir com um melro. Naumann viu-o perseguir os tordos, e atacar as perdizes presas no laço. Destroe numerosas aves pequenas. Se fosse tão agil como é ousado e corajoso, o picanço seria por certo o mais terrivel dos rapinantes entre as aves. Mas, por felicidade, a maior parte das presas escapam-se-lhe, não deixando por isso de ser bastante nocivo, e o homem que estima os passaros, que o distrahem com os seus gorgeios, não o vê com bons olhos.» ((Brehm).

O picanço é notavel pela habilidade com que sabe imitar o canto das aves que estiver costumado a ouvir, e com tal perfeição, que não é facil distinguir o verdadeiro do imitado. Diz-se que aproveita esta habilidade para attrahir os passaros, e assim melhor poder empolgar as suas victimas.

Construe o ninho nas arvores, formando-o de talos de hervas seccas, das pontas dos ramos e de musgo, e forra-o de palha, hervas, lã e pellos. A femea põe de quatro até seis ovos.

O picanço é facil de se tornar docil, muito interessante captivo, aprendendo rapidamente a conhecer o dono, saudando-o com os seus cantares. Se o reunirem com outros passaros é muito provavel que os mate. Alimenta-se principalmente de carne.

Na Australia existe um genero d'aves ahi muito frequentes, a que os francezes dão o nome de *cassicans*, que se parecem com os picanços, sendo todavia maiores e de formas mais massudas. Nos habitos assimilham-se aos corvos, são omnivoros, alimentando-se de carne crua, sementes, insectos grandes, etc.

O DRONGO

Edolius paradiseus — Le drongo paradisier, dos francezes

Existe um genero de passaros (*Dicrurus*) comprehendendo trinta e seis especies que vivem na Africa meridional e na India, a que os colonos do Cabo da Boa Esperança dão o nome de *papa-abe-*

lhas, por serem estes insectos o seu principal alimento. Nas fórmas assimilham-se aos corvos, e teem o bico robusto, revestido na base de sedas asperas dirigidas para a frente, recurvo a partir da base, azas longas, tarsos curtos e vigorosos, unhas curtas, e a cauda aforquilhada.

Na especie acima citada, que vive na India, a pennugem é negra com reflexos azues, e tem as pennas da parte anterior da cabeça alongadas formando uma especie de poupa. Mede 0,^m 39 de comprimento.

Levaillant, falando das especies que teve ensejo de observar, conta interessantes pormenores dos seus habitos. Vamos resumidamente narrar alguns.

«Os drongos frequentam as florestas, onde vivem em pequenos bandos, empoleirando-se n'alguma arvore secca mais isolada, ou que tenha ramos seccos, afim de melhor observarem a occasião em que as abelhas entram ou saem das suas habitações, sendo de manhã antes do nascer do sol e á tarde antes do occaso que estas aves, de ordinario, caçam os industriosos insectos, que constituem a parte mais importante da sua alimentação. «Imagine-se vér trinta d'estes passaros, diz o autor suppra citado, esvoaçando desordenadamente em volta d'uma arvore, e descrevendo mil voltas e curvas a que o vôo rapido das abelhas, fugindo dos seus inimigos, os obriga, umas vezes porque lhes escapa uma presa voltando-se rapidamente para outra, e assim se-

Gr. n.º 276 — O drongo

guidamente fazendo cinco ou seis cabriolas no ar, ora para cima ou para baixo, ora para os lados, em todas as direcções, não descançando em quanto não apanham uma das abelhas ou a fadiga a isso os obriga, e ter-se-ha uma pintura exacta dos manejos curiosos dos drongos.

Ao ouvir-lhes os gritos, *pia-griach, griach,* repetidos em todos os tons e por todos os individuos do bando, ao pór do sol, sabendo-se que estes passaros são pretos por egual, não surprehende que em certos cantões haja homens simples, estupidos, excessivamente credulos, que os tenham por aves diabolicas, principalmente ignorando a causa do ruido que elles fazem e dos seus descompassados movimentos. Os hottentotes que nos acompanhavam, não obstante conhecerem estes passaros, estavam ainda assim convencidos que eram de mau agouro. Rogaram-me que não fizesse fogo sobre elles, recelando que fossemos victimas d'algum acciden-te desagradavel pelo caminho, principalmente quando estivessem reunidos em conferencia com os feiticeiros.»

O BEM TE VI

Lanius sulphuratus, de Linneo — *Saurophage bentévéo* dos francezes

Existe um grupo de passaros com a denominação de *Tyrannus*, nome que lhe provém do seu caracter intrepido e bellicoso, atacando aves muito mais vigorosas, e principalmente as mais pequenas da familia das de rapina. N'este grupo inclue-se o *bem te vi*, do genero

Saurophagus, ao qual demos o nome porque é conhecido no Brazil.

Mede este passaro 0,^m 28 de comprimento por 0,^m 34 de envergadura; tem

Gr. n.º 277 — O bem te vi

as costas côr d'azeitona, na fronte uma linha pelo meio dos olhos branca, no alto da cabeça uma especie de poupa côr de enxofre, o resto da cabeça e as faces negras. A parte superior das azas, as remiges e as rectrizes, são bordadas de rui-

Gr. n º 278 — A tesoura

vo, a garganta e o pescoço brancos, o peito, o ventre e as coxas, côr d'enxofre.

E' muito frequente esta especie na America do Sul.

O *bem te vi*, no dizer de Brehm, não foge

do homem; encontra-se nas plantações, na orla das florestas, ou nas pastagens adejando por entre as manadas de gado.

N'uma arvore isolada, sobre um arbusto, pousado n'uma pedra ou n'um monte de terra, até mesmo sobre o solo estabelece o seu observatorio, e d'alli espia a presa. E' vivo, activo, curioso, bulhento, cioso na epoca dos amores, lutando com os seus similhantes quando se trata de lhes disputar a posse d'uma femea. Schomburgk diz que elle vive em continuas lutas com elles.

O grito que o macho e a femea repetem sem cessar é imitado de diversos modos pelos indigenas : no Brazil *bem te vi* e em Buenos Ayres e Montevideo *ben te veo*.

O *bem te vi* é um verdadeiro tyranno; não se arreceia de nenhuma ave : nunca, conta o principe Wied, deixa escapar occasião de perseguir ou molestar uma ave de rapina. A sua audacia leva-o a atacal-a destemidamente aggredindo-a ás bicadas.

Alimenta-se principalmente dos insectos que caça, espreitando-os de cima de uma arvore ou de qualquer outro ponto elevado, e perseguindo-os a vôo até poder apanhal-os. Em seguida transporta-os para o sitio onde estabeleceu o seu observatorio, e ahi os devora a seu commodo.

Aninha nas arvores ou nas moutas, construindo o ninho de folhas, pennas e musgo, com o feitio de uma bola, e a um dos lados uma pequena abertura arredondada. Põe a femea de tres a quatro ovos.

O *bem te vi* pode conservar-se engaiolado, e no dizer de Azara alimentar-se com carne crua.

A TESOURA

Muscicapaus tyrannus de Linneo— *Le savana tyran*, dos francezes

Esta especie pertence tambem ao grupo dos *Tyrannus*, a que acima nos referimos. E' um pequeno passaro, cujo corpo não excede em comprimento 0^m, 12, possuindo a cauda aforquilhada e muito comprida, medindo 0^m, 27. A cabeça e as faces são negras, as costas cinzentas, o ventre branco, a parte superior das azas e as remiges trigueiras annegradas orla das de pardo, metade das barbas externas das rectrizes lateraes brancas, bico e pés negros.

Vive na America do Sul, e alimenta-se de insectos.

O habito de abrir e fechar as grandes pennas da cauda, á maneira das folhas de uma tesoura, quando está pousado, parece ser a origem do nome que lhe dão no Brazil e que adoptamos.

O TARALHÃO, OU PAPA MOSCAS

Muscicapa grisola, de Linneo—*Le gobe mouche gris*, dos francezes

Do genero *Muscicapa* existem na Europa, Asia e Africa, numerosas especies, tres das quaes são frequentes no nosso paiz, sendo mais commum a que acima citamos, e conhecidas todas pelo nome vulgar de papa-moscas.

Teem estes passaros o bico mais pequeno que a cabeça, guarnecido de sedas

Gr. n.º 279 — O taralhão ou papa-moscas

compridas e asperas, curvo e chanfrado na extremidade, azas alongadas e pontudas, cauda regular, tarsos do comprimento do dedo medio, dedos curtos, unhas compridas curvas e agudas. O da especie acima indicado tem 0^m, 14 de comprimento por 0^m, 29 d'envergadura.

E' cinzento na parte superior, com o centro da pennugem e a cabeça mais escuros, as pennas e a pennugem das azas bordadas de branco ; pardo claro nas partes inferiores, com os lados do pescoço, o peito e as ilhargas riscados longitudinalmente de trigueiro, remiges e rectrizes negras, bico negro na parte superior e mais claro na inferior.

O taralhão é vivo e buliçoso, e até mesmo pousado agita constantemente as azas ou a cauda. Só se conserva tranquillo e silencioso durante o mau tempo, limitando-se então a voar, quando impellido pela fome, de ramo, em ramo, apanhando os insectos que encontra nas folhas. Nos bons dias, quando o sol brilha, volta-lhe a alegria e o bom humor, corre apoz os companheiros em continuas folias, e fendendo os ares persegue as moscas, os mosquitos, as borboletas, e, por vezes, adejando proximo do solo apanha voando alguns insectos que por alli topa. Aninha d'ordinario nos troncos ôcos das arvores, guarnecendo o interior do ninho de musgo e raizes, e reservando no centro um logar para os ovos, de cinco a seis, forrando-o ordinariamente de pennas, de lã e de pellos. O macho auxilia a femea na incubação, que dura quinze dias.

Diz Brehm que estes passaros são muito estimados pelos amadores d'aves, que os incluem no numero dos mais interessantes para engaiolar, sendo tão agradaveis pelo canto como pelos habitos. Accrescenta o mesmo autor que deixando-os voar livremente pelas casas exterminam completamente as moscas, e tornam-se tão mansos e dados que veem comer á mão do dono. Captivos, alimentam-se da mesma forma que os rouxinoes.

A COTINGA CHILREIRA DA EUROPA

Ampelis garrulus, de Linneo — *Le jaseur d'Europe* dos francezes

Esta especie pertence ao genero *Bombycilla*, adoptado pelos modernos naturalistas, e é a unica que se encontra no norte da Europa, havendo uma peculiar á Asia e outra que vive exclusivamente na America septentrional.

A especie da Europa, acima referida, tem como os seus congeneres bico curto, arqueado em cima e em baixo, pouco

Gr. n.º 279 — A cotinga chilreira da Europa

curvo na extremidade, azas mediocres, cauda de comprimento regular e arredondada, tarsos curtos e grossos, unhas vigorosas, muito aduncas e agudas, uma poupa que lhe nasce na parte anterior da cabeça.

É parda arruivada uniforme, mais escura nas costas que no ventre, com uma risca preta sobre os olhos, as remiges negras, terminando as primarias n'uma malha branca com a fórma d'um V, as secundarias brancas na extremidade, e seis ou oito com um prolongamento cartilaginoso vermelho claro; rectrices pretas com as extremidades amarellas, bico trigueiro arruivado na base e negro na extremidade, pés trigueiros.

Esta especie, como já dissemos, vive no norte da Europa e da Asia e n'alguns pontos da America septentrional. É raro vêl-a em França, e na Alemanha encontra-se em epocas irregulares, acreditando o vulgo que só de sete em sete annos apparece, e tendo-a como prenuncio de guerra, fome e peste, como que a guarda avançada de todos os grandes flagellos.

A cotinga chilreira deve o appellido ao seu continuo chilrear; alimenta-se de sementes, bagas e insectos, caçando as moscas á maneira dos papa-moscas. É indolente, só cuida de procurar com que alimentar-se, fóra d'isso conserva-se tranquilla no sitio onde estabelece a sua morada. Por vezes penetra nos povoados, sem que a presença do homem lhe cause receio, e só depois de perseguida se torna timida e desconfiada.

Habitua-se facilmente a viver captiva, comendo bagas, pão, semeas amassadas,

·legumes cozidos, batatas, carecendo. porém, de alimentação abundante.

A COTINGA PURPUREA

Ampelis pompadora — La cotinga pompadour,
dos francezes

As cotingas propriamente ditas são oriundas da America meridional, unico ponto do globo onde se encontram, e muito frequentes no Brazil, tornando-se notaveis pela belleza das côres da plumagem.

Brilham n'ellas as côres azul, roxa, vermelha, laranja, purpura, branca, negra aveludada, com todos os seus diversos tons, umas vezes harmonicos, ligando-se pelas mais suaves gradações, outras produzindo admiraveis contrastes, e numerosos cambiantes, d'um effeito inimitavel.

Teem estes passaros o bico quasi do comprimento da cabeça, muito comprimido na base, e mais largo do que alto, chanfrado na ponta ; as azas são longas, a cauda mediocre e larga, os tarsos curtos.

A especie acima referida é côr de purpura, com as remiges brancas, terminando em pardo, a pennugem das azas comprida, curva, e sem barbas na ponta da haste. Mede 0,ᵐ17 de comprimento.

Gr. n.º 280 — A cotinga purpurea

Existem outras especies, entre ellas uma em que a côr predominante é a azul, com a garganta e o peito côr de violeta, e malhas douradas ; e, outra côr de castaη ha na parte superior do corpo e vermel ha clara na inferior.

Estes passaros não se afastam para longe do sitio onde estabelecem a sua morada, approximando-se duas vezes no anno dos povoados, mas sem nunca se reunirem em bandos. De preferencia escolhem os logares pantanosos, onde só vivem em quantidade os insectos de que se alimentam.

A TANGARA VARIEGADA, OU SAHI-CHE (Pará)

Tanagra talao de Gmelin—Le Tangara septicolor,
dos francezes

Os passaros do genero *Tanagra*, que comprehende numerosas especies, habitam a America meridional. Caracterisam-se pelo bico conico, triangular na base, chanfrado na ponta da mandibula superior, azas alongadas, tarsos fortes. Azara dera aos passaros d'este genero o nome de *lindos*, que lhes vae bem pelo brilho e belleza das côres da plumagem.

A especie acima citada é do tamanho do melro, preta por cima e azulada por baixo, verde esmeralda na cabeça e nas espadoas, violeta na garganta, vermelha no dorso, amarella no uropigio, e a cauda cinzenta escura.

Estas aves são vivas e buliçosas, muito similhantes nos habitos ás tutinegras e aos pardaes, e penetram nos pateos das habitações e nos quintaes, onde se tornam nocivas comendo os gomos das plantas, e os rebentos das vinhas. Nunca pousam no chão, e se alguma vez se véem na necessidade de fazel-o, avançam com difficuldade aos saltos. Aninham nas

Gr. n.º 281 — Tangara variegada, ou sahi-che

arvores, fazendo o ninho de bocados da casca das mesmas, ou de filamentos das plantas, de folhas e de raizes, e forrando-o artisticamente por dentro com uma espessa camada de crinas.

Pelo que conta Azara podem-se conservar estes passaros engaiolados dando-lhes a comer carne crua.

Na ilha de S. Domingos vive um passaro do genero *Tanagra*, a que os indigenas dão o nome de *palmista (tanagra dominica,* de Linneo,) que lhe provém

Gr. n.º 282 — O cephaloptero, ou guirá-memby

do habito singular de aninhar nas palmeiras, construindo em sociedade com os seus similhantes um ninho muito vasto, dividido em compartimentos, onde as femeas dos diversos casaes põem os ovos. As vezes o ninho occupa toda a copa da palmeira.

O CEPHALOPTERO, OU GUIRÁ-MEMBY (BRAZIL)

Cephalopterus ornatus, de Et Geoffroy Saint Hilaire
Le Cephaloptere a ombelle, dos francezes

Este passaro, bastante curioso, é a especie unica do genero *Cephalopterus*, e vive na America meridional. Torna-o singu-

Impresso por Lallemant frères. Lisboa.

O TORDO ZORNAL

lar entre todas as aves o grande numero de pennas que no alto da cabeça formam uma grande poupa á maneira d'uma umbella, e uma especie de papada que lhe pende da parte superior do pescoço, egualmente formada por um molho de pennas compridas.

É todo negro, á excepção das pennas da poupa e das da papada que são violetas com reflexos metallicos. Mede 0,^{m}53 de comprimento.

Sabe-se mal dos seus habitos, por ser pouco commum. É frugivoro, e diz Brehm que na voz se assimilha ao mugir do touro, ouvido a distancia, e que por este motivo os indios lhe chamam *toropishus*, isto é, passaro-toiro.

Sob a denominação de *turdidés* reunem os naturalistas francezes n'uma só familia tres generos de passaros, dois muito nossos conhecidos, e o terceiro da America, generos mais ou menos ricos em especies, a saber: os *tordos*, os *melros* e os *tordos dos remedos*. Os *sabiás* do Brazil pertencem ao genero *turdus*.

Em primeiro logar, e para que possamos fazer simultaneamente a descripção dos habitos dos dois primeiros generos, citaremos as especies que se encontram no nosso paiz, mais ou menos frequentemente. Os caracteres da familia, communs aos tres generos, são os do melro e do tordo, aves bem conhecidas, para nos dispensar de insistirmos n'este ponto.

Os tordos differem dos melros no colorido da plumagem, sendo os primeiros malhados na garganta, no peito ou nas ilhargas, de branco, trigueiro ou cinzento, e de côr negra por egual os segundos.

O TORDO

Turdus musicus, de Linneo — *La grive commune*, dos francezes

Costas pardas tirantes a côr de azeitona, ventre branco amarellado com malhas trigueiras, a parte inferior das azas amarella ruiva clara, a superior malhada de amarello ruivo sujo na extremidade das pennas. Plumagem egual nos individuos dos dois sexos.

Commum no nosso paiz.

O TORDO ZORNAL

Turdus pilaris, de Linneo — *La grive litorne*, dos francezes

Tem a cabeça, parte superior do pescoço, e uropigio pardos cinzentos, costas e parte superior das azas e das espadoas trigueiras castanhas escuras, rectrizes negras, com as duas do meio bordadas de branco na extremidade, remiges trigueiras, as primarias orladas exteriormente de cinzento, as secundarias côr de castanha clara, a frente do pescoço amarella ruiva escura com riscas negras longitudinaes, os lados do peito trigueiros, com a pennugem orlada de branco, ventre branco, bico amarello. Mede 0^m,28 de comprimento por 0^m,46 de envergadura, e 0^m,11 de cauda.

Menos frequente no nosso paiz que a especie antecedente.

A TORDEIRA OU TORDOVEIA

Turdus viscivorus, de Linneo — *La grive draine*, dos francezes

A maior das especies da Europa. Costas pardas escuras, lado inferior do cor-

Gr. n.º 284 — A tordeira ou tordoveia

po esbranquiçado e malhado de trigueiro escuro, as pennas das azas e da cauda annegradas, orladas de pardo amarello claro. Bico amarello na base e trigueiro para a ponta, pés côr de carne.

Commum no nosso paiz.

O TORDO MALVIZ OU RUIVA [1]

Turdus iliacus, de Linneo — *La grive mauvis*, dos francezes

Esta especie, a que geralmeute se dá tambem o nome de tordeira ou tordoveia, é trigueira azeitonada por cima, ventre esbranquiçado, lado do peito e parte exterior das azas ruivos claros, pescoço amarellado; a parte inferior do corpo

[1] O ultimo nome encontramol-o no Catalogo das aves de Portugal existentes no museu de Coimbra.

é em grande parte coberto de malhas alongadas, arredondadas ou triangulares, trigueiras escuras ; bico negro com a base
da mandibula inferior amarella, uma risca
branca por cima dos olhos, pés avermelhados.

Commum no nosso paiz.

O MELRO PRETO

Turdus merula, de Linneo — *Le merle commun,*
dos francezes

Mede de 0^m,27 a 0^m,28 de comprimento por 0^m,36 a 38 de envergadura. É
completamente negro, com os olhos orlados de amarello e o bico d'esta mesma

côr, pés negros. A femea tem as costas
de côr negra desluzida, o ventre pardo
annegrado, malhado de pardo claro, a
garganta e a parte superior do peito pardas com malhas esbranquiçadas ou arrnivadas, o bico trigueiro.

É muito commum no nosso paiz.

Existem melros completamente brancos, e no nosso paiz encontra-se, ainda
que rara, uma especie a que os francezes dão o nome de *merle à plastron, merula torquata,* conhecida entre nós pelo
nome vulgar de *melro de peito branco,*
com a parte inferior do corpo negra mais
desvanecida do que na especie acima
indicada, e uma grande malha branca

Gr. n.º 285 — O melro de sobrancelhas brancas

no alto do peito, que no outono passa
a branca suja ou atrigueirada.

Na Siberia e outros pontos da Asia, raras vezes apparecendo na Europa, encontra-se uma especie de melro preto, com
uma risca branca sob os olhos, a que os
francezes dão o nome de *melro de sobrancelhas brancas,* e que vae representado pela
nossa gravura n.º 285.

Os tordos e os melros são ageis, possuem excellente vista, enxergando ao
longe o mais pequeno insecto, são magni-
ficos cantores, e pode-se affirmar não
serem destituidos de intelligencia.

O tordo é muito sociavel, vive sempre
em grandes familias, e nunca um chama
pelos companheiros que estes lhe não
respondam e não corrâm ao reclamo. Nas

suas viagens reunem-se por vezes em
grupos formados de individuos de especies diversas; mas o seu natural sociavel
não obsta a que sejam brigosos, e mo-
vam continuas lutas uns aos outros.

Fogem do homem, parecendo, todavia,
saberem distinguir o pacifico aldeão que
vae seu caminho do caçador, permittindo que o primeiro se lhe aproxime e escapando-se mal avistam o segundo. O tordo apanhado vivo é ao principio bravio,
não tardando, porém, a tornar-se manso se fôr bem tratado, e até a affeiçoar-
se ao seu tratador.

«Podem-se classificar os tordos e os
melros no numero dos passaros bons cantores. Pertence o primeiro logar ao tordo, da especie *turdus musicus ;* depois

d'elle o melro, e em seguida a tordoveia e o tordo zornal. Na Noruega chamam ao tordo *rouxinol do norte*, e o poeta Welker appellidou-o *rouxinol das florestas*. É certo que uma ou outra vez, de envolta com sons que recordam os da flauta, outros solta asperos e pouco agradaveis, sem que, todavia, possam estes alterar no conjuncto a graça do seu cantar.

O canto do melro, pouco inferior ao do tordo commum, composto de phrases admiravelmente bellas, é todavia mais melancolico do que o do tordo. A tordeira tem apenas cinco ou seis phrases quando muito, differindo pouco umas das outras, formadas, porém, de notas cheias e aflautadas. Outro tanto se dá com o tordo malviz...

A maior parte dos passaros acompanham o canto com movimentos das azas, da cauda, ou do corpo todo, e só os tordos se conservam tranquillos e graves ao soltar os seus gorgeios. Todas as phrases são arredondadas, e as notas claramente pronunciadas. O canto, tão perfeitamente amoldado á vastidão da floresta, é forte em demasia no interior das habitações.

Os tordos principiam cedo a cantar, e terminam no fim do verão; o melro deixa-se ouvir antes de fevereiro, quando o campo está ainda coberto de neve... Á imitação de todos os passaros cantores, os machos disputam-se primazias, e mal um solta a voz empoleirado no cimo d'uma arvore, respondem-lhe outros sem demora. Parece não ignorarem que possuem excellente voz, e até mesmo terem certa vaidade, porque conservando-se d'ordinario escondidos entre a folhagem, quando cantam deixam-se vêr. Pousados n'uma arvore das mais altas, no extremo d'um ramo, soltam as suas notas argentinas que resoam pela floresta.» (Brehm).

As bagas, os fructos e os insectos são a alimentação do tordo e do melro ; os domesticados comem tambem carne picada crua ou cozida, pão e fructas.

O tordo faz o ninho n'uma arvore de mediocre altura ou sobre algum arbusto silvestre, formando-o de pontas de ramos seccos, de talos de hervas, de lichens, musgo e raizes. Nos annos em que o inverno é menos rigoroso faz duas posturas, cada uma de quatro a seis ovos, de casca lisa, azul esverdeada, salpicada de negro ou de trigueiro arruivado.

O melro aninha] a pequena altura do chão, ás vezes no proprio solo, e construe o ninho de raizes, feveras de hervas, tapisando-o no interior com uma camada lisa de hervas misturadas com terra humedecida. Faz duas posturas, de quatro a seis ovos, verdes azulados desvanecidos, com manchas côr de ferrugem, ou azuladas, côr d'azeitona ou cinzentas, algumas vezes muito desvanecidas.

Os melros não emigram no inverno; escolhem nos sitios onde habitam abrigo que melhor lhes convenha para passarem a estação invernosa, de ordinario nas mattas mais cerradas, onde existam arvores das que conservam a verdura no inverno, e lhes póssam fornecer recursos não só para se abrigarem do rigor do tempo, como tambem para se alimentarem.

A carne do tordo e do melro é excellente, e posto que ainda hoje seja apreciada, principalmente a dos individuos que se encontram nos sitios onde a oliveira abunda, cuja fructo comem e lhes torna a carne succolenta, dando-lhe aroma a baga da murta de que muito gostam, está longe de ter o merecimento que lhe davam os antigos romanos, que conservavam milhares d'estas aves todo o anno em grandes gaiolas destinadas para este fim, e onde por meio d'um regimen conveniente as engordavam dando á carne sabor delicado.

Estas grandes gaiolas eram pavilhões d'abobada, guarnecidos no interior de poleiros, com a porta muito baixa, e janellas construidas de modo que deixando passar a luz privasse os prisioneiros de poderem ver os campos, as arvores, as aves voando em liberdade, finalmente tudo quanto podesse fazer-lhes recordar o passado, e fosse obstaculo á sua engorda.

O sustento compunha-se de milho miudo e d'uma especie de massa feita com figos pisados misturados com farinha, bagas de lentisco, de murta, finalmente de quanto lhe podesse dar á carne aroma tornando-a succolenta. Bebiam n'um pequeno regato que corria constantemente pelo centro da gaiola. Faziam entrar n'um compartimento separado as aves destinadas a ser mortas em primeiro logar, para as poderem apanhar sem que esse acto perturbasse a tranquillidade das outras. Eram escravos, tratados porém com todos os cuidados e mimos, consoante o importante fim a que eram destinados.

Para conservar convenientemente os

tordos e os melros captivos carece-se de encerral-os em grandes gaiolas, postas ao ar livre, não só porque o seu canto dentro de casa é pouco appreciavel, como tambem pelos resultados da sua grande voracidade, que nem sempre se podem completamente remediar por, maior asseio que haja.

São interessantes pela sua petulancia, e o canto captiva-nos, sendo uma das aves que mais cedo começa a cantar, quando as outras, captivas ou livres, ainda se conservam mudas.

O TORDO DOS REMEDOS

Turdus polyglotus, de Linneo — *Le moqueur,* dos francezes.

Esta especie é a mais conhecida do genero *Mimus.* O tordo dos remedos mede 0ᵐ,26 de comprimento por 0ᵐ,87 d'envergadura, tem as costas pardas escuras, os lados da cabeça e a frente malhados de trigueiro, o ventre branco atrigueirado, as remiges trigueiras annegradas, as primarias malhadas de branco na base, as rectrizes medianas pretas, as externas completamente brancas, o bico negro trigueiro, os pés negros.

Este passaro encontra-se nos Estados Unidos, mais ao sul do que ao norte, nas plantações, sobre as arvores, nos bosques pouco cerrados e nos quintaes; no inverno principalmente avizinha-se dos povoados.

« O canto do tordo dos remedos recorda o do tordo da especie *turdus musicus,* no dizer de Gerhardt; mas não é isso por certo o que lhe deu a grande re-

Gr. n.° 286 — O tordo dos remedos

putação de que goza, e que serviu para enthusiasmar todos os naturalistas americanos. Wilson e Audubon affirmam que o tordo dos remedos é o primeiro de todos os passaros cantores, e que nenhum outro possue voz tão extensa e variada. « Não são os maviosos sons da flauta, ou de qualquer outro instrumento, diz Audubon, é a voz da natureza superior em melodias. Não se podem imitar notas tão cheias, tão variadas, tão extensas. Não ha ave no mundo que possa rivalisar com este rei do canto.

Os europeus dizem que o canto do rouxinol não é inferior ao do tordo dos remedos ; ouvi ambos, livres e captivos, e concordo que as notas do rouxinol destacadas sejam tão bellas como as do tordo dos remedos, mas appreciando o canto no seu conjuncto, não póde o do primeiro ser comparado ao do segundo.»

O canto do tordo dos remedos varía segundo as localidades em que vive : nas florestas imita os passaros, perto das habitações reproduz fielmente os sons diversos que d'alli partem; o cantar do gallo o latido do cão, o grunhido do porco, o ruido produzido por um catavento ou por uma serra, o tic tac do moinho. Por vezes dá que fazer aos animaes domesticos : assobia ao cão, que julgando ouvir o dono levanta-se em sobresalto correndo ao seu encontro ; outras vezes faz desesperar as gallinhas, imitando o grito de angustia dos pintos ; leva o terror aos habitantes d'um gallinheiro imitando a voz das aves de rapina ; o gato engana-se muitas vezes parecendo-lhe ouvir os gritos amorosos da femea.

Engaiolado não perde nada do seu talento imitador, antes, pelo contrario, aprende mil outros sons, confundindo-os por vezes da forma mais comica, havendo momentos em que se torna insupportavel.» (Brehm).

Alimenta-se de insectos, de bagas e de fructos; aninha nas arvores, pondo a femea quatro a seis ovos da primeira postura, até cinco da segunda, e nunca menos de tres da terceira.

Os americanos teem em grande estima esta ave, que se domestica facilmente, a ponto de entrar e sair da gaiola.

Captivo alimenta-se á maneira dos tordos.

O MELRO D'AGUA

Sturnus cinclus, de Linneo—*Le merle d'eau*, dos francezes

Esta especie, do genero *Cinclus*, vive na Europa, sendo rara no nosso paiz. E' uma ave de 0,21 de comprimento por 0.^m31 d'envergadura, de bico direito, fragil, muito comprimido na extremidade, arredondado na base; azas arredondadas, cauda curta, tarsos regulares, dedos fortes e grandes, unhas robustas e aduncas.

O melro d'agua tem a cabeça, a nuca e a parte posterior do pescoço trigueiras aloiradas, a pennugem das costas tirando a côr d'ardosia com as extremidades negras, a garganta e o pescoço brancos, a parte inferior do peito e o ventre trigeiros annegrados, mais escuro nas ilhargas.

Esta ave, pelos seus habitos aquaticos, é uma excepção curiosa entre os individuos da classe; posto que não tenha os pés palmados, mergulha e move-se debaixo d'agua, e abrindo as azas, serve-se d'ellas como de barbatanas.

No dizer de Brehm, o melro d'agua é um dos passaros mais curiosos e interessantes. A' maneira da alvéloa corre ligeiro pelo solo pedregoso, agitando constantemente a cauda, e mergulha nos regatos d'agua limpida, andando pelo fundo contra ou a favor da corrente, tão facilmente como se correra sobre terreno enxuto. Pode conservar-se debaixo d'agua quinze a vinte segundos.

Não se arreceia d'entrar na agua quer ella se agite com violencia em redomoinho ou se despenhe de grande altura,

nadando tão bem como os palmipedes; serve-se das azas á maneira de remos, ou para melhor dizer, vôa debaixo d'agua. Nenhum outro passaro está mais á vontade n'este elemento: umas vezes entra na agua vagarosamente, a pouco e pouco, outras aos saltos imitando as rãs.

Se o espantam foge adejando precipitadamente, sempre á altura do lume d'agua, acompanhando o regato no seu gyro tortuoso, estacando mal topa escondrijo seguro, muitas vezes atirando-se de subito á agua attrahido pela presença da presa. Se o perseguem percorre voando quatrocentos ou quinhentos passos; fóra d'isso esvoaça de pedra em pedra.

O melro d'agua é pouco sociavel; só na epoca das nupcias se reune o macho

Gr. n.º 287 — O melro d'agua

á femea, e encontra-se em pequenos grupos tamsómente em quanto os pequenos carecem do auxilio dos paes. D'ordinario não se afasta do sitio que escolhe para residencia, um quarto de legua aproximadamente ao longo d'um regato; e se algum dos individuos da especie ousa penetrar nos seus dominios é expulso pelo proprietario, que o aggride promptamente. A presença d'outras aves é-lhe indifferente.

O melro d'agua alimenta-se dos insectos aquaticos e das larvas, e até mesmo de pequenos molluscos. Construe o ninho nas rochas, no tronco ôco da amicira, sob o taboleiro das pontes, ás vezes até mesmo nas rodas das azenhas, quando estas se conservam por muito tempo sem movimento; pouco solido, no exterior for-

7

mado de raizes, hervas e musgo, o ninho é forrado no interior de folhas das arvo· res. A femea põe de quatro a seis ovos de casca branca, e com tal dedicação se entrega aos cuidados da incubação, que para não abandonar os ovos deixa-se apanhar. Não é facil conservar este passaro captivo, porque a perda da liberdade priva-o de habitos sem os quaes não póde existir por muito tempo.

O BREVE D'ANGOLA

Pitta angolensis — La breve d'Angola, dos francezes

No genero *Pitta* comprehendem-se numerosas especies, habitando a Asia, a Africa e a Oceania, notaveis pelas córes vivas e brilhantes da plumagem dos individuos que as formam.

O breve d'Angola, uma especie da Africa occidental, tem, como os seus congeneres, o bico do comprimento da cabeça, grosso, direito e comprimido, com a mandibula superior levemente chanfrada na extremidade, azas geralmente curtas, não cobrindo a cauda, e esta tambem pouco longa. Parece ser a estes dois ultimos caracteres que estas aves devem o nome generico de *breves*, porque as conhecem os francezes. Mede 0,^{m}16 de comprimento.

É um dos mais lindos passaros da Africa. Tem as costas verdes, com debeis reflexos metallicos, o alto da cabeça, uma risca larga que vae do bico aos olhos, as remiges, a cauda, e as azas pela parte de dentro, negros; a terceira, quarta, quinta e sexta remiges malhadas de branco na base; nas coberturas das azas e nas remiges exteriores riscas largas azues, o alto do peito amarello, o baixo ventre escarlate claro, o bico negro avermelhado, os pés cór de carne.

Alimentam-se estas aves d'insectos e vermes, e á maneira dos melros de agua introduzem-se na agua para caçar os insectos aquaticos, mas em sitio onde ella lhe não suba além dos tarsos.

Construem o ninho no solo, ou a pequena altura sobre as arvores, de raizes e ramos seccos, tapizando-o no interior de musgo, folhas e pellos.

Podem conservar-se captivos, no dizer de um observador, e, se a principio se mostram ariscas e timidas, em breve se habituam á perda da liberdade, vindo até comer á mão do homem.

Engaioladas carecem de regimen analogo ao que usam em liberdade.

Na America do sul existe uma familia de passaros, rica em generos ·e especies, que, alimentando-se de insectos, é principalmente *formicivora*.

«Nas terras ermas, baixas e humidas da America meridional, os reptís e os insectos avantajam-se em quantidade a todas as outras especies de seres vivos. Na Guiana e no Brazil as formigas são em numero tão consideravel, que, para se fazer idéa aproximada, é mister figurar formigueiros de algumas toezas de largura por muitos pés de altura, onde as formigas abundam como nos nossos pequenos formigueiros, dos quaes os maiores teem apenas dois ou tres pés de diametro; de sorte que um formigueiro da America pode ser egual a duzentos ou trezentos da Europa, excedendo-os prodigiosamente não só em tamanho como em numero de habitantes. Ha cem vezes mais formigueiros nos terrenos desertos da Guiana do que em nenhum paiz do nosso continente, e como na ordem natural devem umas especies servir de alimento ás outras, encontram-se n'aquelle clima quadrupedes e aves que parecem deliberadamente creados para se sustentarem de formigas.» (Buffon)

«Vendo que a nossa caravana fazia alto subitamente, e suppondo que algum obstaculo imprevisto a isso a obrigara, corri inquieto a averiguar a causa. Os meus companheiros tinham estacado em frente d'uma grande faxa escura de dez a dezeseis pés de largura, que tal era na apparencia o que figuravam as fileiras cerradas de formigas viajantes que atravessavam o caminho. Aguardar que passassem obrigarnos-hia a importante perda de tempo, e por isso resolvemos atravessar as columnas d'estes insectos correndo e saltando, o que effectuámos, sem que todavia podessemos evitar as mordeduras das formigas, que nos cobriam as pernas até ao joelho, ou lograssemos sacudil-as.

Estes insectos, de que ninguem conhece a procedencia nem o destino, atacam e destroem tudo quanto topam no caminho; aguardam-os, porém, inimigos terriveis e encarniçados, entre os quaes os passaros occupam o primeiro logar,» (Schomburgk)

Depois do que acima transcrevemos, po-de o leitor ajuizar da importancia dos *papa-formigas*, que, como já dissemos, constituem uma familia rica de generos e especies. D'estas descreveremos a mais importante do genero *Grallaria*.

O PAPA-FORMIGAS MAIOR

Turdus rex, de Gelin — *Le gralla're roi*, dos francezes

Mede este passaro 0,ᵐ22 de comprimento: é trigueiro com malhas claras

Gr. n.° 288 — O papa formigas

formadas pelas hastes da pennugem, as coberturas das azas tirantes a verme-lhas; as remiges trigueiras annegradas com as barbas ruivas ferrugentas pelo lado de fóra, as rectrizes eguaes ás remiges, o ventre e o peito trigueiros amarellos claros, uma risca que parte da base do bico e se dirige ao pescoço branca amarellada, bico negro orlado de branco avermelhado, pés pardos arruivados.

Vive esta especie em todas as florestas das costas do Brazil até á Columbia.

Estas aves são pouco destras a voar, correndo ligeiramente sobre o solo aos saltos, e apenas voando para pousarem n'algum ramo pouco elevado. Não construem ninho; sobre uma cama de folhas seccas põe a femea os ovos, e alli se encarrega da incubação.

O canto d'estas aves differe, segundo as especies, existindo uma a que os francezes dão o nome de *beffroi*, — *grallaria tininiens*, que deve o nome aos sons singulares que solta ao nascer do sol e antes do seu occaso, similhantes aos d'um sino a tocar a rebate. Tem a voz tão forte que se ouve a grande distancia, custando a acreditar que parta de corpo tão pequeno.

Os papa formigas são muito bravios, e se os encerram em gaiola maltratam-se contra as grades.

Gr. n.° 289 — A graculina palreira

A GRACULINA PALREIRA

Gracula religiosa, de Linneo — *Le mainate*, dos francezes

As especies do genero *Gracula*, em que esta se comprehende, caracterisam-se pelo bico grosso, alto, pés robustos, e principalmente pela existencia de duas excrescencias carnosas na parte posterior da cabeça.

A graculina palreira, uma das especies mais conhecidas, tem 0ᵐ,27 de comprida por 0ᵐ,51 de envergadura: é negra lustrosa com reflexos verdes e côr de violeta em certas partes do corpo, uma malha branca oblonga no lado da aza que occupa as sete ultimas remiges, as excrescencias carnosas amarellas claras, por debaixo dos olhos um espaço nu amarello, bico amarello tirante a côr de laranja, pés amarellos, unhas escuras. Encontra-se com frequencia na India meridional e em Ceylão.

A graculina palreira alimenta-se exclusivamente de fructos e de bagas de diversas especies. E' um passaro vivo, prudente, esperto, excellente cantor, e que imita facilmente os sons que ouve. Diz Brehm haver quem affirme que a graculina palreira é superior ao papagaio, porque, repetindo como elle as palavras e até phrases completas, aprende a assobiar e a cantar, e não tem nenhum dos defeitos do papagaio. E' um bello passaro que se habitua rapidamente a conhecer o dono, e que se pode deixar livremente andar pela casa, tornando-se agradavel não só pelo dom d'imitação que possue, como tambem pelo bom humor e docilidade.

O PAPA-FIGOS

Oriolus galbula, de Linneo — *Le loriot ordinaire*, dos francezes

Esta especie pertence ao genero *Oriolus*, que comprehende diversas especies que vivem na Asia, na Africa e na Oceania, e a que acima citámos, unica que se encontra na Europa.

As aves d'este genero teem o bico alongado, um pouco achatado na base onde é mais largo, comprimido na extremidade, azas muito longas, cauda de comprimento mediano e ampla, tarsos curtos. Mede o macho $0^m,27$ de comprido por $0^m,50$ de envergadura.

A cabeça, o pescoço, as partes superiores e inferiores do corpo amarellos doirados, azas e cauda negras; tem uma malha amarella na base das remiges, e o terço inferior das rectrizes lateraes é tambem amarello; bico vermelho atrigueirado, tarsos e pés côr de chumbo.

Encontra-se na Europa, á excepção dos paizes mais septentrionaes, sendo commum no nosso paiz.

Estabelece-se de ordinario nos sitios cobertos de arvoredo, onde forem mais frequentes as grandes arvores, taes como o carvalho e o choupo, e d'ahi dirige-se até ás vízinhanças dos pomares, principalmente na epoca em que as cerejas estão maduras, sendo esta fructa e os figos os seus manjares mais predilectos.

O seu alimento consiste em insectos de diversas especies, larvas, borboletas, e vermes, até á epoca da maturação das cerejas e de varios outros fructos.

Um casal de papa-figos basta para n'um dia destruir uma cerejeira coberta de fructo. Debicando apenas no mais maduro desprezam o resto, causando d'esta sorte grandes estragos.

E' raro vêl-o por muito tempo pousado na mesma arvore, esvoaça continuamente d'um para outro lado; corajoso e brigão, anda em continuas rixas com os da sua especie e até mesmo com outros passaros. No solo demora-se apenas o tempo necessario para apanhar um insecto, frequentando de preferencia as arvores mais altas, e d'estas os ramos mais elevados.

Construe o ninho na bifurcação dos

Gr. n.º 290 — O papa-figos

ramos delgados das maiores arvores, de folhas meio seccas, talos, casca d'arvores, lã, teias d'aranhas e outras substancias, forrando-o no interior de hervas delicadas, pennas e lã. O macho e a femea trabalham na construcção; parece, porém, que só a femea se encarrega dos arranjos internos. A postura é de quatro a cinco ovos, de casca lisa e branca, com alguns salpicos pardos cinzentos e vermelhos trigueiros escuros. A incubação é feita pela femea e pelo macho, substituindo este a companheira quando ella vae em busca d'alimento.

E' difficil conservar estes passaros engaiolados por muito tempo; morrem ao fim de poucos mezes, por melhor que os tratem.

Impresso por Lallemant frères, Lisboa.

A LYRA

A LYRA

Menura superba de Davis — *La lyre* dos francezes

Esta especie é a unica do genero *Menura*, e caracterisa-se pela forma singular das pennas da cauda que no macho apresentam o feitio de uma lyra, provindo-lhe d'esta disposição das rectrizes o nome vulgar porque é conhecida. A pennugem da cabeça é comprida e em forma de poupa ; tem um espaço nu em volta dos olhos.

A lyra é parda trigueira escura com reflexos avermelhados no uropigio, a garganta vermelha, o ventre pardo cinzento atrigueirado, as remiges secundarias trigueiras avermelhadas, a cauda trigueira annegrada pelo lado superior, esbranquiçada pelo interior ; as barbas externas das duas rectrizes curvas são pardas escuras com a extremidade negra rajada de branco, e as internas alternadamente rajadas de trigueiro escuro e de ruivo ; as rectrizes medianas são pardas, as outras negras.

Mede o macho 1,^{m}05 de comprido, incluindo a cauda que tem 0,60.

A lyra vive na Australia.

Alimenta-se de insectos, de larvas e de vermes ; construe o ninho nas arvores a pequena altura do solo, onde a femea põe um unico ovo. Becker affirma que este passaro tem facilidade de imitar todos os sons que ouve, e conta d'um que habitava n'uma floresta nas vizinhanças d'uma serração mechanica, situada em determinado sitio da provincia de Sipps, na Australia, que imitava o rir dos homens, o choro das creanças, o ladrar dos cães, e o som produzido pelas serras em movimento.

A lyra é difficil de conservar captiva.

A PETINHA

Alauda pratensis, de Linneo — *Le pipi farlouse*, dos francezes

Entre as especies do genero *Anthus*, que frequentam o nosso paiz, é commum a petinha da especie acima indicada. Estes passaros teem o bico mediocre, delgado e direito, cauda de comprimento regular e larga, tarsos e dedos delgados.

Os individuos da especie *pratensis* teem as costas trigueiras azeitonadas com malhas trigueiras annegradas, peito loiro claro com manchas longitudinaes trigueiras escuras, garganta e ventre esbranquiçados, uma faxa branca amarellada sobre os olhos, remiges trigueiras annegradas com os lados mais claros, rectrizes trigueiras annegradas orladas de verde amarellado, as mais externas com uma grande malha branca nas extremidades, bico pardo, pés avermelhados. Mede 0,^{m}17 de comprimento por 0,^{m}26 d'envergadura. A femea não differe do macho na côr da plumagem.

As petinhas variam, segundo as especies, no seu modo de viver : umas frequentam os campos cultivados ; outras as orlas das mattas, ou os terrenos pedregosos e as rochas nas proximidades das ribeiras. A especie a que particularmente nos referimos prefere os prados e principalmente os logares humidos e pantanosos. Posto que todas estas aves tenham a faculdade de empoleirar-se, é

Gr. n.º 291 — A petinha

raro vél-as pousadas nas arvores, á excepção da especie *anthus arboreus*, *petinha das arvores*, pouco commum no nosso paiz. O andar das petinhas é pausado e gracioso quando nada as perturba, correndo rapidas, á maneira das calhandras, se as perseguem. São pouco timidas, deixando aproximar o homem a curta distancia, e se fogem vão pousar perto.

O canto d'este passaro é harmonioso, e, no dizer de Naumann, compõe-se de diversas phrases cujas notas repete frequentemente. O macho canta voando, e o da especie *petinha das arvores*, pousado n'um ramo secco perto do ninho, depois de breve preludio, levanta o vôo cantando, remonta até certa altura, e deixa-se cair em seguida, d'ordinario sobre o mesmo ramo, onde vem terminar a cantiga. Este exercicio repete-se seis ou oito vezes, com os intervallos precisos para descansar. As outras petinhas imitam as petinhas das arvores, com a differença, porém, de substituirem os ramos das arvores por uma pedra ou um monticulo de terra.

A petinha construe o ninho nos canna-viaes, ou entre as hervas altas, n'alguma cova, sempre tão bem escondido que não é facil descobril-o ; forma-o de hastes sec-cas, de raizes do rastolho, e tapiza-o no interior de hervas macias e de crina de cavallo. A femea põe cinco ou seis ovos brancos pardaços ou avermelhados sujos, salpicados ou manchados de pardo ou de amarello trigueiro ; faz duas posturas no anno.

As petinhas alimentam-se de vermes e de insectos pequenos, e como regimen additional comem sementes e fructos, principalmente uvas, de que algumas especies muito gostam.

A ALVÉLOA

Motacilla alba, de Linneo. — *La lavandière grise*, ou *hoche-queue* dos francezes.

Esta especie, uma das que vive na Europa do genero *Motacilla*, é muito com-mum no nosso paiz. Tem o bico muito delgado, levemente chanfrado na ponta, azas compridas, cauda longa, tarsos muito altos e delicados, as unhas dos dedos pol-legares curtas e recurvas. O macho tem a fronte, as faces, lados do pescoço e abdo-men brancos; nuca, garganta, frente do pescoço e peito negros; costas, uropigio e lados cinzentos azulados, azas negras nas coberturas bordadas de pardo e branco, e as remiges orladas de côr esbranquiça-da ; rectrizes negras á excepção das duas ultimas de cada lado, que são quasi to-das brancas ; bico e pés negros. Com-primento total 0,ᵐ19 aproximadamente.

A alvéloa apparece em quasi toda a parte, parecendo ser-lhe agradavel a companhia do homem, pois procura de preferencia a vizinhança dos povoados. Os francezes dão a este passaro o nome de *lavandière* pelo habito de conservar-se durante o dia em volta das mulheres que lavam nos rios, parecendo com os movimentos da cauda imital-as quando batem a roupa. No campo é commum vêl-o acompanhar a curta distancia o trabalhador no acto de cavar, ou seguindo a charrua. E' um passaro vivo, agil,

sempre em movimento, que só se de-tem para cantar, e fóra d'isto correndo d'um para outro lado sem descanço, agi-tando sempre, mais ou menos, a cauda.

Alimenta-se de insectos de todas as especies, de larvas e de vermes, apanhan-do-os junto dos regatos, nas pedras, nas estrumeiras, até sobre os telhados das ca-zas. Quando segue atraz do lavrador vae comendo os insectos e os vermes que a charrua põe a descoberto.

O ninho construe-o nas fendas dos ro-chedos, nos buracos dos muros, sob as raizes das arvores, entre uma pilha de madeira ou no tronco secco d'uma ar-vore ; forma-o de pedaçinhos de madeira, de raizes, de folhas seccas e de palhas, e no interior forra-o de pellos, de crinas, de lã e d'outras substancias analogas. Na primeira postura a femea põe de seis a oito ovos, na segunda de quatro a seis, pardaços ou brancos azulados salpi-cados de pardo cinzento escuro, ou pardo cinzento claro.

No outomno as alvéloas apparecem em maior numero, e vagueiam todo o dia pelos campos lavrados de fresco.

A ALVÉLOA AMARELLA

Motacilla flava de Linneo — *La bergeronnette du printemps*, dos francezes

A alvéloa amarella é uma das especies do genero *Budytes* dos naturalistas moder-nos, differindo os individuos d'este ge-nero dos do genero *Motacilla* apenas em ter a unha do pollegar mais comprida e direita.

Esta especie é commum no nosso paiz, e outras existem que habitam na Europa na Asia e na Africa. O macho tem o alto da cabeça a nuca e as faces cinzentas azuladas, costas e uropigio verde azeitona, ilhargas, frente do pescoço e partes in-feriores do corpo amarello junquilho com manchas atrigueiradas na parte superior do peito ; remiges e rectrizes negras or-ladas de claro, uma risca esbranquiçada sobre os olhos, as azas cortadas por duas faxas amarelladas, bico negro, pés da mesma côr. 0,16 a 0,18 de comprimento.

As alvéloas amarellas vivem nos cam-pos e nos sitios pantanosos, sendo nota-vel a affeição que estes passaros teem pe-los rebanhos, seguindo-os e adejando constantemente em volta d'elles, e levando a familaridade a ponto de pousarem no dorso das vaccas e dos carneiros.

Conta Brehm que no interior da Africa, para onde emigram estas aves, véem-se os rebanhos, e até mesmo o camelo, cavallo ou burro que paste isolado, cercados por um bando d'estes lindos animaes, que cobrem completamente o solo nos pontos onde pasta o gado, acompanhando-o aos bebedouros. E' dos espectaculos mais attrahentes ver as alvéloas esvoaçar por entre os bois, e quando

Gr. n.º 292 — A alvéloa amarella

a natureza do solo o permitte correr a seu lado como que pretendendo igualal-os em velocidade.

Os insectos, os vermes, e na falta d'estes as sementes pequenas são o alimento d'estas aves. Fazem o ninho no solo, por entre o trigo, no meio das hervas, nas proximidades dos regatos, sob as raizes das arvores, n'uma cova, construindo-o de folhas seccas, raizes e rastolho por fóra, forrado por dentro de hervas finas, lã, pellos e pennugem. A femea faz d'ordinario duas pos-

Gr. n.º 293 — O enicuro malhado

turas por anno, de quatro a seis ovos, brancos sujos amarellados, arruivados, ou pardaços salpicados ou manchados de pardo amarellado, pardo trigeiro, ruivo ou violeta.

A alvéloa, posto que amiga do homem e vivendo perto d'elle, não quer ser sua escrava; morre se a engaiolarem. Deixando-a todavia voar livremente n'um quarto, durante o inverno, ahi se conserva dando caça ás moscas, e apanhando as migalhinhas de pão que lhe deitarem. O canto assimilha-se ao da alvéloa (*motacilla alba*), menos dobrado.

O ENICURO MALHADO

Enicurus maculatus, de Vigors — *L'énicuretacheté*
dos francezes

Existem nas montanhas da India uns passaros muito similhantes ás alveolas, não só em muitos dos seus caracteres como tambem nos habitos, posto que sejam muito maiores, o bico mais vigoroso, e tenham a cauda extraordinariamente aforquilhada, tendo as rectrizes do centro apenas um terço do comprimento das lateraes. A pennugem alongada da cabeça forma-lhe uma especie de poupa branca, e d'esta côr é o ventre, o abdomen, uma parte das remiges, as coberturas das azas e duas rectrizes lateraes, sendo as outras negras e franjadas de branco. O resto da pennugem é negro, os pés amarellados. Mede 0,30 de comprimento.

«O enicuro só se encontra nas margens dos regatos e das torrentes que descem das montanhas, especialmente nos sitios onde se despenham sobre leito arenoso e coberto de seixos, ou então no fundo de enormes precipicios · assombreados por vegetação opulenta. Ahi perseguem os insectos e os vermes que apanham, agitando frequentemente a cauda, á maneira das alvéolas.» (Temminck).

A CAIADA

Motacilla œnanthe, de Linneo — *Le traquet
moteux ou cul blanc*, dos francezes

Pertence esta especie ao genero *Saxicola*, rico em especies, quatro das quaes se encontram no nosso paiz onde são communs. [1]

Teem os individuos d'este genero o bico franzino, mais largo do que alto na base, curvo na extremidade e chanfrado, azas alongadas, cauda mediana quasi sempre quadrada, tarsos longos e delgados.

Os individuos machos da especie acima indicada são cinzentos claros nas costas, o uropigio, o ventre e a garganta brancos, o peito amarello arruivado, a fronte, uma risca sobre os olhos, duas malhas entre o bico e os olhos, coxas, e as duas

[1] No catalogo das aves do museu de Coimbra encontram-se os nomes vulgares de tres especies do genero *Saxicola*: a que citámos, a Caiada, Queijeira ou Tanjarra, *motacilla stapazina* de Gmlin, traquet stapazin dos francezes — e o rabo-branco, *turdus leucura* de Gmlin, le traquet rieur ou moteux noir, dos francezes

rectrizes medianas negras, as demais rectrizes brancas com as extremidades negras; bico e pés negros.

Encontra-se habitualmente nos campos recentemente lavrados, saltando de torrão em torrão á procura dos vermes e insectos de que se alimenta, e nunca pousado nas arvores altas; só nos vallados e nos pequenos arbustos. Se rapidamente o obrigam a fugir vóa a pequena altura do solo, deixando ver a parte trazeira do corpo branca, o que permitte distinguil-o dos outros passaros.

Em movimento constante salta de pedra em pedra, d'um torrão para outro,

Gr. n.º 294 — A caiada (macho e femea)

com o corpo direito, a cada momento meneando a cauda, levantando-se e abaixando-se. Parece dever a este habito o nome de *sachristão*, que, no dizer de Brehm, dão em Hespanha a este passaro.

Aninha nas fendas dos rochedos, nos buracos dos muros, entre as pedras soltas que em muitos sitios servem de divisão ás propriedades, nos troncos ôcos das arvores, construindo o ninho grosseiramente com raizes e folhas, forrando-o pelo interior com lã, pennugem e pellos. A femea põe de cinco a sete ovos, azues desvanecidos, ou brancos esverdeados, raras vezes salpicados de trigueiro avermelhado.

Só a femea se encarrega da incubação; o macho auxilia-a na creação dos filhos.

O canto da caiada nada tem de notavel. Engaiolada morre em breve, maltratando-se d'encontro ás grades da gaiola.

O CARTAXO

Motacilla rubetra, de Linneo—*Le tarier*, dos francezes

Duas especies do genero *Pratincola* se encontram no nosso paiz, ambas vulgarmente conhecidas pelo nome de *cartaxo*, e muito communs. Teem estes passaros o bico mais curto que a cabeça,

Gr. n.º 295 — O cartaxo

largo na base e guarnecido de pellos, curvo na extrèmidade e chanfrado, azas compridas, tarsos da altura do dedo medio e delgados.

O cartaxo da especie indicada tem a cabeça, a garganta, a frente do pescoço e a cauda negras, sendo a pennugem orlada de ruivo; peito e ilhargas vermelhos baios, o uropigio com duas malhas, uma no lado do pescoço e outra na aza, brancas, bico e pés negros. Mede 0,ᵐ14 de comprimento.

O cartaxo, á maneira das caiadas, frequenta os logares descobertos, os campos, as proximidades dos regatos, escolhendo de preferencia os terrenos amanhados. Do alto d'um arbusto, ou pousado na parte mais elevada de qualquer planta espreita a presa. Alimenta-se de insectos e de hervas; apanha as formigas no solo e as moscas no ar.

Aninha no solo, occultando o ninho entre as hervas, onde não seja facil distinguil-o, formando-o de raizes, talos seccos, rastolho, musgo, e tapizando-o no interior de substancias mais macias. A femea põe de cinco a sete ovos, verdes azulados claros, cobertos, principalmente na extremidade mais grossa, de manchas arruivadas pouco vivas.

É difficil conserval-o engaiolado, não resistindo á perda da liberdade.

A ESTRELLINHA

Regulus ignicapillus, de Lichtenstein—*Le roitelet à moustaches*, dos francezes

Do genero *Regulus*, cujas especies vivem espalhadas pela Europa, Asia e America, duas se encontram no nosso paiz, sendo a da nossa epigraphe a mais commum. Tem esta ave e seus congeneres o bico muito franzino, direito e sovelado, levemente chanfrado na ponta, azas medianas, cauda chanfrada e tarsos delicados.

A estrellinha da especie citada tem o alto da cabeça cór de fogo no centro, amarello alaranjado na frente e nos lados, e cercado de negro; parte superior do pescoço e do corpo verde azeitona, partes inferiores cinzentas levemente tirantes a ruivo, principalmente no pescoço; duas riscas brancas por cima e por baixo dos olhos atravessadas por outra preta, bigodes negros e estreitos que partem do bico e se dirigem para os lados do pescoço, duas riscas brancas nas azas, bico, negro, e pés annegrados. Mede 0,10 de comprimento e 0ᵐ,16 d'envergadura.

E' a mais pequena das aves da Europa.

São muito vivos e ligeiros estes pequeninos passaros, saltando sem descanso de ramo em ramo, sendo-lhes faceis todas as posições; muitas vezes de pés para o ar, agarrados á casca das arvores, buscam por entre ella os pequenos insectos de que se alimentam, as larvas e os ovos. O seu regimen não é só insectivoro, comem tambem sementes.

A femea faz duas posturas cada anno, e construe o ninho no extremo dos ramos das arvores, de preferencia nos pinheiros, bem escondido entre a folhagem. E' espherico, formado externamente de musgo e de lichens, ligados solidamente com teias d'aranha ou de la-

Gr. n.º 296 — A estrellinha

gartas a pedacinhos de madeira, e no interior tapizado de pennugem. O macho acompanha a femea quando esta forma

o ninho, sem todavia tomar parte na construcção; mais tarde, porém, auxilia-a na alimentação dos filhos, indo em busca dos insectos pequenos ou dos ovos d'estes, unico sustento que os pequenos tomam.

A estrellinha torna-se facilmente dada a ponto de vir comer á mão, e habitua-se a viver captiva, sendo interessante não só pela sua pequenez e elegancia, como tambem pelo canto que é melodioso, posto que fraco.

Quando são em maior numero acostumam-se mais facilmente á perda da liberdade; vivendo na melhor harmonia, dormem no mesmo poleiro conchegadas umas ás outras.

A CARRICINHA DAS MOUTAS

Motacilla troglodytes, de Linneo—*Le troglodyte*, dos francezes

Esta especie, unica que vive na Europa, do genero *Troglodytes*, é formada

Gr. n.º 297 — A carricinha das moutas

por um pequeno passaro de bico franzino, sovelado, levemente arqueado; azas curtas, cauda pequena, tarsos alongados, e o dedo pollegar muito longo e vigoroso, armado d'unha muito comprida e recurva.

E' trigueiro ruivo na parte superior com riscas transversaes estreitas e annegradas nas costas, nas azas e na cauda; partes inferiores cinzentas arruivadas, tirantes a azulado na garganta e no peito, e com malhas esbranquiçadas e riscas transversaes negras no baixo ventre e nas ilhargas; remiges trigueiras, as cinco primeiras marcadas alternadamente de negro e de arruivado por fóra; bico trigueiro, pés arruivados. Mede de $0^m,10$ a $0^m,11$ de comprimento por $0,^m15$ a 0^m16

d'envergadura. A femea tem as côres mais claras do que o macho.

Encontra-se em todas as partes da Europa e é commum no nosso paiz.

A carricinha das moutas vê-se d'ordinario saltitando no solo, esquadrinhando cuidadosamente todos os buracos que topa, sendo raro vél-a nas grandes arvores; penetrando no interior dos povoados, não tem duvida em estabelecer a sua residencia perto da morada do homem, caso encontre uma mouta bem espessa, um vallado, ou mesmo uma pilha de madeira onde possa abrigar-se.

«Sempre alegre e buliçosa, como se nada lhe faltára, até mesmo na força do inverno, fóra das occasiões em que a tempestade é mais violenta, o seu bom humor não a abandona. Quando o frio é intenso e os proprios pardaes se mostram tristes e eriçam a pennugem, a carricinha sempre alegre canta como na primavera» (Naumann).

A carricinha canta todo o anno, e como já vimos até mesmo no inverno ; o canto é agradavel, composto de notas numerosas, variadas, claras, formando no meio da canção um trinado bastante harmonioso, que para o fim vae baixando de tom. No inverno, quando a natureza está como que adormecida, e as aves silenciosas, o canto da carricinha produz impressão agradavel a quem o ouve.

A carricinha alimenta-se de toda a especie d'insectos, e no outono come diversas bagas. Diz Brehm que no inverno penetra nas habitações para apanhar as moscas, e que encontrando uma abertura por onde possa introduzir-se o faz frequentemente, tendo excellente memoria dos logares.

O ninho é construido perto do solo, sobre os ramos dos arbustos, mesmo sobre a herva, debaixo d'um tronco ou contra uma pedra, redondo, e tão informe no exterior, que mais parece uma porção de musgo para alli atirada ao acaso. A femea põe de nove a dez ovos brancos, ou brancos amarellados, que são chocados pelo macho e pela femea durante treze dias, e ambos provéem á alimentação dos pequenos.

Posto que não seja facil habituar a carricinha a viver captiva, quando se consegue isso, tem-se uma agradavel e interessante companhia, que póde durar alguns annos.

A FOLOSA OU FUINHO

Phyllopneuste rufa — Le pouillot veloce, dos francezes.

No nosso paiz encontra-se mais d'uma especie do genero *Phyllopneuste*, conhecidas vulgarmente por *folosas*, sendo a supra citada mais commum. Teem por caracteres genericos bico direito, pequeno, sovelado, levemente chanfrado na extremidade, azas alongadas excedendo metade da cauda e esta mediana pouco chanfrada, tarsos altos e delicados, pés franzinos.

O fuinho tem a parte superior da cabeça, do pescoço e do corpo pardas trigueiras mais ou menos tirantes a verde azeitona, uma malha trigueira junto aos olhos, garganta e frente do pescoço brancos amarellados, azas trigueiras com as pennas franjadas de verde azeitona, rectrizes eguaes, bico trigueiro, pés annegrados. Mede 0^m,13 de comprido por 0^m,20 d'envergadura.

A folosa é um passaro vivo, buliçoso, ligeiro, muito sociavel, vivendo em pequenos grupos ; sempre que pousa n'uma arvore corre-a em todos os sentidos, visitando-lhe todos os ramos, em busca dos insectos ou das larvas, e das lagartas pequenas que se occultam nas folhas, e que constituem o seu alimento. Faz o ninho no chão, perto d'uma mouta, junto a um arbusto, sob um massiço de verdura, de forma oval, aberto a um dos lados, e formado exteriormente de musgo e de relva, o que o torna difficil de dis-

Gr. n.º 298 — A folosa ou fuinho

tinguir entre a herva em que se occulta, e forrado no interior de pennugem. Só a femea construe o ninho, e ahi põe de cinco a sete ovos, alongados e lisos, brancos com salpicos vermelhos. A incubação é feita pelo macho e pela femea, e esta, poucos dias depois dos pequenos poderem voar, faz segunda postura.

O canto da folosa não é desagradavel, e, posto que seja pouco variado, tem um tanto de melancolico.

A folosa não é difficil de conservar captiva, e encerrada n'um quarto torna-se em breve muito dada. Um escriptor inglez conta que uma, a que nos primeiros dias acostumara a dar leite n'uma colher, mais tarde voava atraz da pessoa que levasse a colher, pousando-lhe na mão sem o menor receio.

O PISCO DE PEITO RUIVO

Motacilla rubecula, de Linneo — *Le rouge-gorge,*
dos francezes

Esta especie do genero *Rubecula* é commum no nosso paiz, e representada por um passaro de bico mediocre, levemente arredondado na base, azas muito curtas, cauda curta, larga e chanfrada, tarsos e dedos delgados com unhas recurvas.

É trigueiro esverdeado escuro nas costas, com o ventre branco prateado, os lados do peito pardos cinzentos, as ilhargas trigueiras, a fronte, a garganta e a parte superior do peito ruivas vivas, remiges escuras bordadas de pardo arruivado por fóra, rectrizes pardas trigueiras, as duas do centro malhadas de côr d'azeitona; bico negro, pés trigueiros. Mede 0,^{m}15 de comprimento por 0,^{m}23 d'envergadura.

Este passaro busca de preferencia os logares bem cobertos d'arvoredo e humidos. Na primavera alimenta-se de vermes e insectos que apanha com a maior destreza, ora adejando em volta das folhas para apanhar as moscas que alli pousam, ora no solo correndo aos saltos atraz da presa, batendo as azas. No outono come bagas silvestres e uvas.

O pisco de peito ruivo é bom cantor; o seu canto é formado de successivos trinados, alternos com sons aflautados muito extensos e cheios. Vive bem com os seus similhantes toda a vez que cada casal se conserve no seu dominio, não consentindo um que outro lh'o invada, mostrando-se intransigente n'este ponto. Vem a proposito dizer que se dois d'estes passaros forem encerrados no mesmo quarto, cada um considera a metade como sua propriedade, não consentindo que o outro lhe transponha os limites, sem que a guerra se declare entre ambos.

Gr. n.º 299 — O pisco de peito ruivo

O ninho do pisco de peito ruivo é construido no chão, nas paredes d'um fosso, sob as raizes d'uma arvore, n'um massiço de verdura, exteriormente formado de ramos miudos e por dentro tapizado de raizes, de pellos e de peunugem. A femea põe de cinco a sete ovos brancos amarellados salpicados de amarello ruivo escuro; o macho auxilia-a na incubação, e os dois encarregam-se em commum da sustentação dos filhos, sustentação que nos primeiros dias consta de vermes, e mais tarde de insectos de toda a especie.

Este passaro é facil de conservar-se engaiolado, aprendendo em pouco tempo a conhecer o dono, saudando-o com os seus gorgeios, e aprendendo a entrar e a sair livremente da gaiola. Póde viver muitos annos, e accommoda-se perfeitamente com parte da nossa alimentação usual.

O PISCO DE PEITO AZUL

Motacilla suecica, de Linneo — *Le gorge-bleu*, dos francczes

Esta especie do genero *Cyanecula* encontra-se no nosso paiz, com quanto seja rara. Representa-a um pequeno passaro de bico mediocre, comprimido adiante das ventas, azas curtas, cauda mediana, tarsos altos e franzinos. Mede 0,15 de comprimento por 0m,23 d'envergadura.

E' trigueiro cinzento na cabeça, na nuca e nas costas ; a garganta e a parte superior do peito são azues, com uma malha branca prateada no centro; uma faxa transversal negra aveludada termina a parte azul, e a pennugem que forma esta faxa, por vezes franjada de branco, é se-

Gr. n.º 300 — O pisco de peito azul

guida d'outra faxa mais larga ruiva mais ou menos clara ; abdomen branco pardaço, uma risca branca arruivada sobre os olhos, faces trigueiras, remiges pardas trigueiras ; as duas terças partes superiores da cauda ruivas, o terço inferior annegrado, e bem assim as duas rectrizes do centro, que são, á imitação das outras, franjadas de pardo.

Estes passaros são peculiares ás regiões septentrionaes da Europa e da Asia, e arribam na primavera aos paizes da Europa central e meridional, ao norte da Africa e sul da Asia. No nosso paiz encontram-se raros.

O pisco de peito azul habita nas orlas das mattas, proximas dos sitios pantanosos e humidos, e antes da epoca da emigra-

ção avizinham-se dos povoados encontrando-se nos quintaes e nos vallados, sem mostrarem grande receio do homem. Nunca se vê em bandos, e raras vezes mais de dois reunidos, conservando-se perto da agua não só porque muito gostam de se banhar, como tambem por ahi encontrarem os vermes e insectos aquaticos que constituem o seu alimento. No outono comem bagas de diversas especies.

O canto do pisco de peito azul é agradavel ; este passaro parece ter o dom de imitar as vozes d'outras aves. O macho canta, d'ordinario, pousado n'algum ramo elevado, e poucas vezes no chão. Faz o ninho sempre proximo da agua, á borda d'um fosso ou d'um regato, occulto n'uma cova, entre as raizes ou nos macissos de verdura, exteriormente construido de folhas seccas de salgueiros, de talos de hervas, e tapizado no interior de hervas finas e de pennugem. O macho e a femea auxiliam-se na incubação, e ambos cuidam dos filhos fornecendo-lhes o alimento conveniente.

Só á força de muitos cuidados e de alimentação escolhida e abundante se se pode conservar por muito tempo engaiolado o pisco de peito azul, posto que não seja difficil tornal-o em pouco tempo muito manso e familiar com o dono.

A RABIRUIVA

Motacilla phoenicurus, de Linneo — *Le rossignol de muraille*, dos francezes

Encontra-se no nosso paiz este passaro typo do genero *Ruticilla*, comprehendendo diversas especies que habitam na Europa, Asia e Africa.

Em Portugal é tambem commum outra especie, vulgarmente conhecida por

A RABIRUIVA OU FERREIRO

Motacilla tithys, de Linneo — *Le rouge-queue*, dos francezes

Os passaros d'este genero teem o bico mediocre e pontudo, azas longas cobrindo duas terças partes da cauda, e esta comprida e ampla ; tarsos altos e delgados.

Os individuos da primeira especie teem a fronte, os lados da cabeça e a garganta negros, as costas pardas cinzentas, o peito, ilhargas e cauda de côr de ferrugem clara, a parte superior da cabeça e o meio do ventro brancos, o bico e os

pés negros. Medem $0^m,15$ de comprimento por $0^m,25$ d'envergadura.

Os da especie *tithys* são pretos, com
a cabeça, as costas e o peito pardos cinzentos, o ventre branco, as azas malhadas
de branco, a cauda e o uropigio ruivos
amarellados, á excepção das duas rectrizes do centro que são trigueiras escuras.
Medem $0^m,17$ de comprimento por $0^m,27$
de envergadura.

Estes passaros frequentam particularmente os povoados, até mesmo as cidades, indo empoleirar-se nos edificios mais
altos ; e quando se afastam dos logares
habitados acoitam-se nas rochas, nos
muros, ou nas margens pedregosas dos
ribeiros. São pouco sociaveis, vivem apenas com a femea, e nunca se afastam
para longe do sitio onde habitam, não
tolerando alli a presença de algum dos
seus similhantes, e até mesmo provo-
cando continuas rixas com os outros passaros. Alimentam-se de insectos.

As rabiruivas aninham nos troncos
ôcos das arvores, ou nas fendas dos muros, construindo o ninho grosseiramente
de raizes e rastolho, tapetado de pennugem. Faz a femea duas posturas, de cinco a oito ovos cada uma, de casca lisa,
azues esverdeados, não fazendo a segunda no mesmo ninho da primeira,
mas voltando na primavera seguinte a
tomar posse do primeiro ninho. Os ovos
da especie tithys são brancos, e cinco a
a sete de cada postura.

A rabiruiva canta melhor que o ferreiro, e canta todo o anno ; mas os passaros d'estas especies não são considerados dignos de ser engaiolados. Da primeira diz-se que possue o dom de imitar
o canto d'outras aves.

O CHINCAFOES, OU ROUXINOL DA ESPADANA

Turdus arundinaceus, de Linneo — *La rousserole des roseaux,*
dos francezes

Esta especie, do genero *Calamoherpe*,
pertence a uma familia de passaros, —da
qual se encontram representantes d'alguns dos seus generos no nosso paiz,—
quasi todos frequentando as vizinhanças
da agua corrente, acoitando-se nas moutas e nas arvores que orlam as margens
dos rios e ribeiras, ahi aninhando, e alimentando-se exclusivamente de insectos,
vermes, moscas e larvas que encontram
á borda d'agua. Se não são cantores notaveis, entretanto o seu canto está longe
de ser desagradavel.

O chincafoes é um passaro de $0^m,19$
de comprimento, trigueiro arruivado nas
partes superiores, branco amarellado nas
inferiores, mais escuro nas ilhargas ; tem
uma risca branca amarellada sobre os
olhos, as pennas das azas trigueiras com
grandes bordaduras arruivadas, bico trigueiro, pés escuros.

Como já dissemos, referindo-nos aos habitos da familia em geral, o chincafoes
vive na vizinhança da agua, occultando-
se entre os juncos, raras vezes pousando
nas arvores mais elevadas. «Na primavera,
diz Brehm, ouve-se-lhe resoar o canto
desde os primeiros clarões da aurora até
ao pôr do sol, entrando por vezes pela
noite dentro. Compõe-se o canto de phrases muito variadas, formadas de notas
cheias e fortes. O coaxar das rãs influe
de certo nos sons que forma, porque
mais se parece o seu canto com os gritos d'aquelles animaes do que com o
canto de qualquer outro passaro. Nem
uma nota suave ou aflautada, todo o seu
cantar é uma especie de grunhidos... O
macho entrega-se completamente aos seus
cantares, parecendo querer rivalisar com
o rouxinol. O corpo direito, as azas
caidas, a garganta entumecida, e o bico
no ar, pousado n'um caniço que o vento
balouça, eriça a pennugem de maneira
a parecer maior do que realmente é».

O ninho, construe-o elle artisticamente
de folhas e de talos de hervas seccas, tanto
mais finas quanto mais para o interior,
e por dentro tapizado de raizes muito
finas. É mais alto do que largo, porque
o constructor conhece a necessidade de
evitar que os ovos saltem fóra do ninho,
quando o vento verga os caniços, a que
de ordinario o prende. A postura é de
quatro a cinco ovos, azulados ou pardos
esverdeados, salpicados de pardo cinzento
ou de côr d'ardosia.

Os chincafoes habituam-se á perda da liberdade conservando-os em gaiolas grandes, e dando-lhes alimentação conveniente.

A COSTUREIRA

Orthotomus longicauda — *L'orthotome à longue queue,*
dos francezes

A estes passaros dão os francezes o
nome vulgar de *couturiers* ou *tailleurs*,
tirado do modo de construcção do ninho,
o qual, como abaixo veremos, é feito de
duas folhas cosidas uma á outra com fios

de algodão ou fibras das plantas. A especie que citamos pertence ao genero *Orthotomus*, e comprehende-se no grupo da especie antecedente.

E' um passaro de 0ᵐ,18 de comprido, verde azeitona nas costas, ruivo no alto da cabeça, ventre branco, os lados do peito malhados de negro, remiges trigueiras bordadas de verde, rectrizes trigueiras com reflexos esverdeados, e as lateraes franjadas de branco. No macho as duas rectrizes do centro são muito maiores do que as dos lados.

Encontra-se na India e em Ceylão.

Alimenta-se de insectos, principalmente formigas, de lagartas e larvas que desencantoa entre a casca das arvores e nas folhas, ou que apanha no solo.

Hutton, descrevendo dois ninhos da costureira, diz que um era elegantemente construido de caniços, algodão, fios de lã, tudo solidamente entralaçado, in-

Gr. n.º 301 — A costureira

teriormente forrado de crinas de cavallo, disposto entre duas folhas d'um arbusto e cosidas uma á outra até pouco acima da metade inferior. O passaro empregára na costura um fio rijo de algodão que elle proprio fiou.

O ROUXINOL

Motacilla luscinia de Linneo — Le rossignol, dos francezes

Duas especies se comprehendem no genero *Philomela*, das quaes a que fica citada é commum no nosso paiz, e a philomela, *grand rossignol* dos francezes, muito rara. Encontram-se na Europa, na Asia e na Africa.

O rouxinol é pardo arruivado nas partes superiores do corpo, mais escuro no alto da cabeça, e nas interiores pardo amarellado claro, a garganta e o peito mais claros; as remiges trigueiras escuras, as rectrizes trigueiras ruivas, bico annegrado por cima e amarellado por baixo, pés trigueiros amarellados claros. Mede 0ᵐ,18 de comprimento. A philomela é um pouco maior.

Os rouxinoes escolhem para seu domicilio os logares assombrados, os bosques, as moutas bem espessas, os jardins, e é certo que uma vez estabelecendo o seu domicilio em qualquer ponto ahi voltam no anno seguinte, a não ser que o local haja perdido as boas condições que o tornavam apreciado, bastando, por exemplo, que um corte feito nas arvores ou nos arbustos o haja privado da sombra, o seu principal encanto aos olhos do rouxinol. Os pequenos procuram de preferencia estabelecer-se proximos do sitio onde nasceram. O rouxinol não é timido, e por vezes fixa a sua residencia perto da habitação do homem.

Alimenta-se de vermes de todas as es-

Gr. n.º 302 — O rouxinol

pecies, de larvas d'insectos, de formigas, lagartas, e no outono come bagas. Procura o alimento no solo, principalmente nos sitios onde a terra estiver cavada de fresco, saudando a presa com um movimento subito da cauda.

Raras serão, por certo, as pessoas que não tenham uma vez, sequer, escutado o canto do rouxinol, enlevando-se ao som da sua voz, por uma noite serena e tepida de primavera. Muitas aves ha cuja voz se ouve com prazer, taes como a tutinegra, o canario, o tentilhão, o pintasilgo, o melro, o cochicho; umas notaveis pelo timbre da voz, outras pelo variado do canto, mas não ha nenhuma a que o rouxinol não seja superior, reunindo todas as bellezas de tão variados cantores, de sorte que as canções de todos os outros passaros não passam de simples estrophes

do canto do rouxinol. Alterna as phrases maviosas, os trilos, as notas sentidas e alegres com uma graça indefinivel. N'uns o canto começa brando, suave, e a pouco e pouco vae ganhando força para insensivelmente ir morrendo, outros soltam notas cheias e vibrantes, ou casam agradavelmente os sons ternos e melancolicos com os garganteados brilhantes de prazer e de triumpho. O compasso e as pausas ainda mais contribuem para a belleza do conjuncto.

Extasia-nos a variedade, o vigor, o cheio da voz de tão pequena ave, custando a comprehender como d'aquella garganta saiam notas tão claras e brilhantes, e como os musculos da larynge tenham vigor para tanto.

O rouxinol construe o ninho de rastolho, de talos d'hervas, de folhas de caniços, forrando-o de raizes delgadas e de crinas de cavallo, sobre o solo ou a pequena altura, n'uma fenda, n'um massiço d'hervas, ou n'uma sarça. A femea põe de cinco a seis ovos, e auxilia o macho na incubação, não se ouvindo n'esta epoca cantar o macho senão de dia.

Os paes alimentam os filhos de vermes de toda a especie, e cuidam d'elles por muito tempo; se lh'os arrebatam do ninho, collocando-os em sitio proximo encerrados n'uma gaiola, ahi lhes levarão o alimento.

O rouxinol pode ser creado em gaiola e ahi viver por muito tempo tratando-o com esmero. Captivo canta na prisão se lhe diminuirem os rigores do captiveiro, cercando-o dos objectos que mais lhe aprazem: pondo-o á sombra de folhagem, tapisando a gaiola de musgo, não o expondo ao frio nem o importunando com vizitas, e dando-lhe alimento abundante e que lhe agrade.

Todos os naturalistas são d'accordo em affirmarem que o rouxinol se affeiçoa ao seu tratador, chegando a distinguil-o pelos passos, e saudando-o com os seus gorgeios cada vez que o vê. Muitos factos se citam para comprovar esta asseveração.

Lemoine fala d'um rouxinol que deixou de comer, não podendo por ultimo ter-se em pé, por não ver a sua tratadora durante alguns dias; tão depressa, porém, ella lhe appareceu, reanimou-se, acceitou o comer que lhe apresentou, e em vinte e quatro horas estava restabelecido.

A TUTINEGRA REAL

Motacilla atricapilla, de Linneo — *La fauvette à tête noir* dos francezes

No nosso paiz encontram-se diversas especies de tutinegras, todas notaveis como passaros cantores, avantajando-se-lhes a tutinegra real. Pode dizer-se que o seu canto rivalisa com o do rouxinol.

A tutinegra real tem as costas pardas annegradas, o ventre pardo claro, a garganta parda esbranquiçada, o alto da cabeça negro carvão, bico negro, pés pardos tirantes a côr de chumbo. Mede 0m,16 de comprimento. A femea tem o alto da cabeça trigueiro ruivo e dimensões eguaes ás do macho.

Habita nos arvoredos e é raro vel-a pousada no solo. O seu alimento compõe-se de insectos, larvas e lagartas, que encontra nas folhas das arvores, e no outono das bagas d'alguns arbustos. Construe o ninho nas sarças e nos arbustos, a pequena altura do solo, de hervas sec-

Gr. n.º 303 — O gallo da serra

cas, forrando-o de folhas e crinas no interior, onde a femea põe de quatro a seis ovos, côr de carne e salpicados de vermelho.

Os paes cuidam alternadamente da incubação, e criam os filhos com a maior sollicitude. A tutinegra pode conservar-se em gaiola, e torna-se um dos passaros mais agradaveis pelo seu canto. Para muitos é ella superior ao rouxinol, ouvida no interior das habitações: o canto prolonga-se além do do rouxinol, as notas são mais suaves, variadas, e ferem menos o ouvido.

Todas as tutinegras reaes facilmente se tornam mansas, conhecendo o dono e saudando-o com os seus gorgeios mais alegres. Brehm diz haver conservado uma onze annos e outra nove, accrescentando que são faceis de crear, não carecendo de alimentação tão escolhida como os rouxinoes, e refere-se a alguem que as sustentava de pão, que se davam excellentemente.

Um escriptor que traduziu as obras de Bechstein, ornithologista distincto, conta o seguinte d'uma tutinegra que possuiu: «No inverno tinha-a na estufa, e habitua-

9

ra-a a dar-lhe, todas as vezes que alli ia, um verme de farinha. De tal modo se acostumara a este mimo, que mal me via entrar vinha pousar perto da caixa onde eu guardava os bichinhos. Se fazia de conta que a não via, voava e vinha passar exactamente por debaixo do meu nariz, voltando em seguida para o seu pouso; teimando eu em não attendel-a repetia o manejo e dava-me com as azas, não se accomodando, finalmente, sem que lhe desse a appetecida iguaria.»

Existem na America, ao sul da Asia e na nova Hollanda, diversos generos de passaros, formando uma familia a que os francezes appellidam *pipridés*, genero *Pipra* de Linneo, em geral formada de individuos de acanhadas dimensões, havendo todavia alguns que attingem o tamanho do pombo commum; todos, porém, notaveis pela plumagem sedosa, riqueza e brilho das côres que os ornam. Faremos menção d'algumas especies.

O GALLO DA SERRA

Rupicola] crocea, de Linneo — *Le rupicole orangé*, dos francezes

É a especie mais conhecida do genero *Rupicola*. Tem este passaro e seus congeneres o corpo refeito, azas compridas e obtusas, cauda curta e larga, tarsos robustos, dedos com unhas rijas e longas; a plumagem da cabeça ergue-se formando uma poupa longitudinal, em forma de semi-circulo.

É um dos mais bellos passaros da America meridional. A plumagem é amarella alaranjada clara, as pennas da crista bordada de vermelho purpura escuro, as coberturas das azas, as remiges e as rectrizes trigueiras avermelhadas, as ultimas franjadas de amarello e malhadas de branco no centro; bico amarello desvanecido, pés côr de carne. Estas côres pertencem ao macho, que mede 0m,33 de comprimento; a femea é mais pequena.

Esta especie encontra-se no Brazil.

Vamos transcrever da narração de R. Schomburgk algumas linhas, que servirão para referir uma das circumstancias mais singulares do viver d'estes passaros, que parece terem decidido gosto pela arte choregraphica.

«... O bando inteiro dispunha-se a dar começo ao baile sobre um enorme rochedo, e não posso exprimir o prazer que tive ao ver-me, finalmente, em presença de tal espectaculo, de ha muito desejado. Em volta, nas sarças, havia pelo menos uns vinte espectadores, machos e femeas, e no rochedo só estava um macho, que, percorrendo-o em todas as direcções, executava os mais surprehendentes movimentos. Tão depressa entreabria as azas, inclinando a cabeça successivamente para ambos os lados, escarvando o chão com os pés, e saltando mais ou menos ligeiramente no mesmo logar, como, abrindo a cauda em leque, caminhava todo ufano, a passo grave, em torno do rochedo; finalmente, fatigado, soltou um grito nada similhante aos que dava habitualmente, e voou indo pousar n'um ramo vizinho. A este macho seguiu-se outro, que da mesma forma fez prova de toda a sua graça e agilidade, acabando, por seu turno, por ceder o logar a um terceiro.»

As femeas, no dizer do mesmo escriptor, assistiam gostosas ao espectaculo, e até mesmo applaudiam os artistas com a voz aos vel-os retirar fatigados.

Estas dansas podem comparar-se, na opinião de Brehm, aos combates dados entre os machos d'outras aves, e umas e outros executam-se em homenagem ás femeas.

Estes passaros vivem de fructos, e no dizer de Humboldt podem conservar-se captivos.

O TINGARÁ TIE-GUAÇU

Pipra pareola, de Linneo — *Le manakin huppé*, dos francezes

Do genero *Manacus* vivem na America muitas especies. Citaremos d'ellas o tieguaçu, um lindo passaro de 0m,13 de comprimento, preto carvão com as costas azul celeste, a cabeça ornada com uma poupa aforquilhada vermelha viva, bico negro, pés amarellos.

É commum no Brazil.

Vive nas florestas, alimentando-se de fructos.

OS FISSIROSTROS

Os passaros d'este grupo caracterisam-se pelo bico pequeno, curto, achatado horisontalmente, e muito rasgado. São essencialmente insectivoros.

Dos habitantes alados da terra nenhum conseguiu fixar tão singularmente a attenção do homem como a andorinha, e como ella conquistar tão larga estima, a ponto de a considerarem inviolavel em quasi todos os paizes e até mesmo sagrada. E' provocar infortunios o maltratal-a, bom presagio vel-a aninhar nas nossas habitações.

Se todas as superstições, na verdade, fossem innocentes como esta, e dessem tão sympathicos e uteis resultados, nada se ganharia em destruil-as; quanto mais que sagrados nos devem ser todos os animaes que, á imitação da andorinha, só proveito dão ao homem.

Em primeiro logar citaremos as especies que frequentam o nosso paiz, e outras notaveis que se encontram em diversas partes do globo, deixando para ultimo logar o descrever os seus habitos geraes e particularidades mais dignas de menção, com referencia a cada especie.

As andorinhas são pequenas, elegantes, peito largo e cauda aforquilhada, bico curto e chato, mandibula superior levemente recurva na ponta, bocca rasgada até aos olhos ; os tarsos são muito curtos e delgados, os dedos franzinos, as azas compridas e pontudas.

A ANDORINHA DAS CHAMINÉS

Hirundo rustica, de Linneo— *L'hirondelle de chaminée*, dos francezes

As partes superiores do corpo, frente, lados do pescoço, e alto do peito são negros

Gr. n.° 304 — 1. O andorinhão, 2 A andorinha das casas.

azulados, o resto do peito e abdomen arruivados, fronte e garganta trigueiras acastanhadas, cauda muito aforquilhada, e n'esta todas as pennas, á excepção das duas medianas, teem uma malha branca nas barbas internas; bico negro, pés trigueiros. Ha variedades todas brancas e outras arruivadas. Mede 0m,18.

E' frequente no nosso paiz.

A ANDORINHA DAS CASAS

Hirundo urbica, de Linneo— *L'hirondelle de fenêtre*, dos francezes

Plumagem negra lustrosa com reflexos azulados nas partes superiores, branca nas inferiores e no uropigio, pennugem rara e branca nos tarsos e nos dedos, bico negro.

Commum no nosso paiz.

A ANDORINHA DAS ROCHAS

Hirundo rupetris, de Linneo— *L'hirondelle de rocher*, dos francezes.

Parda cinzenta na parte superior, azas e cauda negras, rectrizes malhadas de branco amarellado, garganta esbranquiçada, peito e baixo ventre pardos arrnivados sujos, bico negro, pés avermelhados. Mede 0m,15 a 0m,16 de comprimento.

Commum no nosso paiz.

A ANDORINHA ARIEL

Chelidon ariel, de Gould— *L'hirondelle ariel*, dos francezes

Costas azues escuras, cabeça côr de ferrugem, uropigio branco amarellado tirante a pardo, ventre branco, azas e cauda trigueiras escuras, tarsos pardos atrigueirados, bico negro. 0^m,8 de comprimento.

Esta especie, congenere da andorinha das janellas, é a representante do genero *Chelidon* na Australia, onde vive, sendo notavel, como mais tarde veremos, pela forma de construcção do ninho.

O ANDORINHÃO [1]

Hirundo apus, de Linneo — *Le martinet de muraille*, dos francezes

Esta especie pertence ao genero *Cypselus* que os naturalistas incluem n'umá fami-lia diversa da das andorinhas, e das quaes, embora com ellas tenha analogia no todo, se separa por caracteristicos diversos.

O andorinhão tem os tarsos muito curtos, cobertos de pennugem até aos dedos, azas muito longas que excedem a cauda em comprimento, bico pequeno muito largo na base, cauda aforquilhada. Os individuos da especie citada teem a plumagem trigueira annegrada, similhante á fuligem, com reflexos esverdeados, garganta branca cinzenta, bico trigueiro es-

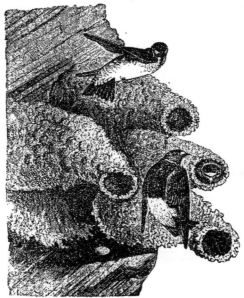

Gr. n.º 305 — Ninho da andorinha ariel

curo e pés negros. Medem, aproximadamente, 0,^{m}19 de comprimento por 0,^{m}45 d'envergadura.

O andorinhão é frequente no nosso paiz.

A ANDORINHA SALANGANA

Hirundo esculenta, de Linneo.—*La Salangana*, dos francezes

Esta especie, do genero *Collocalia*, pertence á familia da antecedente. Mede a salangana de 0,^{m}13 a 0,^{m}14 de comprimento, tem o corpo trigueiro escuro por cima e trigueiro claro por baixo, azas e cauda annegradas, uma malha branca adiante dos olhos.

Habita na Asia meridional.

1 Este passaro é conhecido em Portugal pelos seguintes nomes : Andorinhão, Gaivão, Ferreiro, Guincho, e Zirro (Cat. do Mus. de Coimbra).

Adiante falaremos das circumstancias que tornam notavel esta especie.

O ar é o verdadeiro elemento da andorinha ; e prodigiosas são a facilidade e rapidez com que voa. A sua existeneia é um vôo constante : voando come, bebe, e banha-se ; até mesmo alimenta os filhos quando elles ensaiam os seus primeiros vôos. E' vêl-as subir e descer, desenhando curvas que se cruzam em todas as direcções, e subitamente moderar a rapidez do vôo na sua maior intensidade, para seguir os insectos alados, de que se alimentam, no seu gyro caprichoso. E' tal a velocidade com que vôam, que especies ha podendo andar trinta leguas n'uma hora.

Se possuem em alto grau a faculdade de voar, são inhabeis a andar : as pernas

Impresso por Lallemant frères, Lisboa.

curtas mal as deixam mover, e se por acaso pousam no solo teem difficuldade de levantar o vôo. Em troca a vista é tão apurada, que em nada cede á do falcão e á da aguia. No dizer de Spallanzani, que fez experiencias repetidas e rigorosas com estes animaes, o andorinhão enxerga a formiga alada atravessando o espaço á distancia de cem metros!

As andorinhas são celebres pelas emigrações. Arribam á Europa nos primeiros dias de primavera, isoladas ou quando muito acasaladas, occupando-se mal chegam de reparar os ninhos antigos ou construir novos se aquelles foram destruidos. Com ellas veem as que nasceram no anno antecedente, e que pela primeira vez aninham na Europa. Por mais extraordinario que pareça, depois de seis mezes d'ausencia, que estas aves voltem ao antigo domicilio, sem erro ou troca, não é possivel deixar de acreditar o facto, porque as provas abundam para não permittirem sequer a duvida. (Figuier).

«A andorinha das chaminés volta sem falta, todos os annos, á casa que pela primeira vez lhe serviu de asylo, arribando na primavera com a pequena fita de seda vermelha que no outono antecedente lhe prenderam aos pés. Tres vezes me servi d'este innocente meio para as minhas experiencias: das duas primeiras vi chegar os machos e as femeas aos seus respectivos ninhos trazendo a prova incontestavel da sua identidade; á terceira não voltaram, morte natural ou violenta as surprehendera no caminho.

Estas experiencias, tão curiosas e interessantes, provam que as andorinhas não só voltam ao seu primeiro ninho, como tambem que as nupcias ahi celebradas são nó indissoluvel que prende o macho á femea por toda a vida». (Spallanzani).

«Conta-se que um sapateiro, morador em Bâle, na Suissa, poz uma colleira em volta do pescoço d'uma andorinha, e na colleira escrevera—«Diz-me, bella andorinha, onde vaes passar o inverno? Na primavera seguinte, pelo mesmo correio, recebia a seguinte resposta : Em Athenas, em casa de Antonio ; para que o desejas saber? — (Chenu).

«A forma do ninho e o logar onde o construe variam segundo as especies. A andorinha das chaminés forma o ninho nas paredes interiores das chaminés ; a andorinha das casas, sob as beiras dos telhados. Outras estabelecem-n'o nos troncos das arvores seccas, ás vezes numerosos. Audubon calcula em onze mil os ninhos que teve ensejo de observar, n'um grande sycomoro, perto de Louisville. Ha andorinhas que os edificam nas fendas das rochas, ou nas abobadas das cavernas.

De ordinario o ninho é feito de terra amassada com palha, e forrado no interior de pennugem ; assim o construem a andorinha das chaminés e a andorinha das casas. O andorinhão forma-o de pedacinhos de madeira arrancados aos ramos seccos das arvores, e collados com auxilio de certo humor viscoso que lhe corre da bocca. A especie andorinha ariel dá ao ninho a forma d'uma garrafa com o gargalo dilatado, e prende-o pelo fundo nos sitios mais inaccessiveis. (Gr. n.º305).

Terminada a construcção, fructo d'um mez de trabalho, a femea põe de quatro a seis ovos, e faz duas ou tres posturas por anno. Dura a incubação doze ou quinze dias, durante os quaes o macho dá provas da mais terna sollicitude á sua companheira , trazendo-lhe o alimento ao ninho, passando a noite a seu lado, e a todo o instante chilrando como que para lhe adoçar os amargores da maternidade.

Nascidos os pequenos, rodeiam-n'os os paes dos carinhos necessarios a entes tão franzinos, e dão-lhes provas de notavel affeição, alimentando-os durante o tempo que se conservam no ninho; chegada a occasião de os abandonarem, são ainda os paes que lhes guiam os primeiros adejos, e lhes ensinam a perseguir o insecto no ar.

Boerhaave cita uma andorinha que, na volta d'uma excursão, viu a casa onde tinha o ninho ser pasto das chammas, e sem hesitar passou atravez o incendio para ir ao logar onde tinha os filhos levar-lhes o alimento» (Figuier).

Muitas pessoas presenciaram o seguinte facto, em Paris, em julho de 1843, por occasião das exequias do duque d'Orleans.

As andorinhas que haviam feito o ninho nos capiteis das columnas, cobertos pela armação de lucto que guarnecia os porticos, não sabiam o modo porque haviam de passar para irem levar o sustento aos filhos, e andavam na maior agitação batendo d'encontro aos pannos. Todos que observavam o facto tinham uma palavra de compaixão para os pobres paes.

Durou isto parte do dia, até que finalmente, dando-lhes animo os queixumes dos pequenos, aguilhoados pela fome, houve uma que se atreveu a passar por uma estreita fisga entre dois pannos. Uma vez encontrada a passagem todas por ella se introduziram, e nos dias seguintes, em quanto a armação esteve na egreja, foi por ahi que passaram sem a mais leve hesitação.» (Brehm).

«Em extremo sociaveis, estes passaros reunem-se em grupos numerosos, parecendo unil-as profunda affeição, e auxiliando-se mutuamente em circumstancias difficeis.

«Vi, conta Dupont de Nemours, uma andorinha que tivera o infortunio de ficar presa a um cordel, que pendia d'uma goteira do telhado do collegio das Quatro Nações; introduzira, não sei como, a perna no nó corredio dado na extremidade do cordel. Baldados foram todos os esforços feitos para soltar-se; gritava dependurada, e por vezes tentando voar erguia-se até onde o cordel lh'o permittia. As andorinhas que habitavam todo o vasto espaço comprehendido entre a ponte das Tulherias e a Ponte Nova, e talvez ainda de mais além, haviam-se reunido.

Era uma nuvem formada por muitos milhares d'estas aves, e todas soltavam o grito d'alarme. As que estavam mais proximas vieram, por ultimo, umas atraz das outras, como no jogo das argolas, dar uma bicada no cordel, sem nunca interromperem o vôo; succedendo-se as bicadas sempre no mesmo logar, com intervallos d'um segundo ou menos, em meia hora o cordel foi cortado, e a pobre captiva recuperou a liberdade.

Linneo conta outro facto que prova evidentemente até onde alcança o espirito de confraternidade d'estas aves. Quando as *andorinhas das casas*, na primavera, regressam aos ninhos, encontram-n'os, por vezes, occupados pelos pardaes. A legitima proprietaria, assim privada de entrar na sua casa, faz todos os esforços para alli introduzir-se, o que nem sempre consegue, e n'este caso pede auxilio ás companheiras, e todas veem pôr cerco ao intruso. Se resiste, entrincheirado como está na fortaleza, ellas então trazem no bico a terra amassada, e fecham a entrada da cidadella, que assim se transforma em tumulo do usurpador.

De ordinario é no mez de setembro que as andorinhas nos deixam, para irem em busca de temperatura mais amena e de alimento mais abundante.» (Figuier).

«A partida das andorinhas, no outono, não se effeitua da mesma fórma que a chegada, na primavera. Arribam isoladas ou aos pares, vindo todos os dias um certo numero, que assim vae crescendo; a partida, ao contrario, é feita d'ordinario aos bandos!

Quando os individuos d'uma certa area sentem a necessidade de emigrar, véem-se mais agitados do que é costume e são mais frequentes os gritos com que se chamam; tendem a formar-se em grupos e a foliarem no ar, e reunem-se repetidas vezes ao dia nos telhados, ou nos ramos seccos das arvores. A sua agitação, os gritos e estes exercicios diarios, são indicio certo de que a partida está proxima; até que, finalmente, chegado o dia de realisar-se a marcha, todos, levantando o vôo a um tempo, remontam vagarosamente a grande altura, em voltas successivas e sempre gritando. As andorinhas teem por fim, elevando-se por esta fórma, descobrirem horisonte mais vasto, e mais facilmente marcarem o caminho que devem seguir.

A partida effeitua-se a qualquer hora do dia, toda a vez que o tempo e o vento sejam favoraveis, preferindo, porém, a tarde...

E' certo que a *andorinha das chaminés* e a *andorinha das casas* descançam durante a viagem, e não é raro em setembro e outubro, na epoca da emigração, surprehendel-as ao despontar o dia nas mattas onde pernoitam.

Todos que na epoca da partida das andorinhas viajam pelo Mediterraneo sabem quanto é commum vêl-as fatigadas virem descançar na mastreação dos navios...

Por longo tempo a viagem das andorinhas foi segredo para os naturalistas: Qual era o seu destino? D'onde vinham? Hoje deixou de ser difficil o responder a estas interrogações. As especies que arribam aos nossos paizes passam regularmente todos os annos pelas ilhas do Archipelago, vindo da Africa para a Europa ou indo da Europa para a Africa. As *andorinhas das chaminés* vão até ao Senegal, onde Adanson as viu chegar alguns dias depois de partirem da Europa (Gerbe).

«É fóra de duvida que a andorinha possue a faculdade de cair em lethargia durante o inverno, á imitação dos animaes hibernantes, despertando tão depressa a temperatura elevando-se as colloque em condições normaes d'existencia» (Figuier).

As andorinhas em geral não vivem captivas, posto que não seja impossivel conserval-as engaioladas, tratando-as com muito esmero Brehm diz ter visto muitas que viveram annos engaioladas, recebendo alimento egual ao que se dá aos rouxinoes.

O leitor terá ouvido dizer mais d'uma vez que, entre os manjares exoticos que figuram na mesa dos chins, é tido como um dos melhores os ninhos de andorinhas. A andorinha salangana fornece tão appetecido manjar. Diversificam as opiniões ácerca dos materiaes com que a salangana fórma o ninho : querem uns que seja feito de substancias animaes,— ovas de peixe que em certa época cobrem a superficie do mar n'aquellas paragens,— outros que de substancias vegetaes, — certas plantas marinhas communs n'aquellas regiões. O ninho é construido no interior das grutas cavadas nos rochedos á beira mar, sendo difficil e arriscado apanhal-o. Não obstante o subido preço d'estes ninhos, os chins consomem-n'os em grande quantidade, considerando-os como um grande reparador das forças exhaustas pela doença, ou por excessos de qualquer natureza.

Ainda hoje, diz Brehm, estes ninhos se pagam tão caros como ha muitos seculos ; no dizer dos viajantes, a China importa muitos milhões d'elles, que representam o valor de 300.000 libras esterlinas. Os chins separam-n'os em muitas qualidades, e pagam-n'os por sommas realmente fabulosas.

Gr. n.º 306 — O noitibó

O NOITIBÓ

Caprimulgus europæus, de Linneo.— *L'engoulevent*, dos francezes

Pertence esta especie a uma familia de passaros, que está para as andorinhas como as aves de rapina nocturnas para as dirnas. São aves tristes e solitarias, dormindo de dia, e abandonando só depois do occaso do sol os seus retiros para irem á caça dos insectos crepusculares e nocturnos. Os naturalistas distinguem n'este grupo dos *Caprimulgidae* muitos generos, que habitam as diversas partes do globo.

Os noitibós teem o corpo alongado, pescoço curto, cabeça grande e larga, bico curto e mais rasgado do que o das andorinhas, tarsos curtos, delgados, todos ou em parte cobertos de pennugem.

Na physionomia e na plumagem sedosa e macia assimilham-se ás aves nocturnas.

A especie da nossa epigraphe mede $0^m,28$ de comprimento por $0^m,58$ d'envergadura. É um passaro cinzento na parte superior do corpo, com manchas, riscas e salpicos trigueiros, negros e amarellos arruivados; as partes inferiores pardas claras, com salpicos e riscas negras e trigueiros escuros, duas riscas esbranquiçadas uma por cima dos olhos outra ao longo da abertura boccal; as tres primeiras remiges malhadas de branco nos machos e de amarello nas femeas, as duas rectrizes do centro pardas cinzentas com riscas negras, as outras arruivadas e malhadas de preto, com uma mancha branca na extremidade.

«Á maneira que os ultimos raios do sol se perdem no horisonte, o noitibó começa despertando, alisa a plumagem, olha em roda de si, e em seguida levantando o vôo percorre os sitios da floresta menos cerrados e as clareiras. Assim vôa toda a noite, com o bico muito aberto, e a presa que uma vez lhe entre na bocca não pode escapar-se, ficando collada á saliva viscosa que lhe humedece o interior.

O noitibó, á maneira da andorinha, é um passaro util, destruindo grande numero de insectos, taes como os besouros, as moscas, os escaravelhos, os grilos, as sephinges e as libellinhas.

Não construe ninho; a femea põe os ovos no solo, em sitio escuso, sobre um tronco d'arvore coberto de musgo, ou n'um massiço de verdura.

Audubon conta o seguinte curioso facto, ácerca do modo como uma especie de noitibós da America esconde os ovos, facto de que foi testemunha.

«Tão depressa o noitibó, o macho ou a femea, conhece que lhe tocaram nos ovos, eriça a plumagem e fica por momentos como que profundamente desanimado. Solta em seguida um leve murmurio, apparecendo o companheiro sem demora, quasi que roçando com as azas no chão. Depois de alguns gritos, pega um com a bocca n'um dos ovos, o outro noitibó imita-o, e ambos voando com o maior cuidado, perto do solo, desapparecem entre o matto. Só procedem assim se alguem lhes toca nos ovos, porque se o homem apenas se aproxima sem lhes bolir, deixam-n'os ficar».

E' muito difficil, mas não impossivel, crear os noitibós em gaiola, apanhando-os pequenos no ninho.

Gr. n.º 307 — A calhandra

OS CONIROSTROS

Os passaros d'este grupo distinguem-se pelo bico vigoroso, mais ou menos conico, sem chanfradura. São geralmente granivoros, e algumas especies excepcionalmente insectivoras ou carnivoras.

O COCHICHO

Alauda calandra, de Linneo — *La calandre ordinaire,* dos francezes

Esta especie, muito commum no nosso paiz, do genero *Melanocorypha*, é formada por um passaro de bico vigoroso comprimido lateralmente, azas muito longas, cauda curta, tendo a unha do dedo pollegar muito comprida; mede $0^m,19$ a $0^m,22$ de comprido por $0^m,41$ a $0^m,47$ d'envergadura.

E' ruivo avermelhado nas partes superiores do corpo com malhas negras, branco amarellado desvanecido nas inferiores, com malhas longitudinaes trigueiras no peito, uma malha negra de cada lado do pescoço, e a ultima rectriz quasi inteiramente branca.

O cochicho de ordinario habita nos campos cultivados, correndo sobre o solo, e vivendo com a femea na epoca das nupcias. Construe o ninho geralmente sob um torrão, entre o trigo, sempre n'alguma cavidade, grosseiramente feito de talos e de raizes seccas. A femea põe de quatro a cinco ovos, brancos ou brancos amarellados com salpicos e manchas trigueiras, amarellas ou pardas.

É geralmente conhecido este passaro como um dos melhores passaros cantores, possuindo a mais o dom de imitar o canto das outras aves, e até mesmo as vozes d'alguns quadrupedes.

E' muito vulgar entre nós ver o cochicho engaiolado, posto que a voz seja forte em demasia para poder ser ouvida no interior das habitações. Os cochichos que se querem crear apanham-se ainda novos, ao abandonarem o ninho, antes da primeira muda, dando-se-lhes a principio coração de carneiro cortado miudo, em seguida sementes, migalhas de pão, tendo o cuidado de lhes conservar na gaiola um pedaço de caliça para aguçarem o bico, e areia fina onde possam espojar-se á vontade. Ligam-se-lhe as azas ou forra-se a gaiola por dentro para evitar que se maltratem contra as grades, porque a principio são bravios, e só mais tarde amansam, habituando-se ao captiveiro. Então cantam seguidamente, calando-se apenas na epoca da muda.

A CARREIROLA

Alauda brachydactyla, de Temminck — *La calandrelle,* dos francezes

Esta especie tem o bico menos volumoso do que o do cochicho, e a unha do dedo pollegar relativamente mais curta. É cinzenta arruivada, malhada de trigueiro nas partes superiores, nas inferiores branca, mais ou menos tirante a ruiva

Gr. n.º 308 — A cotovia de poupa

no peito e nas ilhargas, com malhas trigueiras por baixo e ao lado do pescoço; remiges trigueiras bordadas de ruivo claro, rectrizes egualmente trigueiras e as duas mais externas em grande parte coloridas de branco e de ruivo, bico trigueiro, pés avermelhados. Mede 0,^{m}14 de comprimento.
É commum no nosso paiz.

A COTOVIA DE POUPA

Alauda cristota, de Linneo.—*Le cochevis huppé,* dos francezes

Caracterisa-se principalmente esta especie pela existencia d'uma poupa no alto da cabeça. A cotovia de poupa é parda cinzenta por cima, branca tirante a arruivada por baixo, com malhas annegradas por debaixo do pescoço, no peito e aos lados; remiges e rectrizes trigueiras arruivadas, as rectrizes lateraes annegradas e as duas primeiras dos lados bordadas de ruivo por fóra; bico trigueiro, pés pardos. Mede 0,^{m}18 de comprimento.
Frequente no nosso paiz.

A COTOVIA

Alauda arborea, de Linneo. — *L'alouette lulu,* dos francezes.

Mede quando muito 0,^{m}17 de comprimento. As partes superiores são trigueiras annegradas e ruivas, com a cabeça cercada d'uma especie de fita esbranquiçada; partes superiores brancas amarelladas, tirantes a ruivo, e malhada de côr escura no pescoço, nc peito e nos lados; remiges negras e bordadas de ruivo, rectrizes trigueiras bordadas de côr arruivada, as dos lados franjadas de branco, sendo a mais externa parda trigueira; bico trigueiro, pés avermelhados.
E' menos frequente no nosso paiz do que as especies antecedentes.

A CALHANDRA OU LAVERCA

Alauda arvensis, de Linneo.—*L'alouette des champs,* dos francezes.

Tem as costas pardas aloiradas, ventre esbranquiçado, cabeça malhada de trigueiro, lados cortados de riscas longitudinaes negras; a ultima rectriz dos lados e as barbas externas das duas seguintes brancas; bico pardo azulado, pés avermelhados.
E' commum no nosso paiz.
Todas estas especies vivem nas grandes planicies descobertas, de preferencia nas searas, distinguindo-se facilmente pelas unhas do dedo posterior, direitas, ou quasi direitas, longas, n'algumas especies excedendo o dedo em comprimento.
Caminham facilmente pelo solo, sem saltitarem, transpondo rapidamente distancias consideraveis. Alimentam-se de vermes, de lagartas, d'ovos de formigas, de aranhas, finalmente de todos os insectos tenros que encontram na terra, prestando d'este modo importantes serviços á agricultura. Tambem comem sementes.
Em geral o canto d'estes passaros é

mais ou menos agradavel, pois até mesmo os que não cantam bem dão uns gritos que não ferem o ouvido, distinguindo-se entre todos, como cantor, a cotovia. Aninham no solo, n'um rego, entre dois torrões, construindo o ninho tosco, mas occultando-o quanto possivel dos seus inimigos. A femea põe de cada vez quatro a seis ovos, fazendo tres posturas no anno, se a estação lhe corre favoravel. Depois de quinze dias de incubação nascem os pequenos, e passado periodo egual

já podem sair do ninho, continuando a mãe a velar por elles, não se affastando para longe, e abandonando-os completamente só quando os cuidados d'uma nova ninhada a obrigam.

«Apenas uma fita esbranquiçada indica no horisonte que a aurora vae raiar, já a calhandra, de pé sobre um torrão, solta o canto. Desponta o dia, e eil-a que levanta o vôo a grande altura, saudando o sol que nasce. Apenas um quarto de hora antes do occaso do sol se calam estas

Gr. n.º 309 — Ninho do chapim pendulino

aves, custando a perceber como lhes resta tempo para se occuparem da alimentação» (Neumann).

A calhandra é de todas as especies acima citadas, do genero *Alauda*, a que mais facilmente se habitua a viver captiva. Se a encerram n'uma gaiola grande pode ahi viver tres ou quatro annos, até mais, tornando-se agradavel pelo canto e tão docil que em pouco tempo conhece o dono e affeiçoa-se-lhe.

Existe uma familia de passaros denominada pelos naturalistas francezcs *paridés*, genero *Parus* de Linneo, rica em especies, que se encontram na Europa, Asia, Africa e America septentrional.

São pequenos passaros cantores, de corpo refeito, bico curto, direito e delgado, guarnecido na base de pellos, tarsos e pés grossos, unhas grandes e curvas, especialmente as dos dedos pollegares, azas curtas e arredondadas, cauda comprida. Muito similhantes uns aos outros nos caracteres physicos e nos habitos.

O CHAPIM

Parus major, de Linneo — *La mésange charbonnière*, dos francezes.

Esta especie é a maior da familia, medindo o macho 0, 16 de comprimento por 0,^m 25 d'envergadura.

E' verde azeitona nas costas, com o ventre amarello desvanecido; o alto da cabeça, a garganta, uma risca no meio do ventre e uma faxa circular em volta do pescoço negras;. os lados da cabeça e uma linha sobre os olhos brancos; remiges e rectrizes pardas azuladas, bico negro, pés trigueiros tirantes a côr de chumbo. E' commum no nosso paiz.

A MEGENGRA

Parus cœruleus, de Linneo. — *La mésange blue*, dos francezes.

Tem as costas azeitonadas, cabeça, azas e cauda azues, remiges secundarias franjadas de branco, ventre amarello, o alto da cabeça rodeado por uma risca branca, faces brancas, no pescoço uma colleira azulada, bico negro e pés pardos tirantes a côr de chumbo. Mede 0,^m 12 de comprimento por 0,^m 20 d'envergadura. Existe uma variedade com as azas e a cauda trigueiras.

E' frequente no nosso paiz.

O FRADINHO

Parus caudatus, de Linneo. — *La mésange a long queue*, dos francezes.

Especie do genero *Orites*, dos modernos naturalistas, careterisado principalmente pela cauda muito longa e um pouco aforquilhada.

Tem o centro das costas negro, a cabeça branca, o ventre branco arruivado, azas negras, as remiges secundarias bordadas de branco, as rectrizes negras, tendo as tres mais externas malhas brancas; bico e pés negros. Mede 0,^m16 de comprimento por 0,^m 21 d'envergadura, pertencendo á cauda 0,^m10. Encontra-se em Portugal.

O CHAPIM PENDULINO

Parus pendulinus, de Linneo — *La mésange remiz*, dos francezes

Especie do genero *Remiz*. Tem a parte superior da cabeça, pescoço e garganta brancos, a parte superior das costas e centro ruivos claros, peito e ventre pardos com tons arruivados, fronte e face negras, remiges e rectrizes annegradas franjadas de branco arruivado; bico negro e pés pardos tirantes a côr de chumbo.

Habita na Europa, encontrando-se na Polonia, em França e na Italia.

Todos os passaros da familia a que acima nos referimos, a que pertencem as especies citadas e outras, não obstante a sua pequenez e fraqueza apparente, são vivos e corajosos como poucos. A audacia, petulancia, coragem e instincto de sociabilidade tornam notaveis estas aves. Richosos até mais não, os chapins não perdem occasião de dar largas aos seus instinctos bellicosos, atacando os seus similhantes e mesmo outros passaros maiores, até deital-os de costas, e enterrando-lhes as unhas no ventre ou no peito, abrem-lhes o cranco ás bicadas para devorar-lhes o cerebro.

Em continuado movimento, saltando de ramo em ramo, trepando pelos troncos das arvores, até mesmo pelas paredes, segurando-se de todas as fórmas, muitas vezes com a cabeça para baixo, não lhes escapa o mais pequeno insecto que se esconda na casca das arvores, esquadrinhando minuciosamente as mais esfreitas fendas em busca dos vermes, dos insectos, e dos ovos d'estes.

Variam de alimento estes passaros segundo as circumstancias, porque o seu regimen umas vezes é granivoro, outras insectivoro e até mesmo carnivoro.

Comem sementes e fructos, segurando-os com as unhas e comendo-os aos bocados; devoram os insectos sem mesmo exceptuar as abelhas e as vespas; e como já vimos matam outros passaros, principalmente os que encontram fracos ou doentes, para devorar-lhes o cerebro. Ha especie para as quaes o sebo ou a gordura rançosa é um dos melhores manjares.

No inverno teem meio de apanhar as abelhas que se escondem nos cortiços. Approximam-se da entrada e batem de encontro ás paredes. Interrompe-se a tranquillidade que reina no interior da habição, e não tarda que algumas das moradoras saiam para castigar o intruso que se atrevera a perturbal-as. A primeira que apparece é agarrada pelo chapim, que vae comel-a para um ramo proximo, e que, segurando-a com os pés, devora-a. O frio obriga as abelhas a recolherem-se, mas o chapim volta a bater-lhe s á porta, e outra victima tem sorte egual á primeira.

A posição do ninho varía segundo as especies. O chapim aninha n'um buraco, a maior ou menor altura do solo, na borda d'um muro e de preferencia nos troncos carcomidos das arvores ; por vezes serve-lhe o ninho abandonado da gralha ou da pega. Construe o ninho com pouca arte. A femea põe de oito a quatorze ovos, brancos, ruivos ou avermelhados claros. Se o tempo é favoravel faz duas posturas.

A megengra construe o ninho alto, na cavidade d'um tronco, e forra-o de pello e de pennugem. A femea põe oito a dez ovos, pequenos, brancos, salpicados de côr de ferrugem.

O ninho do fradinho é mais artistico : tem fórma ovoide, com a abertura no alto d'um dos lados ; por fóra é feito de musgo com teias d'aranha e coberto de lichens, dos involucros das chrysalidas, da casca das arvores, e no interior tapisado de pennugem, lã e pellos. O ninho é feito nas arvores, e construido de fórma que se confunda com o tronco, tendo a apparencia e a côr da casca que reveste este.

O chapim pendulino é de todos os passaros da Europa o que construe o ninho com mais arte, fixando-o pela extremidade superior a um ramo delgado e que se bifurque, geralmente suspenso sobre a agua. A nossa gravura n.º 309 melhor póde servir para dar a conhecer a fórma d'esta curiosa construcção, de 0,ᵐ16 a 0,ᵐ22 de altura por 0,ᵐ11 a 0,ᵐ14 de diametro, a um dos lados da qual está a entrada similhante ao gargalo d'uma garrafa, umas vezes feita horisontalmente outras obliquando para baixo. É tecido da felpa dos vegetaes, de musgo, pellos e lã, tudo collado com a saliva: uma verdadeira obra d'arte. A femea põe 7 ovos.

Todas as especies de passaros da familia dos chapins acima citadas são faceis de conservar captivas. O chapim não só se habitua com a maior facilidade a viver engaiolado, como tambem se torna docil ; e, convencido que o homem lhe não quer mal, é dos passaros mais confiantes, e que mais promptamente se habitua a vir comer á mão do tratador.

Do genero *Emberiza* de Linneo, rico em especies, frequentam o nosso paiz algumas que em seguida vão descriptas. Os passaros d'este genero são caracterisados pelo bico curto, robusto, com a mandi-

bula superior mais estreita do que a inferior, possuindo no paladar um tuberculo osseo destinado a triturar as sementes que constituem a parte principal do seu alimento ; teem as azas e a cauda muito compridas.

O TRIGUEIRÃO

Emberiza miliaria, de Linneo— *Le bruant proyer*, dos francezes

Mede 0,ᵐ19 de comprimento. A pennugem das partes superiores do corpo é trigueira bordada de pardo, e a das inferiores esbranquiçada com pequenas malhas trigueiras arruivadas, redondas e tri-

Gr. n.º 310 — A cia ou cicia

angulares no pescoço, alongadas no peito e nas ilhargas ; coberturas trigueiras, as remiges e rectrizes franjadas de côr esbranquiçada ; bico azulado, pés trigueiros.

E' commum em Portugal.

A CIA OU CICIA

Emberiza cirlus, de Linneo — *Le bruant zizi ou bruant des haies*, dos francezes

A parte superior da cabeça, pescoço e uropigio d'esta ave são cinzentos azeitonados, com malhas annegradas ; tem uma risca amarella por cima dos olhos e outra por baixo divididas por um traço negro ; costas ruivas, garganta negra, parte

inferior do pescoço amarella, peito cinzento esverdeado e côr de castanha nos lados, abdomen amarello, coberturas e remiges trigueiras franjadas de cinzento e de arruivado, rectrizes egualmente trigueiras, as duas primeiras de cada lado com uma grande malha branca nas barbas internas; bico cinzento esverdeado e trigueiro por baixo, pés arruivados. Mede 0,^{m}16 a 0,^{m}17 de comprimento.
É frequente no nosso paiz.

O TRIGUEIRO

Emberiza cia, de Linneo — *Le bruant fou*, dos francezes

Esta especie é notavel pela belleza da plumagem. A côr fundamental é vermelha trigueira; a cabeça, a garganta e a parte superior do peito pardas cinzentas, as faces e a região auricular rodeadas por um circulo negro, orlado interior e exteriormente por uma risca branca. Tem as costas, malhadas de negro, e nas azas duas faxas claras; bico annegrado pela parte superior e pardacento na inferior, pés trigueiros.
E' commum no nosso paiz.

A HORTOLANA

Emberiza hortulana, de Linneo — *Le bruant ortolan*, dos francezes

Esta especie, menos commum em Portugal, é notavel pelo sabor delicado da carne. Os romanos conservavam as hortolanas em gaiolas alluminadas de noite, para que estas aves podessem comer a toda a hora, e d'èste modo engordassem rapidamente. A carne da hortolana tem sabor analogo ao da gallinhola, e ainda mais delicado.
Brehm diz que na Italia, no meio dia dá França, e nas ilhas do archipelago grego se apanham estes passaros aos bandos: matam-se e depennam-se, os que estão bem gordos mergulham-se em agua à ferver, mettendo-os depois aos duzentos ou quatrocentos em barris pequenos com vinagre e especiarias. Assim preparados dão bom preço.
A hortolana tem a cabeça, a nuca e o pescoço pardos, a garganta, uma faxa adiante das faces, e um circulo pequeno em volta dos olhos amarellos côr de palha, as costas malhadas de escuro, remiges trigueiras orladas por fóra de branco arruivado, rectrizes trigueiras escuras com as duas pennas do centro bordadas de ar-

ruivado, e as duas externas com uma grande malha branca por dentro; bico e pés trigueiros avermelhados. Mede 0,^{m}16 de comprimento.

Todos estes passaros habitam no campo, nas sebes, nas orlas das mattas, e algumas especies procuram as vizinhanças das correntes d'agua e dos tanques.
Não são dos mais ageis, andam saltitando, e o canto é singelo. São sociaveis, e fóra da epoca das nupcias reunem-se em grandes bandos, ás vezes em numero consideravel, associando-se a outros passaros, taes como os tentilhões e as calhandras. Longe de fugirem do homem, veem alguns d'elles fixar a sua residencia na proximidade das habitações, vendo-se no inverno vaguear pelos pateos, pelos quintaes e em volta dos celleiros e dos estabulos.
São pouco cautelosos, e caem facilmente em todos os laços que lhes armam.
Procuram no solo o alimento, que consta d'insectos, lagartas, larvas, moscas e sementes farinaceas, desprezando as oleosas. Comem muito e engordam facilmente. O ninho é formado sempre no chão ou sobre arbustos rasteiros, de construcção simples, feito de rastolho e raizes e tapisado de folhas brandas, pellos e especialmente de pennas. A femea põe de quatro a seis ovos, pardos salpicados d'escuro. Os paes encarregam-se alternadamente da incubação, e criam os filhos em commum.
Os passaros das especies que acabamos de citar, do genero *emberiza*, não são dos que mais se procuram para engaiolar, não porque seja difficil habitual-os a viver captivos, mas porque nenhuma circumstancia os torna interessantes.

Existe um grupo de passaros todos originarios da Africa, algumas especies frequentemente vistas no nosso paiz, e para aqui transportadas pelos navios que regressam das possessões portuguezas d'aquella parte do mundo, tornando-se notaveis, principalmente, pelas rectrizes que na epoca das nupcias tomam uma forma particular e attingem extraordinario comprimento. Passada esta epoca cae-lhes a cauda que tanto as embelleza, e a plumagem perde todo o brilho.
Ignora-se se o nome de *viuva*, adoptado geralmente, tira a origem d'esta ultima circumstancia, se da sua plumagem

na maior parte negra, se por corrupção, como créem alguns naturalistas, da palavra *Whydah*, d'onde viria o termo latino *Vidua*, porque de Whydah, na costa occidental d'Africa, vieram as primeiras *viuvas* trazidas pelos portuguezes para a Europa.

As viuvas teem o bico curto, conico e pontudo, azas medianas. Vivem no solo, onde encontram o alimento, que consta de sementes e d'insectos. Durante a epoca dos amores os machos conservam-se pousados nas arvores. N'esta epoca a sua linda cauda torna-os pouco ageis, e Thim-berg affirma que nos dias de maior vento é possivel apanhar os machos á mão, estorvando-os a cauda de voar.

Vivem bem captivos. Não se recommendando pelo canto, alegram todavia a vista com a linda plumagem da epoca dos amores, sendo agradaveis pela mansidão.

São numerosas as especies que se encontram na Africa, sendo entre nós conhecidas principalmente as da costa occidental, que mais frequentemente são trazidas para Portugal. A nossa gravura n.º 311 representa

Gr. n.º 311 — A viuva dominicana

A VIUVA DOMINICANA

Vidua serena, de Linneo, — *La veuve dominicaine*, dos francezes

O macho é um lindo passaro, com o alto da cabeça, as costas, um collar na frente do pescoço, as coberturas superiores das azas, as remiges e as grandes pennas das azas, negras; a parte inferior do corpo, e uma faxa que lhe atravessa a nuca, brancas; as remiges bordadas d'amarello claro. Mede 0,m30 de comprimento, dos quaes 0,m18 pertencem á cauda.

Encontra-se no sul da Africa.

OS TECELÕES

Ploceus, de Cuvier — *Les tisserins*, dos francezes

Os tecelões formam uma familia de passaros notaveis pela arte singular que empregam na construcção dos ninhos, e d'aqui lhes provém o nome vulgar de tecelões, que nós lhe conservamos.

Encontram-se sempre em grande numero, tornando-se notaveis pelo instincto social amplamente desenvolvido, e por que em toda a parte estabelecem colonias. Passada a epoca das nupcias reunem-se em grandes bandos, ás vezes de milhares d'individuos, vagueiam durante muito tempo pelo paiz, fazem a muda, e regressam finalmente á arvore que foi berço dos filhos, ou pelo menos a alguma proxima.

Reina então durante mezes grande actividade, não só porque a construcção dos ninhos é demorada, como tambem por serem estes passaros, permitta-se-nos a expressão, tão caprichosos, que por vezes destroem um ninho quasi feito para edificarem outro.

No interior d'Africa os ninhos dos tecelões são ornamento esplendido das arvores. Os pequenos artistas preferem principalmente as que são situadas á beira das correntes d'agua, e por vezes encontram-se algumas inteiramente cobertas de ninhos que lhes dão apparencia singular.

Agrupam-se os ninhos na mesma arvore, sendo excessivamente raro encontrar-se um isolado, e d'ordinario vinte a trinta; arvores ha, como já dissemos, que desapparecem sob o avultado numero de ninhos que as revestem. Construidos com grande solidez, resistem annos ao vento e á chuva, o que permitte que os ninhos da nova colonia se construam junto d'outros que pertenceram a tres ou quatro gerações que passaram.» (Brehm).

São formados os ninhos, em geral, de ramos mediocres, raizes, muitas vezes de talos de hervas muito flexiveis, entrelaçados e mesmo tecidos, parecendo collados com a saliva do passaro, e variando de forma e de posição segundo as especies. Algumas construem-n'os divididos em tres ou quatro compartimentos, outras com dois, servindo o primeiro de casa de entrada, onde se abriga o macho, e o segundo de alcova, onde a femea põe os

Gr. n.º 312 — Ninho do tecelão de cabeça doirada

ovos e se effeitua a incubação. D'ordinario são suspensos dos ramos das arvores, havendo-os redondos, em espiral, e por vezes cylindricos alargando no centro. A nossa gravura n.º 312 representa o ninho da especie tecelão de cabeça doirada (hyphantormis aurifrons).

Uma especie que vive na India, o Nelicourvi, ou tecelão de Bengala, faz todos os annos o ninho ao lado do do anno antecedente, e assim fórma uma especie de cacho que pende do tronco das arvores. De todas as especies, porém, merece especial menção o ninho do tecelão republicano. Estes passaros associam-se para formarem o ninho na mesma arvore, sob um abrigo ou tecto commum, e juntos uns aos outros como as cellulas dos favos de mel. Entre os diversos proprietarios dos compartimentos em que se divide o edificio reina sempre a melhor harmonia.

«O que ha de mais singular na construcção dos ninhos dos republicanos, é serem formados sob o mesmo tecto. Tão depressa encontram sitio conveniente, a primeira coisa que tratam é de formar a cobertura commum a todos os ninhos.

Cada casal construe o seu em particular, mas tão proximo do dos vizinhos, que ao vél-os dir-se-ha ser um unico, coberto por immenso telhado, e tendo uma infinidade de orificios redondos. Não fazem duas posturas no mesmo ninho, construem outros por baixo dos primeiros, de sorte que a primeira cobertura e os ninhos antigos servem de abrigo aos novos. Crescendo todos os annos o edificio pelo accrescimo de novas construcções, é certo que o peso augmenta, terminando por partir o ramo que lhe serve de base e o edificio vem a terra.» (Smith).

Levaillant, referindo-se a um ninho de republicanos que observou durante uma ˉdas suas viagens no interior da Africa, diz ser um dos maiores que viu,

contendo trezentas e vinte cellulas habitadas. Suppondo que cada uma só abriga o macho e a femea, dão o total de seiscentos e quarenta individuos.

No dizer, porém, do mesmo autor, o numero deveria ser·maior, porque n'esta especie é commum serem as femeas em maior numero do que os machos, de ordinario tres por um.

Os tecelões alimentam-se de sementes, principalmente de cereaes, não desdenhando os insectos com que tambem sustentam os filhos.

Gr. n.º 313 — Ninho do tecelão republicano

Algumas especies teem vindo para a Europa; e sendo tratadas com cuidado acclimam-se. Diz Brehm que estes passaros, se não são agradaveis pelo canto, que nada tem de notavel, na epoca dos amores torna-se curioso vêl-os tecer o ninho com a maior actividade.

Descreveremos duas especies.

O TECELÃO DE CABEÇA DOIRADA

Ploceus galbula—Le tisserin loriot, dos francezes

Tem o alto e os lados da cabeça, a nuca, e toda a parte inferior do corpo côr de limão claro; na fronte, adiante e por baixo

dos olhos é vermelho, tem as costas e as coberturas das azas verdes, com a haste das pennas mais escura, as remiges vermelhas trigueiras bordadas d'amarello esverdeado, as rectrizes amarellas trigueiras bordadas de verde amarellado; bico negro, pés amarellados.

Vive na Abyssinia e em todo o Soudan oriental.

O TECELÃO MASCARADO

Ploceus monachu — Le tisserin masqué, dos francezes

A cabeça e a frente do pescoço até ao peito, negros; a parte superior do corpo amarella esverdeada. a inferior amarella, as grandes coberturas das azas franjadas de branco.

Habita no Cabo da Boa Esperança, na Senegambia e na Abyssinia.

O TECELÃO REPUBLICANO

Philethœrus socius, de Smith — *Le republicain social*, dos francezes

Tem plumagem parda cinzenta, faces e garganta pretas, e nos lados numerosos salpicos negros ; bico e pés escuros. Mede 0m,19.

Habita no sul da Africa.

Na Africa existem determinados generos de passaros, os *bengalis* e *senegalis* dos francezes, dos quaes algumas especies se tornam notaveis, reunindo a belleza da plumagem ao canto, e outras tamsómente pelas côres vivas e brilhantes das pennas.

D'estes passaros são alguns muito conhecidos em Portugal, trazidos pelos navios que das nossas possessões os transportam em grande numero, posto que d'ordinario só uma pequena parte chegue ao seu destino. Uma vez, porém, acclimados, vivem de sete a oito annos e até mais. São muito sociaveis e doceis, vivem na melhor harmonia uns com os outros, familiarisando-se facilmente, e em boas condições de temperatura e com regimen conveniente nidificam e multiplicam-se no nosso paiz. O macho mostra grande affeição pela femea, auxilia-a na construcção do ninho e toma parte na incubação.

O melhor alimento d'estes passaros é o alpiste e o milho miudo, agradando-lhe immenso as sementes tenras do morrião, da alface e da tasneira.

Citaremos duas especies d'estas aves, ambas conhecidas, e a segunda notavel pelo canto.

O PEITO CELESTE

Estrelda phoenicotis, de Swains

Pardo atrigueirado na parte superior do corpo; uropigio, coberturas superiores da cauda e partes inferiores azues celestes, azas côr das costas, cauda azul celeste por cima e trigueira por baixo, bico avermelhado, pés côr de carne. Existe uma especie ou variedade que tem uma ma-

lha vermelha clara na região auricular. Mede 0m,10 de comprimento.

Encontra-se no Zaire e arredores de Loanda.

O MARACACHÃO

Fringilla melba, de Linneo

Costas e azas azeitonadas, a parte superior da cabeça e pescoço cinzentos, uma mascara vermelha viva que lhe cobre a fronte, as faces e a parte superior da garganta ; a parte inferior d'esta e o peito amarellos junquilho ; as partes inferiores do corpo rajadas de branco sobre fundo trigueiro azeitonado, e o meio do ventre e as pennas sub-caudaes brancas; coberturas superiores da cauda e as duas rectrizes do centro vermelhas, as demais rectrizes d'esta mesma côr nas barbas externas e negras nas internas ; remiges trigueiras bordadas por fóra de amarello azeitonado ; bico vermelho e pés avermelhados.Mede 0,m12 de comprimento.

Vive na Africa e é frequente em Benguella.

O CANARIO

Fringilla canaria, de Linneo—*Le serin des Canaries*, dos francezes

«São passados trezentos annos depois que o canario abandonou a patria e se tornou cosmopolita. Eram dois irmãos que seguiram caminhos diversos : um bafejado pela fortuna, dotado de faculdades que lhe permittiram elevar-se, creou fama e as multidões contemplam-n'o ; o outro, vagueia nos campos da terra natal ignorado por todos, quando muito conhecido e estimado dos vizinhos, feliz no seu viver modesto. Eis a historia d'este passaro, que a natureza creou para ornamento d'algumas das ilhas isoladas do Atlantico.

O homem assenhorou-se da especie, levou-a para longe da patria, associou-a ao seu viver, e alcançou de tal sorte modifical-a que Linneo e Buffon cairam no erro de tomar o pequeno passaro amarello, que todos conhecemos, por typo da especie, desprezando a que lhe foi estirpe, de plumagem esverdeada, ainda hoje existindo tal como era.

Para o verdadeiro admirador da natureza é sempre interessante conhecer, ainda que esboçada a traços largos, a historia d'um animal; mas robustece-se o interesse, é mais geral, quando se trata de conhecer a origem d'um ser que tem a sua historia, cujo desenvolvimento tem passado por successivas gradações; d'um ente emfim, que d'algum modo faz parte da nossa familia, que anda associado a todos os prazeres domesticos, e que tem a recommendal-o não só a belleza e outros predicados interessantes, como tambem o proveito que d'elle auferem muitos dos nossos concidadãos menos felizes.

Conhecemos em demasia o canario domestico, os seus habitos e particularidades do seu viver, e é esta a causa dos escassos promenores que possuimos da vida do canario selvagem.» (Bolle).

Todos os nossos leitores conhecem o canario, o pequeno cantor alado que solta os seus gorgeios no palacio do rico ou na modesta habitação do pobre, repartindo egualmente por ambos os accentos alegres e melodiosos da sua voz.

«Se o rouxinol é o musico da floresta, o canario é o cantor das nossas habitações: o primeiro deve tudo á natureza; o segundo aprendeu alguma coisa com o homem. Garganta mais fraca, voz menos extensa, mais pobre de notas, o canario tem, todavia, mais ouvido, imita com maior facilidade, e a memoria é melhor. Sendo as differenças de caracter, principalmente nos animaes, na razão directa da maior ou menor perfeição dos sentidos, o canario, cujo ouvido é mais applicado, mais susceptivel de receber e conservar as impressões estranhas, torna-se por isso mais sociavel, mais dado, mais familiar: conhece e affeiçoa-se, tem caricias adoraveis, e quando se amua ou se encolerisa não magoa nem offende» (Buffon).

Conta-se da seguinte forma a vinda do canario para a Europa.

Um navio que transportava mercadorias para Liorne trazia muitos d'estes passaros, e naufragando nas costas da Italia, proximo da ilha de Elba, os animaesinhos vendo-se soltos refugiaram-se em terra. O clima temperado foi-lhes favoravel e permittiu que se multiplicassem, e ahi constituiriam uma nova patria se o homem, pelo desejo de os possuir, os não houvera impedido de mais largamente se propagarem. Eis como a Italia foi o primeiro paiz onde existiu o canario domestico.

O canario selvagem, estirpe do canario domestico, e que ainda hoje se encontra nas ilhas Canarias, tem as costas verdes rajadas de preto, o uropigio verde amarellado, as coberturas superiores das azas verdes franjadas de pardo cinzento, a cabeça e a nuca verdes amarelladas debruadas de pardo, a fronte, a garganta, a parte superior do peito e uma faxa larga, que partindo dos olhos se dirige para a nuca desenhando uma curva, amarellas esverdeadas; a parte inferior do peito amarelladas, o ventre esbranquiçado, as espadoas verdes bordadas de negro e de verde desvanecido, as remiges negras bordadas de verde, as rectrizes pardas annegradas bordadas de branco; bico e pés côr de carne atrigueirada. Estas são as côres do macho, susceptiveis, porém, de variar nos tons.

Habita este passaro nas ilhas Canarias, na Madeira, e no archipelago dos Açores. È muito commum nos sitios proximos das correntes d'agua, nos quintaes e nas vizinhanças das habitações, encontrando-se por toda a parte, á excepção das florestas mais cerradas.

Alimenta-se principalmente, senão exclusivamente, de substancias vegetaes: sementes miudas, folhas tenras, fructos succolentos, e principalmente figos, que são um verdadeiro acepipe para o canario, utilisando apenas os que abrem de sazonados, e aos quaes come não só a polpa como as pequenas sementes que n'elles abundam.

O canario é muito amigo d'agua, e é-lhe até mesmo necessidade imperiosa banhar-se. Vê-se muitas vezes, diz Bolle, voar aos bandos em busca d'um regato onde beba, e se banhe, retirando-se por vezes completamente molhado. Não entraremos, por nos faltar espaço, em pormenores ácerca do canario domestico e da sua reproducção, porque tambem, sendo muito conhecido, nos dispensa de ser mais minuciosos. Apenas citaremos algumas observações curiosas de naturalistas distinctos que escreveram sobre o assumpto.

Os canarios todos verdes ou malhados de verde são robustos, mas muito gritadores.

Os amarellos atrigueirados ou amarellos escuros são delicados e pouco fecundos.

Por serem malhados os paes, os filhos nem sempre o são.

Os canarios d'olhos vermelhos são fracos.

Quando se preferem os canarios de pôpa é necessario procural-os que não tenham, principalmente na parte posterior da cabeça, alguma calva.

Para obter bons cantores carece-se de evitar que ouçam as cotovias, os tentilhões, ou o rouxinol, porque o que ouvem difficilmente lhes esquece. Aos novos deve-se-lhes dar por mestres canarios adultos que cantem bem. Um canario de tres ou quatro annos, ouvindo outro cujo canto seja inferior ao seu, arrisca-se a adoptal-o; ainda mesmo que seja mais velho é susceptivel de se estragar ouvindo repetidas vezes um mau cantor.

Além do alpiste, o unico alimento conveniente é o pão molhado em agua; os fructos engordam-no em demasia. O alimento variado torna-os gulosos e gritadores. As folhas d'alface, d'espinafre, de couves, etc., é melhor dar-lh'as quando estejam doentes.

O canario deve conservar-se em sitio onde não esteja exposto ás correntes de ar; porque se enrouquece, o que lhe acontece por tal motivo ou por comer demasiado, não é facil cural-o.

Em boas condições e em clima temperado o canario pode viver vinte annos.

Os pintasilgos, pintarroxos e verdilhões machos, sendo mansos, acasalam-se facilmente com as canarias domesticas, e os filhos que nascem d'estas uniões cantam, porém, peior do que os canarios. A maior parte das vezes são estereis.

Para tornar um canario manso é necessario não lhe dar de comer nem de beber na gaiola, e habitual-o a vir comer á mão do dono. É facil ensinal o a sair e a entrar na gaiola.

«Tem havido canarios que, pegando com o bico em letras do alphabeto postas na sua frente, compõem a palavra que se lhes diz; outros que distinguem as côres, fazem subtracções, addições, divisões e multiplicações, e escolhem o numero desejado entre uma serie de numeros que teem diante. Ha-os que cantam quando se lhes manda, que se fingem mortos disparando perto d'elles uma pequena peça d'artilheria, a ponto de se deixarem transportar n'uma especie de padiola por dois canarios, e sendo levados até ao tumulo, ahi erguem-se festejando com os seus cantares a propria resurreição.

Os canarios ensinam-se á maneira dos cães, pela fome, e dá-se-lhes como recompensa, quando acertam, uma semente de linho ou um torrãosinho d'assucar. O passaro termina por conhecer todos os signaes feitos pelo dono, e obedece-lhe. Se lhe manda formar uma palavra, vae saltando em frente das letras, até parar n'aquella que o dono lhe indica com o olhar, etc.» (Lenz).

O CHAMARIZ [1]

Fringilla serinus, de Linneo — Le serin cini, dos francezes

Esta especie, congenere do canario, e seu representante na Europa, é commum no nosso paiz. O macho assimilha-se ao canario, mede 0,^{m}12 de comprimento, tem a parte superior da cabeça, a garganta e o centro do peito amarellos verdes escuros, o ventre amarello claro, a parte posterior da cabeça, a nuca e as costas côr d'azeitona com malhas escuras dispostas em series longitudinaes, duas faxas amarellas nas azas, as remiges e rectrizes annegradas bordadas de verde. No outono as costas e as azas são trigueiras ruivas ou pardas vermelhas.

Frequenta de preferencia os quintaes com arvoredo, encontrando-se na vizinhança das hortas, pousado nas arvores fructiferas.

O chamariz é vivo e cantor infatigavel; a voz não é forte, mas é melodiosa, e o canto tem muita analogia com o do canario.

Pousando de preferencia nas arvores fructiferas, ahi construe o ninho entre a folhagem, formado de raizes ou de rastolho, de hervas e de feno, tapizado no interior de pellos e pennugem. A femea põe de quatro a cinco ovos, brancos ou esverdeados sujos, salpicados de trigueiro, vermelho e de pardo avermelhado.

O chamariz é naturalmente docil, habitua-se rapidamente a viver captivo, e vive na melhor intelligencia com os outros passaros, chegando-se para elles e afagando-os com o bico. Parece todavia ter, segundo affirma Bechstein, grande predilecção pelo pintasilgo, cuja voz imita facilmente.

O TENTILHÃO

Fringilla cœlebs, de Linneo—Le pinson ordinaire, dos francezes

Este passaro, uma das especies do genero *Fringilla*, é bastante commum no

1 Sereno, Milheiriça, Milheira, Serzino, Chamariz. (Cat. do Mus. de Coimbra.)

nosso paiz. O macho tem a fronte negra a cabeça e a nuca azuladas cinzentas, as costas trigueiras, as partes inferiores do corpo tirantes a côr de vinho, o ventre branco, e nas azas duas faxas brancas. Na primavera tem o bico azulado claro, no inverno e no outono branco avermelhado, sempre com a extremidade negra ; pés pardos avermelhados. Mede 0,m16 de comprimento.

O TENTILHÃO MONTEZ

Fringilla montifringilla, de Linneo — *Le pinson des montagnes*, dos francezes

Esta especie, congenere da antecedente, substituindo-a no norte da Europa, encontra-se no nosso paiz, posto que n'elle seja rara.

O macho tem a parte superior do corpo

Gr. n.º 314 — O tentilhão

negra, a garganta e as espadoas côr de ferrugem alaranjada, o extremo das costas, o peito e o ventre brancos, duas faxas brancas nas azas, e as rectrizes amarellas abaixo das azas.

O tentilhão encontra-se frequentemente nas mattas, nos parques, nos quintaes e nos jardins, sendo raro vêl-o em sitios humidos ou pantanosos. Na epoca das nupcias vive acasalado, e cada casal tem o seu dominio onde não admitte que outro se estabeleça, com quanto estes passaros sejam sociaveis, e terminada a creação dos filhos se reunam em grandes bandos, por vezes associando-se aos melros e a outros passaros para percorrerem o paiz. O tentilhão montez apparece entre nós de passagem, vindo no fim do outono, na epoca em que abandona as paragens septentrionaes onde

aninha para vaguear nos paizes meridionaes.

São os tentilhões alegres, ageis e cautelosos, mas muito brigões, e repetemse as rixas entre elles principalmente durante a construcção do ninho. O ciume excita-os, e a luta que começa cantando, luta pacifica em que cada um dos contendores busca supplantar o adversario, termina quasi sempre a mal, perseguiudo-se atravez dos ramos das arvores, e por vezes vindo cair no solo agarrados um ao outro com unhas e bico.

O ninho do tentilhão é um dos mais artisticos dos passaros da Europa, com a forma d'uma esphera troncada na parte superior, solidamente construido de musgo, radiculas e rastolho, e todos estes materiaes ligados com teias de aranha e d'outros insectos, e no seu conjunto de tal forma similhando uma excrescencia do tronco, que a illusão é completa. No interior, forrado de folhas, pennas, lã, e felpa de diversas plantas, põe a femea de cinco a seis ovos na primeira postura, azues esverdeados claros, ondeados de trigueiro vermelho desvanecido e salpicados de trigueiro annegrado; e d'ordinario só tres ou quatro na segunda.

Os paes alimentam os filhos de lagartas e de insectos, que elles proprios comem, posto que o seu alimento mais commum sejam as sementes de diversas especies, mesmo trigo e aveia, que sabem despir da casca para lhe tirar a subsfancia farinacea que contem. Se lhes roubam o ninho e o collocam n'uma gaiola onde o vejam, continuam, — avantajando-se o amor paternal ao instincto da propria conservação — a levar o alimento aos filhos.

O tentilhão, n'alguns pontos da Europa, é estimado como cantor. Na Belgica ha concursos de tentilhões, e ganha o premio o que mais vezes repete o canto durante uma hora que duram as provas. Degland, falando n'um concurso que houve em Tournay em 1846, diz que tres dos oppositores repetiram a sua canção 1118 vezes no espaço d'uma hora ; outro 420; e um terceiro 368 vezes no mesmo periodo.

O tentilhão é bom imitador, e não só aperfeiçoa o canto com os bons cantores da sua especie, como tambem consegue repetir alguns trechos do canto do rouxinol e do canario. E' facil de

Gravura chimica

Rua do Moinho de Vento-60

Impresso por Lallemant frères. Lisboa.

O PINTASILGO ORDINARIO
O DOM FAFE-O PINTASILGO VERDE
DO NORTE

crear e habitua-se sem difficuldade a viver captivo.

O PINTARROXO

Fringilla cannabina, de Linneo — *La linotte*, dos francezes·

Este passaro é commum no nosso paiz, e com outras especies estabelece o genero *Cannabina* ou *Linota*.

A côr da plumagem varia muito, segundo a edade, o sexo e a estação; na primavera o macho adulto é um lindo passaro. Tem a parte anterior da cabeça vermelha. clara, a posterior, a nuca, os lados da cabeça e do poscoço pardos, as costas trigueiras arruivadas, o uropigio esbranquiçado, a garganta branca pardacenta, o peito vermelho vivo, o ventre branco, os lados trigueiros claros. No

Gr. n.º 315 — O pintarroxo

outono o vermelho desapparece. Os pintarroxos engaiolados perdem a pouco· e pouco a biilhante côr vermelha que lhes orna a cabeça e o peito.

Estes passaros são alegres, vivos e extremamente sociaveis, reunindo-se por vezes em grandes bandos á excepção da epoca das nupcias em que vivem aos casaes. Aninham nas arvores a pouca altura do solo, construindo o ninho de tronquinhos, raizes e hervas, forrando-o por deutro de hervas delicadas e de crinas, e aqui a femea faz duas ou tres posturas cada anno, de quatro a cinco ovos, brancos azulados com salpicos e riscas vermelhos desvanecidos, vermelhos escuros· e côr de canella. Ao inver-

so dos tentilhões, os pintarroxos machos vivem na melhor harmonia, reunindo-se para cantarem durante o tempo em que as femeas se empregam na incubação.

O pintarroxo é granivoro, come principalmente sementes de hervas sem valor, e aos filhos dá os grãos que primeiro enbrandece no papo.

O PINTASILGO

Fringilla carduelis, de Linneo — *Le chardonneret*, dos francezes

Esta especie do genero *Carduelis*, tão conhecida e commum no nosso paiz, encontra-se em toda a Europa, n'uma parte da Asia e ao nordeste d'Africa. Possuindo linda plumagem e canto agradavel, sendo docil e singularmente apto para aprender differentes exercicios, só lhe falta ser raro e vir de paiz longinquo para ser estimado pelo que vale.

Tem a parte posterior da cabeça negra, as faces parte negras e parte brancas, costas trigueiras, o lado inferior do corpo branco, as azas e a cauda negras com malhas brancas, e nas remiges uma longa malha amarella muito viva. O bico é azulado na extremidade, e côr de carne na base, tendo em volta um circulo negro e em roda d'este outro mais largo vermelho carmim. A femea é muito parecida com o macho, sendo difficil distinguil-os, posto que este seja um pouco maior, o circulo vermelho das faces mais largo, e as côres negra e branca da cabeça mais brilhantes. Mede 0,ᵐ14 de comprimento.

O pintasilgo no estado livre alimenta-se de sementes, principalmente das sementes do cardo. Nidifica nas arvores, geralmente na bifurcação dos ramos, solidamente construido o ninho de musgo, lichens, raizes pequenas, rastolho, e no interior forrado de pennugem, e d'outras substancias macias. Só a femea se encarrega da construcção do ninho, e emquanto esta dura o macho diverte-a com os seus cantares. A femea põe· de quatro a cinco ovos, brancos ou azues esverdeados, com salpicos pardos violeta dispostos em fórma de corôa no lado mais volumoso, e fez quando muito duas posturas no anno. ·

É tão conhecido este passaro, que se torna inutil referirmos aos seus habitos de captivo, pois todos sabem quanto é facil de tornar-se familiar, affeiçoar-se ao dono, aprender a abrir a caixa onde se contém o alimento, tirar agua n'um balde para beber, fingir-se morto, etc.

O PINTASILGO VERDE, OU LUGRE

Fringilla spinus, de Linneo — *Le tarin*, dos francezes

Este passaro, do genero *Chrysomitris*, tem certa analogia com o pintasilgo, não só na fórma do bico como no seu natural docil e na vivacidade dos movimentos. Differe porém no colorido da plumagem.

O lugre tem a parte superior da cabeça negra, as costas verdes amarelladas rajadas de trigueiro escuro, as azas annegradas com duas riscas amarellas, o peito amarello escuro, ventre branco e garganta negra.

O lugre é originario da Noruega, da Suecia e da Russia, e d'ahi parte para os paizes do centro e do sul da Europa, sendo pouco frequente no nosso.

Alimenta-se de sementes, renovos, folhas tenras e insectos. Os filhos alimenta-os particularmente de lagartas e de pulgões. Aninha nas arvores, nos ramos mais altos, e consegue de tal modo confundir o ninho como os troncos e as folhas que é difficil distinguil-o. Os ovos são parecidos com os do pintasilgo.

O lugre é facil de reter em gaiola, affeiçoando-se em breve ao dono, tornando-se muito familiar, e aprendendo, á maneira do pintasilgo, diversos exercicios. Vive na melhor harmonia com os outros passaros.

O PARDAL

Fringilla domestica, de Linneo — *Le moineau*, dos francezes

Esta especie do genero *Passer* é uma das que mais se encontram espalhadas pelo globo. No nosso paiz é tão commum, que se tornaria desnecessario descrever-lhe a plumagem, se não fôra para accentuar as differenças que existem entre esta especie e a seguinte, as duas que se encontram em Portugal. Outras vivem na Europa, e não frequentam o nosso paiz.

O pardal é pardo azulado no alto da cabeça, trigueiro castanho nas ilhargas, côr de ferrugem nas costas com riscas negras longitudinaes, tem duas faxas transversaes nas azas, uma larga e branca e outra estreita amarella tirante a côr de ferrugem ; gargante negra, parte inferior

do corpo parda clara ; bico negro no verão e esbranquiçado no inverno, pés pardos. Mede 0,^{m}16 a 0,^{m}17 de comprimento.

Existem muitas variedades d'esta especie: pardaes brancos, brancos amarellados, e amarellos annegrados.

O PARDAL FRANCEZ

Fringilla petronea, de Linneo. — *Le moineau soulcie*, dos francezes

Tem as costas pardas trigueiras malhadas longitudinalmente de trigueiro escuro e de branco pardo, as partes inferiores do corpo pardas esbranquiçadas, a garganta côr de enxofre, o alto da cabeça pardo, os lados e a fronte riscados de trigueiro azeitonado, uma risca estreita por cima dos olhos; nas barbas internas das pennas da cauda tem uma malha branca; o bico é pardo trigueiro no inverno, amarellado no verão, e os pés pardos avermelhados. Mede 0^{m},17 de comprimento.

E' pouco frequente no nosso paiz.

A historia do pardal, mesmo porque se refere a uma especie tão nossa conhecida, que por toda a parte acompanha o homem, senão por affeição ao menos em proveito proprio, merece que lhe destinemos algumas linhas.

«Quem não conhece este passaro, vivo, audaz e astucioso, typo do *gaiato* entre as aves, vivendo em bandos nas vizinhanças das nossas habitações, e no interior das cidades; familiar, mas d'uma familiaridade discreta e maliciosa ? A todo o momento o vêmos inundando as ruas e as praças publicas, mas sempre a distancia respeitosa do homem. Não ignora que a amizade dos grandes é perigosa, e a prudencia aconselha-o a que se esquive a intimidade que lhe poderiam acarretar consequencias funestas. Só depois de repetidas experiencias, e d'uma longa serie de provas de boa amizade da parte do homem, o pardal referenda com elle um tratado de alliança, e torna-se confiante. Affeiçoa-se francamente a quem souber conquistar-lhe a confiança. Que o diga o pardal citado por Buffon, que pertencendo a um soldado, não só o seguia por toda a parte, como tambem o distinguia entre os camaradas no meio do regimento». (Figuier).

Os pardaes são eminentemente sociaveis ; vão por bandos em busca do alimento e aninham perto uns dos outros nas fendas dos muros, nos telhados, nas arvores, até mesmo nos ninhos das andorinhas, de que se apossam com o maior descaro.

É grande a multiplicação d'este passaro. Começando a construir o ninho cedo, nunca a femea faz menos de tres posturas cada anno, por vezes de sete a oito ovos cada uma.

O pardal é omnivoro ; não se pode negar que a sua alimentação consiste principalmente em grãos, causando por tanto estragos nas searas e tambem nos pomares ; mas é certo que destroe grande quantidade de insectos nocivos, e é este o alimento que a principio ministra aos filhos.

Muitas paginas se teem escripto em que o pardal é por uns defendido e por outros accusado, querendo estes que seja exterminado como um devastador dos cereaes e dos fructos ; os primeiros, ao contrario, sem negarem completamente os seus maleficios, levando-lhes em conta as numerosas larvas e insectos nocivos á agricultura que destroem, proclamam-n'o como animal util, e digno de protecção. A grande demanda parece estar ganha pelos amigos do pardal. Ahi damos em seguida alguns pontos da defesa.

«Frederico o Grande mandou por um decreto que se offerecesse aproximadamente 100 réis da nossa moeda por cabeça de pardal, e isto levou muita gente a empregar-se na caça d'estas aves, trazendo ao Estado no fim d'alguns annos a despeza d'algumas dezenas de contos de réis. Não se fizeram esperar os inconvenientes de tal medida : as arvores de fructo que se diziam pilhadas pelos pardaes foram em breve enxameadas pelas lagartas e pelos insectos, que lhes destruiram os fructos e até mesmo as folhas. O rei teve que emendar o erro, e elle, que quizera corrigir a obra do Creador, não só revogou o decreto como se viu forçado a importar pardaes para os soltar no paiz, ordenando que se lhes desse protecção.

O doutor Brewer, escrevendo á sociedade zoologica, diz que os pardaes recentemente levados para New-York e outras cidades vizinhas teem sido de grande e bem reconhecida utilidade na extincção dos insectos nocivos. No verão de 1867 foi tão activa a caça que fizeram aos insectos que se logrou por este modo conservar as folhas a grande numero d'arvores. Foram os seus serviços apreciados a tal ponto, que se construiram para os pardaes ninhos de palha, e se lhes dá regularmente de comer nos parques de New-York e d'outras cidades.

Para a Australia transportaram-se pardaes com o fim de evitar a destruição feita pelos insectos nos pomares» (Brehm).

O DOM FAFE

Pirrhula vulgaris, de Temmink — *Le bouvreuil commun,* dos francezes

Este passaro, que frequenta as provincias do norte de Portugal, Minho e Traz-os-Montes, onde é commum nas montanhas revestidas d'arvoredo, é uma linda especie do genero *Pirrhula,* notavel pela plumagem e pela voz.

Mede de 0,^m16 a 0,^m19 de comprimento por 0,^m29 a 0,^m31 de envergadura. O macho adulto tem a parte superior da cabeça, a garganta, as azas, e a cauda negras lustrosas, as costas pardas cinzentas, o uropigio, e baixo ventre brancos, a parte superior do ventre e o peito vermelhos vivo. A femea tem o peito cinzento arruivado.

O Dom Fafe vive nas mattas e ahi se conserva em quanto lhe não escasseia o alimento, e só entra nos pomares e nos quintaes, proximos das povoações, levado pela necessidade de procurar o alimento de que carece. No verão vive com a femea, no inverno reune-se em pequenos bandos.

Alimenta-se de sementes, e no verão d'insectos, sendo d'estes ultimos que sustenta os filhos. Insensivel ao frio, não lhe faltando alimento, ainda mesmo no rigor do inverno conserva-se alegre e buliçoso.

Construe o ninho nas arvores a pequena altura do solo, com pouca arte, de musgo no exterior e forrado no interior de substancias macias, onde a femea põe de quatro a seis ovos, verdes claros ou verdes azulados, com manchas violetas ou negras e salpicos vermelhos trigueiros.

O Dom Fafe é um lindo passaro para conservar captivo, não só pela plumagem, como pela facilidade que tem de aprender qualquer aria que se lhe ensine de pequeno assobiando-a. Alguns chegam a aprender duas e tres e a conserval-as de memoria.

No que, porém, o Dom Fafe se torna

mais notavel, é na affeição que toma ao dono, na sua immensa docilidade, sendo numerosos os factos narrados por diversos naturalistas que veem em auxilio d'esta asseveração. Fa ta-nos o espaço para transcrever alguns que attestam que estes passaros não só reconhecem depois de muito tempo a voz do dono, como tambem que alguns não resistem á ausencia da pessoa com quem estão habituados a viver.

Gostam immenso que lhes falem e com elles se entretenham, mostrando-se tristes se os desprezam.

Transcreveremos ainda assim o seguinte facto narrado por Brehm:

«Um amigo de meu pae foi viajar, e um Dom Fafe que tinha conservou-se triste e silencioso durante a ausencia do dono. Ao vél-o, porém, quando regressou, não cabia em si de alegre, batia as azas, fazia-lhe comprimentos, como lhe haviam ensinado, soltava a voz dizendo a .sua canção, e tal foi a alegria, finalmente, de que se possuiu, que não lhe resistindo caiu morto subitamente. Matara-o o prazer de tornar a ver o dono.

O VERDILHÀO

Loxia chloris, de Linneo.—*Le verdier*, dos francezes

Esta especie, muito commum no nosso paiz, é o typo do genero *Chlorospiza*, comprehendendo varias especies que habitam a Europa, a Asia e a Africa Tem o lado superior do corpo esverdeado, o inferior verde amarellado, as azas pardas cinzentas, a cauda negra. As nove primeiras pennas das azas e as cinco primeiras da cauda teem malhas amarellas; o bico é côr de carne. A femea é mais sobre o pardo que o macho. Mede 0ᵐ,15 de comprimento.

O verdilhão frequenta de preferencia os terrenos cultivados, encontrando-se nas quintas vizinhas das povoações ; e no inverno busca as arvores que conservam constantemente as folhas para ahi passar a má estação. Alimenta-se de sementes, preferindo as oleosas, sendo a do linho a de que mais gosta. Aninha nas arvores, e o ninho, formado com pouca arte, é de folhas seccas e de musgo, forrado no interior de pennugem e de lã. A femea faz duas ou tres posturas, de quatro a seis ovos cada uma, brancos azulados ou prateados, com manchas e salpicos vermelhos desvanecidos.

O verdilhão não é notavel como cantor; mas tendo bom mestre, um canario ou um pintasilgo, aperfeiçoa muito o canto. E' docil e facilmente se torna manso, a ponto de vir comer á mão do dono.

O BICO-GROSSUDO

Loxia coccothrauste,' de Linneo — *Le gros bec ou pinchon royal*, dos francezes

Esta especie é o typo d'uma familia de passaros, *Coccothraustæ*, notaveis pela grande altura e largura do bico na base, muito vigoroso, curto e pontudo, circumstancia que deu o nome de bico-

Gr. n.º 316 — O bico-grossudo

grossudo á especie de que tratamos. Tem o corpo refeito, as azas regulares e a cauda relativamente curta.

Mede este passaro 0,ᵐ19 de comprimento por 0,ᵐ33 d'envergadura, tem a parte anterior da cabeça parda amarellada, a parte posterior e as faces trigueiras amarellas, a nuca parda cinzenta, costas trigueiras claras, a parte inferior do corpo parda acastanhada, garganta negra, azas negras com uma malha branca no centro, bico azul escuro na primavera e pardo no outono e no inverno ; pés avermelhados claros.

Encontra-se individuos d'esta especie

variando muito no colorido da plumagem.

É commum no nosso paiz.

Accommodando-se com a temperatura, encontra-se nas mattas ou nos terrenos descobertos, frequentando as quintas e os pomares. Como as formas aunuuciam, é pesado e indolente, conservando-se por muito tempo no mesmo logar; nunca se afasta para longe e regressa sempre ao sitio d'onde partiu. Alimenta-se de grãos, de bagas e de insectos, e os caroços mais rijos não resistem ao vigor do bico. Faz grandes estragos nas arvores fructiferas, principalmente nas cerejeiras, e, ao contrario dos outros passaros, abre o fructo para lhe haver o caroço, desprezando a polpa.

Faz o ninho nos ramos das arvores, muito largo e a pouca altura do solo, mas de ordinario bem occulto, formado no exterior de ramos seccos, talos de hervas e raizes, e por dentro forrado de radiculas, pellos e lã. A femea põe de tres a cinco ovos, pardos cinzentos, com riscas e manchas azuladas escuras, trigueiras e annegradas.

São pouco agradaveis os bico-grossudos para serem engaiolados, e vivem mal com os outros passaros.

Na America habitam muitos passaros da

Gr. n.º 317 — O cruza-bico

familia dos *bico-grossudos*, vulgarmente conhecidos pelo nome de *cardeaes*, alguns com a cabeça ornada d'uma poupa que o passaro pode levantar ou baixar quando quer.

Carecterisam-se pelo corpo alongado, azas curtas, cauda longa, bico curto e pontudo, bastante largo na base, com a mandibula superior muito arqueada.

O CARDEAL DA VIRGINIA

Cardinalis virginianus — Le cardinal de la Virginie.
dos francezes

Tem a plumagem macia e lustrosa vermelha escura, a cabeça escarlate, as faces e a garganta negras, as remiges trigueiras claras com as barbas internas e ao longo da haste trigueiras escuras, bico côr de coral, pés trigueiros claros.

E' commum na America do Norte, principalmente nos Estados do Sul.

Alimenta-se de sementes, bagas e insectos. É tido por excellente cantor, e alguns naturalistas comparam-n'o ao rouxinol, denominando-o *rouxinol da Virginia*.

E' um lindo passaro, que, embora a sua reputação de cantor possa ser exagerada, comparando-o ao rouxinol, se torna ainda assim notavel pela belleza da plumagem. E' facil conserval-o engaiolado, alimentando-o de sementes.

11

No Brazil existem tambem algumas especies de passaros, conhecidos por *cardeaes*, e que formam o genero *Paraoria* dos naturalistas.

São com pequenas variações côr de chumbo nas costas, com a cabeça vermelha e o ventre branco. Medem aproximadamente 0,^m 18.

O seu canto nada tem de agradavel, e captivos conservam-se d'ordinario tranquillos e silenciosos. São bastante ariscos.

O CRUZA-BICO, OU TRINCA-NOZES

Loxia curvirostra, de Linneo — *Le bec croisé de.͘ pins*, dos francezes

Esta especie, que se encontra no nosso paiz, onde é commum, pertence a um grupo de passaros notaveis entre todos pela fórma do bico. As duas mandibulas recurvas em sentido contrario, e terminando muito agudas, desviam-se uma da outra, umas vezes a mandibula superior para a direita e a inferior para a esquerda, outras vezes vice-versa. Teem a cabeça grande e vigorosa, o corpo refeito, azas muito longas, estreitas e pontudas, tarsos curtos e fortes.

O macho da especie citada tem 0,^m18 de comprimento. No bico assimilha-se ao papagaio; tem a plumagem côr de vermelhão, ou de tijolo, variando muito os tons ; as remiges e as rectrizes pardas annegradas, o ventre pardo As femeas teem a plumagem parda esverdeada, tirante a verde amarellado n'algumas partes do corpo.

São tão vizinhas no colorido as diversas especies de *cruza bicos* que os naturalistas distinguem, especies que habitam na Europa, Asia e America septentrional, que alguns ha que só as consideram como variedades locaes. Entre ellas, porém, figura uma que se distingue por ter duas faxas brancas nas azas.

O cruza-bico habita nas mattas onde abundam as arvores da familia das coniferas, principalmente nos pinhaes, e alimenta-se das sementes que ellas produzem. O bico vigoroso e recurvo nas duas mandibulas é singularmente apto para abrir as pinhas, e do interior retirar as sementes.

«Todos os cruza bicos são sociaveis, e até mesmo na epoca das nupcias; quando vivem acasalados, andam reunidos os casaes. Teem habitos curiosos. Vivendo constantemente nas arvores, só descem para beber, ou para comer as sementes das pinhas que caem no solo. O cimo dos pinheiros é a sua morada.

Trepam com grande agilidade pelos ramos, servindo-lhe d'auxilio o bico, á maneira dos papagaios, e n'elle suspensos ou nos pés, de cabeça para baixo ou para cima, conservam-se por momentos n'esta posição, na apparencia bastante incommoda.» (Brehm).

Uma particularidade notavel dos *cruzabicos* é aninharem em todas as estações , no verão ou na força do inverno, até mesmo nos paizes onde n'esta estação a neve cobre os ramos das arvores e a terra. O ninho é construido nas arvores, em logar onde os ramos superiores lhe sirvam de abrigo, e formado de ramos de pinheiro, de rastolho, de lichens e de musgo ; o interior tapizado de pennas e de hervas.

Tornam-se estes passaros facilmente doceis e familiares, habituando-se a viver captivos, e a conhecer o dono. O canto do macho é agradavel, e na gaiola canta todo o anno, á excepção da epoca da muda.

O PICA-BOI

Buphaga africana, de Linneo —*Le pique-boeuf d'Afrique*, dos francezes

É um passaro realmente curioso o pica-boi, ao qual a natureza concedeu o singular instincto de pousar nas costas dos bufalos, dos bois e d'outros ruminantes da Africa, encontrando alimento nos vermes que extrahe com o auxilio do bico d'entre a pelle d'aquelles animaes. Esta especie e outra constituem o genero *Buphaga* dos naturalistas.

O pica-boi da especie citada mede 0^m, 25 de comprimento por 0^m, 38 d'enver-·gadura.Tem as partes superiores do corpo, a frente do pescoço e a parte superior do peito trigueiras avermelhadas, o uropigio e a parte inferior do corpo loiro claro, as azas e a cauda trigueiras escuras, bico vermelho claro na ponta e amarello na base, pés pardos atrigueirados.

Encontra-se no sul da Africa, na Abyssinia e no Senegal.

«Os pica-bois formam pequenos bandos de seis e oito individuos, e vêem-se constantemente em companhia dos grandes mamiferos. Acompanham as manadas de bois e de camelos, pousando-lhes no dorso. Os viajantes que teem percorrido o sul d'Africa dizem tel-os visto sobre os elephantes e os rhinocerontes. Levaillant affirma que acompanham da mesma forma as antilopes. E' principalmente nos animaes feridos que preferem pousar, porque as feridas attrahem as moscas.

Os mamiferos, de pequenos habituados aos pica-bois, não se mostram enfadados com a sua presença, e nem mesmo procuram enxotal-os com a cauda. O passaro sobe e desce ao longo das pernas do mamifero, empoleira-se-lhe no focinho, cata-lhe os vermes que encontra entre o pello, sendo digno de menção que o animal, como que convencido que a pequena dôr causada pelo bico do passaro ao extrahir-lhe as larvas d'entre a pelle é para seu bem, conserva-se tranquillo supportando quanto o passaro lhe quer fazer. Os animaes, porém, que pela primeira vez vêem este passaro são menos tolerantes com tão singulares amigo..

O pica-boi só estima a sociedade dos animaes, e foge do homem mal o vê, não permittindo que ninguem se lhe abeire. E' em extremo bravio e espantadiço. Nada se sabe ácerca da reproducção d'este passaro.

Na Africa habita uma familia de passaros, *os Colios—Colius* — muito communs nas florestas virgens e nas povoações do interior da Africa, e do mesmo modo frequentes nas vizinhanças do Cabo da Boa Esperança. Uma das especies, *o colio de cauda longa*, tem 0^m, 36 de com-

Gr. n.º 318 — O pica-boi

primento 0^m, 25 dos quaes pertencem á cauda.

O pardo aloirado, mais ou menos avermelhado, ou o pardo cinzento são as côres predominantes da plumagem dos *colios*, e d'aqui lhes provém o nome de *passaros-ratos* que lhes tem sido dado. Teem a cabeça ornada de poupa, mas o seu maior caracteristico é a pennugem excessivamente solta parecendo antes pello.

Vivem em bandos, d'ordinario formados de seis individuos, e nos pontos onde o matto é mais cerrado, onde as plantas parasitas e os cipós, entrelaçando-se com os ramos das arvores, formam brenhas inextricaveis, nas quaes os homens e os mamiferos não conseguem penetrar, e nem mesmo o chumbo dos caçadores, ahi se acoitam os colios, sendo até hoje um cnygma para o caçador saber, não só como alli penetram, mas tambem como se move no interior de taes brenhas um bando d'estes passaros.

No dizer de Levaillant os colios reunem-se em bandos para passar a noite, havendo de singular n'estes animaes o habito de dormirem suspensos dos ramos, de cabeça para baixo, e de tal forma unidos que se podem comparar a um enxame de abelhas.

Confirmando o que diz Levaillant, conta J. Verreaux haver observado por vezes que um colio se fixa ao ramo da arvore por um dos pés, deixando pender o outro ; a este segura-se um segundo passaro, ao segundo um terceiro pelo mesmo processo, ao todo como que uma cadeia formada de cinco ou seis individuos.

A carne d'estas aves é muito estimada pela delicadeza do sabor.

A uma familia de passaros a que os naturalistas denominam *Icteri* pertencem diversos generos, todos da America, que comprehendem varias especies de corpo alongado, bico conico, direito e ar-

Gr. n.º 319 — Ninho do japú

quenta os terrenos arvorejados, encontrando-se nas plantações que lhes ficam proximas. E' muito sociavel, vivendo em bandos numerosos todo o anno, até mesmo na epoca das nupcias, encontrando-se aos vinte, trinta e quarenta casaes, e to-

redondado, azas regulares, cauda mediocre, alguns de poupa, tendo a plumagem macia e lustrosa, e predominando n'ella as tres córes : preta, amarella e vermelha.

Faremos menção de duas especies, uma notavel pela construcção artistica do ninho, e a ambas conservaremos os nomes porque são conhecidas no Brazil.

O GUIRA-UNA

Oriolus jamacaii, de Gmlin.— *Le carrouge jamacai, dos francezes*

E' dos mais bellos passaros da familia. Tem a cabeça, a garganta, as costas e a cauda negras, a parte posterior das costas, o peito e o ventre cór de laranja clara, as pequenas coberturas superiores das azas amarellas alaranjadas, e as inferiores cór de gemma d'ovo ; bico negro, pés cór de carne. Em volta dos olhos tem um circulo nú de cór verde. Mede 0m,27 de comprimento.

É commum no Brazil.

O guira-una é vivo, agil, notavel pela belleza e brilho da plumagem, de voz agradavel, imitando o canto d'outros passaros. O seu principal alimento consiste em fructos, e accusam-n'o de causar estragos nas arvores fructiferas, principalmente nas bananeiras e nas laranjeiras.

Vive captivo e torna-se docil e familiar com as pessoas que o cuidam.

O JAPÚ

Cassicus cristatus, de Linneo — *Le cassique huppé, dos francezes*

E' negro luzidio, com a parte posterior das costas e o uropigio vermelhos trigueiros escuros. As rectrizes externas são amarellas, as duas do centro negras, o bico amarello esbranquiçado, os pés negros. Mede 0m, 42 de comprimento.

Encontra-se em grande parte da America do Sul, e é commum no Brazil.

O Japú vive nas florestas, e fredos construem o ninho na mesma arvore.

Alimenta-se de bagas, fructos e insectos. Na época da maturação dos fructos causa grandes estragos nas arvores fructiferas, atacando-as aos bandos. Nos habitos tem este passaro grande similhança com os nossos estorninhos.

Muito vivos, ageis, e de vôo rapido, são principalmente notaveis os japús pela arte com que construem o ninho.

«Nidificam nas arvores mais ou menos altas, e o ninho, em fórma de bolsa, tem 0m, 30 de largo por 1m proximamente de alto. É estreito, arredondado na extremidade inferior, e fixado a uma ramo da espessura d'um dedo proximamente. A abertura é alongada e situada na parte superior. A forma do ninho e a flexibilidade dos materiaes que entram na sua construcção expõem-n'o a que a mais leve brisa o faça oscillar, posto que no todo seja solido e resistente, tecido e feltrado com as fibras de certas plantas. No fundo d'esta longa bolsa existe uma cama de musgo, de folhas seccas e pedaços de casca d'arvores, onde a femea põe um ou dois ovos.

Para o naturalista, ou mesmo para o caçador, é um lindo espectaculo observar uma arvore coberta de ninhos, e n'ella saltitando, d'um para outro ramo, numerosos, estes grandes e bellos passaros, que se deixam observar sem que a presença do homem os assuste» (Brehm).

Os japús, no dizer de Brehm, habituam-se facilmente a viver captivos, carecendo d'uma grande gaiola e de que os não deixem sós.

O ESTORNINHO

Sturnus vulgaris, de Linneo — *L'etourneau*, dos francezes

Tem a plumagem negra luzidia com reflexos côr de violeta e verdes, coberta, na parte superior do corpo, de pequenas malhas triangulares brancas arruivadas; bico negro, pés trigueiros avermelhados. Mede 0m, 23 de comprimento.

É commum no nosso paiz, e encontra-se em toda a Europa e na Africa septentrional.

O ESTORNINHO PRETO

Sturnus unicolor, de la Marmora *L'etourneau noir* dos francezes

A plumagem dos individuos d'esta especie é toda negra luzidia com reflexos vermelhos, menos vivos nas partes inferiores do que nas superiores; a pennugem do alto da cabeça e do papo é muito comprida e estreita, o bico amarello na extremidade, os pés trigueiros amarellados. Mede 0m, 23 de comprimento.

E' tambem commum em Portugal, encontrando-se associado ao estorninho vulgar.

Os estorninhos são graciosos, alegres, vivos, e de tal modo sociaveis que não só se agrupam aos da sua especie, como vivem em sociedade com outros passaros. E' principalmente ao cair da tarde que se reunem em maior quantidade, como que para se esquivarem aos perigos da noite pelo numero.

«Nas mattas, nos cannaviaes, á borda das correntes d'agua, reunem-se á tarde muitos milhares que se véem chegar de differentes pontos e muitas milhas distante. Quando no fim de agosto os canniços já feitos são mais resistentes, reunem-se os estorninhos á noite á borda dos lagos, dos ribeiros ou dos tanques, aos milhares ou ás centenas de milhar, voando por muito tempo, d'um para outro lado, pousando ora nos campos ora nos cannaviaes, até que finalmente, depois de por longo tempo havérem gritado, assobiado, cantado, e de repetidas rixas entre elles, terminam por cada um escolher o logar onde deve passar a noite, e a pouco e pouco o silencio restabelece-se e eil-os adormecidos. Por vezes algum, quebrando com o peso o canniço onde pousava, cae e perturba a tranquillidade dos vizinhos, fazendo motim até encontrar outro poleiro que lhe agrade». (Lenz).

Os estorninhos alimentam-se de lesmas, vermes e escaravelhos; comem trigo, milho, semente de linho, cerejas, uvas, azeitonas, etc., e a grande quantidade de animaes nocivos á agricultura que destroem torna-os dignos de protecção, e dá-lhes direito a serem considerados como uteis.

Não tem arte o ninho do estorninho: limita-se todo o empenho dos paes a reunir algumas folhas seccas, alguns raminhos de herva ou de musgo, no tronco ôco d'uma arvore ou na fenda d'algum muro, ás vezes nos campanarios e no interior dos pombaes, e ahi põe a femea cinco ou seis ovos, grandes e alongados, cinzentos esverdeados. Creados os filhos d'esta primeira ninhada, a femea faz outra postura, e vae com os pequenos da segunda ninhada reunir-se aos da primeira. No ninho os estorninhos alimentam os filhos de insectos, vermes e lagartas.

O estorninho, posto que não seja commum vêl-o engaiolado, é dos passaros mais

doceis e que mais promptamente se habituam á perda da liberdade, até mesmo
os que se apanham já adultos.

«O estorninho familiarisa-se extraordinariamente tendo-o n'um quarto, e é
docil como um cão; sempre alegre e
vivo, conhece todas as pessoas da casa,
nota-lhes os movimentos e amolda-se ao
bom ou mau humor que apparentam. Ao
vêl-o caminhar serio e vacillante, parecendo que tudo lhe passa desapercebido,
realmente nada lhe escapa. Aprende a pronunciar palavras completas sem que seja

necessario fazer-lhe nenhuma operação á
lingua, repete as arias que ouve assobiar,
tanto o macho como a femea, imita os
gritos do homem ou dos animaes, finalmente o canto dos passaros que haja na
mesma casa.

. E' necessario, porém, dizer que tão
facilmente aprende como esquece, ou faz
de tudo que sabe um amalgama indeci-
fravel. Para que aprenda e conserve de
memoria uma aria ou uma palavra, carece-se de tel-o encerrado em sitio onde
não ouça outros sons. Não só os estorni-

Gr. n.º 320 — O estorninho

nhos novos se ensinam; os velhos aprendem da mesma sorte e são admiravelmente
doceis» (Bechstein).

Alguns chegam a repetir phrases curtas, e diz-se d'um que repetia o padre
nosso sem omittir uma palavra.

Lenz conta de certo estorninho que
sabia duas pequenas canções, e que pro-
nunciava distinctamente a palavra polisson (tunante). Um dia encontrando
a janella aberta voou para o campo, e
por muito tempo ninguem o viu. Mais
tarde o dono, ouvindo grande algazarra,

foi encontrar uns tantos rapazes debaixo
d'uma arvore, dispostos a atirar pedras
ao estorninho, que estava tranquillamente
pousado n'um ramo, cantando e asso-
biando, e por vezes gritando quanto podia: *polisson, polisson !*

O ROLLIEIRO

Coracias garrula, de Linneo — *Le rollier ordinaire,*
dos francezes

Esta especie é a representante do genero *Coracias* na Europa, do qual diver-

sas outras vivem na Asia, Africa e Oceania, sendo os paizes tropicaes a verdadeira patria d'estes passaros. Caracterisa-os o bico de comprimento mediano, direito e vigoroso, largo na base, e com a extremidade recurva, tarsos curtos, azas e cauda de tamanho regular.

O rollieiro da Europa, typo do genero, não é raro no nosso paiz, tornando-se notavel pela sua apparatosa plumagem.

A côr predominante é a verde, com as costas côr de canella clara, as pequenas coberturas das azas azul violeta, o uropigio matizado de verde e de violeta, peito e abdomen verde-mar, remiges trigueiras, as duas ou tres primeiras franjadas de verde, rectrizes trigueiras matizadas de verde

mar, bico negro, pés amarellados. Mede 0,ᵐ32 de comprimento.

O rollieiro é um passaro d'emigração, pouco sociavel, vivendo em continuas rixas com os seus similhantes, e cujo canto se limita a certos gritos roucos e desagradaveis que solta principalmente na epoca da femea occupar-se da incubação.

Alimenta-se de pequenos reptis, e de insectos de toda a especie, principalmente de gafanhotos, vermes, rãs pequenas e lagartos, e affirmam varios escriptores que os figos são manjar muito do seu agrado. A fórma porque os rollieiros conseguem matar os animaes de que se alimentam é assás curiosa, segundo refere Bechstein. Tomam-n'os no bico, e, depois

Gr. n.º 321 — O rollieiro

de tentarem esmagal-os, atiram-n'os ao ar muitas vezes aparando-os no bico aberto, Se o animal ainda se move, dão com elle vigorosamente no chão, e atirando-o ao ar novamente esperam que elle caia a direito no bico, para engolil-o mais facilmente.

Aninham nos troncos das arvores ou nas fendas dos muros, fazendo uma cama de raizes seccas, de rastolho, pennas e pellos, onde a femea põe de quatro a seis ovos brancos.

E' muito difficil habituar o rollieiro á perda da liberdade: os adultos succumbem, e os novos só á força de cuidados se consegue que vivam engaiolados.

O GAIO

Corvus glandarius, de Linneo — *Le geai*, dos francezes.

Esta especie, commum no nosso paiz, forma com outras que vivem na Europa, Asia e Africa o genero *Garrulus*. Tem o bico grosso, levemente chanfrado na ponta, azas mediocres arredondadas, tarsos vigorosos, cauda quadrada. As pennas da cabeça, geralmente alongadas, pode o passaro eriçal-as quando quer.

A côr predominante do gaio é o pardo avermelhado ou pardo trigueiro, mais escuro nas partes superiores do que no ventre; tem a pennugem comprida da frente e do alto da cabeça, branca pardaça tirante a azulada, e malhada longitudinalmente de negro no centro; a garganta branca com uma faxa negra larga em volta, descendo-lhe até ás faces, o uropigio branco e as coberturas superiores das remiges primarias alternadamente rajadas de negro, azul e branco ; as remiges negras franjadas exteriormente de branco pardaço, as rectrizes tambem negras e algumas vezes bordadas d'azul ; bico negro, pés trigueiros desbotados. Mede 0,™36 aproximadamente de comprimento por 0™,55 d'envergadura.

O gaio frequenta os campos arvorejados, as orlas das mattas, e principalmente os carvalhaes ; na primavera encontra-se aos casaes, e todo o resto do anno reunido em familias ou bandos pouco numerosos, que vagueiam d'um para outro lado. E' um passaro vivo, muito activo, e esperto como poucos.

Pos-ue no grau mais elevado o dom d'imitar. a voz dos outros passaros, a dos mamiferos, e todos os sons que ouve.

« Um dia d'outono, conta Rosenheyn, fatigado da caça, sentei-me junto a um vidoeiro, entregue completamente aos meus pensamentos. Despertou-me agrada-

Gr. n.º 322 — O gaio

velmente o chilrar d'um passaro, mas o facto era para causar estranheza n'aquella epoca. Qual seria o cantor ?

Examinei as arvores, mas o artista conservava-se incognito, e o canto cada vez mais se avigorava : era similhante ao do tordo. E' um tordo, disse eu para commigo; mas subitamente outros sons menos melodiosos e entrecortados vieram ferir-me o ouvido, e parecia que a dois passos de mim se formara uma verdadeira orchestra. Era o grito do pica-pau e o da pega, em seguida o do picanso, do tordo, do estorninho e do rollieiro... Finalmente, n'um dos ramos mais altos da arvore divisei um gaio. Era elle o unico productor dos variados sons que eu ouvira, imitados do canto de diversos passaros.»

«Infelizmente o gaio tem defeitos que lhe roubam a amizade do homem. E' o mais cruel rapinante de ninhos que existe nas nossas mattas. Omnivoro na mais ampla accepção da palavra. Desde os ratos e os passaros novos até aos mais pequenos insectos, não ha animal que esteja ao abrigo dos ataques do gaio. Não desdenha o regimen vegetal, os fructos, as bagas, etc... (Brehm).

«Que faz este cavalleiro andante, este

finorio, durante a epoca de nupcias das aves ? Vae de arvore em arvore, de mouta em mouta, devastando os ninhos, engulindo o conteudo dos ovos, e devorando os pequenos. Os picansos e o gavião são, na verdade, assassinos crueis, mas nenhum causa aos cantores alados da floresta o mal que lhes faz o gaio.»

Aninha este passaro nas arvores, a pouca altura do solo, construindo o ninho exteriormente de troncos delgados e seccos, por cima hervas seccas, e no interior tapisado de raizes flexiveis. A femea põe de cinco a sete ovos, brancos esverdeados com salpicos pardos trigueiros. Os pequenos são alimentados pelos paes, a principio com lagartas, larvas d'insectos e vermes, mais tarde com passarinhos.

Apanhado novo no ninho, o gaio torna-se manso, e é agradavel pela facilidade que tem de imitar os sons que ouve. Aprende a assobiar uma aria curta e mesmo a pronunciar palavras. Os velhos nem se amansam nem vivem captivos. Naturalmente irasciveis e richosos não se podem reunir a outros passaros'

A PEGA

Pica caudata, de Linneo—*La pie*, dos francezes

Esta especie e a que em seguida vae descripta, o *rabilongo*, pertencem ao genero *Pica*, rico em especies que habitam na Europa, Asia, Africa e Oceania. A pega é muito commum na Europa e frequente no nosso paiz. Similhante ao corvo, tem, porém, a cauda comprida, as azas mais curtas, e a plumagem menos lugubre do que a d'aquelle.

A pega vulgar é um passaro airoso, com a cabeça, pescoço, costas, quasi todo o peito, e as pernas negros carvão avelludados, com reflexos metallicos verdebronze na fronte e no alto da cabeça ; as barbas externas das remiges primarias, a parte inferior do peito e o abdomen brancos limpos, as azas e a cauda negras com reflexos verdes, azues purpurinos e violaceos, bico e pés negros. Mede 0ᵐ, 50 de comprimento, dos quaes a cauda tem 0ᵐ, 28.

O RABILONGO

Cyanopica Cookii, de Bonaparte — *La pie blue*, dos francezes

O rabilongo, congenere da pega, é um lindo passaro, muito commum nos pinhaes do sul do Tejo.

Tem a cabeça e a parte superior da nuca negras avelludadas, as costas pardas trigueiras claras, a garganta e as faces pardas esbranquiçadas, o ventre pardo loiro claro, as azas e a cauda pardas azues claras, bico e pés negros. Mede 0,ᵐ37 de comprimento, dos quaes 0,ᵐ30 pertencem á cauda.

Os habitos d'estas duas especies são muito analogos, sendo o rabilongo mais sociavel e encontrando-se em bandos numerosos. Faremos, pois, a descripção da pega.

E' a pega um passaro sociavel, que se encontra por vezes em companhia dos corvos e das gralhas, preferindo porém a sociedade dos seus similhantes. Vive de ordinario em familias. Compõe-se o seu alimento d'insectos, vermes, molluscos, pequenos animaes vertebrados, fructos, bagas e sementes. Na primavera ataca os ninhos dos passaros, devorando os pequenos e os ovos.

Vivendo em liberdade ou captiva é sempre dominada pelo desejo de amontoar provisões e de esconder todos os objectos que vê luzir. Este instincto, n'ella tão desenvolvido, deu causa, como o leitor talvez não ignore, a um drama popular, *a pega ladra*, historia verdadeira d'uma criada da aldeia de Palaiseau, accusada de haver roubado uns talheres de prata, e que sendo condemnada á morte e justiçada, tendo mais tarde foi a sua innocencia provada, e a pega que existia em casa reconhecida como autora do roubo. O facto deu-se em Paris, em casa d'um fundidor de sinos.

Intelligente, esperta, de sentidos apurados, desconfia do homem, mas atreve-se a atacar animaes como o cão, o raposo e as aves de rapina, conseguindo por vezes obrigal-os a retirar, auxiliada pelos seus similhantes que correm aos gritos que ella solta. Vôa pesadamente, qualquer arage mais forte lhe difficulta o vôo, tornando-o incerto ; caminha por sobre o solo, grave e pausadamente, baloiçando o corpo, ás vezes aos saltinhos obliquos, mas sempre agitando a cauda á maneira das alveloas.

O ninho construe-o sobre as arvores mais altas, de troncos, ramos espinhosos e terra amassada no exterior; por dentro forrado de raizes flexiveis e de despojos vegetaes, fazendo-lhe a entrada ao lado, de modo que a femea na incubação esteja

ao abrigo dos ataques que lhe possam vir de cima.

Affirmam alguns autores que a pega construe diversos ninhos ao mesmo tempo, mas que um só aperfeiçoa, e n'esse põe os ovos. Nordmann diz que ella procede assim para desviar do verdadeiro ninho a attenção dos curiosos. Sendo verdade é necessario conceder á pega muita intelligencia e astucia.

A femea põe algumas vezes sete e oito ovos, oblongos, esverdeados sujos mais ou menos claros, com manchas azeitonadas e trigueiras, de cuja incubação se encarregam alternadamente o macho e a femea, mostrando ambos grande dedicação e carinho pela sua progenie.

A pega torna-se facilmente docil e familiarisa-se com as pessoas que a tratam, sendo apanhada de pequena no ninho; domesticada alimenta-se de carne, pão e queijo. Aprende a falar e repete as palavras que lhe ensinam; algumas instruem-se facilmente, outras com difficuldade. E' uso cortar-lhe uma membrana fibrosa e macia que existe sob a lingua, o *freio*, para que melhor possam pronunciar as palavras; alguns escriptores porém negam que a pega para falar [careça de tal operação.

Gr. n.º 323 — 1. A pega — 2. O corvo

Do genero *Corvus* existe grande numero d'especies espalhadas por todos os pontos do globo, das quaes algumas vivem sedentarias no nosso paiz e outras d'arribação.

Descreveremos em primeiro logar algumas d'estas especies, e diremos em seguida o que ha de mais interessante ácerca dos seus habitos.

A GRALHA CALVA

Corvus frugilegus, de Linneo — *Le corbeau freux*, dos francezes

Tem a plumagem negra com reflexos purpurinos, mais brilhantes nas partes superiores do corpo do que nas inferiores; bico e pés pardos. Mede 0^m,50.

Faz o ninho nas arvores, e ás vezes dez ou quinze casaes nidificam na mesma arvore, uns proximos dos outros; a femea põe de tres a cinco ovos muito variaveis na fórma e na côr, oblongos ou arredondados; uns verdes com mancha-irregulares, grandes ou pequenas, tris gueiras ou côr de azeitona, e outros brancos esverdeados, azulados ou pardaços sem manchas, sendo por vezes estas em tão grande numero, que o ovo figura ser completamente trigueiro.

A gralha calva vive na Europa e na Asia Occidental. É commum no nosso paiz.

A GRALHA

Corvus corone, de Linneo — *La corneille noir*, dos francezes

Tem a plumagem negra por inteiro com reflexos violaceos, principalmente nas azas; bico e pés negros. Mede 0ᵐ,51 de comprimento.

Construe o ninho nas arvores mais altas, e alli a femea põe de quatro a seis ovos alongados, azues desvanecidos tirantes a esverdeados, com manchas pequenas ou grandes, irregulares, pardas, cinzentas ou azeitonadas, mais ou menos trigueiras.

Habita a gralha na Europa e na Asia, e é menos commum no nosso paiz do que a especie antecedente.

O CORVO

Corvus corax, de Linneo — *Le corbeau*, dos francezes

A plumagem do corvo é completamente negra, com reflexos violaceos ou purpurinos nas partes superiores do corpo, e verdes na inferior; bico e pés negros. Mede 0,ᵐ67 de comprimento.

Construe o ninho nas rochas ou nas arvores mais altas, onde não seja facil trepar, grande e formado no exterior de ramos grossos, em seguida d'outros mais delgados, e no interior tapisado de lichens, hervas, lã etc. A femea põe de tres a seis ovos oblongos, esverdeados sujos, com manchas irregulares, que differem no tamanho, trigueiras e mais ou menos escuras.

Vive o corvo na Europa e na Asia, sendo commum no nosso paiz.

A CHUCA, OU GRALHA DAS TORRES

Corvus monedula, de Linneo — *Le choucas des clochers, ou courbeau choucas*, dos francezes

Tem a plumagem do alto da cabeça, das costas, do uropigio, das azas e da cauda negra, com reflexos esverdeados ou pardos, a dos lados do pescoço e parte posterior da cabeça cinzenta perola luzidia, e por vezes uma especie de collar branco; pés e bico negros.

É mais pequena que as especies antecedentes, medindo 0ᵐ,41 de comprimento.

Aninha nas fendas dos muros ou das paredes das torres, e tambem nas cavidades dos troncos das arvores, a que vive nos campos; a femea põe de qua-tro a sete ovos azues desvanecidos, tirantes a verde pardacento, com manchas arredondadas, annegradas ou côr de bistre.

A chuca vive em quasi toda a Europa; é sedentaria em França, e encontra-se em Hespanha, devendo apparecer em Portugal.

«Todas estas especies teem com pequenas variantes os mesmos caracteres, eguaes aptidões, e habitos similhantes. Exceptuando o corvo, que vive isolado com a femea, todas as outras se reunem em bandos, seja para irem em busca do alimento, ou para passarem a noite nas mattas, aninharem e crearem os filhos.

Em intelligencia, finura, e até mesmo malicia todas se assimilham, possuindo o mesmo dom de imitação e tambem o costume de arrecadarem provisões em sitio escuso.

«Na domesticidade degenera este costume n'uma mania especial, que obriga estas aves a tomarem no bico e esconderem todos os objectos que lhes dão na vista, principalmente os que brilham, taes como os de prata ou oiro, as joias, os instrumentos d'aço, de cobre etc.

Todas as especies do genero, e principalmente o corvo e a gralha, são omnivoras por excellencia. A carne viva ou morta, o peixe que vem dar á praia, os insectos, os ovos, os fructos e as sementes, tudo lhes agrada, e d'este modo são importantes as depredações feitas por estes passaros. O corvo, não satisfeito com o tributo que lança ás toupeiras, aos ratinhos campestres e aos lebrachos, introduz-se nas capoeiras, e sem mais ceremonia chama-lhes seus e devora os pintos, os patos pequenos e os faisões novos.

Buffon vae mais longe: affirma que em certos paizes o corvo se fixa no dorso dos bufalos, e os devora a pouco e pouco, depois de lhes haver arrancado os olhos.

E' certo que a gralha, no dizer de Lewis, ataca os cordeiros nas pastagens da Escossia e da Irlanda. Finalmente os corvos e seus congeneres gostam de levantar a terra semeada de fresco, para se apossarem das sementes que o cultivador lhe confiou. Estes feitos criam-lhe entre os habitantes dos campos inimigos irreconciliaveis, sempre promptos a perseguil-os e armar-lhes laços. Ha paizes, taes como na Noruega, onde as rapinas d'estes passaros sobem de ponto, sendo mister que a lei intervenha ordenando a sua exterminação.

Se considerarmos, porém, estes factos sem prevenção, teremós de nos convencer que na maior parte dos paizes os corvos são mais uteis que nocivos, e que melhor fôra protegel-os do que destruil-os. Não só contribuem para o saneamento da atmosphera, devorando os corpos corrompidos que poderiam vicial-a com as suas emanações, como tambem destroem todos os annos numero consideravel de vermes, larvas e insectos. Estes serviços compensam largamente os estragos causados á agricultura.

Os corvos teem o vôo vigoroso e firme, o olfato apurado e a vista agudissima, e á perfeição d'estes dois sentidos devem a faculdade de poderem, na altura a que remontam, e onde pairam com o maior desembaraço, enxergar as victimas que a morte todos os dias faz entre os seres animados.

Os seus gritos, ou grasnada, muito desagradavel, não contribuem menos que a côr negra da plumagem para dar-lhes a reputação de aves de mau agouro. Attribuem-lhes os antigos o dom de adivinhar, e principalmente de annunciarem calamidades, o que levava os arúspices a consultal-os, procurando prognosticos nos varios modos de grasnar ou nos seus movimentos no ar.» (Figuier).

As gralhas calvas, mais do que nenhum dos seus congeneres, no dizer de Brehm, fazem motim insupportavel para quem vive na proximidade dos sitios onde se reunem. Do habito peculiar a estes animaes de gritarem estrondosamente, veiu de certo a origem da palavra *gralhada*, que exprime a vozeria confusa de muita gente ou d'animaes.

«Quando se avizinha a epoca das nupcias, as gralhas calvas reunem-se aos milhares nas arvores, e tal estrondo fazem que mal poderá fazer idéa quem o não ouça. Aninhando muitos casaes uns proximos dos outros, ás vezes quinze e vinte n'uma só arvore, tantos quantos n'ella cabem, as gralhas diligenciam roubar umas ás outras os materiaes que empregam na construcção dos ninhos, e d'aqui se origina tal vozeria que se ouve a grande distancia, vendo-se ao mesmo tempo estes passaros adejarem por cima das suas moradas, formando como que uma nuvem negra.» (Brehm).

Quando se apanham novos, no ninho, os corvos domesticam-se com notavel facilidade, e embora os deixem andar livremente nunca abandonam a casa onde foram creados. Vão pelos campos em busca de alimento, mas á tarde volvem a casa do dono, e a este se affeiçoam por tal modo, que até depois de muitos annos de separação o reconhecem.

A audacia e malicia d'estes passaros é inacreditavel, e se ganham antipathia a alguem não ha travessura que lhe não façam. Odeiam os cães e os gatos, e perseguem-n'os sem treguas ás bicadas, arrancando-lhes á viva força o bocado de carne que elles se dispunham a comer. Em escondrijos que fazem occultam tudo quanto lhes excita a cubiça ou o appetite.

Aprendem a repetir palavras e até phrases, imitando os gritos d'alguns animaes». (Figuier).

Brehm o distincto naturalista allemão, a quem tantas vezes nos havemos referido n'esta obra, falando do corvo, diz: «Muito longe me levaria a narração de quantas historias sei a respeito do corvo, e por isso contentar-me-hei em dizer que tem intelligencia realmente humana, sabendo ser tão agradavel ao dono como desagradavel aos estranhos Os philosophos que pretendem negar a intelligencia aos animaes observem o corvo, e terão de convencer-se que as theorias ácerca do instincto, e da força instinctiva irracional, não podem applicar-se a este passaro.»

Grande numero de factos citados nas obras de historia natural garantem a verdade d'esta asseveração, e entre elles mencionaremos um dos que o dr. Franklin narra na sua obra. — *A Vida dos Animaes.*

—Um corvo que fôra apanhado na Russia havia sido transportado para o Jardim das Plantas em Paris, e um dia em que por acaso o dr. Monin, a quem elle pertencera havia dez anuos, se deteve em frente da gaiola, o corvo saltou para o hombro do antigo dono e desfez-se em afagos de toda a sorte. O dr. Monin reclamou-o levando-o para a sua casa de campo proxima de Blois, onde o corvo tinha por habito dirigir-se aos aldeãos em termos menos convenientes: trata-va-os por *grous cochons* (grandes porcos).

A GRALHA DE BICO VERMELHO

Corvus graculus, de Linneo — *Le crave ordinaire,* dos francezes

Esta especie, unica do genero *Fregilus,* afasta-se das especies antecedentes do genero *Corvus* por diversos caracteristicos importantes. A gralha de bico vermelho tem o corpo delgado, azas compridas, cauda curta, bico tenue, pontudo, levemente recurvo e vermelho; os pés d'esta mesma côr e a plumagem negra luzidia com reflexos verdes, azues e côr de purpura. Mede 0,42.

Frequenta uma grande parte das montanhas da Europa e da Asia, é commum nas serras de Hespanha e não é rara no nosso paiz.

A gralha de bico vermelho parece ser principalmente insectivora, e com o auxilio do bico comprido e recurvo sabe apossar-se dos insectos que se escondem entre as pedras. Construe o ninho nas fendas das rochas mais inaccessiveis, pondo a femea de tres a cinco ovos esbranquiçados ou amarellos sujos, com salpicos trigueiros claros.

Este passaro, á imitação dos corvos, é facil de domesticar, tornando-se como este docil e interessante. Come carne, gostando porém de quasi todos os alimentos de que usa o homem.

O nosso corvo é representado na Africa por duas especies do genero *Corvultur, corbiveau* dos francezes, ou *corvos-abutres,* que teem o bico muito grosso, comprimido nos lados e muito recurvo, similhante ao bico dos abutres, e que em tamanho e voracidade vão muito além dos nossos corvos.

Uma das especies que habita no Cabo da Boa Esperança, *corvultur albicolis,* é preta com uma malha branca na nuca; tem o bico negro com a extremidade branca.

A outra especie, *corvultur crassirostris,* que vive na Africa Oriental, é tambem negra, tendo uma malha branca na parte inferior da nuca com a forma d'uma pera; pés negros e bico de egual côr com a extremidade branca. Mede 1ᵐ,05 de comprimento, dos quaes 0ᵐ,25 pertencem á cauda.

Levaillant diz que estes passaros são vorazes, gritadores, petulantes, sociaveis e immundos, tendo analogia com o nosso corvo pelo gosto que teem pela carne corrompida. Algumas vezes, reunidos em grupos numerosos, atacam e matam os cordeiros e as gazellas novas para devoral-os, começando pelos olhos e em seguida a lingua.

O QUEBRA-NOZES

Corvus caryocatactes, de Linneo — *Le casse-noix,* dos francezes

Esta especie da familia dos corvos fórma com outras duas o genero *Nucifraga,* differindo o quebra-nozes dos gaios e das pegas na fórma do bico, que é mais direito e obtuso; cabeça grande e achatada, azas medianas e obtusas, cauda arredondada e de comprimento regular. É trigueiro-escuro por egual na parte superior da cabeça e do pescoço, com malhas brancas em fórma de lagrimas, pequenas nas partes superiores do corpo e mais largas nas inferiores; azas e cauda negras com reflexos esverdeados, as primeiras tendo nas coberturas salpicos brancos e a segunda terminando n'uma faxa branca; bico e pés negros. Mede 0,ᵐ35 de comprimento.

O quebra nozes vive nas grandes florestas dos paizes montanhosos da Europa; encontra-se em França, na Suissa e na Allemanha.

Alimenta-se, como todos os passaros da familia dos corvos, d'insectos, vermes e caracoes; devora os pequenos vertebrados, atacando os passaros mais debeis do que elle e pilhando-lhe os ninhos. Gosta muito de fructos, e- especialmente de nozes, as quaes abre com o bico segurando-as entre os pés. Muitos naturalistas, e com elles Buffon, se referem ao costume curioso d'este passaro, que esconde nas cavidades das arvores e nas fendas dos rochedos os fructos que da alimentação, lhe sobram, como se quizera estabelecer realmente depositos de provisões para os maus dias de inverno, em que ellas escasseiam.

O quebra-nozes faz o ninho nos ramos e troncos grossos dos pinheiros e dos abétos. É facil de domesticar, e posto que o regimen animal mais lhe convenha acostuma-se facilmente a qualquer outra alimentação, tornando-se, porém, desagradavel pela sua immensa voracidade.

Na Nova Guiné ou Papouasia, ao norte da Australia, e nas ilhas vizinhas vive um grupo de passaros vulgarmente conhecidos por *aves do paraiso*, e caracterisados pelos feixes de grandes pennas filiformes e desfiadas que o macho tem nos flancos, podendo soltal-as ou recolhel-as á vontade. N'alguns as duas rectrizes centraes alongam-se e formam dois filetes. A plumagem é notavel pela belleza e brilho do colorido.

Não existe passaro ácerca do qual tantas fabulas se hajam inventado e corrido, conservando-se por muito tempo desconhecidos os seus habitos. Uma das causas que mais çontribuiu para se acreditar na existencia maravilhosa d'estas aves foi o faltarem as pernas a todos os exemplares vindos para a Europa sendo esta mutilação feita pelos indigenas, deu motivo a acreditar-se que as aves do paraiso não tinham pernas, erro que Linneo sanccionou dando a uma das especies o nome de *Apoda,* isto é, *sem pés.*

Mais se accrescentava então que estes passaros se suspendiam ás arvores pelos filetes da cauda, dormiam no ar, e que a femea punha os ovos nas costas do macho, realisando-se ahi a incubação, vivendo os dois sempre no ar, não carecendo de pousar no solo nem nas arvores, e alimentando-se do ether e do rocio da manhã.

Muitos viajantes e naturalistas que teem observado as aves do paraiso na sua patria, livres e captivas, nos pozeram hoje de posse da verdade, ácerca do viver d'estes passaros outr'ora fabulosos.

Vivem nas florestas e alimentam-se de fructos e d'insectos, que buscam nas arvores, conservando-se durante o dia em continuo movimento. Á noite reunem-se em grupos, e dormem no cimo das arvores mais frondosas.

Os papous caçam estes passaros para lhe haverem a plumagem, que tem grande valor, seja para envial-a directamente para a Europa ou para a India e China.

As aves do paraiso vivem captivas, estando hoje perfeitamente demonstrado que se podem conservar engaioladas.

O grupo das aves do paraiso, *Paradisea,* está dividido em diversos generos, caracterisados pela disposição da plumagem: d'elles descreveremos as especies representadas na nossa gravura.

A AVE DO PARAISO

Paradisea apoda, de Linneo—*Le paradisier emeraud,* dos francezes

A côr predominante d'este passaro é a trigueira castanha, tendo a fronte negra avelludada com reflexos verde esmeralda, o alto da cabeça e a parte superior do pescoço côr de limão, a garganta verde doirada, a parte anterior do pescoço trigueira violeta, as longas pennas das ilhargas côr de laranja clara com salpicos côr de purpura na extremidade ; bico e pés pardos azulados. Mede 0^m,36 de comprimento.

A MANUCODIATA DOIRADA

Paradisea aurea, de Linneo — *Le sifilet,* dos francezes

Tem a plumagem preta e o peito verde doirado ; de cada lado da cabeça sae-lhe tres hastes finas, filiformes, terminando por um disco verde doirado. Tem o tamanho d'um tordo.

A MANUCODIATA REAL

Paradisea regia, de Linneo— *Le manucode royal,* dos francezes

Tem as costas côr do rubi, a fronte e o alto da cabeça côr de laranja, a garganta amarella, o ventre branco pardaço, á largura do peito uma faxa verde com reflexos metallicos, as pennas grandes dos lados pardas com duas faxas transversaes, uma branca e outra vermelha, e na extremidade verde esmeralda ; as duas pennas medianas da cauda, alongadas , fórmam duas hastes muito compridas terminando n'um disco de barbas. Tem o tamanho do tordo.

Existem muitas outras especies notaveis pelo esplendor do colorido e singular disposição da plumagem, cuja descripção, por minunciosa e completa, que seja, estará sempre longe da realidade.

Aos nossos leitores, que o possam fazer, recommendamos uma visita aos bellos exemplares existentes do Museu de Lisboa.

OS TENUIROSTROS

Caracterisam-se os passaros d'este grupo pelo bico longo e tenue, direito ou arqueado, sem chanfradura. São insectivoros.

Gravura chimica

Rua do Moinho de Vento-60

Impresso por Lallemant frères, Lisboa.

A AVE DO PARAISO
A MANUCODIATA DOIRADA
A MANUCODIATA REAL

O PICA-PAU CINZENTO

Sitta cæsia, de Wolf e Meyer—*Le torchepot*, dos francezes.

Do genero *Sitta*, que comprehende diversas especies, tres d'estas vivem na Europa, e uma, a que serve de epigraphe a este artigo, é commum em Portugal. Teem estes passaros e seus congeneres o bico di reito, pontudo e pyramidal, guarnecido na base de pennas curtas inclinadas para a frente; azas mediocres, cauda curta, dedos compridos armados d'unhas fortes e aduncas.

O pica-pau cinzento tem as partes superiores do corpo cinzentas azuladas, as

Gr. n.º 324 — O pica-pau cinzento

inferiores ruivas amarelladas, a garganta esbranquiçada, as ilhargas e as coxas acastanhadas, uma risca negra do bico até aos lados do pescoço, passando sobre os olhos; remiges trigueiras, as rectrizes do centro cinzentas azuladas, e as restantes negras com uma mancha branca nas quatro primeiras; bico cinzento azulado e pés côr de chumbo. Mede 0,^{m}13.

Vive aos pares ou em pequenas familias nas mattas, e no inverno aproxima-se por vezes dos povoados. A melhor parte do tempo passa-a trepando ás arvores, subindo e descendo ao longo dos ramos, andando em volta dos troncos, em busca dos insectos que encontra nos ramos e occultos entre o musgo. Levan-

tando com o bico a casca das arvores, põe tambem a descoberto os escondrijos onde elles se abrigam.

Os insectos, as bagas e as sementes, constituem o seu alimento. O pica-pau cinzento faz deposito de provisões para o inverno, arrecadando-as nas cavidades dos troncos das arvores, e ás vezes debaixo dos telhados das habitações.

O ninho construe-o nos troncos ôcos das arvores e excepcionalmente nas fendas dos muros, formado de folhas, de pedaços de cortiça, de substancias seccas, tudo de tal maneira accumulado que custa a comprehender que alli possa introduzir-se o passaro, e haja logar para os ovos. A femea põe de seis a nove ovos brancos, salpicados de vermelho claro ou escuro.

O pica-pau é facil de conservar captivo podendo dar-se-lhe para alimento aveia, semente de linho, etc. N'uma gaiola grande ou n'um quarto conserva o habito de arrecadar as provisões, fazendo pequenos depositos, torna-se, porém, nocivo no segundo caso, pelo costume de em tudo bater rijamente com o bico.

A TREPADEIRA OU ATREPA

Certhia familiaris, de Lineu — *Le grimpereau commun*, dos francezes.

Este passaro, do genero *Certhia*, tem o corpo alongado, bico arqueado e muito pontudo, tarsos delgados e dedos com unhas grandes, curvas e lacerantes; as pennas da cauda terminam em haste nua, rija e pontuda.

A trepadeira tem as costas pardas escuras malhadas de branco, o ventre branco, uma risca branca sobre os olhos, as remiges trigueiras annegradas, e todas, á excepção da primeira, malhadas na extremidade e com uma faxa amarellada no centro; as rectrizes pardas trigueiras bordadas de amarello claro por fóra; bico negro na parte superior e avermelhado na inferior, pés avermelhados. Mede 0^m,14 de comprimento.

Habita em toda a Europa e é commum em Portugal.

Justificando o nome, este passaro vê-se constantemente trepando ás arvores para desencantoar os insectos que se alojam sob a casca, e subindo pelos troncos a direito ou em espiral não lhe escapa fenda ou buraco onde não introduza o bico na esperança d'ahi encontrar acepipe do seu gosto. É raro encontral-o no solo, onde caminha com difficuldade aos saltos, voando, porém, rapidamente.

Não se arreceia muito do homem ; penetra nos quartos, trepa aos muros, e, uma vez certo de que o não perseguem, deixa aproximar qualquer pessoa a curta distancia.

Faz o ninho nos troncos ôcos das arvores, nas fendas dos muros, entre uma pilha de madeira, e quanto mais funda for a cavidade onde possa construil-o mais será do seu agrado. Os ramos seccos, o rastolho, as folhas, as hervas e a casca das arvores, tudo isto ligado e entrelaçado com teias d'aranha, forma o exterior do ninho ; o interior é forrado de pennas. A femea faz duas posturas, a primeira de oito a nove ovos brancos com pequenos salpicos vermelhos.

Não é possivel conservar captiva a trepadeira pela difficuldade que haveria em alimental-a.

A TREPADEIRA DOS MUROS

Certhia muraria, de Linneo — *Le grimpereau des murailles*, dos francezes

Esta especie encontra-se no nosso paiz, posto que seja menos commum que

Gr. n.º 325 — A trepadeira ou atrepa

a antecedente. Tem a parte superior da cabeça e o uropigio cinzentos annegrados, a parte superior do pescoço e do corpo cinzentas claras, faces, garganta e frente do pescoço negras, parte inferior do corpo cinzenta mais escura do que a cabeça; a parte superior das barbas externas da maior parte das remiges ruiva clara, e estas no resto trigueiras annegradas, com duas manchas brancas nas barbas internas; cauda negra com as duas rectrizes externas brancas, as outras cinzentas na extremidade; bico e pés negros. Mede 0,ᵐ17 de comprimento.

Tudo quanto a trepadeira ou atrepa executa nas arvores faz este passaro nos muros e nas rochas cortadas a pique. Ahi trepa e caça, e nas fendas se acoita e faz o ninho. E' buliçoso e agil, e raro é vel-o acompanhado a não ser na epoca das nupcias, como acontece geralmente a todos os passaros insectivoros.

O seu alimento consiste em hervas e insectos, d'ordinario moscas, formigas e aranhas.

A difficuldade de dar a estes passaros alimento conveniente torna difficil conserval-os engaiolados.

Vive na America do Sul uma familia de passaros denominados vulgarmente

Assucareiros (Certhiolæ), de bico regular, com a lingua comprida e bifendida, tarsos curtos e vigorosos, azas e cauda regulares. São de mediocre corporatura, e o colorido da plumagem lindo e vistoso.

O nome de *assucareiros* provém-lhes da predilecção que teem pelas substancias doces, substancias que extrahem do calice das flores ou das cannas do assucar, posto que a base do seu alimento sejam os insectos.

Descreveremos seguidamente duas especies.

O SAI

Certhia cyanea, de Linneo — *Le guit guit saï,* dos francezes

O saï é um lindo passaro de 0,^{m}13 de comprimento, dos quaes 0,^{m}03 pertencem á cauda; é azul claro brilhante, com o alto da cabeça azul esverdeado, as costas, as azas, a cauda e uma risca sobre os olhos pretas ; a borda interna das remiges amarella ; bico negro e pés côr de laranja.

A femea é verde com a garganta esbranquiçada.

Habita o saï em quasi toda a America do Sul, encontrando-se frequentemente no Brazil. Wied diz ser muito commum em toda a provincia do Espirito Santo.

Vive nas florestas em pequenas familias, e na epoca das nupcias aos casaes ; é vivo e buliçoso, correndo constantemente pelo cimo das grandes arvores. O seu canto limita-se a um simples e fraco chilrar.

O ASSUCAREIRO MARIQUITAS [1]

Certhia flaveola, de Linneo — *Le sucrier flaveole,* dos francezes

Esta especie, representada pela nossa gravura n.º 326 tem as costas trigueiras annegradas, o ventre e o uropigio amarellos vivos; uma risca sobre os olhos, as remiges primarias pelo lado de fóra, a extremidade da cauda e as rectrizes externas brancas, a garganta parda cinzenta, bico negro, pés trigueiros. A femea tem as costas negras azeitonadas e o ventre amarello desvanecido. Mede o macho 0,^{m}10.

E' commum em todo o imperio do Brazil.

[1] Nome vulgar brazileiro.

A familia antecedente é representada no antigo continente por outra (Nectariniæ) formada de diversos generos, entre estes os *soui-mangas*, que, tendo á maneira dos passaros do grupo antecedente decidido gosto pelas substancias doces, justificam o nome, que significa *comedores d'assucar*. Os insectos que pousam numerosos nas flores constituem principalmente o seu alimento.

Habitam na Africa meridional e nas Indias, onde representam os beija-flores da America, tendo d'elles a vivacidade,

Gr. n.º 326 — O assucareiro mariquitas

e as côres esplendidas a ornar-lhes a plumagem.

Os soui-mangas teem o bico alongado e levemente arqueado, a lingua comprida, podendo estender-se além do bico, profundamente bifendida, azas regulares, a cauda curta, e n'algumas especies as duas rectrizes centraes muito longas.

Só vestem a sua esplendida plumagem na epoca das nupcias.

No Cabo da Boa Esperança existem captivos estes passaros, aos quaes só dão por alimento agua com assucar, e attrahindo esta em grande numero as moscas, alli tão abundantes, fornece-lhes todo o sustento de que carecem.

O SOUI-MANGA JOANNA

*Nectarinie Johannae,*de Verreaux—*Le soui-manga de Jehanne,* dos francezes

A plumagem da parte superior do corpo, desde a frente até á parte inferior do uropigio é verde dourada muito brilhante, com reflexos metallicos; a garganta da mesma côr, frente do pescoço côr de violeta escura, peito e ventre côr de sangue, com um feixe de pennas amarellas claras de cada lado do peito; flancos annegrados matizados de vermelho com reflexos purpurinos, coxas negras, cauda negra avelludada, pés negros.

E' frequente nas grandes florestas do Gabon, na Guiné, onde foi descoberto em 1850.

O FORNEIRO

Furnarius rufus, de Vieillot — *Le fournier roux,* dos francezes

Esta especie do genero *Furnarius,* a que no Brazil dão o nome vulgar de *João de Barro,* tem, como os seus congeneres, o corpo refeito, bico comprido e robusto, azas mediocres e cauda longa. Os *forneiros,* nome que se deriva, como adiante veremos, da fórma de construcção do ninho, são todos da America do Sul, e a especie que descrevemos é o typo do genero.

Gr. n.º 327 — O forneiro

Tem este passaro 0ᵐ19 de comprimento, dos quaes 0,ᵐ08 pertencem á cauda ; a côr geral da plumagem é vermelha ruiva, mais clara no ventre, com a parte superior da cabeça vermelha trigueira, e o centro da garganta branco com uma risca loira que parte dos olhos dirigindo-se para traz, as remiges são pardas, as rectrizes loiras, bico e pés trigueiros.

Os forneiros encontram-se de ordinario aos pares ou isolados, e nunca em bandos, frequentando os logares vizinhos das habitações ruraes, como se a sociedade dos homens lhes fosse agradavel. O seu grande e curioso ninho construem-n'o de preferencia junto das habitações, e algumas vezes no interior das mesmas ou nas sebes que circumdam os pateos.

Conta Burmeister que o macho e a fe-

mea, empoleirados n'uma arvore ou pousados no telhado, fazem tal vozeria que duas pessoas conversando proximas não conseguem ouvir-se, sendo necessario afastarem-se ou aguardar que os passaros terminem tal gralhada.

O ninho dos forneiros, tendo em vista a pequenez dos obreiros, póde considerar-se trabalho surprehendente que desperta a admiração de quantos o vêem.

É formado d'ordinario sobre um tronco d'arvore horisontal ou pouco inclinado, e por vezes nas janellas das habitações, nas sebes, nas cruzes dos campanarios. Trabalham na construcção o macho e a femea, trazendo cada qual no bico a sua bolinha de terra amassada da grossura d'uma noz, e que empregam com o auxilio dos pés e do bico misturando-a com despojos vegetaes, e n'esta faina andam alternadamente, apropriando um os materiaes emquanto o outro os vae buscar.

O ninho depois de concluido tem a fórma d'um forno de cozer pão, com 0,^{m}16 a 0,^{m}19 de alto, por 0,^{m}22 a 0,^{m}25 de largo, e 0,^{m}11 a 0,^{m}14 de fundo. A abertura é a um dos lados, duas vezes mais alta do que larga, e o interior dividido em dois compartimentos separados por uma parede delgada, começando junto a um dos lados da entrada ; uma passagem dá accesso para o compartimento interno, onde, sobre uma cama de hervas, a femea põe os ovos. A actividade que estes passaros empregam na construcção do ninho permitte-lhes por vezes terminar a obra em dois dias.

Alimenta-se o forneiro d'insectos e sementes, e dos primeiros só os que topa no solo, porque os não persegue nos ramos das arvores nem os caça a vôo.

D'estes passaros captivos só Azara fala, referindo-se a um que possuiu durante um anno, que comia arroz cozido e carne crua, preferindo a ultima.

Na America existe uma familia de passaros, frequentes principalmente no Brazil e na Guiana, os *colibris*, vulgarmente conhecidos por *beija-flores*, que se dividem em duas sub-familias : os *colibris* propriamente ditos e os *passarinhos moscardos*, distinguindo-se uns dos outros tamsómente por terem estes o bico direito e aquelles arqueàdo, podendo comtudo applicar-se a ambas as sub-familias o que no decurso d'este artigo dissermos ácerca dos beija-flores.

Damos em primeiro logar a palavra a Buffon, o celebre naturalista, cujas descripções teem encanto singular, e que, descrevendo os colibris na sua linguagem poetica e elevada, se conserva tanto nos limites da verdade, que os naturalistas modernos o acompanham, ainda os menos expansivos, quando se trata de celebrar os encantos do beija-flor.

«De quantos seres animados povoam a terra, nenhum ha tão elegante na forma como bello pelas esplendidas côres que lhe ornam a plumagem. As pedras preciosas e os metaes polidos pela arte não podem comparar-se a este mimo da natureza, que ella collocou entre as aves, cabendo-lhe o ultimo logar na escala pe-las suas acanhadas dimensões, *maxime miranda in minimus*.

O passarinho moscardo menor é a sua obra prima ; n'elle reuniu todos os dons que se encontram dispersos pelas outras aves : agilidade, rapidez, subtileza, graça plumagem opulenta, tudo finalmente con' cedeu ao seu pequeno favorito. Véem-se brilhar na sua plumagem as esmeraldas, os rubis e os topazios, e nunca o pó da terra lhe empana o brilho, porque na sua vida aerea apenas por instantes desce a roçar na relva ; sempre no ar, voando de flór em flór, e das flores imitando a frescura e as galas, vive do nectar que ellas lhe fornecem, e só nos climas onde sem cessar se renovam.

Tamsómente nas terras mais quentes do Novo Mundo se encontram todas as especies do passarinho moscardo. Bastante numerosas, parece todavia terem por limites da sua area de dispersão os dois tropicos, porque as que se adiantam no estio até ás zonas temperadas ahi se conservam por pouco tempo, parecendo acompanhar o sol, com elle avançando e retirando, nas azas dos zephyros, em busca de primavera eterna». (Buffon).

«E' realmente a ave do paraiso. Vé-se fender os ares tão rapido como o pensamento, e mal vos roça o rosto já o não enxergaes, volvendo novamente ao seu continuo adejo de flór em flór». (Waterton).

«O typo d'estes passaros é realmente singular, e nos costumes differem completamente de todas as aves. Os colibris são d'alguma fórma os representantes dos insectos entre as aves ; os seus movimentos, regimen, todo o seu modo de ser, emfim, teem analogias innegaveis com determinados insectos, com as borboletas especialmente.

Os colibris são aves quando pousados, insectos quando se movem». (Brehm).

Variam muito os beija-flores em relação ao tamanho, e ha especies que se não avantajam a uma abelha. Teem o bico delgado, alongado, direito ou levemente curvo, e n'algumas especies eguala em comprimento a metade do corpo; azas longas e estreitas, pés pequenos e muito delicados. A lingua é um instrumento microscopico, maravilhosamente combinado. Formado de dois semi-tubos collocados um contra o outro, podendo separar-se ou reunir-se como as folhas d'uma pinça, é constantemente humedecida pela saliva viscosa que lhe permitte prender os insectos em que toca.

«Creado especialmente para a vida aerea, vê-se em continuado movimento, occupado em procurar o alimento nos calices das flores. Os seus pequeninos olhos, vivos e brilhantes, descortinam nos sitios mais reconditos o pequeno insecto, que elles tomam com o bico agudo tão delicadamente que mal roçam na planta. Sugam o succo e o mel das flores, mas não fazem d'elle o seu alimento exclusivo, como muitos autores affirmam. Este regimen pouco substancial seria improficuo para alimentar a prodigiosa e constante actividade d'estes passaros.

Orgulhosos da sua esplendida plumagem, os colibris cuidam-n'a com o maior esmero, e alisam-n'a com o bico frequentemente, para que em nada perca do seu esplendor. Vivos, d'uma petulancia que

Gr. n.º 328 — Ninho do guanambi, ou beija-flor peito negro

se não descreve, ostentam repetidas vezes sentimentos bellicosos pouco consoantes em tão frageis creaturas. Atacam passaros muito maiores do que elles, perseguem-n'os sem treguas, ameaçam de lhes tirar os olhos, conseguindo finalmente obrigal-os a fugir. Travam-se lutas entre elles proprios, e se dois machos se encontram no calice da memsa flor, arremessam-se por vezes um ao outro, e remontam soltando gritos, até desapparecerem á nossa vista. Volta em seguida o victorioso a pousar na flor, causa primaria do conflicto, e premio merecido da sua valentia.

O ninho do beija-flor e bem assim o do passarinho moscardo são primores de architectura, do tamanho de metade d'um damasco ou d'um ovo de gallinha. Os materiaes transporta-os o macho, e a femea apropria-os: são lichens artisticamente tecidos e entrelaçados, collados com a saliva. O ninho no interior é guarnecido de algodão em rama e de fibras sedosas de diversas plantas. E' um berço encantador, suspenso d'uma folha ou d'um tenue raminho, até mesmo d'uma simples febra de palha pendida da cobertura d'uma cabana d'indigenas. Alli põe a femea dois ovos, duas vezes cada anno, brancos e grandes como hervilhas.

Seis dias de incubação bastam para os pequenos partirem a casca, e no fim d'uma semana podem voar. Na epoca das nupcias os dois esposos manifestam a sua mutua affeição prodigalisando-se as mais ternas caricias, e a sua progenie não lhes deve menos carinho.

Os passarinhos moscardos são muito procurados, não pela carne, que tão pouca é que não valeria a pena apanhal-os, mas pela plumagem de que se fazem ornatos para as mulheres, collares, brincos etc. Certas tribus de indios convertidos ao christianismo sabem empregal-a no fabrico de figuras de santos, realmente

Gr. n.º 329 — O beija-flor de poupa e colleira

admiraveis. Os mexicanos e os peruanos empregavam-n'a outr'ora em coberturas riquissimas e pequenos quadros, notaveis pela frescura e brilho das côres. Os soldados da expedição franceza ao Mexico trouxeram d'estes pequenos quadros representando passaros, gaiolas etc., feitos pennas dos colibris.

O beija-flor não pode conservar-se por muito tempo captivo, não porque não seja docil e affavel, mas porque a sua natureza buliçosa, ao mesmo tempo franzina e delicada, não se accommoda nos acanhados horisontes d'uma gaiola. Morre ao fim d'alguns mezes, não obstante todos os cuidados que se empreguem para lhes prolongar a vida». (Figuier).

Não é a falta de espaço causa unica da morte do beija-flor captivo ; accresce a difficuldade de lhe dar alimento egual ao que encontra no estado livre. Tem-se repetido as tentativas não só para os conservar em gaiolas na sua patria, como tambem para transportal-os para a Europa ; todas, porém, com mau exito.

Aos passarinhos moscardos, como a todos os seres, não escasseiam inimigos, e entre elles, por mais cruel e encarniçado, deve citar-se uma volumosa aranha avelludada, muito commum na America, que, fazendo a teia nas vizinhanças do ninho, espreita a epoca em que os pequenos saem da casca para devoral-os, e por vezes se consegue surprehender os paes reserva-lhes sorte egual.

Descreveremos das numerosas especies de colibris, — elevam-se ao numero de 426 as citadas pelo distincto naturalista americano, Elliot, das quaes existem 380 no museu de Washington — as que as nossas gravuras representam.

O BEIJA-FLOR TOPAZIO

Trochilus pellas, de Linneo — *Le colibri topaze* dos francezes

E' um dos mais bellos. Tem o alto da cabeça e uma faxa em volta do pescoço negros avelludados, o corpo vermelho acobreado tirante a côr de rubi escuro, com reflexos doirados ; coberturas da cauda verdes, a garganta doirada com

Gr. n.° 330 — O beija-flor sapho

reflexos verdes esmeralda ou côr de topazio, segundo a disposição da luz; remiges primarias trigueiras vermelhas, as segundas ruivas; rectrizes do centro verdes, as duas seguintes trigueiras acastanhadas, as restantes vermelhas atrigueiradas.

A femea é verde com a garganta vermelha. Mede o macho, contando as pennas da cauda que são longas, 0^m,10 de comprimento.

O GUANAMBI, OU BEIJA-FLOR PEITO NEGRO

Trochilus mango, de Linneo — *Le colibri plastron noir*, dos francezes

Tem as costas verdes bronze com reflexos acobreados, remiges pardas annegradas com reflexos violaceos, as duas rectrizes centraes de côr egual á das remiges na face superior, e a face inferior d'estas e as outras rectrizes pelos dois lados vermelhas violaceas tirantes a côr de purpura e franjadas de negro com reflexos metallicos azues ; garganta, pescoço, peito e parte superior do ventre negros avelludados, bordados em volta de azul, o baixo ventre verde bronze, bico e pés negros.

A femea é mais clara que o macho nas costas, e tem o ventre branco riscado de negro. Mede 0^m,13 de comprimento, dos quaes 0^m,04 pertencem á cauda.

O BEIJA-FLOR DE POUPA E COLLEIRA

Trochilus ornatus, de Gmlin — *L'oiseau mouche huppe col*
dos francezes

Tem as pennas do tronco verdes bronze, a poupa vermelha atrigueirada. uma faxa estreita que lhe atravessa as costas, as faces verdes com reflexos brilhantes, em volta do pescoço uma colleira de pennas compridas e estreitas que o passaro pode eriçar ou abaixar, trigueiras vermelhas com malhas verdes brilhantes nas extremidades; remiges trigueiras purpureas escuras, as pennas da cauda vermelbas trigueiras escuras, bico côr de carne com a ponta trigueira.

A femea tem as côres mais desvanecidas, sem poupa nem colleira.

O BEIJA-FLOR SAPHO

Sparganure sapho, — *L'oiseaux mouche de Sapho,*
dos francezes

Esta especie é notavel pela forma da cauda, cujas rectrizes vão augmentando em comprimento do centro para os lados, sendo as duas mais externas cinco vezes mais longas que as do cen-

Gr. n.º 331 — A poupa

tro. Tem as costas escarlates, a cabeça e o ventre verdes metallicos, a garganta mais clara, o baixo ventre trigueiro claro, as azas trigueiras tirantes a côr de purpura, as rectrizes côr de laranja na base e trigueiras escuras na extremidade.

Encontra-se na Bolivia.

A POUPA

Upupa epops, de Linneo — *La huppe vulgaire,*
dos francezes

Esta especie do genero *Upupa* é commum no nosso paiz, e caracterisa-se com os seus congeneres pelo bico muito longo e tenue, triangular e um pouco arqueado, com a lingua muito curta e obtusa, ao contrario das trepadeiras e dos colibris que a teem comprida; as azas são longas, largas e muito arredondadas, a cauda regular, as pernas curtas e vigorosas.

A especie citada mede aproximadamente 0,ᵐ30. Tem uma comprida poupa formada de pennas grandes ruivas com uma malha negra na extremidade, e abaixo d'esta outra malha branca; faces, pescoço e peito ruivos tirantes a côr de vinho, o meio das costas branco arruivado com malhas longitudinaes triguei-ras nos lados, azas negras com coberturas rajadas, bordadas e franjadas de branço amarellado; as remiges são atravessadas por faxas brancas, a cauda é negra com riscas longitudinaes brancas; bico e pés trigueiros

A poupa encontra-se solitaria nas terras baixas e humidas; timida e desconfiada, vagueia em busca dos vermes, dos insectos e dos pequenos molluscos terrestres, e nos sitios frequentados pelos rebanhos e manadas de gado emprega-se em procurar entre os excrementos os insectos em que elles abundam. No noroeste daAfrica, onde estes passaros são muito frequentes, diz Brehm que se encontram não só nas aldeias, mas até nas cidades, porque tudo alli lhes é favoravel, não sendo unicamente os animaes, mas até mesmo o homem que fornece alimento a este immundo passaro. «Dir-se-ha, acerescenta o mesmo autor, que os arabes teem pela poupa certa estima, porque sabem, ao que parece, que por mais repellente que seja o alimento d'estas aves, a poupa é ainda assim menos immunda do que elles».

No chão a poupa é agil, caminha facilmente sem saltitar; mas nas arvores move-se com difficuldade e quando muito corre pelos ramos horisontaes.

Faz o ninho nas fendas dos muros e dos rochedos, principalmente nos troncos ócos das arvores; ás vezes, em caso de necessidade, construe-o no chão com hervas seccas, raizes e troncos. A femea põe de quatro a sete ovos, alguns d'uma só côr, outros esverdeados sujos ou pardos amarellados com salpicos brancos muito pequenos,os paes alimentam os filhos de vermes e insectos. Todo o tempo que dura a incubação e creação dos filhos exhala o ninho insupportavel fetido, devido á agglomeração dos excrementos dos pequenos e dos paes.

A carne da poupa é gorda e saborosa.

«A poupa commum, apparentemente incapaz de qualquer affeição, toma amizade ao dono, quando este a trata desde pequena com carinho, e é um dos passaros mais interessantes entre os que se podem conservar captivos. Encanta a sua docilidade e as suas brincadeiras divertem. Torna-se tão dada como um cão, vem á chamada do dono, come na mão da pessoa que a creou, segue-a para toda a parte, em casa ou no campo, sem que

pense em fugir. Dir-se-ha, observando-a, que parece adivinhar os pensamentos do dono, e quanto mais d'ella se occupam mais satisfeita se mostra». (Brehm).

O EPIMACO

Epimachus magnificus, de Vieillot — *L'epimache superbe,* dos francezes

Na familia das poupas reunem muitos naturalistas certos passaros originarios da Nova Guiné, que, pelas pennas muito longas dos flancos, em forma de pennacho, alguns incluem nas aves do paraiso. O bico, porém, tenue, comprido e levemente recurvo, autorisa a sua inclusão entre os tenuirostros.

D'estes, a especie acima citada é um

Gr. n.º 332 — O epimaco

esplendido animal, aproximadamente com 0,m36 de comprimento. Tem a plumagem negra avelludada com reflexos purpurinos, a frente do pescoço coberta por uma especie de couraça de pennas em fórma d'escamas imbricadas, verdes azuladas com reflexos metallicos, tendo uma bordadura negra na parte inferior, e abaixo d'esta outra doirada tirante a verde; o ventre negro, e de cada um dos flancos saem-lhe pennas compridas e desfiadas, muito macias, que caem em fórma d'elegante pennacho; a cauda é curta, negra avelludada, á excepção das rectrizes centraes que são verdes doiradas. (1)

(1) No museu de Lisboa existe um exemplar d'esta especie, realmente uma das mais esplendidas entre os passaros.

O epimaco, como já dissemos, só se encontra na Nova Guiné, vivendo nas florestas. Nada se conhece dos seus habitos.

OS SYNDACTYLOS

Syndactylos, ou *dedos unidos*, que tal é a significação d'esta palavra, é o vocabulo que serve para designar um grupo de passaros que teem o dedo do centro ligado ao exterior em grande parte da sua extensão. Só este caracter é commum aos individuos que formam a tribu, porque differindo consideravelmente na conformação do bico, guardam tambem entre si pouca analogia nos outros caracteres.

A MOMOTA GUIRANUMBI

Prionites brasiliensis, do Illiger — *Le momota vulgaire,* dos francezes

Esta especie, a mais conhecida do genero *Momotus*, caracterisa-se, bem como os seus congeneres, pelo bico robusto e por ter as bordas das duas mandibulas denteadas nas tres quartas partes da sua extensão a partir da ponta. A cauda é bastante longa, e as duas rectrizes centraes, mais compridas, são desprovidas de barbas a curta distancia da extremidade, n'uma extensão de quatro a seis centimetros.

Encontram-se estes passaros nos paizes mais quentes da America, e a especie

Gr. n.º 333 — A momota Guiranumbi

citada vive nas florestas do Brazil e na Guiana.

A momota tem as costas, as coberturas das azas e as coxas verdes azeitona, o pescoço, a garganta, o peito e o ventre côr de ferrugem, o alto da cabeça e as faces negras, a fronte e uma risca estreita na parte posterior da cabeça verdes claras, as azas negras, tendo as remiges secundarias a extremidade anterior azul celeste ; a cauda é verde por cima e negra pelo lado inferior ; bico negro, pés pardos trigueiros.

Frequentam estes passaros as grandes florestas onde vivem isolados, pousados nas arvores ou .no solo ; tendo o vôo muito curto, pouco mais fazem do que saltitar. O seu alimento compõe-se d'insectos, e parece que tambem d'alguns fructos ; como não construem ninho accommodam-se nas tocas dos tatús e d'outros mamife-ros, pondo a femea os ovos sobre algumas folhas e ramos seccos que para alli transporta.

Os habitos d'estes passaros são pouco conhecidos. Ha exemplos, porém, d'alguns viverem captivos alimentando-se de pão e carne.

O MELHARUCO, OU ABELHARUCO

Merops apiaster, de Linneo — *Le guêpier vulgaire,* dos francezes

Do genero *Merops*, cujas especies vivem nos paizes quentes do antigo continente, encontrando-se uma na Oceania, o melharuco é o unico que frequenta a Europa, sendo commum no nosso paiz.

E' um dos mais bellos passaros do velho mundo, com o corpo alongado, airoso, bico comprido, delgado, um tanto arqueado e pontudo, azas longas e agudas,

cauda comprida com as duas pennas centraes mais longas, tarsos muito curtos,
o dedo medio soldado ao exterior até á
terceira articulação.

O melharuco tem 0,^{m}28 de comprimento e d'estes 0,^{m}11 a 0,^{m}12 pertencem
á cauda. Tem a fronte branca, a parte
anterior da cabeça verde, a posterior, a
nuca, e o meio das azas côr de castanha
ou de canella, as costas amarellas com
reflexos esverdeados, uma risca negra
do bico até ao meio do pescoço passando
pelos olhos, garganta côr de oiro bordada
de negro, ventre e uropigio azues ou
verdes; as remiges verdes franjadas de
azul exteriormente com as pontas negras,
as rectrizes verdes azuladas rajadas d'amarello, e as duas mais longas do centro
negras na parte que excede as outras; bico
negro, pés vermelhos.

Encontram-se estes passaros em grandes bandos, variando o numero d'individuos que os compõem segundo as condições do paiz; sendo o seu pouso favorito algum paredão argiloso, bem alto e
a prumo, onde o topam reunem-se numerosos. Passando horas inteiras voando nos
arredores das suas moradas, nem por um
momento se calam, fazendo resoar constantemente os gritos com que se chamam.

«Os melharucos são insectivoros, e parece preferirem as abelhas e as vespas;
devastam as colmeias, e quando algum
topa com um vespeiro, em poucas horas
logra apanhar e devorar todos os seus

Gr. n.º 334 — O abelharuco

habitantes. Não desdenham os gafanhotos,
as cigarras, as moscas, todos os coleopte-
ros, e insecto que lhes passe voando ao
alcance do bico é fatalmente devorado.

Constrúe este passaro o ninho nas margens escarpadas e argilosas das correntes
d'agua, onde abre, com auxilio do bico e
das unhas, um buraco redondo de 0^m,05
a 0^m,07 de diametro, que dá accesso a
um corredor horisontal ou mediocremente ascendente, por vezes attingindo o
comprimento de 1^m,30 a 2^m, que vae
abrir-se n'um compartimento, onde a femea põe de quatro a sete ovos brancos
luzidios sem manchas.

O PICA-PEIXE, OU GUARDA RIOS

Alcedo ispida, de Linneo — *Le martin-pecheur*,
dos francezes

Pertence esta especie a um genero de
passaros, *Alcedo*, que mereceu figurar
outr'ora n'um sem numero de historias
maravilhosas. A este passaro attribuiam
os antigos virtudes de toda a casta, taes
como desviar o raio, trazer comsigo a paz
e a abundancia, depois de morto indicava
de que lado estava o vento, se pousava
n'um ramo este seccava, etc. Ainda assim, despida das fabulas com que a orna-
vam, a historia d'este passaro nem por
isso deixa de ser curiosa pelos seus habitos bastante singulares.

Mede elle 0^m,18 de comprimento e
d'estes 0^m,04 pertencem á cauda; o

bico é direito, muito comprido, mais alto que largo, pouco proporcional ao tamanho do corpo, a cabeça grossa e alongada, o corpo refeito, azas e cauda mediocres, tarsos curtos. A parte superior do corpo é verde-azulada, a inferior ruiva, remiges trigueiras bordadas de verde azulado, garganta esbranquiçada, uma fita ruiva de cada lado do pescoço, bico vermelho na base e trigueiro no resto, pés avermelhados.

Esta especie, que se encontra em toda a Europa, é commum em Portugal.

O pica-peixe vive solitario, á excepção da epoca dos amores, proximo dos regatos ou pequenos rios d'agua crystallina, preferindo os que atravessam terrenos arvorejados ou serpenteiam por entre salgueiraes. Pousado n'um ramo secco ou n'uma pedra, que a agua deixa em parte a descoberto, ahi passa horas inteiras na mais completa immobilidade, aguardando que os pequenos peixes que constituem a sua alimentação lhe passem ao alcance do bico, sabendo apanhal-os com admiravel destreza. Entretanto, como só do bico se serve para segurar a presa, é certo que esta lhe escapa muitas vezes, obrigando-o a repetidas investidas, e muitas infructiferas. Toma o peixe entre as mandibulas,

Gr. n.º 335 — O pica-peixe

e, partindo-o com o aperto que lhe dá, ou d'encontro a uma pedra ou a um tronco d'arvore, engole-o em seguida de cabeça para baixo. Na falta de peixe persegue os insectos aquaticos. As escamas e espinhas do peixe vomita-as mais tarde em forma de bolas.

O ninho do pica-peixe é construido nas margens seccas das correntes d'agua, n'uma escavação arredondada, para onde dá entrada uma abertura de 0ᵐ,05 a 0ᵐ,06 de diametro, seguindo-se-lhe um corredor de 0ᵐ,6 a 1ᵐ de comprimento. Ahi põe a femea de seis a sete ovos brancos.

É difficil acostumar o pica-peixe a viver captivo; mas os pequenos que se apanham nos ninhos, alimentando-os de peixe e carne, podem viver muito tempo. Conseguindo domestical-os, são muito interessantes.

Dos generos da familia dos pica-peixes, que comprehendem as especies que vivem na Asia e na Africa, mencionaremos os *ceyx*, muito similhantes aos pica-peixes na sua organisação e habitos, differindo em não terem dedo interno, possuindo por tanto só tres dedos. A plumagem é lindamente colorida.

Os ceyx vivem nas Indias, nas ilhas Filippinas e em Nova Guiné.

OS CALÁOS

Buceros, de Linneo — Les caláos, dos fianceze

Na Asia meridional, onde são numerosos, e no centro e sul da Africa, vivem diversos generos d'uma familia de passaros notaveis pelo enorme desenvolvimento do bico, n'algumas especies ornado superiormente de protuberancias bastante volumosas.

«Não ha genero de passaros em que se observe tanta variedade na fórma do bico como nos caláos, pois que cada especie tem uma que lhe é peculiar, de modo que formaria realmente um genero, se na classificação se tivesse unicamente em vista este caracter.

Algumas especies teem o bico não só descompassado, como tambem informe pelas protuberancias ou excrescencias naturaes que o cobrem, e das quaes a natureza pareceu comprazer-se em variar a fórma até ao infinito; e por capricho ou talvez contradição, que outra coisa não parece, esta arma tão apparatosa e mesmo tão poderosa está longe de corresponder nos effeitos ao que se poderia esperar d'ella pela apparencia, e a tal ponto, que o passaro mais mediocre em tamanho ao pé do caláo, um pardal, por exemplo, apezar da extraordinaria arma que aquelle possue, póde com o seu pequeno bico ser mais para receiar, e as suas bicadas mais dolorosas» (Levaillant.)

Como vimos, o bico do caláo não póde confundir-se com o de outra ave, e não obstante o seu comprimento e espessura é, pela sua natureza cellulosa, leve e pouco resistente. Este passaro tem o corpo alongado, pescoço comprido, cabeça pequena, cauda maior ou menor segundo as especies, azas curtas e arredondadas, pés pequenos.

Os caláos são sociaveis e encontram-se em bandos, d'ordinario pousados nas arvores, e excepcionalmente no solo. Andam com difficuldade e o vóo não é dos mais rapidos e vigorosos.

São omnivoros: alimentam-se de pequenos vertebrados, d'insectos e mesmo de carne corrompida, bem como de fructos e sementes.

«O modo de reproducção dos caláos, pelo menos d'algumas especies da India observadas até hoje, é realmente singular. Aninham nos troncos ócos das arvores, onde durante a incubação a femea permanece encerrada, fechando o macho a entrada com terra amassada, deixando apenas um orificio sufficiente para caber á prisioneira o bico e poder assim receber o alimento.

A femea, assim enclausurada até que os pequenos nasçam, e segundo outros autores affirmam, até que possam voar, é alimentada e bem assim o resto da familia pelo macho, que prové elle só á manutenção de todos; de modo que, ao findar tão penoso encargo, só tem, para assim dizer, a pelle e o osso.

A este respeito muito mais se conta; abstenho-me porém de referir o que se diz, e que eu não julgo sufficientemente provado» (Brehm).

Transcreveremos alguns periodos da narração feita por Russel Vallace acérca d'uma familia de caláos encontrada nas vizinhanças de Sumatra.

«Em quanto eu aguardava n'uma aldeia que se acabasse de calafetar a nossa embarcação, tive a sorte de poder enriquecer o meu thesouro com tres caláos da grande especie *buceros bicornis*, um macho, a femea e o filho. Os meus caçadores, que eu havia mandado á descoberta, trouxeram-me primeiro o pae, que haviam morto na occasião em que dava de comer á familia, entaipada na cavidade do tronco d'uma arvore.

Repetidas vezes me haviam narrado este habito singular dos caláos, e por isso apressei-me a ir em companhia d'alguns indigenas ao sitio onde fôra morto o caláo. Atravessei um regato e uma turfeira, e achei-me em frente d'uma grande arvore pendida sobre a agua; na parte inferior do tronco, a vinte pés aproximadamente do sólo, observei então uma grande pasta de lama com um pequeno orificio, por onde se distinguia o bico do passaro cuja voz rouca eu ouvia.

Offereci uma rupía a quem quizesse trepar á arvore e me trouxesse o caláo com o pequeno ou o ovo, mas ninguem se arriscou, e tive de regressar muito descontente. Uma hora depois ouvi uns gritos rouquenhos, e vi que eram os passaros que eu tanto desejara. O pequeno era a ave mais exquisita que em minha vida pude observar; do tamanho d'um pombo sem signal ainda de pennugem, muito gordo, frouxo, com a pelle transparente, mais parecia uma bola de geléa a que se tivesse addicionado uma cabeça e duas pernas.

Muitas especies dos grandes caláos teem

o habito referido. O macho entaipa a femea e o ovo durante o periodo da incubação, e provê á manutenção da familia
até que o filho possa abandonar o ninho. Este facto, entre muitos outros de
historia natural, é d'aquelles onde a verdade vae além da mais arrojada phantasia.»

Os caláos domesticam-se facilmente, e
até se affeiçoam ao dono; na India criam-
n'os e deixam-n'os correr pelas habitações
para exterminarem os ratos.

São conhecidas muitas especies de caláos, variando extraordinariamente na
conformação do bico ; a plumagem em
todas é negra e parda matizada de branco.

A especie que a nossa gravura n.º 336
representa, o caláo rhinoceronte, vive nas
Indias orientaes, e deve o appellido á
protuberancia que tem sobre o bico, a
qual recorda a forma do corno do rhinoceronte.

Gr. n.º 336 — O caláo rhinoceronte

AVES

ORDEM DAS TREPADORAS

O nome de trepadoras, dado ás aves que formam esta ordem, nem sempre é bem cabido, porque nem todas possuem a faculdade de trepar, e este privilegio d'algumas não lhes é exclusivo, pois, como já vimos, algumas especies dos passaros o possuem.

O caracter essencial das trepadoras existe na disposição dos dedos, dos quaes o exterior, que nas outras aves está para diante, se dirige para traz, junto com o pollegar, e assim as trepadoras teem dois dedos para traz e dois para a frente.

Assim, pois, a denominação de *zygo dactylos*, que muitos naturalistas substituiram á de trepadoras, leva vantagem a esta, por denunciar o caracter da ordem, visto que o vocabulo *zygodactylo*, formado de duas palavras gregas, significa *dedos aos pares*.

A conformação especial dos pés dá a estas aves a faculdade de se fixarem solidamente aos ramos das arvores, e por isso véem-se constantemente empoleiradas. O vôo está longe de ter o vigor do das aves de rapina ou a rapidez do dos passaros.

Algumas especies são insectivoras, outras nutrem-se de fructos e sementes.

E' pouco rica esta ordem, estando dividida em pequeno numero de familias; d'estas citaremos algumas á medida que descrevermos as especies mais importantes.

Na ordem das trepadoras incluem-se os papagaios, aves bastante conhecidas, e que no dizer d'alguns autores são os *monos* da classe das aves.

O JACAMACIRA VERDE

Galbula viridis, de Latham — *Le jacamar vert*, dos francezes

Esta especie, a mais conhecida do genero *Galbula*, forma com outras uma familia de passaros da America do Sul, da qual algumas especies teem tres e outras quatro dedos, tendo todas o corpo alongado, bico comprido, direito e alto, azas curtas, cauda longa, e tarsos curtos.

A especie citada tem as costas e o peito verdes dourados, o ventre trigueiro ruivo, a garganta branca no macho e loira na femea; as rectrizes dos lados trigueiras ruivas e verdes na extremidade; o bico e um circulo nu em volta dos olhos trigueiros; pés côr de carne atrigueirados. Mede 0,^{m}22 de comprimento.

Encontra-se o jacamacira verde nas florestas que se estendem ao longo das costas do Brazil, onde é commum.

Por certas analogias parece que alguns indigenas dão a esta ave o nome de *grande colibri* ou *colibri das florestas*.

Vivem os jacamaciras nas florestas humidas, isolados, tristes e silenciosos; pouco dados ao movimento, conservam-se por muito tempo no mesmo logar, aguardando que algum insecto lhes passe proximo, para voando o abocarem, e em seguida regressarem ao seu pouso.

Aninham n'um buraco arredondado que abrem no solo á beira d'alguma corrente d'agua, buraco similhante ao que faz o pica-peixe, de que antecedentemente falámos.

E' pouco conhecido o modo de vida d'estas aves.

Espalhados por todos os pontos do globo, exceptuando a Oceania, vivem os *pica-paus—Pıcidæ*— formando uma familia bem distincta, cujas numerosas especies frequentam principalmente as grandes florestas, encontrando-se, todavia, algumas nas pequenas mattas e nos terrenos apenas arvorejados.

As aves que compõem esta familia caracterisam-se pelo corpo alongado, bico vigoroso, direito, conico e pontudo, com a extremidade afiada; lingua muito extensivel e delgada, podendo introduzir-se nos mais pequenos orificios, e em virtude da sua mobilidade contornar todos os desvios das pequenas cavidades onde se abrigam os insectos; tarsos curtos e fortes, dois dedos para traz e dois para diante armados de unhas rijas, grandes, lacerantes e recurvas, permittindo-lhes fixarem-se facilmente nos troncos das arvores, e por elles treparem, auxiliando-se com a cauda, cujas pennas rijas e resistentes, firmando-se contra as sinuosidades da casca, lhes servem d'apoio.

Nas extensas florestas virgens da India e do Brazil são os pica-paus das aves

Gr. n.º 337 — O jacamacira verde

mais communs, e ahi as especies são numerosas e das maiores. Algumas existem na Africa; na Europa vivem oito, e d'estas, quatro, que saibamos, encontram-se em Portugal; tres conhecidas pelo nome vulgar de *pica-paus malhados*, differindo, porém, no tamanho, e no colorido da plumagem, que são o *picus-major, picus medius, e picus minor*, de Linneo, *le pic-epeiche, pic-mar e pic-epeichette*, dos francezes, e a quarta pelo de *pica-pau verde*. Descreveremos a primeira e a quarta especies.

O PICA-PAU MALHADO OU PÊTO MALHADO

Picus major, de Linneo — *Le pic-epeiche*, dos francezes

Tem a parte superior do corpo negra lustrosa com uma malha carmesim na parte posterior da cabeça; a inferior parda arruivada até ao ventre, e este vermelho; fronte branca arruivada, os lados da cabeça e o pescoço brancos mais ou menos limpos, uma risca negra que começa na base do bico, passa por baixo das faces e dividindo-se em seguida em duas, uma dirige-se para as costas e outra para o lado do peito, deixando entre si um espaço branco; rectrizes lateraes malhadas ás riscas transversaes negras sobre fundo branco, as do centro completamente negras; bico e pés trigueiros.

Mede 0m,24 de comprimento.

A femea differe do macho em não ter a malha vermelha na nuca.

O PICA-PAU VERDE [1]

Picus viridis, de Linneo — *Le pic vert*, dos francezes

Tem a fronte, o alto e a parte posterior da cabeça e bigodes vermelhos vivos, a parte superior do pescoço e a do corpo verdes amarelladas com o uropigio e as sub-caudaes amarellas, parte superior do corpo verde azeitona claro, faces negras, remiges com malhas brancas nas barbas externas, cauda atrigueirada por cima e com riscas transversaes azeitonadas; bico annegrado na parte superior, amarello nos lados e por baixo junto á base. Mede $0^m,31$ a $0^m,32$ de comprimento.

A femea parece-se com o macho, differindo apenas em ter os bigodes negros e não vermelhos.

Os pica-paus teem todos o mesmo modo de vida: trepados ás arvores ahi passam a maior parte da existencia, descendo

Gr. n.º 338 — O pica-pau malhado

raras vezes ao solo; o seu vôo é em geral pouco extenso. Trepam pelos troncos das arvores aos saltos; agarrando-se com as unhas á casca e firmando-se na cauda, assim sobem e descem; correm pelos troncos horisontaes, notando-se, porém, que só descem recuando, e nunca de cabeça para baixo.

Alimentam-se de insectos e das suas larvas, que encontram nos troncos das arvores, e que sabem desencantoar das mais pequenas fendas, ou de sob a casca, levantando-a para este fim com o auxilio do bico, e pondo a descoberto os escondrijos onde se abrigam os insectos. Algumas especies comem sementes, e d'ellas fazem depositos para o inverno. As especies que vivem na America, no dizer de Brehm, devoram os ovos e até mesmo os passarinhos que encontram nos ninhos.

«A lingua dos pica-paus é maravilhosamente apta para estas explorações; muito longa, póde, por uma conformação natural, dilatar-se e alcançar objectos que es-

[1] Pêto real, pica-pau verde, ou cavallo rinchão. — Catal. do Museu de Coimbra.

tejam a cinco centimetros da extremidade do bico. Termina n'uma ponta cornea, coberta de pequenos aguilhões em forma de ganchos, e cobre-se de certo humor viscoso, segregado por duas glandulas bastante volumosas, que teem por fim enviscar, para assim dizer, os insectos em que ella toca. Todas as vezes que o pica-pau introduz a lingua n'alguma fenda que topa no tronco das arvores, retira-a sempre mais ou menos coberta d'insectos, e se algum ha que não pode ser apanhado com o auxilio d'este orgão, então a ave quasi sempre recorre ao seu vigoroso bico. Batendo na arvore fende-lhe a casca e consegue apossar-se da presa; estas pancadas teem por fim conhecer se no interior existirá alguma cavidade occulta onde se abriguem os insectos. Se o tronco ao tocar produz som que denuncie estar ôco n'aquelle sitio, o pica-pau examina-o por todos os lados até encontrar a entrada para a cavidade assim descoberta, e por ella introduz a lingua; mas se o orificio não é assaz largo para que por ahi logre explorar o escondrijo com vantagem, alarga-o com auxilio do bico, até poder esquadrinhal-o de fórma que nem um unico recanto possa escapar ás suas investigações.

Gr. n.º 339 — O pica-pau verde

Não é só em busca de alimento que os pica-paus abrem buracos nos troncos das arvores; fazem-n'o tambem para formar os ninhos. Algumas especies, na verdade, accommodam-se nas fendas e cavidades naturaes que encontram; outras, porém, abrem-n'as para terem um ninho a seu gosto. Véem-se estas occupadas a inspeccionar as arvores de madeira mais branda, taes como a faia, o alamo, etc., para conhecer as que no interior estejam arruinadas. Feita a escolha, o macho e a femea atacam a seu turno a casca da arvore, e só terminam o trabalho de perfuração quando teem alcançado a parte carcomida. O conducto que alli vae dar é d'ordinario tão obliquo e profundo que reina n'elle completa escuridão; medida preventiva, sem duvida, contra os pequenos mamiferos, e principalmente contra os roedores, inimigos naturaes da familia.

A femea põe os ovos n'uma cama de musgo ou preparada com o pó da madeira carunchosa.

Os pequenos crescem lentamente, e por muito tempo carecem dos cuidados dos paes.

Em geral os pica-paus conservam-se silenciosos ou apenas soltam gritos desagradaveis. Na época das nupcias chamam-se por certos gritos, batendo com o bico nos troncos seccos das arvores, tirando sons que se ouvem a distancia, e sufficientes para attrahir todos os pica-paus que haja na vizinhança.

Geralmente os pica-paus são tidos por nocivos, pelos estragos que causam nas arvores das florestas ou dos prados; e esta supposição é motivo para se lhes mover cruel perseguição. Ao inverso, porém, são dignos de protecção, porque destroem os insectos, os verdadeiros inimigos das arvores, sendo certo que as de que os pica-paus furam os troncos são carunchosas, e quasi nunca sãs.

O TORCICOLLO OU PAPA-FORMIGAS

Yunx torquilla, de Linneo—*Le torcol vulgaire*, dos francezes

Esta especie do genero *Yunx*, a que vive na Europa, existindo outras na Asia e na Africa, é commum no nosso paiz. Teem os torcicollos o bico curto, direito e pontudo, azas mediocres, cauda longa, larga e formada de pennas macias; tarsos vigorosos.

A especie acima mencionada mede $0,^m19$ de comprimento, dos quaes $0,^m07$ pertencem á cauda. Tem as costas cin-

Gr. n.º 340 — O torcicollo ou papa formigas

zentas claras com salpicos pardos escuros, o ventre branco com manchas escuras triangulares, garganta e pescoço amarellos com riscas transversaes, uma risca annegrada que parte do alto da cabeça e segue até ao fim das costas; as remiges rajadas de trigueiro ruivo ou trigueiro claro, as rectrizes salpicadas de negro e cortadas de cinco riscas curvas e estreitas, bico e pés amarellos esverdeados.

Encontra-se esta ave nos sitios arvorejados, sendo frequente nos pomares.

Posto que possa segurar-se aos troncos das arvores verticalmente e por algum tempo, é certo que não póde trepar.

No nosso paiz é mais conhecida esta ave pelo nome de papa-formigas, e com razão assim se appellida por que são realmente as formigas que encontra no solo a parte principal da sua alimentação. Come tambem lagartas e outras larvas dos insectos.

A lingua auxilia-a muito na caça ás formigas, porque, podendo estendel-a e introduzil-a atravez das aberturas dos formigueiros, aguarda que as formigas se colloquem sobre ella, e ahi fiquem colladas com a saliva viscosa que a cobre, para d'uma vez as engulir.

Passemos agora a falar d'uma circumstancia bastante curiosa, a que, esta ave deve o nome de *torcicollo*, por que é tambem conhecida.'

«O que n'ella ha de mais curioso é a faculdade que tem de virar a cabeça para todos os lados. Ao vêr coisa a que não esteja habituada faz repetidas caretas, e tantas mais quanto maior fôr o medo.

Estende o pescoço, diz Neumann, eriça a pennugem da cabeça dando-lhe a fórma d'uma poupa, abre a cauda á maneira d'um leque, e ao mesmo tempo levanta o corpo vagarosamente e por muitas vezes seguidas; ou encolhe-se, estende o pescoço, inclina-se vagarosamente para a frente, torce os olhos, dilata a garganta como fazem as rãs, soltando ao mesmo tempo uns roncos surdos e gutturaes.

Encolerisada, ferida ou presa no laço, se alguem vae para deitar-lhe a mão, a ave faz taes caretas, que quem pela primeira vez as vê fica pasmado se não assustado. Com a pennugem da cabeça eriçada, os olhos meio cerrados e o pescoço estendido, vira a cabeça para todos os lados como faz a cobra, parecendo traçar numerosos circulos e tendo o bico tão depressa virado para a frente como voltado para traz.

Dir-se-ha, ao vél-o pôr em pratica este manejo, que o torcicollo busca amedrontar o inimigo ; a plumagem, cujo colorido se confunde com o dos troncos das arvores e com a côr do solo, auxilia a illusão, e por vezes poderá intimidal-o imitando os movimentos das cobras, que tão temidas são por quasi todos os animaes.

E não parece isto filho do instincto, mas sim aprendido, por quanto só os torcicollos adultos praticam d'esta sorte.

O torcicollo encontra sem grandes canseiras logar conveniente para estabelecer o ninho : basta-lhe qualquer cavidade cuja entrada não seja muito larga, para que algum carnivoro alli não possa introduzir-se, sendo-lhe indifferente a altura a que esteja situada.

Se na arvore existem muitas outras cavidades, d'ordinario cede as mais altas aos pardaes, aos chapins, ás rabiruivas e a outros passaros, com os quaes não quer contendas, estabelecendo-se nos si-

tios inferiores, e ahi vive em boa harmonia com os seus colocatarios.

Depois de limpa a cavidade das substancias que porventura a obstruam, de modo que o fundo fique bem liso, no fim de maio a femea põe de sete a onze ovos brancos, pequenos, obtusos, de casca lisa e tenue» (Brehm).

Póde habituar-se o torcicollo a viver captivo, dando-lhe alimento analogo ao que usa em liberdade.

O CUCO

Cuculus canorus, de Linneo — *Le coucou gris*, dos francezes

Esta especie do genero *Cuculus* é a unica que se encontra na Europa e commum no nosso paiz. Muitas outras vivem na Africa, na Asia Meridional, e nas ilhas da Oceania.

Os cucos são airosos, teem o bico pequeno e fraco, levemente arqueado, azas compridas e agudas, cauda muito longa e arredondada, tarsos curtos.

Os da especie citada teem a cabeça, pescoço, peito e partes superiores do corpo cinzentos azulados, sendo esta côr mais escura nas azas ; ventre e coxas brancas raiadas transversalmente de trigueiro annegrado ; cauda negra com manchas brancas na extremidade; bico negro com a base da mandibula inferior amarella; pés amarellos. Mede 0^m 30 de comprimento.

Vive na Europa durante o verão, na Asia Occidental e no norte da Africa no inverno, e encontra-se nos pontos mais cerrados das matas, só ou acasalado, saindo muitas vezes para o campo em busca dos insectos, e principalmente das lagartas, que constituem o seu alimento. Vivo e activo como os que o são, em continuado movimento desde o romper da manhã até á noite, e muitas vezes durante uma parte d'esta, jámais. nas suas excursões cessa de comer, porque egual á sua actividade é a sua immensa voracidade.

Vôa com rapidez e elegancia; firmado n'um ramo procura enxergar presa que lhe convenha, e mal a divisa, em meia duzia de adejos, investe com ella, aboca-a, e volta ao seu primeiro pouso ou vôa para outra arvore, para d'alli repetir o manejo. Destro no vôo, nos outros movimentos é pouco agil, caminha com difficuldade e não consegue trepar.

Naturalmente irascivel e richoso, principalmente para os da sua especie, vendo em todos um rival, não consente que outro se estabeleça nos sitios por elle frequentados; e se algum apparece, as rixas succedem-se até que um dos adversarios haja abandonado o campo.

O cuco é celebre pelo singular iustincto da femea, que põe os ovos nos ninhos das outras aves, sendo o unico animal, entre os das classes superiores, que entrega a estranhos o encargo de crear e educar a sua progenie. A razão que leva esta ave a proceder assim, não obstante as variadas conjecturas emittidas ácerca do facto, parece não ser ainda sufficientemente conhecida.

Seria assumpto para muitas paginas se quizessemos repetir os variados pareceres dos naturalistas ácerca dos habitos dos cucos, na parte que se referem ao seu modo de reproducção; parecendo resultar de tão encontradas opiniões que certas particularidades do viver d'estas aves não são ainda sufficientemente conheci-

Gr. n.º 341 — O cuco

das. Limitar-nos-hemos, pois, a dar noticia dos factos que não soffrem contestação.

O cuco confia, principalmente ás diversas especies dos passaros cantores, o cuidado da incubação dos seus ovos, e mais tarde o sustento dos filhos. Brehm diz não serem menos de cincoenta as especies em cujos ninhos a femea do cuco põe os ovos; citaremos, entre as dos passaros, a calhandra, a carricinha, os piscos, a tutinegra, o rouxinol, o tordo, o melro, a alveloa, a pega, etc., e entre as gallinaceas, o pombo e a rola.

«Na primavera, tão depressa o cuco dá entrada no sitio escolhido para sua resideneia, busca companheira, e com tal intento resoam por entre o arvoredo os seus gritos de amor: corre após todas as femeas que vé, perseguindo-as de arvore em arvore, e por vezes n'estas correrias transpõe distancias consideraveis. Ao aproximar-se a epoca da postura da femea, esta trata de encontrar ninho onde ponha os ovos, sem que o macho a acompanhe nas suas excursões, ou pareça d'alguma fórma preoccupar-se com o destino da sua progenie.

Sempre voando, encontra a femea o ninho que lhe convem, e decerto possue instincto especial·para taes descobrimentos, porque até mesmo os que mais occultos são lhe não escapam. N'este empenho olvida a sua timidez e não duvida introduzir-se nas habitações, entrar nos celleiros e nos estabulos, e se a fórma e posição do ninho lh'o permitte lá penetra e põe o ovo; no caso contrario põe-n'o no chão, e, tomando-o no bico, vae em seguida deposital-o no ninho. Por vezes introduz-se a custo em cavidades das quaes não logra sair.

Não é raro encontrar no mesmo ninho dois ovos de cuco, ás vezes de côres diversas. Posto o ovo, a femea volta frequentemente ao ninho, arremessa para fóra um dos ovos ou dos pequenos que lá encontra, mas nunca o que lhe pertence.» (Baldamus).

Figuier fala d'esta ultima circumstancia como ainda não referida, e confirma-a nos seguintes periodos:

« A proposito vem o tornar conhecido um facto até hoje não citado em nenhuma obra de historia natural. Acontece repetidas vezes que a femea do cuco tem a previdencia de tirar do ninho dos passaros um dos ovos da proprietaria e partil-o no bico, espalhando os despojos, para que ella no seu regresso não dê pelo accrescimo effeituado na sua ausencia. A isto se deve attribuir o ver-se frequentemente em volta dos ninhos, onde os cucos vão pôr os ovos, pedaços de casca d'ovo.

Denuncia esta acção, por parte da femea do cuco, um raciocinio perfeito, e por consequencia verdadeira intelligencia; isto por mais que digam os grandes philosophos que negam tal faculdade aos animaes» (Figuier).

É notavel que os passaros, tão ciosos do ninho, e que o abandonam se alguem lhe toca, arremessando para fóra outros ovos que não sejam os seus, poupem os do cuco, e ainda mais, encarregam-se da sua incubação, não obstante havel-os este privado dos seus proprios ovos.

«Sobe de ponto a admiração vendo a boa vontade da ama do cuco que se esquece dos proprios ovos e dos seus filhos para se entregar abertamente aos cuidados que exigem os d'um estranho. Este sacrificio, realmente uma renuncia ás affeições mais naturaes, feito em favor do cuco, porque na maior parte os passaros recusam cobrir outros ovos que não sejam os seus, será, pois, obediencia a uma lei natural? Não é permittido duvidar em vista das quarenta experiencias de Lothinger». (Vieillot).

Lothinger fez experiencias nos ninhos da tutinegra, do melro, da cicia, do papamoscas, do pintasilgo, do dom fafe, do tentilhão, do tordo, até mesmo no da coruja, introduzindo alli ovos de especies diversas em troca dos que lá existiam, e observou que todas estas aves abandonavam o ninho depois da substituição.

Posto que, como já dissemos, não pareça ainda completamente averiguada qual seja a razão porque a femea do cuco não cumpre, á maneira dos outros passaros, os encargos da maternidade, daremos aos nossos leitores conhecimento das observações de Florent Prevost, ácerca d'este assumpto, apresentadas nos seguintes periodos transcriptos de Figuier :

«No dizer d'este naturalista, os cucos são polygamos, mas ao inverso das outras aves. Em quanto n'estas são os machos que possuem muitas femeas, nos cucos as femeas é que teem mais d'um macho, porque n'elles o sexo fragil está, numericamente falando, melhor representado.

«Estas senhoras vagueiam d'um para outro sitio, vivendo em cada um dois ou tres dias em companhia do macho que alli exista, abandonando-o em seguida em obediencia á sua natural inconstancia. E' então que os machos soltam tão frequentes os gritos que todos nós conhecemos, gritos d'onde lhes provém o nome, e que são uma especie de chamamento ou convite á femea, que por seu turno lhes responde com um cucurejar que lhes é proprio.

No espaço de seis ou sete semanas põem as femeas oito ou dez ovos no solo, e de ordinario dois apenas com o intervallo de dois a tres dias. Posto o ovo, a femea do cuco toma-o no bico e vae leval-o furtivamente ao ninho d'algum passaro pequeno que haja n'aquelle sitio, aproveitando-se da ausencia dos proprietarios, os quaes por certo, estando presentes, se opporiam ás suas pretenções. Ha exemplos de piscos, apanhando-o d'improviso, obrigarem o intruso a escapar-se com o fardo.

O segundo ovo é da mesma sorte levado para outro ninho da vizinhança, mas nunca para o mesmo onde ficou o primeiro. A mãe tem, por certo, consciencia da má situação que crearia aos dois filhos, se procedesse d'outra fórma, porque os pobres passaros, proprietarios do ninho, ver-se-hiam realmente na impossibilidade de prover á mantença de dois seres, tão vorazes como são os cucos pequenos...

Eis, pois, como facilmente se explica que a femea do cuco não cumpra as suas obrigações maternaes. Pondo os ovos com tão largos intervallos, encontrar-se-hia na necessidade de simultaneamente cobrir os ovos e alimentar um filho, duas occupações incompativeis, porque a ultima, obrigando-a a repetidas ausencias, seria nociva aos ovos que carecem de temperatura constantemente egual. Não é, pois, indifferença, é antes o resultado d'um raciocinio, que leva a femea do cuco a confiar a estranhos os seus deveres maternaes.» (Figuier).

Não ha quem não conheça o canto dos cucos, *cu-cu*, pelo menos aquelle que mais vezes repete e que lhe serviu d'origem ao nome em quasi todas as linguas. Dil-o só o macho, principalmente na primavera, na epoca das nupcias, voando de arvore em arvore, ou pousado n'um ramo secco.

O cuco, sendo apanhado novo, acostuma-se a viver captivo, e Brehm diz, em resultado das proprias observações, que

Gr. n.º 3420 — cuco rabilongo

até mesmo os adultos se podem domesticar, e que não manifestam o odio, que alguns autores lhe attribuem, ás outras aves.

O CUCO RABILONGO

Cuculus glandarius, de Linneo — *Le coucou geai, ou coucou tacheté,* dos francezes

Esta especie, hoje comprehendida no genero *Oxylophus,* habita com os seus congeneres o norte da Africa e a Syria, apparecendo accidentalmente na Europa, e posto que se encontre no nosso paiz, é aqui muito rara.

Teem estas aves o bico longo como a cabeça, tão alto como largo, comprimido nos lados e um pouco recurvo; na cabeça uma especie de poupa formada de pennas alongadas, cauda muito comprida, tarsos vigorosos e curtos.

O cuco rabilongo tem a cabeça parda cinzenta, as costas e o ventre pardos trigueiros, a garganta, os lados do pescoço e o peito aloirados tirantes a vermelho, as coberturas das azas e as remiges secundarias com uma larga malha branca de forma triangular na extremidade; bico negro com a mandibula inferior avermelhada, pés pardos esverdeados. Mede 0^m,41 dos quaes 0^m, 24 pertencem á cauda.

Nos habitos os cucos rabilongos teem certas similhanças com os cucos; alimentam-se de insectos, e á maneira dos segundos põem os ovos em ninhos estranhos. O canto é diverso.

Em resultado das suas observações, diz

Brehm que esta ave na Africa deposita os ovos nos ninhos das gralhas, e em Hespanha são estes substituidos pelos da pega.

Apanhados novos, diz Allen, os cucos rabilongos podem habituar-se a viver captivos.

O CUCO INDICADOR

Cuculus indicator, de Gmlin — *L'indicateur a bec blanc*, dos francezes

Pertence esta especie ao genero *Indicator*, que comprehende nove especies da Africa e Asia, e de que a citada é o typo.

Os passaros d'este genero, comprehendido na familia dos cucos, distinguem-se d'estes pelas formas mais refeitas, bico mais curto que a cabeça, vigoroso, quasi direito e comprimido aos lados, azas longas e pontudas, cauda mediocre.

A especie que acima indicámos é parda trigueira nas costas, tem o ventre branco pardaço, a garganta negra, as remiges atrigueiradas, uma malha amarella na parte superior da aza, a cauda trigueira com algumas pennas brancas, o bico branco amarellado e pés trigueiros. Mede 0,m21 de comprimento.

O cuco indicador possue a faculdade singular de descobrir os ninhos das abelhas; e dos ovos e mel d'estas se alimenta. Muitos viajantes teem referido os habitos d'estas aves, e todos confirmam o notavel instincto que as leva a denunciar ao homem, por todos os meios ao seu alcance, a existencia dos cortiços das abelhas, porque aproveitando este a melhor parte, lhes deixa ainda com que saciar-se.

N'uma descripção de viagem pela Abyssinia, lê-se o seguinte:

«O cuco indicador veiu pousar no cimo d'uma pequena arvore, e voltado para o nosso lado repetia o seu grito *cuic cuic*, movendo-se e agitando a cauda, e só cessou este manejo quando nos levantámos dispostos a seguil-o. Então tomou o vôo, indo pousar n'outra arvore proxima, sempre virado para nós e continuando a chamar-nos.

Assim o fomos seguindo até á arvore onde existia o cortiço, e ao chegar alli, pousando n'um ramo, soltou a voz mais vigorosa, dobrando o canto, agora diverso do anterior, isto durante o tempo que levámos a extrahir o mel : parecia ao mesmo tempo um incentivo e um canto de regosijo. Tão depressa findámos a operação, o *indicador* foi pelos restos que ficaram, bem merecida recompensa do seu trabalho.»

Lobo, n'uma viagem pela Abyssinia, publicada em 1728, narra o mesmo facto pela forma seguinte:

«Existem na Abyssinia numerosas abelhas de diversas especies, das quaes algumas, á maneira das nossas, são domesticas e fabricam o mel em colméas, e outras selvagens vão deposital-o nas cavidades das arvores ou em buracos sob o solo, que conservam no maior asseio, e dos quaes por forma tal apagam os vestigios, não obstante existirem nos caminhos, que sem o indicador não é possivel descobril-os.

O mel assim produzido, no interior da terra, não é inferior ao que se encontra nas nossas colméas, e só me pareceu um pouco mais escuro. Deve ter sido d'este mel, ào que me parece, que S. João se alimentou no deserto.

Descoberto o ninho das abelhas pelo *indicador*, vae este postar-se no caminho, e vendo passar alguem canta, bate as azas, e por diversos movimentos convida o viajante a seguil-o. Vendo que o comprehenderam, vae voando de arvore em arvore até ao logar onde as abelhas escondem o thesouro, e ahi solta o seu canto mais melodioso. O abyssinio então assenhorea-se do mel, não se esquecendo de deixar uma parte para o denunciante.»

No sul da Africa não é menos estimado o cuco indicador, e os hottentotes aproveitando-o para descobrir-lhes a morada das abelhas, guardam-se de o maltratar e vêem com maus olhos quem attentar contra a sua existencia. Sparmann diz que, não obstante haver promettido a uns hottentotes que o acompanhavam farta recompensa, constante de tabaco e de missanga, para que o auxiliassem a apanhar um *indicador*, não conseguiu movel-os, e obteve em resposta—que era um amigo ao qual não atraiçoariam.

Uma grande parte dos naturalistas affirmavam que a femea do cuco indicador chocava os ovos; hoje, porém, á vista de observações ultimamente feitas por viajantes e naturalistas dignos de credito, parece não existir duvida de que ella, á maneira do cuco da Europa, põe os ovos nos ninhos d'outras especies.

Na America Central e Meridional vive uma familia pouco numerosa da ordem das trepadoras, os *anús* dos brazileiros

— *Crotophaga*, — que teem o bico do comprimento da cabeça, mais alto que largo, com a mandibula superior, desde a base até pouca distancia da extremidade, que termina adunca, formando uma convexidade comprimida nos lados ; em volta dos olhos tem um espaço nu, as azas são curtas, a cauda longa.

Differindo na forma do bico e no tamanho, existem tres especies, nos habitos similhantes, sedentarias, vivendo em familias ou em bandos de trinta a quarenta individuos, e assim percorrendo as plantações, os pequenos bosques e a orla das florestas, desprezando as grandes arvores para se abrigarem nas moutas.

Como o seu nome scientifico indica, *crotophaga*, ou *comedor d'insectos*, o anú alimenta-se de insectos e de vermes, e devora os parasitas que se abrigam no pello dos ruminantes.

«Os anús comem os parasitas que são o tormento do gado, e para esse fim frequentam as pastagens. Correm pelo dorso dos animaes sem que estes manifestem o menor desagrado, vendo-se frequentes vezes mais d'um anú no dorso d'um boi, quer este esteja deitado ou vá a caminho.

O principe Wied viu-os por esta forma em companhia do caracará branco, e Gosse refere-se ao zelo com que alguns se occupavam a livrar uma vacca dos parasitas que a atormentavam. Todos os naturalistas confirmam a amizade que reina entre o gado e os anús.» (Brehm).

Estas aves possuem em alto grau o instincto da sociabilidade, e n'alguns casos reunem-se por vezes muitas femeas para construirem um unico ninho onde põem e chocam os ovos em commum. Parece, todavia, deprehender-se das observações de diversos naturalistas e escriptores que este facto dá-se provavelmente só com os anús que vivem nos sitios ermos, onde seja raro que o homem vá perturbal-os.

Estas aves são pouco timidas e muito doceis, e das que se apanham novas diz-se que se domesticam facilmente.

Descreveremos duas especies :

O ANÚ COROYA [1]

Crotophaga major, de Linneo — *L'ani des platuviers*, dos francezes

Tem a plumagem azul escura tirante a côr de violeta na cauda, e a pennugem

[1] Nome vulgar brazileiro.

do peito orlada de verde ; bico negro, e d'esta côr um circulo em volta dos olhos; pés trigueiros escuros. Mede 0,^{m}51 de comprimento, dos quaes, 0,^{m}27 pertencem á cauda.

O ANÚ PEQUENO [1]

Crotophaga minor, de Linneo — *L'ani des savanes*, dos francezes

Menor do que a antecedente: tem esta especie 0,^{m}37 de comprimento, pertencendo 0,^{m}18 á cauda. A plumagem é azul escura, e a pennugem da parte anterior do corpo tem reflexos violaceos na extremidade.

Na America do Norte e principalmente

Gr. n.º 343 — O coua-sassi

na do Sul, vive uma familia d'aves—*Coccyzus*—que na fauna do Novo Mundo occupa o logar dos cucos do antigo continente. São aves de corpo refeito, azas mais ou menos curtas segundo as especies, cauda muito longa, tarsos altos e bico vigoroso.

Nos Estados Unidos é muito frequente a especie *coccizus americanus*, o *coulicou americain* dos francezes, e no Brazil encontram-se diversas especies que vivem nas plantações arvorejadas ou nas florestas. São timidas e solitarias, e de preferencia conservam-se nos logares mais ermos, correndo habilmente por entre os ramos das arvores, e de tempos a tempos descendo ao solo.

Alimentam-se de fructos, e principal-

[1] Nome vulgar brazileiro.

mente de lagartas. Construem o ninho nos troncos ôcos das arvores e a femea geralmente choca os ovos; parece, todavia, que n'alguns casos os *coccizus* imitam o cuco, pondo os ovos em ninho alheio.

A especie seguinte é muito commum no Brazil.

O COUA-SASSI [1]

Cuculus naevius, de Linneo

Plumagem trigueira vermelha nas partes superiores, cauda muito longa trigueira vermelha escura.

Existe uma famillia de aves, *Trogon*, dividida em diversos generos que habitam a Asia, a Africa e a America. As especies que vivem no Brazil appellidam-n'as os naturaes *surucuás*.

Teem por caracteristicos o bico curto, adunco, com as mandibulas mais ou menos dentadas, cercado de sedas na base; azas curtas, cauda longa, com as pennas do centro mais compridas do que as das extremidades. A plumagem, macia e sedosa, é matizada de côres vivas com reflexos metallicos.

Notaveis pela belleza da plumagem, nada ha digno de menção nos seus habitos. Passam a vida nos pontos mais cerrados da floresta, escondidos entre os ramos das arvores, onde os raios do sol não penetram; pouco sociaveis, naturalmente tristes, assimilham-se muito ás aves nocturnas.

Alimentam-se de insectos e de fructos. A femea construe o ninho nas cavidades das arvores, onde põe de dois a quatro ovos, em geral brancos.

Uma particularidade digna de menção nos surucuás é as côres da plumagem perderem o brilho e desvanecerem-se expostas á claridade do dia.

Não consta até hoje que estas aves se hajam conservado captivas.

Descreveremos a especie seguinte, uma das mais notaveis pela belleza da sua plumagem.

O SURUCUA VERDE

Trogon viridis, de Linneo. — *Le couroucou vert*, dos francezes.

Tem a fronte, as faces e a garganta negras; o alto da cabeça, a nuca, os lados do pescoço e o peito azues com reflexos verdes; as costas, as espadoas e o

[1] Nome vulgar brazileiro.

começo das azas verdes bronze tanto mais tirante a azul quanto mais proximo do fim das costas; ventre e uropigio amarellos claros, remiges negras bordadas de branco, as rectrizes medianas verdes, as outras negras bordadas externamente de verde bronze, e as tres ultimas com as barbas externas brancas; bico branco esverdeado, pés negros. Mede 0,^{m} 35 de comprimento, e d'estes pertencem á cauda 0,^{m} 15.

Esta especie é principalmente muito commum nas florestas do norte do Brazil

Habitam as florestas virgens da America Meridional dois generos de passaros, os *araçaris* (Pteroglossus) e os *tucanos*

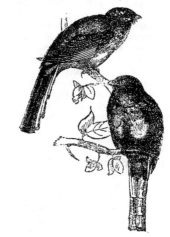

Gr. n.° 341 — O surucuá verde

(Ramphastus), comprehendidos n'uma só familia, e que facilmente se caracterisam pelo bico volumoso e descompassado, conico, recurvo, mais ou menos comprimido aos lados, com as duas mandibulas dentadas. A' primeira vista o bico parece pesado e vigoroso, devendo tolher os movimentos da ave; mas pelo contrario, é leve, formado de tecido esponjoso cujas numerosas cellulas são cheias d'ar, e fragil ao ponto de ceder com a maior facilidade á pressão dos dedos do homem, não servindo ao seu possuidor nem mesmo para triturar os fructos.

«Á lingua dos tucanos, diz Chenu, é ainda mais extraordinaria que o bico. São as unicas aves que teem uma penna em logar de lingua, uma penna na mais estricta accepção da palavra, posto que a haste ˙d'esta *penna-lingua* seja de substancia cartilaginosa, com cinco millimetros de largura, guarnecida pelos lados de barbas muito unidas, e em tudo similhantes ás das pennas. Estas barbas, dirigidas para a frente, são tanto mais compridas quanto mais se aproximam da extremidade da lingua, tão longa como o bico.»

As observações que vamos transcrever de diversos autores podem servir egualmente aos tucanos e aos araçaris, porque estas duas aves muito se assimilham nos habitos.

Os tucanos vivem no cimo das grandes arvores, sendo raro encontral-os no solo : são ageis, alegres e muito timidos.

Vivem aos pares ou em pequenos bandos, e no dizer de Bates observam-se por vezes em numero de quatro ou cinco empoleirados n'uma arvore, onde se conservam horas inteiras soltando os seus singulares gritos. «Um d'elles, accrescenta este autor, empoleirado no ponto mais alto, parece ser o regente n'este concerto pouco harmonioso, e os restantes, dois a dois, gritam por seu turno nos tons mais variados.»

Alimentam-se estas aves de fructos, e na opinião d'alguns naturalistas não se limitam ao regimen vegetal: devoram os passaros pequenos e os ovos, o que parece evidente visto que no estado de domesticidade comem de boa vontade substancias animaes. Azara e outros naturalistas dizem que os tucanos para engulirem os fructos ou os pedaços de carne arremessam-n'os primeiro ao ar, para recebel-os em seguida na bocca e engulil-os d'uma assentada.

Aninham os tucanos e os araçaris nos troncos ôcos das arvores, onde a femea põe dois ovos brancos.

A carne d'estas aves é, no dizer de muitos, succolenta e de sabor delicado, e por esta circumstancia, e para se apossarem das bellas pennas que lhes ornam a plumagem, dão-lhes caça nos sitios onde ella apparece. Schomburgk falando no uso que os indigenas dão ás pennas do tucano, diz : «ornam a cabeça com gosto, empregando para isso as pennas vermelhas e amarellas que os tucanos teem na raiz da cauda. Alguns fazem com ellas não só toucados como tambem coberturas».

Na Europa usou-se em tempo, moda importada do Brazil e do Peru, segundo affirma Figuier, ornarem-se as damas com as lindas pennas côr de laranja que algumas especies de tucanos teem na garganta.

Do tucano e do araçari pode dizer-se que se domesticam com a maior facilidade, tornando-se muito interessantes e agradaveis. Humboldt diz que pelo seu viver se assimilham ao corvo.

Não é difficil alimental-os, podendo sustentar-se de carne, fructos, pão, batatas, etc. Provam-n'o numerosos exemplos d'estas aves sujeitas a este regimen, com o qual se davam o melhor possivel.

Gr. n.º 345 — O araçari

O ARAÇARI

Ramphastus araçari, de Linneo — *Le pteroglosse araçari*, dos francezes

Tem a plumagem verde escura com brilho metalico na parte superior do corpo, a cabeça e o pescoço negro, as faces trigueiras violaceas escuras, o peito e o ventre verde amarello claro, uma faxa que atravessa ao meio do ventre e o uropigio vermelhos, a cauda verde annegrada na parte superior e parda esverdeada na inferior, o bico branco amarellado na mandibula superior e negra a inferior,

pés pardos esverdeados. Mede 0^m,47 de comprimento.
E bastante commum nas florestas do Brazil.

O TUCANO PEITO BRANCO

Ramphastos toco, de Linneo — *Lè toucan toco*, dos francezes

É a maior das especies, tem 0^m,60 de comprido, pertencendo 0^m,14 á cauda. É todo negro, á excepção da garganta, das faces, da frente do pescoço, e das coberturas superiores da cauda que são brancas ; o uropigio é vermelho claro,

Gr. n.º 346 — O tocano peito-branco

o bico vermelho alaranjado claro, com a extremidade da mandibula superior negra, pés azulados.
Habita a America do Sul, desde a Guiana até ao Paraguay.

OS PAPAGAIOS

Psittacus, de Linneo—*Les perroquets*, dos francezes

Os papagaios constituem entre as aves um grupo bem distincto pela forma do bico, que, parecendo á primeira vista similhante ao das aves de rapina, é todavia mais grosso, vigoroso, relativamente mais alto, e todo elle mais desenvolvido. Teem a mandibula superior muito re-

curva e aguda na extremidade, excedendo a inferior profundamente chanfrada ; a base da mandibula superior coberta por uma membrana flexivel e nua. A lingua é grossa, carnuda e movediça, os tarsos são curtos, e os pés tão perfeitos, que mais parecem mãos pela facilidade que teem de segurar os objectos, viral-os em todos os sentidos, levar os alimentos á bocca; são munidos d'unhas agudas e aduncas que fazem d'estas aves as verdadeiras *trepadoras*.

A Brehm, o illustre naturalista alemão que tantas vezes temos citado no decurso d'esta obra, e que mais do que nenhum outro nos tem fornecido subsidios valiosos para a sua contextura, colloca á frente das aves os papagaios, com os quaes fórma uma ordem especial. Nos periodos seguintes justifica a prioridade concedida a estas aves, dando simultaneamente interessantes pormenores ácerca das suas faculdades.

«Segundo a opinião de Oken, disse que os mamiferos eram animaes dotados de todos os sentidos, e fiz notar que o desenvolvimento egual e uniforme d'estes lhes marcava posição elevada na escala dos seres.

Appliquemos esta theoria ás aves, e veremos que, salvo pequenas excepções, os papagaios distinguem-se precisamente das outras aves pelo desenvolvimento uniforme dos sentidos. Nenhum existe atrophiado, nem cresce em perfeição com prejuizo d'outro.

É notavel o falcão pela agudeza da vista, o mocho pela finura do ouvido, pelo olfato o corvo : parece ter o pato o gosto apurado, a pega o tacto bastante desenvolvido, e com estas muitas outras aves se distiguem; mas é o papagaio o unico que tem a vista, o ouvido, o olfato, o gosto e o tacto egualmente apurados. Não carecemos de provas para nos convencermos de que vê e ouve bem, e no que respeita aos outros sentidos basta observal-o: espirra se respira fumo, conhece com incrivel rapidez os fructos que são bons.

Examinae um papagaio depois de lhe haverdes dado um torrão de assucar, passae-lhe a mão ao de leve sobre a peunugem, e tereis as provas de que lhe não escasseia nem o paladar nem o tacto.

Indiscutivel é tambem a intelligencia d'estes animaes, e dá-lhes direito a appellidarem-n'os *monos alados*. Para comprehender o que ha do *mono* no papagaio, é mister primeiramente avaliar a intelligencia d'esta ave. Possue todas as faculdades e todas as paixões dos monos, e d'elles tem as faculdades e os defeitos. E' das aves mais intelligentes, mas é *mono*, isto é, caprichosa e inconstante. Tão depressa é companheira jovial e das mais agradaveis, como se transforma n'um ente insupportavel.

O papagaio tem memoria, tino, astucia e reflexão; tem consciencia da sua individualidade; é orgulhoso, valente e affectuoso; até mesmo terno para as pessoas que estima. Pode d'elle dizer-se que é fiel até á morte, e racionavelmente grato.

Aprende se o ensinarem e torna-se obediente á maneira do mono; mas é tambem colerico, mau, astucioso, falso, guardando a lembrança dos maus tratos e, á imitação do mono, não tem dó dos fracos nem dos que soffrem : o seu caracter é um composto de boas qualidades e d'imperfeições as mais contradictorias. Um tal conjuncto de faculdades indica porém grande desenvolvimento intellectual.

Todos sabem com que perfeição os papagaios conseguem imitar a voz humana e repetir as palavras, no que excedem todos os outros animaes, e por vezes de modo que ultrapassam tudo quanto é verosimil. Não palram, falam ; e sabem o que as palavras exprimem.

Fóra da epoca das nupcias os papagaios vivem formando sociedades ou bandos numerosos ; escolhem para residencia um ponto da floresta, e d'alli partem todos os dias para as suas excursões. Os membros de cada um dos bandos conservam-se fielmente unidos, e partilham em commum a boa e a má fortuna. Todos, ao amanhecer, abandonam o logar onde passaram a noite, e vão pousar n'alguma arvore ou plantação para se saciarem dos fructos. Vigiando pela salvação commum, postam sentinellas, e todos se conservam attentos ás suas prevenções. No momento de perigo partem todos, auxiliando-se uns aos outros, e regressam juntos ao seu pouso, vivendo, n'uma palavra, continuadamente reunidos.

Os cimos das arvores frondosas são tão indispensaveis aos papagaios como um logar de repouso bem seguro. Buscam de preferencia sitio onde se escondam do que abrigo contra o mau tempo : gostam do

calor, mas não se arreceiam do frio e ainda menos da chuva.

«Durante as medonhas tempestades dos tropicos, em que por vezes o ceo quasi se obscurece completamente, véem-se, diz o principe Wied, os papagaios empoleirados nos ramos mais altos, immoveis, soltando alegremente a voz, ao mesmo tempo que a agua lhes escorre das azas. Ser-lhes-hia facil encontrar um abrigo sob a folhagem; parece, porém, que lhes apraz conservarem-se assim expostos á chuva tepida, trazida pela tempestade. Passado o mau tempo, apressam-se a seccar a plumagem».

Nos dias em que o sol abraza a terra com os seus raios, não ha vél-os exporem-se aos seus ardores; occultam-se onde a folhagem seja mais basta, e outro tanto praticam se algum perigo os ameaça. Não ignoram que uma arvore bem frondosa é um escondrijo excellente para elles, que usam a libré da floresta, e que alli é difficil divisal-os. Pode haver a certeza de que n'uma arvore existem empoleirados não menos de cincoenta, e todavia não é possivel enxergar um.

Não lhes escasseia sagacidade, e como não desejam ser vistos, um d'elles, mal divisa o inimigo, dá o signal d'alarme e todos se calam subitamente, retirando-se para o emmaranhado da folhagem, e alli, trepando silenciosamente, dirigem-se para o lado opposto d'onde o perigo se aproxima, e soltam o vôo sem que se lhes ouça a voz, a menos que não estejam a cem passos do inimigo, e d'esse modo como que zombam do importuno que veiu perturbal-os.

Este processo é egualmente seguido quando todos se precipitam sobre uma arvore, para lhe devorar os fructos, e nas suas pilhagens nunca deixam de manifestar no mais subido grau toda a sua finura e prudencia.

A principal alimentação dos papagaios são as sementes e os fructos, e os estragos que causam são enormes quando se introduzem nas plantações e nos pomares. Nas localidades por elles frequentadas nada está seguro ; e os fructos ou as mais rijas sementes, pequenas ou grandes tudo lhes convem. Ainda á imitação dos monos, destroem mais do que comem.

«Entrando n'um pomar, diz Brehm, inspeccionam arvore por arvore, provam de todos os fructos, rejeitando os que não encontram sufficientemente saborosos, para só devorarem os que lhes agradam. D'esta sorte despem a arvore dos fructos começando pelos ramos inferiores, e chegados ao cimo passam para outra e ahi continuam as suas depredações».

Na domesticidade o papagaio pode dizer-se omnivoro, porque além dos grãos, das sementes e dos fructos, come pão, carne cozida ou crua, e gosta immenso de assucar.

A amendoa amarga e a salsa são para elle venenos violentos.

Bebe muita agua, e no verão, principalmente, gosta immenso de se banhar. Os domesticos, se os habituarem, bebem vinho, e produz-lhes effeitos eguaes aos que opera no homem, tornando-os mais alegres e faladores.

A epoca da reproducção corresponde á nossa primavera; precede a da maturação dos fructos. As femeas da maior parte das especies fazem uma unica postura e põem dois ovos, á excepção das cacatuas que põem maior numero. São brancos, arredondados, e de casca lisa.

Nos troncos ôcos das arvores fazem o ninho os papagaios, havendo entre as especies da America algumas que o construem nas fendas das rochas.

«Quando os papagaios não encontram arvore que lhes offereça as condições precisas para estabelecer o ninho, de tronco carcomido pelo tempo ou n'elle aberta alguma cavidade pelo pica-pau, vêem-se na necessidade d'elles proprios o fazerem, e n'este caso sabem empregar o bico. O macho e a femea, e principalmente esta, abrem um buraco na casca, e suspensos do tronco, como o pica-pau, cortam ou antes roem-n'o fibra a fibra, até abrirem uma cavidade onde possam estabelecer o ninho.

Leva semanas esta dura tarefa, mas á força de perseverança conclue-se. Aberta a cavidade o principal está feito, e bastam apenas algumas aparas para tapisarem o fundo» (Brehm).

Só a femea choca os ovos, e dura a incubação nas especies pequenas de dezeseis a dezoito dias, e nas maiores vinte e tres a vinte cinco. Os pequenos nascem implumes, mas desenvolvem-se rapidamente. No ninho são alimentados pelos paes, que lhes dão sementes embrandecidas primeiro no papo, e que depois lhes introduzem na bocca.

O amor pela sua progenie leva os papagaios a defendel-a com a maior coragem e dedicação, affrontando o perigo e expondo a vida; até mesmo os domesticos não consentem que os donos, por maior que seja a affeição que lhes tenham, se abeirem do sitio onde estão os filhos.

Os papagaios, não obstante terem aos dois annos a sua plumagem definitiva, e poderem reproduzir-se, é certo que vivem vida longa, e muitos exemplos existem d'estas aves domesticas verem desapparecer todos os membros da familia, onde foram creados de pequenos.

«As Memorias da Academia das sciencias, de Paris, diz Figuier, mencionam um papagaio que viveu em Florença além de cento e dez annos, e que pertencia á familia do grã duque de Toscana.»

Não se pode marcar a epoca em que o papagaio foi pela primeira vez domesticado, porque sendo Alexandre o Grande, ou algum dos seus generaes, quem primeiro trouxe da India para a Europa uma d'estas aves, já n'aquelle tempo as encontrára domesticadas nas moradas dos indigenas.

Na Roma antiga foram os papagaios muito communs e estimados, e nos sumptuosos banquetes dos imperadores figuravam estas aves.

«Oh! infeliz Roma, exclamava Catão, até onde baixaste, para que as mulheres criem os cães no seio e os homens andem de papagaio em punho!»

Encerravam-n'os os romanos em gaiolas de prata e de marfim, e tinham servos encarregados de os cuidar, e principalmente de lhes ensinar o nome de Cesar. O valor d'um papagaio era superior ao de um escravo.

Quando Christovão Colombo aportou á America, já alli encontrou, nas habitações dos indigenas, papagaios domesticos.

A carne do papagaio, diz Brehm, posto que rija e fibrosa, é muito estimada e faz-se d'ella excellente caldo. Schomburgk fala da sopa de papagaio como d'um manjar excellente. Os chilenos teem esta carne no maior apreço, e os indios da America e os selvagens da Australia caçam os papagaios para os comer.

Os papagaios podem reproduzir-se na Europa em determinadas circumstancias, e d'esta asseveração existem numerosos exemplos.

«Os papagaios carecem de certas condições para o amador poder obter que as femeas ponham, e só é raro este facto nas que vivem captivas porque não buscam collocal-as n'um meio conveniente. Muitas observações provam que não é difficil obter que estas aves se reproduzam nas nossas habitações, toda a vez que se tenham em sitio vasto, onde estejam tranquillas, e se lhes forneça ninho do seu agrado.

Um grande viveiro onde se conservem todo o anno, com um tronco de arvore de madeira branda onde haja uma grande cavidade, são as condições a satisfazer para que os papagaios se multipliquem. E' pois certo que se contentam com pouco, e que sabem amoldar-se ás circumstancias» (Brehm).

Encontram-se os papagaios em todas as partes do mundo exceptuando a Europa, e habitando de preferencia as zonas tropicaes. E' consideravel o numero das especies, conservando entre todas caracteres uniformes, as quaes alguns natu-

Gr. n.º — 347 — 1, A arara — 2, A catatua — 3, O papagaio

ralistas separam em tres grupos : — *papagaios de cauda curta*, ou *papagaios propriamente ditos, cacatuas,* e *papagaios de cauda longa*, e estes grupos dividem-se em generos, cada um comprehendendo numerosas especies.

Daremos breve descripção d'algumas especies mais importantes e curiosas, visto que a mesquinhez do espaço nos não permitte ser prolixos no assumpto. Seguindo a opinião dos naturalistas, daremos o primeiro logar ao *papagaio cinzento da Guiné*, que se pode considerar typo da familia.

O PAPAGAIO CINZENTO DA GUINÉ

Psittacus erythacus, de Linneo — *Le perroquet cendré*, dos francezes

Esta especie, muito conhecida no nosso paiz, é originaria da costa occidental da Africa, e d'ella diz Brehm ser digna representante da ordem a que pertence. «Se não é, accrescenta este autor, a de vôo mais rapido ou de plumagem mais brilhantemente colorida, é todavia aquella cujas faculdades são mais uniformemente desenvolvidas. Se me permittem usar d'esta expressão, é a *ave-homem*.

Não é acaso ou capricho, é a justa apreciação do seu merito que me leva a conceder-lhe o logar de honra.»

Esta especie, como poucos dos nossos leitores ignoram, tem a plumagem cinzenta clara, a cauda vermelha viva, bico negro, em volta dos olhos um circulo branco, e pés pardos escuros. Mede 0,^{m}33 de comprimento, dos quaes 0,^{m}8 pertencem á cauda. A femea distingue-se pelo tamanho; faz uma pequena differença para menos.

D'esta especie, pouco conhecida no estado livre, existem numerosos individuos domesticos espalhados por todo o mundo, e o papagaio cinzento é tido por uma das aves mais interessantes das que vivem nos aposentos do homem, pela sua doçura, intelligencia, e pela affeição que ganha ao dono. Em todas as obras de historia natural, em que se faz menção dos habitos e viver dos animaes, em nenhuma deixam de se encontrar numerosas anecdotas, cada qual mais interessante, ao tratar-se do papagaio cinzento. Não seremos nós que deixaremos de seguir tão autorisados exemplos, e transcreveremos algumas publicadas em diversas obras.

Levaillant fala nos seguintes termos d'um papagaio que observou em casa d'um commerciante em Amsterdam — «Chamava-se Carl, e falava como Cicero. Tudo quanto lhe ouvi, discursos completos, que me repetiu sem lhes faltar uma syllaba, seria materia para um livro.

A' voz do dono trazia o barrete de dormir e as chinellas; chamava a criada, se careciam d'ella. O seu pouso favorito era na loja, e alli era bastante util, porque se alguem entrava não estando o dono, chamava-o até que elle ou alguem apparecesse.

Tinha excellente memoria e sabia phrases inteiras em hollandez, e só aos sessenta annos começou a perder a reminiscencia, e a pouco e pouco foi esquecendo o que sabia».

Brehm fala d'um papagaio cinzento chamado Jaco, de quem se occuparam diversos auctores, entre elles Lenz, que o considerou como sendo a primeira, desde que existem aves, cuja educação haja attingido tal grau de perfeição.

«Em 1827, a pedido do conego José Maschner, de Salzburgo, o conselheiro ministerial Andrè Mechletar, comprou-o por 12$000 réis a um capitão de navios de Trieste. Em 1830 passou ás mãos do mestre de ceremonias da cathedral, chamado Hanikl.

Dava-lhe este uma lição diaria, de manhã das 9 ás 10 horas, ou de tarde das 10 ás 11, e tanto da sua educação cuidou que conseguiu desenvolver-lhe superiormente as faculdades. Por morte de Hanikl o papagaio vendeu-se por 67$500 réis, e mais tarde em 1842 por 170$000 réis. Um amigo de meu pae (de Brehm), o conde Gourcy-Droitaumont, publicou ácerca d'este animal um artigo que excitou o espanto geral. A pedido de Lenz, o ultimo proprietario de Jaco, o presidente Kleimayrn completou os primeiros dados do conde Gourcy-Droitaumont.

São todas essas observações que nós aqui resumimos :

Jaco reparava em tudo, e tudo appreciava, respondendo com acerto ás interrogações, obedecendo ás ordens que lhe davam, saudando as pessoas que chegavam e as que se retiravam, tendo o cuidado de dizer bons dias de manhã e boas tardes á tarde. Quando tinha fome pedia de comer. Conhecia todos os membros da familia pelo seu nome proprio, e alguns mereciam-lhe a preferencia. Se era ao presidente Kleimayrn que se dirigia, dizia-lhe — « Anda cá, papá ». Cantava, falava e assobiava como um homem. Por vezes parecia um improvisador discursando, a quem o enthusiasmo arrebatava, e dir-se-hia ouvir a distancia a voz d'um orador.»

Não repetiremos aqui mais de cincoenta phrases diversas que Brehm menciona, e apenas referiremos as seguintes : — Quando lhe perguntavam: como fala o cão, ladrava. Se lhe diziam: chama-o, assobiava. Por vezes ao fazer exercicio dava as vozes — Sentido ! hombro armas ! preparar ! apontar ! fogo ! e quando dizia fogo, fazia immediatamente pum e acerescentava, bravo, bravissimo. Mas como algumas vezes se esquecia da voz de fogo, não accrescentava então ao pum as palavras bravo e bravissimo, como tendo conhecimento de que praticara um erro.

Se via pôr a toalha na mesa, ou se n'outro quarto ouvia o ruido dos pratos, gritava logo: «Vamos comer, vamos para a mesa.» Se o dono saía só, ao vêl-o abrir a porta, gritava-lhe: «guarde-o Deus» mas se ia acompanhado dizia sempre — «Deus os guarde a todos.»

O dono do *Jaco* tinha uma perdiz, e a primeira vez que o papagaio a ouviu cantar virou-se para ella e gritou-lhe: — *«bravo, pequena, bravo!»* Em Vienna ensinaram-lhe a cantar uma aria da Martha.

«O presidente Kleimayrn morreu em 1853 – *Jaco* adoeceu de pezar. Em 1854 collocaram-n'o n'uma pequena almofada e {tratavam-n'o com o maior carinho. Ainda falava e repetia então com voz triste: *«Jaco está doente, está doente o pobre Jaco»*. E assim morreu.

«Conta Goldsmith que o rei Henrique VIII tinha um papagaio que conservava preso n'um quarto, cujas janellas davam sobre o Tamisa, e que alli aprendera diversas phrases repetidas pelos marinheiros. Um dia que o papagaio caiu d'uma das janellas ao rio, exclamou em altos gritos: *«Um bote, venha um bote! Vinte libras a quem me salvar!»*.

Um barqueiro, a quem estas palavras fizeram suppor que alguem caira ao rio, correu apressadamente ao sitio d'onde partiam os gritos, e grande foi a sua sur-

Gr. n.° 348 — O papagaio colleirado

preza ao encontrar-se em frente do papagaio. Reconhecendo-o como pertencente ao rei, levou-o ao paço reclamando a recompensa que o animal offerecera ao ver-se em perigo. Contado o facto ao rei, que riu a bom rir da aventura do seu papagaio, mandou o monarcha pagar as vinte libras ao barqueiro.

«Lemaout conta que n'uma cidade da Normandia houve uma mulher que tinha um talho, a qual batia tão desapiedadamente n'um filho de cinco anuos, a ponto da pobre creança succumbir aos maus tratos. A justiça humana não lhe tomou conta de tão barbaro procedimento, mas um pa-

pagaio que vivia defronte, na loja d'um sapateiro, tomou a seu cargo castigar a mãe desnaturada. Repetindo a toda a hora as palavras angustiosas da creança, quando a mãe corria sobre ella com a vara na mão:—*«Porqne me bate, porque me bate?»* com tal accento de dôr as dizia, e o tom era tão supplicante, que os transeuntes indignados entravam na loja do sapateiro para lhe exprobrar a sua crueldade.

O sapateiro então justificava-se apresentando o papagaio e narrando a historia da creança, o que em pouco tempo levantou tal indignação contra a mulher, que accusada e perseguida pela opinião publica teve de fechar o estabelecimento e sair da cidade.»

Dos *papagaios de cauda curta* existem numerosas especies na America, e d'estas, como sendo as mais communs, citaremos as seguintes:

O PAPAGAIO AMAZONA

Psittacus amazonicus, de Linneo —¦*Le perroquet amazone*, dos francezes

O PAPAGAIO VERDE

Psittacus aestivus, de Linneo — *Le perroquet vert*, dos francezes

São duas especies de grande corpora tura, medindo aproximadamente $0,^m40$ de comprimento, e d'estes $0,^m11$ a $0,^m12$ pertencem á cauda.

O *amazona* é verde claro com a fronte azul celeste, as faces e garganta amarel las, a curva da aza vermelha; as pennas lateraes da cauda são vermelhas pelo lado de dentro, o bico pardo escuro coberto na base de pelle negra, os pés pardos cin zentos.

O *papagaio verde*, a que n'alguns pon tos do Brazil appellidam *kuruba*, é verde e só tem azul a extremidade anterior da fronte e uma risca que parte do bico e se dirige aos olhos; a curva da aza é ver de, e as pennas dos lados da cauda são vermelhas bordadas de verde.

São estes dois papagaios muito frequen tes no Brazil, e dos mais conhecidos na Europa, para onde são transportados em grande numero. Domesticam-se facilmen te, aprendem a falar, e são doceis, prin cipalmente para a pessoa que os cuida.

Alguns ha que conservando-se ariscos e bravios para todos, affeiçoam-se singu larmente ao tratador, conhecem-n'o a distancia, e, manifestando ao vel-o toda a alegria que lhes causa a sua presença, só para elle teem caricias.

O PAPAGAIO COLLEIRADO

Psittacus accipitrinus, de Linneo — *Le perroquet accipitrin*, dos francezes

Esta especie é menos commum, e ha bita as florestas da Guiana e as que bor dam o Amazonas. Distingue-se dos outros papagaios pela pennugem da nuca e do pescoço, branda e susceptivel de se eriçar á vontade do animal, formando como um leque (Gr. n.º 348).

Tem a cabeça parda amarella clara, na extremidade da fronte uma risca trigueira que parte do bico para os olhos, a colleira vermelha suja franjada de azul celeste, cos tas verdes claras; a pennugem das partes inferiores do corpo é vermelha bordada de verde no peito e de azul no ventre, as fa ces e a garganta atrigueiradas, a extremi dade das azas negra, a parte superior da cauda azulada, e a inferior negra. Mede $0,^m38$ de comprimento, dos quaes $0,^m15$ pertencem á cauda.

Schomburgk diz que esta ave, quando a irritam, eriça a brilhante plumagem do pescoço, formando um circulo em volta d'esta parte do corpo, e tornando-se d'este modo um dos mais lindos papa gaios.

No grupo dos *papagaios de cauda curta* incluem-se tambem os *periquitos*, lindas aves que são como que um diminutivo dos papagaios

Habitam a Africa, a Asia, e a America do Sul.

Inseparaveis, appellidam-n'os alguns naturalistas francezes, e bem merecido é o nome se attentarmos na amizade que une estes animaesinhos, os quaes uma vez acasalados não sobrevivem á perda do companheiro.

«Os poetas ignoravam o amor que nos periquitos une os dois esposos, e se as sim não fôra por certo não teriam toma do a rôla como symbolo do amor idyl lico, tanto mais que esta lhes fica muito áquem. Vigora entre os dois esposos a mais completa harmonia, teem ambos uma só vontade, e a maior concordancia reina nas suas acções.

Se um come, o outro imita-o; o ma cho vae banhar-se, acompanha-o a femea; aquelle solta a voz, esta responde-lhe; um adoece, o outro cuida-o e alimenta-o.

Até mesmo reunidos em bandos nu merosos, e pousados n'uma arvore, nunca os individuos que formam um casal se separam».

Numerosas especies se comprehendem no grupo dos periquitos, e longo seria descrevel-as, limitando-nos a apresentar a seguinte:

O PERIQUITO VERDE DA GUINÉ

Psittacus pullarius, de Linneo — *Le moineau de Guiné*, dos francezes

É verde com a cabeça vermelha, o uro pigio azul, e os lados da cauda malhados de vermelho.

15

Na Asia existem papagaios de cauda curta que differem dos descriptos antecedentemente, a que os francezes dão o nome de *loris—Lorius—*.O bico é relativamente longo e menos vigoroso, terminando em ponta aguda e extensa; a côr predominante da plumagem é vermelha.

Habitam os *loris* na India e nas ilhas vizinhas. Domesticam-se, podem educar-se, e ensinam-se a falar ; mas estão longe de egualar as especies a que nos temos referido, e raro é que resistam por muito tempo ao nosso clima. Descreveremos a especie seguinte :

O PAPAGAIO COLLEIRADO DE BORNEO

Psittacus domicella, de Linneo—*Le lori des dames*,
dos francezes

É a especie maior do genero *Lorius*, medindo 0,^m33 de comprimento. E' escarlate vivo, com o alto da cabeça côr de purpura, a parte posterior da cabeça violacea, a parte superior das azas verde, as coxas azues celestes; no peito tem uma malha amarella em fórma de crescente, as pennas da cauda são vermelhas bordadas de negro na extremidade com a ponta amarella ; bico côr de laranja, tarsos pardos escuros.

Encontra-se aos bandos nas florestas da ilha de Bornéo e na Nova·Guiné, onde é bastante frequente, parecendo não ser exacto que se alimente do succo das flôres, porquanto os domesticos sustentam-se de sementes e de pão molhado em leite.

O segundo grupo, em que dissemos se dividia a familia dos papagaios, é o das *cacatuas*.

Teem estas aves o corpo refeito, cauda breve, bico grosso e curto, com a mandibula superior fortemente recurva ; em volta dos olhos teem um espaço circular nú, e a cabeça é ornada de uma poupa de côr viva que a ave ergue á sua vontade.

A côr da plumagem, que nas cacatuas propriamente ditas é sempre branca, em outros generos da mesma familia é côr de rosa desvanecida, ou de côr sombria.

Encontram-se as diversas especies que formam o grupo das cacatuas na Nova Hollanda, na Nova Guiné, nas ilhas Molucas e nas Filippinas, onde vivem aos

bandos pelas florestas, ponto de partida para as suas correrias.

As cacatuas são lindas aves, muito doceis e carinhosas, com os habitos dos outros papagaios, podendo facilmente viver captivas ; mas não falam.

Descreveremos duas especies.

A CACATUA DE POUPA AMARELLA

Cacatua galerita—Le cacatões a huppe jaune,
dos francezes

E' a especie que d'ordinario se encontra na Europa, transportada da Australia, sua patria, e vivendo aqui captiva. E' toda branca, com a poupa amarella, e o bico negro.

A CACATUA DE LEADBEATER

Cacatua Leadbeater—Le cacatões de Leadbeater,
dos francezes

E' notavel esta especie pela belleza da plumagem. E' branca, com a parte anterior da cabeça, a fronte, os lados do pescoço, o centro das azas e o peito côr de rosa ; sob as azas a pennugem é vermelha, e a poupa vermelha na base, amarella no centro e branca na extremidade.

E' mais pequena esta especie que a antecedente, e encontra-se em todo o sul da Australia. No dizer d'alguns autores, é de todos os individuos da fami lia dos papagaios o que mais facilmente se domestica, para o que concorre o seu caracter docil e carinhoso.

No terceiro grupo dos papagaios, ou *papagaios de cauda longa*, o primeiro logar pertence ás *araras*, caracterisadas pelo bico muito grande e vigoroso, fortemente recurvo, faces largas e nuas, azas compridas, tarsos curtos, cauda muito longa. A sua plumagem é realmente esplendida, e n'ella predominam, segundo as especies, o escarlate, o azul e o verde.

Todas estas aves habitam a America do Sul, onde vivem no seio das grandes floresta virgens, longe da morada do homem, encontrando-se em pequenos bandos, ao inverso das outras especies dos papagaios. O nome d'*arara* provém-lhes por analogia do grito estridente que soltam.

Familiarisam-se facilmente com as pessoas com quem vivem, tendo em grande

Impresso por Lallemant Frères, Lisboa.

A CATATUA DE LEADBEATER

conta as caricias que estas lhes dispensam, mas não as recebem de bom grado dos estranhos, e até mesmo por vezes se servem do bico' contra elles.

Descreveremos a seguinte especie.

A ARARA AZUL

Psittacus ararauna, de Linneo — *L'ara bleu,* dos francezes

Tem a fronte, a maior parte da cauda, um circulo em volta dos olhos e outro ao redor do pescoço verdes, as costas azues claras, o ventre amarello. As coberturas das azas e o uropigio azues, as faces brancas com tres ordens de pennugem negra, bico e pés negros. Mede 1^m, e d'este $0,^m55$ pelo menos pertencem á cauda.

Por ultimo mencionaremos ainda uma familia do grupo dos *papagaios de cauda longa,* que tem representantes na America na Asia e na Oceania, e cujas diversas especies teem grande analogia com as araras, posto que sejam mais pequenas e não tenham como estas as faces descobertas e sim revestidas de pennugem na totalidade, ou apenas com um circulo nu em volta dos olhos. Appellidam-n'a os francezes *perruches,* e no Brazil, onde vivem muitas especies, são conhecidas vulgarmente pelo nome de *periquitos.*

Teem o bico curto, largo e vigoroso, a cera em parte coberta de pennugem, a cauda longa, a pennugem mais curta e arredondada que a das araras, predominando n'ella a côr verde, por vezes lindamente matizada.

A especie que em seguida descrevemos é um dos mais lindos *periquitos de cauda longa* que vivem no Brazil.

O TIRIBA PEQUENO

Conurus leucotis, de Lichtenstein — *Le perruche à oreilles blanches,* dos francezes

O nome que damos a esta especie é o mesmo porque a conhecem os brazileiros, que tambem a appellidam *fura-matto.* Tem a cabeça trigueira com reflexos metallicos esverdeados, a fronte, as faces e a garganta côr de cereja, no logar das orelhas a pennugem é branca ; o pescoço, as costas e as azas verdes escuras, a éxtremidade d'estas e o centro do ventre vermelhos, o peito no centro verde azeitona com a pennugem guarnecida d'uma risca branca bordada de negro. A cauda é verde na base, côr de cereja no lado superior e vermelha por baixo ; o bico branco na extremidade, os pés pardos cinzentos — Mede $0^m,25$ dos quaes $0^m,10$ pertencem á cauda.

AVES

ORDEM DOS GALLINACEOS

Os gallinaceos formam uma ordem da classe das aves, tendo por typo o gallo, e são caracterisados pelo bico curto, abobadado superiormente, e em geral vigoroso; tarsos robustos, unhas curtas e pouco recurvas.

Encontram-se estas aves d'ordinario no solo, que percorrem em busca do alimento, e onde a maior parte faz o ninho. Sendo pouco habeis no vôo, só a elle recorrem depois de tentarem subtrahir-se ao perigo correndo, e entre as diversas especies dos gallinaceos alguns ha, taes como a perdiz, que caminham com notavel velocidade. Gostam de esgaravatar em busca dos vermes e dos insectos, e de cobrir o corpo de pó, o que parece principalmente destinado a livral-os dos parasitas que os atormentam.

A alimentação principal d'estas aves são as sementes, ás quaes addicionam os vermes e insectos que, como já dissemos, buscam esgaravatando ou que topam no solo, e alguns vegetaes.

O apparelho digestivo dos gallinaceos é dotado d'enorme força muscular e rico em succos gastricos. Á moela tem tal força muscular augmentada ainda pelo habito que estas aves teem d'engulir pequeninas pedras, que a trituração de qualquer especie de grãos é rapidamente feita.

Diversas experiencias, no sentido de avaliar a força digestiva do estomago d'estas aves, deram como resultados, entre outros, os seguintes : Em menos de quatro horas reduzir a pó uma bola de vidro, achatar tubos de folha de Flandres, desfazer dezesete avellãs no espaço de vinte e quatro horas, etc.

N'algumas especies os machos teem um esporão, situado superiormente ao dedo pollegar, arma que lhes serve para o ataque e para a defesa. No maior numero a cabeça é ornada de cristas diversamente coloridas, appendices que existem tambem nas femeas, mas com mediocre desenvolvimento.

Entre os gallinaceos alguns rivalisam com os passaros pela opulencia e brilho das côres que lhes ornam a plumagem ; taes são o pavão, o argus, e superior a todos o faisão. Só o macho, porém, tem o privilegio exclusivo de tal riqueza de colorido; nas femeas apenas se observam côres menos vivas e brilhantes. Se alguns se tornam agradaveis á vista pela belleza da plumagem, a voz, porém, está longe de ser harmoniosa.

Os gallinaceos são quasi todos polygamos, e pelejam entre si para obter a posse das femeas. Estas põem grande numero d'ovos, ainda mesmo vivendo separadas dos machos, e conservam-se estes indifferentes á incubação e á creação dos filhos.

Da classe das aves são os gallinaceos que fornecem ao homem os melhores recursos para a sua alimentação, porque além da excellente carne os ovos, pelas suas qualidades alimenticias e pelo seu excellente sabor, entram hoje como parte importantissima na nossa alimentação.

São estas aves originarias na sua maioria das regiões quentes da Asia e da America, e algumas especies, taes como a gallinha, o peru e o faisão, encontram-se hoje acclimadas em todos os pontos do globo.

A ordem dos gallinaceos divide-se em duas sub-ordens, os *pombos* e os *gallinaceos propriamente ditos*. Dos primeiros fazem os naturalistas modernos uma ordem independente, pelas importantes differenças que existem entre uns e outros, podendo referir-se tudo quanto dissemos dos gallinaceos principalmente á sub-ordem dos *gallinaceos propriamente ditos'* porquanto os *pombos* separam-se d'aquelles em determinados pontos da sua organisação e dos seus habitos.

A descripção da sub ordem dos pombos porá em evidencia as differenças que existem entre elles e os verdadeiros gallinaceos, sendo as mais importantes as que parece estabelecerem certas analogias entre os pombos e os passaros, —sendo aqúelles evidentemente a transição dos passaros para os gallinaceos—taes como serem monogamos, isto é vivendo aos pares, tendo o macho uma unica

Gr. n.º 349. — O pombo trocaz

femea, fazendo ninhos em commum e n'elles chocarem ambos alternadamente os ovos, e os pequenos nascerem cegos e debeis carecendo de se demorar no ninho por algum tempo.

OS POMBOS

As aves comprehendidas n'esta sub-ordem são de corporatura mediana, refeitas, pescoço curto, cabeça pequena e bem conformada, bico curto e em geral pouco vigoroso, recurvo ou simplesmente inclinado na extremidade, azas curtas ou mediocres, quatro dedos nos pés, tres para a frente e um para traz, cauda em geral curta e excepcionalmente longa.

Os pombos são cosmopolitas, vivem dispersos por todo o globo, e em toda a parte são numerosos. São tão conhecidos que nos dispensamos d'entrar em longos pormenores ácerca do seu modo de viver e caracteres ; mas em troca seremos mais extensos na descripção das raças do *pombo manso ou domestico*, e de alguns factos curiosos que se prendem com a organisação e faculdades especiaes d'estas aves.

Diz Brehm que «os pombos no seu todo teem taes encantos e attractivos que desde os tempos mais remotos foram sempre o emblema de todas as boas qualidades, chegando a ser symbolos espirituaes; mas não obstante, o observador desprevenido tem de julgal-os menos favoravelmente.

Não se lhes pode negar elegancia; admiram-se as provas de mutua affeição que uns aos outros dispensam; mas no que respeita á fidelidade conjugal, tão afamada nas pombas, não está ella ao abrigo de suspeitas; e facil é tambem adduzir provas que desmintam o amor que dizem ter ellas á sua progenie.

Em geral os pombos, havendo porém excepções, são sociaveis e vivem aos casaes; mas conservam-se estes fieis e unidos durante a sua existencia, como se tem affirmado? E' para duvidar, porque muitas observações desmentem a sua proverbial fidelidade... (Brehm).

Entre as especies principaes da familia dos *pombos propriamente ditos—Columbae*, encontram-se no nosso paiz as duas seguintes, conhecidas vulgarmente pela denominação de *pombos bravos*, para distinguil-as dos *pombos mansos*, ou domesticos.

O POMBO TROCAZ

Columba palumbus, de Linneo—*Le ramier*, dos francezes

Tem a cabeça, a nuca e a garganta azues escuras, a parte superior das costas c das azas pardas azues escuras, a parte inferior das costas e o uropigio azues claros, a cabeça e o peito pardos avinhados, a parte inferior do ventre branca, a parte posterior do pescoço e os lados verdes dourados com reflexos azues e acobreados, tendo na parte inferior d'aquelles uma malha branca, remiges pardas, tirantes a côr d'ardosia, sendo as primarias bordadas de branco, as rectrizes cinzentas escuras por cima, passando a negras na extremidade, e por baixo com uma larga faxa parda azulada, olhos amarellos claros, bico amarello desvanecido na extremidade e vermelho na base, pés vermelhos azulados. Mede 0,^{m}45, dos quaes 0,18 pertencem á cauda.

Encontra-se na Europa, na Asia, nas suas emigrações vae até ao noroeste da Africa, e é commum no nosso paiz.

O pombo trocaz vive nas mattas, frequentando os cimos das maiores arvores, e excepcionalmente encontra-se no interior das povoações ruraes e até mesmo nas cidades. Alimenta-se de sementes diversas, dos fructos da faia, do carvalho e da azinheira, e por vezes de vermes, e quando estes alimentos lhe escasseiam, nas terras semeadas vae esgaravatar as sementes que começam a germinar.

Nidifica nas arvores, e posto que o macho e a femea transportem os materiacs necessarios para a construcção, — pequenos ramos seccos que arrancam das arvores com os pés e com o bico, sem nunca se aproveitarem dos que juncam o solo — a femea tamsómente trabalha na formação do ninho, grosseiramente construido, achatado, apenas com um leve rebaixamento no centro, onde põe dois ovos de cada postura, fazendo duas cada anno. O macho substitue a femea na incubação dos ovos, quando esta carece 'de abandonar o ninho para ir em busca d'alimento, e mais tarde auxiliam-se mutuamente na mantença e creaçào dos pequenos.

O pombo trocaz domestica-se facilmente, não sendo difficil de sustentar porque quasi todas as sementes lhe são bom alimento. Apanhados em pequenos familiarisam-se sem custo, parecendo não sentirem o menor pezar com a perda da liberdade. Apezar d'isto os pombos trocazes captivos só excepcionalmente se reproduzem, e de rarissimos casos ha noticia.

A POMBA

Columbia livia, de Brisson — *La colombe biset*, dos francezes

Esta especie é pouco commum na Europa a não ser nas costas de Inglaterra, da Noruega e em certas ilhas do Mediterraneo, porque estas aves preferem a qualquer outro sitio estabelecer-se nas vizinhanças do mar ou dos rios. E' menos frequente no nosso paiz.

Tem as costas azues claras, o ventre azulado, a cabeça azul ardosia claro, o pescoço mais escuro com reflexos verdes azues claros na parte superior, e purpurinos na inferior, a extremidade das costas branca, a aza atravessada por duas faxas negras, as remiges pardas cinzentas, as rectrizes azues escuras com as pontas negras, e as barbas externas das dos lados brancas, olhos amarellos, bico negro na extremidade e azul claro na base, pés vermelhos violaceos escuros. Mede 0,39 de comprimento.

Esta especie passa por ser a origem dos pombos *semi-mansos*, ou que vivem em liberdade quasi completa, não obstante habitarem em moradas que o homem lhes prepara, e a que se dá o nome de *pombaes*. Percorrendo o campo livremente em busca d'alimento, por vezes abandonam os pombaes e regressam ao viver da floresta.

Nos habitos os pombos da especie acima referida differem dos trocazes em habitarem as rochas, as paredes e os edificios em ruinas, e construem os ninhos nas fendas ou cavidades que alli encontram.

O ninho consiste n'uma grosseira accumulação de ramos seccos, palha, e rastolho, onde a femea põe tres ovos, fazendo duas posturas cada anno, posto que os pombos que habitam nos pombaes façam tre no mesmo periodo.

Á maneira dos trocazes podem domesticar-se sendo apanhados novos, ainda que nunca se familiarisam com o homem como os pombos domesticos, ou de viveiro.

Além d'estas duas especies de pombos bravos que frequentam o nosso paiz, e d'outra, o *trocaz pequeno, columbia œnas* de Gmlin, *le petit ramier* dos francezes, commum em Hespanha na provincia da Andaluzia, existem os pombos *semi mansos* que, como já dissemos, proveem da especie que citámos, *columbia livia*, e vivem nos pombaes; e os *pombos mansos* ou *domesticos*, divididos em numerosas raças, differindo consideravelmente no tamanho, nas formas, na côr, e que se encontram espalhados por todos os paizes civilisados, habitando em viveiros, ou no interior das habitações do homem, e domesticos ao ponto de livremente sairem, regressando sempre á sua morada, sem nunca se afastarem para longe d'ella.

Não é ponto resolvido qual seja a especie origem de tão variadas raças, posto que seja a *columbia livia* a que incontestavelmente o foi d'um grande numero d'ellas.

Faremos breve resenha das raças mais interessantes.

O POMBO MARIOLA. — É a raça mais commum e a mais estimada pela sua fecundidade, podendo dar uma ninhada todos ós mezes. *Os mariolas* são refeitos, robustos, airosos, faceis d'alimentar e muito dados. Teem por caracter de raça um filete vermelho em torno dos olhos. A plumagem varia muito na côr, e da mesma sorte differem no tamanho, havendo o *pombo grande mariola* que não é inferior a uma gallinha pequena, estimado tamsómente pela sua grandeza,

pois é menos fecundo do que os individuos de menor corporatura.

O POMBO BAGADEZ. — É um dos maiores pombos de viveiro : tem o bico adunco, e é notavel pelo desenvolvimento que tomam a membrana que lhe cobre as ventas, e os filetes vermelhos que tem sobre os olhos, a ponto d'estes mal se verem, e do bico apenas apparecer a extremidade. E' branco ou de côr escura, por vezes azulado cinzento, existindo numerosas variedades.

O POMBO ROMANO. — E' grande ; tem o bico mais ou menos annegrado, coberto na base por uma espessa membrana, uma fita vermelha em volta dos olhos, e duas excrescencias sobre o bico; as palpebras são vermelhas.

E' muito commum na Italia, e divide-se em muitas variedades.

O POMBO TURCO. — Parece derivar do romano e do bagadez, e tem como este excrescencias sobre o bico. A fronte é vermelha, e d'esta côr o espaço em volta dos olhos desde a base do bico. Tem quasi sempre poupa, é baixo de pernas e largo de corpo.

O POMBO POLACO. — E' mais pequeno que os das raças antecedentes, refeito, com o bico curto e muito grosso, os olhos orlados de um largo circulo vermelho e as pernas muito baixas. D'ordinario é negro, roxo, pardo escuro, alvadio claro, ou todo branco. E' pouco fecundo.

O POMBO DE PAPO. — E' bem distincta esta raça pela faculdade que teem os individuos n'ella comprehendidos de dilatar o papo aspirando o ar, e formando como que uma enorme bola, que os priva de vêr para a frente. São bastante fecundos. As variedades dos *pombos de papo* são numerosas, e entre muitas citaremos :

O pombo de papo sôpa de vinho. Os machos são furta-côres.

O pombo de papo branco calçado, que tem azas longas cruzadas sobre a cauda.

O pombo de papo côr de fogo, que tem sobre todas as pennas uma faxa azul e outra vermelha, e na extremidade uma orla negra.

O pombo de papo côr de castanha, que tem as pennas das azas completamente brancas.

O pombo de papo mourisco, negro aveludado com dez pennas da aza brancas, e uma especie de babadouro branco abaixo do pescoço.

O POMBO CAVALLEIRO. — Provém do cruzamento do pombo de papo com o romano, e d'aquelle tem a faculdade de dilatar o papo, e d'este o filete vermelho em volta dos olhos e as membranas sobre as ventas.

O POMBO FREIRA.—Caracterisado por uma especie de capuz na cabeça, formado de pennas levantadas, e que descendo ao longo do pescoço se prolonga pelo peito em fórma de gravata. E' pequeno e tem o bico curto.

Ha-os brancos, côr de sopa de vinho, roxos furta-côres, ou camurças furta-côres. E' um dos mais lindos pombos de viveiro, muito manso, familiar, e bastante fecundo.

O POMBO GRAVATA.—E' um dos mais pequenos, com a pennugem do pescoço erguida e frisada, bico curto e olhos salientes. E' muito airoso, e ha-os brancos, negros, brancos com manto negro, côr de sopa de vinho, pardos, roxos e furta-côres.

O POMBO CONCHA HOLLANDEZ.—Assim chamado por ter a plumagem na parte posterior da cabeça voltada em sentido contrario, formando como que uma concha. É pequeno, com o corpo alongado e airoso, e geralmente com plumagem branca, e a da cabeça e as extremidades das pennas das azas e da cauda negras.

O POMBO DE LEQUE.—Assim denominado pela faculdade que tem de abrir a cauda em forma de leque. A cabeça deitada para traz toca-lhe na cauda, e quando o pombo quer olhar para traz de si, carece

Gr. n.° 350. — O pombo correio.

de passar a cabeça por entre as rectrizes. Emquanto que o numero das pennas da cauda nos pombos das outras raças não excede geralmente de doze, os pombos de leque teem trinta e mais.

E' muito docil, fecundo, e em geral é todo branco, posto que os haja d'outras côres.

O POMBO RODADOR.—E' um dos pombos mais pequenos, com um filete estreito vermelho sobre os olhos, e os pés nus. A denominação de *rodador* provém-lhe de que remontando muito alto, deixa-se cair á imitação d'um corpo morto, rodando sobre si proprio, e dando tres ou quatro cambalhotas successivas á maneira d'um saltimbanco. E' muito fecundo.

O POMBO BATEDOR — Em vez de cambalhotas, como o antecedente, quando vôa anda de roda, descrevendo circulos successivos, á similhança de uma ave ferida na aza, e batendo tão fortemente as azas que o ruido se assimilha ao de palmadas dadas com vigor.

O POMBO ANDORINHA. — É esbelto, azas longas, algumas vezes com poupa e os pés cobertos de pennugem. Tem a parte inferior do corpo branca, e todo o resto preto, roxo, azul ou amarello.

O POMBO VOADOR. — É pequeno, airoso, com filete delgado e vermelho em volta dos olhos, pés nús, azas longas e pontudas, e de vôo rapido. É bastante fecundo.

Uma das variedades mais notaveis d'esta raça é o *pombo correio*, celebre desde tempos remotos pela affeição que os prende ao sitio onde nasceram, e pelo notavel instincto, que lhes permitte voltar ao seu domicilio, embora os transportem para longe, conservando-os por muito tempo captivos.

Pareceram-nos tão interessantes os seguintes pormenores ácerca do pombo correio, principalmente os que se referem a um acontecimento nosso contemporaneo, o cérco de Paris pelos prussianos, que embora um tanto longos, não resistimos a transcrevel-os.

«A faculdade preciosa d'estas aves foi de longa data utilisada, principalmente no Oriente, e entre os romanos fez-se uso por vezes dos pombos correios. Plinio conta que este meio de correspondencia foi praticado por Brutus e Hirtius, para poderem corresponder-se por occasião d'um d'elles occupar uma cidade sitiada por Marco Antonio. Os serviços admiraveis que os pombos correios prestaram durante o cerco de Paris pelos exercitos prussianos, em 1870-1871, commemoral-os-ha a historia. Não será possivel que em tempo algum se olvide que a esperança e a salvação d'um milhão de homens estiveram suspensas da aza d'um pombo.

Alguns pormenores, pois, ácerca da *pombo-posta* durante o cérco de Paris, não veem aqui fóra de proposito.

Em Paris, antes da guerra, existia uma sociedade denominada *Colombophile,* cujo fim era adestrar os pombos no serviço de mensageiros aerios, systema que, não obstante o telegrapho electrico, ainda se conserva em uso n'alguns pontos da Europa.

Provado que os balões que saíam de Paris nunca alli voltavam, aos membros da sociedade *Colombophile* surgiu a idéa de transportar os pombos nos balões que partiam de Paris, na certeza, diziam elles, «que se os aérostatos podessem leval-os para fóra de Paris, os pombos por sua parte teriam o cuidado de regressar.»

M. Rampont, director do correio, a quem este projecto foi communicado, resolveu immediatamente fazer a experiencia d'este precioso meio de correspondencia, e a 27 de setembro de 1870 partiam no balão *Cidade de Florença,* tres pombos, que seis horas depois regressavam a Paris com um despacho assignado pelo aéronauta, annunciando ter descido proximo de Mantes.

Concluida esta experiencia tão promettedora, a *pombo-posta* foi seguidamente organisada, e é certo que depois d'alguns

estudos preliminares acerca do modo de transportar, cuidar e soltar os pombos, as experiencias que se seguiram foram além de todas as espectativas, e M. Rampont resolveu franquear ao publico este meio de corresponder-se. Os despachos destinados a Paris eram expedidos para Tours, e d'alli partiam para aquella cidade pelos pombos que os balões transportavam para fóra da cidade sitiada. A tarifa dos despachos era de cincoenta centesimos (90 rs.) por palavra.

Trezentos e sessenta e tres pombos foram transportados pelos balões extra-muros de Paris, e dos departamentos vizinhos soltos mais tarde, regressando apenas cincoenta e sete: quatro em setembro, dezoito em outubro, dezesete em novembro, doze em dezembro, tres em janeiro e tres em fevereiro.

D'este modo os pombos completaram o optimo serviço dos balões.

O que, porém, permittiu que se tirasse d'esta interessante descoberta toda a utilidade possivel, constituindo realmente uma creação scientifica, foi o systema de despachos photographicos que os pombos conduziam a Paris. O peso que um pombo póde transportar sendo bem mediocre, pois não excede ao de uma folha de papel de quatro ou cinco centimetros quadrados, muito bem enrolada, e presa a uma das pennas da cauda, não poderia ella conter longos despachos.

Desde o começo do cérco que se pensava nos resultados maravilhosos da photographia microscopica, creada por Dragon, que na Exposição Universal de 1867 apresentou photographias reduzidas pelo microscopio a dimensões infinitamente pequenas. No espaço egual ao d'uma cabeça d'alfinete, alcançara Dragon reunir quatrocentos retratos, monumentos, paizagens, etc.

Foi, pois, Dragon, o inventor da photographia microscopica, encarregado de reduzir a um cliché unico, e de proporções microscopicas, os despachos escriptos n'uma grande folha de papel de desenho, não contendo menos de vinte mil letras. Tudo isto, com o auxilio do apparelho de Dragon, era reduzido a um cliché que não excedia a quarta parte d'uma carta de jogar.

Pouco tempo depois, Dragon teve a idéa de substituir o papel ordinario por uma especie de membrana bastante similhante á gelatina, isto é, uma folha de collodion, para n'ella imprimir a imagem photographica assim reduzida.

As pequenas folhas de collodion que continham os despachos microscopicos eram enroladas e introduzidas n'um tubo de penna, preso á cauda do pombo (Grav. n.º 350); a grande leveza das folhas de collodion, a sua flexibilidade e impermeabilidade tornavam-n'as proprias para este uso. N'um tubo unico era possivel acondicionar vinte d'estas folhas.

E' quasi desnecessario dizer que os despachos microscopicos chegados ao seu destino, graças aos correios aereos, eram lidos com auxilio d'uma lente, isto é, uma especie de lanterna magica, e d'elles se enviava copia aos destinatarios.

Pude ver uma collecção d'estas pequenas cartas de collodion, contendo despachos microscopicos, curiosa recordação do cerco de Paris, que o seu autor teve a bondade de me offerecer. Com o auxilio d'um microscopio podia lér paginas inteiras, que dariam texto para um jornal de grande formato, e contidas n'uma carta que não excedia o tamanho d'uma unha!...

Trezentos mil despachos aproximadamente foram expedidos por esta fórma para Paris, antes do armisticio de 28 de janeiro de 1871. Reunindo-os todos, e impressos, formariam uma bibliotheca de quinhentos volumes.»

O POMBO VIAJANTE

Columba migratoria, de Linneo — *Le pigeon voyageur*, dos francezes

Resta-nos ainda falar d'esta especie unica do genero *Ectopistes,* natural da America septentrional, notavel pelo vigor e rapidez do vôo, e pelas emigrações que em certas epocas executa, nas quaes dá provas d'uma velocidade realmente incomprehensivel.

O naturalista Audubon, falando do pombo viajante, diz o seguinte — «O grande vigor das azas d'estas aves permitte-lhes percorrer e explorar, sempre voando, enorme extensão do paiz e em curto praso. Provam-n'o factos bem conhecidos na America. Nos arredores de Nova-York teem sido mortos pombos ainda com o papo repleto de arroz, que só poderiam haver comido, suppondo que o fizessem nos sitios mais proximos, na Georgia ou na Carolina.

Ora como a digestão n'estas aves se faz tão rapida que a decomposição completa dos alimentos termina em doze horas, segue-se-que em seis deveriam ter percorrido trezentas ou quatrocentas milhas, o que dá a media de uma milha por minuto.

Partindo d'esta hypothese, um pombo viajante, se tal phantasia tivesse, poderia visitar o continente europeu em menos de tres dias.»

O pombo viajante é refeito e vigoroso; azul ardosia pela parte superior e pardo avermelhado na inferior, com os lados do pescoço violaceos-purpurinos, e grandes malhas brancas n'alguns pontos do corpo; olhos vermelhos, bico negro, pés cór de sangue. Mede $0^m,45$ de comprido.

Domestica-se e vive longo tempo nos viveiros, reproduzindo-se facilmente.

A RÓLA

Columba turtur, de Linneo — *La tourterelle commune*, dos francezes

Esta especie, typo do genero *Turtur*, genero no qual se comprehendem diversas especies que habitam na Asia, na Africa e na Europa, é commum no nosso paiz. Tem a rola o corpo alongado, bico direito, azas longas, cauda comprida arredondada e tarsos longos e delgados.

A pennugem das costas é trigueira arruivada nas extremidades, manchada no centro de negro e de pardo cinzento, o alto da cabeça e a parte posterior do pescoço azues celestes tirantes a pardaço, os lados do pescoço com quatro faxas transversaes negras orladas de branco prateado, a garganta e o peito d'um vermelho avinhado, o ventre vermelho azulado mais ou menos tirante a pardo, as remiges primarias e secundarias annegradas com reflexos azues cinzentos, olhos amarellos atrigueirados com um circulo vermelho azulado em volta; bico negro, pés vermelhos. Mede $0,^m30$.

As rolas, compartilhando do instincto de todas as especies da sub-ordem dos pombos, são essencialmente emigrantes, e posto que frequentes na Europa durante as estações amenas, no fim do verão retiram-se para o norte da Africa. Na epoca da passagem véem-se, reunidas em grandes bandos, pousar nos campos, e n'esta epoca a caçada é bem rendosa.

As rolas preferem as mattas na vizinhança dos campos amanhados, e pousam nas arvores procurando os sitios mais reconditos e sombrios. Findas as colheitas, percorrem os campos, e, encontrando n'essa epoca alimento abundante, engordam consideravelmente.

Além dos cereaes e grãos de toda a especie, comem pinhões e sementes diversas, tornando-se uteis pelo grande consumo que fazem de sementes nocivas.

De manhã e de tarde vão em busca d'agua para beber, não duvidando ir a um ou dois kilometros de distancia para encontrarem fonte que lhes forneça agua limpida.

A rola faz duas ou tres posturas por anno, de dois ovos cada uma, e construe o ninho grosseiramente, á maneira dos pombos, sobre as arvores. Os paes cho-cam os ovos alternadamente, e mais tarde cuidam dos filhos, dando-lhes alimento e protegendo-os ainda mesmo á custa da propria vida.

Esta especie pode domesticar-se, e é facil fazel-a reproduzir nos viveiros. É muito dada e docil, e Brehm diz ter visto um grande numero d'estas aves que vinham comer á mão.

A ROLA DE COLLEIRA

Columba risoria, de Linneo—*La tourterelle à collier*, dos francezes

Esta especie, que vive livre na Asia e na Africa, é a que na Europa se cria ge-

Gr. n.º 351. — O nicobar de romeira

ralmente em gaiolas e viveiros, bem conhecida pela especie de gargalhada que solta no final do arrulho, d'onde lhe vem o nome especifico, *risoria*, dado á especie.

Vive aos casaes, e certas especies, diz Brehm, no começo da estação das seccas, na Africa, reunem-se em bandos tão numerosos que levam muitos minutos a passar, e pousando cobrem litteralmente o espaço de muitos kilometros quadrados. Alimenta-se de sementes de diversas especies.

A rola de colleira tem a plumagem izabel, mais escura nas costas que na cabeça, na garganta e no ventre, com as azas annegradas e a colleira negra; os olhos são vermelhos claros, o bico negro, os pés vermelhos. Mede 0,^{m}33 de comprimento, dos quaes 0,^{m}14 pertencem á cauda.

Em certas cidades do Egypto, e particularmente em Alexandria e no Cairo, as rolas d'esta especie são mansas a tal ponto que percorrem as ruas, introduzindo-se mesmo nas habitações, sem que a presença do homem lhes imponha receio.

São muito fecundas, e as domesticas põem todos os mezes, exceptuando a epoca da muda.

Muitas outras especies da sub-ordem

dos pombos vivem espalhadas pela America, pela Africa e pela Asia. Não permittindo as pequenas proporções d'esta obra dar de todas noticia, descreveremos em seguida apenas duas, ambas notaveis pela sua belleza.

O NICOBAR DE ROMEIRA

Columba nicobarica, de Linneo — *Le nicobar á camail*, dos francezes

Esta especie pertence ao genero *Calœnas*, cujos individuos se caracterisam pelo corpo refeito, bico vigoroso e coberto na base por uma excrescencia carnuda, molle e espherica; pernas vigorosas como as das gallinhas, tarsos altos, azas mais longas que a cauda, e esta arredondada.

O nicobar é uma das mais lindas especies da sub-ordem dos pombos, com a plumagem do pescoço comprida, formando uma especie de romeira; tem a cabeça, o pescoço, o ventre, e as remiges negras esverdeadas, a pennugem do ventre bordada d'azu-loio, as pennas do pescoço compridas, o uropigio e as coberturas superiores das azas verdes com brilho metallico, a cauda branca; bico negro, pés cór de purpura. Mede 0,^{m}39 de comprido.

Encontra-se nas ilhas de Nicobar, na Nova Guiné, nas Philippinas, e principalmente nas ilhotas desertas situadas

Gr. n.º 352 — A goura de poupa

no meio do mar ou nas proximidades do continente.

Parece que em parte nenhuma estas aves são communs; pelo menos não se encontram em grandes bandos. Pelas narrações dos viajantes, o nicobar de romeira vive quasi exclusivamente no solo, correndo com grande velocidade, e alimentando-se de sementes de varias especies e d'animaes pequenos. Faz o ninho no solo á maneira da perdiz.

O nicobar vive captivo, resistindo no nosso clima, e Levaillant, que viu alguns d'estes animaes captivos e lhes póde estudar os habitos, julga que protegendo-os contra o frio e principalmente contra a humidade, não só poderiam ser conservados em excellente estado de sau-

de, como tambem haveria probabilidade de se reproduzirem, facto que effectivamente se tem verificado.

A GOURA DE POUPA

Columba coronata, de Linneo — *Le goura couronné*, dos francezes

Esta e outra especie formam o genero *Goura*, e são as maiores da sub-ordem dos pombos, egualando em tamanho ás nossas gallinhas. Caracterisam-se essencialmente pela explendida poupa formada de pennas sedosas, dispostas em forma de leque, e podendo erguel-as ou abaixal-as á vontade.

Os individuos da especie citada são azues-ardosia, com a pennugem das espadoas ruiva acastanhada, o centro da aza raiado de branco, as rectrizes atravessadas proximo da extremidade por uma faxa parda cinzenta, olhos vermelhos, pés côr de carne. Medem 0,^{m}75 de comprimento, dos quaes 0,^{m}28 pertencem á cauda.

Esta especie encontra-se na Nova Guiné e nas ilhas Molucas.

«Na Nova Guiné, a falta de animaes carnivoros e de grandes reptís tem auxiliado a multiplicação d'está bella ave. Tenho-a encontrado muitas vezes vagueando pelas florestas, quasi sempre no solo, apenas voando quando a espantam, indo pousar n'algum dos ramos mais baixos das arvores, onde tambem passa as noites.

Alimenta-se dos fructos que caem das arvores.» (Wallace).

E' na Hollanda onde se encontra maior numero d'estas aves no estado domestico, transportadas da Australia, sendo facil alimental-as com milho, pão molhado em agua e salada ; resistem bem ao inverno tendo o cuidado de preserval-as do maior frio durante a noite. A carne é muito estimada, e em Java os indigenas criam a goura nas capoeiras á imitação das nossas gallinhas.

OS GALLINACEOS PROPRIAMENTE DITOS

Do genero *Pterocles*, formado de diver

Gr. n.° 353 — O cortiçol

sas especies que habitam a Europa meridional, a Asia e a Africa, duas frequentam o nosso paiz, e são as que em seguida descrevemos. Como caracteres geraes teem as aves d'este genero o bico mediocre, azas longas, estreitas e pontudas, e os tres dedos da frente reunidos por uma membrana até á primeira articulação.

O CORTIÇOL, BARRIGA NEGRA

Tetruo arenarias, de Pallas — *Le ganga unibande*, dos francezes

Tem a cabeça avermelhada, a nuca d'esta mesma côr mais escura, as costas malhadas de amarello claro ou escuro e de côr de ardosia, tendo cada penna na extremidade uma mancha arredondada amarella alaranjada, terminando na parte superior por uma faxa mais es-

cura ; a garganta amarella atravessada por uma risca trigueira annegrada ; peito avermelhado, uma faxa no peito e o ventre negros ou trigueiros annegrados, as remiges azuladas ou pardas cinzentas, com as extremidades trigueiras annegradas e o lado inferior negro carvão ; as coberturas superiores das azas amarellas, as inferiores brancas ; as duas rectrizes do centro côr de canella raiadas transversalmente de negro, as restantes pardas cinzentas com a ponta branca, e todas negras pelo lado de baixo ; bico azulado, tarsos pardos azulados nas partes nuas e a pennugem que as cobre amarella trigueira. Mede 0^m,37 de comprimento.

O CORTIÇOL

Tetrao alchata, de Linneo — *Le ganga alchata*, dos francezes

Tem a fronte e as faces trigueiras arruivadas, a garganta e uma risca que parte dos olhos até á parte posterior da cabeça negras, a nuca e as costas verdes atrigueiradas, malhadas de amarello, a garganta loura avermelhada, o peito cór de canella claro com duas faxas estreitas e negras uma na parte superior e outra na inferior, o ventre branco, as remiges pardas. com a haste negra, as rectrizes raladas de pardo e d'amarello nas barbas externas, pardas as internas com a ponta branca, bico pardo cór de chumbo, pés atrigueirados. — Mede 0,^{m}36 de comprimento.

As duas especies citadas são communs

Gr. n.º 354 — O tetraz grande das serras

em todo o norte da Africa, habitam em parte da Asia, e na Europa podem considerar-se como frequentando regularmente tamsómente a Hespanha e Portugal. A especie vulgarmente conhecida por *cortiçol*, *barriga negra*, é mais commum no nosso paiz que o *cortiçol*.

Estas aves encontram-se nas grandes planicies, e, evitando os sitios arvorejados, frequentam os campos depois da colheita. Na Africa habitam as vastas planicies desertas, preferindo os terrenos em poisio.

O seu alimento são os grãos de diversas especies; pilham as searas de trigo e de milho, e na India os arrozaes.

No sul da Europa e no norte da Africa o cortiçal reproduz-se á entrada da primavera, e o ninho é feito no solo, apenas com uma ligeira escavação, onde a femea põe dois ou tres ovos, amarellos trigueiros claros, mais ou menos esverdeados ou vermelhos, com manchas pardas violaceas claras ou escuras.

O cortiçol domestica-se muito facilmente. Brehm fala d'um casal de cortiçoes que andavam fóra da gaiola sem nunca tentar fugir, por vezes vindo pousar sobre a mesa, e comendo as migalhas depão, até mesmo as que lhe davam na mão. De manhã cedo o macho soltava a voz, similhante ao arrulho dos pombos.

Outra familia dos gallinaceos, os *tetrazes*, existe espalhada pelos paizes do norte do globo, vivendo nas florestas que cobrem as montanhas do norte da Europa, Asia e America, faltando na Africa. Os caracteristicos principaes dos membros d'esta familia são os tarsos completamente cobertos de pennugem, e sobre os olhos, á maneira de sobrancelhas, um espaço nú com a pelle verrugosa, de côr vermelha ; corpo refeito, azas curtas.

Dos tres generos n'ella comprehendidos faremos menção, descrevendo algumas das especies principaes.

O TETRAZ GRANDE DAS SERRAS

Tetrao urogallus, de Linneo — *Le coq de bruyére*, dos francezes

O *tetraz grande das serras* é uma das maiores aves da Europa, pertence ao genero *Tetrao*, e póde considerar-se a especie typo do genero.

Tem o alto da cabeça e a garganta annegrados, a nuca parda cinzenta ondeada de negro, a frente do pescoço ondeada de cinzento annegrado, as costas mescladas de cinzento e de trigueiro ruivo, a parte superior da aza negra, as pennas da cauda negras com algumas malhas brancas, o peito verde luzidio, o ventre malhado de branco e negro, os olhos com um circulo nú e vermelho em volta, bico claro. Mede de $0^m,71$ a $0^m,80$ de comprimento, e $1^m,51$ de envergadura.

Esta especie encontra-se, entre outras montanhas da Europa, nos Alpes e nos Pyreneos, mas só é commum no norte da Europa e da Asia, nas grandes florestas da Noruega, da Suecia e da Russia.

Além d'esta especie, outra existe na Europa, sem descer tanto ao sul, pois não passa áquem dos Alpes. É a seguinte :

O TETRAZ PEQUENO DAS SERRAS

Tetrao tetrix, de Linneo — *Le tétras á queue forchue, ou petit coq de bruyére*, dos francezes

Esta especie é mais pequena que a antecedente, do tamanho do gallo commum, distinguindo-se principalmente pela cauda bastante aforquilhada, com as pennas dos lados viradas em semi-circulo, dando á cauda a forma de uma lyra.

Tem a cabeça, o pescoço, e a parte inferior das costas azues escuros com reflexos metallicos, as azas atravessadas por faxas brancas, as sub-caudaes brancas, e todo o resto da plumagem negra ; bico negro, dedos pardos atrigueirados, em volta dos olhos um espaço vermelho claro. Mede $0^m,66$ de comprimento.

As femeas das duas especies citadas são mais pequenas, e teem as côres da plumagem mais variadas.

Os pinhaes e as grandes mattas de betulas são a residencia dos tetrazes ; o tetraz pequeno prefere as planicies cobertas de urzes, nos sitios humidos. O seu alimento compõe-se de fructos, bagas, renovos dos abetos e das betulas, insectos e vermes. A mãe alimenta os filhos nos primeiros tempos com insectos, e principalmente com as larvas de formigas, indo desencantal-as nos formigueiros situados nas orlas da floresta.

São polygamos e vivem em pequenas familias, refugiando-se nas arvores para dormirem ou para escaparem aos inimigos que os persigam.

O tetraz é naturalmente bravio, e, como verdadeiro gallinaceo, colerico, cioso, batendo-se com os seus similhantes a toda a hora, e verdadeiro despota para as femeas. Na epoca das nupcias a sua excitação toca as raias da loucura, não lhe permittindo ouvir o que se passa em volta d'elle, e por vezes até a detonação d'uma espingarda não basta para perturbal-o. Varios autores contam que, nestas circumstancias, o tetraz arremessa-se ao homem e aos animaes sem receio algum.

Entre a espessura do matto fazem as femeas os ninhos, no solo, pondo os ovos, de oito a dezeseis n'uma postura, sobre uma cama de hervas e folhas ou sobre o solo nú. Os pequenos correm, mal saem do ovo, acompanhando a mãe durante muitos mezes, e esta mostra-se solicita e carinhosa para a sua progenie.

O tetraz amansa-se e habitua-se a viver

captivo, posto que não seja coisa facil, principalmente sendo apanhado adulto. Ha todavia exemplos d'estas aves se domesticarem, e até mesmo de se multiplicarem as captivas.

O TETRAZ MALHADO DAS AVELLEIRAS

Tetrão bonasia, de Linneo. — *La gelinotte des bois,* dos francezes

Outra especie da familia dos tetrazes, genero *Bonasia*, se encontra na Europa, habitando as mesmas regiões que os tetrazes de que acima nos occupámos, menos rara porém em França que o tetraz grande das serras, e commum nos Alpes, na Baviera, na Bohemia, na Austria, na Noruega e Suecia, e nas florestas da Russia.

Entre os caracteristicos, que a distin-

guem dos outros tetrazes, avulta o de ter as pennas do alto da cabeça alongadas á maneira de poupa, podendo eriçal-as ou abaixal-as á vontade.

Tem de 0ᵐ,47 a 0ᵐ,50 de comprimento, e a plumagem vistosamente malhada de cinzento, pardo, ruivo, branco e annegrado, com uma grande malha negra abaixo da garganta, malha que só teem os machos ; bico negro.

Nos habitos o tetraz das avelleiras pouco differe das especies acima citadas; é como ellas timido e bravio, escondendo-se nos ramos das arvores ou entre o matto. No vôo é pouco destro, mas corre com rapidez.

É monogamo, e acompanha constantemente a femea, separando-se d'ella apenas durante a incubação, mas ainda as-

Gr. n.º 355. — O tetraz pequeno das serras

sim vagueiando constantemente pelos arredores do ninho, não se afastando para longe da companheira, e mais tarde auxiliando-a até certo ponto na educação dos pequenos.

O ninho, á maneira do dos outros tetrazes, é feito no solo, atraz d'um pedaço de rocha, ou entre as urzes, onde a femea põe oito a dez ovos, e ás vezes doze e mais.

A carne do tetraz das avelleiras é delicada e saborosa, e alcança grande preço nos mercados onde apparece, preferindo-a os amadores á do faisão e á da codorniz.

Captiva, esta ave habitua-se facilmente ao seu novo regimen ; mas é difficil de amansar, e com custo se familiarisa com o homem.

O LAGOPEDE BRANCO

Tetrao albus, de Gmlin. —*Le lagopéde blanc*, dos francezes

O nome de lagopede, dado a esta especie da familia dos tetrazes, genero *Lagopus*, e que significa *pés de lebre*, tem a sua origem na circumstancia de terem estas aves não só os tarsos cobertos de pennugem, como tambem os pés, por cima e por baixo dos dedos, á maneira das lebres.

O lagopede varia de plumagem conforme as estações: no inverno é branco de neve, á excepção das rectrizes que são negras, e das seis remiges dos lados que são trigueiras annegradas. No estio, quando a neve que cobre os logares onde elle habita se derrete ao calor do sol, a plumagem é parda, semeada de malhas brancas, trigueiras e ruivas. Como a passagem, porém, d'uma a outra plumagem se não executa d'uma vez, e passa por successivas transformações, alguns naturalistas admittem que os lagopedes fazem quatro mudas no anno.

Nas regiões septentrionaes da Europa, da Asia e da America, nas mais altas montanhas cobertas de neve, que pode considerar-se como elemento indispensavel aos lagopedes, encontram-se estas aves, cuja carne é excellente e bastante procurada. Na Noruega são muito communs, e d'este paiz, da Laponia e da Escocia veem todos os anuos para Inglaterra e França quantidades consideraveis de lagopedes. Um commerciante de Dovrefjeld exportou n'um inverno para mais de 40:000.

A especie da Escocia é o *lagopede vermelho*, *tetrao scoticus*, que não muda a plumagem no inverno, e a de verão assimilha-se á do lagopede branco, tendo a mais a côr vermelha na garganta, e n'outras partes do corpo.

Uma das familias mais numerosas dos gallinaceos são as perdizes, que differem dos tetrazes por terem o corpo mais esguio, a cabeça relativamente pequena, e os tarsos nús com esporões. Teem as azas muito curtas e arredondadas, e a cauda mediocre.

Gr. n.º 356 — O lagopede branco

Iremos falando successivamente d'algumas das especies mais importantes, comprehendidas n'esta familia, começando pelas perdizes propriamente ditas. Damos em primeiro logar cabida aos seguintes periodos em que L. Figuier faz a historia d'estas aves, e descreveremos em seguida as especies que frequentam o nosso paiz e outras.

«Vivem estas aves constantemente no solo, empoleirando-se, se a tanto se véem forçadas. Teem o instincto de cobrir o corpo de pó, á maneira das codornizes, e correm tão ligeiras e velozes que por isso se tornam notaveis. O vôo é bastante rapido; baixo, porém, e pouco firme, e motivo é este para que usem com maior frequencia das pernas que das azas quando se transportam d'um a outro logar.

Essencialmente sociaveis, vivem a maior parte do anno em bandos, formados dos paes e dos pequenos da ultima ninhada.

São sedentarias, e estabelecem a sua residencia n'uma certa extensão do paiz, onde passam a existencia, e que só accidentalmente abandonam. Ahi teem um sitio particular, abrigo certo e constante no caso de perseguição.

As perdizes são monogamas, e a união contrahida entre os individuos dos dois sexos só finda na primavera seguinte. De certas especies, taes como a perdiz vermelha, nas quaes as femeas são em menor numero do que os machos, estes, não podendo encontrar companheira, ficam em disponibilidade, e d'aqui se originam rixas entre solteiros e casados, porque não se resignando facilmente os primeiros ao viver de celibatarios, esforçam-se por crear familia á custa alheia.

Terminadas em fim as rixas, estabelecida a união entre os casaes, aos machos que coube a má sorte de não encontrar companheira, não querendo metter-se a ermitões, só resta o reunir-se em bandos formados tamsómente de individuos do mesmo sexo.

A affeição do macho á femea não tem egual. Na epoca da postura, a femea escava em primeiro logar um buraco no solo, guarnece-o de herva e de folhas, e ahi põe doze ou quinze ovos, ás vezes vinte e mais. Segue-se a incubação, que não dura menos de vinte dias, durante os quaes o macho vela pelo bem estar da companheira, prevenindo-a de qualquer perigo.

Chegado o momento dos perdigotos partirem a casca, o amor do esposo, agora pae, tem de repartir-se entre a companheira e os filhos. Dirige-os solicito nos primeiros passos, ensinando-lhes a apanhar os vermes, e para elles desencanta os ovos das formigas. Não é menos engenhoso que a mãe, quando se trata de subtrahil-os aos ataques dos inimigos. Mal avistam o caçador ou o cão, os paes soltam o grito d'alarme, advertindo os filhos do perigo e recommendando-lhes que se escondam; então o macho solta o vôo ostensivamente, arrastando a aza, com o fim de attrahir o caçador, para que este lhe vá no encalço, em quanto a femea foge em direcção opposta, indo pousar a grande distancia, e regressando a correr ao sitio onde a aguarda a familia, reune-a e apressa-se a conduzil-a a logar seguro, onde o macho irá encontral-a.

São estes os engenhosos ardis que põem as ninhadas ao abrigo dos assaltos dos caçadores.

Algumas semanas apenas, depois de nascidos, já os perdigotos podem voar e prover ás suas necessidades; mas nem por isso, como acima dissemos, abandonam os paes, antes continuam a viver em sua companhia, na mais estreita intimidade, até que cheguem os mezes de fevereiro ou março, epoca em que se separam para constituirem nova familia. É então que termina tambem a união dos paes, indo cada um para seu lado em busca de novos amores, até contrahirem segundas nupcias.

São naturalmente timidas e medrosas as perdizes, e estas qualidades manifestam-se em diversas circumstancias, obrigando-as a ver inimigos em toda a parte.

Este receio, todavia, não nos deve parecer exagerado se attentarmos em que, sem falar do homem, o raposo e as aves de rapina movem-lhe guerra encarniçada. Ao vel-as, as perdizes ficam como que assombradas, reunem-se em massa, escondendo-se o melhor que podem, e conservando-se na mais completa immobilidade, só na ausencia do tyranno as pobresinhas cobram animo.

Quando a ave de rapina investe com alguma d'ellas, a misera busca furtar-se á sua triste sorte refugiando-se entre o matto mais proximo; se consegue alli introduzir-se, não ha forças humanas que consigam obrigal-a a sair do escondrijo, sendo facil apanhal-a sem que tente resistir. Ha exemplos de que prefiram deixar-se enfumar entre o matto, do que expôr-se mais uma vez ás garras do milhano ou do abutre.

O conhecimento d'este facto dá origem a um meio bastante simples e efficaz para a destruição dos grandes bandos de perdizes, principalmente em Inglaterra. Consiste o processo em assustal-as com o auxilio d'uma ave de rapina artificial, presa com um cordel a um papagaio de papel, parecendo d'este modo pairar a certa altura do solo. As perdizes, que o terror entorpece, ou que buscam furtar-se á vista do rapinante, permittem que os caçadores se aproximem, obrigando-as a levantar, e podendo atirar-lhes quasi á queima roupa.

Não obstante serem naturalmente bravias, nem por isso as perdizes deixam de ser susceptiveis de educação, e á força de cuidados e de brandura pode conseguir-se tornal-as familiares. Conta Gerardin d'uma perdiz cinzenta, creada por um frade cartuxo, que acompanhava o dono como se fôra um cão.

Willonghby affirma que um habitante do condado de Sussex alcançara domesticar uma ninhada de perdizes, a ponto de conduzil-as adiante de si á maneira d'um rebanho de patos.

Tournefort conta que outr'ora, na ilha de Chio, se creavam bandos de perdizes que se podiam guiar da mesma fórma. Finalmente Sonini refere-se a duas bartavellas que um natural de Aboukir soubera tornar familiares. Todos estes factos demonstram sufficientemente que, á força de paciencia, não seria impossivel conseguir que a perdiz podesse ser comprehendida entre as aves domesticas, ou de capoeira.

A perdiz é tida geralmente por um bom boccado, e tem a mais para o caçador ser presa facil do seu furor cynegetico...»

Em seguida descrevemos algumas especies de perdizes da Europa, acompanhando as descripções de pormenores que se referem em particular a cada uma d'ellas.

A PERDIZ

Perdiz rubra, de Brisson.— *La perdrix rouge*, dos francezes

O genero *Perdrix* é representado no sudoeste da Europa por esta especie, bastante commum no nosso paiz.

É uma linda ave, bem conhecida em Portugal, cujo tom pardo-vermelho da parte superior do corpo é principalmente mais pronunciado na nuca e na parte posterior da cabeça, tornando-se quasi vermelho ruivo ; tem o alto da cabeça pardo ; o peito e a parte superior do ventre são pardos cinzentos atrigueirados, o baixo ventre amarello sujo, a pennugem dos flancos parda cinzenta clara, cortada de riscas transversaes brancas ruivas, côr de castanha e orlada de negro ; uma faxa branca na fronte estendendo-se ás sobrancelhas, colleira branca, olhos com circulo vermelho em volta, bico e pés vermelhos. Mede 0m,39 de comprimento.

É a perdiz tão conhecida em Portugal, e uma das aves que por toda a parte mais attrahe os nossos caçadores, que não serão desprovidos de interesse os seguintes periodos em que Brehm descreve a caça ás perdizes em Hespanha, com auxilio de *reclamo*.

«O caçador posta-se por detraz d'um muro de pedras soltas, com 1 metro aproximadamente d'altura, que primeiro levanta no sitio onde param as perdizes ; e a dez ou quinze passos de distancia, em logar um pouco mais alto, colloca a pequena gaiola onde conduz a perdiz que lhe serve de chamariz, cobrindo-a de ramos verdes.

Se o chamariz é bom, não tarda que solte repetidas vezes o seu *tack tack*, e logo em seguida o verdadeiro grito de reclamo, *tackterack*, ao qual em breve corre alguma das perdizes.

No começo da epoca das nupcias empregam-se os machos como chamarizes, e ao seu chamamento veem machos e femeas, e muitas vezes casaes. As perdizes que correm em busca da sua companheira, respondendo-lhe, descobrem-se e é facil acertar-lhes. Dura esta caça aproximadamente quinze dias, e logo que as femeas terminam a postura e estejam na incubação, o caçador usa d'uma femea como chamariz, seguindo o mesmo processo.

No segundo caso só veem á chamada os machos infieis ás suas companheiras e os celibatarios, e apresentam-se de aza caida, as pennas da nuca e da cabeça eriçadas, e seguem dançando em homenagem á femea que ouvem e não vêem, dando ensejo a que o caçador lhes atire certeiro. Morto o primeiro macho, o caçador aguarda, porque se outro houver n'um raio de quarto de legua não falta ao chamamento, apparecendo por vezes dois e tres machos ao mesmo tempo, e armando-se violenta rixa. Por vezes d'um tiro caem todos os tres contendores.

Se nenhuma outra perdiz vem ao reclamo, o caçador abandona a *espera*, abeira-se silenciosamente da gaiola, cobre-a com um panno, e, levantando as peças mortas vae-se em busca de sitio mais azado.

Deve sempre ter em vista não apparecer logo depois de fazer fogo, com o fim de recolher a caça morta, pois poderia se tal fizesse assustar o chamariz, e talvez inutilisal-o para sempre.

Este modo de caçar dá motivo para que se vejam por toda a Hespanha perdizes domesticas, e em certas localidades não apparece uma casa onde se não encontre uma perdiz, e caçadores ha que possuem muitas, em diversas gaiolas, divididas por sexos.

No rigor do estio, por mais singular que isto pareça, é certo que se consegue deitar a mão a estas aves, tão espertas e ageis. Um caçador meu conhecido é perito n'este exercicio. Pela hora do meio dia vae-se encaminhando para o sitio onde sabe que existe algum bando, lèvanta-o, corre direito ao logar onde elle pousou, obriga-o a levantar de novo, e assim vae successivamente até que as pobres aves extenuadas correm, agacham-se, e por ultimo deixam-se apanhar. Em geral não é necessario obrigal-as a levantar mais de tres ou quatro vezes.

A BARTAVELLA

Perdix græca, de Brisson— *La perdrix grecque*, dos francezes

Tem as costas e o peito pardo-azulado com reflexos avermelhados, a garganta branca com uma faxa negra em volta, uma risca negra na fronte, a plumagem dos flancos ornada de ruivo, de amarello e de negro, o ventre amarello ruivo, as remiges trigueiras annegradas, as rectrizes externas vermelhas arruivadas, bico vermelho e pés da mesma côr desmaiada. Mede 0,^{m}36 a 0^m,39 de comprimento.

A bartavella, ou *perdiz grega*, encontra-se de ordinario em sitios altos e escabrosos, principalmente nas montanhas. É rara em França, na Austria e na Italia, e muito commum na Grecia, na Turquia e em muitos pontos da Asia, onde é frequente vel-a captiva, domesticando-se facilmente.

A PERDIZ DAS ROCHAS

Perdix petrosa, de Latham—*La perdix gambra*, dos francezes

Tem a fronte e a cabeça pardas cinzentas claras, a nuca e a parte posterior

Gr. n.º 357 — 1. A perdiz — 2. A perdiz das rochas — 3. A perdiz branca

do pescoço acastanhadas, as costas pardas arruivadas, azas tirantes a azulado, garganta e uma risca sobre os olhos esbranquiçadas, ventre azulado, peito e lados eguaes aos da bartavella, e como principal caracteristico uma colleira castanha com salpicos brancos. E' egual em tamanho á nossa perdiz.

E' commum na Sardenha, na Corsega, na Grecia, rara em França, e encontra-se no sul da Hespanha, não sendo caso averiguado apparecer em Portugal. Nas ilhas Canarias são tão frequentes que os habitantes as consideram como uma praga, apezar da caça activa e productiva que lhes fazem.

A PERDIZ CINZENTA

Tetrao perdix, de Linneo — *La perdrix grise*, dos francezes.

Esta especie existe espalhada pela Europa, sendo muito commum em Inglaterra e França, em todos os paizes do centro da Europa, no norte da Italia, Hespanha, Turquia e Grecia.

No nosso paiz, segundo o que vemos n'um catalogo dos gallinaceos do museu de Lisboa, devido ao trabalho intelligente do zeloso naturalista adjunto d'aquelle estabelecimento, o sr. João Augusto de Sousa, esta especie encontra-se em serras das nossas provincias do norte. O sr. dr. Bocage, n'uma das suas digressões, viu dois exemplares da serra do Marão.

Esta especie não tem tuberculos nos tarsos, á maneira de esporões, e na conformação das azas e da cauda differe das especies citadas. Para alguns autores forma um genero á parte, o genero *Starna*.

Tem o alto da cabeça trigueiro, riscado d'amarello, os lados e a garganta loiros avermelhados, o dorso pardo riscado transversalmente de ruivo, uma faxa larga cinzenta no peito ondeada de negro, que se prolonga aos lados do ventre ; o macho distingue-se pelo ventre branco com uma grande malha côr de castanha em forma de ferradura, que na femea é mais pequena e desvanecida ; as pennas da cauda ruivas avermelhadas, as remiges primarias trigueiras annegradas, com malhas e riscas amarelladas. Em roda dos olhos tem um circulo estreito vermelho, o bico pardo azulado, e os tarsos pardos claros avermelhados ou atrigueirados. Mede 0,ᵐ33 de comprimento.

As grandes planicies cultivadas, por entre as searas, ou nos prados artificiaes, são os logares que de preferencia habita a perdiz cinzenta.

O FRANCOLIM

Tetrao francolinus, de Linneo — *Le francolin vulgaire*, dos francezes

Os francolins confundiram-se por muito tempo com as perdizes, das quaes todavia differem pelo bico mais longo, pernas mais altas, com um e ás vezes dois esporões, e cauda mais comprida.

Do genero *Francolinus*, ao qual pertence a especie citada, que é a unica da Europa, encontrando-se nas margens meridionaes do mar Negro, na Sicilia e na ilha de Chypre, outras especies vivem espalhadas pela Africa e na India. A especie da Europa tende a desapparecer d'esta parte do mundo.

Tem a frente da cabeça, as faces e o peito negros, com a plumagem da parte posterior da cabeça bordada de avermelhado e raiada de branco, uma larga colleira côr de castanha clara em volta do pescoço, costas negras variadas d'arruivado com pequenas malhas brancas, na parte inferior raiadas transversalmente de preto e branco ; peito trigueiro escuro mais ou menos variado e malhado de branco proximo do ventre ; remiges vermelhas e negras, rectrizes negras raiadas, as duas do centro de pardo em todo o comprimento e as externas só na base ;

bico negro, pés avermelhados. Mede 0,ᵐ36 a 0,ᵐ39 de comprimento.

O francolim vive nos logares humidos e pantanosos, aos casaes ou em pequenos bandos, e alimenta-se de bagas, sementes, bolbos, raizes, vermes e insectos. Parece que ao contrario das perdizes se encontram estas aves por vezes empoleiradas nas arvores.

A carne do francolim é bastante delicada, e tida como superior á da perdiz.

Na America vive uma familia dos gallinaceos que n'aquella parte do mundo substitue as perdizes, havendo entre estas e os individuos d'aquella familia certas analogias, posto que estes constituam um typo independente.

Os *odontophoridios,* denominação que compozemos do seu nome scientifico para podermos designar este grupo d'aves, variam de tamanho ; teem o bico curto, muito alto, comprimido aos lados, com os bordos na maior parte dentados, tarsos altos sem esporões, e cauda mais longa que a das perdizes.

São os *odontophoridios,* pela sua graça, elegancia, docilidade natural e aptidão para a domesticidade, dignos das boas graças do homem, e a sua grande fecundidade e boa qualidade da carne teem despertado o desejo de utilisal-os, reduzindo-os á condição de aves domesticas.

N'alguns paizes da Europa trata-se de acclimar algumas especies, e uma—a *perdiz da Virginia,* — de que adiante falaremos, é presentemente tão commum em Inglaterra, onde se multiplicou prodigiosamente, que hoje quasi póde considerar-se indigena d'aquelle paiz.

Vamos seguidamente descrever algumas especies.

O CAPOEIRA COMMUM [1]

Perdiz dentata, de Temminck — *L'odontophore type*, dos francezes

Esta especie, a maior da familia, mede 0,ᵐ45 de comprimento.

Tem a cabeça ruiva annegrada, uma faxa desde a base da mandibula superior, estendendo-se até á parte posterior da cabeça, d'um ruivo claro; nuca trigueira malhada de branco, parte posterior do pescoço e superior das costas trigueiras com

[1] Nome vulgar brazileiro.

pequenas malhas negras avelludadas e riscas transversaes brancas arruivadas ; costas e uropigio trigueiros com riscas desvanecidas annegradas ; remiges annegradas com malhas brancas pelo lado de fóra; rectrizes negras raiadas de arruivado, com as partes inferiores côr de chumbo ; bico negro, tarsos côr de chumbo, e em volta dos olhos um circulo vermelho.

O capoeira commum vive nas mais cerradas florestas virgens, aos casaes na epoca das nupcias, e depois em pequenos bandos. O alimento tomam-n'o estas aves no solo, procurando-o entre as folhas seccas, ou vão por elle sobre as arvores, colhendo os? fructos e bagas que d'ellas pendem.

Ás horas do crepusculo, de manhã e de tarde, accommodam-se nos ramos mais rasteiros das arvores, conchegadas umas ás outras. No dizer do principe de Wied, o capoeira faz o ninho no solo, e n'elle põe a femea de dez a quinze ovos brancos.

Os capoeiras domesticam-se facilmente, acostumando-se em breve ao logar onde nascem, e os pequenos criam-se sem grande custo, reunidos a uma ninhada de pintos. A carne é excellente.

A PERDIZ DA VIRGINIA

Tetrao virginianus, de Linneo — *Le colin de la Virginie,* dos francezes

Pertence esta especie ao genero *Ortix,* encontrando-se em parte da America do Norte, sendo muito commum nos Estados Unidos e no Canadá.

Gr. n,° 358 — A perdiz da California.

A pennugem da parte superior do corpo é trigueira avermelhada, salpicada, raiada de negro e orlada de amarello ; a da parte inferior amarella esbranquiçada raiada longitudinalmente de ruivo, e ondeada de negro ; uma faxa branca limitada superiormente por ou·tra negra estende-se da fronte á nuca, passando por cima dos olhos ; outra faxa negra que parte dos olhos cerca-lhe a garganta que é branca; as remiges primarias trigueiras escuras bordadas por fóra de azulado, as secundarias raiadas de amarello sujo, as rectrizes pardas azuladas, á excepção das do centro que são pardas amarelladas malhadas de negro ; bico trigueiro escuro, pés pardos azulados. Mede 0,ᵐ25 de comprimento.

Pelas descripções de autores america-

nos, a perdiz da Virginia assimilha-se nos modos e nos habitos á perdiz cinzenta, diz Brehm. Corre tão veloz como ella, e vôa mais rapida ; eguala-a nas outras faculdades, e só a voz é mais harmoniosa.

Alimenta-se d'insectos e de substancias vegetaes de todas as especies, principalmente de grãos de cereaes, que no outono são todo o seu alimento.

A carne d'esta ave é muito delicada e saborosa, e por isso a perdiz da Virginia é considerada como uma das melhores caças da America. Domestica-se com a maior facilidade, habituando-se a viver captiva, e familiarisando-se com o homem.

Como já n'outra parte dissemos, em Inglaterra esta ave acclimou-se tão bem, multiplicando-se tão consideravelmente, que hoje é alli commum.

Em França tem-se tentado por vezes acclimal-a e multiplical-a, com menos resultado porém, devido por certo á falta de perseverança.

A PERDIZ DE POUPA DA CALIFORNIA

Perdix californica, de Latham— *Le colin de la Californie,* dos francezes

D'esta especie, que faz parte do genero *Lophortix*, diz Brehm não ser possivel observal-a sem a estimar, e desejar vel-a acclimada nos nossos paizes. «Desejo conquistar a favor d'estas aves o maior numero de sympathias, e rogo a todos os meus leitores, que cada um, quanto em si caiba, auxilie as tentativas feitas para a sua acclimação.»

Um dos principaes caracteristicos da perdiz de poupa da California, e seus congeneres, é a existencia de duas a dez, d'ordinario quatro a seis pennas, muito estreitas na base, alargando para a extremidade, recurvas á maneira d'uma fouce, concavas pelo lado anterior, e mais desenvolvidas no macho do que na femea.

A perdiz da California é uma linda ave, posto que as côres da plumagem não sèjam vivas, e a mais bella da familia.

O macho tem a fronte côr de enxofre, o alto da cabeça trigueiro escuro, a nuca azulada, tendo a pennugem a haste e a orla negras, e duas malhas esbranquiçadas na extremidade ; costas trigueiras azeitonadas, garganta negra contornada por uma faxa branca, o alto do peito azulado, e a parte inferior amarella ; o centro do ventre vermelho trigueiro com a plumagem orlada de escuro ; rémiges trigueiras, as secundarias bordadas de amarello ; rectrizes pardas ; bico negro, pés côr de chumbo escura. Mede 0,^{m}25 de comprimento.

«Esta linda ave é extraordinariamente frequente em toda a California. No inverno reune-se em bandos numerosos, formados de mil individuos e mais, segundo as localidades. E' tão abundante nas florestas como nas planicies cobertas de matto ou nas encostas das collinas. Tão viva como a perdiz da Virginia, corre ainda mais do que esta, e furta-se a todas as perseguições pela rapidez com que corre ou pela destreza com que se esconde. Se a espantam vôa e vae pousar n'uma arvore, agachando-se sobre algum dos ramos horisontaes, e ahi é difficil descobril-a, tanto a côr da plumagem se confunde com a da casca da arvore.

Faz o ninho no solo, d'ordinario junto ao tronco d'uma arvore, ou sob alguma mouta. È bastante fecunda» (Gambel). Cada postura parece ser aproximadamente de quinze ovos.

Vive esta ave muito bem captiva, domestica-se, e é possivel a sua acclimação na Europa, multiplicando-se, como o provam algumas experiencias com bom exito.

De todas as familias dos gallinaceos, nenhuma vive mais espalhada pelo globo do que as codornizes, de que vamos occupar-nos em seguida.

São caracteristicos das codornizes o bico pequeno, alto na base, azas pontudas, cauda curta escondida pela pennugem do uropigio, tarsos com esporões rudimentares, sob a fórma d'um tuberculo, corpo refeito, pequena corporatura.

A especie typo, e unica que vive na Europa, do genero *Coturnix*, é a seguinte:

A CODORNIZ

Tetrao coturnix, de Linneo — *La caille*, dos francezes.

A codorniz tem as costas trigueiras raiadas transversal e longitudinalmente de ruivo, a cabeça da mesma côr, mais escura; a garganta trigueira ruiva, o papo amarello ruivo, o centro do ventre branco amarellado, os flancos ruivos com riscas longitudinaes amarellas claras ; as remiges primarias trigueiras annegradas com malhas amarellas arruivadas, dispostas em series transversaes, a primeira remige tem pelo lado de fóra uma orla estreita amarellada; as rectrizes são amarellas arruivadas com as hastes brancas, e faxas negras ; bico pardo e pés amarellos claros ou avermelhados. Mede 0^m,21 de comprimento.

E' commum no nosso paiz.

«A codorniz é celebre pelas suas emigrações. Todos os annos parte, em numerosos bandos, das regiões mais remotas da Africa, atravessa o Mediterraneo, e nos primeiros dias de maio faz a sua entrada na Europa, por onde se espalha. No mez de setembro regressa, fazendo em sentido contrario esta enorme viagem. O instincto que obriga estas aves a emigrar é por tal fórma imperioso, que até mesmo nas codornizes que nascem captivas se manifesta, e na epoca da passagem véem-se agitar nas gaiolas, e precipitarem-se com tal impeto contra as grades, que mais d'uma cae atordoada, ferindo-se gravemente. Se depois d'isto attentarmos em que as codornizes teem o vôo pesado, e que só a custo de grande fadiga podem emprehender tão longa viagem, devemos convencer-nos de que além da necessidade de se furtarem aos rigores do inverno ou de proverem á sua alimentação, existe outra natural, tão imperiosa como a fome, á qual estas aves obedecem e a que não logram resistir.

E' extraordinaria a fecundidade das codornizes, em proveito dos caçadores que buscam exterminal-as, quando o seu vôo menos facil as obriga a accumulações incriveis em certos pontos, na epoca da passagem.

O bispo da ilha de Capri, situada no golfo de Napoles, recebia outr'ora um be-

Gr. n.º 359 — As codornizes

neficio annual de 7:200$000 réis, pelo dizimo que lhe pertencia do commercio de codornizes mortas na ilha, e vendidas nos mercados de Napoles. Appellidavam-n'o, por tal circumstancia, o *bispo das codornizes*.

Nas margens do Bosphoro, na Morea e n'algumas ilhas do Archipelago, as codornizes arribam em bandos tão compactos, que, seguindo a phrase popular, basta qualquer abaixar-se para as apanhar. Caem exhaustas na praia, e observa-se então uma verdadeira chuva d'estas aves. Os habitantes d'aquellas paragens, que d'antemão aguardam a passagem das perdizes, correm a encontral-as, salgam-n'as, empilham-n'as em barris, exportando-as para outros paizes.

As codornizes viajam noite e dia, remontam a grande altura, mas nunca vôam contra o vento ; ao inverso, para atravessarem o Mediterraneo aguardam que a brisa seja de feição. Veem para a Europa trazidas pelos ventos do sul, e regressam á Africa levadas pelos do norte. Se durante o trajecto a tempestade se declara, não podendo resistir-lhe, caem n'agua aos milhares.

As codornizes frequentam as cearas e os campos que se cobrem d'abundantes pastagens. Constantemente no solo, tendo por um dos maiores prazeres espojarem-se na terra, nunca se empoleiram. Alimentam-se de sementes e d'insectos.

Como sejam pouco sociaveis, os individuos dos dois sexos reunem-se apenas na epoca das nupcias, separando-se tão depressa os pequenos dispensam os cuidados da mãe ; epoca que não vem longe, pelo seu rapido desenvolvimento. A femea faz duas posturas no anno, uma na Europa e a outra na Africa, e de cada uma põe de dez a quatorze ovos.

A codorniz é bastante veloz na carreira, e para escapar-se ao caçador usa frequentemente d'este meio, recorrendo ao vôo apenas nas occasiões em que o perigo é mais imminente. Então vôa, sempre em linha recta, rastejando o solo. Conhece a fundo a arte de multiplicar as pistas para enganar os cães, e occultando-se nos massiços de verdura zomba dos caçadores noviços, posto que não consiga escapar-se aos experientes.

E' mais pequena que a perdiz, e morta no tempo proprio, isto é, depois de haver repousado das fadigas da viagem, o corpo reveste-se d'uma camada de gordura, que egual se não encontra n'outra ave. A carne saborosa e delicada, exhalando fino aroma, é bocado estimado pelos gastronomos. E' classificada logo abaixo da galinhola e da narseja.» (Figuier).

«No principio do verão a codorniz trata de preparar o ninho, n'uma depressão pouco funda do solo, tapisando-a de folhas seccas, e ahi põe de oito a quatorze ovos, grandes, lisos, trigueiros amarellados, salpicados de manchas trigueiras annegradas ou trigueiras escuras, variando estas na disposição. Dura a incubação dezenove ou vinte dias, sendo difficil obrigal-a a abandonar os ovos, e por vezes esta dedicação é-lhe fatal. Durante a incubação o macho vagueia pelo campo em busca de novos amores, sem cuidados pela sua progenie.

As codornizes novas, mal saem do ninho correm em companhia da mãe, que as guia, abrigando-as sob as azas nos dias tempestuosos, e dando-lhes provas bem evidentes da sua entranhada affeição.

Crescem os pequenos rapidamente, deixando em breve d'obedecer ás prescripções da mãe, e taes rixas se levantam entre elles, que por vezes o sangue corre. Com duas semanas esvoaçam, e quando teem circo ou seis são já sufficientemente dese.ivolvidos para poderem voar e seguir viagem.».…

A codorniz captiva é muito interessante, perde em parte a sua timidez, não é difficil d'alimentar, e pode-se ter nas habitações sem que as enxovalhe. Habituando-se rapidamente a viver em viveiro ou mesmo em gaiola, reproduz-se com facilidade. Tendo-as em caza aninham, mas é raro que criem os filhos, em quanto que nos viveiros dos jardins zoologicos os resultados são mais favoraveis.

Ha exemplos das codornizes reproduzirem-se até mesmo em condições desfavoraveis, e d'uma femea sei que vivendo n'uma gaiola bastante acanhada, a reuniam de tempos a tempos com o macho, e assim obtiveram que pozesse seguidamente setenta e trez ovos, os quaes lhe eram tirados em acto successivo. Chocados por uma gallinha de casta pequena, á excepção de dois ou trez, todos vingaram.

Nos viveiros são as codornizes menos interessantes que correndo livremente pelas habitações ; no segundo caso divertem o dono pelo seu constante bom humor, destruindo os insectos nocivos que encontram, e vivem em boas relações com os cães e os gatos.» (Brehm.)

O macho da codorniz é um dos gallinaceos mais ciosos ; despota e tyranno para as femeas, em continuas rixas uns com os outros, e cada qual tendo em mira expulsar quantos rivaes appareçam no seu dominio. Estes defeitos teem sido explorados pelo homem, e na China dão-se combates de codornizes como em Inglaterra de gallos, fazendo-se apostas quantiosas pelo vencedor.

O TOIRÃO DO MATTO

Tetrao gibraltaricus, de Gmlin — *Le turnix d'Afrique,* dos francezes

A especie que acabamos de citar pertence a um genero dos gallinaceos, *Turnix,* formado de muitas especies que vivem na Asia, communs na India, na Australia e na Africa, e d'esta ultima parte do mundo uma se adianta até ao sul da Europa, o *toirão do matto,* especie commum entre nós na provincia do

Alemtejo, e que da Europa visita tamsómente o sul da Hespanha, Portugal e a Sicilia.

O *toirão do matto* tem aproximadamente 0,ᵐ17 de comprimento. E' muito similhante á cordoniz, differindo, todavia, no numero dos dedos; tem trez, faltandolhe o pollegar.

Tem a cabeça trigueira escura, com tres riscas amarellas longitudinaes, as costas atravessadas irregularmente por um certo numero de riscas em ziguezague, negras e trigueiras ruivas ; as pennas das azas amarelladas com uma malha negra nas barbas internas ; a garganta branca, o papo trigueiro arruivado, os flancos trigueiros arruivados com malhas escuras e o ventre branco limpo ; bico amarellado, pés cór de chumbo.

Encontra-se este gallinaceo nos campos cobertos de herva alta ou nas charnecas, alimentando-se de sementes e de insectos. Corre muito, e até mesmo perseguido não vôa senão no ultimo extremo, escapando-se meio a correr meio a voar, indo esconder-se no matto mais proximo. Nunca se vê, á imitação das codornizes, em bandos numerosos.

O ninho é feito no solo, entre o matto mais espesso, e os ovos são azues purpurinos com salpicos raros e espaçados.

Os naturalistas hespanhoes, diz Brehm, parece não haverem observado esta ave no estado livre. Só um andaluz apellidado Machado, falando ácerca do toirão do matto, e não sabendo eu até que ponto deva merecer credito esta opinião dos caçadores hespanhoes, narra o se-

Gr. n.º 360 — O toirão do matto

guinte: «Os nossos caçadores affirmam que o toirão do matto é o conductor das codornizes, e morto, o bando que o seguia dispersa-se, ficando as codornizes que o formavam na impossibilidade de voltar para Africa, sendo esta a causa d'ellas se encontrarem em Hespanha no inverno.»

O FAISÃO IMPEY

Lophophorus impeyanus, de Latham—*Le Lophophore resplendissant*, dos francezes

A esta especie do genero *Lophophorus* démos por nome vulgar o que lhe poseram os primeiros naturalistas que a descreveram, incluindo-a na familia dos faisões, de que hoje se encontra separada, e appellidando-a do nome da sua introductora na Europa, lady Impey. Na India os naturaes chamam-lhe *montaul* ou *monaul*.

Teem estas aves por caracteres gene-

ricos o corpo refeito, bico longo, azas regulares, cauda curta, na cabeça uma poupa formada de pennas sem barbas na base, e os machos teem os tarsos armados de esporões.

O macho da especie citada é notavelmente formoso e difficil de descrever. Tem a cabeça como que ornada d'um ramo d'espigas d'um verde doirado metallico, da mesma cór a garganta ; a nuca cór de purpura ou de carmim com o brilho do rubi ; a parte superior do pescoço e as costas d'um verde bronze com reflexos doirados; as coberturas superiores das azas e da cauda verdes violaceas ou verdes azuladas ; a parte inferior do corpo negra com reflexos esverdeados e purpurinos no meio do peito, mais escuros no ventre ; remiges negras e rectrizes cór de canella ; os olhos com um circulo nu e azulado em volta ; bico escuro, pés verdes sujos. Mede 0,ᵐ72 de comprimento, dos quaes 0ᵐ,25 pertencem á cauda.

Vive na cordilheira do Himalaya, na Asia. Encontra-se nas florestas que cobrem as montanhas, e é ahi commum, vivendo em grandes bandos que a espessa vegetação d'aquelles sitios impede de observar. Por vezes topa-se nas clareiras das grandes florestas e nos sitios descobertos, que percorrem em busca d'alimento.

Sustentam-se de raizes, folhas, gomos, de toda a especie de bagas e sementes, e d'insectos; no inverno vão por vezes pastar nos campos de trigo e de cevada. A femea construe o ninho no solo, en-

tre um massiço de verdura, pondo cinco ovos brancos sujos com salpicos e manchas trigueiras avermelhadas.

A carne d'estas aves é tida por excellente, qualidade que reunida á de serem realmente bellas, faz com que se hajam feito tentativas para acclimal-as na Europa e conseguir a sua reproduccção. Entre tanto ainda hoje são raras, e conservam preço elevado, posto que na India se obtenham facilmente.

Nos diversos jardins zoologicos da Europa teem-se conseguido que estas aves anninhem e tirem os filhos; mas estes pela maior parte succumbem na epoca da primeira muda.

Gr. n.º 361 — O faisão Impey

Vamos em seguida falar d'um genero dos gallinaceos, para nós um dos mais interessantes a muitos respeitos, e no qual se comprehende a primeira e mais util das aves domesticas, a *gallinha.*

Os individuos do genero *Gallus* teem por caracteres geraes parte da cabeça e da frente do pescoço núas, crista carnuda e vermelha, que nascendo na base do bico se estende atè ao alto da cabeça; a mandibula inferior guarnecida pela parte debaixo de dois barbilhões tambem carnudos e vermelhos; tarsos altos com esporões; azas curtas e obtusas; cauda vertical, arqueada e em forma de pennacho, com as pennas do centro mais ongas; plumagem brilhante com reflexos matallicos.

A's femeas faltam as côres brilhantes dos machos; teem cauda direita e levantada um tanto, sem attingir grandes dimensões; a crista é rudimentar e n'algumas especies não existe, e não teem esporões; são mais pequenas que os machos e a voz é mais fraca.

O gallo é originario das Indias, e todas as especies selvagens vivem no interior das florestas, longe do homem, sendo certo que os seus habitos são pouco conhecidos, menos do que os de muitos animaes de bem menor valia e utilidade.

As raças domesticas que hoje existem espalhadas por todo o globo descendem do gallo selvagem, parecendo ser uma especie que ainda hoje vive na India e nas ilhas do archipelago indico o tronco d'onde se deriva a nossa gallinha domestica, posto que se não possa ir além de conjecturas ácerca da especie estirpe, por quanto a domesticidade da gallinha data dos tempos pre-historicos. Das diversas especies selvagens, todas, como dissemos, originarias da Asia, citaremos a seguinte.

O GALLO DE BANKIVA

Gallus banhiva, de Linneo — Le coq banhiva, dos trancezes

Parece ser esta a especie d'onde procede o gallo domestico. Mede 0,^{m}64 de comprimento, e a sua plumagem é das mais bellas : vermelha, côr de castanha clara e amarella, e preta com reflexos verdes doirados.

Vive em Java, Sumatra, e nas ilhas Filippinas.

Como já dissemos, não pode passar de conjecturas tudo quanto se diga para explicar o modo como o homem couseguiu reduzir a escravos animaes que no estado livre são essencialmente bravios e amantes da sua liberdade. Nenhum documento ou tradição indica a epoca em que o gallo, transportado da India, se espalhou successivamente pelo resto do globo, passando ao estado de domesticidade. Os mais antigos documentos falam do gallo domestico como trivial, sem por forma alguma accusarem que a sua domesticidade fosse recente.

As observações feitas dão-n'os a saber que o gallo domestico entregue a si, e mesmo abandonado na floresta, não perde as qualidades que o distinguem do gallo selvagem, seu antepassado, e longe de se tornar bravio e independente, pelo contrario busca sempre guarida na habitação do homem.

Nas aldeias da Africa central, diz Brehm, no interior das florestas, vivem bandos de gallos e de gallinhas domesticos, quasi sem que o homem, habitante d'alguma das choças isoladas que alli se encontram, olhe por elles. O alimento hão de procural-o ; as gallinhas põem e chocam os ovos entre o matto, onde melhor lhes convém, e por vezes a grande distancia da morada do dono ; passam a noite na floresta empoleiradas nas arvores, mas nunca as vi que fossem selvagens, e sempre e em toda a parte não abandonam as proximidades da habitação do homem.»

Susceptivel de viver em todos os climas, apenas diminuindo a sua fecundidade nos pontos mais septentrionaes, por toda a parte onde o homem fixou a sua morada se encontra o gallo completamente domestico

«O gallo é um verdadeiro sultão, constantemente seguido das concubinas, e votando a estas affeição, que é um mixto curioso de attenções delicadas e de brutalidades revoltantes. É vel-o entre as companheiras, procurando por mil disvelos tornar-se-lhes agradavel, guiando-as, protegendo-as, velando pelo seu bem estar, com uma solicitude que não fraqueja. Não encontra um acepipe do seu agrado, que com ellas o não reparta, e chegada a hora da refeição, com a sua voz mais suave, convida-as a tomar os grãos espalhados no solo.

Apezar de tudo isto, é por vezes cruel e brutal não só para as gallinhas como tambem para os pintos.» (Figuier.)

Não lhe soffre o genio fortemente irritavel que a seu lado viva um rival, e a luta é inevitavel sempre que dois gallos se reunam na mesma capoeira.

«Ainda é mais bello, mais arrogante, quando a voz d'um rival lhe vem ferir o ouvido. Escuta, levanta altivamente a cabeça, bate as azas, e o seu canto é um cartel de desafio arremessado ao adversario.

Se o inimigo se apresenta, adianta-se com coragem, e investe furioso. Os dois contendores estão em face um do outro, a pennugem do pescoço eriçada, formando-lhe como que um escudo, os olhos despedem chispas, ambos buscam em saltos repetidos levar debaixo o adversario, ou conquistar posição mais elevada para combatel-o com vantagem.

Prolonga-se o combate, e obrigando-os a fadiga a alguns momentos de treguas, então com a cabeça pendida, promptos para o ataque e para a defesa, com o bico raspando a terra, nunca se desviam um da frente do outro. Ainda bem o primeiro não solta um grito, com a voz tremula, mal repousado da luta, já o outro investe novamente, e eil-os batendo-se com maior ardor, até que o cansaço intorpecendo-lhe os movimentos das pernas e das azas, recorrem á arma decisiva, á mais terrivel, o bico.

Já não saltam um sobre o outro, mas as bicadas succedem-se tão rapidas, que o sangue corre de mais d'uma ferida. Um dos adversarios então, já sem animo, hesita, recua, nova e vigorosa bicada lhe assenta o vencedor, e já não soffre duvida de quem será a victoria.

O vencido foge, com as pennas da nuca eriçadas, as azas erguidas, a cauda rojando ; vae agachar-se n'um canto, cacarejando á maneira das gallinhas, como que implorando a clemencia do vencedor, sem que este, todavia, se deixe enternecer; antes ao inverso, depois de tomar alento e de cantar a victoria batendo as azas, eil-o de novo em perseguição do seu rival indefeso, a quem já não resta outra ventura que não seja escapar á morte.» (Lenz).

«Os homens, que de tudo tiram partido para preparar novas distracções, não deixaram de aproveitar a antipathia mortal com que a natureza separou estes animaes, e com tal arte o fizeram, esforçando o seu odio innato, que as lutas dos gallos se tornaram espectaculos capazes d'interessar a curiosidade do povo, até mesmo o de paizes civilisados, desenvolvendo na alma essa preciosa ferocidade, que é, dizem, o germen do heroismo.

Em mais d'um paiz véem-se homens de todas as condições correrem em multidão a presencear estes torneios grotescos, dividindo-se em partidos, cada qual louvando acaloradamente um dos adversarios, e as apostas mais avultadas veem reforçar o interesse do espectaculo, decidindo por vezes a ultima bicada do gallo vencedor da fortuna de muitas falias (Buffon).

Gr. n.º 362 — Gallo e gallinha da raça Crevecœur

Alguns povos da antiguidade, e os gregos o fizeram, recreavam-se com estes barbaros divertimentos, e conta-se que Themistocles, ao atacar os persas que haviam invadido a Grecia, para levantar o animo abatido dos seus soldados se referira ao arrojo com que os gallos se batiam, terminando a sua arenga por estas palavras.

«Se tanta coragem ha n'estes animaes, que se batem apenas pelo desejo de vencer, o que fareis vós, soldados, que ides combater pelos vossos deuses, pelo tumulo de vossos paes, pelos vossos filhos e pela liberdade !»

Em memoria do bom exito de tal arrazoamento, que prestando animo ás hostes gregas levaram a derrota aos persas, os athenienses destinaram um dia especial, em cada anno, para combates de gallos.

«Os romanos herdaram dos gregos este passatempo. Hoje ainda os combates de gallos estão em uso em parte do Oriente, na Asia, nas ilhas de Sonda, e na China. Em Java e Sumatra este divertimento degenera n'uma verdadeira loucura, e os naturaes quasi que se não movem d'um para outro sitio sem sobraçarem um gallo. Não é raro ver dois jogadores arriscarem não só a fortuna, como tambem a mulher e as filhas, apostando pela força e destreza d'um gallo tido como invencivel. Ninguem ignora que os combates dos gallos são um dos melhores divertimentos dos inglezes.

Henrique vm creou regulamentos para estes espectaculos populares, e seguindo o seu exemplo a maior parte dos reis d'Inglaterra protegeram estes divertimentos, nomeadamente Carlos ii e Jacques ii. N'essas epocas os combates de gallos eram realmente uma seleucia, com seu codigo e leis especiaes, e volumosos regulamentos determinavam as circumstancias do combate, fixando os interesses dos que apostavam. Hoje esta diversão tornou-se, em Inglaterra, o privilegio quasi exclusivo do povo. E' o regalo de John Bull.

Annuncia-se o combate ao som da trompa, pelos pregoeiros, que marcam o dia, a hora e até nomeando os campeões alados. Corre a multidão, e feitas as apostas, por vezes montando a sommas importantes, o publico assiste com um prazer barbaro ás peripecias da luta encarniçada que se trava entre os dois adversarios, arremessando-se furiosos um contra o outro, cada qual armado com um esporão d'aço cortante e agudo, seguro ás pernas. Termina o combate com a morte d'um dos contendores, e o vencedor é levado em triumpho.

Triumpho, ás vezes, de pouca dura, por que de novo lançado na arena em frente d'outro adversario, encontra a morte no esporão do seu novo inimigo. O vencedor de ha pouco, a que tantos interesses houve ligados, excitando a admiração e sendo alvo dos mais enthusiastas encomios, torna-se vil despojo, que poderá quando muito servir de ceia a algum vadio do sitio». (Figuier).

Sob apparencia mais modesta e pacifica é certo que a gallinha não é de genero menos violento que o macho, e as rixas succedem-se entre ellas. Se uma estranha dá entrada na capoeira, pobre d'ella que se verá perseguida e maltratada por todas, e só porá termo a tão barbaro proceder o tempo, que tudo acalma, ou então a manifesta protecção do gallo, senhor absoluto a quem todas respeitam e obedecem.

A gallinha é modelo de boas mães, e ninguem por certo, uma vez ao menos em sua vida, terá deixado de contemplar com subido interesse o carinho e sollicitude com que ella guia os primeiros passos d'uma familia inteira de pintainhos que a cercam, e mesmo dos pequenos de especies bem differentes, confiados ao zelo d'esta mãe tão terna e dedicada, até mesmo para filhos adoptivos.

«O gallo fica indifferente aos cuidados de que carece a sua progenie ; são encargos que elle abandona inteiros á gallinha, e bem substituido elle fica, que mais carinhosa dedicação não ha, e n'ella se encontra o typo e symbolo do amor maternal.

Attentae no cuidado com que ella escarva o solo, no seu terno cacarejo, como se desempenha do encargo de cortar os vermes, as espigas e os grãos em miudos bocados, para pol-os em frente do bico dos pequenos ! Sempre solicita nem um momento os larga, e ao menor perigo, ao divisar no ar a ave de rapina, com que ancia os adverte !

E os pintainhos comprehendem perfeitamente o que a mãe lhes diz, e correndo a esconder-se sob as azas da sua protectora, n'ellas encontram escudo que os deffenda do terrivel rapinante. E se algum foi victima, que inquietação a sua!

Na presença do homem ou do cão não lhe esmorece o animo, e deffende-os da mesma sorte.

Os pintos conhecem-n'a e ella conhece-os a todos. Se no local existe mais de uma gallinha, quando uma chama só correm para ella os pintos que lhe pertencem; andando juntos, ao ouvirem de dois pontos oppostos a voz das mães, para logo se separam, que cada um corre para a sua.....

Veja-se a gallinha que se deita com ovos de pato, o espanto e receio que ella manifesta ao ver os filhos adoptivos entrarem ousadamente na agua, confiados nas proprias forças e na sua aptidão natural, que a pobre mãe desconhece. Como ella corre anciosa em volta da agua, chamando-os repetidas vezes, sem que os patinhos, encontrando-se no seu meio natural, se resolvam a obedecer ás supplicas da mãe adoptiva, para elles madrasta.

Em breve, porém, a gallinha vê que os pequenos saem d'agua sem damno algum ; como isto póde ser, não o sabe ella, mas a pouco e pouco acostuma-se a vel-os praticar arrojos taes, e limita-se a vigial-os da beira d'agua.» (Scheitlin).

A gallinha é principalmente util para o habitante do campo, pela facilidade de alimental-a; que o dono lhe dê um punhado de grão de manhã e á tarde, o resto ella o encontrará : sementes, hervas, vermes, insectos, despojos de toda a sorte, tudo lhe faz conta.

Cita White um exemplo de quanto pode o furor d'estas pobres mães, vendo os filhos victimas das garras d'um rapinante, useiro e viseiro em taes latrocinios.

«Um proprietario, seu vizinho, aconteceu-lhe ver todos os frangãos passarem successivamente para as garras d'um gavião, que se escondia entre a empena da casa e uma pilha de lenha, proximo do sitio onde estavm os pintos. Farto de ver que a capoeira se ia despovoando, o proprietario preparou junto á lenha uma armadilha ao ladrão, e um bello dia teve o prazer de vel-o cair no laço.

Uma vez senhor do rapinante, condemnou-o á pena de talião : cortando-lhe as garras e com o bico mettido n'uma rolha entregou-o á vingança das gallinhas. Não é possivel descrever a scena que se seguiu : o terror, a raiva, o odio e o instincto de vingança das gallinhas não ha palavras que os traduzam. As matronas, cegas de furor, cobriram-n'o de injurias e d'anathemas, o triumpho embriagara-as, e só ficou satisfeita a sua vingança, quando depois de longos martyrios o fizeram pedaços.

Aos seis mezes, os machos estão aptos para a reproducção, e as femeas n'esta mesma idade commeçam a pôr. Na idade de tres mezes escolhem-se os frangãos que

Gr. n.º 363 — Gallo e gallinha da raça Dorking

se destinam para *capões*, nome que se dá aos frangãos que, privados dos attributos sexuaes, engordam sobremaneira, sendo a carne mais saborosa e delicada.

Os capões perdem muito o genio irritavel do gallo, e alguns a tal ponto se fazem doceis que substituem as gallinhas na creação dos pintos, como vantagem para a postura. Consegue-se acostumal-os a cobrir os pintos arrancando lhes a plumagem do ventre, e esfregando-lh'o com ortigas. Os pintos, quando se mettem debaixo do capão, roçando pelo sitio offendido, são-lhe agradaveis, e assim obrigam-n'o a affeiçoar-se-lhes e a servir-lhes de mãe.

«A incubação artificial, que hoje se procura novamente adoptar, não dando

todavia os resultados que se esperavam, não é processo moderno, existe no Egypto ha milhares d'annos. Outr'ora era propriedade exclusiva dos sacerdotes, no dizer de Malézieux, os quaes provavelmente foram os descobridores. Hoje occupam-se n'este mister uns pobres aldeãos, appelidados *berméens*, ou *behermens*, nome que lhes provém d'uma aldeia vizinha do Cairo. Os bermeens são de certo modo empregados dos proprietarios d'aquelles sitios, com os quaes partilham metade dos lucros, que consistem no terço, ou em pouco menos, dos ovos que lhes são entregues para a incubação.

Por cada grupo de quinze ou vinte aldeias existe uma *fabrica de pintos*, ma-

mal-el-kalaegt, ou *el-farroug*, na lingua do paiz, onde os habitantes levam os ovos, recebendo em troca um vale que passados vinte e dois dias lhes dá direito a receber dois pintos por cada tres ovos...» (Brehm).

«O numero de pintos havido artificialmente por este processo era de cem milhões no antigo Egypto, numero que ainda hoje não desce de trinta milhões. Em epocas diversas tem-se tentado introduzir na Europa o processo dos egypcios, sendo os primeiros, na antiguidade, os gregos e os romanos, depois na edade media em Malta, Sicilia e na Italia, e finalmente em França, onde Carlos VII em Amboise, e Francisco I em Montrichard, mandaram construir fornos especiaes.

Em época mais recente numerosas tentativas teem sido feitas por homens de sciencia, e são conhecidas as experiencias de Réaumur, ás quaes seguiram-se outras pelo abbade Copineau, Dubois e Bonnemain.» (Malézieux)

Todas estas experiencias só tem provado quanto é difficil encontrar o segredo dos bermeens do Egypto. Não obstante a descoberta do thermometro, nunca sabios da Europa alcançaram egualar a certeza de temperatura, que uns pobres aldeãos do Cairo, sem instrumento de especie alguma para regulal-a, obtinham todavia com tanta exactidão, regrando o fogo com tal arte, que conseguiam aproveitar os ovos quasi que na totalidade. Nos nossos dias os chins usam das chocadeiras artificiaes para a incubação dos ovos em larga escala.

«Legou-n'os a antiguidade a narrativa d'uma curiosa incubação feita em Roma pela imperatriz Livia. Estava a princeza no seu estado interessante, e desejando possuir um filho, lembrou-se de chocar no seio um ovo, e o sexo do pinto prognosticar-lhe-ia o da creança que trazia no ventre.

Terminada a operação com bom exito, e do ovo tendo nascido um gallo, Livia teve por certo que veria realisados os seus votos, que na verdade o foram, dando á luz Tiberio, ave bem ruim, por signal.» (Figuier).

Seria impossivel, nos limites d'esta obra, fazer uma resenha de todas as raças e variedades de gallos que existem, umas notaveis pela maior producção de carne e grande fecundidade, outras que se re-commendam pela belleza ou pelas suas fórmas caprichosas.

Apenas mencionaremos as tres raças representadas pelas nossas gravuras.

Raça crèvecœur.—Uma das mais espalhadas na parte occidental da França, de origem normanda ou picarda. E volumosa, corpo curto e largo, costas quasi horisontaes, peito bem desenvolvido, cabeça grossa, quatro dedos nos pés.

O gallo tem a crista da fórma de dois cornos, paralellos umas vezes, outras reunidos na base, pontudos, mas divergentes. D'estes alguns são pela parte de dentro dentados. Tem poupa espessa, caindo-lhe em volta da cabeça, algumas pennas do centro erguidas, e barbilhões com $0^m,07$ a $0^m,10$ de comprimento, separados por um feixe de pennas.

A plumagem é negra, com reflexos bronzeados, azulados e esverdeados n'alguns sitios; a poupa tem algumas pennas brancas, e n'alguns a colleira e a parte inferior das costas é côr de palha.

O gallo adulto pesa de 3 kilogrammas e meio a 4, e a gallinha 3, havendo-as que aos dois annos pesam 4 kilogrammas.

A gallinha tem poupa, os barbilhões muito pequenos, e é negra á excepção da poupa, que com os annos vae-se tornando branca.

Ha variedades nos dois sexos cinzentas e brancas, mas são raras.

«Esta magnifica raça, diz Jacque, produz as aves mais excellentes que apparecem nos mercados francezes. Os ossos são ainda mais delgados que os da raça Houdan, e a carne mais fina e mais branca toma gordura com facilidade. Os pintos são sobremaneira precoces, podendo ser engordados aos dois mezes e meio ou trez mezes, e comidos quinze dias depois. Aos cinco mezes uma gallinha d'esta raça pode-se dizer feita.»

A crèvecœur é a primeira raça franceza pela delicadeza da carne, boa disposição para a engorda e precocidade, e creio que sob estes pontos de vista a primeira do mundo...»

Raça de Dorking — Uma das mais bellas e mais estimadas d'Inglaterra. O gallo é um soberbo animal, de cabeça volumosa, com crista alta e larga, excedendo a cabeça para a parte detraz, regularmente dentada, barbilhões largos e caidos, tarsos curtos, vigorosos e carnudos; tem cinco dedos.

A plumagem apresenta numerosas variedades, mas d'ordinario é como segue: Camalha e pennas lateraes do dorso côr de palha com pequenas malhas negras, as espadoas loiras vivas, as coberturas das azas negras com reflexos azues purpurinos muito brilhantes, remiges primarias brancas; flancos, coxas e abdomen negros; as grandes rectrizes negras. O peso d'um macho adulto varia de 3 ¹/, a 4 ¹/₂ kilogrammas.

«Em Inglaterra é tida esta raça como a primeira, alcançando preços excessivos as gallinhas que apparecem nos mercados d'onde se fornecem as primeiras casas... A raça dorking é naturalmente precoce, dá carne branca, succolenta, e de sabor delicado, conservando bem a gordura depois de cozida» (Jacque).

Raça da Cochinchina. — Caracterisa-se esta raça, representada pelo gallo na nossa gravura n.º 364, pelo corpo refeito, curto, anguloso, extraordinariamente volumoso e pesado, com as espadoas bem

Gr. n.º 364 — Gallo da Cochinchina

pronunciadas; azas curtas, dorso direito e horisontal, pernas vigorosas, curtas e pennugentas, cauda curta.

Tem as faces nuas até ao canal auditivo, crista de 0ᵐ,60 de altura, lisa, curta e direita, com seis ou sete dentes, muito grossa na base, cobrindo-lhe o craneo quasi d'um ao outro lado; barbilhões regulares e arredondados, bico forte e direito, dedos vigorosos, o do centro mais longo e o de fóra muito curto.

A plumagem é loira clara e côr de café com leite, com reflexos doirados na camalha, nas espadoas e nas pennas do uropigio. Pesa de 4 a 5 kilogrammas.

A gallinha é ainda mais refeita e cheia de que o gallo, a cauda é quasi nulla, e as pernas muito curtas. Tem crista mediocre, barbilhões muito pequenos, e as faces nuas. A côr da plumagem é loira clara. Uma gallinha feita pesa 3 kilogrammas, e ha-as que ao segundo anno attingem o peso de 3 ¹/₂ até 4 kilogrammas.

Ha variedades brancas e negras.

A gallinha da Cochinchina é principalmente notavel pelas qualidades que a tornam mais que nenhuma outra apta para a incubação ; é docil, muito familiar e bastante fecunda.

O gallo não tem o arrojo, o valor e o genio arrebatado dos outros gallos, e a sua adolescencia é prolongada.

Nos gallos das outras raças antes dos tres mezes já se revelam os symptomas do seu temperamento ardente ; nos da Cochinchina só aos dez mezes ou depois, sendo difficil até esta edade distinguir os machos das femeas, e os primeiros nunca egualam o ardor do nosso gallo commum.

Outra familia dos gallinaceos, de que vamos occupar-nos, notavel pela belleza d'algumas especies, realmente esplendidas, são os *faisões*, aves todas originarias da Asia. A introducção do *faisão commum* na Europa deve-se aos gregos, por occasião da expedição dos Argonautas, 1330 annos antes de Jesus Christo ; veiu das margens do rio Phase, na Colchida, ao sul do Caucaso, e do rio lhe proveiu o nome.

São os faisões principalmente notaveis pela grande extensão da cauda, cujas pennas do centro attingem n'algumas especies 1ᵐ,50 de comprimento; são aves elegantes, tendo nas faces e em volta dos olhos a pelle nua e verrugosa, esporões os machos, e só estes usam plumagem mais garrida, pois que a das femeas é modesta.

A familia divide-se em diversos generos, ricos em especies, mas na impossibilidade de falarmos de todas, faremos a descripção de tres, podendo, o que em seguida dissermos dos habitos do faisão commum, attribuir-se a todas, por que no modo de vida, regimen e reproducção são tão similhantes, que a historia d'aquella especie póde ser tomada na generalidade.

O FAISÃO ORDINARIO

Phasianus colchicus, de Linneo — *Le faisan commun*, dos francezes

O macho tem a cabeça e o alto do pescoço verdes com reflexos azues metallicos; a parte inferior do pescoço, o peito, o ventre e os flancos castanhos com reflexos purpurinos e bordados de negro luzidio; as pennas compridas do uropigio acobreadas com reflexos vermelhos; as remiges raiadas de trigueiro e loiro, as

rectrizes côr de azeitona raiadas de negro e bordadas de côr de castanha ; em volta dos olhos um circulo mais vermelho ; bico amarello trigueiro e tarsos avermelhados. Mede de 0ᵐ,82 a 0ᵐ,88 de comprimento, dos quaes 0,44 pertencem á cauda.

A femea é mais pequena e parda, malhada de negro e de ruivo escuro.

É originario das margens do mar Caspio e da Asia occidental, encontrando-se hoje na Europa em viveiros ou nos parques.

Os faisões habitam as planicies arvorejadas, nas vizinhanças da agua, e mais timidos que nenhum dos outros gallinaceos convém-lhes os sitios onde o mato seja mais espesso, e melhores escondrijos lhes forneça. Caminham facilmente mas voam mal, e o macho, embora tenha o andar altivo e magestoso, com pretenções a que lhe admirem a belleza, não é todavia, n'este ponto, para comparar-se ao gallo domestico.

A sua intelligencia é nulla ; tudo o assusta, e na presença do menor perigo fica immovel, agacha-se, esconde a cabeça, ou corre como louco d'um para outro lado, sem tomar um expediente para escapar-se. A estupidez d'estas aves é causa muitas vezes da sua perda : caem em quantos laços lhes armam ; para o faisão não ha caçador inexperiente.

O faisão não é sociavel, e reune-se á femea só na epoca das nupcias, não lhe dando os filhos nenhum cuidado. Se dois machos se encontram, batem-se pela posse das femeas, e renhidas são as lutas, ficando por vezes no campo um dos contendores.

Alimentam-se estes gallinaceos de sementes, bagas, vermes, insectos e caracoes.

As femeas põem os ovos, de oito a doze, n'uma pequena escavação no solo, tapizada d'alguns ramos. Os ovos são mais pequenos e redondos que os das gallinhas, verdes amarellados por egual ; a incubação dura vinte e cinco ou vinte e seis dias. Os pequenos ao fim de doze dias podem esvoaçar, e um pouco mais crescidos já vão á noite empoleirar-se nas arvores em companhia da mãe.

Em geral os ovos dos faisões de viveiro, como as femeas são más chocadeiras, dão-se a chocar ás gallinhas ou ás peruas, e os pequenos, muito delicados e afeitos a varias doenças, carecem de numerosos cuidados. A carne do faisão é muito saborosa e tida em grande estima.

O FAISÃO PRATEADO

Phasianus nycthemerus, de Linneo.—*Le faisan argenté*, dos francezes

Tem a poupa negra luzidia, a nuca, a parte superior do pescoço e as costas brancas, e estas cortadas de riscas estreitas negras, em zig-zague: o ventre e o peito negros com reflexos azues ; remiges brancas orladas de negro, com riscas largas transversaes e parallelas ; rectrizes egualmente brancas raiadas de negro ; faces nuas, escarlates, bico branco azulado, pés vermelhos. Mede 0^m,98 de comprimento.

A femea é mais pequena, ruiva por cima e raiada de pardo e cinzento por baixo, com malhas ruivas e riscas negras.

Esta especie é originaria da China e do Japão, mas começa a naturalisar-se européa, dando-se perfeitamente entre nós em viveiros ou capoeiras.

A femea põe de dez a dezoito ovos, amarellos ruivos por egual, com salpicos trigueiros sobre fundo branco amarellado. A incubação dura vinte e cinco dias, e os pequenos desenvolvem-se rapidamen-

Gr. n.º 365 — O faisão prateado

te. Comem insectos, folhas verdes, grãos, e gostam muito de couves, plantas proprias para salada e fructos.

O FAISÃO DOIRADO

Phasianus pictus, de Linneo. — *Le faisan doré*, dos francezes

O faisão doirado é uma das mais lindas aves conhecidas, e quem o vê pela primeira vez não pode deixar de admirar o esplendor de tão bella plumagem. Tem a cabeça coberta com uma poupa amarella doirada, caindo-lhe sobre a colleira de pennas côr de laranja bordadas de negro assetinado, formando series de riscas negras parallelas ; a pennugem das costas, em parte coberta pela colleira, é verde doirada bordada de negro ; a parte inferior das costas e as coberturas superiores das azas são amarellas claras ; as faces e os lados do pescoço brancos amarellados, a garganta côr d'açafrão, as remiges trigueiras avermelhadas bordadas de ruivo acastanhado ; as pennas da cauda ondeadas de negro sobre fundo trigueiro. Mede 0^m,88 de comprimento, 0^m,60 dos quaes pertencem á cauda.

A femea é mais pequena e as côres da plumagem são menos vistosas ; é d'um vermelho ruivo sujo, passando a amarello arruivado no ventre.

Esta especie é, como a antecedente, natural da Asia Central, e commum na China.

O faisão doirado vive bem na Europa, e aqui se multiplica, carecendo os pequenos nos primeiros tempos de muitos cuidados. A femea põe oito a doze ovos, ruivos claros ou loiros, e como seja difficil ella chocal-os, vivendo em viveiro, onde a vejam, dão-se em geral os ovos a chocar ás gallinhas, e os pequenos, que ao principio difficilmente se deixam guiar pela mãe adoptiva, em breve habituam-se a ella. Quando teem um mez estão bastante desenvolvidos.

Convém ao faisão doirado alimento vegetal e animal, composto de plantas verdes, couve, saladas, grãos, fructos e insectos, podendo substituir estes por leite coalhado, queijo, carne crua picada, misturando-a com pão.

Gr. n.º 366 — O faisão doirado

O ARGOS

Phasianus argus, de Linneo — *L'argus*, dos francezes

O *argos*, especie unica do genero *Argus*, deve o nome ás numerosas manchas em fórma d'olhos que lhe ornam as pennas, recordando o Argos da Fabula, que tinha cem olhos, e a quem Juno dera o encargo de espreitar Io, amante de Jupiter.

E' uma soberba ave, mais notavel pelo opulento desenho da sua plumagem do que pelo brilho do colorido.

Differe do faisão por ter os tarsos mais longos e sem esporões, e pelo desenvolvimento singular das remiges secundarias. A cauda é larga, arredondada, com as duas pennas do centro muito mais longas que as lateraes.

A plumagem é malhada de negro sobre fundo pardo ou cinzento amarellado, e quando a ave abre as azas apresenta dois leques esplendidos, onde se véem sobre fundo bronzeado grande numero de manchas em forma de olhos, assetinadas, com um circulo escuro e orladas de branco.

O argos encontra-se nas florestas de Java e Sumatra.

E' bravio, difficil de conservar-se captivo, e parece que até hoje não tem vindo exemplar vivo á Europa ; os seus habitos no estado livre são tambem pouco conhecidos.

O PAVÃO

Pavo cristatus, de Linneo — *Le paon vulgaire*, dos francezes

Dos gallinaceos, as mais bellas e talvez as mais aprimoradas aves, são por certo os

Gr. n.º 367 — O argos

pavões, de que existem duas especies, ambas comprehendidas no genero *Pavo*.

Os pavões são originarios do sul da Asia, e a especie citada, que a nossa gravura representa, faz hoje parte das nossas aves domesticas.

São bem conhecidas as bellas pennas da cauda do pavão, largas e compridas, podendo erguel-as em forma de leque, á maneira dos perús ; é um dos seus attributos mais caracteristicos. A cabeça é ornada de poupa direita formada de pennas compridas, estreitas, com barbas apenas na extremidade.

Tem a cabeça, o pescoço e o peito azues purpurinos, com reflexos verdes e doirados; poupa verde doirada; as costas verdes com a plumagem bordada de riscos acobreados que a contornam; as azas brancas riscadas transversalmente de negro; o centro das costas azul escuro, o ventre negro ; remiges trigueíras claras; as pennas da cauda verdes com malhas em forma d'olhos, formadas de anneis pardos, violaceos, doirados e côr de cobre, no centro azues pretos avelludados e côr de esmeralda.

A pavôa é parda com reflexos verdes no pescoço, e não tem as pennas compridas na cauda.

Não é conhecida exactamente a epoca de que data a domesticidade do pavão, sabendo-se que fôra introduzido na Grecia por Alexandre o Grande, no seu regresso das Indias. Ensina-nos a historia que tão maravilhado ficou o grande general ao ver esta esplendida ave, que prohibiu sob as penas mais severas que uma só fosse mor-

Gr. n.º 368 — O pavão

ta. Por muito tempo foi rara na Grecia, e o povo corria das povoações proximas de Athenas para ver tão linda ave, que Elien affirma valer n'aquelle tempo mil drachmas, aproximadamente 320$000 réis da nossa moeda.

Da Grecia passou para Roma, e aqui o pavão tornou-se mais do que um objecto digno de ser contemplado ; sacrificaram-n'o ao decidido gosto que os romanos tinham pelos gozos da mesa, e os impera-

dores, nomeadamente Vitellius e Heliogabalo, offereciam aos seus convivas enormes pratos com linguas e miolos de pavão, condimentados com as mais custosas especiarias da India.

A pouco e pouco foi-se generalisando esta ave na Europa, e tempo houve em que foi bastante estimada a sua carne, apparecendo nas mesas mais opulentas, e então o pavão era servido com a cauda, que o cozinheiro lhe deixava intacta para mais lindo ornamento da mesa. O faisão e mais tarde o perú foram causa de que baixasse o valor gastronomico do pavão, e hoje cria-se apenas como recreio para a vista.

O pavão é originario da India e de Ceylão, onde se encontra habitando as florestas, principalmente nas montanhas, e muitos viajantes affirmam que é prodigioso o numero d'estas aves, aos grupos de centenas d'individuos, havendo sitios onde de noite não é possivel dormir, tal é o estrondo que produzem os seus gritos estridulos, realmente em desaccordo com a belleza e opulencia da plumagem.

Na vizinhança de muitos templos hindous vivem grandes bandos de pavões semi-domesticos, e os padres teem por dever cuidal-os.

O pavão corre com grande rapidez, e só no ultimo extremo levanta o vôo, posto que possa transpôr por este modo distancias consideraveis. Durante o dia conserva-se no solo, frequentando os campos vizinhos das florestas e as clareiras, em busca de alimento, e á noite empoleira-se no cimo das arvores mais altas para dormir.

A tendencia que nos pavões selvagens se manifesta para se empoleirarem nos sitios altos, herdaram-n'a os pavões domesticos, que na falta das grandes arvores da floresta as substituem pelos telhados das casas.

Gallinaceo no regimen, o pavão alimenta-se de substancias vegetaes e animaes, de tudo quanto comem as gallinhas. Nos campos amanhados causa grandes estragos, e parece que n'estes animaes existe o instincto da destruição, porquanto nem sempre teem por desculpa a necessidade de procurarem alimento, fazendo estragos em sitios que nada lhes pódem fornecer.

O pavão é polygamo; chegada a epoca das nupcias busca conquistar as boas graças das femeas, e vaidoso em estremo, ostenta todas as galas da sua bella plumagem.

O pavão domestico não busca só conquistar a admiração das suas companheiras; agradam-lhe os gabos do homem, e na presença d'elle gosta de fazer alardo da sua gentileza.

A pavôa faz o ninho no solo, entre arbustos silvestres, formando-o de ramos e folhas seccas, e põe, segundo alguns

autores, de doze a quinze ovos. As domesticas são menos fecundas. A incubação dura vinte e sete a trinta dias, e os pequenos acompanham as mães logo depois de nascidos, e são adultos aos seis mezes. Aos tres annos attingem o seu completo desenvolvimento.

Na India e na China vive um genero d'aves que, á maneira dos pavões, tem a plumagem ornada de malhas em fórma d'olhos de côres lindas, que lhe cobrem a cauda, o dorso e as coberturas das azas.

Teem, porém, a cauda mais curta que o pavão, e não possuem a faculdade de a abrir em leque, sendo o seu caracteristico principal, e a que devem o nome que os francezes lhes dão, *eperonnier*, ao numero d'esporões nos tarsos, de tres a seis.

Pertencem ao genero *Polyplectron*, de que se conhece mais d'uma especie, todas naturaes da China, da India e das ilhas de Borneo e Sumatra.

No estado livre são pouco conhecidas estas aves, mas habituam-se facilmente a viver captivas. Encontram-se frequentemente em viveiros nos paizes d'onde são naturaes.

A PINTADA
OU GALLINHA DA INDIA

Numida meleagris, de Linneo — La pintade commune, dos francezes

Esta especie, do genero *Numida*, é a estirpe d'uma ave domestica hoje bastante commum, a que entre nós se dá vulgarmente o nome de *gallinha da India*, posto que todas as aves d'este genero sejam originarias da Africa, e a especie citada muito commum na Guiné e nas ilhas de Cabo Verde.

Parece, todavia, que os portuguezes a trouxeram da India, para onde foi transportada da Africa, ahi multiplicando-se e voltando ao estado selvagem, razão do nome de *gallinha da India* que hoje se conserva ás aves domesticas que d'ella descendem.

E' certo que estas aves foram conhecidas dos gregos e dos romanos em tempos remotos, encontrando-se a verdade d'esta asseveração nos primeiros haverèm feito d'ellas o emblema do amor fraternal. O caso passou-se assim :

As irmãs de Meleagro tal dôr soffreram

pela morte do irmão, que Diana as transformou em gallinhas da India para d'esta sorte pôr termo aos seus males, e como testemunho das muitas lagrimas que verteram, veja-se a sua plumagem salpicada de branco, vestigios d'ellas

Depois da queda do imperio romano parece que estas aves tornaram-se raras ou desappareceram da Europa, para mais tarde reapparecerem. Transportadas para a America tão bem se acclimaram que hoje são alli communs no estado livre.

As aves deste genero teem por caracteristicos um tuberculo calloso no alto da cabeça, mais ou menos desenvolvido, dois barbilhões na mandibula inferior, cabeça pequena, bico e pescoço curtos, tarsos mediocres sem esporões, corpo massiço com o dorso arqueado, azas curtas.

A plumagem é cinzenta azulada salpicada de pequenas malhas brancas, a crista azul avermelhada, bico vermelho amarellado, pés côr d'ardosia suja.

A gallinha da India frequenta no estado livre as florestas, as charnecas, os sitios agrestes e solitarios, cobertos de vegetação; sobremaneira timidas fogem não só na presença do homem como de qualquer animal um pouco maior. E' raro encontral-as aos casaes, mas véem-se frequentemente reunidas em familias de quinze a vinte individuos, ou então, a maior parte das vezes, em bandos formados de seis a oito familias. Reina nos

Gr. n.º 369 — A pintada, ou gallinha da India

bandos a melhor harmonia, resultado do instincto sociavel d'estas aves tão fortemente desenvolvido.

Correm rapidamente, mas voam só na ultima extremidade, buscando furtar-se ao perigo occultas entre o matto, ou nas fendas das rochas; mudando de tatica, porém, se o inimigo fôr o cão ou qualquer outro carnivoro, porque n'este caso buscam abrigo empoleirando-se nas arvores. E d'este modo passam a noite, para dormirem, ou então pousadas nas arestas dos rochedos.

A gallinha da India alimenta-se de insectos, bagas, folhas, gomos e sementes de toda a casta, o que as leva a praticar grandes estragos nas terras amanhadas, que avizinham as florestas onde habitam.

A femea põe os ovos, d'ordinario doze, entre um espesso massiço de verdura, sobre uma camada de folhas, e os pequenos pouco depois de nascidos acompanham os paes nas suas excursões, e á noite empoleiram-se a seu lado nas arvores.

A gallinha da India domestica fornece boa carne, pouco estimada porém, e é bastante fecunda os ovos sendo excellentes. Não é boa chocadeira, e por isso os ovos confiam-se usualmente ás gallinhas ou ás peruas, durante a incubação vinte e cinco dias.

São bravias e richosas, accommetendo as gallinhas e mesmo os perús; e o seu caracter turbulento reunido á voz. estridula tornam-n'as menos agradaveis, e pouco frequentes nas capoeiras.

O PERÚ

Meleagris gallopavo, de Linneo—*Le dindon vulgaire*, dos francezes

Os perús constituem um genero que se distingue dos que temos passado em revista por caracteres bem distinctos. Teem o pescoço nú e coberto de prominencias verrugosas, pende-lhe da cabeça sobre o bico um appendice carnudo, vulgarmente conhecido por *monco*, susceptivel de erecção, e sob a mandibula inferior teem barbilhões membranosos. N'estas partes a pelle muda instantaneamente de branco para azul ou para vermelho, consoante as affecções do animal. O macho tem a mais na base do pescoço uma especie de pincel de pellos longos e asperos, similhantes a crinas, e á maneira do pavão abre a cauda em leque.

O perú selvagem, nativo da America, habita o norte e leste d'esta parte do mundo, desde o Canadá até ao isthmo de Panamá. Trazido para a Europa, depois

Gr. n.º 370 — O perú selvagem

da descoberta do Novo Mundo, acclimou-se muito bem, multiplicando-se tão consideravelmente, que veiu a ser um dos melhores gallinaceos domesticos.

E' bem conhecida esta ave no estado domestico; mas ignorada por muitos a historia do perú selvagem, vamos fazel-a em poucas palavras.

O perú selvagem tem a plumagem trigueira raiada de negro, com reflexos metallicos azues e verdes. Mede de 1^m,10 a 1^m,30, variando no peso, que o naturalista americano Audubon ávalia, termo medio, em 9 kilogrammas, accrescentando ter visto uma d'estas aves no mercado de Louisville que pesava 18 kilogrammas. As femeas são mais pequenas e teem a plumagem menos brilhante.

O perú encontra-se frequente nas florestas que bordam as margens dos grandes rios da America Septentrional, emigrando irregularmente d'uns para outros pontos do paiz em bandos de dez a cem individuos, á descoberta de sitios onde o alimento seja abundante.

Posto que o perú erguendo o vôo possa

percorrer grandes distancias, não é todavia este o meio de locomoção de que usa, e só na ultima extremidade o pratica. Correndo com consideravel velocidade, a ponto de ganhar dianteira ao cão melhor corredor, é d'este modo que executa ás suas extensas viagens d'uma para outra parte do paiz.

Reunem-se em bandos, como dissemos, e devemos accrescentar que os machos e as femeas estabelecem grupos separados, caminhando estas acompanhadas dos pequenos, ou de sociedade com outras que comsigo levam a progenie, formando d'esta sorte familias de sessenta a oitenta individuos. Digamos que as femeas separando-se dos machos com os filhos teem por fim subtrahir estes aos tratos brutaes dos perús velhos, que matam ás bicadas os pequenos sempre que os topam na sua frente.

Assim marcham os bandos, uns após outros, caminhando rapidamente, toda a vez que não encontrem no caminho algum rio ou ribeira, porque então o caso muda de figura e carece de reflexão.

«Se topam uma ribeira, sobem aos pontos mais altos que a dominam, e alli se demoram um dia, e ás vezes dois, como que para deliberarem. Durante este tempo ouve-se gritar os machos, chamando-se uns aos outros, fazendo grande algazarra, e pela sua continua agitação, abrindo a cauda, parece que buscam dar alento a si proprios para emprehenderem tão arrojada aventura. Até mesmo as femeas e os pequenos os imitam n'estas demonstrações emphaticas, andando umas em volta das outras, soltando uns certos murmurios surdos e dando saltos extravagantes.

Finalmente, quando a atmosphera está calma, e tudo em volta jaz em profundo socego, o bando inteiro vôa para os ramos mais altos das arvores, e d'alli, a um signal dado pelo chefe de fila, e consistindo o signal d'ordinario n'um simples *cluk cluk*, soltam o vôo para a margem opposta. Os adultos e os que não teem enfermidade que os tolha, alcançam-n'a, mesmo que seja a distancia d'uma milha ; os novos, porém, e os menos robustos caem n'agua, sem comtudo se afogarem como era de suppôr.

Encolhendo as azas e estendendo a cauda, alongam o pescoço, e com os pés nadam vigorosamente em direcção da terra. Se abeirando-se da margem a encontram tão escarpada que lhes não seja possivel tomar pé, deixam-se ir a favor da corrente até sitio abordavel, e ahi, com maior ou menor difficuldade, conseguem saltar em terra...

Nos primeiros momentos que seguem ao atravessarem d'uma para outra margem d'alguma vasta ribeira, é singular a forma porque correm desordenadamente d'um para outro lado, por algum tempo, dando ensejo favoravel aos caçadores para os matar.

Chegados a qualquer ponto do paiz onde abunde o pasto, dividem-se em pequenos grupos, formados de individuos de todas as edades, sem distincção, que devoram tudo quanto encontram. Dá-se isto no meiado de novembro, e então estas aves tornam-se por vezes tão mansas, depois d'estas longas viagens, que não é raro vêl-as aproximar-se das herdades e reunir-se ás aves domesticas, introduzindo-se nos estabulos e nos celleiros em busca d'alimento.

É assim que, caminhando atravez das florestas e vivendo do que estas lhes fornecem, os perús vivem durante o outono e uma parte do inverno.

No meiado de fevereiro acasalam-se, e á voz da femea correm os machos que a ouvem, abrindo a cauda, e deitando a cabeça para traz sobre o dorso, pavoneam-se em volta d'ellas soltando os repetidos *puffs puffs* que todos conhecemos por onvil-os ao perú domestico. Terriveis rixas se levantam sempre que algum topa com outro rival, rixas de que resulta por vezes a morte do mais fraco, que succumbe aos vigorosos golpes que o adversario lhe dá na cabeça.

Tão depressa começa a postura, as perúas formam um ninho no solo, cavado no terreno, e coberto de folhas seccas, onde pôem d'ordinario dez a quinze ovos, raras vezes vinte. E' em extremo cautelosa a perúa para não descobrir o sitio onde tem o ninho, não indo duas vezes seguidas pelo mesmo caminho quando para lá se dirige ou quando sae para vir comer, e n'este ultimo caso tem sempre o cuidado de cobrir os ovos com folhas seccas, para que olhos indiscretos os não vejam.

Os perús alimentam-se de hervas, cereaes, fructas e bagas de toda a casta, e teem o trigo e o milho por acepipe tanto do seu gosto, que não teem duvida em entrar nos campos amanhados e ahi praticarem grandes estragos. Em dada occasião certos insectos, as rãs e os lagartos, não escapam ao seu grande appetite, e ha perús, entre os domesticos, que matam e comem ratos.

Os perús selvagens domesticam-se com grande facilidade sendo apanhados novos, tornando-se familiares.

Audubon conta d'um perú selvagem que elle creou de pequeno, que tão dado era que vinha á voz de quem o chamava; mas conservando do seu primeiro estado o amor pela liberdade, não queria empoleirar-se d'envolta com os perús domesticos, dormindo sobre o telhado da casa, onde ficava todas as noites até ao alvorecer, para ir em seguida vaguear pela floresta regressando todas as tardes.

Um dia, porém, não voltou, e outros se passaram sem que o perú regressasse; até que Audubon andando á caça, viu um bello e nedio perú que caminhava tranquillamente pela margem d'um rio, e como era a melhor época de caçar estas aves, soltou-lhe o cão que o acompanhava. Grande foi, porém, o seu espanto ao ver que o perú não fugia do cão, e que este, no momento de arremetter com a ave, estacou, voltando a cabeça para o dono. Finalmente o perú era o seu, que, conhecendo o cão, entendeu não dever fugir, o que de certo faria se avistasse um cão estranho.

A carne do perú selvagem, no dizer de viajantes e naturalistas, é superior á do perú domestico, sendo o animal morto no inverno ou na primavera antes da época das nupcias.

Vamos apresentar ao leitor uma familia dos gallinaceos, composta de generos cujo numero varia segundo a opinião dos diversos naturalistas, porquanto, existindo pequena uniformidade nos seus caracteres zoologicos, reune-os principalmente a similhança dos seus habitos singulares no que respeita á forma da incubação, como adiante veremos.

Todos os generos que compõem esta familia, á qual na falta de nome vulgar, chamaremos *Megapodios*, do seu nome scientifico *Megapodidae*, são indigenas da Australia, paiz rico dos mais extraordinarios phenomenos, e que diz Chenu parecer uma amostra d'eras bem remotas, calculadamente conservada para nos dar idéa do que fôra out'rora o nosso planeta.

Os *megapodios* habitam as florestas e os logares pantanosos, vivendo geralmente em pequenos bandos; se os espantam correm com a maior rapidez no malto mais espesso, voando apenas em ultimo extremo, quando perseguidos pelos cães.

Acerca da parte mais interessante dos seus habitos, a construcção do ninho e forma de incubação, transcrevemos o que escreve François Ponchet no seu livro *O Universo*

«O ninho do *megapodius tumulus*, de Gray, é realmente uma obra herculea, da qual se poria em duvida a existencia, se não nos fôra comprovada pelo testemunho de pessoas de credito que a teem observado.

Assenta no solo a immensa construcção feita pelo megapodio, a qual a principio consiste n'uma espessa camada de folhas, ramos e hervas, que em seguida cerca de terra e de pedras, que primeiro amontoou proximo, de modo que no todo tem a forma d'enorme tumulo crateriforme, concavo no centro, ficando a descoberto os materiaes primeiro reunidos.

Um ninho, de que o distincto ornithologista Gould nos deu as dimensões exactas, tinha 14 pés d'altura, apresentando a circumferencia de 150 pés. Em relação ao tamanho do animal, uma tal montanha attinge proporções realmente prodigiosas, e pergunta-se como pode o megapodio, tendo por enxada o bico e os pés por unico meio de transporte, accumular tão grande numero de materiaes.

O celebre tumulo d'Achilles e o de Patrocle por certo que ficam áquem d'este, e construidos com menor esforço.

Esta obra gigantesca é o resultado do trabalho de certo numero de casaes, e a tal nos leva a crer não só as suas dimensões, como tambem a quantidade d'ovos que se encontram entre as hervas e as folhas accumuladas. Contam-se por vezes até cem e mais, em cada ninho, e sendo bastante volumosos e de bom paladar, a descoberta d'estas edificações é sempre uma boa fortuna para os australianos. Enterrados porém a mais d'um metro, não é facil obtel-os, porque para isso se carece de trabalho demorado.

Terminada a postura, os megapodios abandonam esta verdadeira obra prima e a sua progenie, alli encerrada, que pelo instincto lhe revelou a providencia que os seus cuidados seriam d'ora ávante inuteis.

Dotado de maravilhoso instincto que o torna um verdadeiro chimico, o animal amontoa grande quantidade de vegetaes, para com a sua fermentação substituir a incubação. E é effectivamente o calor produzido pela fermentação dos vegetaes que ha de fazer as vezes da incubação, e d'este modo a mãe substitue-se realmente por um processo scientifico.

Reaumur propunha sujeitar os ovos das gallinhas ao calor produzido pelo estrume; mas é certo que aos pintos que nasciam matavam-n'os os vapores mephiticos que d'elle se exhalavam, emquanto que o megapodio, mais judicioso que o celebre academico, só emprega a fermentação de hervas e folhas, que não tem taes inconvenientes.

E' tudo extraordinario na historia d'esta ave. Longe de nascer nú ou mal coberto de pennugem, saindo do ovo insufficiente para prover á alimentação, o pequeno megapodio tão depressa quebra a casca, apparece revestido de pennas que lhe permittem voar. Saindo do ovo afasta as folhas que o envolvem não o deixando respirar, põe-se em contacto com o ar e a luz, trepa ao alto do edificio, expõe ao sol as azas ainda humidas, e ensaia o vôo.

Confiando em breve nas proprias forças, e na sua sorte, tendo primeiramente lançado olhares inquietos e curiosos pelo campo que se estende ao redor, a debil ave solta o seu primeiro vôo abandonando para sempre o berço, sabendo

Gr. n.º 371 — O megapodio

desde que nasce prover ás suas necessidades.

Estas aves vivem captivas, não perdendo o instincto de accumular todos os vegetaes que encontram para com elles construir o ninho como o fariam no estado livre.

Em seguida descrevemos a especie, uma das da familia dos megapodios, que vae representada na nossa gravura n.º 371, e a que se refere principalmente a descripção do ninho que fizemos.

O MEGAPODIO DA AUSTRALIA

Megapodius tumulus, de Gould — *Le mégapode d'Australie,* dos francezes

Megapodio, nome derivado de duas palavras gregas, quer dizer *pés longos,* e as

aves d'este genero, um dos mais notaveis da familia de que acima falámos, teem realmente os pés grandes, com unhas longas, rijas e quasi direitas; tarsos altos e robustos; grande parte da cabeça, a garganta e a parte anterior do pescoço nuas, pelo menos na maior parte.

A pennugem da cabeça é trigueira avermelhada escura, a das azas e do dorso côr de canella, a das coberturas superiores e inferiores da cauda trigueira acastanhada escura; remiges e rectrizes trigueiras annegradas; a pennugem da parte posterior do pescoço e de toda a parte inferior do corpo parda; bico trigueiro avermelhado escuro, pés côr de laranja viva. Tem o tamanho d'uma gallinha.

Encontra-se na Australia e nas ilhas Filippinas.

Na America Meridional vive um grupo d'aves, pelos naturalistas comprehendido na ordem dos gallinaceos, posto que entre ellas e estes existam importantes differenças. Os *cracidios*, que assim denominaremos as aves d'este grupo, do seu nome scientifico *Cracidae*, não teem esporões nos tarsos, o dedo posterior está situado ao nivel dos anteriores, não são polygamos, e construem o ninho nas arvores, caracteres e habitos que os separam dos verdadeiros gallinaceos. Dos generos comprehendidos n'este grupo ou familia falaremos dos principaes, descrevendo algumas especies.

O MUTUM [1]

Crax alector, de Linneo —*Le hocco alector*, dos francezes

Os *mutuns*, genero *Crax*, teem nas fórmas e no tamanho certa analogia com os perús. Caracterisam-se pelo bico tão longo como a cabeça, comprimido aos lados, recurvo a partir da base, adunco, coberto d'uma membrana que envolve as duas mandibulas até meio; azas curtas, cauda longa, ampla e arredondada; tarsos vigorosos e dedos muito compridos. O alto e parte posterior da cabeça cobre-os uma especie de poupa, formada de pennas delgadas, rijas, inclinadas um tanto para traz e recurvas na extremidade para a frente.

Gr. n.º 372 — O mutum

A especie citada, representada na nossa gravura n.º 372, é a especie typo do genero: tem a plumagem negra azulada, luzidia, á excepção da do ventre, e a das extremidades das rectrizes que são brancas; a membrana do bico é amarella. Tem o tamanho do perú.

Existe outra especie mais pequena, egual na plumagem, tendo a membrana do bico vermelha.

As duas especies habitam no centro e sul da America, e ambas são communs no Brazil.

Os mutuns vivem nas florestas, e se muitas vezes se encontram no solo, por onde correm com grande rapidez, o seu pouso é d'ordinario nas arvores, onde se vêem empoleirados aos casaes na epoca das núpcias, ou em pequenos grupos de tres ou quatro, e mais, fóra d'esse tempo. Teem o vôo baixo, horisontal, e pouco prolongado.

No estado livre os mutuns alimentam-se principalmente de fructos, parecendo todavia que lhes convem as sementes, os vermes e os insectos; os domesticos comem tudo quanto se dá ás gallinhas.

São estas aves monogamas, e construem o ninho nas arvores, a pouca altura do solo, das pontas dos ramos, e ahi, no dizer de muitos escriptores, põe a femea apenas dois ovos.

Os pequenos não saem do ninho antes de poderem voar, como succede aos gallinaceos que aninham no solo, e os paes fornecem-lhes durante esse tempo vermes e insectos.

[1] Nome vulgar brazileiro.

Todos os escriptores são unanimes em affirmar que os mutuns se domesticam facilmente, tornando-se familiares e até accessiveis ás caricias do dono.

Sonnini viu-os em Cayenna correrem pelas ruas em bandos, e voltarem regularmente a casa, conhecendo as pessoas que os cuidavam. Para dormirem, á maneira do pavão, pousavam, á falta de arvores, nos telhados das casas.

«Conta Bates a historia d'um mutum que muita amizade tomára ao dono, parecendo um membro da familia. Não faltava ás horas das refeições, e, andando em volta da mesa, a todos pedia de comer; de tempos a tempos ia acariciar o dono, roçando-lhe a cabeça pelos hombros ou pelo rosto. De noite dormia junto á rêde d'uma menina a quem sobre todos era affeiçoado, seguindo-a por toda a parte» (Brehm).

A carne dos mutuns é excellente, digna do apreço dos gastronomos, reunindo estas aves as condições necessarias para no futuro entrarem no numero das aves domesticas não só da America como da Europa, continuando-se as tentativas já feitas para a sua acclimação.

O JACU-PEMBA [1]

Penelope superciliaris, de Illiger.—*Le penelope à sourcils,* dos I anccezes

A especie supra citada faz parte do genero *Penelope*, do grupo dos cracidios, de que acima falámos, e as aves d'este genero appellidam-se vulgarmente no Brazil *Jacús*.

Os jacús teem o bico mediocre, pouco alto e quasi direito, coberto de cera na base; em volta dos olhos um espaço nu; a parte posterior da cabeça ornada por uma poupa que lhe cae sobre a nuca; cauda comprida, larga e arredondada; tarsos curtos.

O *jacu-pemba* mede $0^m,66$ de comprimento, dos quaes $0^m,22$ pertencem á cauda, e tem a fronte, as faces e a garganta nuas. A plumagem do alto da cabeça, da nuca, do pescoço e do peito é negra-ardosia raiada de pardo, tendo as pennas uma orla esbranquiçada; a das costas, das coberturas superiores das azas e da cauda verde bronzeada bordada de ruivo e de trigueiro; o ventre e o uropigio ruivos, uma risca esbranquiçada sobre os olhos,

e a parte nua da garganta vermelha; bico trigueiro.

Vivem os jacús nas grandes florestas da America central e meridional, e são communs no Brazil.

Encontram-se em bandos, governados por um macho, e Humboldt diz ter visto uma vez á beira do rio Magdalena um bando de sessenta a oitenta individuos, todos empoleirados n'uma arvore secca. D'ordinario, porém, occultam-se nas arvores mais frondosas, não lhes escapando o que se passa em volta, e é difficil aproximar-se-lhes. São pouco destros a correr e voam mal.

O alimento consiste principalmente em fructos e bagas; mas havendo-se-lhe encontrado no estomago restos d'insectos, prova-se que o seu regimen não é tamsómente vegetal.

Nidificam nas arvores, e os ninhos são grosseiramente feitos de ramos, alguns ainda cobertos de folhas, onde a femea de cada postura põe de dois a seis ovos, muito grandes e brancos, ignorando-se se o macho a auxilia na incubação. Nos primeiros dias os pequenos são alimentados pela mãe, até que descem para o solo, e ahi a seguem como os pintos seguem a gallinha.

Apanhados no ninho, diz Brehm, amansam-se completamente, habituando-se ao seu novo estado. Á imitação das gallinhas, podem deixar-se sair com a certeza de que voltam a casa, e só não gostam de passar a noite encerrados em sitio coberto, antes nas arvores ou sobre os telhados. Habituam-se a viver com as outras aves domesticas, e tornam-se tão dados, que se deixam afagar e até mesmo manifestam ser-lhes agradaveis as caricias.

A carne dos jacús passa por ser excellente.

Na America do Sul existe outra familia dos gallinaceos, *Tinamidae*, vulgarmente conhecida no Brazil por *Inhambús*, tendo com as nossas codornizes e perdizes tal ou qual similhança em certos caracteres e n'alguns habitos.

Teem os inhambus o bico delgado, longo e recurvo, azas curtas e arredondadas não excedendo o dorso, cauda muito curta e n'algumas especies nulla; tarsos altos com o pollegar mediocre e situado muito acima.

Habitam uns nos campos descobertos,

[1] Nome vulgar brazileiro.

c vagueiam por entre o matto ou atravez as searas á maneira das codornizes; outros só frequentam as florestas. Correm com facilidade e rapidez, mas voam difficilmente, e d'aqui resulta passarem a vida no solo, e só as especies que habitam a floresta se empoleiram á noite nos ramos mais baixos das arvores.

Alimentam-se os inhambús de sementes, fructos, folhas, e insectos.

A maior parte vive aos casaes, que aninham no solo, n'uma pequena escavação tapizada de hervas, onde a femea põe os ovos fazendo duas posturas cada anno.

Os inhambús são para os caçadores dos paizes onde vivem, o que para nós são as perdizes e as codornizes, e caçam-n'os a tiro, a laço e com os cães. A carne é excellente e muito estimada.

Divide-se a familia em diversos generos, e d'estes indicaremos seguidamente algumas das especies.

O INHAMBÚ PERDIZ

Tinamus lataupa, de Temminck — *Le tinamou lotaupa*, dos francezes

É uma das mais bellas especies dos inhambús, com a cabeça, o pescoço e o peito pardos ; o dorso, as azas e as coberturas da cauda trigueiras avermelhadas ; a pennugem do uropigio negra ou trigueira escura, bordada de branco ou de amarello ; bico côr de coral, pés côr de carne. Mede $0^m,26$ de comprimento.

Encontra-se no Brazil, sendo principalmente commum na Bahia, e é mais frequente nos terrenos cobertos de herva alta do que nas florestas. Corre constantemente no solo em busca de alimento. A femea põe muitos ovos côr de chocolate clara e do tamanho dos grandes de pomba.

A PERDIZ DE MATTO GROSSO

Tinamus rufescens, de Temminck — *Le rhynchotc roussâtre*, dos francezes

Esta especie tem a garganta esbranquiçada; o alto da cabeça raiado de negro ; o dorso, as azas e as coberturas superiores da cauda raiadas de negro tendo as pennas na extremidade uma orla estreita, amarella, com duas faxas negras e largas por cima ; as remiges primarias ruivas acastanhadas, as secundarias côr de chumbo ondeadas de negro e de pardo ; bico trigueiro, pés côr de carne. Mede $0^m,44$ de comprimento.

E' commum no Brazil e na Republica Argentina.

A femea põe sete a oito ovos de cada postura, pardos escuros passando a côr de violeta, com a casca luzidia e como que polida.

É uma das caças mais estimadas nas paragens onde vive, e diz Brehm que d'ella se prepara um dos melhores pratos que o viajante póde comer no Brazil ou na Republica Argentina.

O INHAMBU MACUCO

Tinamus brasiliensis, de Latham — *Le trachypelme du Brésil*, dos francezes

Tem esta especie as costas trigueiras ruivas raiadas transversalmente de negro, o peito e o ventre pardos amarellos, a garganta esbranquiçada, uma faxa loira no pescoço que se estende da frente para ambos os lados, e n'estes com salpicos negros e brancos ; bico trigueiro escuro por baixo e pardo claro nos lados; pés côr de chumbo. Mede $0,^m51$ de comprimento.

O inhambú macuco é frequente nas florestas da America do Sul, e no dizer de Burmeister caça muito apreciada dos brazileiros.

A femea faz o ninho no solo, onde põe de nove a dez ovos, grandes, verdes azulados, encarregando-se da incubação.

AVES

ORDEM DAS PERNALTAS

As *pernaltas*, tambem denominadas *ribeirinhas*, porque na maioria moram á beira d'agua, teem por caracteres communs apenas o grande comprimento das pernas, nuas, e que n'algumas especies attingem proporções tão desmedidas, que nos parece vêl-as caminhar sobre andas. A cegonha, uma das mais geralmente conhecidas, pode servir-nos para exemplo. Vivendo a maior parte á borda dos rios e dos lagos, ou nos pantanos, esta conformação especial favorece-lhes o entrarem n'agua e caminharem no lodo atoladiço, onde abunda o alimento que lhes convém. O pescoço é geralmente delgado e longo, em harmonia com o comprimento das pernas. Teem tres ou quatro dedos, livres ou reunidos por uma membrana curta.

São as pernaltas, na sua maior parte, aves d'arribação, e n'alguns pontos do globo é consideravel o numero das que vivem á beira dos rios e nos pantanos, numero que se é grande n'alguns pontos da Europa, cresce enormemente nas proximidades do Equador.

«Nada conheço mais attrahente, mais bello, do que os terrenos alagadiços da Hungria, com as suas aves, e onde ha tanto a notar o numero d'individuos, como a variedade das especies. Observem primeiramente as aves ribeirinhas e dos pantanos n'algum museu, e em seguida figurem-n'as todas reunidas, com os seus matizes, umas brancas de neve, côr de palha, ou pardas, outras negras, amarellas doiradas ou côr de purpura, com a cabeça ornada de poupas ou de pennachos, variando na altura das pernas, e todas correndo, trepando, nadando, mergulhando, voando, vivendo emfim. Déem a este quadro por fundo o azul do firmamento ou a côr verde das campinas, e hão de concordar commigo que tal população alada deve apresentar um espectaculo realmente surprehendente» (Baldamus).

«Levado por forte viração do norte, vogava o meu barco por sobre as ondas escuras do Nilo, percorrendo diariamente 150 kilometros pelo menos, e durante tres dias, nas duas margens do rio e nas ilhotas, pude observar uma fila nunca interrompida de pernaltas, umas em repouso, outras correndo, pescando ou banhando-se. Não eram menos de cincoenta as especies que eu alli vi, e de cada uma os individuos eram ás centenas de milhares. Nas lagoas ou nos pantanos, onde as aguas da chuva ou das inundações se estagnavam, havia em volta bandos numerosos d'estas aves, na proporção dos individuos.

Para o habitante dos paizes do norte, que nunca teve ensejo d'observar tão grandes agglomerações, custa-lhe a acreditar na sua existencia; mas quem d'ellas foi testemunha, vé-se obrigado a confessar que as palavras lhe escasseiam para poder exactamente descrevel-as. Por mais que lhes queira avaliar o numero, pelo maximo, ficará sempre áquem da verdade.

O mesmo se dá na Asia, e nas Americas Central e Meridional. O viajante que sobe algum dos grandes rios da India, de Malaca ou de Sião, fica antes de tudo absorto ao contemplar as esplendidas flores brancas que ornam as arvores, e sobe de ponto o seu espanto quando, ao aproximar-se, conhece que são flores animadas, e que tem diante dos olhos milhares de pernaltas empoleiradas nas arvores.

Ao redor dos lagos agglomeram-se quantidades innumeras d'estas aves, formando filas cerradas que se prolongam na extensão de muitas milhas» (Brehm).

«Entre as pernaltas encontra-se a caça mais estimada, capaz de fazer crescer agua na bocca ao mais acabado gastronomo ; bastará citar a gallinhola, a narceja, a batarda, etc. Das especies cuja carne não tem valor culinario, ha algumas que se tornam notaveis pela belleza da plumagem, que ás nossas damas fornece lindos atavios, e d'estas citaremos o avestruz e o marabú.

Fóra dos caracteres acima referidos, por serem communs ás aves d'esta ordem, nos outros não existe paridade. Na fórma do bico, mediocre ou largo, por vezes furtando-se a qualquer descripção, tão singular é a sua conformação, na plumagem, na fórma das azas, no tamanho, são tão grandes as differenças, que autorisam o desdobramento da ordem em algumas outras, como fazem alguns naturalistas.

Ha principalmente um grupo bem distincto, que por alguns dos seus caracteres se separa não só das pernaltas em geral, como tambem do commum das aves, formado de varias especies, que tendo azas, são estas todavia tão atrophiadas, que lhes não permittem voar, e só lhes servem para auxiliar as pernas longas, robustas, dotadas de enorme força muscular, dando-lhes os meios de correrem com extraordinaria rapidez.

Muitos naturalistas estabelecem com este grupo uma ordem independente, com o nome de *Brevipennes*, denominação que recorda a curteza das pennas das azas, que lhe não permitte o vôo. *Pernaltas corredoras* é uma denominação que bem lhes cabe, e que nós lhes daremos estabelecendo uma divisão n'esta ordem, para até certo ponto separar estas aves do resto das pernaltas, sem todavia nos embrenharmos em largas dissertações de classificação ; porque, como já dissemos, o nosso fim principal é a descripção das especies, sem querer todavia passar em silencio estes conhecimentos importantes.

AS PERNALTAS CORREDORAS

Este nosso grupo corresponde á primeira familia da ordem das pernaltas, os *brevipennes*, segundo a classificação de Cuvier. Entram n'esta familia seres bem extraordinarios. Custa-nos a admittir que possa haver aves que não voem ; mas finalmente assim é, e as pernaltas corredoras, privadas d'este meio de locomoção, vivem constantemente no solo. O sterno d'estes animaes, em harmonia com a carencia d'azas aptas para voar, não tem a procminencia que se encontra no das outras aves : é chato.

Accrescentemos, porém, que se estas aves em razão da atrophia das azas não podem voar, não tendo remiges nem rectrizes, sendo as pennas desbarbadas e como que pelludas, possuem em compensação pernas musculosas, extremamente desenvolvidas, muito robustas, com dois, tres ou quatro dedos, conforme os generos, que lhes permittem correr com extraordinaria rapidez. São na maioria grandes aves, as maiores de toda a classe, e dotadas de notavel vigor.

Vivem as pernaltas corredoras na Africa uma especie, tres na America, e nove na Oceania, não se encontrando nenhuma na Asia nem na Europa.

Daremos em seguida a descripção das especies principaes comprehendidas n'esta divisão.

O AVESTRUZ

Struthio camelus, de Linneo — *L'autruche*, dos francezes

Caso seja possivel, no dizer de Brehm, comparar dois animaes de classes diversas, póde-se dizer que o avestruz é o camelo transformado em ave. E tantos são os caracteres communs nos dois animaes, que aos antigos não escapou esta similhança. São ambos verdadeiros filhos do deserto, e de ambos a estructura e as faculdades especiaes tornam-n'os aptos para alli viverem.

O avestruz tem o corpo volumoso, a cabeça calva e callosa, o pescoço comprido e nu, relativamente delgado ; bico mediano, direito, obtuso e arredondado na ponta, olhos grandes e vivos, pernas compridas e robustas, terminando em dois dedos; as azas muito curtas, formadas de pennas macias e muito flexiveis, a cauda em fórma de pennacho.

O macho tem a plumagem do tronco negra carvão, a das azas e da cauda branca luzidia, o pescoço vermelho, as coxas côr de carne, o bico avermelhado. Mede 2ᵐ,60 d'altura, e pesa aproximadamente 75 kilogrammas.

Conhece-se uma unica especie do genero *Struthio*, a citada, muito frequente no interior da Afıica.

Desde a mais remota antiguidade que esta ave é conhecida, e tanto que Moisés prohibiu aos hebreus o uso da carne do avestruz como de animal immundo. N'esta conta não a tiveram os romanos, que a estimavam, e conta-se que o imperador Heliogabalo em certo festim apresentara aos seus convivas um prato de seiscentos miolos de avestruz, que ainda mesmo n'aquelles tempos custariam dezenas de contos de réis, da nossa actual moeda. Certos povos da Africa ainda hoje comem a carne e os ovos d'esta ave, e teem a gordura em grande conta, não só para tempero, mas tambem como especifico para as feridas e mordeduras venenosas, e usam-n'a em fricções contra as dôres rheumaticas.

O avestruz é sociavel e vive em bandos, formados por vezes de muitas centenas d'individuos, e na época das nupeias encontra-se em familias compostas d'um macho e de tres ou quatro femeas. Encontram-se estas aves frequentemente d'envolta com as manadas de zebras e de coaggas.

E' surprehendente a rapidez com que o avestruz corre, rapidez que excede a do melhor cavallo. Brehm conta que na sua viagem a Bahiuda, atravessando a cavallo uma planicie arenosa, viu as pégadas dos avestruzes cruzando-se em todas as direcções, variando de largura conforme o animalia a passo ou a trote, marcando no primeiro caso a distancia de 1ᵐ,30 a 1ᵐ,60 entre si, e no segundo 2ᵐ,30 a 3ᵐ. Anderson affirma que o avestruz vendo-se perseguido póde fazer uma milha ingleza em meio minuto aproximadamente. Com o pescoço estendido para a frente, agitando as azas, e os pés mal tocando o solo, é certo que o avestruz vence o melhor cavallo de corridas,

e, segundo affirmam varios escriptores, pode sustentar esta carreira violenta por espaço de oito a dez horas.

Admittindo-se um calculo de Gosse, chega-se a um resultado realmente espantoso. Diz este escriptor que n'umas corridas em Argel em 1864, um cavallo arabe, que obteve o premio, percorreu em 59 minutos e 16¡segundos 28 kilometros, os quaes o avestruz, sem exagero, faria em menos tempo. Suppondo que fosse em 59' e 10'' ou 28 kilometros e 394 metros n'uma hora, daria 227 a 281 kilometros nas oito ou dez horas que, como acima dissemos, este animal póde correr sem descanso.

O ouvido e a vista são no avestruz amplamente desenvolvidos, principalmente a visão, sendo concordes, todos os que o teem observado, na affirmação de que o animal pode ver os objectos a duas leguas de distancia, conseguindo divisar o inimigo muito antes de que este possa de leve suspeitar a sua presença. O cheiro e o gosto, porém, são muito pouco desenvolvidos, e só assim se explica que o avestruz tome egualmente no bico tudo quanto lhe appareça. No estado livre engole pedras de certo volume, e o avestruz captivo atira-se a tudo quanto encontra no solo e possa engolir : pedaços de tijolo, vidros, ferro, bocados de estofo, tal como faria a um pedaço de pão. Ha ainda quem se recorde d'uma aventura de que foi victima um morador de Saint-Quentin, conta Gosse, que indo a uma exposição de avestruzes, teve a imprudencia de se aproximar demasiadamente d'uma d'estas aves, sem receio pela bella corrente de oiro a que levava seguro o relogio, desapparecendo ambos n'um abrir e fechar d'olhos no esophago do animal.

O avestruz alimenta-se principalmente de substancias vegetaes mas come tambem insectos, molluscos, reptis, e até pequenos mamiferos e aves. Diz-se, mas é falso, que o avestruz não bebe ; posto que possa passar dias sem beber. Quando assim acontece, por não encontrar agua, faz grandes marchas em procura d'ella, e bebe com tal prazer que chega a olvidar a sua prudencia usual deixando-se aproximar pelos caçadores a tiro d'espingarda.

E' notavel a força muscular do avestruz : os domesticos levam com facilidade, á imitação do cavallo, um homem montado, ou carregam fardos.

Os imperadores romanos apresentavam nos circos, para diversão do povo, avestruzes montados, e já um certo Marcus Firmus, tyranno que no seculo iii reinou no Egypto, os empregava em seu serviço. Os negros n'alguns pontos da Africa servem-se frequentemente d'estas aves montando-as.

Uma pancada dada pelo avestruz com um dos pés põe fora de combate qualquer dos animaes que percorrem o deserto, e Eduardo Verreaux diz ter visto morrer um negro derrubado pela patada d'um avestruz.

O ninho d'estas aves tem por vezes mais d'um metro de diametro, e consiste n'uma simples escavação feita na areia, protegida por um pequeno muro formado pela areia extrahida do solo, onde as femeas que compõem a familia fazem a postura, perfazendo um total que varia de quinze a trinta ovos. Não os ha maiores, e pesa cada um 1 ¹/₂ a 2 kilogrammas, equivalente a 24 ou 25 ovos de gallinha. Seja dito de passagem que são saborosos, bastando um para farto almoço de duas pessoas. Em volta do ninho apparecem ovos que não são desti-

Gr. n.º 373 — O avestruz

nados á incubação, parecendo, na opinião d'alguns observadores, postos de banda para servirem mais tarde de primeiro alimento aos pequenos avestruzes.

Dura a incubação d'ordinario seis a sete semanas, e é quasi exclusivamente feita pelo macho, que cobre os ovos apenas de noite, abandonando-os por muitas horas durante o dia, mas cobrindo-os primeiramente d'areia, pois é sufficiente o sol ardente d'aquellas regiões para conserval-os no grau conveniente de temperatura.

Os pequenos nascem cobertos de pennugem, podendo desde logo correr e pro-

ver ás suas necessidades, o que não obsta a que o pae tenha por elles os maiores desvelos, defendendo-os, e pondo em pratica a astucia para salval-os.

«Tão depressa nos avistaram, conta Anderson falando d'uma familia d'avestruzes, pozeram-se em fuga, as femeas na frente, depois os pequenos, e por ultimo, a certa distancia, o macho: Era commovente observar a solicitude dos paes. Vendo que nos aproximavamos, o macho mudou subitamente de direcção; mas observando que o não seguiamos, apressou a carreira, deixou pender as azas que quasi tocavam no solo, andou em volta de nós descrevendo circulos que a pouco e pouco se estreitavam, até que veiu passar a distancia d'um tiro de pistola. Então deixou-se cair, imitando os modos d'uma ave gravemente ferida, no acto de diligenciar erguer-se a todo o custo.

Atirei-lhe, e quando esperava encontral-o ferido, ao adiantar-me para elle, vi que o mal não passava d'um bem preparado ardil, e á maneira que me aproximava o avestruz ia levantando-se a pouco e pouco, pondo-se por ultimo em fuga, indo reunir-se ás femeas que em companhia dos pequenos haviam ganho consideravel dianteira.

Livingstone diz haver encontrado niuhadas d'avestruzes conduzidas pelo macho, que se fazia coxo, com o fim de chamar sobre si a attenção dos caçadores.

Como seja difficil alcançar o avestruz na carreira, embora o caçador vá bem montado, usa este do seguinte processo. Persegue-o a distancia durante um ou dois dias, sem se apressar muito, mas não lhe permittindo tomar alimento, e quando o julga bastante fatigado e esfaimado vae sobre elle a todo o correr, aproveitando a circumstancia d'estas aves nunca fugirem em linha recta, descrevendo curvas mais ou menos extensas, para seguirem a corda do arco, e por este estratagema repetido muitas vezes consegue aproximar-se gradualmente a curta distancia da presa. Uma vez alcançado este resultado, atira o cavallo a todo o galope, direito ao avestruz, e á paulada ou com um peso de ferro seguro a uma corda consegue derribal-o, evitando quanto possivel fazer-lhe sangue, para não manchar as pennas.

Não obstante a sua enorme força, dotou a natureza o avestruz de genio tão pacifico, e é naturalmente tão inoffensivo, que facil é domestical-o; e sendo apanhado novo não é menos docil e domestico que os nascidos de paes captivos. Em África criam-se estes animaes para regalo ou para lhes haver as pennas da cauda e das azas, flexiveis e ondeadas, que se n'outro tempo serviram para adorno dos bravos, que as punham nos capacetes ou nos turbantes como signal de se haverem distinguido por altos feitos, hoje fazem parte dos atavios das damas, ornando muitos objectos do seu uso.

A EMA

Struthio americanus, de Linneo—Le nandou d'Amerique, dos francezes

E' esta a especie mais conhecida do genero *Rhea*, e na America as emas representam o avestruz, com os quaes teem grandes analogias na sua organisação, differindo porém em varios caracteres. As emas são mais pequenas, teem o bico maior, e tres dedos para a frente armados d'unhas direitas e robustas. As azas são ainda mais curtas que as do avestruz, sem remiges, e terminando n'um appendice corneo ; a cauda nulla, o alto da cabeça, a garganta e o pescoço cobertos de pennugem, uma parte das faces nua.

A plumagem é negra no alto da cabeça, parte superior do pescoço, nuca e parte anterior do peito ; o centro do pescoço amarello, a garganta, faces e lados do pescoço côr de chumbo claro, o dorso, lados do peito e azas cinzentas, a parte inferior do corpo branca suja ; bico pardo atrigueirado, pés pardos.

O macho mede 1^m,65 de comprimento ; a femea é mais pequena.

Vivem as emas nos pampas da America Meridional, no Brazil, no Paraguay, no Peru, e na Patagonia.

Preferindo as grandes planicies, não se encontram nas florestas virgens nem nos sitios montanhosos, frequentando das primeiras as que se cobrem de herva fornecendo-lhes farto alimento. Vive o macho com cinco ou seis femeas, pouco mais ou menos, e fóra da epoca das nupcias as familias reunindo-se formam bandos de sessenta individuos e mais, que se véem pastar em certas epocas de companhia com as manadas de bois, de cavallos e de carneiros, que frequentam os mesmos sitios.

Não cede a ema ao avestruz na velocidade com que corre, e vence o melhor cavallo. Quando a perseguem são tão rapidos os seus movimentos que não é possivel distinguir-lhe os passos, avançando cada um 1^m,60.

Alimentam-se estas aves, como dissemos, da herva que pastam nas extensas campinas onde anda o gado, e em certas épocas de sementes e insectos. Na destruição das sementes, na maior parte de plantas espinhosas, nocivas ao gado, prestam serviço aos creadores. Os naturaes affirmam que a ema devora, além dos insectos, pequenos reptis e cobras.

As emas não differem dos avestruzes na maneira de formar o ninho e na incubação. Como os d'aquelles, o ninho consiste n'uma escavação pouco profunda feita no solo, em sitio secco, rodeada pelos cardos ou escondida entre a herva, c ahi põem as femeas os ovos. Affirma Azara que por vezes se encontram n'um só ninho setenta a oitenta ovos, encarregando-se da incubação tamsómente o macho, emquanto as femeas vagueiam pela vizinhança. Os pequenos, que nascem d'or-

dinario no principio de fevereiro, crescem rapidamente, e em quinze dias attingem 0ᵐ,50 de altura. Durante um mez acompanham o pae, e as femeas veem successivamente reunir-se a elles.

A ema é muito docil, e com a maior facilidade se domestica. Creada de pequena pelo homem, habitua-se a viver nas habitações, correndo pelas ruas ou no campo, mas regressando sem falta a casa do dono. Acostuma-se ao clima da Europa, e aqui se multiplica, alimentando-se de carne crua.

A carne da ema adulta é pouco sabo-

Gr. n.º 374 — A ema

rosa, posto que seja estimada pelos indios; mas a dos individuos novos é pelo contrario agradavel e excellente alimento. Os ovos são estimados pelos indigenas, e um vale bem por quinze de gallinha ; utilisam-lhe porém apenas a gema, porque a clara não tem bom gosto. Das pennas maiores fazem pennachos e das mais pequenas espanadores.

O CASOAR

Struthio casuarius, de Linneo—*Le casoar á casque,* dos francezes

O casoar, tendo certa analogia com o avestruz, differe o bastante para formar

um genero áparte, e para certos naturalistas uma familia diversa. Distinguem-se os casoares dos avestruzes pelo tamanho, meio termo entre estes e as emas ; pelo bico curvo na ponta, a cabeça ornada com um appendice osseo, pescoço curto e grosso, azas ainda mais curtas que as do avestruz, até mesmo inuteis como auxiliares na carreira, tendo cinco hastes arredondadas, sem barbas, similhantes a compridos espinhos ; tres dedos para a frente, tendo a unha do interno o dobro do comprimento das outras. O corpo mais parece coberto de pellos, as barbas das pennas são asperas, curtas, e pouco bastas.

A especie citada é negra, com a cabeça, as faces e uma parte do pescoço calvas, tendo este na frente um ou dois appendices carnudos, azues, esverdeados, vermelhos e côr de violeta ; bico negro, pés d'um pardo amarellado.

Vive nas ilhas Molucas, em Java e em Sumatra, sendo bastante commum nas florestas da ilha de Ceylão.

O casoar é timido e bravio, habita as florestas mais espessas onde se esconde por tal fórma que é difficil podel-o observar no estado livre, motivo por que os seus habitos são pouco conhecidos.

Os que vivem nos jardins zoologicos da Europa, onde se tem conseguido a sua multiplicação, conservam-se sempre bravios e maus, não só para os homens como para os outros animaes, e arremessando-se-lhes buscam maltratal-os com o bico ou com as azas, armadas de cinco espinhos agudos, dos quaes o do centro tem $0^m,30$ de comprimento.

Na formação do ninho e no modo da

Gr. n.º 375 — O casoar e o casoar da Australia

incubação, os casoares não differem muito dos avestruzes, e é tambem o macho que se encarrega de chocar os ovos.

São herviboros, mas parece não desdenharem as substancias animaes, e Figuier diz que um que viveu no Museu de Historia Natural de Paris acceitava tudo quanto lhe davam : pão, fructos e legumes, e bebia 4 a 5 litros d'agua por dia.

A carne do casoar não é boa, e sob nenhum outro ponto de vista esta ave pode considerar-se util.

O CASOAR DA AUSTRALIA

Dromœus Novae Hollandiae, de Linneo.—*Le casoar d'Australie, dos francezes*

Differe esta especie da antecedente, formando o genero *Dromœus*. O casoar da Australia tem o todo do avestruz, mas é mais refeito ; tem o pescoço mais curto e as pernas menos longas, o bico direito e muito comprimido aos lados, e tres dedos para a frente armados d'unhas vigorosas. Não tem, á similhança do ca-

Impresso por Lallemant Frères, Lisboa.

O APTERIZ

soar da especie antecedente, appendices na cabeça, ou no pescoço, nem espinhos nas azas, sendo estas muito pequenas e sem remiges.

As pennas apresentam o caracteristico singular de nascerem do mesmo bolbo duas hastes, excessivamente flexiveis, com barbas muito frouxas.

A plumagem é trigueira, escura na cabeça, no meio do pescoço e no dorso, e mais clara no ventre; o bico escuro e os pés trigueiros claros. Mede 2^m d'altura, aproximadamente.

Eram outr'ora estas aves numerosas nas florestas de eucalyptos da Nova Galles do Sul, e d'ahi o homem as tem desalojado obrigando-as a retirar-se para onde estejam mais ao abrigo dos seus ataques.

Vigoroso e excellente corredor, fazendo frente com vantagem aos cães que os caçadores lhe lançam na pista, estes receiando-se das vigorosas patadas que o casoar lhes atira, o atacam de frente agarrando-o pelo pescoço. O casoar da Australia é todavia docil, amansa-se facilmente, e até mesmo affeiçoa-se ao homem.

Os habitantes da Australia comem a carne do casoar como os africanos a do avestruz e na America do Sul a da ema. E' tida por boa, comparada á do boi, um pouco mais doce, e a dos individuos novos conhecida por muito saborosa.

D'esta especie teem vindo para a Europa diversos individuos que, acclimando-se facilmente, se multiplicaram sem custo. E' simples o regimen, composto principalmente de substancias vegetaes: sementes, plantas verdes e fructos.

O APTERIZ

Apterix australia, de Shaw — *L'apteriz austral,* dos francezez

Apteriz, palavra formada de duas gregas, quer dizer *sem azas,* e a especie citada appellidam-n'a os naturaes da Nova Zelandia, onde habita, *kivikivi.*

Á primeira vista parece não haver analogia entre os apterizes e as pernaltas corredoras de que temos falado, sendo aquelles consideravelmente mais pequenos, pois não excedem o tamanho d'uma gallinha, com o bico muito longo e estreito á maneira do da gallinhola, e os tarsos curtos, com quatro dedos livres; mas as azas são apenas um pequeno côto,

sem remiges, e a cauda nulla, caracteres que lhes dão cabida entre os *brevipennados,* ou pernaltas corredoras. Teem a plumagem trigueira ferruginosa.

São os apterizes aves nocturnas, que durante o dia se occultam em cavidades abertas no solo, p eferindo as raizes das grandes arvores para sob ellas se esconderem, e saindo tamsómente de noite em busca d'alimento. Vivem aos pares, correm e saltam com surprehendente rapidez, e alimentam-se de insectos, larvas, vermes, e sementes de diversas plantas.

A femea põe unicamente um ovo, no solo, n'uma escavação por ella preparada sob as raizes das arvores, encarregando-se da incubação.

Pode o apteriz viver captivo, ainda mesmo na Europa, como o provam alguns exemplos.

AS PERNALTAS VOADORAS

Esta divisão, que estabelecemos para separar as pernaltas propriamente ditas das aves de que acabamos de falar, ás quaes falta a faculdade de voar, comprehende numerosas especies que differem sobremaneira uma das outras: ha-as pequenas e grandes, com o corpo refeito ou delgado, de bico curto ou comprido, azas agudas ou obtusas, pernas mais ou menos curtas, e correspondendo a estes diversos caracteres habitos e regimens os mais diversos. Todas possuem, porém, a faculdade de voar, algmas com notavel velocidade, remontando a grande altura, mas outros voam com custo, e ao inverso das aves de que nos temos ocenpado, que encolhem as pernas sobre o ventre quando voam, estas estendem-n'as para traz.

Esta diversidade de caracteres faz com que este grupo das pernaltas se divida em grande numero de familias, ricas em generos. Só d'estes faremos menção em harmonia com o nosso programma, á medida que tratarmos das especies principaes.

A BATARDA

Otis tarda, de Linneo—*La grau de outarde,* dos francezez

A batarda é a especie typo do genero *Otis,* que para alguns naturalistas deve ser comprehendido na ordem dos gallinaceos e que outros reunem ás pernaltas. O bico da batarda e dos seus congeneres é bastante similhante ao do gallo e do perú, mas as pernas alongadas e parte nuas, á maneira das da cegonha, são caracteres que teem determinado a sua entrada na ordem das pernaltas.

O corpo das batardas é refeito, o pescoço e as pernas longas, as azas curtas e concavas, os dedos curtos e o pollegar nullo. Teem o vôo pesado e difficil, e as azas servem-lhe no maior numero de vezes para augmentar a grande velocidade com que correm. Os machos adultos teem a base da mandibula inferior guarnecida aos lados por um tufo de pennas estreitas mais ou menos alongadas.

A batarda tem a cabeça, a parte superior do peito e uma parte do lado superior das azas pardas cinzentas claras, a plumagem do dorso loira, raiada transversalmente de negro ; a da nuca ruiva, a do ventre branca suja ou branca amarellada : as rectrizes externas quasi brancas e as restantes d'um vermelho arrnivado com uma mancha branca na extremidade e precedida d'uma faxa negra ; as remiges pardas escuras ; as pennas que

Gr. n.º 376 — A batarda

lhe guarnecem a mandibula inferior do bico são compridas, estreitas e brancas pardaças, o bico annegrado e os pés pardos. Mede 1^m,08 a 1^m,16 de comprimento.

Esta especie encontra-se em quasi toda a Europa, na Africa e na Asia, sendo nas vastas planicies d'esta ultima parte do mundo, e da Europa, na Hungria e na Russia central, onde se encontra mais numerosa.

No nosso paiz frequenta a provincia do Alemtejo e o Ribatejo.

Prefere a batarda os campos onde se cultivam cereaes, e posto que viajem em bandos numerosos, é certo que nunca saem álem d'um espaço limitado. É prudente e cautelosa, só frequentando os campos descobertos, onde póde observar a grande distancia em redor quem lhe possa ser suspeito, e basta qualquer mudança havida nos sitios onde costuma pastar, uma cova que ahi se faça de novo, para dispertar a sua attenção e pôl-a de sobreaviso.

O andar da batarda é vagaroso e compassado, dando-lhe um certo ar magestoso ; mas se necessario fôr corre com tal rapidez, que difficilmente poderá um cão alcançal-a. Quando vôa, diz Brehm, conhece-se pelo pescoço deitado para a frente.

as pernas lançadas para traz, e o tronco um tanto inclinado na mesma direcção.

A batarda alimenta-se de plantas verdes e de sementes, e as pequenas d'insectos e larvas que a mãe lhes dá, e só mais tarde, quando já podem prover á sua subsistencia, começam a sustentar-se de substancias vegetaes.

O ninho da batarda é uma simples escavação feita na terra, tapisada de hervas seccas, occulta entre o trigo ou no meio da herva alta, onde a femea põe dois ou tres ovos, mais ou menos alongados, com manchas trigueiras avermelhadas sobre fundo verde-azeitona claro. Não é sem as maiores cautelas que a batarda se abeira do ninho, quasi de rojo, com o pescoço estendido, e assim vae atravessando por entre o trigo sem ser vista, agachando-se mal enxerga alguem. Se o inimigo avança, vôa e vae pousar perto, entre as hervas, para então se escapar correndo. Se lhe tocam no ninho abandona os ovos, e basta para isso, ás vezes, que lhe passem repetidas vezes por ao pé.

Nos dias de vento, quando o rumor do trigo a impede de ouvir os passos, póde a batarda ser surprehendida e levantar-se apenas a alguns passos do caçador, e n'este caso ainda que consiga fugir nunca mais regressa ao ninho, a não ser que os pequenos estejam a ponto de sair dos ovos.

Dura a incubação trinta dias aproximadamente, e os pequenos nascem cobertos de pennugem lanosa, trigueira manchada de negro. Dá-lhes a mãe os maiores desvelos, rodeando-os de tantos cuidados que para salval-os arrisca a vida buscando attrahir a attenção do caçador, afastando-o do logar onde se escondem agachados no solo, com o qual se confundem na côr, e regressando para elles tão depressa consiga escapar ao inimigo commum.

A batarda, timida e precavida como já vimos, não é presa facil do caçador, embora a sua excellente carne, cujo valor augmenta pela grandeza da ave, se torne bem desejada.

Podem-se crear estas aves apanhando-as de pequenas, porque as adultas não resistem á perda da liberdade, ou dando os ovos a chocar ás gallinhas ou ás peruas. Nos primeiros tempos dá-se-lhes a comer carne picada e vermes, e mais tarde hervas e sementes ; e como a humidade lhes seja muito nociva, é preciso tel-as em sitio secco e abrigado.

O CIZÃO

Otis tetrax, de Linnéo — *L'outarde cannepetiére*, dos francezes

Outra especie do genero *Otis* é o cizão, que para alguns autores forma genero á parte, fundados nas seguintes differenças entre esta ave e a batarda. O cizão não tem o tufo de pennas na base da mandibula inferior, o bico é mais longo e delgado, e finalmente por caracteristico tem na parte inferior do pescoço uma especie de colleira que o animal póde erguer á vontade.

O macho tem o pescoço negro, a colleira branca em aspa, descendo dos ouvidos até á garganta ; no alto do peito uma meia-colleira mais larga da mesma côr ; as faces pardas escuras ; o alto da cabeça amarello claro manchado de trigueiro ; a parte superior do corpo loira clara transversalmente malhada e ondeada de negro; as extremidades das azas, as coberturas da cauda e o ventre brancos ; as remiges trigueiras escuras ; as rectrizes brancas atravessadas proximo das extremidades por duas faxas escuras ; bico claro com a extremidade negra, pés amarellos desvanecidos. Mede 0,^{m}50 a 0,^{m}53 de comprimento.

A femea é mais pequena e differe do macho no colorido da plumagem.

Habita o cizão em quasi todos os paizes da Europa, para onde emigra em épocas certas, e no nosso paiz frequenta os mesmos sitios que a batarda.

O cizão, diz Brehm, emigra de Hespanha no verão para regressar na primavera seguinte. Nas suas emigrações atravessa os paizes cortados pelo Atlas, celebre cadeia de montes da Africa Septentrional, onde é possivel alguns passarem o inverno.

Nos habitos é esta ave muito similhante á batarda, e Nordmann, citado por Brehm, diz que um dos habitos naturaes que distingue estas duas aves é o do cizão ao vêr-se perseguido não levantar o vôo immediatamente, porque, agachando-se no solo, só vôa quando vé o inimigo proximo, batendo as azas rapidamente e seguindo em linha recta a pouca altura do terreno. Corre com rapidez notavel, e o homem não consegue alcançal-o.

O cizão alimenta-se de substancias vegetaes e animaes, e d'estas principalmente : vermes, insectos e larvas.

Chegada a primavera lutam os machos

20

pela posse das femeas; os mais fortes põem em debandada os mais fracos, e a cada um dos primeiros fica pertencendo um certo numero d'ellas. Estas fazem o ninho n'algum buraco que encontram ou preparam no solo, e ahi põem quatro ou cinco ovos, eguaes em tamanho aos da gallinha, trigueiros ou verdes-azeitona, com manchas trigueiras avermelhadas, mais ou menos pronunciadas.

A carne do cizão é excellente, e Brehm diz não ser inferior ou pouco á do faisão. Posto que não seja commum vér estas aves captivas, o exemplo de algumas que como taes teem existido, prova que é possivel conserval-as n'este estado. A alimentação animal parece ser-lhes indispensavel, e diz um autor que ás que creara dava uma mistura de carne crua, pão e folhas de plantas proprias para salada, tudo isto cortado miudo.

Na parte mais septentrional da Africa, frequentemente em Marrocos, Argel e Tunis, vive uma especie da familia das batardas, cujas apparições são frequentes

Gr. n.º 377 — O cisão

em Hespanha, e que accidentalmente póde visitar o nosso paiz. Dar-lhe-he-mos o nome de *houbara*, nome arabe, que hoje serve para denominar o genero. E' a *otis houbara*, de Gmlin, e a *outarde houbara*, dos francezes.

Em muitos caracteres é similhante á batarda, e distingue-se d'ella principalmente pelos feixes de pennas soltas que tem no alto da cabeça, aos lados e na parte inferior do pescoço. As da cabeça são brancas e as do pescoço negras, e d'estas as superiores todas da mesma cór, as inferiores com o centro branco.

São similhantes nos habitos ás duas especies antecedentes, e no dizer de Bolle os individuos novos, não obstante serem sobremaneira timidos, são faceis de domesticar.

O ANDARILHO

Cursorius europaeus, de Latham. — *Le court-vite isabelle*, dos francezes

Na Africa Septentrional habita uma especie do genero *Cursorius*, que apparece em Hespanha, na Andaluzia, raras vezes, não se podendo affirmar que não venha, ainda que accidentalmente, ao nosso paiz.

Pela velocidade com que se move deram-lhe os francezes o nome de *court-vite*, e o seu nome generico *cursorius*, deriva-se d'esta circumstancia. A' falta de nome vulgar portuguez demos-lhe o de *andarilho*, que se nos afigura caber-lhe bem.

D'esta ave diz Brehm «que no seu todo tem alguma coisa de notavel para que se possa confundir. Correm, o macho e a femea, com uma rapidez incrivel, sempre longe do alcance da espingarda, a quinze passos aproximadamente um do outro. Emquanto vão na carreira, o corpo e as pernas movem-se com tal velocidade que não é possivel distingui-los; dir-se-hia um corpo sem pés movido por uma força invisivel.

Estaca de subito, olha em volta de si, apanha alguma coisa que observa no solo, e eil-o de novo a correr, podendo seguir horas inteiras sem que levante o vôo.»

O andarilho tem a plumagem isabel, tirante a avermelhada nas costas e a amarello no ventre ; a parte posterior da cabeça é parda azulada, e limitada por duas riscas uma branca e outra negra, que partindo dos olhos se dirigem para a nuca e formam uma mancha triangular ; o bico é annegrado e os pés amareilos desvanecidos. Mede $0^m,23$ a $0^m,25$ de comprimento.

E' o andarilho um verdadeiro habitante do deserto, e nos sitios mais aridos, arenosos e cobertos de pedras, onde o

Gr. n.º 378 — A perdiz do mar

solo mal alimenta aqui e acolá algumas escassas hervas, encontra-se esta ave. A plumagem confunde-se d'ordinario com a côr da areia do deserto, e só olho exercitado as distingue, aos pares, nos mezes de fevereiro a julho.

A femea construe o ninho entre pedras ou no meio d'um massiço de hervas, uma simples escavação no solo, onde põe tres ou quatro ovos. Alimentam-se estas aves d'insectos e vermes.

A PERDIZ DO MAR

Glareola pratincola, de Pallas — *La glareole à collier*, dos francezes

Esta especie do genero *Glareola* tem o bico curto e arqueado, mais largo do que alto na base e o inverso na extremidade; azas agudas mais longas do que a cauda e esta aforquilhada ; tarsos longos e delgados ; quatro dedos armados d'unhas quasi direitas e pontudas, sendo o medio e o externo unidos por uma pequena membrana.

A perdiz do mar tem a cabeça e o dorso pardos trigueiros ; o uropigio, a parte inferior do peito e o ventre brancos ; a garganta loira com uma linha circular trigueira ; as extremidades das rectrizes e das remiges negras ; bico côr de coral na base e negro no resto; pés trigueiros annegrados. Mede $0^m,28$ de comprimento.

Encontra-se na Europa nas costas do Mediterraneo, nas planicies que bordam o Danubio e o Volga e nas margens do mar Negro. Reunem-se alli as perdizes do mar em grande numero nos principios d'abril, e demorando-se algumas semanas partem em seguida para os diversos sitios onde vão aninhar. Frequentam o nosso paiz.

As perdizes do mar habitam a borda d'agua, sem comtudo ser este o seu elemento indispensavel, seja doce ou salgada. Correm velozes, agitando constantemente a cauda, e vôam com tanta facilidade e rapidez que só as andorinhas as egualam.

Na epoca das nupcias véem-se estas aves aos casaes, e fóra d'ella em bandos de centenas d'individuos, correndo ou voando, e dando caça aos insectos, ás larvas e aos gafanhotos que constituem o seu alimento.

No sul da Africa, diz Julio Verreaux havel-as observado na occasião da passagem dos gafanhotos, e que ellas acompanhavam o vôo e perseguiam aquelles insectos devastadores, e para a destruição dos quaes davam um bom contingente.

Aninham no solo, n'uma pequena escavação forrada de rastolho ou de raizes, onde a femea põe quatro ovos, côr de terra ou pardos esverdeados desvanecidos, com manchas pardas bem pronunciadas, e numerosas riscas ondeadas, cuja côr varia entre o amarello trigueiro e o negro carvão. A' imitação das outras pernaltas são muito affeiçoadas aos filhos, e defendem-n'os com risco de vida.

Parece confirmado o facto de que ferida uma perdiz do mar, todas as do bando correm para o sitio onde caiu, soltando grandes gritos. O ornithologista Crespon conta que um dia matou seis a seguir no mesmo sitio onde derribara uma, que ia correndo e gritando.

E' raro que se guardem estas aves em gaiola; mas é certo por alguns exemplos que são faceis de conservar-se captivas, dando-lhes insectos ou mesmo pão molhado em leite. Vivem bem com as outras aves e amansam-se facilmente.

O ALCARAVÃO

Charadrius œdicnemus, de Linneo — *L'œdicnéme criard*, dos francezes

Esta especie do genero *Oedicnemus* caracterisa-se pela cabeça muito grossa, olhos grandes, bico do comprimento da cabeça, grosso, triangular, levemente deprimido na base e comprimido nos lados; azas regulares e agudas que não alcançam a extremidade da cauda; tarsos longos, delgados, com dedos curtos e grossos, reunidos na base por uma membrana estreita, sendo o pollegar nullo.

D'este genero apenas a especie antecedente vive na Europa, encontrando-se as outras espalhadas no resto do globo. O alcaravão é commum em Portugal.

Tem a plumagem ruiva com malhas compridas trigueiras annegradas; duas riscas brancas uma por cima e a outra por baixo dos olhos, e a plumagem do ventre branca amarellada; remiges negras; rectrizes brancas aos lados e negras na extremidade; bico amarello na base e negro na ponta; tarsos amarellos desvanecidos. Mede $0^m,44$ a $0^m,47$ de comprimento.

«O alcaravão habita os campos desertos e as charnecas. No fim do outono emigra dos pontos mais septentrionaes e arriba ao meio dia da Europa ou a paragens na mesma latitude, regressando na primavera ás regiões que abandonara no outono. Dos paizes que bordam o Mediterraneo não emigra, e frequenta todo o anno o mesmo sitio, qualquer que seja, mas sempre deserto. Nas campinas de Hespanha, planicies medonhas que se afiguram mais aridas e inhospitas que o proprio deserto, nos sitios incultos das ilhas do Mediterraneo, no deserto propriamente dito, onde principiam as vastas charnecas, por toda a parte emfim se encontra o alcaravão como ave caracteristica. No Egypto vae até ao interior das cidades, e mesmo aninha nos telhados das habitações.

Qualquer que seja o sitio onde o alcaravão viva, e por mais variadas que sejam as suas condições, ha duas indispensaveis: poder estender a vista ao longe e ter escondrijo proximo onde acoitar-se se preciso fôr.

Pode-se dizer que no alcaravão tudo é notavel: a presença, os seus grandes olhos amarellos doirados, o andar, o vôo e o seu todo finalmente. É um amigo da solidão, ao qual pouco cuidado dá os seus similhantes. Não sabe o que seja confiança, e todo e qualquer animal lhe parece suspeito, se não perigoso...» (Brehm)

Alimenta-se o alcaravão exclusivamente de vermes, insectos, reptis, ratos, etc. Espreita os ratos campestres á maneira

do gato, e apanhando-os na carreira ati-
ra-lhes vigorosa bicada, e segura-os no
bico para bater com elles contra o solo e
quebrar-lhes os ossos, engolindo-os em seguida.

O ninho consiste n'uma simples escavação no solo, e a femea põe dois ou tres
ovos com o volume e a fórma dos ovos
da gallinha, amarellos desvanecidos com
manchas d'um pardo-ardosia, e sobre estas pronunciam-se outras manchas escuras ou trigueiras annegradas. Mal os pequenos nascem e estão enxutos, seguem os
paes e não regressam ao ninho.

Não é facil a qualquer aproximar-se do
alcaravão a tiro de espingarda sem despertar a sua attenção; d'aqui a difficuldade de o caçar e ainda mais de o apanhar
vivo. É raro encontrar esta ave captiva,
posto que não seja impossivel amansal-a,
e Naumann cita um alcaravão que havia
em casa de seu pae, do qual conta o seguinte :

«Davam-lhe pão molle molhado em
leite, e de tempos a tempos carne cozida e picada ; por vezes um verme, um
insecto, um ratinho, uma rã ou um ga-
fanhoto. Era raro que meu pae entrasse
em casa com as mãos vasias, e sabia-o
tão bem o alcaravão, que corria para a

Gr. n.º 379 — O alcaravão

porta tão depressa o via apparecer ; e se
não dava pela sua vinda, vinha á chamada, — *dick, dick* — e acceitava o que
meu pae lhe estendia na mão.

De tal sorte se havia affeiçoado ao dono,
que vinha agachar-se-lhe aos pés, e quando
elle entrava no quarto corria ao seu encontro, muitas vezes saudando-o com o seu
grito *dick, dick,* com o bico inclinado
para o chão, as azas abertas e a cauda
erguida em leque. Se meu pae estava
deitado ia pousar-lhe ao lado, olhando
para elle, e só parecia contente se lhe
falava.

Tinha boas qualidades, mas enxova-
lhava o quarto, circumstancia que o tornava pouco querido dos criados, aos
quaes o alcaravão por seu turno não era
affeiçoado, e d'elles se arreceava todas as
vezes que via entrar algum no quarto com
a vassoura na mão.»

O AVISADOR

Charadrius Ægyptius, de Linneo — *Le pluvian,*
dos francezes

Os arabes, cuja linguagem é sempre
metaphorica e ornada d'imagens, appellidam esta especie o *avisador do crocodilo,*
e *avisador* lhe chamamos nós á falta de
nome portuguez que designe esta curiosa
ave.

São realmente interessantes as suas relações com o terrivel habitante do Nilo, o crocodilo, relações que não eram desconhecidas dos antigos, e que por muito tempo passaram por fabula, hoje tidas por verdadeiras e affirmadas por escriptores de todo o credito. O naturalista Geoffroy Saint-Hilaire, que fez parte da commissão de sabios que acompanhou o general Bonaparte na expedição ao Egypto, n'uma memoria lida á academia das sciencias em 28 de janeiro diz o seguinte: «É absolutamente verdadeiro o facto de existir uma pequena ave que, voando continuadamente d'um para outro lado, se introduz na bocca do crocodilo em busca dos insectos que constituem a parte principal da sua alimentação.»

Ouçamos mais o distincto naturalista Brehm, testemunha presencial do facto.

«... O que os antigos viram pode ainda hoje observar-se, e bem cabe a esta ave o nome de *avisador* que lhe tem sido dado, porque realmente dá aviso não só ao crocodilo como tambem a outros animaes.

A nada é indifferente: um barco que vae rio abaixo, um homem, um mamifero, uma ave grande que se acerca, tudo a assusta e obriga a gritar. É astuta, tem intelligencia e raciocinio, e memoria surprehendente. Se parece não

Gr. n.º 380 — A tarambola

recear o perigo, é porque o conhece e sabe dar-lhe o seu justo valor.

Vive nas melhores relações com o crocodilo, não porque este tenha por ella grande estima, mas á sua prudencia e agilidade deve o saber escapar das aggressões do reptil. Habitando nos sitios onde o crocodilo vae dormir e tomar o sol, conhece-o e sabe viver com elle. Corre-lhe sobre a concha como o faria sobre a relva, devorando os vermes e as sanguesugas que alli adherem, e limpa-lhe a bocca, tirando não só os bocados de alimento que ficam presos entre os dentes, como tambem os animaes que se lhe agarram ás maxillas e ás gengivas. Vi-o eu, e por muitas vezes» (Brehm).

Digamos agora que o avisador é do tamanho de um tordo, preto na parte superior do corpo, com a garganta e o ventre brancos, e o peito e os flancos trigueiros ruivos desvanecidos; as remiges pretas com duas faxas brancas; bico negro e pés côr de chumbo claro.

A sua patria é o nordeste da Africa, nas duas margens do Nilo, a partir do Cairo.

A TARAMBOLA, ou DOIRADINHA

Charadrius pluvialis, de Linneo.— *Le pluvier doré*, dos francezes

A tarambola é a especie typo do genero *Charadrius*, e tem por caracteristicos, ella e os seus congeneres, a cabeça grossa, pescoço curto, bico mediocre, tendo raras vézes mais de metade do comprimento da cabeça; azas grandes e estreitas, cauda muito curta, tarsos delgados; tem tres dedos, sendo o pollegar nullo ou rudimentar.

Na tarambola o dorso é negro com pequenas malhas muito juntas, amarellas doiradas ; o ventre e o peito negros na primavera, e no outono tem o pescoço e o peito malhados de pardo amarellado, e o ventre branco ; rectrizes negras com faxas brancas na extremidade ; bico negro e pés pardos escuros. Mede 0ᵐ,28 de comprimento.

Do norte da Europa emigra a tarambola para os paizes do sul e para o norte da Africa, emigração que se faz em setembro, regressando do sul para o norte em março. E' frequente no nosso paiz.

A viagem fazem-n'a estas aves aos bandos, principalmente de noite ; de dia descançam e buscam alimento. São verdadeiros habitantes dos pantanos, e a agua é para elles um elemento indispensavel, não só para beber como para se banharem ; não passa um unico dia que não lavem e asseiem a plumagem. Nos pantanos, tão frequentes ao norte do globo, de todos os lados se ouve o grito melancolico e sentido da tarambola, e encontra-se aos pares, por familias, ou formando grandes bandos, segundo as estações.

E' uma ave viva, alegre e agil, correndo rapidamente e voando bem, e podendo, á maneira do pombo, transpór grandes disfancias. O seu alimento principal consiste em vermes e larvas ; come tambem peque-

Gr. n.º 381,— A lavadeira (macho e femea)

nos insectos e molluscos durante as viagens.

O ninho é feito no chão, bastando uma pequena escavação forrada d'algum rastolho secco para a femea pôr os ovos, amarellos azeitonados desvanecidos ou sujos, com desenhos trigueiros escuros e trigueiros avermelhados. Os pequenos abandonam o ninho no proprio dia em que nascem, e os paes tratam-n'os com grande carinho e dedicação.

A carne da tarambola é boa e geralmente estimada

A LAVADEIRA, ou BORRÈLHO

Charadrius curonicus, de Beseke—*Le pdit pluvier à collier,* dos francezes

Com o nome de *lavadeira* ou *borrêlho* frequentam o nosso paiz mais tres espe-

cies do genero *charadrius,* além da tarambola, e que o vulgo confunde n'uma só. São o *charadrius hiaticula,* de Linneo, *pluvier à collier,* dos francezes — *charadrius cantianus,* de Latham, *pluvier à collier interrompu,* dos francezes, e a especie que serve de epigraphe a este artigo, notaveis todas por uma colleira negra, mais ou menos completa, na parte inferior do pescoço.

A *lavadeira* da especie *charadrius curonicus,* commum em Portugal, é pequena: mede 0,ᵐ18 de comprimento. Distingue-se entre outros caracteres pelos olhos escuros com um circulo largo doirado e extraordinariamente brilhante.

Conta L. Figuier que outr'ora attribuiam-se aos olhos d'esta ave a propriedade de curar a itericia, sendo sufficiente que o doente os fixasse com inteira fé na cura, para d'esta sorte o mal o abandonar em proveito da côr dos olhos da ave.

Tem a lavadeira as faces, o alto da cabeça e as costas pardas; o peito e o ventre brancos; na fronte uma faxa negra e estreita com outra por cima mais larga e branca; a garganta negra e da mesma côr uma faxa que lhe cerca o pescoço; bico negro, pés avermelhados.

Esta especie pouco differe nos habitos da tarambola, e a sua historia é egual em muitos pontos á d'esta ave. Apenas transcreveremos o seguinte periodo que lhe diz respeito.

«Pelos habitos torna-se agradavel. Vive em paz com os séus similhantes, apenas alguma pequena rixa na epoca das nupcias, e tem á sua companheira e aos filhos viva affeição. Sempre que regressa para junto da familia, por pequena que haja sido a ausencia, sauda-a com os seus cantos e por certos movimentos apropriados.

Onde não a inquietam é confiante, mas as perseguições tornam-n'a timida e desconfiada. Até mesmo as que se apanham já adultas tornam-se mansas sem custo» (Brehm).

Gr. n.º 382 — O abibe ou abecuinha

O ABIBE, ou ABECUINHA

Tringa vanellus, de Linneo — *Le vanneau huppé*, dos francezes

Pertence esta especie ao genero *Vanellus*, caracterisado pelo bico mais curto que a cabeça, azas amplas, tarsos longos e delgados; tem quatro dedos, sendo tres para a frente e o posterior articulado tão alto que apenas a extremidade da unha toca no chão; na parte posterior da cabeça tem um martinéte de pennas estreitas e compridas.

O abibe tem o alto da cabeça, a parte anterior do pescoço, alto do peito e metade da cauda negros luzidios; o dorso verde com reflexos azues e purpurinos; os lados do pescoço, a parte inferior do peito, o ventre e a metade posterior da cauda brancos; bico negro e pés d'um vermelho escuro sujo. Mede 0,^{m}36 de comprimento.

A femea tem a poupa mais curta e o pescoço malhado de negro e branco.

Em muitos paizes da Europa estas aves arribam numerosas no fim de outubro, e partem nos principios de março em direcção ao norte, d'onde vieram. Frequentam o nosso paiz, onde são communs.

Habitam os pantanos e á beira das lagoas, e em geral todos os terrenos leves onde abundam os vermes, as larvas dos insectos e as lesmas. Nos campos lavrados de fresco, no outono, vê-se muitas vezes o abibe em busca dos vermes que a rêlha do arado põe a descoberto.

«Vivem os abibes em sociedade, e só ao chegar á patria, no verão, se separam em casaes, isolando-se então para se dedicarem á creação dos filhos. Põe a femea tres ou quatro ovos n'uma pequena depressão do terreno, entre a verdura, tapizada de hervas seccas, e os pequenos aos dezeseis dias de incubação saem do ovo e são conduzidos pela mãe para sitios mais escusos onde possam occultar-se.

E' vivissima a affeição que os paes teem aos filhos, e para defendel-os fazem-se mais que nunca audazes, recorrendo a mil astucias para enganar o inimigo. Se o pacifico carneiro no seu mister de pastar no campo se abeira do ninho do abibe, a femea com as pennas eriçadas e as azas abertas, investe com elle gritando, agitando-se, e d'ordinario consegue amedrontar o estupido ruminante.

O pae e a mãe vão direitos ao homem com uma coragem realmente heroica, e o primeiro diligenceia enganal-o remontando e soltando no ar a sua canção d'amor.

Para os carnivoros emprega a mãe a astucia, e faz por attrahil-os para o seu lado, o que em geral consegue. São mais para receiar os carnivoros nocturnos, e como nenhum outro o raposo, ao qual não é facil enganar» (Brehm).

«A carne do abibe é excellente, mas

Gr. n.º 383 — O vira-pedras

não em todos os mezes do anno: só nas proximidades da festa de Todos os Santos adquire as suas boas qualidades, sendo n'essa epoca que se deve comer.

Fóra d'esse tempo, na primavera, é caça reles, e está explicada a razão porque a egreja permitte o seu uso durante a quaresma, pois realmente não ha alimento mais *magro*» (Figuier).

Os ovos, diz ainda este escriptor, teem excellente gosto, e ha paizes onde d'elles se faz um commercio importante, especialmente na Hollanda. Devemos accrescentar que n'este paiz abundam os abibes como em nenhum outro.

«Estas aves captivas, principalmente se as apanharem ainda novas, são bastante interessantes. Domesticam-se rapidamente, aprendem a conhecer o dono, seguem-n'o, veem comer á mão, e vivem até nas melhores relações com os gatos e os cães, ganhando certa autoridade sobre as outras pernaltas suas companheiras.

A principio alimentam-se de vermes, e a pouco e pouco habituam-se a comer pão. E' possivel conserval-as muitos annos, se durante o inverno estiverem em sitio abrigado» (Brehm).

O VIRA-PEDRAS

Tringa interpres, de Linneo — *Le tourne-pierre á collier*, dos francezes

Encontra-se no nosso paiz esta especie do genero *Strepsilas* como ave d'arribação, posto que não seja commum como as especies antecedentes. O nome de *vira-pedras* que lhe démos, e por que vulgarmente a conhecem os francezes, *tourne-pierre*, e os inglèzes *turn-stone*, deve-o ao meio singular que emprega para obter o alimento : com o auxilio do bico, que lhe serve d'alavanca, levanta as pedras e os seixos, para devorar os insectos e vermes que sob elles se abrigam.

Pareceu-nos bem cabido este nome, e poder adoptar-se, na falta de nome portuguez, que o não tem, encontrando-se no catalogo do museu de Coimbra com o de *maçarico*, porque provavelmente assim o conhecem n'algum ponto do paiz, posto que este nome pertença realmente a outra especie, como adiante veremos, e tambem alli egualmente citada.

O vira-pedras tem o bico do comprimento da cabeça, pontudo e rijo na extremidade; azas estreitas, cauda regular e um tanto arredondada ; tarsos grossos e curtos, quatro dedos, sendo os tres anteriores reunidos na base por uma membrana muito pequena.

A fronte, as faces, a garganta, a parte inferior das costas e uma faxa transversal nas azas são brancas ; a frente e os lados do pescoço e do peito negros ; o dorso malhado de negro e de vermelho, a parte superior da cabeça raiada de preto e branco ; as remiges annegradas, e as rectrizes brancas na base e na extremidade, com uma faxa negra e larga proxima do peito; bico negro e pés d'um amarello alaranjado. Mede 0,^{m}25 de comprimento.

É uma especie cosmopolita, habitando tanto no antigo como no novo continente: na Noruega, na Italia, no Egypto, no Cabo da Boa Esperança, no Brazil, na India, e sempre á beira d'agua.

Emigra regularmente do norte para o sul nos fins d'agosto e regressa nos fins d'abril ou meiado de maio, vivendo na epoca da emigração aos bandos e no verão aos casaes. É vivo e buliçoso o vira-pedras, sendo raro vél-o parado durante o dia, e mesmo já de noite se lhe ouve a voz. Vôa rapidamente, remontando quando lhe é necessario, ou adejando a pouca altura do solo. É timido e prudente, não sendo facil observal-o por muito tempo; que para elle o homem é um inimigo perigoso, de quem busca esquivar-se mal o enxerga.

O seu alimento consiste principalmente nos pequenos animaes que encontra na areia ou sob as pedras e os seixos á beira mar, não desdenhando os insectos; mas d'estes pouco consumo póde fazer, sendo as suas caçadas d'ordinario nas praias, quando a baixa-mar as deixa a descoberto, e onde não ha insectos.

O ninho é feito no solo e coberto de algumas hervas seccas, e ahi põe a femea de tres a quatro ovos.

Parece que a carne do vira-pedras não é de todo má.

O OSTRACEIRO

Haematopus ostralegus, de Linneo — *Le huîtrier*, dos francezes

Esta especie, a unica do genero *Haematopus* que frequenta a Europa, tem, e bem assim os seus congeneres, o bico longo, robusto, tão alto como largo na base, e no resto comprimido ; azas regulares, cauda muito curta, tarsos vigorosos e não muito longos ; tres dedos, reunidos o do centro e o externo na base por uma membrana.

Tem o ostraceiro as costas negras luzidias, e bem assim a frente do pescoço e a garganta ; a parte inferior do dorso, o uropigio, o peito e o ventre brancos ; as remiges primarias e as rectrizes negras, brancas na base ; o bico vermelho vivo mais claro na ponta, e os pés vermelhos claros. Mede 0,^{m}44 de comprimento.

Encontra-se em todas as costas da Europa, e é commum em Portugal,

O nome de ostraceiro provém a esta ave, no dizer d'alguns autores, do habito que tem d'abrir as conchas das ostras e outros mariscos para comer o conteudo. Buffon diz o seguinte : «O ostraceiro, vendo uma ostra ou qualquer outro marisco bivalve que o mar arroja á praia, espreita o momento em que elle entreabrindo a concha lhe permitta ahi introduzir a ponta achatada do bico, obtendo em seguida a separação completa das duas partes da concha pelo systema dos rachadores de lenha, que, segurando o tronco no gume do machado, batem com elle contra o solo até abrir-se. Assim faz o ostraceiro á ostra, e partindo a charneira fica o mollusco a descoberto e póde ser devorado.»

Como o nosso intento é que os leitores conheçam da historia dos animaes o que realmente é tido por verdadeiro, e não soffre contestação, sem por fórma alguma querermos armar ao effeito com narrativas proprias a despertar o interesse, embora se lhes possa negar o serem fieis á verdade, transcreveremos o que A. Brehm diz. acêrca do assumpto, e as suas observações são dignas de inteira confiança, tanto mais que não é facil acreditar que o bico do ostraceiro, por mais vigoroso que seja, possa abrir a concha da ostra quando o homem têm difficuldade em fazel-o.

«D'onde lhe vem o nome de ostraceiro? É difficil dizel-o, porque esta ave não pesca ostras. Comerá os pequenos molluscos ou algum grande marisco de concha que o mar arrojou morto á praia, mas não pode abrir uma ostra. Consiste a sua alimentação principal em vermes, com quanto não desdenhe os crustaceos e os peixes pequenos, ou qualquer outro animal marinho...»

Fala-nos o autor que acabamos de citar do ostraceiro como sendo das aves ribeirinhas não só a mais esperta e agil, como tambem valente e rixosa. Não escapa á sua attenção o mais pequeno animal que passa á vista; gritando avisa as outras aves se se trata d'um inimigo, distinguindo perfeitamente o pacifico aldeão e o pescador de qualquer outro viandante, principalmente do caçador, a quem não permitte que se aproxime a tiro d'es-

Gr. n.º 384 — O ostraceiro

pingarda. Corre facilmente, mantendo-se bem no chão mais atoladiço, graças aos seus pés palmados, e vôa com firmeza e rapidez.

Quando cêrca d'um bando d'estas aves se aproxima alguma outra tida por inimiga, seja um corvo, uma gralha ou uma gaivota, um dos ostraceiros dá o alarme, e erguendo-se investem todos com o inimigo, perseguindo-o com furor, e gritando denunciam ás outras aves a sua presença.

Chegada a epoca das nupcias brigam os machos pela posse das femeas, e os bandos dissolvem-se. Reunindo-se então aos casaes, passam estas aves a viver isoladas, formando o ninho entre as hervas, proximo da beira mar, ou na falta d'estas entre os fucos ou o sargaço que o mar arroja á praia, n'uma pequena escavação que ellas proprias fazem. A femea põe dois ou tres ovos, muito grandes, d'um loiro atrigueirado, com manchas e salpicos violaceos claros, trigueiros escuros ou annegrados. Dura a incubação tres semanas, findas as quaes os pequenos saem do ovo, sendo a mãe que os guia e protege.

Parece que os ostraceiros são susceptiveis não só de viver captivos, como tambem se tornam mansos e dados a ponto de conhecerem o dono. Apanhando-os novos criam-se bem, dando-lhes a principio peixes, caranguejos e molluscos, e a pouco e pouco habituando-os a alimentar-se só de pão.

A GALLINHOLA

Scolopax rusticola, de Linneo — *La becasse,*
dos francezes

A especie citada e outra formam o genero *Scolopax.* As gallinholas teem o corpo curto e refeito, a cabeça comprimida aos lados, os olhos grandes e situados muito atraz, bico muito longo, direito, com a ponta arredondada; azas regulares, cauda curta, larga e pontuda; pernas curtas cobertas de pennugem até aò principio dos tarsos; tres dedos dianteiros e um posterior com unha curta cuja extremidade assenta no chão.

Tem a fronte parda, oito riscas transversaes no alto e parte posterior da cabeça, quatro trigueiras e quatro loiras; dorso ruivo, malhado de pardo arruivado, loiro, pardo trigueiro e negro; garganta esbranquiçada; peito e ventre ondeados de pardo amarellado e de trigueiro; as rectrizes e as remiges malhadas de negro, as primeiras em fundo annegrada e as segundas em fundo trigueiro; bico e pés pardos. Mede 0,^m39 de comprimento.

As gallinholas vivem nas mattas, durante o verão nas altas montanhas arvorejadas do norte e do centro da Europa, até que no outono emigram para os paizes do sul e norte da Africa, onde chegam no mez de novembro. A partir de fevereiro principia o seu regresso.

Não emigram em bandos, voam uma a uma e quando muito duas a par.

Não é facil observar a gallinhola durante o dia, tanto ella é timida e desconfiada. Não apparece, e se a perseguem agacha-se no solo, com o qual se confunde na côr. Uma gallinhola acaçapada, immovel entre folhas, ramos seccos, ou junto d'uma raiz, escapa á vista mais perspicaz. N'esta posição se conserva, permittindo que o caçador se aproxime a alguns passos apenas de distancia, para então levantar o vôo.

Se tudo jaz em completa tranquillidade é possivel ver a gallinhola vaguear pela matta mesmo de dia, mas em geral esconde-se nos sitios mais escusos, occupando-se a virar com o bico as folhas seccas que tapizam o solo, apanhando os vermes e as larvas que ellas abrigam. A luz do dia offusca-a, e só ás horas do crepusculo apparece nos sitios descobertos, entrando nos campos amanhados, e percorrendo os terrenos humidos.

E' erro manifesto o julgar-se que a gallinhola se alimenta do succo da terra, como muitos creem, pois o seu sustento compõe-se tamsómente d'insectos, larvas e vermes que encontra no solo, occultos sob as folhas, as quaes, como já dissemos, ella sabe virar para pol-os a descoberto, e que alcança tambem introduzindo o bico na terra humida ou pouco consistente.

A femea faz o ninho n'um tronco velho, entre raizes, na herva e no musgo, aproveitando uma cavidade que já exista ou abrindo-a ella propria, e forrando-a de hervas e folhas seccas; ahi põe tres ou quando muito quatro ovos, seguindo-se a incubação que dura dezesete ou dezoito dias.

Durante este tempo o macho pouco se importa com a femea, mas reune-se a ella tão depressa os pequenos abandonam o ninho, e ambos teem o maior cuidado e desvelo pelos filhos. Para salval-os não duvidam distrahir a attenção do caçador, desviando-a dos pequenos, que sabem occultar-se entre a herva e o musgo, onde só os cães são capazes de descobril-os.

Affirma-se que a gallinhola, para salvar a sua progenie, toma a cada um dos filhos por sua vez, segurando-o entre o peito e o bico, e assim vae pol-os em sitio seguro.

Conta um observador, no *Magasin pittoresque* de 1850, que havendo encontrado um ninho de gallinholas com quatro ovos, se dispoz a observar o viver d'aquellas aves. Viu muitas vezes o macho agachado ao lado da femea, tendo ambos o bico apoiado no dorso um do outro, e os filhos mal sairam da casca corriam na frente dos paes, que os guiavam por entre o matto.

Finalmente um dia resolveu-se a deitar a mão á pequena familia que quasi se habituara á sua presença, mas o pae tomando um dos pequenos, seguro entre a garganta e o seu grande bico, escapou-se a toda a pressa, e corria de tal sorte que o nosso homem julgou mais prudente deixal-os ir, e já com difficuldade pôde evitar que a mãe desapparecesse com o resto da ninhada.

«Parece que as gallinholas se affeiçoam ao sitio onde habitaram uma vez, e ahi voltam nos annos seguintes, como se pode deprehender do seguinte facto. Um couteiro tendo apanhado uma gallinhola a laço, deu-lhe a liberdade depois de lhe haver posto um annel de cobre n'um pé, e um anno depois pôde perfeitamente reconhecel-a com o auxilio d'este signal, e verificar que voltára aos sitios onde vivera o anno anterior.

A gallinhola é muito aceiada, e por coisa nenhuma d'este mundo deixa de fazer a sua toilette ao erguer-se e antes de se deitar. Todas as manhãs e á tarde solta o vôo em direcção do regato ou da nascente mais proxima, não só para beber como tambem para lavar o bico e os pés.

A primeira difficuldade para o caçador de gallinholas é descobril-as e obrigal-as a levantar. Occultas no seio das moutas mais espessas, mudas e immoveis, sem que o cão as fareje, embora corra por todos os lados e com perigo de enfadar-se, o caçador só conseguirá alguma coisa se bater balseiro por balseiro, sem attender aos rasgões que sem duvida os espinhos lhe farão no fato e na pelle.

Se vir que o cão pára, aproxime-se sem ruido, e calculando por inducção o sitio onde a gallinhola se acoita, colloque-se na

Gr. n.º 385 — A gallinhola

melhor posição para lhe atirar tão depressa ella se levante. Se errar o tiro, pode ir sobre ella, sendo possivel que a veja pousar a curta distancia, mas póde contar que tem com que se divirta. As voltas, os desvios, os rastos que se cruzam, todos os ardis emfim a que a gallinhola é muito dada, farão com que elle e o cão por mais d'uma vez lhe percam a pista, e se o animal finalmente succumbir não será antes de os haver fatigado a valer». (Figuier)

Não ignora o leitor que a gallinhola é uma das caças mais estimadas, a primeira pela sua carne succolenta, e boccado d'apetite, o que a faz procurada em toda a parte, e contribue para que o numero vá diminuindo progressivamente ainda mesmo nos pontos da Europa onde outr'ora era muito abundante. E' preciso saber-se que além do homem são-lhe inimigos terriveis as aves de rapina, e que os pequenos teem por principal algoz o raposo, um finorio, amador de bons boccados, e a que não falta artes e manhas para conseguir deitar-lhes a bocca.

Apezar de timida e arisca a gallinhola pode domesticar-se apanhando-a nova. Torna-se mesmo muito dada e affeiçoa-se ao dono, no dizer de Brehm, respondendo-lhe se elle a chama, e manifestando-lhe a sua amisade por certos movimentos e posturas que recordam os da epoca dos seus amores. A principio dá-se-lhes vermes, e habituam-se mais tarde a comer pão.

A NARSEJA ORDINARIA

Scolopax gallinago, d» Linneo—*La bécassine ordinaire*, dos francezes

As narsejas, genero *Gallinago*, differem das gallinholas por terem as pernas nuas ainda acima dos tarsos, estes mais longos, e as fórmas mais esguias.

Tres especies frequentam o nosso paiz, a *narseja grande* (scolopax major, Gmlin) a *narseja ordinaria* (scolopax gallinago, Linneo) e a *narseja pequena* (scolopax gallinula, Linneo). A primeira é rara, a segunda commum, e a terceira muito frequente. Das duas ultimas especies faremos a descripção, e representa-as a nossa gravura n.º 386.

A narseja ordinaria tem a parte superior do corpo trigueira annegrada, com uma faxa larga loira que nasce no meio da cabeça, e quatro faxas compridas, da mesma côr, no dorso e espadoas ; o ventre branco, a parte anterior do pescoço parda, o alto e os lados do peito malhados de trigueiro. Mede 0ᵐ,30.

A verdadeira patria da narseja é o norte da Europa e da Asia, d'onde emigra no outono para o centro e sul da Europa, norte da Africa e para o sul da Asia, onde passa o inverno. E' frequente em toda a parte onde existem grandes pantanos e lameiros, e ahi aninha. Executa as suas passagens nos dias sombrios e chuvosos, voando tanto de dia como de noite.

Os ovos d'esta especie são lisos, d'um amarello sujo, azeitonado ou esverdeado, com manchas pardas, e sobre estas outras esverdeadas, avermelhadas ou trigueiras annegradas.

A NARSEJA PEQUENA

Scolopax gallinula, de Linneo — *La becassine sourde*, dos francezes

E' mais pequena que a narseja ordinaria, medindo 0ᵐ,25 de comprimento, tem a cabeça trigueira com riscas da mesma côr, duas riscas loiras uma por cima e outra por baixo dos olhos; a plumagem do dorso é azul negra com reflexos verdes e purpurinos e com quatro riscas loiras; a da garganta e dos flancos parda ondeada e malhada de trigueiro, no resto branca ; as remiges e rectrizes negras com uma orla loira. Na primavera o colorido é mais sobre o arruivado do que no inverno.

Emigra dos paizes do norte á imitação da especie antecedente, e no nosso paiz, como já dissemos, é mais frequente do que a narseja ordinaria. Falta-n'os elementos para poder afirmar que a especie aninhe em Portugal, mas fazendo-o em Hespanha é provavel que o mesmo aconteça no nosso paiz, onde ella é tão commum.

Os ovos da narseja pequena são mais pequenos que os da narseja ordinaria, verdes-azeitona desvanecidos, com manchas de um pardo violaceo e salpicos amarellados, trigueiros avermelhados e trigueiros annegrados.

Já vimos que a narseja nos seus caracteres geraes pouco differe da gallinhola, mas existe entre ambas importante differença no que respeita aos habitos. Vive a primeira, como dissemos, nas mattas, e alli se acoita ; a narseja só frequenta as terras baixas alagadiças e os pantanos, e o seu meio predilecto é o solo encharcado coberto de herva, junco e outras plantas aquaticas, tão atoladiço que lhe seja facil enterrar o bico.

Por alimento tem os insectos, vermes e molluscos que apanha á imitação da gallinhola, e as narsejas tendo comer em abundancia engordam consideravelmente.

E' principalmente ás horas do crepusculo que estas aves mais apparecem, e que correm d'um para outro lado em busca d'alimento, posto que tenham mais que a gallinhola habitos diurnos. Caminham facilmente e voam com rapidez. A narseja ordinaria, depois de remontar a grande altura, afasta-se rapida, batendo as azas precipitadamente, e descrevendo um grande circulo volta pouco mais ou menos ao sitio d'onde partiu, fecha as azas, e deixa-se cair. A narseja pequena tem o vôo menos firme, não remonta a grande altura, e d'ordinario limita-se a adejar a pouca altura do solo.

Encontram-se muitas d'estas aves habitando no mesmo sitio, mas na opinião de Brehm não se pode dizer que vivem em bandos, porque não são sociaveis, e cada individuo vive sobre si; mesmo as suas viagens fazem-n'as isoladas, e de noite. Só na epoca das nupcias se acasalam, e então o macho e a femea dedicam-se mutuamente grande affeição, e teem pela sua progenie entranhado affecto.

Fazem o ninho no meio das hervas e dos juncos, n'alguma elevação cercada d'agua ou de terreno atoladiço, de difficil accesso ao homem e aos animaes, e ahi n'uma pequena escavação põe a femea quatro ovos, que só ella choca durante quinze ou dezesete dias.

Nascidos os pequenos, abandonam logo o ninho ; mas os paes tomam a seu cargo guardal-os e alimental-os por algum tempo, até que saibam prover ás suas necessidades.

A carne da narseja é tida como superior á da gallinhola, mas a sua caça é tambem mais difficil do que a d'esta, resultado dos sitios que a narseja frequenta, onde o homem não pode entrar sem graves inconvenientes. Para matar uma narseja a vôo é necessario ser bom atirador.

E' possivel conservar esta ave captiva, mas carece de muitos cuidados. Habitua-se rapidamente ao homem e torna-se dada, no dizer de Brehm, fazendo do dia noite e da noite dia, o que a torna pouco interessante e bastante incommoda.

O SANDERLINGO

Charadrius calidris, de Linneo — *Le sanderling*, dos francezes

A esta especie unica do genero *Calidris*,

Gr. n.º 386 — A narseja pequena — A narseja ordinaria

a que não conhecemos nome vulgar em portuguez, sendo quasi certo não o ter, conservámos o de *sanderlingo* que lhe dão os francezes, os inglezes e os allemães, e apenas lhe démos terminação mais portugueza.

Teem estas aves o bico do comprimento da cabeça, direito, flexivel, comprimido na base e obtuso na extremidade; azas pontudas, cauda curta, pernas nuas acima dos tarsos, e estes delgados ; tres dedos dianteiros separados; e não teem pollegar. Mede 0,^m19 de comprimento.

No inverno o dorso é pardo cinzento claro, sendo as pennas annegradas ao longo da haste e brancas na extremidade; a parte inferior do corpo inteiramente branca. Na primavera teem o dorso negro ou trigueiro arruivado com manchas brancas e amarellas, a parte superior das azas trigueira annegrada com manchas ruivas em ziguezagues e uma faxa branca ; o peito pardo arruivado, tendo as pennas a haste escura e a orla branca; o ventre branco ; os tarsos pardos escuros e o bico annegrado.

A patria do sanderlingo é o Norte, d'onde emigra para os paizes do sul no inverno, apparecendo n'esta epoca em Portugal com quanto não seja aqui muito commum.

Habita á beira mar e só accidentalmente póde ser visto por terra dentro ; no inverno encontra-se aos bandos.

Só se reproduz no verão na sua patria, e então os casaes separam-se dos bandos construindo a femea o ninho á borda do mar, onde põe quatro ovos.

«Alimenta-se de todos os pequenos animaes que o mar arroja á praia e véem-se aos bandos acompanhando as vagas nos seus movimentos, seguindo-as quando se retiram e recuando na sua frente quando ellas veem subindo e rolando á praia. Levam n'este exercicio horas inteiras. Observam-se tambem a distancia da praia occupados em espicaçar o solo, e de tal sorte azafamados que só dão por quem vem a poucos passos de distancia» (Brehm).

O sanderlingo é naturalmente manso, e no dizer de Naumann tão facil de domesticar, que bastam poucos dias para se tornar familiar e confiado ao ponto de se deixar pisar pelas pessoas que andam pela casa, ou de ficar entalado entre alguma porta.

A CALHANDRA DO MAR

Tringa subarquata, de Temminck — *Le becasseau cocorli*, dos francezes

Do genero *Tringa* veem ao nosso paiz algumas especies, umas mais frequentes do que outras, e a todas ellas não conhecemos o nome vulgar, que julgamos não terem, porque d'elles não faz menção o *Catalogo do Museu de Coimbra* nem as *Instrucções praticas* do sr. dr. Barboza du Bocage, obras estas que nos teem servido de guia para a terminologia vulgar das especies d'aves existentes em Portugal.

O nome vulgar de *calhandra do mar*, que damos á especie citada, é traducção do que lhe dá Buffon, *alouette de mer*.

Os individuos d'este genero são pequènos, airosos, com o bico do comprimento da cabeça ou um pouco mais longo, direito ou recurvo; pernas altas e nuas muito acima da articulação dos tarsos, terminando estes em quatro dedos, tres anteriores e um posterior. Mudam a penna duas vezes no anno.

A calhandra do mar mede 0,^{m}19 de comprimento. Na primavera tem a parte anterior do corpo ruivo acastanhado claro ou escuro; o alto da cabeça ondeado de pardo ruivo; a parte posterior da cabeça ruiva ou ruiva acastanhada riscada de negro; a parte posterior do corpo á excepção do uropigio negra, com manchas ruivas claras cinzentas, ou loiras, e este malhado de branco; as pennas da cauda d'um pardo cinzento mais escuro no cen-

tro e com as hastes brancas; bico negro e pés trigueiros annegrados.

No outono tem a cabeça e a nuca negras com riscas brancas e escuras, dorso e azas annegradas com a haste das pennas negras; o ventre esbranquiçado ou malhado de pardo, tendo as pennas e as hastes escuras; por cima dos olhos uma risca branca.

Habita esta ave no verão em toda a parte septentrional do globo, d'onde emigra no inverno para o Sul, chegando até ao Cabo da Boa Esperança e ás Indias. Frequenta o nosso paiz.

A calhandra do mar é uma ave maritima, que de preferencia frequenta as costas arenosas e planas do mar, onde se encontra aos bandos, andando d'envolta com individuos da mesma especie ou com outros seu congeneres.

Corre todo o dia pela praia, em busca dos pequenos animaes que ahi encontra e que constituem o seu alimento; se a espantam vôa, regressando ao mesmo sitio depois de haver descripto no ar uma extensa curva.

Parece que só aninha na sua patria, formando o ninho no chão, onde a femea põe quatro ovos.

O COMBATENTE

Tringa pugnax, de Linneo — *Le combatant*, dos francezes

Esta especie unica do genero *Philomacus* tem o bico do comprimento da cabeça, um pouco inclinado na extremidade; azas regulares e cauda curta, chata e arredondada; tarsos altos, delgados, nús ainda acima da articulação; quatro dedos, sendo o pollegar curto e articulado muito alto.

O macho é um terço maior do que a femea. Na primavera a plumagem reveste-se de variados matizes, e uma linda colleira de pennas compridas orna-lhe o pescoço.

«Dar uma descripção éxacta do combatente, que possa applicar-se a todos os individuos, é impossivel. O mais que se póde dizer na generalidade é o seguinte: tem a parte superior das azas trigueira escura; cauda parda annegrada e as seis rectrizes do centro malhadas de negro; o ventre branco.

Quanto ao resto da plumagem varia sem fim no desenho e nas côres, principalmente a da colleira, formada de pennas rijas, aproximadamente com 0,^{m}08 de comprimento, e que lhe tomam a maior parte do pescoço. Sobre fundo negro azulado, negro esverdeado, trigueiro arrnivado escuro, trigueiro ruivo, ruivo claro, e outras côres, tem a colleira malhas, riscas, salpicos e desenhos variados, mais ou menos escuros, e apresentando tal variedade que difficil será encontrar dois eguaes. Pela experiencia sabe-se que todos os annos se repete exactamente no mesmo individuo o mesmo desenho e côres eguaes. O peito e o dorso teem as mesmas côres da colleira ou outras; o bico é esverdeado ou amarello esverdeado, os tarsos geralmente d'um ama-

rello avermelhado. Mede de 0,^{m}30 a 0,^{m}35 de comprimento» (Brehm).

Estas aves vivem nos paizes septentrionaes da Europa e da Asia, e nas suas emigrações atravessam estas duas partes do globo e passam até mesmo á Africa. Habitam á borda dos pantanos, e por vezes nas costas do mar, sendo das ribeirinhas as que mais se afastam da borda d'agua. Apparecem no nosso paiz sem comtudo serem communs.

Em nenhuma outra ave como no combatente o amor opera tão grandes transformações, não só na plumagem como no genio e nos habitos. Pacifico e sociavel, á maneira das outras aves ribeiri-

Gr. n.º 387 — Um duelo de combatentes

nhas, vivendo em commum e correndo todo o dia, e mesmo de noite á luz da lua, em busca dos pequenos animaes aquaticos, dos insectos, dos vermes e das sementes de que se alimenta, chegada a epoca dos amores o combatente transforma-se e dá razão do nome que lhe deram.

«Os machos sustentam entre si continuadas rixas, sem causa conhecida, parecendo provavel não ser a posse das femeas o movel d'estas frequentes lutas, porque se batem por uma mosca, por um verme, por um insecto, pelo motivo mais futil, quer haja ou não femeas perto d'elles, succedendo outro tanto com os captivos, que tenham estado engaiolados

horas ou annos, e a qualquer hora que seja» (Brehm).

«O primeiro macho que chega observa em volta de si e aguarda que appareça outro. Se o segundo não está disposto a bater-se, aquelle espera que venha um terceiro, um quarto, até que possa brigar. Dois adversarios que se encaram investem um com o outro, batem-se emquanto as forças lh'o permittem, e ao sentirem-se fatigados retiram para cobrar alento, voltando novamente á carga, e só o cansaço põe termo á luta.

Estes combates dão-se sempre entre dois, e nunca um terceiro toma parte n'elles; se o espaço o permitte batem-se ao mesmo tempo dois e tres pares em duello, sem que nunca resulte briga de maior numero.

Succedem-se com tal rapidez os golpes dos dois adversarios, que quem os observar de longe tomal-os-ha por loucos...» (Naumann).

A femea faz o ninho no solo, não longe da borda d'agua, e consiste n'uma pequena escavação forrada d'algum rastolho onde põe geralmente quatro ovos. Dura a incubação dezesete ou dezenove dias, e n'ella só toma parte a femea, tendo depois a seu cargo a creação dos filhos, que os machos proseguem em brigas repetidas emquanto houver femeas que não estejam emparelhadas.

Chegado o mez de julho terminam as lutas, despem os machos a esplendida plumagem que os adorna, e eil-os pacificos e tranquillos vagueando á beira-mar até ao momento d'emigrarem.

Apezar do seu natural brigão, o combatente, no dizer de todos os autores, é muito facil de domesticar-se, e em Figuier lemos que na Inglaterra e na Hollanda, onde apparecem estas aves em grande numero, se criam e engordam para comer.

Sem custo se alimentam, a principio com sopas de leite, carne picada muito miuda, vermes vivos, e finalmente com pão. Havendo mais d'um macho, diz Brehm, é preciso que cada um tenha o seu comedouro, pois sem esta precaução não teriam termo as brigas.

Gr. n.º 388 — A chalrêta

A CHALRETA

Scolopax calidris, de Linneo. — *Le chevalier gambette*, dos francezes

Frequentam o nosso paiz, como aves d'arribação, algumas especies do genero *Totanus — Chevaliers*, dos francezes — e entre ellas uma commum, a chalrêta, e outras menos frequentes ou raras.

Tem a chalrêta o bico mais comprido do que a cabeça, delgado, com a mandibula superior comprimida na ponta, flexivel na base e rijo na extremidade; azas do comprimento da cauda, e esta curta; tarsos altos e delgados; dos tres dedos anteriores o medio e o externo ligados por uma membrana curta; do pollegar só a extremidade toca no solo.

A plumagem é parda na parte superior do corpo, e na inferior branca malhada de preto; tem os pés vermelhos.

Vivem estas aves e seus congeneres em pequenos bandos na beira-mar ou junto dos rios e lagoas d'agua doce, preferindo os ultimos, e alimentam-se de vermes, de insectos, de larvas, dos girinos, e de rãs e peixes pequenos.

São dotadas de grande actividade, e véem-se constantemente correndo pela praia e pelas margens dos rios, ou dentro da agua, nadando e mergulhando.

A chalrêta e todas as aves do mesmo genero que veem a Portugal habitam o norte da Europa e da Asia, d'onde emigram para o sul todos os anuos, no outono, regressando na primavera. E' nos paizes septentrionaes que aninham, pouco depois do seu regresso das regiões do meio dia, e a femea põe quatro ovos em ninho construido d'ordinario nas margens dos grandes pantanos d'agua doce, occupando-se ella só da incubação. A chalréta bem como todos os seus congeneres acostumam-se sem custo a viver captivos, e basta-lhes regular tratamento e regimen muito simples para viverem muitos annos em gaiola.

O MAÇARICO GALLEGO

Scolopax laponica, do Linneo — *La barge rousse,* dos francezes.

Do genero *Limosa* veem a Portugal duas especies, ambas conhecidas pelo nome vulgar de *maçarico gallego.* Caracterisam-se estas aves pela sua maior corporatura e corpo esguio ; bico muito comprido, tres vezes mais longo que a cabeça, direito ou levemente recurvo; azas compridas e pontudas ; cauda curta ; tarsos altos e delgados, terminando em quatro dedos.

O maçarico gallego da especie citada, e não é facil distinguir as duas especies, tem no estio o alto da cabeça e a nuca

Gr. n.º 389 — O maçarico gallego

d'um ruivo castanho claro raiado longitudinalmente de trigueiro ; o dorso negro malhado e raiado de ruivo ; as coberturas das azas bordadas de pardo e branco ; o uropigio branco malhado de trigueiro ; a garganta, o pescoço, os lados do ventre e o peito ruivos castanhos escuros ; as remiges negras ondeadas de branco ; as rectrizes raiadas transversalmente de pardo e branco ; bico avermelhado com a extremidade annegrada, tarsos negros.

No outono a côr predominante é parda, e o dorso cinzento com manchas trigueiras annegradas; as coberturas das azas são negras bordadas de branco, e a parte inferior do corpo branca. Mede 0m, 43 de comprimento.

A verdadeira patria do maçarico gallego é o norte da Europa e da Asia, e d'alli emigra para o centro e sul da Europa e da Asia e para o norte da Africa. É commum no nosso paiz.

Moram estas aves nas vizinhanças do mar, e na baixamar frequentam as praias e os bancos d'areia que ficam a descoberto, em busca dos animaes que o mar para alli arroja ; outras adiantam-se por terra dentro e habitam nas proximidades dos pantanos. Voam rapidamente, entram na agua até ao ventre, e sendo preciso mergulham e nadam.

O alimento consiste em vermes, larvas d'insectos, molluscos, crustaceos e peixes pequenos.

O maçarico gallego reproduz-se na sua

patria, e a femea construe o ninho no solo, nas planicies vizinhas do mar, onde põe quatro ovos.

Pode habituar-se a viver captivo, e á imitação d'outras muitas pernaltas de que temos falado torna-se manso e dado, e habitua-se com facilidade a novo regimen.

O FUZELLOS

Charadrius himantopus, de Linneo — *L'échasse,* dos francezes

Do genero *Himantopus* é esta especie a unica que frequenta a Europa. Das pernaltas é o fuzéllos que relativamente tem os tarsos mais longos, sendo o corpo pequeno, alongado e airoso ; o bico é direito, comprido e estreito, adelgaçando-se para a extremidade, e esta recurva ; azas muito longas e estreitas e cauda curta ; tem tres dedos sómente..

Na primavera o fuzéllos tem uma risca estreita negra na parte posterior do pescoço e o dorso negro com reflexos esverdeados ; a cauda parda cinzenta ; o resto da plumagem branco com um leve reflexo côr de rosa na metade anterior do corpo.

Gr. n.º 390 — O alfaiate

No inverno a parte anterior da cabeça e a nuca perdem a côr negra e ficam pardas. O bico é negro e os tarsos vermelhos desvanecidos. Mede 0ᵐ, 40 de comprimento.

Habita esta especie o sul e sudoeste da Europa, norte da Africa e centro da Asia. É commum em Portugal como ave d'arribação.

Frequenta a beira mar e as lagoas e pantanos do interior, encontrando-se aos casaes na epoca da reproducção, e em familias ou grandes bandos no inverno. Mais do que nenhuma outra pernalta póde o fuzéllos adiantar-se nos pantanos c lameiros, que assim lh'o permittem as longas pernas, e na vasa, onde enterra o bico, procurar os insectos, que constituem a sua principal alimentação, e bem assim os vermes e pequenos molluscos. Anda com difficuldade, mas voa rapidamente, e distingue-se perfeitamente no ar pelas immensas pernas retesadas para traz.

Construe o ninho entre os juncos e as hervas, formado de folhas seccas e raizes, onde a femea põe quatro ovos, amarellos escuros ou verdes - azeitona, com algumas manchas pardas cinzentas, ou numerosos salpicos trigueiros ruivos ou trigueiros annegrados, principalmente no lado mais grosso. A carne do fuzêllos não é boa.

O ALFAIATE, FRADE OU SOVELLA

Recuivirostra avocetta, de Linneo.— *L'avocette,* dos francezes

Por todos os tres nomes é conhecida vulgarmente entre nós a especie do genero *Recurvirostra* que vive na Europa. Esta ave e os seus congeneres distinguem-se de todas pela forma do bico, duas vezes mais comprido que a cabeça, delgado, flexivel como barba de baleia, com a ponta arrebitada e muito aguda ; tem as azas longas, excedendo a cauda que é curta ; as duas terças partes das pernas nuas ; os tarsos longos e delgados ; tres dedos anteriores e o pollegar quasi nullo e articulado muito acima.

O alfaiate tem o alto da cabeça, a nuca, o pescoço e uma grande parte das azas negros ; duas malhas brancas nas azas e o resto do corpo branco ; bico negro e tarsos d'um cinzento azulado. Mede aproximadamente $0^m,50$ de comprimento, postoque o corpo não exceda o volume do do pombo.

Esta ave encontra se em todo o velho continente, e na Europa habita as costas do mar do Norte e do Baltico, e d'ahi emigra para o sul e norte da Africa. E' commum no nosso paiz.

O alfaiate é uma ave maritima na extensão da palavra, sendo raro vêl-o n'outra parte que não seja á beira mar ou nos lagos d'agua salgada. O bico é perfeitamente organisado para remexer a vasa a grande profundidade, e ahi apanhar os vermes e os pequenos molluscos, e bem assim nas poças que o baixamar deixa na praia e onde formiga um sem numero de pequenos animaes de que elle se alimenta. Como pode nadar, e bem, não é raro vêl-o ir em busca de alimento até mesmo dentro d'agua.

São muito sociaveis estas aves, postoque tão bravias e timidas, que não é facil ao homem observal-as de perto, fugindo mal o véem aproximar-se-lhes. Para as outras aves conservam-se indifferentes, e nunca se reunem aos bandos das pernaltas que habitam nas mesmas paragens.

Só aninham na sua patria, pouco depois d'alli regressarem, em abril, nos campos que avizinham o mar, onde a femea faz uma escavação que tapiza de rastolho e raizes, e onde põe tres ovos e raras vezes quatro. A incubação é feita alternadamente pelo macho e pela femea, e ambos cuidam dos filhos com desvelo, guiando-os para sitio seguro onde possam occultar-se. Conduzem-n'os primeiro para junto das grandes poças de agua para ensinar-lhes a tomar o alimento, e mais tarde levam-n'os para o mar.

Parece que estas aves se podem conservar captivas. A carne dizem ser soffrivel e os ovos bons.

O MAÇARICO REAL

Scolopax arquata de Linneo — *Le courlis cendré,* dos francezes

Do genero *Numenius* veem a Portugal tres especies, sendo commum a que citamos, e que por caracteristicos teem, e bem assim os congeneres, o bico mais longo que a cabeça, arqueado, alto na base e estreito na extremidade; pernas muito altas, nuas acima dos tarsos; azas grandes; cauda mediana; quatro dedos, tres para a frente e o pollegar, que só toca no solo pela extremidade.

O maçarico real mede de $0^m,72$ a $0^m,77$ de comprimento ; tem o dorso trigueiro raiado de loiro claro e branco na extremidade, com manchas trigueiras longitudinaes ; a parte inferior do corpo loira com manchas longitudinaes trigueiras ; as remiges negras, as tres primeiras bordadas de branco por dentro, as outras com manchas claras dispostas em ziguezagues ; as rectrizes brancas raiadas de trigueiro annegrado ; bico negro, e tarsos côr de chumbo.

Reproduz-se esta ave no Norte, e emigra no mez de setembro para o Sul, indo até ao centro da Africa e sul da Asia. Não é rara na America.

Frequenta a borda do mar, ou as proximidades dos pantanos e dos lameiros, e por vezes encontra-se até nos campos mais aridos, não se fixando em parte alguma, o que leva Brehm a dizer que encontrando-se por toda a parte, não se pode observar regularmente em parte nenhuma. E' desconfiada e cautelosa, foge do homem mal o vê, mas reune-se com os seus similhantes formando pequenos bandos. O maçarico real tem o andar grave e compassado, caminhando todavia com rapidez, e quando se apressa não augmenta o numero dos passos, alarga-os. Voa bem e com firmeza, mette-se na agua até ao ventre e nada quando lhe convem.

Por alimento tem os insectos de todas as especies, os vermes, os molluscos, os crustaceos, os peixes pequenos e os reptis, e mesmo certas substancias vegetaes, principalmente as bagas.

Como já dissemos o maçarico real multiplica-se nos pontos mais septentrionaes da Europa e da Asia, e o ninho é feito no solo, tapizado de espessa camada de folhas que elle para alli transporta, e onde a femea põe quatro ovos maiores que os do pato. O macho e a femea substituem-se na incubação, e ambos são extremosos pelos filhos, expondo-se ao perigo para salval-os.

A carne do maçarico real é estimada, diz Brehm, menos delicada porém que a da gallinhola, e não tendo o seu verdadeiro sabor senão no fim do verão. Accrescenta o mesmo autor que estas aves se habituam com facilidade a viver captivas, acostumando-se ao dono e aos animaes seus companheiros, e a mudança de regimen não as prejudica, conservando sempre decidida predilecção pela carne.

Gr. n.º 391 — O maçarico real

O IBIS VERDE

Tantalus falcinellus, de Linneo. — *L'ibis vert*, ou *ibis falcinelle*, dos francezes.

Do genero *Ibis* frequenta o meio dia da Europa a especie que citamos, que não sendo rara em Portugal, não tem todavia nome vulgar portuguez. Damos-lhe um dos dois por que a conhecem os francezes, supprindo d'esta sorte aquella falta.

O ibis verde e seus congeneres, e d'estes falaremos em seguida descrevendo o *ibis sagrado* e o *guará vermelho*, teem o bico longo, recurvo á imitação d'uma fouce, quasi quadrado na base, adelgaçando para a extremidade que é arredondada ; grande parte da cabeça e do pescoço nua; azas compridas, e canda curta; tarsos medianos, com tres dedos anteriores unidos por uma membrana até á primeira articulação, e podendo assentar o pollegar quasi completamente no solo.

Tem o pescoço, o peito, o ventre, as coxas e a parte superior das azas d'um trigueiro castanho ; o alto da cabeça trigueiro escuro com reflexos bronzeados ; o dorso, as remiges e as rectrizes trigueiros annegrados com reflexos violaceos ou esverdeados ; em volta dos olhos um circulo nu pardo esverdeado ; o bico verde escuro sujo e os tarsos d'um pardo esverdeado.

No inverno tem a cabeça e o pescoço negros, e a plumagem da parte inferior do pescoço negra bordada de branco ; o

dorso côr de cobre e verde misturada-
mente; o ventre e o peito pardos trigueí-
ros. Mede de 0ᵐ,52 a 0ᵐ,63 de comprimento.

Esta especie encontra-se na Europa, na
Asia e no norte d'Africa. E' ave de arribação na Europa, e parece que sedentaria no Egypto, apparecendo, como acima
dissemos, no nosso paiz, no Alemtejo,
onde não é rara.

Habita o ibis verde nos pantanos
e lameiros, nas vizinhanças das lagoas,
preferindo os sitios onde na vasa possa
encontrar pasto abundante. No dizer de
Brehm muda de regimen segundo as estações: no verão sustenta-se de larvas,
vermes, insectos, e principalmente gafanhotos; no outono de molluscos, de
vermes, peixes, reptis pequenos, e d'outros animaes aquaticos. Em busca de alimento entra pela agua dentro ou mesmo
percorre os campos e as charnecas.

«O ibis verde desperta a attenção de
qualquer observador, bem que, ainda
mesmo de longe, se assimilhe com o maçarico. Caminha tranquillamente, com o
pescoço formando um S, o corpo levantado na frente e o bico inclinado para o
chão, a passos largos e cadenciados. Entra n'agua mesmo nos sitios fundos, em
procura do sustento, e nada sem que a
isso o forcem para passar d'uma a outra ilhota. Quando voa estende o pescoço
e as pernas, agita as azas rapidamente,
paira por algum tempo, e toma novo impulso.

E' raro encontrar o ibis verde só, quasi
sempre voa de companhia, a grande altura, em linha, e tão juntos andam uns
dos outros que as azas parece tocarem-
se.» (Brehm).

O ninho fazem-no nas arvores, de ordinario nos salgueiros, onde a femea põe
tres ou quatro ovos, aproximadamente
do tamanho dos da gallinha, d'um bello
verde azulado tirante por vezes a verde
claro. Diz Brehm que se conhece de longe
o logar onde estas aves aninham pelo aspecto das arvores, que perdem as folhas
por effeito dos excrementos que sobre
ellas lançam.

Acérca d'estas aves captivas, diz ainda o
mesmo autor, que é possivel hoje obtel-as
na primavera, por preços modicos, dirigindo-se ao Jardim Zoologico de Pesth.
Apanham-se novas, antes de poderem
voar, alimentando-as de carne e pão alvo.
Domesticam-se rapidamente, e podem-se

deixar correr soltas vivendo em boas relações com as aves mais pequenas e es-
quivando-se da sociedade das maiores.

O GUARÁ' VERMELHO [1]

Ibis ruber, de Gmlin. — *L'ibis rouge*, dos francezes

Esta especie differe da antecedente nos
seus caracteres, principalmente por terem os individuos adultos parte da cabeça nua. A plumagem é escarlate, e só
as barbas externas das remiges e as extremidades das internas são trigueiras
annegradas; o bico é escuro na ponta e
côr de carne na base; as partes nuas da
cabeça são côr de carne; os tarsos amarellados. Mede 0ᵐ,66 de comprimento.

Esta ave é commum na Guiana e ao
norte da America do Sul até ao Amazonas. O nome de guará vermelho dão-lh'o
no Brazil.

Habita o guará vermelho á beira mar
e na foz dos rios, e n'este sitio construe
o ninho. A femea põe tres ou quatro ovos
esverdeados em dezembro ou janeiro.

Os pequenos só aos dois annos vestem
a linda plumagem vermelha dos adultos,
e facilmente se amansam podendo viver
engaiolados muitos annos. Os que são
trazidos para a Europa antes de adquiri-
rem a plumagem d'adultos, não se lhe
adorna esta com as côres vivas dos que vivem na patria.

O IBIS SAGRADO

Tantalus ibis, de Linneo. — *L'ibis sacré*, dos francezes

Distingue-se esta especie das duas acima
descriptas por ter a cabeça e grande parte
do pescoço núas, e algumas pennas das
azas com as barbas desfiadas formando
uma especie de pennacho.

A plumagem do ibis sagrado adulto é
branca, com a extremidade das remiges
d'um negro azulado; a pelle do pescoço
negra avelludada; bico negro e tarsos trigueiros annegrados. Mede de 0ᵐ,77 a 0,80
de comprimento.

Encontra-se no Egypto e na Nubia.

Nos seguintes periodos transcriptos de
L. Figuier vamos dar a razão do vocabulo *sagrado* com que se appellida esta
especie.

«É antiga a celebridade de que gozam

---

[1] Nome vulgar brazileiro.

estas aves, e devem-na á veneração que ou-tr'ora lhe consagravam no Egypto. Crea-vam-n'as nos templos, e eram tratadas como divindades ; nas cidades por tal forma se multiplicavam, que no dizer de Herodoto e de Strabão embaraçavam a circulação. Quem matasse um ibis, em-bora fósse involuntariamente, era victima da populaça que o apedrejava sem pie-dade.

Os corpos dos que morriam eram re-colhidos e embalsamados com todo o es-mero, e encerrados em vasos de barro hermeticamente fechados que se deposita-vam em catacumbas especiaes. Numerosas mumias d'ibis se encontraram nos necro-poles de Thebas e de Memphis, e d'ellas podem observar-se alguns especimens no museu da historia natural de Paris.

Se o culto dos egypcios pelo ibis é um facto certo e incontestavel, não o é da mesma sorte a origem d'essa adoração. Herodoto foi o primeiro a explical-a, real-mente por forma bastante nebulosa, mas que adoptada c arbitrariamente commen-tada pelos seus successores foi por muito tempo acceite pelos sabios.

«Os arabes affirmam, diz Herodoto, que a gratidão pelos serviços prestados pe-los ibis, na destruição das *serpentes ala-das*, é a causa da grande veneração que os egypcios lhes consagram, e que por isso os reverenceiam.»

Seguindo a tradição, as taes serpentes

Gr. n.º 392 — O colhereiro

aladas vinham todos os annos da Arabia para o Egypto, no começo da primavera. Seguiam sempre o mesmo itinerario, e invariavelmente passavam por um desti-ladeiro onde os ibis as iam esperar, e então a carniceria era medonha. Hero-doto accrescenta que tendo ido á Arabia com o fim d'obter dados certos ácerca das serpentes aladas, observou, jazendo no solo, proximo da cidade de Buto, «quantidade prodigiosa d'ossos e espi-nhas dorsaes das ditas serpentes».

Depois d'elle, e provavelmente firman-do-se tamsómente na autoridade dos seus escriptos, houve escriptores que repro-duziram esta fabula, enriquecendo-a de variações mais ou menos phantasiosas : Cicero, Pomponio, Mela, Solino e Eliano foram d'esse numero, e na opinião d'este ultimo o ibis tal terror inspirava ás ser-pentes, que era sufficiente uma penna d'esta ave para obrigal-as a fugir, e ao seu contacto a morte fulminava-as ou pelo menos eram tocadas de estupor.

Nada mais foi mister para que todos os naturalistas admittissem como certo que os egypcios veneravam o ibis em ra-zão dos serviços que este lhes presta-va, destruindo grande quantidade de *serpentes venenosas*. Era a versão de He-rodoto, substituidas as serpentes *aladas* d'este por serpentes *venenosas*, versão, seja dito, livre em demasia.

É tambem a opinião de Bourlet, que es-creveu uma memoria destinada a provar que Herodoto quiz, pela denominação de serpentes aladas, designar os gafanhotos que frequentemente atravessam o Egypto, em bandos innumeros, e os paizes confinantes, devastando tudo na passagem. Esta explicação afigura-se-nos melhor que a precedente, tanto mais sabendo-se ao certo que o ibis não ataca as cobras, pois tem o bico fragil em demasia para tal uso.

Apresentada a versão de Bourlet, eis agora a do naturalista Savigny, cujos estudos ácerca d'este assumpto se encontram n'uma obra intitulada : *Historia mythologica do ibis.*

«Á braços com as seccas e as epidemias, flagellos que em todos os tempos affligiram os egypcios, observavam estes que os campos, tornados ferteis e salubres pelas cheias d'agua doce, eram em continente habitados pelos ibis, de maneira que um facto era seguido do outro, como se fossem coisas inseparaveis, e d'aqui lhes suppozeram existencia simultanea, attribuindo-lhes relações desconhecidas e sobrenaturaes. Esta idéa, ligando-se intimamente com o phenomeno de que depende a existencia d'este povo, isto é, com as cheias periodicas do rio, foi a causa primaria da sua veneração pelo ibis, e n'ella teve origem o culto consagrado a esta ave.»

D'esta sorte, segundo o modo de ver

Gr. n.º 393 — O colhereiro [1]

de Savigny, o ibis deve o ser venerado pelos egypcios a annunciar todos os annos a cheia do Nilo, e esta opinião é hoje geralmente seguida.

Estas aves, cuja affeição pelo Egypto era outr'ora tão viva, que no dizer de Eliano se deixavam perecer á fome transportando-as para longe d'aquelle paiz, quasi que hoje alli não apparecem. Este abandono nasce provavelmente do modo porque os modernos egypcios, postergando as crenças de seus paes, caçam e comem os ibis como qualquer outra ave, sem se preoccuparem em nada com a sua qualidade de divindades proscriptas.

Assim, espoliado da antiga protecção que tão querido lhe tornava o Egypto, o ibis emigrou da terra ingrata dos Pharaós. Se ainda alli faz curtas visitas, durante a cheia do Nilo, tamanho é o poder do habito, retira-se bem depressa para o interior da Abyssinia, para onde o acompanham saudades e pezares.»

O ibis sagrado emprehende grandes viagens d'uns pontos para outros do continente africano, e encontra-se aos bandos ou aos pares á beira dos rios e dos lagos,

[1] A gravura n.º 392, que por troca levou o titulo de *colhereiro*, representa o *ibis sagrado.*

ou nos terrenos encharcados, em busca
dos insectos e dos molluscos, sendo certo
que devora os gafanhotos triturando-os
primeiramente, e engulindo-os em seguida.

Esta ave construe o ninho sobre as
arvores, formando-o de ramos, e ahi põe
a femea tres ou quatro ovos com o volume aproximado dos ovos de gallinha.

O ibis sagrado domestica-se facilmente,
segundo affirma Brehm, que, falando dos
que creara, diz serem muito mansos, ac-
ceitando o comer que lhes davam na
mão, e correndo soltos pela casa atraz
das pessoas que os chamavam. Comiam
carne e pão, e davam caça aos insectos
que apanhavam com o bico nas fendas e
nos buracos onde se occultam. A carne
do ibis sagrado é saborosa. [1]

O COLHEREIRO

Platalea leucorodia, de Linneo — *La spatule*, dos francezes

Do genero *Platalea* existem seis especies espalhadas pelo globo, e d'estas a
unica que se encontra na Europa é o
colhereiro, que visita o nosso paiz, sendo
n'alguns annos frequente.

O bico das aves d'este genero é notavel pela sua forma singular: chato, largo
e arredondado na extremidade, similhante
na forma ás espatulas dos pharmaceu-
ticos, e d'onde lhe provém o nome francez *spatule*. Teem as azas longas, largas e
agudas; a cauda curta; os tarsos muito
altos e vigorosos, com os tres dedos anteriores palmados na base.

O colhereiro é branco, á excepção
d'uma malha amarella desvanecida na
garganta; tem o bico negro com a ponta
amarella e os tarsos negros. Mede 0,m85
de comprimento aproximadamente.

É frequente na Hollanda e no sul da
Russia, e alguns annos, como já dissemos,
apparece em Portugal de passagem, mas
não aninha aqui.

Encontra-se o colhereiro em pequenos
bandos, nas margens vasosas das correntes d'agua, á beira dos lagos, e nos pantanos que avizinham o mar.

«Em busca do alimento vé-se caminhar

a passo grave, com a parte anterior do
corpo inclinada para o solo, e, deitando
o bico para um e outro lado, como faz o
alfaiate, remexe a agua e a vasa. É raro
vél-o direito, com o pescoço erguido;
tem-n'o d'ordinario curvo, de modo que
a cabeça parece descançar entre as espadoas, e só o reteza quando carece de ver
ao longe.

O andar é grave e compassado, mais
elegante que o da cegonha, o vôo facil e
airoso, e muitas vezes descreve circulos
no ar. Quando vôa, distingue-se o colhereiro da garça por estender o pescoço,
e da cegonha pelo bater das azas mais repetido e precipitado. No estado livre é
raro ouvir-lhe a voz, e nunca se ouvem
os colhereiros captivos.» (Brehm).

Os colhereiros são muito sociaveis e
vivem entre si na mais perfeita harmonia. O autor que acima citamos diz poder concluir das suas observações que
esta ave não pode viver longe dos seus
similhantes, e que se não recorda de ter
visto uma isolada.

Parece que os peixes pequenos são o
seu alimento mais predilecto, e diz Brehm
que o colhereiro pode engulir os que teem
0,m14 a 0,m16 de comprimento, para o
que os toma com a maior destreza no
bico, virando-lhes a cabeça para dentro.
Come tambem outros animaes aquaticos
pequenos, crustaceos, molluscos, reptis
e insectos.

Construe geralmente o ninho nos ramos das arvores, e em certos pontos
entre os caniços, largo e grosseiro,
formado de hastes seccas e folhas dos
caniços, e pelo interior tapizado de
folhas seccas e de juncos. A femea põe
dois ou tres ovos brancos, com muitas
manchas pardas avermelhadas desvanecidas ou amarellas desvanecidas. Mesmo na
epoca das nupcias os colhereiros continuam vivendo em sociedade, e, no dizer
de Brehm, construem na mesma arvore
tantos ninhos quantos ella pode conter.

É o colhereiro naturalmente docil, e
habitua-se sem custo a viver captivo e a
regimen animal ou vegetal. No dizer do
naturalista que temos citado, aprende a
conhecer o dono e sauda-o mal o vé, batendo com as mandibulas.

No Brazil vive um representante do
genero *Platalea* — a *colhereira côr de rosa*,
cuja plumagem é matizada d'esta côr, produzindo bello effeito.

[1] Por equivoco mencionámos esta especie como
sendo o *Tantalus ibis*, de Linneo, especie de que
em seguida nos occuparemos, e erro que não pôde
ser emendado por estar impressa a folha. O *Ibis
sagrado* de que acabamos de falar é o *Ibis religiosa* de Savigny.

O ARAPAPÁ [1]

Cancroma cochlearia, de Linneo— *Le savacou huppé*, dos francezes

O bico d'esta especie, unica do genero *Cancroma*, é bastante caracteristico : a mandibula superior é arqueada, com a forma d'uma colher tendo o lado concavo para baixo, e recurva na extremidade, e a inferior larga e chata, ambas com as bordas cortantes ; azas muito longas e vigorosas e cauda curta; tarsos muito altos e delgados e as pernas cobertas de pennugem até ás articulações dos tarsos ; a plumagem macia e solta; a nuca e a parte posterior da cabeça guarnecidas de pennas muito longas ; em volta dos olhos e na garganta tem a pelle nua.

Tem a fronte, a garganta, as faces e a frente do pescoço brancas ; a parte inferior do pescoço e o peito d'um branco amarellado ; a plumagem do dorso parda clara ; a parte posterior e superior do pescoço e o ventre d'um ruivo castanho escuro ; os flancos negros ; as remiges e rectrizes pardas esbranquiçadas ; o bico trigueiro com as bordas da mandibula inferior amarellas ; tarsos amarellados. Mede 0,^{m}60 de comprimento e 1,^{m}14 de envergadura.

Habita na Guiana e no Brazil.

«O arapapá vive nas moitas e nos can

Gr. n.º 394 — O aripapá

naviaes que cobrem as margens dos rios do Brazil. Na epoca das nupcias encontra-se solitario ou aos pares, e vê-se empoleirado nos pontos mais altos das arvores debruçadas sobre a agua. É mais frequente no interior das florestas virgens do que á borda do mar. Ao ver um barco abeirar-se do sitio onde está, salta rapidamente de ramo em ramo e escapa-se á vista do viajante.

Alimenta-se de animaes aquaticos mas não come peixes. O principe Wied só encontrou vermes no estomago dos que abriu, e julga que esta ave não conseguiria apanhar os peixes com o bico

enorme que possue tendo a fórma d'um bote pequeno. Accrescenta este autor que nunca lhe póde ouvir a voz.

Schomburgk diz que o arapapá bate com as mandibulas, á imitação da cegonha, e que pelo menos assim acontece quando o apanham.

Pouco se conhece ácerca da sua reproducção, mas sabe-se que os ovos são arredondados ou alongados, brancos baços, sem manchas.

O TANTALO D'AFRICA

Tantalus ibis, de Linneo — *Le tantale ibis*, dos francezes

Vive no norte da Africa uma linda pernalta do genero *Tantalus,* que alguns

---

[1] Nome vulgar brazileiro.

autores collocam entre os ibis e outros incluem na familia das cegonhas. Os tantalos são aves grandes, de corpo robusto, bico muito grande e similhante ao da cegonha, grosso na base e um pouco recurvo na ponta ; azas compridas e cauda curta; tarsos longos e vigorosos ; dedos compridos e muito palmados.

O tantalo da especie que citamos é branco, com reflexos côr de rosa no dorso, e as coberturas das azas malhadas de côr de rosa e vermelho escuro : as remiges e as rectrizes são de um verde negro luzidio ; o bico côr de cera e os pés vermelhos desvanecidos. As partes nuas da cabeça são de um vermelho vivo.

Como dissemos, pertence esta especie á Africa septentrional, e alguns autores affirmam que accidentalmente apparece na Europa.

O tantalo habita proximo dos rios e dos lagos, aos bandos, e alimenta-se principalmente de peixes, reptis aquaticos e vermes, que caça dentro da agua. No modo de andar e no vôo assimilha-se á cegonha.

Pouco se sabe ácerca da reproducção d'estas aves, que podem conservar-se captivas, alimentando-as á maneira das cegonhas.

A CEGONHA BRANCA

Ardea ciconia, de Linneo — *La cigogne*, dos francezes

As aves do genero *Ciconia*, a que pertence a cegonha, teem o corpo refeito, peito largo, pescoço vigoroso e de tamanho regular; bico longo, direito, largo na base e pontudo ; pernas muito altas, nuas muito acima da articulação dos tarsos; azas muito compridas e cauda curta e ar redonda.

A cegonha branca tem o corpo todo branco sujo, á excepção das remiges que são negras ; o bico e os tarsos vermelhos. Mede 1^m,15 de comprimento e 2^m,36 de envergadura. A femea é mais pequena do que o macho.

Exceptuando os paizes mais septentrionaes, a cegonha frequenta toda a Europa embora não aninhe em toda a parte. Em Portugal é commum no Alemtejo.

Emigra no fim do verão da Europa para o centro da Africa, d'onde regressa com a primavera.

A cegonha branca habita as planicies extensas e baixas, pouco accidentadas, onde haja agua corrente em abundancia, e principalmente que sejam pantanosas, parecendo procurar de preferencia os povoados, pois se muitas aninham nas arvores em sitios desertos, a maior parte procura para este fim os telhados das casas e os edificios mais altos.

Regressa a cegonha na primavera ao sitio onde viveu no anno anterior. «Pode-se assistir á chegada d'estas aves, e vê-se o casal que nos annos precedentes se avezou a certas casas descer subitamente de grande altura, descrevendo linhas espiraes, e vir pousar no ponto mais elevado do telhado, mosfrando-se tão habituada áquelles sitios como se nunca os houvera abandonado.» (Brehm).

E' necessario dizer que a cegonha é uma ave util pela quantidade de animaes nocivos que destroe, e data de tempos remotos a protecção que ainda hoje n'alguns paizes lhe é concedida. No Egypto veneravam-n'a como ao ibis sagrado, de que anteriormente falámos ; na Grecia existia uma lei que condemnava á morte todo aquelle que matasse uma cegonha; para os romanos era esta ave emblema do amor filial, e Plinio conta que viu muitas vezes as cegonhas mais novas trazerem alimento e prodigalisarem os mais ternos cuidados ás que a edade tornara impotentes para agenciar o sustento.

Ainda hoje na Alemanha e na Hollanda são estas aves muito estimadas, e consideram como bom presagio que venham aninhar nos telhados das casas. Para isso collocam-lhe alli uma caixa ou uma roda velha enfiada pelo centro na extremidade d'uma vara bastante alta, e a cegonha, aceitando o ninho que tão generosamente lhe offerecem, guarnece-o de hervas, pennas, folhas de canniços e outras substancias, e ahi estabelece a sua morada.

«Sabe conhecer as pessoas e accommoda-se ás circumstancias, excedendo n'este ponto todas as outras aves. Não carece de muito tempo para apreciar de que humor estão a seu respeito os moradores de qualquer sitio : se apenas a toleram ou se a sua presença lhes é aprazivel.

A que dias antes era cautelosa, timida, fugindo dos homens, receiando de tudo, ao vêr a roda posta no telhado ou sobre uma arvore, convidando-a a formar alli o ninho, perde o medo, toma posse da habitação que lhe offerecem, e por tal modo se torna confiante que se não esquiva a que a observem de perto.

Aprende a conhecer o seu hospedeiro, a distinguir dos que lhe querem bem os individuos de quem deva arreceiar-se; conhece se a estimam e a véem com bons olhos, ou se a notam com indifferença : observa tudo, e nunca a expericucia a deixa commetter erros» (Naumann).

«A cegonha, installando-se n'uma habitação qualquer, onde seja bem tratada, perde por fim o habito d'emigrar. Na epoca propria não pode furtar-se a certa agitação, e acontece mesmo a algumas não resistirem á chamada das suas companheiras selvagens e á necessidade de se reproduzirem, porque as captivas tornam-se estereis, e cedendo a taes influencias acompanham os bandos emigrantes.

E' certo, porém, que esta ausencia é temporaria, porque no anno seguinte a nossa fugitiva regressa, é vem de novo tomar posse da antiga morada, exprimindo a sua alegria com os repetidos estalos que dá batendo com as mandibulas. Mostra-se alegre ao tornar a ver a familia da casa, e reata sem demora as relações intimas que a ligavam aos seus antigos hospedeiros. Folga com as creanças, acaricia os adultos, faz diabruras aos cães e aos gatos, n'uma palavra é tal a sua alegria e tanta a sensibilidade, que de certo não eram de esperar do seu todo melancolico e taciturno.

Acompanha a familia nas refeições e toma parte n'ellas ; se o dono trabalha no campo, segue-lhe os passos, e vae devorando os vermes que o ferro da enxada ou da charrua poz a descoberto.» (Figuier).

«Alimenta-se a cegonha d'animaes de diversas especies, principalmente dos reptis, dos peixes e das rãs, e não devora menos os pequenos roedores e os insectos. Torna-a util a guerra que faz a muitos animaes nocivos. Antes de tomar no bico as cobras grandes, atordoa-as ás bicadas, para em seguida as engulir, de cabeça para baixo, ainda antes de mortas, o que por vezes dá motivo a que a cobra se lhe enrole em volta do pescoço, obrigando a cegonha a um movimento violento com a cabeça para a lançar fóra, ou com o pé a desprendel-a para poder engulil-a.

Se está esfaimada, devora as cobras pequenas sem primeiro as atordoar, b ácontece que estas, agitando-se-lhes no esophago, se escapem, quando a cegonha abaixa a cabeça para tomar nova presa. E' um espectaculo realmente interessante observar a cegonha caçando as cobras, quando tem muitas reunidas na sua frente.

Agradam-lhe as viboras, mas antes de as devorar applica-lhe bom numero de bicadas na cabeça. Se alguma lhe morde, anda por alguns dias doente, mas restabelece-se promptamente» (Lenz).

A cegonha busca as rãs nos charcos, e come-as, como já dissemos, o que não faz aos sapos ; parece que estes lhe repugnam e limita-se a matal-os sem os devorar.

«Um casal de cegonhas visitava a miudo uma lagoa, e ahi procurava os pequenos crustaceos, que, d'envolta com os sapos, eram os seus unicos habitantes. Quando ao pôr do sol iamos esperar as gallinholas, já as cegonhas se haviam retirado, mas deixavam signaes evidentes da sua estada alli. Eram innumeros os sapos que jaziam á borda d'agua, de ventre para o ar, já mortos ; e outros com os intestinos saidos e debatendo-se nas ultimas convulsões.» (Naumann).

O ninho da cegonha é construido com pouca arte. A primeira camada consta de ramos da grossura d'um dedo, de silvas e torrões; segue-se outra de ramos mais delgados, de hastes e de folhas dos canniços, e por ultimo é coberto de hervas seccas, de palha, papeis e pennas. Estes materiaes são transportados pelo macho e pela femea, mas só esta se encarrega da sua collocação.

A postura começa no fim d'abril, e consta de dois a quatro ovos, de casca lisa e fina, brancos e algumas vezes amarellados ou esverdeados. A incubação é feita pela femea, durante vinte e oito a trinta e um dias, e durante este periodo o macho vela por ella, alimenta-a, e pouco se afasta do ninho.

Os paes dão o comer aos filhos á imitação dos pombos : introduzem o bico no dos pequenos e passam-lhe as substancias meio digeridas da sua ultima refeição. É d'este modo tambem que lhe dão de beber.

Merece a cegonha que disponhamos d'algumas linhas em seu favor, tornando assim mais conhecida a sua fidelidade conjugal, e tambem para apontal-a como modelo a boas mães. Abunda nas obras de historia natural a narração de factos que são outras tantas confirmações da affeição que liga os casaes d'esta especie, e do amor que os paes consagram aos filhos.

«De todas as observações feitas, e por diversos modos, chega-se á conclusão de que as cegonhas contrahem uniões que duram toda a vida, e que os dois conjuges guardam entre si mutua fidelidade. Não affirmamos que por vezes não haja motivo para suspeitas, e que uma vez ou outra a cegonha, a femea, não tenha cedido ás pretenções d'algum macho estranho. Ha exemplos d'um macho celibatario atacar outro macho mais ditoso, em quanto este guarda o ninho, matal-o ás bicadas, e a femea entregar-se em seguida ao *assassino*. É certo, porém, que estes factos não passam d'excepções, e que numerosos outros se podem apontar que falam a favor da fidelidade conjugal das cegonhas.

Houve uma que por espaço de tres annos viveu consecutivamente no mesmo sitio, agenciando o alimento pelas margens dos ribeiros, e na epoca dos maiores frios procurava abrigar-se nos estabulos. Todos os annos o companheiro regressava para junto d'ella e o casal entregava-se aos cuidados da reproducção. A que ficava era a femea, e o macho emigrava todos os anuos.

A partir do quarto outono o macho deixou-se ficar passando o inverno em companhia da femea, durando isto só tres aunos, porque gente mal intencionada matou as duas cegonhas, descobrindo-se então que a femea se havia impossibilitado de viajar, em consequencia d'uma ferida que recebera» (Brehm).

«Em Voralberg, no Tyrol, foi visto um macho que contrariando os seus habitos e o instincto não duvidou passar o inverno alli, junto da companheira, impossibilitada de voar em resultado d'um ferimento que tivera n'uma aza.» (Figuier).

E se encontramos casos narrados nos quaes a fidelidade conjugal é offendida, a culpa é sempre da femea, e veem para mais fazer resaltar a inquebrantavel lealdade do macho.

«Na aldeia de Tangen, na Baviera, conta Neander, vivia um bando de cegonhas. Reinava a melhor harmonia entre os casaes, e a vida d'estas aves deslisava-se livre e venturosa.

Por infelicidade uma das femeas, até alli modelo de honestidade entre as ce-

gonhas, deixou-se seduzir pelos galanteios d'um macho ainda novo, na ausencia do marido occupado em procurar o sustento da familia. Durou esta ligação criminosa até certo dia em que o macho veiu surprehendel-os, e pôde ser testemunha da sua infelicidade.

Não quiz, todavia, fazer justiça em causa propria, e como lhe repugnasse manchar o bico no sangue d'aquella que tanto amara, conduziu-a á presença d'um tribunal, formado de todas as cegonhas, ao tempo reunidas para a partida do outono.

Exposto o facto pelo offendido, que pediu toda a severidade do tribunal para a accusada, foi a esposa infiel condemnada á morte, e a sentença executada sem demora, sendo a delinquente feita pedaços. O marido, apezar de vingado da traidora, ainda assim foi sepultar a sua dôr para sitio bem deserto, e nunca mais d'elle se ouviu falar.

Os habitantes de Smyrna, conhecedores até que ponto os machos das cegonhas são zelosos da sua honra conjugal, exploram-n'a em proveito das suas diversões um tanto crueis. Nos ninhos das cegonhas põem ovos de gallinha.

O macho, ao vêr este producto insolito, sente o ciume morder-lhe o coração, e suppondo-se trahido pela companheira, esta, por mais que proteste a sua innocencia, é entregue ao furor das cegonhas que correm aos gritos do cioso marido. A victima, mal fadada e innocente, é feita pedaços, para maior prazer dos taes sujeitos de Smyrna.» (Figuier).

Passemos agora á transcripção de alguns factos curiosos, para demonstrar o amor d'estas aves pelos filhos.

Tem-se visto a femea preferir a morte ao abandono dos filhos ou dos ovos, e serve de prova a historia veridica que segue d'um facto d'esta ordem, occorrido durante um incendio na cidade de Delft, na Hollanda.

«As chammas irrompiam furiosas de todos os lados e lambiam a parte do telhado onde existia um ninho de cegonha, ao tempo habitado pelos pequenos ainda implumes. A mãe, terrificada, tentou em vão por todos os meios ao seu alcance salvar a progenie, mas foram impotentes todos os esforços que empregou. Então, já cercada pelo incendio, meio suffocada pelo fumo, abriu as azas, e estendendo-as sobre os filhos morreu com elles.

Bory de Saint-Vincent cita um exemplo admiravel, de quanto é firme o amor materno das cegonhas. Pouco tempo depois de terminada a batalha de Friedland, o fogo, lançado por um obuz, communicara-se a uma arvore edosa, sobre a qual uma cegonha edificara o ninho e onde chocava os ovos. Só quando o fogo alcançou o sitio onde estava o ninho a ave se ergueu, e esvoaçando perpendicularmente sobre elle parecia aguardar o momento em que podesse salvar os ovos do perigo que os ameaçava. Viram-n'a repetidas vezes des-cer ao meio das chammas, como que para lutar com ellas, até que, finalmente, surprehendida pela violencia do calor e pelo fumo, foi victima na sua ultima tentativa.» (Chenu).

«Em 1820, n'outro incendio em Kelbra, na Russia, as cegonhas, ameaçadas pelo incendio, conseguiram salvar os ninhos e os filhos, lançando sobre elles a agua que transportavam nos bicos. Prova este facto até onde póde attingir a intelligencia d'estas aves, excitada pelo amor maternal.» (Figuier).

Falta dizer que a cegonha, com to-

Gr. n.º 395 — O jaburú

da a sua apparencia de mansidão, não é tão inoffensiva como se póde julgar. Naumann, citado por Brehm, diz que ellas vão aos ninhos das outras aves e matam os pequenos que encontram, apezar da resistencia dos paes. Matam até os seus similhantes doentes, antes da partida, ou as cegonhas domesticas que recusam acompanhal-as. Se irritarem uma cegonha domestica, investe na maior parte das vezes com o seu perseguidor. Se a ferirem defende-se vigorosamente, ás bicadas, que atira de preferencia aos olhos do homem ou do cão que a perseguir.»

A cegonha branca habitua-se facilmente a viver captiva, principalmente se a apanharem ainda nova, e domestica-se ao ponto de conhecer as pessoas e seguil-as. Anda á solta, sae e entra, e ella propria busca o alimento.

Existem muitos exemplos de quanto estas aves são intelligentes, e de como se affeiçoam ás pessoas que as tratam bem.

A CEGONHA NEGRA

Ardea nigra, de Linneo — *La cigogne noir*, dos francezes

A Portugal vem tambem esta especie,

congenere da antecedente. E' mais pequena e da côr que o nome indica.

A sua alimentação consta quasi que exclusivamente de peixes, e ao contrario da
cegonha branca é arisca, aninha nos sitios mais solitarios e nas florestas, bem
longe dos povoados. Nos caracteres e
nos habitos é muito similhante á cegonha branca de que acabamos de falar.

O JABURÚ

Mycteria americana, de Linneo — *Le jabiru*, dos francezes

Do genero *Mycteria* existem diversas
especies na America, na Africa e na Australia, que differem por ter o pescoço nu
ou pennugento, pela fórma do bico e
pelo colorido. Nos habitos são similhantes.

O jaburú, acima citado, que se encontra no Brazil, é uma ave grande, de corpo alongado, pescoço comprido e delgado, bico muito longo e tarsos bastante
altos.

É todo branco, com a cabeça e o pescoço nus, tendo a pelle negra, e só vermelha a da parte inferior do pescoço; na
parte posterior da cabeça tem apenas alguma pennugem branca; o bico e os pés
são negros.

Vive em bandos numerosos, á beira
dos lagos e dos pantanos, e ahi persegue
os reptis e os peixes, que constituem o
seu alimento.

A especie que a nossa gravura n.º 396
representa é o jaburú da Africa, que differe da especie americana no colorido,
tendo a pennugem variada de negro
n'alguns pontos do corpo, e o bico negro
no centro e vermelho na base e na extremidade. Mede 1ᵐ,54 de comprimento.

O MARABÚ

Leptoptilos crumenifer, de Hartlaub — *Le marabout*,
dos francezes

Da familia das cegonhas vivem na Africa
e na Asia diversas especies do genero *Leptoptilos*, conhecidas por *marabús*. Nada
teem de formosas estas aves, de corpo
robusto, cabeça e pescoço nus, tendo
este no fim uma especie de sacco que
lhe serve de papo: bico muito longo e
muito grosso, quadrangular na base e
pontudo na extremidade; azas largas e
cauda mediana; tarsos muito altos e vigorosos; as pernas nuas acima da arti-

culação dos tarsos; tres dedos anteriores
e o pollegar assentando por inteiro no
chão.

Tem o marabú a cabeça côr de carne,
coberta apenas d'alguma pennugem rara
e curta, mais parecida com pellos; a
pennugem do dorso verde escura com reflexos metallicos; a nuca e a parte inferior do corpo brancas; as remiges e as rectrizes negras baças; bico amarello sujo e
os tarsos negros. Mede 1,ᵐ65 de comprimento, contando 0,ᵐ50 de bico e 0,ᵐ33
de cauda.

Sob as azas tem o marabú pennas brancas compridas, finas e muito leves,
muito estimadas, e na Europa conhecidas pelo nome de marabús, servindo para
enfeitar os chapeos das senhoras. Na India, em certos sitios, criam estas aves
tamsomente para lhes aproveitar estas
pennas.

O marabú tem um aspecto singular,
que desperta a attenção de quantos o véem.
Nos jardins zoologicos dão-lhe d'ordinario a alcunha do *conselheiro privado*, e
realmente, como diz Vierthaler, assimilha-se a um funccionario, que curvado
ao peso de longos annos de serviço, de
cabelleira côr de cenoira, casaca azul escura e calças brancas, observa timido e
agitado o seu superior, d'aspecto car-
rancudo, e aguarda humildemente as suas
ordens. Parece, accrescentarei eu, um
homem pouco habituado a frequentar
boa sociedade, e que pela primeira vez
veste a casaca sem saber haver-se com
ella. Em Africa chamavamos-lhe o *fraque*,
tanto o marabú se parecia com um homem assim vestido.

O porte do marabú está em harmonia
com o seu aspecto ridiculo; tudo n'elle
respira indolencia e serenidade. Tanto o
andar como o olhar parecem medidos e
compassados. Se o perseguem observa
pausadamente em volta de si, calcula a
distancia que o separa do inimigo, e por
ella regula o andamento. Se o caçador
avança de vagar imita-o; se elle apressa
o passo, eil-o a caminhar mais rapido,
e se finalmente o homem pára, o marabú
estaca ao mesmo tempo. Em campo aberto,
onde o marabu possa guardar sempre a
mesma distancia, é raro que se deixe aproximar a tiro de espingarda; não vôa, mas
caminha sempre a trezentos ou quatrocentos passos do caçador. » (Brehm).

Accrescenta o autor referido que em
Charthoum, na Africa, os marabus, ex-

tremamente cautelosos, viviam nas melhores relações com os cortadores d'um
matadouro situado ás portas da cidade ;
penetravam no edificio, para apanhar
os despojos que topavam no chão, e chegavam mesmo a importunar os homens
para que lhes dessem de comer. Os cortadores toleravam-n'os, e quando muito, á força de se verem perseguidos pelos marabús, atiravam-lhes alguma pedra.

Na primeira vez, porém, que o nosso
narrador derrubou um a tiro, os companheiros mudaram de factica, e a partir

d'esse dia vinham ao matadouro, tomando todavia a precaução de postar vigias,
e mal divisavam ao longe algum homem
branco voavam.

Os marabús na India vivem em intimas relações com o homem, e este
levando em conta os serviços que elles
lhe prestam, expurgando as ruas de toda
a casta de despojos e immundicies que
se tornariam nocivas, deixa-os transitar
livremente.

«Na India, no dizer de Dussumier, os
marabús são tão venerados como os ibis

Gr. n.º 396 — O marabú

o eram no Egypto, e tendo a salvaguar-
dal-os a protecção official da autoridade,
tornam-se mesmo incommodos e perigosos para os viandantes.

São numerosos em todas as grandes
cidades da India : passeiam pelas ruas de
Calcuttá, entram nas casas, vão aos ma-
tadouros, e a horas certas reunem-se nos
sitios onde sabem que haja pitança, por
exemplo, nos quarteis, para alli receberem os sobejos do rancho.

Nos monturos são hospedes certos, e
disputam aos abutres a carne ou os despojos corruptos dos animaes. Véem-se, á
imitação d'aquellas aves de rapina, pou-

sados sobre os cadaveres que o pobre
hindou confiou ás aguas sagradas do Ganges.

A protecção de que gozam torna-os de
tal modo petulantes que não toleram da
parte dos caminhantes a mais leve aggres-
são, sem que se déem ares de querer defender-se ou buscando mesmo vingar-se.»
(Brehm).

Em Calcuttá e Chandernagor paga a
multa de dez guineos quem matar um
marabú.

Estas aves, que vivem, como já vimos,
nos povoados, aninham todavia nas florestas sobre as arvores, longe dos sitios ha-

bitados. A femea põe dois ovos grandes e brancos. O marabú domestica-se sem custo, mas é difficil conserval-o pela sua immensa voracidade.

Conta Brehm que d'algumas d'estas aves que matou póde sacar do esophago orelhas de boi inteiras, pés do mesmo com as unhas, ossos tão grandes como nenhuma outra ave seria capaz de engulir, etc.; e referindo-se ainda ao appetite voraz do marabú, narra o seguinte caso :

«Vi uma vez dez a doze marabús que no Nilo estavam occupados a pescar, e davam testemunho da sua habilidade, pouco vulgar, porque, dispostos em circulo, uns enxotavam os peixes para o lado dos outros, e assim serviam-se mutuamente.

Um dos marabús apanhou e enguliu um peixe maior ; mas este debatia-se no esophago, obrigando-o a dilatar-se consideravelmente. Visto isto pelos companheiros, cairam sobre elle maltratando-o, afim de lhe tirarem a presa, e para a não largar teve o marabú de fugir.

O BICO ABERTO

Anastomus lamelligerus de Temminck—*Le bec-ouvert d'Afrique,* dos francezes

Do genero *Anastomus* existem duas especies, uma que vive na Africa e outra ao sul da Asia, sendo esta commum na India.

Devem estas aves o nome de *bico-aberto* á forma singular do bico, grosso, muito comprimido nos lados, e com as mandibulas arqueadas em sentido opposto, de modo que, unindo-se na base e na extremidade, deixam no centro um espaço vazío ; teem as azas grandes, a cauda curta, e os tarsos similhantes aos da cegonha.

A especie da Africa, acima citada, é mais pequena que a cegonha, e as hastes da pennugem do pescoço, do ventre e das coxas, transformam-se na extremidade em laminas longas e estreitas, corneas ou cartilaginosas com reflexos vermelhos ou esverdeados, que matizam lindamente a plumagem negra ; os tarsos são negros.

Vive esta especie no centro e sul da Africa, e Brehm diz que ella habita Moçambique.

Mora junto d'agua em grandes bandos, assimilhando-se no todo e no vôo á cegonha. Alimenta-se de peixes, reptis aquaticos e mariscos de concha, e sabe abrir esta partindo com o bico a charneira.

A GARÇA REAL

Ardea cinerea, de Linneo.—*Le heron cendré,* dos trancezes

Teem as garças, genero *Ardea,* o corpo esguio ; o pescoço longo e delgado, e a cabeça pequena ; o bico mais longo que a cabeça, vigoroso, direito, muito comprimido, e dentado na ponta ; azas compridas e largas ; cauda curta e arredondada ; tarsos altos, e os dedos longos armados d'unhas agudas, a do meio dentada interiormente.

Os adultos teem na parte posterior da cabeça pennas alongadas formando poupa.

A garça real tem a fronte e o alto da cabeça branco ; pescoço esbranquiçado, e costas cinzentas raiadas de branco ; as pennas da poupa, tres ordens de malhas na frente do pescoço e as remiges primarias, negras ; as remiges secundarias e as rectrizes pardas ; as partes nuas da face d'um amarello verde ; o bico côr de palha e os tarsos negros atrigueirados. Mede 1,ᵐ 15 de comprimento.

Encontram-se estas aves em todo o globo, emigrando d'uns para outros pontos. Apparecem em outubro- nos paizes do meio dia da Europa para d'aqui passarem á Africa, d'onde regressam em março e abril. No nosso paiz são communs.

Viajam em bandos, de dia, voando a grande altura, e estabelecem a sua resideneia á borda d'agua, tanto nas praias como nas ribeiras, procurando sempre sitios onde ella não seja muito profunda, e possam dar caça aos reptis, ás rãs e aos peixes que constituem o seu alimento. Ouçamos a descripção de Naumann, citado por Brehm, descrevendo, como testemunha ocular, o modo porque estas aves apanham a presa.

«Mal chegam á borda da lagoa, não suspeitando que alguem as observa, as garças entram pela agua dentro e começam a pesca. Com o pescoço curvo, o olhar inclinado para baixo, o olhar fixo na agua, caminham pausadamente, e, avançando em sileucio até a agua lhes cobrir os tarsos, gyram d'esta sorte em volta da lagôa. A cada momento, porém, o pescoço reteza-se como que impellido por certa mola, e umas vezes o bico e outras o bico e a cabeça desapparecem dentro d'agua, e por cada um d'estes movimentos apanham um peixe, que é immediatamente devorado ou virado primeiramente de modo que a cabeça é sempre a primeira engulida. Se o peixe passa a maior profundidade, a garça mergulha tambem o pescoço, e para manter-se em equilibrio abre as azas, cuja parte superior toca na agua... Caça d'esta sorte as rãs, os girinos e os insectos aquaticos. As rãs maiores dão-lhe por vezes serios trabalhos: tomando-as no bico, arremessa-as para tornar a apanhal-as, dando-lhes bicadas até ficarem semi-mortas, para depois as tragar de cabeça para baixo».

Comem as garças, alem dos animaes que ja referimos, cobras, pequenas aves aquaticas e pequenos roedores, taes como ratos, os molluscos e vermes.

A garça real é muito timida e precavida; esquiva-se do homem mal o enxerga, e não é facil que este possa aproximar-se-lhe. Construe o ninho de companhia com os seus similhantes, sobre as arvores nos pontos onde os ramos se bifurcam, formando-o de ramos seccos, cannas, folhas e palha, forrando-o de pelles, de lã, e de pennas. A femea põe tres ou quatro ovos, esverdeados, de casca lisa. Dura a incubação tres semanas, e os pequenos só abandonam o ninho quando já podem voar, separando-se então os novos dos adultos.

Reunem-se as garças por vezes, mesmo as de especies diversas, n'um massiço de arvores, para ahi aninharem, formando uma especie de colonia. Na Alemanha, onde se encontram estas colonias, diz Brehm, contam-se aos grupos de cem ninhos. Chegando a epoca de emigrar partem as garças e voltam no anno seguinte, indo cada casal occupar o ninho do anno anterior, ao qual faz as reparações de que carece.

«Cêrca dos primeiros dias d'agosto, (finda a creação dos filhos) e sempre na mesma data, a colonia, que conta então quinhentos ou seiscentos individuos, prepara-se para a partida e abandona o sitio onde tem os ninhos. No anno seguinte regressa, e para chegar tem dia fixo como para a partida, havendo a notar que os casaes são com pequena differença tantos como os ninhos, encontrando cada um o seu logar, sendo pois certo que a geração nova foi fundar nova colonia n'outro sitio» (Figuier).

As aguias e os falcões teem grande predilecção pela carne da garça, e são os seus mais terriveis inimigos. Para esca-

par-lhes tem esta como recurso o remontar a grande altura, para o que em primeiro logar vomita os alimentos que ultimamente tomou, diminuindo assim o peso, e o que nem sempre lhe aproveita, pois o falcão, levando-lhe vantagem, ataca-a pela parte superior. E' então que a garça, sentindo o inimigo proximo se serve do bico, e o aggressor tem de precaver-se contra os golpes que ella lhe atira. Se o falcão consegue filar a vietima, o que na maior parte das vezes succede, — exhausta esta de fadiga e já sem poder voar, — veem ambos redomoinhando parar a terra.

Os reis e os nobres, na epoca em que lhes era privativa a caça com o falcão, pelo modo que já referimos ao tratar d'esta avè de rapina, davam a preferencia á garça e adestravam os seus falcões especialmente para caçar esta ave. O vôo altaneiro das garças, as ondulações que ambas as aves descrevem no ar, ora remontando ora descendo, o ataque e a defesa, tudo isto dava um espectaculo dos mais attrahentes.

A garça real é facil de crear de pequena dando-lhe peixe, rãs ou pequenos roedores.

A GARÇA

Ardea purpurea, de Linneo — *Le heron pourpré,* dos francezes

Esta especie, congenere da antecedente, é mais pequena, e tem a parte superior do corpo cinzenta lavada de ruivo, e o alto da cabeça negro; o pescoço ruivo com uma risca negra ao meio, na parte posterior, e outras mais estreitas da mesma côr nos lados; faces ruivas claras; a parte inferior do corpo ruiva acastanhada com cambiantes purpureos; o meio do ventre negro; remiges trigueiras matizadas de cinzento e cauda cinzenta; pés d'um trigueiro esverdeado; bico amarello.

E' commum em Portugal, na provincia do Alemtejo.

Nos habitos é similhante á garça real.

A GARÇA BRANCA

Ardea alba, de Linneo — *Le heron blanc,* dos francezes

Esta especie, congenere tambem das antecedentes, é branca pura, com a parte nua das faces d'um amarello esverdeado; bico amarello escuro e tarsos pardos escuros. Na epoca. das nupcias nasce-lhe das espadoas uma plumagem fina e sedosa, que lhe cobre o dorso, saindo de ambos os lados da cauda em pennachos.

Mede 1^m,10 de comprimento.

Vive no sudoeste da Europa, e ao sul da Siberia, emigrando para o sul da Asia e norte da Africa. E' rara no meio dia da França e em Hespanha.

Encontra-se nos mesmos logares que a garça real, isto é, junto das correntes d'agua e dos grandes pantanos, procurando os sitios mais escusos e solitarios.

O regimen é egual ao das outras garças, e aninha nas arvores ou nos canniçaes.

Pode viver captiva, e é mais dada que a garça real, affeiçoando-se ao tratador.

A GARÇOTA BRANCA

Ardea garzetta, de Linneo — Le heron garzette, dos francezes

Esta especie é muito similhante á garça branca, mas muito mais pequena, medindo apenas 0^m,66 de comprimento. E' branca, com o bico negro e os tarsos d'esta mesma côr.

A garçota branca, que vive nos mesmos pontos que a garça branca, é todavia mais commum. Apparece regularmente de passagem no sul da França. Não differe nos habitos da especie antecedente, sendo dos seus congeneres a mais graciosa e elegante. Pode viver captiva.

A GARÇA BOVINA

Ardea bubulcus, de Cuvier — Le heron garde boeuf, dos francezes

Esta especie da familia das garças, que para alguns autores forma o genero *Bubulcus*, vive no sul da Asia e no noroeste da Africa, apparecendo muitas vezes no sul da Europa, e vindo a Portugal ainda que pouco frequentemente. Conhece-se aqui pelo nome vulgar de *garça*, que serve para confundil-a com as especies que temos citado.

Demos-lhe o nome de *garça bovina*, pela mesma razão que os francezes lhe chamaram *garde boeuf* ou *heron des boeufs* e os inglezes *cow-heron;* e qual seja essa razão mais adiante diremos ao tratar dos habitos d'esta ave.

A garça bovina é pouco maior do que um pombo: mede 0^m,52 de comprimento. Tem a plumagem branca luzidia, e na epoca das nupcias o alto da cabeça, a frente do peito e o dorso ornam-se de pennas longas d'um ruivo ferrugento ; o bico e os tarsos amarellos

Esta ave, á imitação das outras garças, vive na borda dos lagos e dos rios ou nas terras encharcadas, mas avizinha-se dos povoados, no que differe d'ellas.

Do habito de viver na sociedade de certos mamiferos, taes como os bois, os bufalos e os elephantes, se deriva o nome que lhe dão vulgarmente os francezes e os inglezes, como acima dissemos, e o de garça *bovina* pelo qual a appellidámos.

«Gosta de viver em companhia dos grandes animaes. No Egypto encontra-se junto dos rebanhos de bufalos, e no Soudan de sociedade com os elephantes ou sobre elles. Torna-se n'estes sitios um verdadeiro parasita, fazendo o seu principal alimento dos insectos que molestam os mamiferos, e pousa no dorso d'estes para poder dar-lhes caça. O bufalo e o elephante, aprendendo rapidamente a conhecel-a por sua bemfeitora, permittem-lhe estas confianças.

No Soudan, em pontos diversos, affirmaram-me que por vezes se véem vinte d'estas aves empoleiradas no dorso d'um elephante, o que me parece verosimil a julgar pelo que vi. Muitas vezes sobre um bufalo andam oito ou dez garças, e confesso que estas aves com a sua plumagem d'um branco brilhante formavam um apparatoso adorno ao mamifero.

Vive a garça bovina em perfeita intimidade com os indigenas, e como não ignora que a véem com bons olhos e que ninguem a molesta, anda sem o menor receio por entre os homens que trabalham no campo, a ponto de que quem a vé toma-a por ave domestica. Até os proprios cães consentem que ella os cate.

Não é só d'estes insectos que a garça bovina se alimenta ; em occasião opportuna atira-se aos reptis e aos peixes pequenos, posto que os invertebrados constituam o seu alimento principal» (Brehm).

No Egypto, accrescenta ainda este autor, e no Soudan, aninham estas aves nas arvores, e n'uma mimosa ou n'um sycomoro reunem-se todos os ninhos das garças bovinas d'aquelle sitio. Captivas são muito interessantes, domesticam-se sem custo, aprendem a comer na mão do dono, e apanham as moscas e os insectos.

Impresso por Lallemant Frères, Lisboa.

O GORAZ   O GARCÊNHO
A GARÇA REAL   A GARÇOTA BRANCA

O PAPA-RATOS [1]

Ardea comatus, de Linneo. — *Le heron crabier*, dos francezes

Esta especie, congenere da antecedente, tem o nome vulgar de papa-ratos, e frequenta o nosso paiz, pois encontramol-a citada como tal no catalogo do museu de Coimbra, e alli representada por oito exemplares capturados em Portugal.

Tem a plumagem branca nas azas, no ventre e na cauda, com o pescoço e o dorso ruivos; na epoca das nupcias tem as pennas longas da parte posterior da cabeça brancas bordadas de negro; bico azulado e negro para a extremidade; pés amarellos.

O GORAZ [2]

Ardea nycticorax, de Linneo. — *Le heron bihoreau,* dos francezes

Pertence esta especie ao genero *Nycticorax*, e distinguem-se as aves d'este genero das dos generos antecedentes da familia das garças mais pelos habitos do que pelos caracteres. Teem o bico mais curto e os tarsos regulares, e na parte posterior da cabeça tres pennas grandes e filiformes.

O goraz tem o alto da cabeça, a nuca, a parte superior do dorso e as espadoas negras esverdeadas, o resto do corpo na parte superior e os lados do pescoço cinzentos; o baixo ventre d'um loiro claro, as pennas compridas por detraz da cabeça brancas, raras vezes negras em parte; o bico negro e amarello na raiz; as partes nuas da cabeça verdes; os tarsos d'um amarello verde. Mede de 0ᵐ,58 a 0ᵐ,60 de comprimento.

Os individuos novos fazem grande differença dos adultos: teem a plumagem da parte superior do corpo trigueira com malhas loiras e brancas amarelladas; o pescoço malhado de trigueiro em fundo amarello; o ventre esbranquiçado com malhas trigueiras. Não teem poupa.

O goraz vive na Europa no verão, sendo muito frequente na Hollanda e na Allemanha, emigrando para a Africa no inverno, e apparece de passagem no meio dia da França, em Hespanha e na Italia. Em Portugal não é raro.

Fóra da epoca das nupcias o goraz só ao cair da noite se mostra activo, e en-

tão vóa das arvores onde dorme todo o dia para ir em busca do alimento nas lagoas e nos pantanos. Quando tem os filhos a sustentar pesca de dia, pois a voracidade dos pequenos obriga-o a alterar os seus habitos. Diz Brehm que o goraz differe das outras garças, tanto como o mocho do falcão, pois passando todo o dia com o pescoço entre as espadoas, os olhos fechados e immovel, ao pôr do sol começa a despertar, e á maneira que a noite vae caindo vê-se saltar lesto d'uns ramos para os outros, pondo em pratica toda a sua actividade. Pousado nos ramos mais altos das arvores, voa então aos bandos em direcção do sitio onde os aguarda a refeição.

Consta esta de peixes, rãs, e tambem d'insectos e larvas.

Nidificam nas arvores, a meia altura, na bifurcação dos ramos, e o ninho é construido de ramos seccos por dentro, e mal forrado de folhas de canniços e de hervas. Põe a femea quatro a cinco ovos, verdes por egual. Na Hollanda são muito frequentes as colonias d'estas aves, que fazem o ninho nos massiços das arvores, ás vezes d'envolta com os das outras especies das garças. Em volta das arvores onde estabelecem os ninhos cobre-se o solo de excrementos, como se fôra revestido por grossa camada de neve, e vêem-se os despojos de peixes e das rãs em estado de putrefacção, denunciando-se pelo fetido que exhalam.

Os pequenos tão depressa podem voar separam-se dos paes, sem que, todavia, abandonem o bando de que estes fazem parte, e chegada a epoca d'emigrarem partem todos juntos.

Pode conservar-se captivo o goraz, alimentando-o de peixe; mas é realmente pouco interessante, pelo habito de dormir o dia inteiro.

O GARCENHO

Ardea minuta, de Linneo — *Le heron blongios*, dos francezes

O garcênho é a especie do genero *Ardeola*, que frequenta a Europa. É a mais pequena da familia das garças, uma linda ave de 0ᵐ,40 de comprimento aproximadamente, com o alto da cabeça, a nuca e as espadoas de um negro luzidio esverdeado; a parte superior das azas e o lado inferior do corpo loiro; os lados do peito malhados de negro; as remiges

---

[1] Catalogo das aves do museu de Coimbra.
[2] Catalogo das aves do museu de Coimbra.

e as rectrizes negras; o bico amarello desvanecido e os tarsos esverdeados.

As femeas e os pequenos differem um tanto no colorido da plumagem.

O garcênho frequenta toda a Europa, da Hollanda para o sul, aninhando n'uns paizes e n'outros apenas apparecendo de passagem. O inverno passa-o no norte da Africa, e em abril emigra para a Europa. E' pouco frequente em Portugal.

Vive á borda dos lagos e dos terrenos encharcados, escondido entre os canniços ou nos ramos das arvores, onde se conserva durante o dia, e só de noite abandona o seu escondrijo. E' mesmo difficil vêl-o de dia, tão bem sabe occultar-se.

O seu alimento principal consta de reptis, comendo tambem insectos e vermes. Faz o ninho nos canniçaes, onde a femea põe de quatro a seis ovos.

O garcênho é facil de habituar-se a viver captivo, e a pouco e pouco vae ganhando em mansidão, sem todavia per

Gr. n.º 397 — O abetouro

der totalmente o seu natural bravio e matreiro.

A GALLINHOLA REAL, OU ABETOURO [1]

Ardea stellaris, de Linneo — *Le butor*, dos francezes

Do genero *Botaurus* vem a Portugal a especie citada, que na primavera vae da Africa ou dos paizes do sul da Europa para o norte, e regressa em setembro ou outubro.

As aves d'este genero teem o corpo refeito, o pescoço longo e grosso, na frente e nos lados guarnecido de pennas

[1] O primeiro nome encontramol-o nas *Instrucções Praticas* do sr. dr. Barbosa du Bocage, e o segundo no *Catalogo das aves do museu de Coimbra*.

compridas e largas, e por detraz apenas coberto de pennugem muito fina; o bico estreito e alto, agudo na ponta; as pernas pennugentas até aos tarsos, e quatro dedos com unhas compridas e vigorosas, muiot curva a do pollegar. Tem o abetouro o alto da cabeça negro, a parte de traz do pescoço variada de pardo annegrado e de amarello; o resto da plumagem loiro claro, com malhas negras e trigueiras, que na frente do pescoço formam tres riscas longitudinaes; a mandibula superior atrigueirada, e a inferior esverdeada; os tarsos são verdes claros. Mede 0m,77 de comprimento.

Qualquer ponto que o abetouro escolha para residencia será sempre na vizinhança de uma lagôa ou de terrenos alagadiços, onde encontre abrigo entre os canniços. Á falta d'estes refugia-se nas arvores, mas só em ultimo caso.

De dia esvoaça a pouca altura do solo, quasi que roçando pelo cimo das cannas e dos juncos, e só á noite ergue o vôo remontando a grande altura.

A toda a familia das garças, notavel pelas posições variadas e pouco communs que os individuos tomam, o abetouro ganha-lhe pelas singulares posturas que escolhe, accommodadas ás circumstancias.

Se está tranquillo inclina o corpo para a frente e encolhe o pescoço, de sorte que a cabeça descança na nuca ; quando caminha ergue o pescoço, e se se encolerisa levanta a plumagem, eriça as pennas da nuca, abre o bico e põe-se na defensiva.

Se fugindo de algum perigo vae esconder-se, descança o corpo sobre os tarsos, e ergue o tronco, o pescoço, a cabeça e o bico, de modo que tudo isto forma quasi uma só linha obliqua. N'esta postura mais parece uma velha estaca aguçada na ponta, ou um molho de cannas seccas, do que uma ave.» (Brehm.)

O nome de *abetouro* dado a esta ave, o de *butor* que os francezes lhe dão, e outros analogos porque é conhecida nos demais paizes, todos teem por origem a sua voz. Na epoca das nupcias a voz do abetouro é similhante ao mugir do touro, e ouve-se a grande distancia.

Reune esta ave á sua inercia natural o ser prudente, bravia e má, e Brehm falando das qualidades do abetouro diz : «Só vive para si, e parece que odeia todos os seres : os animaes pequenos são boa presa e mata-os ; com os maiores investe se se lhe aproximam. Se o adversario é mais forte do que elle bate em retirada, mas no ultimo extremo, não podendo escapar, atira-se a elle com incrivel temeridade, servindo-se do bico com vigor e destreza, e de preferencia dirige as bicadas aos olhos do inimigo. O proprio homem tem de precaver-se se não quizer ficar ferido e gravemente. O captiveiro não lhe modifica os maus instinctos, e os abetouros que se criam de pequenos teem todas as más qualidades dos que vivem no estado livre, e por mais comicas que sejam as posições que tomem não conseguem ainda assim annullar a antipathia que inspiram.»

Alimenta-se esta ave principalmente de peixes, rãs e outros animaes aquaticos, e tambem de cobras, lagartos, aves pequenas e mamiferos do tamanho de ratos pequenos. Ha epocas em que só comem sanguesugas, engulindo-as vivas.

Construe o ninho entre as cannas ou nos juncos, á borda da agua, com folhas de canna, juncos e folhas seccas, pondo a femea de tres a cinco ovos, trigueiros esverdeados desvanecidos, que ella só choca, emquanto o macho a distrahe, nas horas vagas, com os seus *mugidos*.

Diz Brehm que na Grecia e no meio-dia da Europa caça-se o abetouro para aproveitar a carne, que alli acham saborosa, não obstante ser azeitada.

O GROU

Ardea grus, de Linneo — *La grue cendrée,* dos francezes

As aves do genero *Grus*, a que pertence a especie acima citada, teem o corpo alongado e grosso; pescoço longo e delgado; cabeça pequena e airosa, em parte nua ; bico do comprimento da cabeça ou pouco maior, direito ou pouco comprimido nos lados, rijo na ponta ; azas grandes e agudas, as remiges secundarias mais compridas, com as barbas encrespadas, formando uma especie de pennacho caido sobre a cauda ; esta curta e arredondada, e os tarsos muito altos ; quatro dedos, sendo o medio e o externo palmados até á primeira phalange, e o pollegar articulado muito acima.

O grou tem a plumagem cinzenta, a fronte, e o baixo dos olhos negros com reflexos azues esverdeados ; os lados do pescoço esbranquiçados e as rectrizes negras; bico avermelhado na base e negro esverdeado na ponta e tarsos annegrados.

Mede 1ᵐ,48 de comprimento e d'envergadura 2ᵐ,55.

O grou é essencialmente emigrante; tendo por patria o norte da Europa e da Asia, emigra da primeira para o centro e leste da Africa e da segunda para a India. Encontra-se com frequencia em Portugal, na provincia do Alemtejo.

Viaja em grandes bandos, partindo em epocas certas, e seguindo todos os annos invariavelmente a mesma direcção; vóa todo o dia, do nascer ao pór do sol, e ouve-se a toda a hora da noite.

«A ordem mantida durante as viagens d'estas aves não é menos digna de admiração do que a uniformidade nas epocas em que se effectuam as emigrações. Os grous vôam em triangulo, com uma das esquinas para diante formada por um unico individuo, dos mais vigorosos e peritos, e por consequencia dos mais edosos. A este cabe a tarefa mais difficil e penosa, o encargo de ser o primeiro a fender o ar, e de guiar o bando atravez do espaço. Quando o cansaço o impede de proseguir, passa então para a rectaguarda, e outro, capaz de succeder-lhe no

posto, vae substituil-o. Todos os individuos do bando obedecem ao chefe, e este de tempos a tempos solta um grito, como que para chamar os companheiros, ao qual estes respondem sem demora.

A voz d'estas aves é tão forte e estrepitosa que se ouve de noite a distancia, e denunciam-as as diversas inflexões da voz. De espaço a espaço o bando pousa no solo para descançar, e affirma-se que então um dos grous, de pescoço erguido, é posto de sentinella para advertir os com-

Gr. n.º 398 — O grou e a cegonha

panheiros de qualquer perigo, soltando gritos de alarme» (*Magasin pittoresque*, citado por Chenu).

O grou possue a faculdade de passar muitos dias sem comer, faculdade, seja dito, que não é rara entre as pernaltas, e alimenta-se de substancias vegetaes, sem todavia desdenhar inteiramente o regimen animal. Se come hervas, sementes, e fructas, dá caça tambem aos vermes, aos insectos, e uma vez por outra ás rãs e a outros pequenos animaes aquaticos.

Encontram-se os grous nas grandes planicies cortadas por aguas correntes onde

existem terrenos alagadiços; e se se reunem em bandos numerosos para viajar, chegados á patria os casaes separam-se para edificar o ninho, longe uns dos outros, nos terrenos apaúlados, procurando as pequenas eminencias que a agua deixa a descoberto, e onde crescem as plantas aquaticas.

Sobre ramos seccos, dispostos com pouca arte, e cobertos de rastolho, folhas seccas, hervas e juncos, põe a femea dois ovos grandes, alongados, que são alternadamente chocados pelo macho é pela femea. Em qualquer occasião o grou foge na presença de qualquer perigo e principalmente á vista do homem; mas durante a incubação ou quando tem a defender os filhos, resiste até mesmo a este e não duvida atacal-o.

Vamos transcrever, ácerca das qualidades, intelligencia e domesticidade do grou, alguns paragraphos mais interessantes da descripção de Brehm.

«O grou cinzento é ave das mais graciosas, ao mesmo tempo prudente e bem prendada, e as suas faculdades intellectuaes recordam as do homem. Nos movimentos é elegante, e no todo interessante até mais não...

Linneo reunia os grous ás garças; outros autores collocam-n'os junto ás cegonhas, mas é certo que differem d'umas e d'outras pelo seu todo e pelo genero de vida. Tem a garça posturas grotescas, e sob diversos aspectos não passa d'uma caricatura; a cegonha tem do mesmo modo os seus lados ridiculos; mas no grou, pelo contrario, todos os movimentos são elegantes, principalmente quando está de bom humor.

O grou apanha pedacinhos de madeira ou pedras pequenas, atira-as ao ar buscando apanhal-as de novo; arquea o corpo rapidamente e muitas vezes seguidas, bate as azas, dança, salta, corre d'um para outro làdo, busca finalmente por diversos modos exprimir o seu contentamento e bom humor, mas nunca se desmanda e é sempre bello e galante.

Não é só no grou livre que se aprende a conhecer todas as suas boas qualidades; é necessario tel-o por companheiro para poder aprecial-o pelo seu justo valor. Tanto esta ave no estado livre foge do homem, como depois de captiva se lhe affeiçoa. Afóra o papagaio, e dos mais doceis, não ha outra ave que mais intima amizade tome ao homem, e que melhor lhe comprehenda os gestos e mais saiba ser-lhe util. No dono não vê unicamente a pessoa que lhe dá de comer: considera-o como um amigo e prova-lh'o.

Afaz-se á casa com menos custo que qualquer outra ave, conhecendo-lhe todos os cantos; mede o tempo, aprecia o grau de intimidade de cada uma das pessoas ou dos animaes que a frequentam; é um bom mantenedor da ordem, não consentindo que no pateo onde vive a creação haja a menor rixa, e guarda o gado como o faria um bom cão. Investe

ás bicadas com quem o maltratar, soltando gritos atroadores; mas ao inverso manifesta o seu reconhecimento e os seus excellentes sentimentos, dançando e inclinando o corpo, e apraz-lhe a sociedade das pessoas que o tratam bem. Não soffre injurias, e guarda recordação d'ellas durante mezes e anuos; n'uma palavra é um homem sob a plumagem d'uma ave.»

O grou captivo habitua-se a todos os regimens, e póde conservar-se por muitos annos dando-se-lhe sementes a comer. Prefere as hervilhas e as favas aos cereaes, e o pão é uma gulodice por elle muito apreciada. Gosta de batatas cozidas, rabanos cortados, couves, fructas, mas não desdenha pedaços de carne fresca, e não perde occasião de apanhar um ratinho ou um insecto.

A carne do grou era tida outr'ora em grande conta, e os gregos estimavam-n'a muito.

Finalisaremos a historia do grou dizendo que esta ave é conhecida desde a mais remota antiguidade, e muitos escriptores antigos falam das suas emigrações. D'envolta com a verdade, referiam grande copia de fabulas ridiculas, que tinham curso na Grecia e no Egypto, terras classicas de tudo quanto é maravilhoso, mas fabulas muito longas para aqui podermos referil-as. Não deixaremos, todavia, de narrar a seguinte historia em que os grous teem parte interessante.

No anno 540, antes de Jesus Christo, existia na cidade de Reggio, Reghium dos antigos, um poeta lyrico de nome Ibyco, que morreu assassinado n'uma estrada por dois malfeitores. Na occasião do crime, vendo o malfadado poeta passar sobre a cabeça um bando de grous, ergueu a voz clamando: — «Sêde testemunhas da minha morte, ó aves que passaes.»

Dias depois, estando os assassinos n'uma praça da cidade, e vendo passar os grous, um d'elles disse para o companheiro: «Ahi vão as testemunhas de Ibyco»; palavras que, ouvidas por diversas pessoas, foram delatadas á autoridade, que mandou prender os scelerados e póde obrigal-os a confessar o crime. Em seguida foram condemnados á morte.

O GROU PANTOMIMA

Ardea virgo, de Linneo — *La demoiselle de Numidie, dos francezes*

Do genero *Anthropoides* é esta a especie européa, e differem estas aves dos grous propriamente ditos por terem o bico mais curto, a cabeça toda coberta de pennugem, e principalmente por um feixe de pennas mais longas que teem de cada lado da cabeça. Na parte inferior do pescoço outras pennas longas, de barbas soltas, pendem-lhe ao longo do papo.

O grou pantomima tem a plumagem côr de chumbo clara, com as faces, a frente do pescoço e as pennas longas que cobrem o papo negras ; o feixe de pennas que lhe cobre a cabeça é branco luzidio ; as remiges negras e as rectrizes trigueiras ; bico verde sujo na base e vermelho desmaiado na ponta e os tarsos negros. Mede 0m,88 a 0m,91 de comprimento.

Vive no sueste da Europa e na Asia Central, d'onde emigra para a Africa e sul da Asia.

É ainda mais elegante do que o grou, e não cede a este em intelligencia, se o não excede. Similhante nos habitos á especie antecedente, e mais forte na pantomima, põe tal affectação nos seus mais simples movimentos, que d'aqui lhe veiu o nome de *demoiselle* que lhe deram os francezes.

Em tudo o mais é similhante ao grou, á excepção do ninho que é construido em sitios seccos, sendo os ovos mais pequenos e da mesma côr.

Torna-se tão manso como os grous, e vive perfeitamente captivo, reproduziudo-se até se gozar d'uma tal ou qual liberdade. Diz Brehm que no jardim d'acclimação de Moscow se podem obter d'estas aves, por preço que não excede ao do grou.

O GROU PAVONINO

Ardea pavonina, de Linneo—*La grue couronnée*, ou *oiseaux royal*, dos francezes

Esta especie do genero *Balearica* e seus congeneres teem por caracteres genericos a fronte prominente, arredoudada, coberta de pennugem aveludada, e um feixe de pennas filiformes na parte posterior da cabeça que o animal pode abrir em forma de leque. Teem as faces e a garganta nuas. A plumagem é negra, a poupa de que acima falámos amarella doirada variada de negro ; as coberturas das azas brancas ; as remiges secundarias d'um trigueiro arruivado ; as primarias e as rectrizes negras ; o bico negro com a ponta esbranquiçada e os tarsos annegrà-

dos. A pelle nua das fontes é branca e a das faces vermelha muito viva. Mede 1m,04 de comprimento.

A patria d'esta especie, que vem á Europa, é a Africa Central, e alguns autores teem-n'a por originaria das ilhas Baleares, d'onde lhe vem o nome generico *Balearica*.

Vive aos pares ou em bandos nas margens dos rios cobertos de moutas ou nas mattas pouco densas, e alimenta-se quasi que exclusivamente de grãos gommos, renovos, fructos e insectos.

Diz Brehm que estas aves em pé sobre os bancos d'areia, ao avistar qualquer objecto ou animal a que não estejam habituadas, começam a dançar saltando por vezes a mais d'um metro d'alturá, abrindo um pouco as azas, e deixando-se cair ora n'um pé ora n'outro.

O grou pavonino habitua-se facilmente a viver captivo, e é muito interessante não só pela sua elegancia como tambem pelas suas pantomimas.

O SARY-EMA'

Dicolophus cristatus, de Illiger — *Le cariama huppé*, dos francezes

Vive na America meridional uma especie do genero *Dicolophus* cujos caracteres são os seguintes : corpo sobre o comprido ; cabeça muito grossa e pescoço longo; bico mais curto que a cabeça, direito na base e com a ponta recurva, muito similhante ao das aves de rapina, um pouco comprimido aos lados e rasgado até abaixo dos olhos ; pernas muito altas nuas muito acima dos tarsos ; quatro dedos sendo tres anteriores, curtos e armados d'unhas fortes e agudas. Atraz da base do bico tem um feixe de pennas erguido em forma de poupa.

O *sary-emá*, a que conservámos o nome brazileiro, do qual, provavelmente, os francezes fizeram o seu *cariama*, tem 0m,84 a 0m,85 de comprimento. É pardo,tendo a pennugem cortada de riscas muito finas, ondeadas, em ziguezagues, e alternadamente uma clara outra escura, desenho que só não tem a pennugem do baixo ventre. As pennas compridas da cabeça e do pescoço são trigueiras annegradas, as remiges trigueiras, sendo as primarias brancas na ex-

1 Nome indigena; obras ineditas do dr. Alexandre Rodrigues Ferreira,

tremidade ; as rectrizes trigueiras anne-gradas no centro, e brancas na extremi-dade e na base, á excepção das duas do centro que são pardas trigueiras por egual. Tem em volta dos olhos um cir-culo azulado; o bico é côr de coral, e os tarsos avermelhados.

Da descripção de Brehm feita pelas observações de Burmeister e do principe Wied resumimos o seguinte :

Habita o sary-emá nas grandes campi-nas e nas collinas cujo solo se cobre de herva, sendo arvorejado. Só nos sitios onde a herva é alta se encontra esta ave, aos pares na época das nupcias ou fóra d'esse tempo em familias de tres e quatro individuos. E' difficil observal-a, porque ao menor ruido esconde-se entre a herva e corre rapidamente por entre ella, aga-chando-se, e só de tempos a tempos er-gue a cabeça. A voz é rouca e aspera.

Alimenta-se principalmente de insectos, destruindo grande numero de cobras, la-gartos e outros reptis similhantes, pare-cendo que come tambem certas bagas succolentas.

Gr. n.º 399 — O sary-emá

Os captivos comem carne, pão, insectos, e manifestam verdadeiros instinctos de ave de rapina. Conta Homeyer que se um rato ou um pardal se acerca do come-douro, investe com elles correndo e to-ma-os no bico com notavel pericia, e de-pois de bem os molhar na agua, engole-os inteiros. Molha principalmente os animaes um pouco maiores, porque aos pequenos, taes como os ratinhos, engole-os a secco.

Faz o ninho nas arvores, a pouca al-tura do solo, com ramos seccos, e a fe-mea põe dois ovos salpicados da côr de ferrugem.

A carne é branca e succolenta, mas a caça a estas aves é bastante difficil, pois sendo o sary-emá muito precavido, sabe occultar-se com tal arte que se não vê, e não é facil deixar que o caçador se lhe approxime.

Afazem-se estas aves a viver captivas com grande facilidade, tornando-se mes-mo domesticas a ponto de sairem e entrarem livremente, vindo quando as chamam para lhes dar de comer. Nas ca-poeiras vivem em boa harmonia com a creação.

O JACAMIN TROMBETEIRO [1]

Psophia crepitans, de Linneo — *L'agami bruyant,* dos francezes

Os *trombeteiros*, de que existem tres es-pecies, todas da America meridional, teem

[1] Nome vulgar brazileiro.

o corpo refeito ; o pescoço regular ; a cabeça pequena; o bico curto e arqueado; os tarsos longos e os dedos curtos com unhas aduncas ; azas e cauda curtas.

O jacamin trombeteiro tem a cabeça, o pescoço, a parte superior do dorso, as azas, a parte inferior do peito, o ventre e o uropigio negros ; a parte inferior do dorso cinzenta; a curva das azas d'um negro purpura com reflexos azues ou verdes ; o peito e a parte inferior do pescoço azues com reflexos bronzeados, em volta dos olhos um espaço côr de carne ; bico branco esverdeado e tarsos côr de carne amarellada. Mede 0^m,55 de comprimento.

Vive esta ave nas florestas da America do Sul, em grandes bandos que Schomburgk suppõe terem de mil até dois mil individuos, e o seu alimento consta de fructos de diversas especies, de sementes e insectos.

O jacamin vôa com difficuldade mas corre rapidamente ; e é principalmente quando o espantam que solta os gritos a que deve o nome de trombeteiro, constando primeiramente d'um som agudo, seguido de certo ruido surdo prolongando-se durante um minuto, e que vae deixando de ouvir-se como se o objecto que o produz se fosse afastando. Este ruido

Gr. n.º 400 — O jacamin trombeteiro

singular, que a ave produz com o bico fechado, suppõem os indios ter origem no ventre, asseveração que Brehm e outros autores teem por falsa, parecendo, todavia, não estarem d'accordo na sua origem.

Nidifica esta ave no solo, junto das arvores, n'uma depressão pouco profunda do terreno, e põe a femea d'ordinario doze ovos verdes claros. Os pequenos apenas enxutos abandonam o ninho e acompanham os paes.

Domestica-se o jacamin trombeteiro com a maior facilidade. «Encontra-se, diz Schomburgk, citado por Brehm, em todas as habitações dos indios, em perfeita liberdade, servindo de guarda ás outras aves. Conhece os seus tratadores, obedece á voz do dono, segue-o como o cão, ás vezes caminha na sua frente, saltando em volta d'elle e executando os mais extravagantes saltos, e se este se ausenta por muito tempo, manifesta o seu contentamento ao tornar a vel-o.»

Resumindo o que a tal respeito dizem os autores citados e é confirmado por outros muitos, o jacamin não só na docilidade e affeição ao dono se assimilha ao cão, senão que, á imitação d'este animal, serve para guardar os rebanhos d'aves domesticas, conduzindo-as á noite para casa. Cita-se um jacamin trombeteiro do Jardim d'Acclimação de Paris, que guardava um bando de gallinhas como se fôra o dono, e chamava-as cacarejando com ellas.

A ANHIMA UNICORNE [1]

Palamedea cornuta, de Linneo.—*Le kamichi cornú*, dos francezes

As especies do genero *Palamedea*, a que pertence a que acima citamos e a *anhima chaia* que adiante vae, teem por caracteres a cabeça pequena com bico curto, muito similhante ao das gallinhas ; pescoço comprido e tarsos grossos ; os dedos externo e medio unidos por uma membrana, o posterior ao nivel dos anteriores, e armado com uma unha vigorosa e direita; cauda mediocre e arredondada e dois esporões fortes e recurvos nas azas.

A anhima unicorne tem a mais das outras especies um corno delgado na fronte, do comprimento de $0^m,14$ a $0^m,17$, terminando em ponta aguda.

A pennugem aveludada do alto da cabeça é esbranquiçada, e annegrada para a extremidade ; a das faces, da garganta, do pescoço, do dorso, do peito, das azas e da cauda, trigueira escura, tendo nas

Gr. n.º 401 — A anhima unicorne

grandes coberturas das azas reflexos metallicos esverdeados ; na parte superior do pescoço e no alto do peito é parda prateada clara bordada de negro ; a do ventre e a do uropigio brancas ; bico trigueiro escuro com a ponta esbranquiçada, e tarsos côr d'ardosia. Mede $0^m,82$ de comprimento.

Encontra-se a anhima unicorne nas florestas do centro do Brazil e na Guiana.

Vive nas grandes florestas virgens, na vizinhança das aguas correntes, aos casaes na epoca dos amores, em pequenas familias de quatro a seis individuos fóra d'esse tempo. Pousa no cimo das arvores, e entra pela agua dentro em busca de certas plantas e sementes aquaticas, pois o seu regimen é perfeitamente vegetal.

Faz o ninho no solo, perto da agua, formado de ramos, e parece que a postura é de dois ovos brancos.

Póde conservar-se captiva esta ave, de genio docil e brando, que raras vezes faz uso das suas armas, fóra das lutas com os seus similhantes na epoca das

[1] Nome vulgar brazileiro.

nupcias, e que vive em boa harmonia com as outras aves.

Diz Brehm que a anhima unicorne existente no Jardim zoologico de Londres era mansa para as pessoas, mas punha-se na defensiva mal avistava um cão, e sabia fazer tão bom uso dos esporões das azas, que, ao primeiro golpe, punha em fuga aquelle que se lhe approximasse.

A ANHIMA CHAIA [1]

Palamedea chavaria, de Linneo — *Le kamichi fidele*, dos francezes

Differe esta especie da antecedente pela falta do corno na fronte, e por ter a mais uma poupa na nuca.

A anhima chaia tem o alto da cabeça e a poupa pardas ; as faces, a garganta e o alto do pescoço brancos ; o dorso trigueiro escuro ; as extremidades das azas, o ventre e o uropigio esbranquiçados ; a parte nua em volta dos olhos côr de carne ; o bico negro e os tarsos vermelhos claros.

Habita esta especie no sueste do Brazil e no Rio da Prata.

Distingue-se a anhima chaia da anhima unicorne, cujos habitos pouco differem, principalmente pela maior disposição da primeira para tornar-se domestica.

Apanhando-se ainda nova, a chaia torna-se tão dada e habitua-se de tal sorte a viver com o homem, que se pode deixar á solta. Conhece o dono e a familia,

Gr. n.º 402 — O frango d'agua

e deixa-se afagar pelas pessoas a que está afeita.

Alguns escriptores affirmam que esta ave, á maneira dos trombeteiros, guia os rebanhos d'aves domesticas, defendendo estas em caso de necessidade, e conduzindo-as a casa ao cair da noite.

O FRANGO D'AGUA, OU FURA MATTO

Rallus aquaticus, de Linneo — *Le rale d'eau*, dos francezes

Teem as aves do genero *Rallus* o bico mais comprido do que a cabeça, direito ou um pouco recurvo, e comprimido nos lados ; tarsos muito altos e dedos delgados completamente livres ; azas curtas e arqueadas ; cauda muito curta e estreita.

O frango d'agua tem a parte superior

[1] Nome vulgar brazileiro.

do corpo d'um ruivo azeitonado malhado de negro ; a cabeça aos lados e a parte inferior do corpo cinzentas azuladas; os flancos raiados de branco e negro; o ventre e o uropigio d'um ruivo ferrujento tirante a amarello ; as remiges d'um negro atrigueirado baço e as rectrizes negras bordadas de trigueiro azeitonado ; o bico vermelho com a aresta trigueirà e os tarsos verdes atrigueirados. Mede 0m,30 de comprimento.

O frango d'agua é do norte e centro da Europa ; emigrando em epocas certas para o sul, vae até ao norte da Africa. Apparece regularmente no meiado de outubro em Hespanha, e é então commum no nosso paiz.

E' mais nocturno que diurno, e a sua actividade cresce com o crepusculo ; de dia repousa, e sendo muito timido, esconde-se nos juncos, no matto, ou entre as hervas dos pantanos. Vóa mal, mas corre com grande velocidade, e é por este modo que procura escapar se o perseguem, voando só no ultimo caso, e nunca para muito longe. Nada bem, e arrisca-se nos sitios mais fundos dos pantanos onde não tem pé.

Alimenta-se principalmente de larvas e d'insectos, e come tambem sementes.

Construe o ninho entre os juncos e os canniços, com pouca arte, formado de folhas, juncos e canniços, e ahi põe a femea seis a dez ovos, e mais, de casca lisa, com manchas violaceas e pardas cinzentas em fundo loiro desvanecido ou esverdeado, e sobre aquellas outras avermelhadas ou côr de canella. Os pequenos mal saem do ovo, cobertos de pennugem negra, correm por entre as hervas, mais parecendo ratinhos, e nadam perfeitamente. A mãe cuida-os até terem maior desenvolvimento.

A carne do frango d'agua é boa, diz Figuier, superior á da gallinha d'agua; no outono tem sabor delicado.

«Os frangos d'agua captivos são muito interessantes, diz Brehm, e rapidamente se avezam á perda da liberdade. A principio buscam esconder-se por quantos cantos encontram; mas em breve tornam-se confiantes e tão mansos que veem comer á mão do dono, deixando mesmo que este os afague, o que poucas aves permittem.»

Gr. n.º 403 — O codornizão

O CODORNIZÃO

Rallus crex, de Linneo — *Le rale des genêts*, dos francezes

Esta especie differe da antecedente, para alguns autores formando o genero *Crex*, pelo bico menos curto do que a cabeça, quasi conico, muito alto na base e comprimido, e por outros caracteres de menor valia.

O codornizão é trigueiro malhado de trigueiro azeitonado no dorso, tendo cada penna uma orla d'esta côr; a garganta e a frente do pescoço são pardas cinzentas; os lados do pescoço pardos trigueiros com malhas ruivas trigueiras; as azas atrigueiradas com pequenas manchas d'um branco amarellado; os tarsos côr de chumbo. Mede 0ᵐ,30 de comprimento.

Vive o codornizão no norte da Europa, e em parte da Asia Central, apparecendo no meio-dia da Europa na epoca da emigração. No nosso paiz não é raro.

O nome de codornizão, ou *rei das codornizes* que lhe dão alguns autores estrangeiros, vem-lhe de se affirmar que em cada bando de codornizes se encontra um codornizão, que o governa e dirige nas viagens, o que vemos desmentido por alguns autores.

Esta especie frequenta os prados e as searas, não procurando os sitios humidos e pantanosos como o frango d'agua, com o qual se assimilha nos habitos.

Dormindo durante as horas do calor, ouve-se quasi toda a noite, sempre occulto entre as hervas, ou nos regos á sombra da verdura que os cobre, escapando-se a todo o correr por entre a seara se o perseguem, atravessando-a facilmente por mais emmaranhada que esteja, porque exiguo espaço lhe basta para passar o corpo pequeno e esguio.

Só vóa em ultimo caso, rapidamente, mas sem ir longe, parecendo não ignorar que mais facil lhe será esquivar-se a quem lhe quer mal correndo ao abrigo da verdura protectora. A grande agilidade do codornizão reunida á perfeição dos sentidos que lhe permitte distinguir o perigo a distancia, tornam difficil caçal-o a não ser com o cão, porque, correndo na frente do homem, levanta o vôo vendo-se atacado de perto por aquelle animal.

Esta ave só aninha na epoca em que a herva está alta, e faz o ninho entre ella, no chão, abrindo uma pequena cova, que tapiza de hervas, folhas, musgo e raizes.

Ahi a femea põe d'ordinario sete a nove ovos, de casca grossa, lisa e brilhante, com manchas pequenas d'um vermelho ocre, vermelhas desvanecidas, trigueiras arrnivadas, azues ou cinzentas, sobre fundo amarellado ou branco esverdeado. Durante a incubação não é raro deixar-se a femea apanhar á mão, por não querer abandonar os ovos. Os pequenos mal nascem correm atraz da mãe, e não é facil dar com elles, porque sabem esconder-se de tal sorte que se lhes não põe a vista em cima.

Só excepcionalmente esta ave se repro-

Gr. n.º 404 — O jassanã piassoca

duz no sul da Europa, e em geral ao chegar á sua patria na primavera.

O codornizão é mau não só para os seus similhantes como tambem para os animaes mais fracos, atacando as aves pequenas nos ninhos. Naumann diz haver observado estas aves captivas matarem os ratos pequenos e os passarinhos, devorando os miolos aos ultimos.

Amansa-se sem custo o codornizão, e acostuma-se a viver engaiolado tornando-se muito dado. A sua carne é excellente e muito estimada.

O JASSANÃ PIASSOCA [1]

Parra jacana, de Linneo — *Le jacana commun*, dos francezes

Os jassanãs, genero *Parra*, distinguem-se principalmente das outras aves pelo extraordinario comprimento das unhas, quasi tão longas como os dedos, que não são curtos. Teem o bico delgado e estreito, mais comprido do que a cabeça; tarsos muito altos; cauda curta e azas estreitas armadas d'esporões.

A especie acima citada, o jassanã pias-

[1] Nome vulgal brazileiro.

soca, uma das aves ribeirinhas mais communs na America do Sul, tem a cabeça, o pescoço, o peito e o ventre negros; as costas, as azas e os flancos trigueiros ruivos; as remiges d'um verde amarellado com a extremidade negra; as rectrizes trigueiras avermelhadas escuras. O bico é vermelho com a ponta amarellada; as carunculas do canto da bocca e a pelle callosa da fronte côr de sangue; tarsos côr de chumbo. Mede 0^m,28 de comprimento.

Nos pantanos da America do Sul, na Guiana, no Brazil e no Paraguay, onde vegetam as plantas aquaticas de folhas largas, que boiam á superficie da agua, é certo encontrar o jassanã piassoca, andando desembaraçadamente por sobre ellas, em busca dos insectos aquaticos e das larvas que alli encontra, ou das sementes que aquellas plantas lhe fornecem. Se o espantam foge, mas sendo o vóo rapido, é todavia pouco prolongado, e a ave não se afasta para longe. Gritando sempre no momento de erguer o vóo, respondem-lhe todos os jassanãs que houver perto, e uns apoz outros, aproveitando da advertencia, vão fugindo do perigo que os ameaça.

Não reina a paz entre os casaes que

Gr. n.º 405 — O camão

habitam no mesmo sitio; pois tendo cada um o ninho longe do do vizinho, se encontra no seu dominio um estranho é certa, a luta e servem-se com vantagem dos esporões que teem nas azas.

Aninham por vezes sobre o solo, sem cama para os ovos, e só durante as horas em que o sol os não aquece a femea os cobre, porque no clima em que os jassanãs habitam o calor do sol suppre a ausencia da femea.

Põe esta quatro a seis ovos, azulados ou côr de chumbo esverdeados, com salpicos amarellos trigueiros. Os pequenos acompanham a mãe tão depressa nascem.

Vivem outras especies congeneres do jassanã piassoca não só na America como na zona tropical do antigo continente, todas notaveis pela sua gentileza, mas difficeis, ao que parece, de viverem captivas.

O CAMÃO OU ALQUIMÃO

Porphyrio veterum, de Gmlin—*Le talève* ou *poule sultane,* dos francezes

O camão é uma linda ave, a unica do genero *Porphyrio* que frequenta a Europa. Mede 0^m,50 de comprimento; o bico é vigoroso e muito alto, um pouco mais curto do que a cabeça, prolongando-se pela fronte n'uma grande callosidade acima dos olhos; tarsos altos, robustos, e dedos muito grandes, completamente livres; azas compridas, cauda curta.

Tem as faces e a frente do pescoço de um azul-turqueza ; a parte posterior da cabeça, a nuca, o baixo ventre e as coxas d'um azul-anil escuro ; a parte inferior do peito, o dorso, as coberturas das azas e as remiges da mesma côr mais clara; o bico branco com a collosidade frontal vermelha, e os pés avermelhados. Encontra-se no sul da Europa, frequentando o nosso paiz no Ribatejo.

Já em tempos remotos era conhecido o camão, querido entre os gregos e romanos, a ponto de o crearem nos templos sob a protecção dos deuses. No estado livre habita nos pantanos, frequentando os arrozaes, e adianta-se pelas searas, pois o seu principal alimento consiste em substancias vegetaes, taes como grãos, hervas, gomos, tendo predilecção especial pelas sementes dos cereaes e entre estas pela do arroz. Pilha os ninhos das outras aves, destruindo os ovos ; e Brehm diz que mesmo os captivos, á maneira das aves de rapina, espreitam os pardaes que veem pousar junto do comedouro, ou esperam os ratinhos á entrada da toca, á imitação dos gatos, para os accommetter.

D'uma bicada matam a presa, e em seguida seguram-n'a com um pé, em quanto o outro lhes serve para fazei-a pedaços e leval-os ao bico. Tristam viu o camão matar os patos novos, e eu observei-o frequentes vezes dando caça aos pardaes.

Construe o ninho entre os canniços e os juncos, de hervas, juncos, folhas de canna e d'arroz; a femea põe de tres a cinco ovos, de casca lisa, escuros, d'um amarello-ocre ou pardos arruivados, com malhas violaceas, e sobre estas outras isoladas d'um trigueiro avermelhado. Os pequenos nascem cobertos de pennugem azul-escura, com o bico e os tarsos azulados, e em breve aprendem a nadar e a mergulhar, acompanhando os paes que os guiam com a maior solicitude guardando-os do perigo.

O camão vive aos casaes, sem reunir-se a outras aves, nem mesmo ás da sua especie ; tem o andar airoso e compassado, e a cada passo agita a cauda. Meio voando e meio correndo atravessa por entre as hervas que fluctuam nos pantanos ; nada perfeitamente, mas não voa por muito tempo nem remonta a grande altura.

E' facil crear o camão, que se torna manso sem custo, familiarisando-se com as pessoas de casa, e sendo facil de alimentar.

A GALLINHA D'AGUA, RABILLA, RABISCOELHA [1]

Fulica chloropus, de *Linneo—La poule d'eau*, dos francezes

São caracteres do genero *Gallinula* — do qual a unica especie existente na Europa é a acima citada — o bico conico, comprimido nos lados, e tendo junto á base na parte superior uma callosidade frontal, menos extensa porém que a do camão ; pés grandes com quatro dedos longos, munidos d'unhas agudas, e guarnecidos d'uma membrana estreita ; azas curtas e largas, e cauda muito curta.

A gallinha d'agua tem a parte superior do corpo trigueira-azeitonada-escura, o resto do corpo pardo-ardosia-escuro ; os flancos malhados de branco e o uropigio completamente branco; o bico vermelho na base e amarello na extremidade; os tarsos d'um verde amarellado. Mede 0ᵐ,33 de comprimento.

Encontra-se esta especie em quasi todos os paizes da Europa, á excepção dos mais septentrionaes, e é commum em Portugal.

Vive nos pantanos, á borda das lagoas e das ribeiras, dando preferencia aos sitios ricos de plantas aquaticas que podem servir-lhe d'abrigo, e onde a agua desapparece sob espesso tapete de verduras por sobre o qual a gallinha d'agua gosta de correr. Com o auxilio dos grandes dedos mantem-se facilmente, servindo-lhe tambem para trepar pelos canniços. Nada habilmente, e a estreiteza do corpo permitte-lhe passar por entre os canniçaes mais emmaranhados. Caminha com rapidez no chão firme, a passos largos, e se a perseguem corre tanto como o cão. Vôa com custo, em linha recta, de ordinario a pouca altura do lume d'agua, com o pescoço e as pernas estendidas.

De dia esconde-se entre os canniços, e só de manhã e á tarde apparece nos sitios descobertos em busca dos insectos e dos molluscos aquaticos que constituem a sua alimentação. Com tal arte se occulta entre a verdura á beira d'agua, ou mergulhando completamente para surgir mais longe, e ainda assim por precaução deixando apenas vér parte da cabeça, quanto seja mister para respirar e examinar a situação antes de sair da agua, que dá que fazer ao caçador e mesmo ao cão.

A gallinha d'agua nidifica sobre as folhas dos juncos seccos ou verdes, acamadas, trabalhando o macho e a femea na construcção do ninho. De cada postura,—acontece fazer tres no anno,—põe a femea de sete a onze ovos, de casca grossa e lisa, loira desvanecida, com salpicos pardos violaceos e pardos cinzentos, de envolta com salpicos, malhas e riscos pequenos côr de canella ou tri-

gueiros arruivados. Dura a incubação vinte e um dias, e é feita pela femea, que o macho apenas substitue quando ella precisa ir procurar alimento.

Os pequenos logo depois de nascidos saem do ninho em companhia da mãe, e poucos dias depois já sabem adquirir o sustento. Os paes então servem para guial-os e advertil-os dos perigos, sendo certo que correm rapidamente, nadam, mergulham e sabem esconder-se perfeitamente

A gallinha d'agua criando-se de pequena habitua-se a um regimen mais accommodado ao seu modo de vida, affei-

Gr. n.º 406 — A gallinha d'agua e o ninho

çoa-se ao dono, e torna-se quasi tão domestica como o camão.

O GALEIRÃO

Fulica atra, de Linneo —. *La foulque morelle* ou *macroule*, dos francezes

Do genero *Fulica* existem duas especies em Portugal, a citada que é commum, e outra conhecida pelo mesmo nome, a *fulica cristata*, de Gmlin, menos frequente.

Os galeirões assimilham-se muito ás gallinhas d'agua; teem o corpo refeito, um pouco comprimido nos lados, cabeça grande, bico mais curto que a cabeça, conico, com a callosidade frontal muito grande; tarsos altos e vigorosos, dedos muito compridos com largos festões membranosos, azas regulares e cauda muito curta.

O galeirão da especie que serve de epigraphe a este artigo tem a cabeça e o pescoço negros; a parte superior do corpo negra ardosia e a inferior negra azulada. A callosidade frontal que segue ao bico é branca tirante a côr de rosa; bico branco rosado por cima, mais vermelho por baixo e azul na ponta; pés cinzentos lavados de verde, com joelheiras vermelhas esverdeadas. Mede 0^m,50 de comprimento.

Encontra-se na Europa, e, como disse-mos, é commum em Portugal.

Habita os lagos e os paúes, onde passa a maior parte do tempo nadando, sendo raro vél-o em terreno enxuto. Mergulha perfeitamente, e a grande profundidade, não só para ir apanhar ao fundo a maior parte do seu alimento, como tambem para escapar-se se o perseguem. Só vôa em ultimo extremo, com custo, um pouco melhor porém do que a gallinha d'agua. É mais sociavel do que esta, pois fóra da época das nupcias encontra-se em bandos, ás vezes numerosos. «Nos seus quarteis d'inverno, diz Brehm,

cobrem por vezes completamente toda a superficie de grandes lagos, alguns que excedem 1 kilometro quadrado.»

O galeirão come insectos aquaticos, larvas e vermes, pequenos molluscos e substancias vegetaes. Brehm diz que é provavel que estas aves por vezes abandonem o seu meio favorito para ir ás searas pastar, por quanto os galeirões captivos comem perfeitamente sementes de diversos cereaes, e até por ultimo preferem-n'os á carne.

Faz o ninho nos juncos, á borda da agua, ás vezes fluctuante, formado na base de rastolho e hastes dos canni-

Gr. n.° 407 — O galeirão

ços, e tendo a camada superior dos mesmos materiaes, empregando-os porém mais delgados, e addicionando-lhe juncos, hervas seccas e folhas; por vezes tudo isto habilmente entrelaçado.

A postura é de sete a quinze ovos, grandes, de casca lisa, amarella-ocre desvanecida ou trigueira-amarella com salpicos e manchas cinzentos-claros, trigueiros-escuros ou trigueiros-annegrados. A incubação dura vinte e um dias, e os pequenos nascem cobertos de pennugem negra, á excepção da da cabeça que é vermelha.

Os paes alimentam-n'os, guiam-no's e advertem-n'os do perigo por algum tempo, mas ainda antes de poderem bem voar já os pequenos se separam d'elles.

A carne do galeirão é ainda peior que a da gallinha d'agua, que não é boa.

Diz Brehm que os galeirões só podem viver captivos havendo tanque onde nadem, e n'esse caso são bastante interessantes pela sua vivacidade e animo richoso. Podem mesmo reproduzir-se, e é então occasião de observar os pequenos, realmente galantes.

AVES

ORDEM DAS PALMIPEDES

As aves comprehendidas n'esta ultima ordem apresentam um caracter commum, pelo qual é facil distinguil-as, e que se encontra na conformação dos pés. Os tres dedos anteriores, e n'algumas o pollegar, estão ligados por uma membrana mais ou menos chanfrada na parte anterior ; e dos pés, assim *palmados*, lhes vem o nome de *palmipedes*.

Esta conformação particular dos pés accommoda-se ao seu genero de vida inteiramente aquatico, pois estes orgãos assim formados são como que remos, de grande utilidade na natação. A palmide — e quem haverá que não tenha visto o pato nadando — abre os dedos e reteza as pernas para traz de modo que os pés, á maneira da pá do remo, encontrando resistencia na agua, dão ao corpo impulso bastante vigoroso para a sua rapida carreira n'aquelle elemento, e basta que a ave una os dedos para de novo as pernas virem para a frente sem abrandarem o impulso adquirido pelo corpo.

Todas as palmipedes nadam, e para muitas qualquer outro meio de progressão é difficil, vindo a terra só para descançarem ou para se reproduzirem ;— e diz Brehm, que as palmipedes são para as aves o que as phocas são para os mamiferos — mas é tambem certo que entre ellas algumas ha que correm e voam ainda melhor do que nadam.

«As azas bastante perfeitas permittem-lhes fender os ares com extraordinaria rapidez, e algumas d'estas aves avistam-se no alto mar, a enorme distancia de terra. A certas especies apraz-lhe a tormenta, o mar embravecido e revolto. Ao bramir das ondas e ao estampido produzido pelo embate furioso dos elementos unem os seus gritos selvagens.

O marinheiro, observando com inquietação a nuvem que aponta no horisonte, promettendo desfazer-se em chuva torrencial, adquire a certeza que ella annuncia tempestade proxima se ao mesmo tempo vé desenhar-se as azas brancas do albatroz no ceo negro e ameaçador a servir-lhe de fundo.

A natureza mais uma vez se mostrou mãe previdente, e a estas aves destinadas a viverem constantemente na agua não se olvidou de dar plumagem bastante densa, e o que é mais, á *prova d'agua*. A pennugem embebida de certo producto oleoso, segregado pelas glandulas que existem no interior da pelle, torna-se impermeavel e nem mesmo dá passagem á humidade.

Tratando das especies comprehendidas n'esta ordem, teremos occasião de falar do seu genero de vida, e basta por agora dizer que as palmipedes na maior parte se alimentam de animaes, e algumas de vegetaes ; que todas são sociaveis, e que entre ellas se contam algumas especies de grande utilidade para o homem, citando por agora o ganso e o pato do-

mesticos, cuja carne é justamente estimada, e os ovos excellentes.

Outro serviço nos prestam algumas especies das palmipedes, e diremos qual
seja nos seguintes periodos transcriptos
de L. Figuier.

«São ainda as aves maritimas que produzem esse maravilhoso adubo a que se
dá o nome de *guano*, que é o excre-
mento d'estas aves accumulado durante
seculos, e formando bancos enormes em
muitas ilhas dos mares austraes. Custa a
comprehender ainda assim como este
producto possa formar camadas successivas que descem a uma profundidade
de 90 metros, quando se ignora que
mais de vinte e cinco mil aves veem
dormir todas as noites n'algumas d'a-
quellas ilhotas, podendo cada uma produzir aproximadamente 25 grammas de
guano por noite.

O guano, d'um trigueiro pardaço nas
camadas superiores, é amarellado nas
inferiores. A ilha de Cincha, nas costas
do Peru, é uma das localidades mais ricas n'este producto. A agricultura tira
admiravel proveito d'este adubo sem
egual, cuja força productiva é devida ao
sal ammoniaco, ao phosphato de cal, e
aos detritos e pennas das aves.

Postoque, como mais d'uma vez havemos repetido, não seja nosso intento
entrar em promenores de classificação,
diremos comtudo que as palmipedes se
dividem em quatro grupos ou sub-ordens, e tão naturaes ellas são que quasi
todos os naturalistas as adoptam. São os
Lamellirostros, os *Longipennes*, os *Toti-
palmas* e os *Brachipteros* ou *Mergulhões*.

OS LAMELLIROSTROS

N'esta primeira sub-ordem incluem-se
as palmipedes que teem o bico d'ordinario direito, largo, um pouco arqueado na parte superior, revestido de pelle
flexivel, tendo as bordas das mandibulas
armadas de laminasinhas corneas, dispostas em forma de dentes, e que lhes
servem para dar passagem á agua em
que veem envolvidos os alimentos.

As azas são pouco perfeitas e não lhe
permittem grande firmeza no vôo; os
tres dedos anteriores são palmados e o
pollex livre. São aquaticas, vivendo principalmente nas aguas doces, e alimentando-se em geral de substancias vege-

taes. A *adem* ou *pato-real* é o typo dos *lamellirostros*.

O FLAMMANTE

Phoenicopterus ruber, de Linneo.—*Le flammant*, dos francezes

A esta especie do genero *Phoenicopterus* (azas de fogo) demos o nome de
flammante, á falta de nome vulgar auto-
risado, pois nos pareceu conservar assim
a idéa que se liga ao seu nome scientifico. Além d'isto os francezes pela mesma
razão a appellidaram *flambant* ou *flammant*.

Alguns autores, devemos dizel-o, incluem o genero *phoenicopterus* nas pernaltas, e esta divergencia na classificação provém de que o flammante tem
pernas de pernalta e pés de palmipede.
L. Figuier, que na sua obra *Les oiseaux*
comprehende esta ave na ordem das pernaltas, dá d'ella a seguinte descripção.

E' uma das pernaltas mais curiosas.
A imaginação mais caprichosa não poderia crear de certo nada tão exotico como
o corpo d'este animal. Pernas sem fim
para supportarem um corpo mediocre,
e o pescoço egual ás pernas; bico mais
alto que largo, de tal modo recurvo que
mais parece partido pelo meio, e provavelmente inventado para desespero de
quem tente descrevel-o; (crêmos que o
melhor modo dos nossos leitores poderem conhecer a forma singular do bico
do flammante é examinal-o na nossa gravura n.º 408, que representa esta ave)
azas mediocres; cauda curta. Eis os caracteres que distinguem tão singular animal, que por complemento tem os pés
palmados e o pollegar curto...»

A plumagem do flammante é branca
matizada de côr de rosa; a parte superior das azas côr de carmim; as remiges
negras. O bico é côr de rosa na base e
negro para a extremidade; os pés vermelhos. Mede 1^m,32 a 1^m,38 de comprimento e 1^m,76 de envergadura.

Os flammantes encontram-se nas zonas
torridas e temperadas do antigo e novo
continente, e a especie citada é originaria dos paizes que avisinham o mar Mediterraneo e o mar Negro. Diz Brehm
que d'aqui se estendem para um lado até
ao mar Vermelho, e para outro até ás
ilhas de Cabo Verde. Na Europa é frequente na Sardenha, apparece em Hespanha, e no museu de Coimbra existe

um exemplar capturado em Estarreja, mas parece-nos dever-se ter por accidental a apparição do flammante no nosso paiz. E' frequente tambem na Africa, em Argel, Marrocos, Egypto, etc.

Habitam estas aves em bandos á borda dos lagos vizinhos do mar, ou á beira-mar, e alimentam-se de pequenos animaes aquaticos, principalmente de molluscos, vermes e crustaceos. Não desprezam os peixes pequenos, e comem tambem substancias vegetaes. Brehm diz que o flammante captivo vive perfeitamente e por muito tempo, alimentando-se de arroz cozido, trigo remolhado, cevada e pão, sendo, todavia, necessario addiciouar-lhe alguma carne.

Quando exploram a vasa, mettendo-se pela agua dentro, dobram o pescoço de modo que a cabeça fica-lhe no mesmo plano dos pés, e com estes vão levantando o lodo do fundo. Enterram na vasa a mandibula superior e assim caminham a passos curtos para a frente ou de recuo, abrindo e fechando successivamente o bico, e com a lingua apalpando

Gr. n.º 408 — O flammante

as substancias que n'elle dão entrada, peneirando-as, para assim dizer, e expulsando as que não são alimenticias. Quando pescam, formados em linha, ou mesmo nas horas de repouso, affirma-se que postam sentinellas encarregadas de advertir o bando d'algum perigo que se avizinhe. A' menor suspeita a vigia solta o grito de alarme e o bando levanta o vôo, sempre em boa ordem.

Estas aves viajam formando um triangulo, e ao vêl-as ao longe avançar em bandos numerosos, mais parecem faxas de fogo a desenhar-se no firmamento.

«Nunca olvidarei a impressão que senti ao ver os flammantes pela primeira vez. Foi perto do lago Mensaleh, onde moravam milhares e milhares de aves, mas os olhos iam-se-me n'uma longa faxa de fogo, que brilhava com um esplendor soberbo, indescriptivel. Eram os raios do sol projectando-se na plumagem branca e rosada dos flammantes.

Não sei que apparição accidental os poz em sobresalto ; o bando, porém, levantou o vôo, e, passado um instante apenas de desordem, aquellas rosaś animadas agruparam-se n'uma immensa massa

. triangular e chammejante, deslisando pelo azul do firmamento. Era explendido!

A pouco e pouco vieram outra vez pousar em terra, e de novo se formaram em linha, de sorte que se me afigurava vér em frente um corpo de tropas numerosas...» (Brehm).

Se o flammante é realmente uma ave de formas exoticas, o ninho tambem tem seu tanto de original. O flammante escolhe sitios onde a agua seja pouco profunda, e alli, reunindo com os pés a vasa, vae construindo um monticulo conico, de altura sufficiente, para que os ovos estejam a $0^m,30$ ou $0^m,50$ acima do nivel d'agua e que, secco ao sol e coberto de plantas aquaticas, tendo uma cavidade na parte superior, serve á femea para pór geralmente dois ovos brancos. Para cobril-os dizem uns autores que o flammante encolhe as pernas, e outros que as deixa pendidas, ou por outra, que se escarrancha no ninho. Logo ao primeiro dia de nascidos os pequenos acompanham os paes.

A carne do flammante é boa, e Brehm, que diz tel-a provado, achou-a delicada e a lingua deliciosa.

Gr. n.º 409 — O cysne da Nova Hollanda

O flammante póde viver captivo, e já dissemos qual o regimen que lhe convém; accrescentamos agora que não só se torna manso, mas até distingue o tratador das outras pessoas.

O CYSNE

Anas cygnus, de Linneo — *Le cygne muet*, dos francezes

Esta especie, que hoje encontramos domestica vivendo nos lagos dos jardins, e sendo um dos seus mais bellos ornamentos, ainda hoje existe livre ao norte da Europa e na Siberia oriental. Poucas pessoas haverá que não tenham visto esta ave, notavel pelas suas fórmas elegantes, pela graciosa curva do pescoço, pela suavidade dos seus movimentos, e mais d'um poeta tem celebrado a sua belleza em comparações lisonjeiras á sua amante. Os gregos deram-n'a por companheira ás deusas, e levaram o seu enthusiasmo pela formosa ave ao ponto de affirmarem — pura ficção poetica! — que o cysne antes de exhalar o ultimo suspiro soltava o seu canto harmonioso. A voz do cysne porém nada tem de melodiosa.

Esta especie é branca de neve, e os pequenos pardos ou brancos; tem o bico

Impresso por Lallemant frères, Lisboa.

O CYSNE DE PESCOÇO NEGRO

do comprimento da cabeça, vermelho, coroado na base por uma caruncula negra; os pés atrigueirados ou negros. Mede 1^m,92 de comprimento e d'envergadura 2^m,75. A femea é um pouco mais pequena do que o macho.

O cysne no estado livre encontra-se nos grandes lagos e nos pantanos bastante fundos; construe o ninho á borda d'agua doce, e só depois da epoca da reproducção vae ao mar, onde o alimento é mais abundante. A agua é o seu meio predilecto, vae a terra por necessidade e vôa em ultimo caso. As pernas situadas na parte posterior do corpo teem collocação vantajosa para a natação, mas que pouco favorece o andar.

O cysne é mau e richoso: bate-se com os seus similhantes, ataca as aves mais pequenas, e ás vezes com tal furor que lhes dá a morte, pelo unico prazer de fazer mal ou de mostrar o seu valor. Mas se entre os machos se levantam grandes lutas por causa das femeas, entre os casaes reina a melhor união, guardam mutua fidelidade e uma vez unidos é para toda a vida.

A femea põe de cada postura seis ou oito ovos, de casca grossa, brancos sujos ou verdes desmaiados sujos, durando a incubação de cinco a seis semanas. Nascem os pequenos cobertos de pennugem, d'ordinario parda, e só ao terceiro anno vestem plumagem como os paes.

O cysne tem grande affeição aos filhos. A mãe transporta-os sobre o dorso, á noite abriga-os sob as azas, e se algum perigo os ameaça dá provas de grande valor e notavel dedicação.

Para defendel-os não hesita em bater-se com animaes mais possantes, com a aguia mesmo, e ataca corajosamente os carnivoros.

Conta Figuier que uma familia de cysnes tinha o ninho á borda d'uma ribeira, e a femea vendo vir do lado opposto uma raposa, que se lançara a nado em direcção do ninho, suppondo que melhor se defenderia do adversario no seu elemento natural do que em terra, foi-lhe ao encontro, e tal golpe lhe atirou com a aza que a rapoza atordoada morreu dentro d'agua. Preciso é accrescentar que a melhor arma do cysne não é o bico, como acontece á maior parte das aves, mas sim as azas, de que sabe servir-se com grande vantagem.

O regimen dos cysnes é animal e vegetal: comem raizes, folhas e sementes das plantas aquaticas, bem como insectos, vermes, molluscos, reptis pequenos e peixes. Os captivos habituam-se aos regimens mais variados, mas preferem as substancias vegetaes.

Os cysnes, até mesmo adultos, podem tornar-se tão mansos como os que nascem domesticos; mas é bom sempre precaver-se contra elles, mesmo os mais mansos não são de fiar, e podem tornar-se perigosos principalmente para as creanças.

A carne do cysne não é boa.

Na America do Sul vive uma especie que a nossa estampa representa, o *cysne de pescoço negro*, que é mais pequeno, branco, com a cabeça e até meio do pescoço negros; tem uma risca branca por cima dos olhos; o bico é côr de chumbo, e os pés d'um vermelho desvanecido.

Brehm dá-a como existente nas proximidades da provincia de S. Paulo, no Brazil.

Outra especie, que vae figurada na nossa gravura n.º 409, commum nos lagos e aguas correntes do sul da Australia, é o cysne da Nova Hollanda. E' preto, mais claro no ventre, com as remiges primarias e parte das secundarias brancas; o bico vermelho, e os pés negros.

Domestica-se facilmente, e tem-se reproduzido em Inglaterra

O GANSO BRAVO

Anas anser, de Gmlin — *L'oie cendrée*, dos francezes

D'esta especie do genero *Anser* se deriva o ganso domestico. Os gansos são corpulentos, teem a cabeça grossa, o pescoço de comprimento mediano, o bico tão longo como a cabeça, armado de laminasinhas espacejadas que cobrem as bordas da mandibula superior; cauda curta, tarsos grossos, dedos medianos com unhas curtas.

O ganso bravo tem em geral a plumagem parda, passando a cinzenta nas azas; o dorso pardo atrigueirado e o ventre pardo amarellado; as pennas da parte superior do corpo com bordaduras esbranquiçadas e as da parte inferior bordadas de pardo escuro; o uropigio branco; as remiges e rectrizes annegradas com a haste branca, e as ultimas com a extremidade branca. O bico amarellado e os pés d'um vermelho desvanecido. Mede um metro ou pouco mais de comprimento.

O ganso bravo vive na Europa e na Asia, aninhando nos paizes septentrionaes, e nas suas emigrações visita as regiões meridionaes d'estas duas partes do mundo. Frequenta o nosso paiz.

Habita nos vastos terrenos apaúlados, semeados de ilhotas revestidas de abundante vegetação, e n'ellas repousam e fazem o ninho. Em busca do alimento, que se compõe de substancias vegetaes, folhas, hervas, fructos, bagas e sementes, correm os campos e os prados, fazendo estragos nas searas, nas arvores novas, e nas plantações.

O ganso domestico pouco differe do ganso bravo nos modos, sendo este, todavia, de porte mais arrogante, mais rapido nos movimentos, correndo melhor do que aquelle, nadando e mergulhando a grande profundidade, e com o vôo rapido e prolongado. Os gritos d'ambos são tão similhantes que não é facil distinguil-os. Quando os perseguem assobiam.

Os gansos são dotados de excellente vista, e teem principalmente o ouvido tão apurado que lhes não escapa o menor ruido, a que respondem com um grito unico que parece destinado a pôr o bando de prevenção. Affirmam muitos autores que o ganso ganha ao cão em vigilancia.

Gr. n.º 410 — O ganso bravo

É bem sabido que foram os gansos que no Capitolio advertiram os romanos do assalto tentado pelos gaulezes, e por isso todos os anuos era destinada certa quantia para sustento d'aquellas aves. Nos anniversarios d'este feito praticado pelos guardas alados do Capitolio, os cães eram azorragados para castigo do seu silencio em circumstancias tão graves.

O ganso bravo faz o ninho no solo, formado de ramos, rastolho, folhas de cannas e juncos, tudo isto entrelaçado com pouca arte, formando a cavidade destinada aos ovos de substancias mais finas, e por ultimo da pennugem com que cobre os ovos todas as vezes que se ausenta. Põe até quatorze ovos, similhantes aos do ganso domestico, e dura a incubação como a d'este vinte e oito a trinta dias. No dia seguinte ao do nascimento já os pequenos acompanham a mãe, que os conduz junto d'agua para os ensinar a adquirir o sustento. O pae e a mãe teem pela sua progenie grande affeição, e o primeiro redobra de vigilancia tão depressa os filhos nascem, observando com o maior cuidado tudo quanto lhe pareça suspeito, advertindo a mãe e os filhos para que se ponham em logar de recato.

A femea do ganso domestico põe de quinze a vinte ovos, começando a postura em março ; alimentam-se os pequenos nos primeiros dias com semeas remolbadas ou cozidas em leite, e folhas d'alface migadas. Se o tempo não corre bom, é conveniente tel-os fechados em casa nos primeiros dias de nascidos.

O ganso engorda consideravelmente, e com a gordura adquire o figado grande desenvolvimento e delicado sabor, sendo do figado d'esta ave que se faz o celebre *foie gras*, tão apreciado dos gastronomos.

«Os pasteis de *foie gras* não foram conhecidos dos antigos, como se tem dito erradamente por falsa interpretação d'uma passagem de Plinio. Este delicado manjar é de origem moderna, inventado em 1780 por um tal Close, normando, encarregado da mesa do marechal de Contades, em Strasburgo.

Quando o marechal Stinville foi substituir o marechal Contades, Close continuou a mandar á mesa do seu novo amo os pasteis de *foie gras*, sem que este todavia lhes desse grande apreço, o que de tal modo feriu o amor proprio de Close, que, saindo da casa do marechal, foi estabelecer-se na cidade. Abriu uma lojinha na rua Mesange, onde vendia os pasteis. Em pouco tempo fez boa fortuna com este commercio, e ganharam fama os pasteis de *foie gras* de Strasburgo.

Em 1792 um certo Dojen, de Bordeos, conseguiu aperfeiçoai-os addicionandolhes trufas. O pobre Close morreu de desgosto» (L. Figuier).

Antes da invenção das pennas metallicas escrevia-se com as extrahidas das azas dos gansos, e por isso o seu commercio

Gr. n.º 411 — O bernacho

era importante; hoje ainda tem valor a pennugem que se lhe extrahe do pescoço, de sob as azas e do ventre, duas vezes durante o verão.

O ganso bravo, apanhado de pequeno, domestica-se sem custo, e mesmo affeiçoa-se ao homem.

O BERNACHO

Anas bernicla — Le bernache à collier,
dos francezes

Os bernachos differem dos gansos, a cuja familia pertencem, por serem de menor corporatura, tendo, porém, o corpo refeito. O pescoço é curto, a cabeça grossa, o bico breve e alto na base, adelgaçando para a extremidade, fracamente dentado; tarsos grossos e pequenos, e azas compridas cobrindo a cauda que é curta.

O bernacho da especie citada, e que a nossa gravura n.º 411 representa, tem a parte anterior da cabeça, o pescoço, as remiges e as rectrizes negras, a pennugem do dorso, do peito, e da parte superior do ventre d'um pardo escuro, com uma orla mais clara em volta; os flancos, o uropigio e as cobertas superiores da cauda brancos. Tem aos lados do pescoço uma malha branca semi-circular, que só se encontra nos adultos. Mede 0,^m66 de comprimento.

As regiões mais septentrionaes da Europa, da Asia e da America são a patria dos bernachos, que no inverno retiram das paragens inhospitas onde aninham, arribando por esse tempo ás costas da França, e vindo talvez accidentalmente ao nosso paiz. No fim de outubro e principio de novembro, no dizer de Brehm, véem-se nas praias do mar Baltico e do mar do Norte aos milhões, e até onde a vista pode alcançar avistam-se cobrindo todos os bancos d'areia que ₐ agua deixa a descoberto na baixamar. É raro encontrar o bernacho por terra dentro, ainda mesmo perto dos rios ou dos lagos : o seu viver é nas praias.

É elegante, corre e vôa excellentemente, mergulha melhor que os gansos, é muito sociavel e de costumes brandos, vivendo na melhor harmonia em bandos só formados de individuos da sua especie. Alimenta-se de vegetaes, hervas e plantas aquaticas, e come tambem insectos e molluscos.

Aninha como dissemos nos pontos mais septentrionaes, formando a femea o ninho na areia ou nos rochedos, com folhas e plantas aquaticas, e ahi põe de seis a nove ovos, d'um branco esverdeado sujo. A carne do bernacho é excellente, e esta ave, que a principio se mostra bravia, domestica-se a pouco e pouco a ponto de conhecer o dono e seguil-o.

Gr. n.º 412 — O pato tadorno

Diz Brehm que é facil obter estas aves, e refere-se de certo ao seu paiz, nos commerciantes d'aves e nos jardins zoologicos, por preços mais que modicos. Habituam-se a comer grãos e plantas verdes.

O PATO TADORNO

Anas tadorna, de Linneo — *Le canard tadorne*, dos francezes

A esta especie não conhecemos nome vulgar, e por isso aqui lhe damos o de *pato tadorno*, que fomos buscar ao seu nome scientifico.

Os *patos*, genero *Anas*, a que pertence a especie citada, differem dos gansos pelas pernas mais curtas e dos cysnes pelo pescoço menos longo. Teem o tronco curto e largo, o pescoço regular ou curto, o bico do comprimento da cabeça ou um pouco menos longo, largo por egual, ou um pouco mais na extremidade que na base ; pernas articuladas muito atraz, bastante curtas, tres dedos dianteiros completamente palmados e o pollex livre.

O tadorno é o mais lindo pato da Europa, com a cabeça e o pescoço d'um brilhante verde escuro ; duas malhas negras nas espadoas; uma malha grande no peito, o centro das costas, as coberturas das azas, os flancos e as rectrizes brancas luzidias ; o centro do peito e o ventre d'um pardo annegrado ; uma colleira larga e algumas das remiges secundarias d'uma lindà côr de canella ; as remiges annegradas ; bico côr de carmim e os pés avermelhados. Mede $0^m,66$ de comprimento.

A femea tem a plumagem similhante á do macho, mas de côres menos vivas.

O tadorno é commum nos mares do norte da Europa, e no inverno estende as suas viagens até ao norte da Africa. Em Portugal não é raro no Ribatejo.

Encontra-se mais geralmente no mar ou nos lagos d'agua salgada, que elle prefere á agua doce. Alimenta-se de sementes, de cereaes, das partes tenras das plantas aquaticas, comendo tambem peixes pequenos, molluscos e insectos. Na baixamar corre pelas praias em busca das diversas substancias que o mar deixa a descoberto e que lhe podem servir d'alimento.

O tadorno construe o ninho em cavidades subterraneas, e é affirmado por varios escriptores, por mais singular que isto pareça, que o faz junto da toca da raposa e do texugo. Baldamus, citado por Brehm, diz—«Porque razão a raposa,

Gr. n.° 413 — A irerê

que não respeita animal nenhum mais fraco do que ella, faz excepção a favor do tadorno? Julgo que a causa d'esta isenção é a grande coragem d'esta ave, pela qual se faz respeitar da raposa, coragem que não é só apanagio dos adultos, mas até dos novos. Vi tadornos, apenas com alguns dias de nascidos, fazer frente a aves maiores do que elles, a cães pequenos e aos coelhos.»

Figuier diz que a femea do tadorno escolhe para aninhar as tocas dos coelhos que encontra nas dunas, expulsando os proprietarios.

A femea põe de sete a doze ovos, brancos, grandes e lisos, durando a incubação vinte e seis dias. Tão depressa os pequenos nascem a mãe encaminha-os para o mar.

Apanhados novos são os tadornos faceis de crear, tendo agua com abundancia onde possam correr e mergulhar, e comquanto busquem de per si o alimento nos insectos que topam, dá-selhes pão, carne picada e lentilhas. Tornam-se mansos, adornam-se de todas as galas da sua bella plumagem, mas não se reproduzem.

A IRERÊ [1]

Anas viduata, de Linneo — Le canard de Maragnon, dos francezes

Esta especie existe na America Meridional, onde se encontra em bandos innumeros vivendo nos pantanos, nos lagos e nas aguas correntes. E' muito commum no Brazil.

A ireré tem as faces e a garganta brancas, a parte posterior da cabeça, os lados e a parte de traz do pescoço negros ; a parte inferior do pescoço e a superior do peito trigueiras avermelhadas ; os lados do peito e o dorso d'um ruivo azeitonado ondeado e malhado d'escuro ; a parte inferior do dorso, o centro da cauda e o ventre negros ; os flancos pardos raiados transversalmente de negro ; as coberturas superiores das azas d'um trigueiro vermelho vivo ; as remiges e rectrizes negras atrigueiradas ; bico negro com uma faxa cinzenta, pés côr de chumbo. Mede 0,ᵐ50 de comprimento. Nos habitos as irerés pouco differem dos seus congeneres, e domesticam-se sem custo.

O PATO REAL, OU ADEM

Anas boschas, de Linneo — Le canard sauvage, dos francezes

Descende d'esta especie o pato domestico ordinario, sem que se saiba ao certo em que epoca começou a domesticidade d'esta palmipede, que occupa hoje entre as aves domesticas logar tão importante pelo delicado sabor da carne e excellencia dos ovos.

O pato real é muito frequente em quasi todos os pontos da terra, tendo todavia por verdadeira patria o norte do globo, regiões inhospitas d'onde no inverno emigra para os paizes meridionaes. Mal se pode imaginar o numero realmente espantoso de patos reaes que no verão habitam as grandes ribeiras da Laponia, da Groelandia e da Siberia, e que alli aninham no mez de maio. Em Portugal esta ave é muito commum.

O macho tem a cabeça, a garganta e a metade superior do pescoço d'um verde esmeralda ; o peito d'um trigueiro purpureo, com uma faxa estreita branca separando esta côr do verde do pescoço ; o dorso é d'um cinzento trigueiro se-

meado de ziguezagues pardos esbranquiçados ; a parte inferior do corpo parda esbranquiçada, ondeada de escuro ; algumas das pennas da cobertura da cauda negras com reflexos verdes são arqueadas ; o bico é amarello esverdeado e os tarsos d'um vermelho desvanecido. Mede 0ᵐ,66 de comprimento.

A femea é mais pequena, e tem a plumagem variada de trigueiro e de pardo arruivado.

Vivem os patos reaes nas lagoas, nos grandes pantanos cobertos de canniçaes e de juncos, e embora prefiram a agua doce encontram-se tambem nas enseadas ou nos lagos d'agua salgada, onde permanecem por pouco tempo. Teem o vôo rapido e prolongado, e erguem-se com facilidade do chão ou da agua, subindo perpendicularmente até passar do cimo das arvores para seguirem depois horisontalmente. Nos habitos e no todo o pato real é similhante ao seu descendente, o pato domestico, com quanto aquelle execute todos os movimentos com mais vigor e rapidez.

Na voracidade são tambem eguaes, e o pato real só não come quando dorme ou quando não encontra absolutamente coisa que lhe convenha. Alimenta-se de folhas tenras, de gomos, de plantas aquaticas, de sementes, de tuberculos, dá caça aos animaes aquaticos, desde os vermes até aos reptis, e aos peixes.

O pato bravo, como dissemos, só se reproduz na sua patria, formando o ninho em sitio secco, não longe da agua, coberto de matto ou sob um massiço de verdura, muitas vezes nas arvores, aproveitando os ninhos abandonados das pegas e das gralhas. O ninho mal feito no exterior, formado de ramos seccos e folhas, no interior é tapizado de pennngem, e a femea põe de oito a dezeseis ovos, de casca grossa, alongados, d'um branco esverdeado ou amarellado, durando a incubação vinte e quatro a vinte e oito dias ; n'ella só toma parte a femea. Nascem os pequenos cobertos de pennugem amarella, não podendo voar senão aos tres mezes, mas saem immediatamente do ninho para alli não voltar, abrigando-se sob as azas da mãe. Esta ensina-os a entrar na agua, animando-os com o exemplo.

O pae não toma parte na creação dos filhos ; durante ella abandona a femea indo viver com outra, ou se a não encon-

[1] Nome vulgar brazileiro

tra reune-se a machos da sua especie. E' chegado o tempo da muda, e perde então a linda plumagem da epoca das nupcias trocando-a pela de verão, mais modesta, e que apenas traz quatro mezes. Se o pae não cuida da sua progenie, a mãe ao inverso tem-lhe entranhada affeição, e não duvida expôr-se para salval-a. Solicita sempre em defender os filhos e occultal-os ás vistas dos seus inimigos, na presença do perigo adverte-os para que se escondam, geralmente entre as hervas, e os pequenos obedecem não se movendo até que a mãe venha buscal-os. Entretanto procura ella chamar a attenção do inimigo sobre si desviando-a dos pequenos.

O pato real adulto tem a perseguii-o a raposa e a lontra, e emquanto novo a doninha e a foeta. Destroem-lhe os ovos os ratos d'agua e os milhafres, mas os maiores inimigos da especie, e que maior numeros d'estas aves victimam, são os falcões. Procuram os patos escapar-lhes mergulhando, e por vezes o estratagema surte effeito.

A carne do pato real é excellente, e por isso caçam-n'o por toda a parte, empre-

Gr. n.º 414 — O pato-real

gando diversos meios, que todos exigem astucia, pois a ave é das mais precavidas. A caça a tiro não é a mais productiva, e por isso empregam-se armadilhas, caça-se ao candeio com rêde, ou espera-se occultando-se o caçador n'uma choça feita á borda d'agua. É na verdade tão curiosa e comica a seguinte narrativa de Figuier, que não resistimos a transcrevel-a.

«Para triumphar da constante desconfiança dos patos reaes empregam alguns caçadores um meio bastante extravagante, o disfarçarem-se em vacca, usando para isso d'um apparelho de papelão feito com pouca arte mas representando o corpo d'este animal. Protegido por este disfarce é facil ao caçador aproximar-se dos patos, sem levantar suspeitas, com tanto que saibà usal-o convenientemente, isto é, se vá abeirando d'aquellas timidas pal·mipides a pouco e pouco, descrevendo com o supposto corpo da vacca curvas graciosas e compassadas.

D'esta sorte a caçada torna-se productiva, mas não isenta de perigos. Certo caçador que se mascarara de vacca, encontrou-se sem dar por tal no centro d'uma manada de bois, que ao verem-n'o investiram com elle correndo em sua perseguição pela pastagem fóra. O pobre do homem só conseguiu escapar aos seus perseguidores, despindo conforme póde o disfarçe e abandonando-o ao furor dos quadrupedes.»

O PATO DE POUPA

Anas sponsa, de Linneo — *Le canard huppé* dos francezes

Uma das mais lindas especies dos patos é realmente o pato de poupa, não só pela belleza das córes da plumagem como principalmente pela vistosa poupa que lhe orna a parte posterior da cabeça.

Tem o alto da cabeça e as faces, entre o bico e os olhos, d'um brilhante verde escuro, os lados da cabeça e uma malha grande de cada lado do pescoço verdes purpureos com reflexos azulados ; as pennas que fórmam a poupa verdes doiradas, com duas faxas brancas ; a parte superior do peito cór de castanha com malhas pequenas brancas ; uma faxa em volta da parte superior do pescoço, o meio do peito e o ventre brancos ; os flancos pardos amarellados ondeados de negro ; remiges e rectrizes negras e verdes aveludadas, com reflexos azues purpureos ; bico amarellado no centro, vermelho escuro

Gr. n.º 415 — O pato de poupa

na base e negro na ponta ; pés d'um amarello avermelhado. Mede 0ᵐ,48 de comprimento.

A femea é mais pequena do que o macho, e não tem poupa.

Esta especie é originaria dos Estados Unidos, emigrando no inverno das paragens mais septentrionaes para a America Central. Teem sido mortas algumas d'estas aves na Europa, em França e em Inglaterra.

Nada ha nos habitos d'esta palmipede que mereça menção especial, pois são em tudo analogos aos do pato real.

A carne é tida como deliciosa, desde setembro até ao principio do inverno, e por isso o pato de poupa é uma das caças mais procuradas n'aquella epoca na America do Norte, onde é muito abundante ; razão talvez porque não teem diligenciado tornar domestica esta especie, que se afaz á domesticidade sem custo, até mesmo os individuos adultos.

O PATO TROMBETEIRO

Anas clypeata, de Linneo — *Le souchet*, dos francezes

Esta especie é mais pequena do que o pato-real, e tem o bico mais comprido do que a cabeça, estreito na base, muito largo e em fórma de colher para a extremidade, deprimido no centro, e com as bordas das mandibulas guarnecidas de laminasinhas muito finas e longas.

Tem o pato trombeteiro a cabeça e o alto do pescoço verdes ; a nuca e o dorso pardos claros ; a parte inferior do pescoço, e a garganta brancas ; as azas variadas de branco e azul claro ; a parte inferior do dorso e o uropigio d'um verde negro ; o peito e o ventre trigueiro castanho ; as remiges atrigueiradas ; as rectrizes trigueiras sendo as lateraes mais ou menos brancas ; bico negro e tarsos amarellos. Mede 0ᵐ,52 de comprimento.

A femea tem a plumagem d'um pardo aloirado com malhas escuras.

Esta ave habita no norte da Europa, e nos Estados Unidos, d'onde emigra todos os invernos para o sul. E' commum em Portugal.

Os patos trombeteiros é raro que se reunam em grandes bandos, vivendo d'ordinario em pequenas familias, e nos habitos e regimen pouco ou nada differem dos outros patos de que temos falado. A femea põe de sete a quatorze ovos, de casca lisa d'um ruivo sujo ou branco esverdeado, durando a incubação vinte e dois a vinte e tres dias.

O pato trombeteiro póde ter-se captivo, mas, no dizer de Brehm, é mais difficil conserval-o do que aos outros patos seus congeneres.

Gr. n.° 416 — O pato trombeteiro

O PATO MUDO, OU PATO DE CORAL

Anas moschata, de Linneo — *Le canard musqué*, dos francezes

Este pato differe no bico que é relativamente longo, com protuberanceas na base, e os lados da cabeça com grandes verrugas ; tem as pernas muito trazeiras e a cauda grande.

O alto da cabeça é verde atrigueirado ; o dorso, as azas e todo o resto da parte superior do corpo d'um verde metalico com reflexos violaceos ; as remiges verdes com reflexos azues escuros ; parte da cobertura das azas branca ; a parte inferior do corpo trigueira annegrada baça ; as coberturas inferiores da cauda verdes luzidias ; a parte verrugosa do lado da cabeça e as protuberancias do bico vermelhas; o bico **annegrado** com uma risca transversal branca azulada e a ponta côr de carne. E' maior do que o nosso pato commum, medindo 0ᵐ,88 de comprimento.

Esta especie habita uma grande parte da America do Sul no estado livre, e domestica é muito commum no Brazil. No nosso paiz existe só como especie domestica, conhecida pelos nomes que servem de epigraphe a este artigo.

No estado livre o pato de coral vive na foz dos rios, nas ribeiras, nos lagos e nos grandes pantanos.

Durante as horas do calor busca os logares asombreados, á borda d'agua, ou nos bancos d'areia, e só de manhã e á tarde vae em busca dos peixes e molluscos, e das algas e outras plantas aquaticas de que se alimenta. Passa a noite nas arvores altas, onde se refugia durante o dia se o perseguem, e mesmo os que durante o dia habitam nas savanas, ao pôr do sol voam em direcção dos sitios arvorejados para dormir nas arvores.

Voa com grande rapidez, sendo o vôo pesado mas vigoroso.

O ninho forma-o proximo das margens, n'um tronco d'arvore carcomido ou sobre os ramos.

A carne do pato mudo ou de coral é boa.

O RABIJUNCO

Anas acuta, de Linneo — *Le canard pilet*, dos francezes

Esta especie é commum no nosso paiz, emigrando do norte da Europa.

Tem a plumagem d'um pardo desmaiado riscada de pequenos traços negros, parecendo feitos a penna; as coberturas das azas com grandes riscas negras e brancas; nos lados do pescoço duas faxas brancas, similhantes a duas fitas; a cabeça côr de castanha; a cauda negra e branca é longa e termina em duas pontas, á maneira da cauda das andorinhas, circumstancia que serve para distinguir facilmente esta especie.

Habita nos lagos e ribeiras, á maneira dos outros patos, tendo habitos analogos aos d'estes. A carne é boa.

A FRISADA

Anas strepera, de Linneo — *Le canard chipeau*, dos francezes

Est'outra especie do genero *Anas* é mais pequena que o pato real, tem a plumagem da cabeça mosqueada de trigueiro-negro e debranco, predominando a côr negra no alto da cabeça e na parte superior do pescoço; o peito, as costas e os flancos são riscados d'estas duas côres; tem nas azas tres malhas ou faxas, uma branca, outra negra e a terceira d'uma côr de castanha avermelhada; bico negro e pés d'um amarello sujo com as membranas negras.

Passada a epoca das nupcias, a frisada, como todos os outros patos, perde esta plumagem e toma outra parda.

A patria d'esta especie é o Norte, d'onde emigra no outono para o Sul. Frequenta o nosso paiz, não sendo porém muito commum.

A ASSOBIADEIRA

Anas penelope, de Linneo — *Le canard siffleur*, dos francezes

Distingue-se dos outros patos, principalmente pela voz aguda, similhante aos sons que se tiram d'um pifano, que solta repetidas vezes e sempre que voa.

É um pouco maior do que o pato domestico, com a plumagem da cabeça e do alto do pescoço ruiva; a do alto da cabeça esbranquiçada; a do dorso riscada de negro com ziguezagues sobre fundo branco; uma grande malha branca nas azas; a parte superior do corpo branca, com os lados do peito d'um lindo ruivo avermelhado; o bico azul com a extremidade negra.

A femea é mais pequena e parda.

Esta especie emigra do Norte para o Sul em grandes bandos, e no inverno encontra-se nos paizes meridionaes da Europa, sendo commum em Portugal.

Nos habitos e no regimen não differe dos outros seus congeneres. Domestica-se facilmente.

A TARRANTANA

Anas ferina, de Linneo — *Le canard millouin*, dos francezes

É um outro pato que no inverno frequenta os paizes meridionaes da Europa e o norte da Africa, commum então no nosso paiz.

O macho tem a cabeça e a parte anterior do pescoço trigueiras ruivas; o peito negro, o dorso e os flancos pardos cinzentos desvanecidos, ondeados de negro; o uropigio negro; a parte superior do corpo esbranquiçada; as coberturas das azas d'um pardo cinzento; as remiges e rectrizes pardas; o bico pardo azulado e negro na base e nas bordas; os tarsos d'um pardo esverdeado. Mede 0,^{m}52 de comprimento.

Vive nos lagos e ribeiras d'agua doce, não differindo nos habitos e no regimen das outras especies dos patos de que nos temos occupado. São estes palmipedes faceis de domesticar e a sua carne é excellente.

A NEGRINHA

Anas fuligula, de Linneo — *Le morillon*, dos francezes

Ainda outra especie dos patos, pequena, tendo a plumagem negra com reflexos purpureos e d'um vermelho esverdeado; o ventre, a parte superior das espadoas e riscas nas azas brancas; o bico azul. A pennugem da parte posterior da cabeça ergue-se em fórma de poupa, mas só nos machos.

Encontra-se esta especie nos lagos e nas ribeiras, frequentando tambem o mar; os seus habitos e regimen não a separam dos congeneres. Domestica-se sem custo.

A NEGROLLA

Anas nigra, de Linneo — *La macreuse commune*, dos francezes

A negrolla é ainda uma especie da familia dos patos, e distingue-se pelo bico com protuberancias na base. E' negra, com o bico vermelho, e os tarsos côr de carne. Mede 0,^{m}66 de comprimento. Esta especie é natural das regiões septentrionaes, e nas suas emigrações frequenta o meio-dia da Europa, apparecendo no nosso paiz. Passa a vida na agua, encontrando-se aos bandos nas costas, nas enseadas, ou nos lagos vizinhos do mar. Adianta-se pelo interior das terras accidentalmente; o vôo e o andar são pesados, mas nada e mergulha habilmente.

No regimen assimilha-se aos outros patos, sendo o seu alimento principal os molluscos.

Não é facil de conservar captiva; dá-se mal com o verão nos paizes meridionaes, e com a mudança de regimen.

A carne da negrolla não é boa, conserva gosto a lôdo bastante pronunciado, o que não evita que certos povos do norte da Europa e da Asia a tenham em grande conta. Entre. nós, os povos meridionaes, apezar de mau acepipe, a negrolla tinha seu merecimento, pois era alimento permittido na quaresma. Outro facto curioso se dá com esta palmipede no que respeita á sua origem, pois outr'ora tinha-se por nascida de vegetaes, na opinião d'alguns; outros davam-na como saida de certas conchas do mar. São bastante curiosos os seguintes paragraphos que transcrevemos de L. Figuier, e por elles se conhecem as razões que a egreja tinha para permittir o uso da carne da negrolla durante o tempo santo.

«Os concilios do seculo xii concederam aos leigos e religiosos poderem comer a carne das negrollas na quaresma, isto por ser geralmente admittido então, segundo a opinião de Aristoteles, que estas aves se não geravam no ovo, e tinham a sua origem nos vegetaes. Os sabios da edade media e os da Renascença, vendo grande numero d'estas palmipedes apparecer subitamente, sem que tivessem noticia da existencia dos ninhos nem houvessem visto os ovos, fizeram toda a

sorte de conjecturas para explicar este facto mysterioso, e concederam á negrolla diversas fórmas de geração todas perfeitamente singulares.

Vendo uns que os appendices pelludos da *anatifa*, um mollusco de concha, tinham tal ou qual apparencia de pennas, quizeram que aquella se transformasse na negrolla. Outros phantasiaram que esta palmipede tinha a sua origem na madeira do abéto que apodrecia depois de boiar por muito tempo no mar; ou nos cogumelos e musgos marinhos que vegetam nos destroços dos navios. Havia mesmo alguns autores que affirmavam existir em Inglaterra, e principalmente nas ilhas Oreades, uma arvore cujos fructos caindo no mar se transformavam n'uma ave denominada *anser arboreus*, e que julgavam ser a negrolla...

O papa Innocencio iii, porém, mais sabido que Aristoteles na historia natural das negrollas, desprezando todos estes contos, prohibiu o uso d'esta caça durante a quaresma, sem que, todavia, ninguem nos conventos, nos palacios ou nas tabernas quizesse tomar a serio tal interdicção do soberano pontifice.

N'este meio tempo appareceu uma inesperada illucidação á questão debatida. Um navegante hollandez, Gerard Veer, encontrou n'uma das suas viagens ao norte da Europa os ovos das negrollas, e trazendo-os deu-os a chocar a uma gallinha, vendo-se no fim d'alguns dias nascer pequenas aves em tudo similhantes ás que os antigos affirmavam provirem dos vegetaes apodrecidos. Gerard Veer declarou que as negrollas só aninhavam na Groenlandia, e que d'esta sorte se explicava não apparecerem os ovos nos nossos paizes.»

Estes contos sobre a origem da negrolla abrangiam outras especies, e entre ellas o bernacho, de que antecedentemente falámos.

O MARRECO OU MARREQUINHO

Anas crecca, de Linneo — *La sarcelle d'hiver*, dos francezes

O MARRECO OU MARREQUINHO

Anas querquedula, de Linneo — *La sarcelle d'été*, ou petite sarcelle, dos francezes

Conhecidas pelo mesmo nome frequentam o nosso paiz as duas especies da familia dos patos acima citadas, sendo a primeira commum e a segunda pouco frequente.

A especiè menos commum em Portugal, *anas querquedula*, é do tamanho d'uma perdiz, com a plumagem lindamente variada de negro sobre fundo pardo, tendo os lados do pescoço e as faces até aos olhos com pequenos riscos brancos vermiculados sobre fundo ruivo; a parte superior da cabeça e a garganta negras, com uma risca branca sobre os olhos que vae terminar abaixo da nuca; uma malha verde em cada aza; os flancos e o uropigio riscados de pardo annegrado sobre pardo esbranquiçado e tão linda-mente mosqueados como o resto do corpo.

A outra especie, *anas crecca*, commum, como já dissemos, no nosso paiz, é mais pequena, e differe no colorido da cabeça, sendo esta ruiva com uma risca larga verde bordada de branco, estendendo-se dos olhos até á parte posterior da cabeça; o resto da plumagem é similhante á da especie antecedente.

Sendo os habitos e regimen d'estas duas especies muito similhantes aos das outras especies de patos antecedentemente descriptas, não faremos d'elles descripção especial.

Gr. n.º 417 — O marreco ou marrequinho *(anas querquedula)*

O EDER

Anas mollissima, de Linneo —*L' eider vulgaire,* dos francezes

O eder é um bello pato, o maior da familia, e util como nenhum para os habitantes dos paizes mais septentrionaes dos dois continentes.

Conhecem-se diversas especies d'estas aves, sendo mais commum a que acima citamos. O macho tem o alto da cabeça, o pescoço, o dorso e as coberturas superiores das azas brancos; a parte anterior do peito tirante a vermelha; a fronte, os lados da cabeça, a parte inferior das costas e o ventre negros; as faces d'um verde-mar; as remiges e rectrizes d'um negro atrigueirado; bico amarello esverdeado e tarsos d'um verde azeitonado. Mede 0^m,66 de comprimento.

O eder vive nos mares do norte do globo, onde é muito frequente. E uma verdadeira ave maritima, movendo-se em terra com difficuldade, voando com custo e a pouca altura do lume d'agua, e só n'este elemento adquire toda a sua agilidade, nadando habilmente e mergulhando a grande profundidade. Diz-se que o eder póde conservar-se debaixo d'agua durante seis minutos e mergulhar á profundidade de vinte e cinco braças. Alimenta-se de peixes e vermes aquaticos.

Aninham estas aves nos rochedos á beira-mar, muitas em sitios de difficil accesso; mas os habitantes da Islandia, da Laponia e das costas do mar do Norte, logram descobrir os ninhos e conseguem lá chegar para adquirir os ovos, para elles de subido valor, retirando-os á medida que a femea os põe, obrigando-a d'esta sorte a pôr maior numero.

Ha rochedos onde estas aves estão ateitas a aninhar todos os annos, e que são propriedade d'uma certa familia, transmittindo-se a sua posse de paes a filhos.

O que torna, porém, mais util o eder não são os ovos, nem a carne que é má, posto que os naturaes a comam ; é a penungem singularmente macia, leve e quente, e tão elastica que um kilogramma, ou mesmo kilogramma e meio, bem apertado fecha-se na mão, e aberto enche uma almofada de cama grande.

A pennugem do eder, a que os francezes chamam *édredon*, sendo a melhor a que se encontra nos ninhos servindo de cobertura aos ovos, e que d'alli se extrahe finda a incubação, é motivo d'um commercio importante. Uma libra de pennugem limpa do eder, na Noruega, diz Brehm, vende-se por 4$000 réis, moeda portugueza, e um *eiderholm*, que assim se

Gr. n.º 418 — O eder

chamam os sitios onde estas aves aninham, sendo frequentado por grande numero de ederes, constitue uma propriedade bastante rendosa. O proprietario só tem o trabalho de retirar a preciosa pennugem, porque o mar encarrega-se de fornecer o alimento a tão uteis palmipedes.

Para se formar idéa approximada dos lucros que o eder dá aos habitantes das regiões onde habita, e da enorme quantidade d'estas aves que povoam os mares septentrionaes, transcrevemos o que diz Holboll, citado por Brehm.

A maior quantidade de pennugem, peso bruto, exportada durante um anno do sul da Groenlandia, foi de 5:007 libras, e o norte produziu metade aproximada-mente. Calculam-se doze ninhos, termo medio, para arrecadar uma libra de pennugem, sendo portanto necessarias 104:520 d'estas aves, as quaes não só forneceram a pennugem como tambem os ovos.

O eder não se habitua a viver captivo, morre em pouco tempo, d'ordinario na primeira muda.

O MERGANSO

Mergus serrator, de Linneo — *Le harle huppé*, dos francezes

Os mergansos, genero *Mergus*, differem dos patos principalmente na fórma do bico, mais estreito, delgado, quasi cy-

lindrico, tendo nas bordas das mandibulas uma fileira de pequenos dentes pontudos, dirigidos para traz e similhantes
aos dentes d'uma serra. O corpo é alongado,e as pernas muito trigueiras; no todo
teem estas palmipedes bastante analogia
com os patos.

A especie citada é, das que frequentam
a Europa, a unica commum em Portugal,
no inverno, pois os mergansos teem por
patria os paizes boreaes do antigo e novo
continente, d'onde emigram fugindo aos
maiores rigores d'aquella estação, passando-a em regiões mais temperadas.

O merganso tem a cabeça e a parte
superior do pescoço d'um negro violaceo
passando a verde dourado, e uma longa
poupa ornando-lhe a parte posterior da
cabeça ; o peito é ruivo variado de branco

e o dorso negro ; o uropigio e os flanco-
raiados em ziguezagues trigueiros e pardos esbranquiçados ; as azas são variadas
de negro, trigueiro, branco e cinzento ; o
bico e os pés vermelhos. E' do tamanho
do pato.

O merganso é raro que venha a terra ;
passa a vida na agua, frequentando as
ribeiras e os lagos, e do habito de nadar
com o corpo debaixo d'agua e só a cabeça de fóra teve origem o nome scientifico *Mergus*, de *mergere*, mergulhar. Conserva-se por longo tempo debaixo d'a-
gua, percorrendo um espaço largo antes
de vir á superficie, o que lhe permitte
ir ao fundo em busca do alimento. Em
terra caminha mal, e o vôo sendo rapido e firme, não lhe permitte todavia
remontar a grande altura.

Gr. n.º 419 — O merganso

Alimentam-se os mergansos de peixes
e outros animaes aquaticos, reptis pequenos, crustaceos e insectos, e sendo muito
vorazes devoram os peixes em grande
quantidade, tornando-se por isso bastante
nocivos. São extremamente ageis e correm
em perseguição da presa, servindo-se,
para obter maior velocidade, das pernas
e das azas, e seguem-n'a mesmo debaixo d'agua, a grande profundidade.

Diz Figuier que os mergansos teem o
habito de engulir o peixe pela cabeça, acontecendo muitas vezes ser estes
grandes em demasia para que a operação
se faça d'uma vez, e n'este caso a palmipede não o lança fóra, engole-o a
pouco e pouco, e já a digestão da cabeça
do peixe está começada no estomago
quando a cauda apenas entra no esophago.

Os mergansos são monogamos, e a sua

reproducção faz-se á maneira dos patos.
Aninham no solo, entre a verdura, nos
troncos ôcos das arvores, formando o ninho com pouca arte, de canniços seccos,
folhas, musgo e juncos. A postura regula
por sete a quatorze ovos, e a incubação
dura vinte e dois a vinte e quatro dias.

E' possivel conservar captivos os mergansos, tendo-os em tanques, onde não
haja peixes, pois de contrario devoral-os-
hiam até ao ultimo. São bonitos e cheios
de vivacidade, mas sem utilidade, porque
a carne não presta.

OS LONGIPENNES

Assim como os lamellirostros são entre as palmipedes notaveis como nadadores, as aves d'esta segunda sub ordem,
os *longipennes*, distinguem-se pelo vigor

e arrojado do vôo. O grande desenvolvimento das azas caracterisa essencialmente os longipennes, e posto que alguns andam e nadam bem, o seu meio de progressão principal é o vôo, no que excedem todas as outras aves, e apenas algumas, poucas, poderão egualal-os.

A sua patria é o mar, que percorrem em todas as direcções, uns em bandos numerosos, outros isolados ou em pequenos grupos, voando constantemente, e repousando excepcionalmente á superficie d'agua ou na praia. A esta mobilidade infatigavel devem o ser cosmopolitas, voando em torno do globo, visitando todas as regiões.

Um unico acto da sua existencia, a reproducção, os prende á terra, obrigando-os a sair do seu meio em busca das costas. Em terra aninham, e ahi se conservam os pequenos em quanto as azas não teem vigor bastante para lhes permittir soltarem o vôo.

Como caracteres teem o corpo volumoso; o pescoço curto e bico mediano, pontudo ou adunco; os tres dedos anteriores palmados; azas longas e pontudas muito grandes em relação ao corpo.

Damos em seguida algumas das mais importantes especies dos longipennes, principalmente as que se encontram no nosso paiz.

A ANDORINHA DO MAR OU GAIVINA

Sterna hirundo, de Linneo — *Le Pierre-Garin, ou la grande hirondelle de mer,* dos francezes

São numerosas as especies do genero *Sterna,* andorinhas do mar, que frequentam a Europa; mas só duas são communs no nosso paiz, a especie citada e a *sterna minuta,* que poderemos appellidar *pequena andorinha do mar.*

Os individuos do genero *sterna* teem o bico mais longo do que a cabeça, delgado e quasi direito, pontudo, com a extremidade da mandibula superior levemente recurva; tarsos e dedos curtos; as azas longas excedendo a cauda, e esta muito aforquilhada, á imitação das azas e da cauda das andorinhas; e d'aqui veiu a estas aves o nome vulgar de *andorinhas do mar.*

A especie acima citada é o typo do genero. Tem o alto da cabeça negro; a parte superior do corpo cinzenta azulada, a parte anterior branca; o bico e os pés vermelhos.

A *pequena andorinha do mar* é mais pequena, tem a fronte e a parte inferior do corpo brancas; o alto da cabeça e a nuca negros; a parte superior do corpo d'um pardo cinzento; bico côr de céra com a extremidade negra, e pés amarellos. Mede $0^m,25$ de comprimento, dos quaes $0^m,08$ pertencem á cauda.

Estas duas especies emigram em epocas certas d'uns para outros pontos da Europa, sendo muito frequentes no norte da Africa durante a estação mais rigorosa. Como dissemos são ambas communs no nosso paiz.

Habitam nas costas do mar, ou nos lagos e grandes pantanos do interior, onde encontram em abundancia os peixes pequenos, os molluscos e os insectos de que se alimentam. Para apanharem os animaes aquaticos mergulham, e alcançam os que vivem no solo ou que pousam nas hervas sem suspender o vôo. Por vezes, correndo com extraordinaria rapidez ao lume d'agua, apanham voando o peixe que vem ao cimo, ou então remontando a grande altura, d'alli observam a presa com o seu olhar penetrante, e caem sobre ella. Para repousarem durante as suas viagens buscam os rochedos á beira-mar.

As andorinhas do mar aninham nos bancos d'areia junto da costa, na foz dos rios, ou junto dos lameiros, n'uma pequena cavidade aberta no solo, sem mais preparo; e alli põe a femea dois ou tres ovos. Por vezes reunem-se estas aves ás centenas para estabelecer os ninhos n'um certo ponto, e tão proximos uns dos outros que as femeas no choco tocam-se. Bolle, falando d'uma d'estas colonias, que observara, diz serem os ninhos tantos e tão proximos, que era mister muito cuidado para não pisar os ovos. «Mal começámos a encher d'ovos os nossos chapeos e os cestos que levavamos, vimos levantar-se um bando de milhares d'andorinhas do mar, similhante a uma grande nuvem branca de neve que pairava sobre nós. O ruido produzido pelos seus gritos era d'ensurdecer...»

Os ovos da andorinha do mar são excellentes e muito estimados em certas partes onde abundam. Figuier diz que nos Estados Unidos são objecto de commercio importante.

Póde viver captiva a andorinha do mar, mas resiste por pouco tempo á perda da liberdade.

A ANDORINHA D'AGUA

Sterna fissipes, de Linneo — *La guifete ou epou-tantail*,
dos francezes

Esta especie das andorinhas do mar, que alguns autores separam do genero *Sterna*, formando o genero *Hydrochelidon*, differe das especies de que acabamos de falar, não só por algum dos seus caracteres, mas principa'mente pelos habitos e regimen. E' muito commum na Europa e frequenta o nosso paiz, apparecendo no Tejo.

Em Portugal não tem nome vulgar especifico, mas appellidam-n'a alguns autores francezes *andorinhas d'agua*, por que ao inverso da andorinha do mar frequenta de preferencia as ribeiras, os lagos e os pantanos, no interior das terras, afastando-se das costas. Não come peixes, e o seu regimen é unicamente insectivoro. Aninha nos canniçaes ou entre as hervas, e fórma o ninho com pouca arte, de folhas seccas, troncos e folhas de canniços.

De resto no todo assimilha-se ás andorinhas do mar, e como ellas voa constantemente com grande rapidez, remontando a muita altura.

A andorinha d'agua tem a cabeça, a nuca, o peito e o centro do ventre negros aveludados ; a parte superior do corpo

Gr. n.º 420, — A andorinha do mar ou gaivina

parda azulada e o uropigio branco ; as remiges d'um pardo escuro orladas de claro; as rectrizes d'um pardo claro ; o bico vermelho na base e negro para a ponta, e os pés vermelhos atrigueirados.

No inverno tem a parte posterior da cabeça e a nuca negras, a fronte e a parte inferior do corpo brancas. Mede 0ᵐ,25 de comprimento, e d'estes 0ᵐ,10 pertencem á cauda.

O BICO-TESOURA

Rynchops nigra, de Linneo. — *Le bec-en-ciseaux*,
dos francezes

As especies do genero *Rhynchops* teem, como as andorinhas do mar, as azas muito longas e a cauda aforquilhada, e o seu caracteristico principal reside na conformação singular do bico. A mandibula inferior é muito mais comprida do que a superior, ambas achatadas nos lados, com as bordas cortantes, e quasi que dispostas como as folhas d'uma tesoura.

Tem a fronte, as faces, a cauda, os flancos e a extremidade das grandes coberturas das azas brancas ; o alto da cabeça, a parte posterior do pescoço, a garganta e o dorso d'um trigueiro negro ; bico e pés vermelhos. Mede 0ᵐ,46 de comprimento.

Estas aves vivem nos mares dos tropicos, encontrando-se numerosas no mar das Antilhas.

De dia conservam-se quedas, deitadas de ventre na areia, raras vezes em pé, e ao pôr do sol readquirem toda a sua vivacidade, e gritando vão á caça dos insectos que apanham á superficie de agua.

Voando ao lume d'agua, mergulham a mandibula inferior e assim vão cortando a agua, conservando aberta e fóra d'agua a mandibula superior, para fechal-a quando topam algum insecto aquatico ou peixe miudo.

Conta Lesson que o bico-tesoura da America vae pousar junto dos molluscos de concha que o baixa-mar deixa a descoberto, aguardando com toda a paciencia que elles se entreabram. Então a palmipede introduz a mandibula inferior entre as conchas, que se cerram, e levando d'esta sorte o mollusco preso ao bico vae dar com elle contra uma pedra até fen-der-lhe as conchas e poder devorar o animal que alli se abrigava.

Aninha na areia, em pequenas cavidades que elle proprio cava, e onde a femea põe de tres a cinco ovos.

O genero *Larus* é dos mais ricos da ordem das palmipedes, comprehendendo grande numero de especies espalhadas pelo globo, as quaes alguns autores repartem por diversos generos. Pertencem a este genero as aves conhecidas no nosso paiz pelos nomes vulgares de *alcatrazes* e *gaivotas*.

Caracterisam-se pelo bico alongado, achatado aos lados, com a ponta da mandibula superior recurva, a cabeça grossa e que trazem constantemente entre as es-

Gr. n.º 421 — O bico-tesoura

padoas, ainda mesmo caminhando ; tarsos altos ; os tres dedos anteriores palmados e o posterior livre mas muito pequeno; azas longas e pontudas que excedem a cauda, e esta d'ordinario quadrada.

Habitam estas aves em todos os pontos do globo, vivendo aos bandos nas costas, na foz dos rios, sempre em grande numero ; frequentam as ilhas e os terrenos vizinhos do mar, encontrando-se por vezes a muitas leguas da costa. São em maior numero nas regiões septentrionaes, onde os corpos mortos das baleias e d'outros peixes grandes lhes fornecem farto alimento.

«Estas aves são gritadoras e vorazes, chama-lhes Buffon os *abutres do mar*, pois expurgam-n'o dos corpos mortos de todas as especies que boiam ao cimo d'agua ou que o mar arroja ás praias, quer sejam mortos de pouco tempo ou em estado de decomposição adiantada. Tão cobardes como gulosas, não se atrevem a atacar senão os animaes mais debeis, e cevam-se com o maior prazer nos cadaveres. Não ha comer que as farte, e sendo faceis de contentar com relação á qualidade dos alimentos, não se dá o mesmo com a quantidade.

Aninham estas aves nas rochas á beira mar ou na areia da praia, aproveitando das primeiras as cavidades naturaes, e no segundo caso cavando ellas proprias uma pequena cova, onde a femea deposita os ovos sobre cama de lichens seccos encontrados na praia. A postura é de dois a quatro ovos, de casca grossa, granulosa, malhada de pardo cinzento ou de trigueiro escuro sobre fundo verde ou verde tirante a trigueiro.

Os alcatrazes e as gaivotas são faceis de crear de pequenos, tornando-se domesticos e tão dados, principalmente com a pessoa que d'elles trata, que a conhecem entre todas e festejam a sua presença com os seus gritos mais alegres.

A carne d'estas aves é pessima, de mau gosto e coriacea ; mas os ovos são bons, e alimento estimado de muitos habitantes dos paizes do norte.

Das especies que frequentam a Europa, cinco ao certo apparecem no nosso paiz, e outras visitam-n'o talvez accidentalmente. Damos algumas em seguida.

O ALCATRAZ D'AZAS NEGRAS

Larus marinus, de Linneo — *Le goeland à manteau noir dos francezes*

E' branco com o dorso e azas negras ;

o bico e pés amarellos. Pouco commum em Portugal.

O ALCATRAZ

Larus argentatus, de Linneo. — *Le goeland à manteau blue, dos francezes*

Tem a parte superior do corpo cinzenta e todo o resto branco ; bico amarello e pés vermelhos desvanecidos. Mede 0^m,65 de comprimento.

Frequenta o Tejo.

A GAIVOTA

Larus ridibundus, de Linneo. — *La mouette rieuse, dos francezes*

Tem o dorso e as coberturas das azas d'um cinzento azulado; o pescoço, a cauda e as partes inferiores do corpo brancos ;

Gr. n.º 422 — O alcatraz d'azas negras

bico e pés vermelhos. Mede 0^m,43 de comprimento.

Na epoca das nupcias tem esta especie o alto da cabeça e do pescoço d'um trigueiro tirante a arruivado, e o peito e ventre brancos lavados de côr de rosa.

E' commum no Tejo, e das suas congeneres é a mais facil de domesticar, tornando-se muito dada e affeiçoada ao tratador. Não é difficil de sustentar, porque, alimentando-se d'ordinario de carne e peixe, pode habituar-se a comer pão. Brehm diz que as apanhadas de pequenas são muito interessantes. Acompanham o dono, por vezes alongando os seus passeios a grande distancia de casa, mas regressando sempre ás horas da réfeição. Acontece trazerem em sua companhia individuos da mesma especie a quem sabem insinuar tanta confiança no homem, a

ponto d'elles se conservarem por alguns dias na morada da sua introductora.

A GAIVOTA

Larus tridactylus, de Linneo. — *La mouette à trois doigts, dos francezes*

Esta especie caracterisa-se pelo dedo posterior excessivamente curto, o que permittiu aos francezes darem-lhe o nome de *gaivota de tres dedos*.

Tem a plumagem da cabeça, do pescoço, do uropigio, da cauda e dos flancos branca ; o dorso d'um cinzento azulado ; as remiges d'um branco pardaço com as pontas negras ; o bico amarello, os tarsos amarellados e os pés negros.

Depois da muda, no outono, a parte posterior do pescoço faz-se parda azulada, e uma malha redonda que tem atraz do ouvido torna-se negra. Mede de 0^m,45 a 0^m,48 de comprimento.

E' commum em Portugal, no Tejo.

A GAIVOTA LONGICAUDA

Larus parasiticus, de Linneo. — *Le labbe parasite*, dos francezes

Esta especie do genero *Stercorarius*, bem como os congeneres, tem suas analogias com as gaivotas e alcatrazes, mas differe na conformação do bico, robusto e coberto d'uma membrana desde a base até ás ventas, com a mandibula superior adunca e armada na extremidade d'uma especie d'unha ; as pennas da cauda são deseguaes, tendo as duas do centro mais compridas que as dos lados, e n'algumas especies esta differença é grande.

A especie citada tem o dorso trigueiro tirante a ruivo, com uma malha na fronte, e os lados do pescoço d'um branco amarellado ; os flancos trigueiros ruivos ; o ventre branco pardaço ; o papo pardo ; o bico negro. Mede de 0^m,50 a 0^m,52 de comprimento.

Esta palmipede é bastante frequente nas regiões septentrionaes do antigo e novo continente, desde o Spitzberg e a Groenlandia até ao centro da Noruega, na Islandia, nas ilhas de Feroé e no norte da Escossia. E' muito frequente na Terra Nova e no Labrador.

Estas aves vivem quasi sempre isoladas

Gr. n.º 423 — A gaivota *(larus ridibundus)*

á beira mar, avançando por terra dentro na occasião de tempestade, e distingnem-se das gaivotas pela maior rapidez e destreza dos seus movimentos. Correm e nadam perfeitamente e voam com grau de rapidez, ainda mesmo contravento rijo. Avantajam-se em voracidade ás gaivotas e alcatrazes, e perseguem estes encarniçadamente para lhes roubar a presa, obrigando-os a entregar-lh'a.

«... Mal divisam ao longe outras aves maritimas, correm para ellas, e, pondo-se de observação, aguardam que alguma alcance a presa para investirem com ella, atacando-a á maneira das aves de rapina, com tanta audacia e vigor, e sem a largarem até que lhes ceda o bocado que póde apanhar. Por vezes não se contentam só com o roubo, e o roubado é tambem victima. Groba conta d'uma d'estas aves que d'uma bicada abriu o craneo a um papagaio do mar, e outros observadores teem visto algumas vezes a gaivota longicauda matar as gaivotas e os mergulhões e fazei-os pedaços.

Persegue as aves doentes que encontra fluctuando ao cimo d'agua, devora as mortas, e as validas escapam-lhe porque mergulham ao vel-a aproximar-se. Pilha com o maior arrojo os ninhos, e não só come os ovos, como devora os pequenos e os paes se lá os encontra.» (Brehm).

Faz o ninho no solo, no cimo das serras e nas encostas, entre o matto, formado de hervas e musgo, pondo a femea dois ovos d'um verde amarellado sujo malhados de trigueiro. Chocam os ovos o macho e a femea, e defendem com tanta coragem a sua progenie, que não temem qualquer animal nem mesmo o homem, atacando-o ás bicadas e obrigando-o a defender-se.

O ALBATROZ

Diomedea exulans, de Linneo. — *L'albatros hurleur*, dos francezes

Os albatrozes, as maiores aves maritimas, são robustos; teem o pescoço curto e grosso; cabeça grande: bico vigoroso, longo, e adunco; azas muito longas e estreitas; cauda curta e tarsos curtos e grossos ; tres dedos na frente palmados, e o pollegar nullo.

Conhecem-se varias especies do genero *Diomedea*, todas habitando os mares austraes e o oceano Pacifico septentrional, das quaes especies só a citada apparece accidentalmente na Europa, sendo a mais commum, e á qual os navegantes dão o nome de *carneiro do Cabo*, muito frequente nas costas meridionaes da Africa.

E' todo branco este albatroz, á excepção das azas que são negras ; o bico é branco tirante a vermelho, e amarello na extremidade. As azas abertas medem de ponta a ponta 5 metros.

O vôo vigoroso e rapido do albatroz é realmente admiravel, e facilita a estes

Gr. n.º 424 — O albatroz

animaes distanciarem-se enormemente da terra ainda mesmo affrontando a tempestade. Vôa a favor ou contra o vento com a mesma facilidade, e explora toda a vastidão do oceano sem que lhe dê cuidado a distancia a que se encontra da costa. Diz Gould que o albatroz pode seguir por muitos dias sem custo uma embarcação, correndo com vento favoravel, sem interromper as suas habituaes evoluções que o obrigam a desvios de muitas leguas, e regressando sempre para seguir na esteira do navio com o intuito d'apanhar os sobejos que de bordo se lançam ao mar.

Pode passar muitas semanas sem dormir, e quando a fadiga o vence repousa ao lume d'agua com a cabeça entre as azas.

«Os navegantes que teem tido ensejo de observar estas aves nas regiões polares, onde a noite dura seis mezes, vêem-n'as aos bandos adejar em volta das embarcações durante muitos dias, sem que manifestem a mais leve fadiga ou diminuam a rapidez dos seus movimentos. O que mais do albatroz tem de mais curioso é não se distinguir o bater das azas, parecendo estas sempre immoveis como na occasião em que a ave se peneira no ar, isto quer desça ou remonte.

É insaciavel o albatroz, e a necessidade de continuas refeições obriga-o a percorrer grandes distancias e a passar a maior parte da existencia voando d'um para outro lado. A digestão é tão rapida que pouco tempo lhe resta de descanço, sem que a fome o obrigue a novas excursões. Alimenta-se o albatroz dos pequenos animaes maritimos, dos molluscos e zoophytos que andam ao de cima d'agua, e dos restos dos grandes peixes que encontra boiando. No mar imitam estas palmipedes os abutres, e Marion de Procé, citado por Brehm, diz haver encontrado um dia um bando consideravel de albatrozes em volta do corpo d'uma baleia morta, e já em putrefacção, e tão empenhados andavam em arrancar aos pedaços a carne do cetaceo, que nem attentaram no navio que vinha proximo.

Arriou-se a chalupa e remaram os homens na direcção do corpo da baleia, aproximando-se sem que os albatrozes pensassem em fugir, tal era a voracidade que os não deixava perceber o que se passava, e seria possivel apanhal-os á mão se não fôra o receio das suas mordeduras.

«Segue a esteira dos navios porque estes agitando a agua trazem á superficie os animaes pequenos de que o albatroz se alimenta. Tudo quanto cae ao mar de bordo das embarcações lhe serve, mesmo o homem. Um marinheiro que caira ao mar de bordo d'um navio francez, não podendo ser soccorrido immediatamente por faltarem os apparelhos de salvação, foi atacado pelos albatrozes que seguiam a embarcação, e que lhe rasgaram a cabeça e os braços, antes de haver tempo para arriar um escaler e correr em seu auxilio. Não podendo resistir a um tempo ao mar e aos inimigos que o cercavam, o homem succumbiu á vista da tripulação.» (Figuier).

Na epoca da reproducção os albatrozes reunem-se em certas ilhas, e em numero consideravel nas de Auckland, Campbell e Tristão de Cunha, e ahi nidificam entre o matto nos pontos altos das montanhas, formando o ninho de hervas seccas, ramos e folhas. A postura é d'um só ovo, que tem termo medio $0^m,13$ de comprido por $0^m,10$ de grossura e pesando 850 grammas. Não são conhecidos os pormenores da incubação nem ao certo se sabe o modo de vida dos pequenos albatrozes, emquanto as azas lhe não permittem correr os mares em busca do sustento. Na opinião de certos autores não

conseguem voar antes d'um anno, dando logar a opiniões diversas e algumas pouco verosimeis ácerca do modo porque se alimentam os pequenos albatrozes durante este periodo.

Diz Figuier que a carne do albatroz é dura, e só pode ser comida depois de salgada por um certo tempo, cozida e bem condimentada. Ainda assim os marinheiros e os habitantes do litoral, onde estas aves apparecem, só a comem em dias de penuria.

No mar o albatroz não é difficil d'apanhar, victima da sua voracidade, bastando para isso um anzol com boa isca, que elle decerto engulirá ficando preso. E' necessario, porém, que a corda e o anzol sejam fortes, pois o albatroz resiste vigorosamente na occasião de o puxarem para bordo, e então cercam-n'o os companheiros soltando gritos agudos e bastante desagradaveis.

A PROCELLARIA GIGANTE

Procelaria gigantea, de Gmlin. — *Le briseur d'os*, dos franeezes

Esta especie do genero *Procellaria* é a maior d'um grupo d'aves a que vulgarmente se dá o nome de *aves de tormenta*, por allusão á facilidade com que caminham sobre as vagas, firmando-se nas azas, acompanhando as ondulações do mar embravecido e affrontando a tormenta com a maior tranquillidade. Para os marinheiros são estas aves mensageiras de tempestades.

As procellarias teem por caracter o bico curto, com a extremidade curva e adunca, parecendo formado de diversas peças soldadas e articuladas, as bordas cortantes guarnecidas de laminasinhas; as azas estreitas e longas; tarsos regulares e os tres dedos anteriores palmados tendo no logar do pollegar uma unha romba.

A procellaria gigante, na sua plumagem d'adulta, é côr de chocolate, com o bico vermelho desvanecido e a extremidade côr de vinho. Mede $0^m,90$ de comprimento e $1^m,65$ de envergadura.

«Gould julga ser esta ave capaz de fazer a volta do globo. Uma procellaria gigante, notavel pela sua plumagem parda clara, acompanhou o navio onde este naturalista fez a viagem do Cabo da Boa Esperança á terra de Van Diemen durante tres semanas, percorrendo n'este espaço quatro mil leguas pelo menos, porque descrevendo grandes curvas de quarenta metros da diametro, apenas se deixava ver de meia em meia hora.

Alimenta-se esta palmipede de peixes, molluscos e restos dos grandes cetaceos que fluctuam ao cimo d'agua. Frequentam as costas na epoca da reproducção, e nas cavidades das rochas põe a femea um unico ovo grande e branco. A incubação é longa e o pequeno nasce coberto de pennugem branca, sendo tardio o desenvolvimento.

Estas aves vivem nos mares do Sul, e só accidentalmente apparecem nos do Norte.

A PROCELLARIA DO CABO

Procellaria capensis, de Linneo—*Le damier, ou petrel du Cap dos francezes*

Esta especie das procellarias é principalmente frequente no Cabo da Boa Esperança, encontrando-se tambem nas costas da America na latitude correspondente. Apparece accidentalmente na Europa.

Tschudi compara a plumagem do dorso d'esta palmipede ás casas d'um taboleiro de damas, e d'esta circumstancia lhe provém o nome de *damier* que os francezes lhe dão. Tem o dorso na maior parte negro da côr da fuligem, malhado de branco

Gr. n.º 425 — A procellaria gigante

e negro ; o ventre branco ; as azas e as rectrizes negras na extremidade. Mede 0^m, 38 de comprimento.

Nos habitos não differe da especie antecedente.

A ALMA DE MESTRE

Procellaria pelagica, de Linneo — *L'oiseau tempête, dos francezes*

Do grupo das *procellarias* merece menção esta especie que habita o oceano Atlantico desde o sul da Groelandia até ao equador, não sendo rara no nosso paiz.

Tem o alto da cabeça negro luzidio; a fronte atrigueirada; o dorso trigueiro-negro ; as pequenas coberturas superiores das azas brancas na ponta e na base ; bico negro e pés d'um trigueiro avermelhado. E' a mais pequena das palmipedes, medindo apenas 0^m, 15 de comprimento—o tamanho d'um tentilhão.

Habitualmente estas aves vivem no alto mar, aproximando-se da terra apoz as tempestades muito prolongadas, ou na epoca da reproducção para aninharem. O seu regimen consiste em pequenos crustaceos e molluscos e nas substancias oleosas que boiam ao cimo d'agua.

Parece que estas aves, quando as perseguem ou apanham, lançam pelo bico jactos de certo liquido amarellado e oleoso.

Construem o ninho no chão, n'uma pequena cova que abrem no solo, tapizando-a de alguns raminhos de herva. A femea põe um unico ovo.

A *alma de mestre* presente a tempestade, e no mar busca abrigo nas embarcações e serve d'aviso aos marinheiros.

«Por mais sereno que o tempo pareça, se um bando de *almas de mestre* se aproxima da embarcação, seguindo na sua esteira e parecendo querer buscar abrigo na pôpa, os marinheiros tomam as suas precauções para affrontar a tormenta que se não fará esperar. E' pois a apparição d'estas aves um motivo de alarme, mas ao mesmo tempo um aviso precioso, e para tal a natureza as espalhou por todos os mares, pois esta procellaria encontra-se em todo o universo, e no dizer de Forster nos mares do Norte tanto como nos do Sul, e em quasi todas as latitudes.» (Buffon).

AS TOTIPALMAS

As aves comprehendidas n'esta terceira sub-ordem das palmipedes distinguem-se principalmente pelos quatro dedos unidos por uma membrana.

O RABO DE JUNCO

Phaeton aetereus, de Linneo — L' *oiseau de tropique, ou paite en-queue,* dos francezes

A esta ave deu Linneo o nome de *Phaeton*, filho de Apollo e de Clymene, um louco que teve um dia a pretenção de guiar o carro do sol e ia abrazando o mundo. Os navegadores denominaram-n'a *ave dos tropicos.* Ambas as denominações teem por origem a existencia d'estas palmipedes na zona torrida, e a sua apparição indica ao marinheiro a entrada n'aquella zona, quer pelo lado do norte ou pelo do sul, em todos os mares do mundo.

O nome de *rabo de junco* que aqui lhe damos, pelo qual tambem o conhecem os hespanhoes, e o de *paille-en-queue* dado pelos francezes, menos poeticos por certo, derivam-se da forma da cauda d'estas aves que tem no centro duas pennas longas e estreitas em quanto que as outras são largas e curtas. No resto dos caracteres distinguem-se pelo bico mais comprido que a cabeça, comprimido nos lados ; azas longas, e todos os quatro dedos palmados.

Teem a cabeça, o pescoço, a parte inferior do corpo e a cauda brancos, levemente matizados de côr de rosa e ondeados de negro; os lados do corpo e o dorso riscados transversalmente de negro em fundo branco ; as azas negras bordadas de branco ; bico vermelho e pés d'um amarello escuro. Mede de comprimento $0^m,80$, comprehendendo $0^m,47$ das duas pennas grandes da cauda, tendo as lateraes $0^m,16$.

Existe outra especie, que, tendo a plumagem variada de branco e preto, differe nas duas pennas longas da cauda, brancas na base e no resto vermelhas escuras com a haste negra. E' maior que a antecedente.

A especie de cauda branca parece ser mais commum no oceano Atlantico e a de cauda vermelha no Pacifico, apparecendo todavia ambas nos dois mares.

Habitualmente encontram-se estas aves nas vizinhanças das costas, posto que os marinheiros tenham por certo, no dizer de Brehm, que se desviam por vezes á distancia de 300 leguas ao mar.

Bennett diz que «são incontestavelmente as mais lindas aves maritimas, doceis e graciosas, notaveis pela elegancia e vigor do vôo, e pelo effeito admiravel do sol reflectindo nas bellas côres da plumagem. Parece que os navios lhes prendem a attenção ; abeiram-se d'elles, voam ao redor, descem em espiraes successivas mais estreitas, e balouçando-se no ar por algum tempo, a pouca altura da embarcação, chegam mesmo a pousar nas vergas. Se as não espantam acompanham os navegantes dias inteiros, até que o navio saia da zona onde vivem ou que outra circumstancia as obrigue a afastar-se.

São principalmente habeis na pesca, e á maneira das grandes especies dos alcatrazes pairam por muito tempo no ar espreitando attentamente o que se passa por baixo, e de subito caem com as azas abertas e quasi perpendicularmente na agua, com tal impeto que mergulham á profundidade d'alguns pés, sendo mister grande vigor nas azas e nos pés para se erguerem novamente.»

Para aninharem buscam de preferencia as ilhas isoladas e desertas, e a femea põe no solo, entre o matto mais espesso, ou nas anfractuosidades dos rochedos, um unico ovo de cada postura.

O GANSO PATÓLA

Peclicanus bassola, de Linneo.— *Le fou*, dos francezes

As especies do genero *Sula*, a que pertence a especie citada, comprehendem aves mais robustas e ao mesmo tempo mais esguias que os rabos de junco. O bico é mais longo do que a cabeça, rasgado além dos olhos, grosso na base, direito, conico, e dentado nas bordas como uma serra, com a mandibula superior arqueada na ponta; azas alongadas; tarsos curtos e grossos; cauda longa e pontuda. Teem as faces e a garganta nuas.

O ganso patóla é a unica especie da Europa do genero *Sula*, todo branco, exceptuando as primeiras remiges que são d'um negro tirante a trigueiro; o alto da cabeça e parte posterior do pescoço matizados de amarello. Teem o bico azulado, os pés verdes, e a pelle nua da garganta negra. Mede 0^m,99 de comprimento pertencendo á cauda 0^m,27.

Esta especie é commum no norte da Europa, na Islandia, nas ilhas Feroe,

Gr. n.º 426 — O ganso patóla perseguido pela fragata

apparecendo individuos isolados na costas da França e em grande numero nas da America.

E' commum nas costas de Portugal.

A presença dos gansos patólas no mar annuncia sempre terra proxima, porque não obstante o vôo rapido e possante d'estas aves, nunca se afastam consideravelmente da terra, e veem dormir á noite, sempre que podem, nos rochedos mais altos e escarpados que se erguem no meio da agua, e d'onde possam estender a vista ao largo.

Em terra caminham com difficuldade, bambaleando-se; nadam raras vezes e só para descançar, deixando-se ir impellidos pelo vento e remando pouco, apezar dos seus pés completamente palmados; todo o seu vigor e pericia empregam-os no vôo. Alguns vigorosos adejos e o ganso patóla fende os ares com a rapidez d'uma frecha, peneirando quasi a tocar na agua, para remontar em seguida a alturas prodigiosas.

Só alcança a presa a vôo, ou precipitando-se de certa altura e mergulhando: assim apanha os peixes de que se alimenta.

Os francezes deram a esta ave o nome de *fou*, parvo, e nós o appellido de *patola*, querendo d'esta sorte alludir á estupidez que com justiça ou sem ella se lhe attribue. E' certo que o ganso patola deixa-se apanhar em terra, e até espancar pelo homem sem mesmo tentar fugir ; mas deve attribuir-se esta incuria em fugir do perigo, menos ás suas curtas faculdades intellectuaes do que ao pouco conhecimento do homem, de quem vive geralmente afastado, e principalmente á sua organisação imperfeita que em terra o torna inepto, pois tão difficil lhe é caminhar como erguer o vôo para escapar aos inimigos.

Para as outras aves é mau, e entre as da mesma especie nem sempre reina a paz ; sendo certo que o bico vigoroso fornece ao patola o meio de defender-se das outras aves maritimas, sem o pôr comtudo ao abrigo dos ataques das *fragatas*, aves arrojadas, que o perseguem obrigando-o a ceder-lhes a presa.

Os gansos patolas reunem-se em certas ilhas, na época da reproducção ás centenas de milhar, cobrindo litteralmente as serras ; e tantos são os ninhos e tão proximos uns dos outros que é difficil passar por entre elles sem os pisar. São toscos, e os das aves que primeiro chegam maiores, sendo os outros mais pequenos á falta d'espaço. A femea põe um unico ovo branco.

A FRAGATA

Pelecanus aquilus, de Linneo — *La fregate,* dos francezes

As fragatas, genero *Tachypetes*, teem por caracteres principaes o bico longo com as duas mandibulas recurvas na extremidade ; a frente do pescoço nua ; as azas e a cauda muito compridas e a ultima bastante aforquilhada ; as membranas que unem os dedos chanfradas.

O nome de *fragatas* deram-lh'o os marinheiros em vista das suas fórmas airosas e principalmente pelo vôo rapido, comparando-as aos navios de guerra mais veleiros e bem lançados.

Encontram-se estas palmipedes nos mares dos tropicos, sendo communs no Brazil, na ilha d'Ascensão, em Timor, nas ilhas Mariannas e nas Molucas. Se excepcionalmente se afastam das costas, por vezes a mais de duzentas leguas ao mar, d'ordinario não vão além de trinta ou quarenta.

A especie citada tem a plumagem negra, tirante a trigueira na cabeça, no peito e nos flancos ; a pelle da garganta vermelha, e em volta dos olhos azul-purpura ; pés vermelhos. Mede 1^m,12 de comprimento e d'envergadura 2^m,35. A femea tem parte da plumagem do peito branca.

Para muitos naturalistas a fragata é das aves maritimas a que tem o vôo mais rapido, e Audubon diz, «o açor, o falcão e o gerifalto, que se consideram como os mais velozes de todos os falconidios, vêem-se por vezes forçados a perseguir as suas victimas por espaço d'uma legua antes de poder alcançal-as, emquanto que a fragata se arremessa com a rapidez do raio, das altas regiões em que paira, sobre a ave que avista, cortando-lhe a retirada e obrigando-a a ceder-lhe a presa que acabou de fazer e d'engulir.

A vista da fragata é perfeitissima, e assimilha-se á das aves de rapina. Sendo os peixes voadores o principal alimento d'estas palmipedes, enxergam-n'os d'uma altura a que nós não podemos avistal-as, e caindo sobre elles de subito, no momento em que saltam fóra d'agua, apanham a presa a vôo, roçando-se pela superficie da agua. Como dissemos, falando do ganso patola, é este um dos melhores fornecedores da fragata, ainda que forçado, e a nossa gravura n.º 426 representa uma d'essas expoliações a que os pobres *patolas* estão sujeitos.

Parece que não só os peixes constituem a alimentação da fragata: alguns autores affirmam que esta não poupa as aves pequenas, apanhando-as no ninho, e Gosse diz que as agarra com o bico, e com as unhas levando-as em seguida á bocca.

Quando tem fome a fragata áinda é mais arrojada, e gira em volta dos pescadores com o fito de lhes roubar o peixe no acto de colherem as redes. Um navegante francez, o sr. Kerhoent, citado por Figuier, conta que durante a sua estada na ilha da Ascensão uma nuvem de fragatas girava constante em volta dos marinheiros, aproximando-se estas aves da cozinha que era no convez e a descoberto, e passando a pouca altura da caldeira para roubar a carne; isto á vista da tripulação e sem que a sua presença impozesse receio ás arrojadas palmipedes. Kerhoent pôde derrubar com uma bengalada um d'estes indiscretos visitantes.

A fragata passa a noite em terra, e ao despontar da aurora ergue o vôo e vae no

oceano em busca d'alimento ; bem saciada regressa a terra a fazer a digestão empoleirada nas arvores.

«A estas aves, uma vez no solo, custa-
lhes a erguer o vôo, e não nadam, ou pelo
menos não teem sido vistas n'este exercicio. Não podem voar do couvez do navio, e em terreno plano e arenoso não
logram escapar-se a quem as persiga, e por
isso só pousam nas arvores d'onde lhes
é facil tomar o vôo.»

Pelo meado de maio reunem-se as fragatas por vezes em bandos de mais de quinhentos casaes, nas ilhas onde habitualmente aninham, reparando os ninhos dos
annos anteriores ou construindo outros
formados de troncos que tiram das arvores ou que apanham fluctuando á superficie da agua. Os ninhos construem-
n'os nas arvores que se debruçam na agua:
uns nos pontos onde os ramos se bifurcam, outros no cimo, e muitos na mesma
arvore ; por vezes no alto dos rochedos. A
postura é de dois a tres ovos, e os pequenos são tardios no seu desenvolvimento,
demorando-se muito tempo no ninho
até poderem voar.

Gr. n.º 427 — 1. O mergulhão *(podiceps cristatus)*. 2. A anhinga

A ANHINGA CARARÁ [1]

Plotus anhinga, de Linneo — L'anhinga vulgaire,
dos francezes

As anhingas caracterisam-se pelo corpo
alongado, pescoço delgado e excessivamente comprido ; cabeça pequena e chata, com o bico longo, direito, delgado e
muito pontudo, emforma de fuso, tendo
as bordas cortantes e dentado na extremidade ; pernas muito trazeiras ; tarsos
curtos e robustos ; azas curtas e cauda
muito longa e arredondada.

[1] Nome vulgar brazileiro.

Figuier, descrevendo a cabeça e pescoço da anhinga, diz parecer esta uma cobra
enxertada n'uma ave. «Quando se move,
o pescoço imita o serpear dos reptís, e
nos Estados-Unidos appellidam-n'a *ave-
cobra.*»

Existem diversas especies das anhingas : na America, na Africa, na Asia, e ultimamente descobriu-se uma representante do genero na Nova Hollanda. A primeira conhecida foi a especie citada, que
vive na America e é frequente no Brazil.

Tem a cabeça, o pescoço e todas as
partes inferiores do corpo d'um negro
aveludado, com reflexos esverdeados ; a

plumagem na fronte e nas partes posteriores da cabeça malhada de trigueiro, e no dorso pequenas malhas claras e maiores na parte superior das azas ; as remiges e rectrizes annegradas, as ultimas para a extremidade d'um trigueiropardo tirante a branco ; o bico trigueiro pardaço na mandibula superior e trigueiro vermelho tirante a amarello na inferior ; a garganta vermelha clara tirante a amarello e ás vezes a amarello sujo ; tarsos trigueiros amarellos na parte posterior e na frente trigueiros pardos. Mede $0^m,95$ de comprimento e $1^m,22$ d'envergadura.

As anhingas habitam os rios, os lagos, os grandes pantanos, e excepcionalmente o mar. Como nadadoras são infatigaveis, e mergulham admiravelmente, sendo n'este exercicio superiores a todas as outras palmipedes. Em terra caminham com difficuldade, bambaleando-se, mas movem-se com certa destreza nos ramos das arvores e voam bem. Se as perseguem mergulham, e apenas á superficie d'agua apparece o pescoço, que por muito delgado escapa á vista.

Debaixo d'agua movem-se com velocidade talvez superior á dos peixes mais rapidos, e diz Brehm que a anhinga percorre em menos d'um minuto sessenta metros, remando com os pés e servindolhe a cauda de leme.

Gr. n.º 428 — O corvo marinho

Estas aves não são das mais sociaveis, encontrando-se todavia em grupos não superiores a vinte individuos, e d'ordinario ás cinco e oito juntas no mesmo local, reunindo-se á noite estas pequenas familias nas arvores que escolhem paradormir.

As anhingas pescam mergulhando, e d'este modo perseguem os peixes, estendendo de subito o pescoço para apanhal-os, tão depressa os teem a curta distancia. Carecem de muito alimento, pois são singularmente vorazes.

Todas estas aves sempre que podem aninham nas arvores, e á falta d'estas nas rochas, mas o mais proximo possivel da agua, sendo o ninho formado exteriormente de troncos seccos e ramos de arvores, e no interior forrado de musgo, raizes flexiveis e outras substancias macias. A femea põe tres ou quatro ovos, e os pequenos, nascendo cobertos de pennugem, são sustentados pelos paes com os proprios alimentos que estes vomitam para esse fim.

Pode viver captiva a anhinga, e sendo creada de pequena domestica-se facilmente, chegando a conhecer o dono e a manifestar-lhe certa affeição.

O CORVO MARINHO

Pelecanus carbo, de Linneo — *Le grand carmoran*, dos francezes

Tres especies do genero *Phalacrocorax*

existem na Europa, e duas d'ellas frequentam as nossas costas, parecendo ser commum em Peniche o *corvo marinho* da especie citada. Nas outras partes do globo existem diversas especies, que differem no tamanho e na plumagem, similhantes porém nos habitos ao corvo marinho de que vamos occupar-nos.

Todas estas se caracterisam pelo corpo refeito, cabeça pequena e achatada, com o bico maior que a cabeça, direito, arredondado por cima e comprimido nos lado, muito recurvo na extremidade; azas curtas e cauda alongada; tarsos muito robustos e curtos. Da plumagem negra que predomina em todas as especies, parece provir o nome de *corvos* marinhos dado a estas palmipedes.

O corvo marinho tem a parte superior da cabeça e do pescoço, o peito, o ventre e a parte inferior do dorso d'um bello verde annegrado com reflexos metallicos; o alto das costas e das azas atrigueirados, com reflexos bronzeados; as remiges e rectrizes negras; uma malha branca que começa pela parte detraz dos olhos e contorna a garganta, e outra nos flancos; bico amarello na base e negro no resto; pés negros. A pelle nua das faces e da garganta amarella. Mede de $0^m,95$ a 1^m de comprimento.

Estas aves são muito sociaveis e raro é encontrar uma só, vendo-se reunidas aos bandos mais ou menos numerosos. Habitam á beira mar e na foz dos rios, dando preferencia por vezes a certos pontos da costa cobertos de rochas escarpadas de difficil accesso, e no dizer de Brehm «ha exemplos dos corvos marinhos se internarem nas cidades, indo estabelecer-se nos campanarios das egrejas.

De manhã pescam, e tão excellentes nadadores como habeis mergulhadores, pois n'estes exercicios só lhes levam vantagem as anhingas, perseguem com extraordinaria rapidez os peixes, mergulhando a grande profundidade e conservando-se por longo tempo debaixo d'agua, vindo só por momentos á superficie, para de novo desapparecerem. E' raro que a presa lhes escape. Fartos, vão para terra empoleirar-se nas arvores, ou pousar nas arestas das rochas, e ahi fazem a digestão. N'estes mesmos sitios aninham na epoca propria.

Em terra o corvo marinho move-se com difficuldade, nas arvores melhor; vôa bem, mas só é realmente habil na agua nadando e mergulhando como acima dissemos.

«O corvo marinho engole a presa sempre de cabeça para baixo, e se no acto de apprehendel-a lhe não fica a geito, atira-a ao ar e apanha-a no bico pela cabeça. Passa-se ás vezes uma boa meia hora sem conseguir alojar convenientemente no estomago alguma enguia mais teimosa. Esforça-se por engulil-a, mas no momento em que se julga haver ella desapparecido para sempre, eil-a que de subito surge do fundo do seu sepulchro, e teuta os mais desesperados esforços para escapar-se. Então o corvo marinho engole-a de novo, e a enguia recalcitrando deixa ver a cauda saindo do bico da ave, até que exhausta de tão longa como inutil resistencia se resigna finalmente á sua cruel sorte.» (Figuier).

Habeis na pesca, não escaparam os corvos marinhos ao homem que lhes não utilisasse a prenda, e em certas regiões da Asia são estas aves domesticas e empregam-n'as na pesca, sendo certo que obedecem á voz do dono e lhes trazem os peixes que apanham. E' na China que mais está em uso aproveitar esta habilidade dos corvos marinhos, e para evitar que elles alguma vez, tentados pela gula, devorem o peixe em vez de o entregarem ao dono, põem-lhes em volta do pescoço um annel de metal que os impede d'engulir.

Estas palmipedes aninham de preferencia nas arvores, mas na falta d'estas aproveitam as cavidades dos rochedos, e formam o ninho de ramos, juncos, canniços, e outros materiaes analogos. A postura é de tres ou quatro ovos pequenos, de casca lisa, e d'um verde azulado, que são chocados pelo macho e pela femea alternadamente, e em commum se encarregam os dois d'alimentar os pequenos.

Domestica-se o corvo marinho sendo facil conserval-o por muito tempo, se houver um tanque grande onde possa viver, e comer com abundancia, pois a sua voracidade é enorme. A carne d'esta palmipede é má, mas comem-n'a certos povos do Norte.

O PELICANO

Pelecanus onocrotalus, de Linneo.—*Le pélican,* dos franccezes

Os pelicanos, genero *Pelecanus,* distinguem-se principalmente pelo bico longo, largo e achatado, tendo a mandibula inferior guarnecida por baixo d'uma membrana nua, dilatavel, formando uma especie de sacco. Teem as faces nuas; azas grandes e agudas; cauda curta e arredondada; tarsos curtos e grossos e pés muito palmados, com unhas longas.

Conhecem-se d'este genero diversas especies que habitam nos paizes quentes, sendo muito communs na Africa, na Asia, em Sião, na China, em Madagascar, nas ilhas de Sonda e nas Philipinas, e na America; duas visitam a Europa, sendo a especie citada rara no nosso paiz.

O pelicano, *pelecanus onocrotalus*, adulto, é todo branco, matizado de côr de rosa claro, com as pennas longas da parte posterior da cabeça e o papo amarellos; o bico pardaço ponteado de vermelho e amarello; pés côr de carne. Mede 1ᵐ,50 a 1ᵐ,70 de comprimento.

Os pelicanos são aves aquaticas que vivem indistinctamente na agua doce ou na salgada, nas praias ou nos rios, á borda dos lagos e das ribeiras, proeurando os sitios pouco fundos para apanharem os peixes de que se alimentam.

Unem-se em bandos para pescar: nos lagos, nos pantanos ou no mar, a pouca distancia de terra, formam-se em circulo, e nas ribeiras pouco largas em duas fi-

Gr. n.º 429 — O pelicano

las; no primeiro caso vão a pouco e pouco estreitando o circulo e batendo as azas para agglomerar os peixes n'um espaço menor, e melhor poderem apanhal-os; ou descrevendo um semi-circulo vão avançando para a praia levando-os adiante de si, e mais facilmente os apprehendem. No segundo caso avançam as duas filas uma para a outra e pescam os peixes que ficam entre ellas encerrados. O bico, pela sua singular conformação, presta-lhes assignalados serviços, permittindo-lhes não só assenhorear-se facilmente da presa como tambem retel-a no sacco guttural.

Terminado o repasto e plenamente saciados, o que não é das coisas mais faceis, pois se grande é o estomago do pelicano melhor é o appetite, alojando alli de cada vez tanto peixe como o que seria bastante para alimentar seis homens, vão repousar nos bancos d'areia ou nas arvores, e a um tempo fazem a digestão e asseiam a plumagem.

No Egypto dão a estas aves o nome de *camelos do rio*, pela grande quantidade d'agua que absorvem, mais de dez litros de uma vez, e vem aqui a péllo narrar a seguinte lenda que prende com esta faculdade dos pelicanos.

Construia-se em Mecca o templo, e sendo mister conduzir a agua de muito longe, faltavam braços que a transportassem, queixando-se os pedreiros de que o trabalho parava á falta d'ella. Allah, então, attentando em que a queixa era justa e não querendo que a construcção se retardasse, enviou milhares de pelicanos, com os saccos gutturaes cheios d'agua, para a fornecerem aos pedreiros.

Faltava dizer que o pelicano caminha no solo sem muita difficuldade, vôa perfeitamente, e nada com rapidez e sem esforço. É naturalmente docil, vivendo em boa harmonia com todos os animaes, e só a sua voracidade enorme dá motivo a algumas rixas. Aninha nas anfractuosidades dos rochedos á beira mar, ou construe o ninho de juncos e canniços á borda dos pantanos ou nas arvores.

A postura é de dois ovos, mais pequenos que os do cysne, brancos azulados, e depois de quarenta ou quarenta e cinco dias de incubação nascem os pequenos cobertos de pennugem parda. Alimenta-os a mãe, e basta para isso apertar contra o peito o sacco guttural, para assim lhes fornecer o peixe depositando-o no bico dos pequenos, e d'aqui provém certamente a fabula que corre acêrca dos pelicanos, de que a femea rasga o peito para alimentar os filhos com o proprio sangue.

Podem amansar-se os pelicanos, e são até susceptiveis de domesticar-se e de tal ou qual educação.

OS BRACHYPTEROS OU MERGULHÕES

Brachypteros é um vocabulo formado de duas palavras gregas que dizem *azas curtas*, o que bem cabe ás aves d'esta ultima sub-ordem das palmipedes, as quaes teem azas curtas, estreitas e pontudas, n'algumas especies mais barbatanas do que azas, improprias para o vôo. Em compensação são habeis mergulhadoras, e nadadoras infatigaveis, servindo-se das azas como barbatanas.

Em terra, onde só veem aninhar, caminham com custo, porque as pernas muito trazeiras obrigam-as a ter-se em posição vertical, e tornam-lhes o andar penoso.

O MERGULHÃO

Colymbus cristatus, de Linneo — Le grèbe huppé, dos francezes

Com os nomes vulgares de *mergulhões* existem no nosso paiz tres especies do genero *Podiceps*, que comprehende cinco especies da Europa, afóra muitas exoticas.

Os mergulhões teem o bico do comprimento da cabeça, direito, pontudo e comprimido nos lados; azas curtas, estreitas e agudas; cauda rudimentar; os tarsos mediocres e achatados aos lados; o pollegar delgado e sem unha, e os dedos anteriores só palmados até á primeira articulação, sendo o resto livre, guarnecidos aos lados por uma membrana larga e arredondada na frente.

O mergulhão (Podiceps cristatus), raro no nosso paiz, e que vae representado na nossa gravura n.º 427, é o mais bello do genero, do tamanho d'um pato. Na epoca das nupcias tem um tufo de.pennas na cabeça formando duas pontas, e uma colleira de pennas longas e brilhantes que lhe orna a garganta e os lados da cabeça. A parte superior do corpo é d'um bello trigueiro annegrado; as faces e a garganta brancas; a colleira côr de rosa bordada de trigueiro annegrado; a parte inferior do corpo d'um branco assetinado malhado de ruivo e de pardo annegrado nos lados; bico vermelho claro, e pés escuros.

No inverno, época em que visita o nosso paiz, não tem colleira nem poupa.

Outro mergulhão (Podiceps minor), o *castagneux* dos francezes, muito mais pequeno, com $0^m,24$ a $0^m,27$ de comprimento, apparece tambem em Portugal e é commum no Ribatejo.

Com a plumagem da época dos amores é d'um negro luzidio com reflexos atrigueirados na parte superior do corpo; e nas inferiores d'um branco pardaço, com cambiantes mais escuros; a garganta annegrada; os lados da cabeça e do pescoço trigueiros acastanhados; bico verde tirante a amarello na base, negro na ponta; pés annegrados pelo lado de fóra e mais claros na parte interna.

No inverno, quando nos visita, é pardo trigueiro na parte superior do corpo; branco assetinado na inferior, e a cabeça e pescoço pardos claros.

Uma terceira especie (Podiceps auritus), *grèbe oreillard*, é tambem commum no Ribatejo, e distingue-se pelo bico deprimido na base e com a extremidade arrebitada.

Os mergulhões habitam no mar, mas preferem a agua doce; na primavera andam aos casaes, e no outono encontram-se aos bandos de cincoenta individuos e mais, quando emigram do Norte para o Sul.

Em terra custa-lhes muito a andar, e para ter-se em pé carecem d'apoiar-se na cauda, com os tarsos e os dedos estendidos para os lados, e em posição vertical. Vôam, porém, relativamente bem, em linha recta, e nadam e mergulham excellentemente. Tão ineptos são em terra, como habeis e elegantes na agua, e por isso só na ultima extremidade abandonam o seu elemento favorito, a não ser para emigrarem ou na primavera para construirem o ninho.

Alimentam-se estas palmipedes de peixes pequenos, insectos, rãs e gerinos dos batrachios, indo buscar a presa ao fundo e engulindo-a ainda antes de regressarem á superficie da agua.

Aninham os mergulhões entre os canniços e juncos á borda d'agua, e ás vezes formam o ninho boiando á superficie «que no todo mais parece um monticulo de plantas aquaticas, que o vento uniu, no dizer de Naumann, e que ninguem menos experiente tomará de certo por um ninho d'ave. E mais é para admirar não só que elle possa aguentar o peso do mergulhão, como tambem que se não vire nas continuas entradas e saidas.»

Gr. n.º 430 — O grande mergulhão do norte *(colymbus glacialis).*

A postura é de tres a cinco ovos, e a incubação feita pela femea e pelo macho, que se alternam, sem nunca os deixarem a descoberto, pois muito necessaria é a assistencia continuada d'elles sobre os ovos, estando estes habitualmente quasi com a metade dentro d'agua.

Os paes são muito affeiçoados á sua progenie, e por ella arriscam a vida. Emquanto os pequenos não teem bastante vigor para nadar, ou quando a agua está agitada, trazem-n'os ás costas.

A carne dos mergulhões não presta, mas a pelle é estimada e serve para certos artefactos em que geralmente se empregam as pelles dos mamiferos, sendo a plumagem basta, rija e lustrosa, e a do peito d'um bello branco prateado.

Podem existir captivas estas aves, e tornam-se a final tão domesticas que veem á chamada e comem na mão. Carecem, porém, de viver na agua, ainda que seja n'um tanque pequeno, e dando-se-lhes peixes pequenos para alimento.

O MERGULHÃO DO NORTE

Colymbus septentrionalis, de Linneo—*Le plongeon cat-marin,* dos francezes

Os mergulhões do genero *Colymbus,* dos quaes não conhecemos o nome vulgar — e á especie mais commum em Portugal demos o nome de *mergulhão do norte* para distinguil-a das especies anteriormente citadas — differem dos mergulhões (Podiceps), de que acabamos de falar, não só por serem de maior corporatura, terem a cabeça maior e o bico mais grosso, mas principalmente pelos pés que não são guarnecidos de membrana em volta dos dedos, tendo completamente palmados os tres dedos anteriores.

Conhecem-se tres especies, e todas se encontram na Europa, nos mares septentrionaes, emigrando no inverno para o Sul. Em Portugal apparecem todas tres, sendo mais commum a especie acima citada, que é egualmente a mais frequente em todo o occidente da Europa.

O *mergulhão do norte* (colymbus septentrionalis) na época das nupcias tem o alto da cabeça e os lados do pescoço pardos cinzentos ; a parte posterior do pescoço negra raiada de branco ; a frente do pescoço ruiva acastanhada muito clara ; o dorso negro atrigueirado, e a parte inferior do corpo branca, com os lados do papo e do peito raiados de negro ; bico negro e pés escuros. Mede $0^m,65$ a $0^m,70$ de comprimento.

No inverno, época em que frequenta o nosso paiz, é pardo escuro na cabeça e no pescoço ; annegrado no dorso com as azas bordadas de claro ; branco nas partes inferiores do corpo, com os lados do papo raiados de negro e de branco.

As duas outras especies são :

O *grande mergulhão do norte* (colymbus glacialis) *le plongeon imbrim*, é uma bella ave, aproximadamente com 1^m de comprimento. A plumagem de verão é annegrada com malhas brancas ; a cabeça e o pescoço d'um negro pardaço e no meio do pescoço tem uma colleira incompleta preta e branca ; os lados do peito raiados de negro e branco ; o ventre d'um branco assetinado ; bico negro e pés pardos. (Gr. n.º 430).

No inverno é negro na parte superior do corpo e nos lados, sem malhas brancas ; branco na parte inferior, raiada a plumagem de negro nos lados do papo.

Esta especie, que vive nos mares ao norte do novo e velho mundo, no inverno frequenta regularmente alguns paizes mais septentrionaes da Europa, e em Portugal é rara.

O *mergulhão arctico* (colymbus arcticus) *le plongeon arctique*, outra especie, tem a plumagem de nupcias no alto da cabeça d'um pardo cinzento, a da fronte e lados do pescoço branca com malhas negras ; o dorso e o uropigio negros ; a das coberturas das azas salpicadas de malhas brancas, e todas as partes inferiores do corpo d'um branco limpo ; o bico negro e os pés pardos. Mede $0^m,76$ a $0,82$ de comprimento.

No inverno é pardo escuro na cabeça e no pescoço ; annegrado no dorso, com as azas bordadas de claro ; as partes inferiores do corpo brancas, e tem aos lados do papo a plumagem raiada de negro e branco.

É muito commum no norte da Europa, nos lagos da Siberia, e na America na Groenlandia e na bahia de Hudson. No nosso paiz é muito raro.

Todas estas palmipedes teem habitos similhantes, todas vivem no mar, e só frequentam os lagos e rios d'agua doce na epoca da reproducção, ou no inverno quando emigram.

Vivem da pesca, e sem faltarem ao que o nome indica, são realmente habeis mergulhadoras, podendo conservar-se de baixo d'agua por espaço de oito minutos. Nadam com grande rapidez, e em velocidade ganham aos peixes mais velozes. Vôam melhor do que se pode esperar da curteza das azas, mas em terra, onde raras vezes se encontram, a não ser na epoca da reproducção, são completamente ineptas. Brehm diz que em terra não podem ter-se em pé, e accrescenta que havendo-as observado repetidas vezes e durante semanas inteiras, nunca as viu caminhar nos pés, e sempre arrastarem-se com auxilio do bico e do pescoço, ajudando-se ao mesmo tempo das azas e dos pés.

São pouco sociaveis, d'ordinario encontrando se isoladas, e só na epoca das nupcias se vêem aos casaes, e estes sempre a distancia uns dos outros.

Aninham á borda dos lagos d'agua doce, ou nas ilhotas e promontorios desertos, fazendo o ninho o mais proximo possivel da agua, de canniços e plantas aquaticas, amontoados sem arte. A femea põe dois ovos, que ella e o macho chocam alternadamente, e em commum cuidam da creação dos pequenos.

A carne d'estas aves não presta, é coreacea e d'um gosto detestavel.

O AIRO

Colymbus troile, de Linneo. — *Le guillemot à capuchon*, dos francezes

As especies do genero *Uria*, no qual se comprehende o airo, caracterisam-se pelo bico longo e direito, convexo por cima e anguloso por baixo, um pouco curvo e chanfrado na extremidade das mandibulas; azas muito estreitas e pontudas; cauda mediocre; pernas curtas e muito trazeiras; os tres dedos anteriores ligados por uma só membrana, com unhas curvas e agudas, e o pollegar nullo.

Habitam nos paizes boreaes, d'onde emigram no inverno para as regiões temperadas, quando o gelo cobre os mares d'aquellas regiões. Das especies da Europa só uma se sabe ao certo que visita o nosso paiz, sendo commum em Peniche, Cezimbra, e outros pontos da costa de Portugal.

O *airo* com a sua plumagem de nupeias tem a frente do pescoço e a parte superior do corpo d'um trigueiro aveludado, com as extremidades d'algumas das remiges brancas; as partes inferiores do corpo brancas com os flancos raiados longitudinalmente de trigueiro; o bico

Gr. n.º 431 — O airo

negro e os pés côr de chumbo. Mede 0ᵐ,48 de comprimento.

Com a plumagem d'inverno tem a parte anterior do pescoço e parte da pennugem atraz das faces brancas.

Estas aves, em resultado da conformação das pernas, teem grande difficuldade de mover-se em terra, onde caminham arrastando-se, ou então, por vezes, dansando, assim se pode dizer, nas pontas dos dedo, se ajudando-se das azas para se manterem em equilibrio; de sorte que este modo de locomoção é antes voar imperfeitamente do que andar. Raro tambem é vêl-as em terra, a não ser na epoca da reproducção. Para aninharem buscam os rochedos, onde a femea põe

um unico ovo nas cavidades e fendas naturaes, sobre a pedra nua.

Voam rapidamente, mas não vão longe sem descansar, e só para alcançarem o ninho remontam a maior altura acima da superficie da agua.

Os ovos dos airos são para os povos do Norte um recurso precioso, e não só os d'elles como tambem os dos mergulhões, de que anteriormente falámos, e os das tôrdas mergulheiras e papagaios do mar de que em seguida trataremos. Todas estas aves habitam nos mares boreaes em tão grande numero, encontrando-se sitios onde aninham aos milhões, que, apezar da sua pouca fecundidade, fornecem quantidade enorme de ovos e d'aves novas de que se alimentam os pobres habitantes das ilhas incultas d'aquelles mares, onde salgam as aves novas para as conservar até ao inverno.

Esta abundante colheita não se obtem, todavia, sem arriscar a vida a todo o momento ; e dos homens que se empregam n'este mister poucos morrem no leito, isto depois de haverem encarado a morte vezes sem conto.

A curiosa descripção que em seguida vae, e na qual Figuier descreve o modo porque se fazem estas colheitas d'ovos e aves nas ilhas Faroé, é tão cheia d'interesse que não resistimos a transcrevel-a.

« Os intrepidos habitantes das ilhas Faroé, pertencentes á Dinamarca, e situadas ao norte da Escossia entre a Noruega e a Islandia, no oceano Atlantico, seguem o seguinte processo na colheita dos ovos e dos pequenos das aves maritimas.

Trepam primeiro alguns ao longo de uma vara até ao primeiro sitio da rocha talhada a pique onde possam ter-se de pé, e d'ahi lançam aos companheiros uma corda cheia de nós para estes se lhes reunirem n'aquella cornija natural. Repete-se a manobra tantas vezes quantas sejam necessarias para d'esta sorte alcançarem o cimo do penedo.

O peior resta ainda por fazer, pois trata-se de visitar as cavidades onde se encontram os ninhos.

A' borda do penedo colloca-se horisontalmente um barrote, e prende-se a elle um cabo de seis centimetros de diametro que não tem menos de trezentos metros de comprimento. No extremo d'esta immensa corda ha uma taboa pequena onde o caçador se assenta, o *fuglemond,* como no paiz se lhe chama, e o homem leva na mão a ponta d'uma corda delgada destinada a transmittir aos companheiros certos signaes convencionados. Seis homens arriam-n'o então ao longo dos rochedos que se debruçam no mar.

O caçador assim suspenso na extremidade da corda, desce de recife em recife, de penha em penha, visitando todas as saliencias e cavidades, e fazendo larga colheita d'ovos e d'aves que apanha á mão ou em rêde presa na ponta de uma vara, servindo esta ao passarinheiro para apanhar as aves que esvoaçam em torno d'elle, pouco mais ou menos como as creanças praticam para caçar as borboletas. N'um sacco que traz a tiracollo vae

depositando o producto de tão perigosa exploração.

Sempre que quer mudar de logar imprime á corda um vigoroso movimento d'oscillação, que o arremessa para a parte do penedo que deseja explorar.

Terminada a colheita ou julgada sufficiente, adverte os companheiros por certo signal, e estes içam-no para o alto do penedo.

E' enorme a destreza e coragem do homem que assim se suspende sobre um abysmo medonho, seguro a uma fragil corda, vencendo milhares d'obstaculos e affrontando a morte ! E' tão facil a corda partir-se, gastando-se d'encontro ás arestas da rocha ! E se acontece torcer-se, o infeliz, n'um vertiginoso rodopio, está a ponto de esmagar a cabeça contra os rochedos. Quando imprime á corda o balanço necessario para mudar de logar, arrisca-se sempre a dar com a cabeça ou com os membros d'encontro a uma saliencia da rocha, ou a ser esmagado pelas pedras que se desprendem ao embate da corda !... »

Por esta descripção vê o leitor que realmente o quadro não é de tentar, e que áquelles pobres homens bem penosa é a existencia em regiões inhospitas, onde o alimento se alcança a troço de grandes fadigas e perigos medonhos.

O airo pode existir captivo tendo um tanque onde viva, e amansa-se a ponto de acceitar o comer da mão do dono.

O PAPAGAIO DO MAR

Alca arctica, de Linneo — *Le macareux,* dos francezes.

Estas aves, genero *Mormon,* distinguem-se de todas pela conformação especial do bico, mais alto do que comprido, exeedendo na base o nivel do craneo, muito comprimido e arqueado, mediocremente pontudo mas muito cortante ; teem tres dedos palmados ; azas pequenas e estreitas e cauda muito curta.

O papagaio do mar, (fig. 3 da nossa gravura n.º 432) tem o alto da cabeça, o pescoço e o dorso negros; as faces e a garganta d'um pardo cinzento; o ventre branco, pardo ou negro aos lados ; um circulo vermelho em volta dos olhos ; bico vermelho desvanecido na ponta, pardo azulado na base, côr de laranja no angulo da bocca ; pés vermelhos.

Vive esta palmipede nos mares septentrionaes, encontrando-se nas costas da Europa, da Asia e da America. No inverno encontra-se accidentalmente de passagem no sul da Europa, diz Brehm. O dr. Barbosa du Bocage dá esta ave como rara no nosso paiz, não se conhecendo captivos em Portugal senão os exemplares que pertenciam a el-rei, e hoje se encontram no Museu.

É habil o papagaio do mar movendo-se no cimo das vagas, ajudando-se das azas e dos pés, meio voando meio nadando ; nada á superficie da agua ou mergulha sem esforço, demorando-se debaixo d'agua dois a tres minutos, e vôa a grande altura. Em terra caminha a passos curtos e vacillantes, com custo, mas ainda assim com rapidez, e descança sobre o ventre ou na ponta dos pés, apoiando-se na cauda. «Como os seus congeneres, diz Brehm, mesmo quando descança vira constantemente a cabeça de um para outro lado, como quem busca alguma coisa em volta de si.»

Alimenta-se de peixes e pequenos crustaceos, e é com estes que os paes alimentam os pequenos no ninho. Nidifica nos rochedos, e qualquer fenda ou cavidade lhe serve, sem mais preparo, e alli a femea põe de cada postura um

Gr. n.º 432 — 1. Alca impennes. — 2. A torda mergulheira. — 3. O papagaio do mar.

unico ovo branco, um pouco maior do que o do pato domestico.

Como dissemos, falando do airo, os habitantes dos paizes onde estas aves aninham comem-lhes os ovos e os pequenos, salgando estes para conserval-os até ao inverno.

A TORDA MERGULHEIRA

Alca torda, de Linneo — *Le pingouin comnmun*, dos francezes

Esta especie e a *alca impennis*, ambas representadas na nossa gravura n.º 432, formam o genero *Alca*. Os individuos n'elle comprehendidos caracterisam-se pelo bico, analogo ao do papagaio do mar, do comprimento da cabeça, muito estreito, alto e arqueado na parte superior, terminando em angulo recto na parte inferior, com as bordas muito cortantes; cauda curta e azas estreitas e alongadas, que na *alca impennis*, (grand pingouin dos francezes), são de tal modo rudimentares que quasi não merecem este nome.

Estas aves pertencem exclusivamente aos paizes septentrionaes, encontrando-se a tôrda mergulheira em todos os pontos onde vive o papagaio do mar. A especie *alca impennis* é rara em toda a parte, e parece hoje quasi extincta.

A tôrda mergulheira na epoca das nupcias é negra na parte superior do corpo e na garganta, com uma risca branca que vae do bico aos olhos; o peito e o ventre são brancos; bico e pés negros.

No inverno tem a garganta e os lados da cabeça brancos.

Nos habitos é tão similhante ao *airo*, que dispensa descripção especial.

O COTÉTE

Aptenodytes patagonica, de Forster — *Le manchot de Patagonie*, dos francezes

Os cotétes parece estabelecerem a transição entre as aves e os peixes. O corpo quasi conico vae adelgaçando de baixo para cima; a cabeça é pequena, e o bico mais comprido do que esta, direito, delgado, recurvo na ponta; as pernas muito curtas e articuladas junto do uropigio; as azas atrophiadas, completamente nullas para o vôo, uma especie de côtos chatos e muito curtos sem pennas, cobertos de pennugem que mais parece escamas; tres dedos anteriores palmados.

Estas aves só vivem no hemispherio sul, e a especie citada encontra-se no mar da Terra de Fogo, nas ilhas Falkland e na Nova Georgia, sendo frequentes nas costas da Patagonia na época da reproducção.

O cotéte da Patagonia tem a cabeça e a garganta negras, e a nuca e o dorso d'um pardo ardosia luzidio; o ventre branco; o peito mais ou menos amarello; por detraz de cada olho uma risca amarella estreita que desce pelo lado do pescoço e se une na garganta á do lado opposto; azas annegradas e bico negro na base, amarello na extremidade e por baixo; pés d'um trigueiro negro.

A estructura d'estas aves está em harmonia com o seu genero de vida essencialmente aquatico: são habeis nadadoras e incomparaveis mergulhadoras. Em terra caminham em posição vertical, com difficuldade, dando passos curtos e acompanhando-os com o corpo que viram alternadamente para um e outro lado. Mas se as perseguem, deitam-se de peito arrastando-se com tanta rapidez, ajudando-se dos pés e das azas, que o homem tem difficuldade em alcançal-as.

Bennett, citado por Brehm, diz dos cotétes o seguinte ·

«O numero de cotétes que se reunem n'um só ponto é tão consideravel, que impossivel seria contal-os, pois de dia e de noite mais de 30:000 ou 40:000 d'estas aves vão e veem do mar para a terra. Os que estão em terra enfileiram-se á imitação de um regimento de soldados, divididos por edades: os novos a um lado, os adultos, as femeas no acto da incubação e as femeas livres a outro. A separação é tão rigorosa, que cada um dos grupos não consente por fórma alguma no seu seio individuo que pertença ao outro.»

Figuier conta que n'uma ilha proxima do estreito de Magalhães, os marinheiros do capitão Drak mataram mais de tres mil cotétes n'um dia.

Aninham estas aves no solo, abrindo grandes covas para a femea pôr um ou dois ovos, e reunem-se no mesmo sitio tantos, que Abott diz haver encontrado uma extensão de terreno, não menor de 500 toezas de comprimento por 50 de largo, por tal sorte coberta d'ovos, que não era possivel passar entre elles sem os esmagar.

«Os cotétes não se arreceiam do homem, esperam-n'o a pé firme, e defendem-se ás bicadas quando lhes querem pôr a mão. Se os perseguem, simulam fugir para o lado para se voltarem de subito e atirarem-se ás pernas do assaltante. Outras vezes, diz Pernett, «fixam o homem, abanando a cabeça, como se quizessem zombar d'elle.» Teem-se em pé, com o corpo a prumo, e n'esta posição e a distancia tomar-se-hiam por um bando de rapazinhos de aventaes brancos, ou por meninos do côro de sobrepeliz e murça negra...

A carne do cotéte, pouco appetitosa, é um recurso preciso para os marinheiros que viajam n'aquellas paragens, quando gastos os mantimentos. Como succede com a maior parte das palmipedes, os ovos do cotéte são muito bons.» (Figuier).

Impresso por Lallemant Frères, Lisboa.

O COTÊTE DA PATAGONIA

OS REPTIS

OS REPTIS

Comprehende-se na terceira classe dos vertebrados, *os reptis*, certo numero de animaes cuja unica similhança com os das duas primeiras classes, mamiferos e aves, consiste na existencia de um esqueleto osseo identico ao d'estes, apresentando, comtudo, varias modificações no numero, fórma e disposição dos ossos. Afóra esta circumstancia da sua organisação, que os liga aos animaes de que temos até agora falado, dando aos reptis entrada na grande divisão dos vertebrados, os outros seus caracteres servem para distinguil-os d'aquelles.

A pelle dos reptis é nua ou escamosa, sem pellos como tem a dos mamiferos, nem pennas á maneira das aves; os membros, muito curtos, são geralmente quatro, n'algumas especies apenas dois, e outras ha, como as serpentes, que não teem membros.

Do latim *reptare*, andar de rojo, veiu o nome a estes animaes, e bem cabido, pois não só uma parte anda de rastos, movendo-se pela simples adherencia das escamas do ventre ao solo, como se dá nas serpentes, mas até mesmo nos reptis que teem pernas, á maneira das tartarugas e dos lagartos, são ellas tão curtas que não permittem ao animal elevar o corpo acima do solo, e quando caminha mais parece arrastar-se.

A circulação do sangue nos reptis é incompleta, tendo o coração duas auriculas mas um só ventriculo, e n'este se mistura o sangue venoso com o arterial, gyrando os dois nas arterias. A respiração é pulmonar, mas pouco activa, pois os pulmões dos reptis são uma especie de saccos, umas vezes simples, outras divididos em pequeno numero de cellulas, e como o calor animal seja produzido pela respiração, existindo na proporção da sua actividade, e da maneira mais ou menos completa porque o sangue se põe em contacto com o ar, exrcendo-se ella debilmente nos reptis, o corpo d'estes animaes conserva constantemente uma temperatura baixa, razão porque se lhes dá o nome de animaes de *sangue frio*.

A falta de caloricidade leva, pelas razões expostas, os reptis a procurarem no calor do sol o que naturalmente lhes falta, motivo porque sendo consideravelmente mais numerosos e attingindo mais avantajadas proporções nos climas quentes, na Africa, na Asia, na America, são em pequeno numero na Europa, e de acanhadas dimensões. E a não ser a vibora, só n'aquellas regiões, que tão bem se accommodam á organisação especial dos reptis, vivem essas especies tão temiveis pelo veneno que segregam, com que dão morte rapida aos mais avantajados mamiferos, não escapando o homem, tantas vezes victima.

E' ainda a baixa temperatura do corpo que obriga os reptis durante o inverno a permanecer em estado de entorpecimento, — facto que vimos dar-se n'alguns mamiferos, — e n'este somno lethargico se conservam, não tendo em si sufficiente calor para reagir contra o frio exterior, até que os primeiros assomos da primavera venham despertal-os. Hibernam os reptis, segundo o seu genero de vida, uns em terra abrigando-se entre as pedras ou nas cavidades que topam, outros na vasa, e alguns no fundo da agua. Ao sair do entorpecimento em que os lança o frio, despem o involucro que os cobria, e assim todos os annos vestem pelle nova.

Os sentidos são pouco desenvolvidos nos reptis: o tacto, o gosto, e o olfato são bem mediocres; o ouvido é melhor mas pouco apurado, e só a vista parece ser boa.

Teem os olhos grandes, vivos, e a pupilla contractil n'alguns permitte-lhes, como ás osgas, distinguir os objectos na escuridão. A' excepção das cobras, que soltam assobios agudos, e d'algumas especies de crocodilos, que gritam forte, nos reptis a voz é quasi nulla. A osga deixa apenas ouvir um certo ruido particular muito monotono.

O cerebro por mediocre permitte aos reptis faculdades intellectuaes muito limitadas, e se se consegue amansar alguns e mesmo fazel-os domesticos, não são

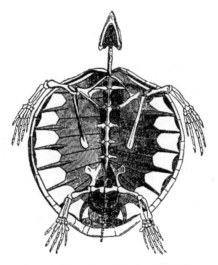

Gr. n.° 433 — Esqueleto da tartaruga

todavia aptos para aprender, como certos mamiferos e aves, o que o homem lhes ensinasse, nem de qualquer sorte se lhe affeiçoam. A estreiteza do cerebro ainda é motivo da curta sensibilidade dos reptis, cujo systema nervoso é pouco desenvolvido, e as mutilações, que nos outros animaes seriam mortaes, parece affeetal-os pouco. É assim que largam uma parte da cauda ou que se lhes corta um pedaço á cabeça ou a um membro sem que deixem de viver, e ao fim de certo tempo estes orgãos volvem ao seu primitivo estado.

Houve uma tartaruga que viveu seis mezes sendo-lhe extrahido o cerebro, andando como d'antes; e ha exemplo de uma salamandra cujo estado de saude era excellente, não obstante ter a cabeça quasi separada do tronco por uma ligadura que lhe apertava fortemente o pescoçô.

O canal digestivo nos reptis termina como o das aves por uma cloaca, onde tambem vão dar os orgãos da reproducção e da secreção da urina. São carnivoros os reptis, e alimentam-se de presas vivas, alguns engolindo-as antes de lhes dar a morte, e teem a bocca armada de dentes conicos, mais proprios para reter a presa do que para a mastigação. No seguimento da historia dos reptis, tratando das especies em particular, falaremos mais detidamente do seu regimen especial.

Os reptis são *oviparos* como as aves, isto é, nascem d'ovos, sendo grande a fecundidade das femeas; mas estas não os chocam, deixam os ovos apenas expostos á influencia do sol ou da humidade, que desenvolve o germen. Alguns d'estes animaes são *ovoviviparos*, como as cobras, pois saem do ovo ainda no corpo da mãe ou immediatamente depois, podendo-se dizer d'elles que são *postos* vivos.

Os pequenos reptis, apenas nascidos, teem immediatamente de prover a todas as necessidades, pois os paes não imitam os animaes das classes superiores; são completamente indifferentes aos filhos, não os alimentando nem defendendo.

O animaes dos dois sexos entre os reptis apenas se unem quanto basta para realisar a fecundação dos ovos e perpetuar a especie, sem affeição alguma do macho para com a femea, ou vice-versa, e findo o acto separam-se immediatamente para continuar a viver no seu habitual isolamento.

São os reptis em geral mal vistos, e a aversão que inspiram ao homem torna-o seu inimigo mortal, que não lhes perdóa onde os encontra. Se com effeito uma parte é realmente repellente, como a osga, outros ha que mais parece inspirarem-nos horror instinctivo, talvez porque a qualidade de venenosos, d'alguns, os faz julgar a todos como perigosos.

É necessario, porém, dizer que dos reptis só algumas cobras são venenosas, e das do nosso paiz apenas a vibora é para receiar, sendo as outras completamente inoffensivas. O lagarto, a lagartixa, a osga, e esta ultima principalmente, muitas pessoas os não véem sem terror, sendo realmente innocentes.

Prestam os reptis certos serviços que não são sem valor, já destruindo um sem numero de vermes e insectos nocivos, que infestam os sitios onde habitam, já, alguns, sendo de proveito na alimentação do homem. A sópa de tartaruga é tida como manjar delicado, e algumas especies d'estes reptis fornecem excellente carne de que se faz grande consumo onde ella é commum, e na Europa tem-se como delicada. Na America, nas margens do Amazonas e seus affluentes, a carne da tartaruga é um precioso alimento para os habitantes, e dos ovos das varias especies que alli vivem fabrica-se a *manteiga de tartaruga*, que constitue importante ramo de commercio no Brazil, na provincia do Amazonas.

Comem-se em muitos paizes as cobras, que são aproveitadas pela gente do campo n'alguns sitios e comidas com grande satisfação.

Nas primeiras epocas geologicas existiram no globo numerosas e variadas especies de reptis, como o attestam os fosseis encontrados, que differiam das especies hoje existentes não só na fórma como principalmente no tamanho. Os reptis de hoje são apenas descendentes degenerados das gigantescas e monstruosas especies d'aquelles tempos.

Divide-se a classe dos reptis em tres ordens: os *chelonios*, os *saurios* e os *ophidios*; e seguidamente falaremos d'ellas tratando d'algumas das suas especies mais importantes.

REPTIS

ORDEM DOS CHELONIOS

Os reptis da ordem dos chelonios são as tartarugas, que se não confundem com quaesquer outros animaes. Distingue-os a singular armadura que a natureza lhes deu, formada de dois escudos osseos unidos pelos lados, que protegem o tronco, e onde o animal pode recolher a cabeça, as pernas e a cauda. O escudo superior tem o nome de *concha* ou *casca* e o inferior chama-se *couraça*, sendo ambos cobertos pela pelle, na superficie revestida de largas placas ou escamas corneas, cuja disposição e aspecto variam segundo as especies. São estas escamas que fornecem a materia prima para os variados e lindos objectos que a industria prepara, chamados de *tartaruga*.

As tartarugas não teem dentes: as maxillas são munidas de peças corneas analogas aos bicos das aves, e engolem o alimento sem o mastigar, apenas dividindo-o. A sua alimentação consta de substancias vegetaes brandas e de hervas, e algumas vezes de pequenos molluscos, insectos e crustaceos: são muito vorazes, mas podem permanecer muitos mezes sem comer. Teem quatro pernas, umas vezes achatadas em forma de remos e mais proprias para a natação, outras cylindricas; geralmente cinco dedos, raras vezes quatro, e são curtos, achatados, separados pelas dobras da pelle ou unidos em forma de côto. A cauda é redonda, conica, mais ou menos curta, e na maior parte das especies apenas excede a concha.

A tartaruga não participa da aversão geral de que são victimas os reptis. Todas as especies são inoffensivas, e algumas, como já dissemos bastante uteis.

Conhecem-se hoje aproximadamente cento e cincoenta especies vivas, afóra um grande numero de fosseis. As especies existentes, tomando por base a forma dos pés e os habitos, agrupam-n'as os erpetologistas em quatro familias, a saber : *tartarugas terrestres, tartarugas dos pantanos, tartarugas dos rios* e *tartarugas do mar*.

TARTARUGAS TERRESTRES

As especies comprehendidas n'esta familia caracterisam-se pelas quatro pernas todas aproximadamente do mesmo comprimento ; cinco dedos pouco distinctos, quasi eguaes, sem movimento, e unidos por pelle espessa tomando a fórma d'um côto arredondado ; as unhas, mais ou menos agudas e bem saidas. A concha, em que podem recolher o corpo, a cabeça, os membros e a cauda é geralmente muito arqueada e muitas vezes mais alta do que larga e sem movimento; a cabeça é curta, grossa, coberta de pequenas placas corneas ; as ventas abertas na extremidade do focinho ; os olhos á flor com palpebras rasgadas obliquamente ; cauda d'ordinario grossa na base, muito curta, conica, mal excedendo a concha, e só mais longa n'algumas especies.

São conhecidos estes reptis desde os tempos mythologicos, e attestam-no muitos monumentos e objectos d'arte d'aquellas epocas, onde se vê representada a tartaruga. Os antigos consagravam-n'a a Mercurio, que passa por ser o inventor da lyra, e por ser a concha d'este reptil que serviu para formar o primeiro d'estes instrumentos. Apollodoro, celebre escriptor d'Athenas, que viveu 150 anuos antes de Christo, conta o caso do seguinte modo : O deus ao sair da caverna onde matára os bois de Apollo encontrou uma tartaruga pastando a herva, e matando-a tirou-lhe a concha, a que prendeu cordas feitas da pelle dos bois que acabá-

ra de esfolar. Assim se fez a primeira lyra.

As tartarugas terrestres vivem nas florestas nos sitios abundantes de hervas, e procuram de preferencia os logares mais abrigados. Alimentando-se quasi exclusivamente de substancias vegetaes, uma vez ou outra não desdenham os animaes. As que se conservam captivas preferem a qualquer outro alimento as folhas das plantas que d'ordinario se usam em salada, mas escasso sustento lhes basta, e podem passar mezes sem comer.

Os machos são, em geral, mais pequenos do que as femeas e teem d'ordinario a cauda maior e mais grossa na base. Na epoca da reproducção vivem muitos dias em companhia das femeas. Chegada

Gr. n.º 434 — A tartaruga mourisca

a epoca da postura dos ovos, vão ellas deposital-os em covas que abrem no solo em sitios bem expostos ao sol, sem que mais se importem com a progenie. Os ovos são de forma espherica, e a casca de natureza calcarea e bastante solida. Os pequenos não nascem com as fórmas dos adultos.

Chegado o inverno, as tartarugas terrestres abrem no solo a pouca profundidade, 0,ᵐ50 ou 0,ᵐ60, uma especie de toca onde se abrigam durante a estação rigorosa, passando-a em completo estado de entorpecimento, até que os primeiros calores venham despertal-a do seu somno lethargico. E' longa a vida das tartarugas terrestres, e cita-se uma captiva na Italia que viveu sessenta anuos. Existindo esta familia dos chelonios espalhada por quatro partes do mundo, pois falta na

Oceania, só tres especies se dão como existentes na Europa, e nenhuma d'ellas se encontra no nosso paiz. [1]

Citaremos tres especies das principaes, a segunda das quaes vae representada na nossa gravura n.º 434.

A TARTARUGA GREGA

Testudo graeca, de Dumeril e Bibron — *La tortue grecque*, dos francezes

Tem a concha oval, muito arqueada, inteira, mais larga atraz do que adiante, com vinte e cinco placas marginaes em volta, e a couraça quasi tão grande como

[1] Na designação das especies existentes em Portugal tivemos por guia um trabalho antigo do distincto director do museu de Lisboa, o dr. Barbosa du Bocage. Nada mais nos consta que exista publicado acêrca da nossa erpetologia.

a concha, dividida em duas partes por um sulco longitudinal. A concha tem as placas amarellas com uma malha negra no centro, as placas da couraça são malhadas de negro e d'amarello esverdeado. Mede 0ᵐ,28 de comprimento. Parece que o nome de tartaruga grega lhe vem da similhança de certos traços da concha com caracteres gregos.

Vive na Grecia, na Italia, n'algumas ilhas do Mediterraneo e no sul da França.

Encontra-se nos sitios arenosos, de dia tomando o sol, e alimentando-se de hervas, raizes, caracoes e vermes. As femeas põem no correr do mez de junho de quatro a doze ovos brancos, esphericos, da grossura de nozes pequenas, que depositam n'uma cova exposta ao sol, cobrindo-os de terra. Nascem os pequenos pelos fins de setembro.

Esta tartaruga é uma das mais estimadas pela excellente carne que fornece.

A TARTARUGA MOURISCA

Testudo mauritanica, de Dumeril e Bibron — *La tortue mauresque*, dos francezes

A tartaruga mourisca é muito commum em Argel, e d'alli vão para França as que apparecem á venda nos mercados de Paris.

Tem a concha oval e arqueada ; cauda curta ; a côr geral azeitonada, com malhas annegradas na parte central da concha, ; as placas da couraça com umà larga malha negra sobre fundo azeitonado. É maior que a especie antecedente.

Gr. n.º 435 — O cágado

A TARTARUGA ELEPHANTINA

Testudo elephantina, de Dumeril e Bibron — *La tortue éléphantine*, dos francezes

Esta especie é da familia a que attinge maiores dimensões tanto em comprimento como em altura. Na collecção dos reptis vivos do museu de Paris existiram [1] dois individuos que mediam d'um extremo ao outro da couraça 0ᵐ,86, sendo a concha um pouco maior, com a altura de 0ᵐ,62, e cada um pesava 180 kilogrammas aproximadamente. Para conduzil-os do pateo onde estavam durante o dia para um compartimento onde tinham boa cama de feno sempre bem preparada, era mister ajudal-os a caminhar com auxilio d'uma alavanca. Comiam com grande avidez as folhas de salada e cenouras que lhes davam com abundancia, mas preferiam-lhe o pão. Se a ração lhes parecia escassa, augmentavam-n'a com a herva que crescia no pateo ou com o feno da cama.

A tartaruga elephantina vive na maior parte das ilhas que ficam entre a costa oriental d'Africa e a ilha de Madagascar, ao norte do canal de Moçambique, no archipelago das Comores. A carne é boa.

Outro genero de tartarugas, *Homopodes*, vive na Africa austral, principalmente nas vizinhanças do Cabo da Boa Esperança, e é notavel por terem os individuos n'elle comprehendidos apenas quatro dedos, quando todas as outras tartarugas terrestres teem cinco.

[1] Notice historique sur la ménagerie des reptiles du Museum d'Histoire Naturelle, par Aug. Duméril.

Na America existe o genero *Cinixys*, tartarugas de concha movel na parte posterior, com cinco dedos, tendo os dos membros posteriores apenas quatro unhas.

AS TARTARUGAS DOS PANTANOS, OU CÁGADOS

Estas tartarugas estabelecem a transição das tartarugas terrestres para as tartarugas essencialmente aquaticas, e caracterisam-se principalmente pela concha mais ou menos abatida e oval ; pés com dedos bem pronunciados, flexiveis, guarnecidos d'unhas aduncas, e que, unidos na base por uma pelle elastica lhes permittem abrir-se, servindo da mesma forma para caminhar em terra, nadar á superficie da agua ou no fundo, e trepar pelas margens dos lagos e dos pantanos. Posto que algumas especies d'estas tartarugas habitem em terra, nos sitios humidos, a maior parte vive nas aguas estagnadas.

São d'ordinario os cágados de curtas dimensões, alimentando-se de pequenos animaes vivos, e os das especies maiores maltratam-se uns aos outros, mordendo-se com furor. A carne dos cágados não presta, exhala pessimo cheiro, e a concha por delgada e menos bella não é aproveitada na industria.

Conhecem-se cem especies aproximadamente, repartidas por todas as partes do mundo, mais abundantes nas regiões quentes ou nas temperadas. Na Europa conhecem-se tres, duas das quaes existem no nosso paiz.

D'estas duas ultimas nos occuparemos,

Gr. n.º 436 — A tartaruga matá-matá

e d'uma especie da America meridional bastante curiosa.

O CÁGADO

Cistudo europea, de Dumeril e Bibron — *La cistude commune, ou tortue bourbeuse*, dos francezes

Esta especie do genero *Cistudo* tem a concha oval, mais ou menos abatida, annegrada ou atrigueirada com linhas amarellas ; a couraça larga e quasi tão longa como a concha, amarellada e cortada de estrias ou malhas avermelhadas ou annegradas. Cabeça, membros e cauda annegrados ou atrigueirados salpicados d'amarello. O tamanho é bastante variavel, medindo os adultos de 0ᵐ,24 a 0ᵐ,34.

O cágado da especie citada habita o sul da França, certos pontos da Allemanha, a Grecia, a Italia, a Hespanha, e é commum em Portugal. De preferencia vive nos pantanos e nos regatos, nadando e mergulhando habilmente, e alimentando-se de vermes, insectos, molluscos e peixes pequenos. Passa a maior parte do dia dentro d'agua, e ao cair da noite regressa a terra.

No outono enterra-se na vasa reapparecendo só na primavera seguinte, e pouco tempo depois do seu regresso á vida effectua-se a união dos sexos, dentro d'agua, soltando n'essa epoca uns fracos assobios.

Decorrido um mez, a femea vae depôr os ovos, brancos, de seis a doze, segundo alguns autores, e de vinte a trinta, segundo outros, eguaes no tamanho aos das rolas, em terreno secco, proximo da agua, para o que escava o terreno com a cauda e os pés, abrindo uma cova e ahi depositando-os tendo a precaução de os cobrir de terra e alisando-a ṇa parte superior com a couraça. Os pequenos, segundo a opinião de muitos naturalistas, nascem nos proximos mezes de junho ou julho, e outros julgam que só na seguinte primavera saem do ovo.

A carne do cágado, especie citada, posto que não seja boa, parece que nem por isso deixa de ser aproveitada n'alguns pontos onde elle é commum, e affirma-se que a dos individuos alimentados por algum tempo de herva ou semeas amassadas torna-se boa.

O CÁGADO

Emys sigriz, de Dumeril e Bibrou — *L'emyde sigriz*, dos francezes.

Com o mesmo nome vulgar de cágado existe no nosso paiz uma especie do genero *Emys*, que se caracterisa pela concha oval de côr azeitonada, com manchas alaranjadas contornadas de negro, e a couraça trigueira bordada ou variada de amarello sujo, com uma malha negra nos prolongamentos lateraes. Mede de $0^m,10$ a $0^m,12$ de comprimento.

A TARTARUGA MATÁ-MATÁ

Testudo matamata, de Daudin, — *La tortue matamata*, dos francezes

Esta curiosa especie do Brazil, genero *Chelyde*, representada na nossa gravura, tem a cabeça muito diprimada, larga, triangular, com as ventas prolongando-

Gr. n.º 437 — A tartaruga verde

se em forma de tromba; a bocca muito rasgada; pescoço guarnecido de longos appendices cutaneos, e dois barbilhões na queixada inferior.

AS TARTARUGAS DO RIO

D'esta familia não existem representantes na Europa; todas as especies que lhe pertencem vivem nos rios e ribeiras, ou nos grandes lagos de agua doce das regiões mais quentes da Africa, da Asia e da America. São communs nos rios Nilo, Euphrates, Ganges, Mississipi e Ohio.

A tartaruga do rio tem a concha muito larga e abatida; pés achatados, com os dedos unidos até ás unhas por membranas flexiveis, que fazem das mãos e dos pés verdadeiros remos para a natação, mas sem utilidade para caminhar no solo; só tres dedos de cada pé teem unhas.

A concha d'estas tartarugas é branda, coberta de pelle flexivel e cartilaginosa, com a superficie enrugada; e como não tenha placas corneas, á maneira das outras, dá-se-lhes tambem o nome de *tartarugas de casca molle*.

Nada com grande facilidade á superficie da agua, e á noite vae estender-se e repousar no solo. E' muito voraz, perseguindo a presa a nado, e dando caça aos reptis, peixes e molluscos, de que faz exclusivamente o seu alimento.

A carne das diversas especies de tartarugas do rio é muito estimada, e por isso em todos os paizes onde ellas vivem as procuram com grande interesse.

AS TARTARUGAS DO MAR

A estructura d'estas tartarugas está em perfeita harmonia com o meio em que vivem. Essencialmente aquaticas, os membros teem as extremidades livres e achatadas, e os dedos, ainda que distinctos, não podem executar movimentos separados : unidos solidamente entre si, formam uma especie de barbatana que na natação lhes serve de remo. Os membros anteriores são muito mais longos que os posteriores, e de ordinario só teem unhas no primeiro dedo de cada

pé, posto que as tenham algumas vezes no segundo. A concha é muito abatida, alongada e mais estreita atraz, em fórma de coração, e chanfrada na frente ; a sua disposição especial não consente que o animal, á maneira das outras tartarugas, possa recolher completamente a cabeça e os membros. A couraça é mais comprida que larga, a cabeça quasi quadrada, e a cauda redonda, muito grossa, e no comprimento não sae fóra da concha.

São as tartarugas do mar as maiores da ordem, e só algumas das terrestres as podem egualar. Diz Chenu, que teem sido vistos individuos d'esta familia, do genero *Sphargis*, pesando 8:000 kilogrammas; e outros do genero *Chelonia*,

Gr. n.º 438 — A tartaruga

cuja concha media 3 metros em circumferencia e dois de comprimento, pesando 400 a 450 kilogrammas. Duméril, na obra d'este autor, a que já nos referimos, cita uma *tartaruga verde* (Chelonia midas) dada por um armador do Havre ao Museu, que media da ponta do focinho á extremidade da cauda 1ᵐ,70, e poucos dias antes de morrer poz trinta ovos, com a forma e o volume de pequenas bolas de bilhar, encontrando-se-lhe muito maior numero nos oviductos depois de aberta.

Nadam e mergulham habilmente as tartarugas do mar, podendo demorar-se muito tempo debaixo d'agua, e só veem a terra quando a postura a tal as obriga, posto que algumas especies, segundo se

affirma, se arrastem de noite nas praias e nas rochas das ilhas desertas, para pastar certas plantas do seu agrado, que nascem á borda d'agua. Em terra estes animaes movem-se com difficuldade, imitando dos mamiferos e das aves as phocas e os cotétes.

Véem-se ás vezes, quando o mar está calmo, fluctuar á superficie da agua, na mais completa immobilidade, e julga-se que é d'este modo que dormem, embaladas pelo oceano.

Alimentam-se as tartarugas do mar das plantas maritimas, que encontram abundantes no fundo do mar, e principalmente nas encostas de certas ilhas, a partir do lume d'agua para o fundo, e por vezes a tão curta profundidade, que contam os viajantes terem-n'as visto em occasião de calmaria pastando n'aquelles virentes prados. Depois de haverem comido veem á superficie da agua respirar.

Algumas d'estas tartarugas, e d'ellas uma, a *chelonia caouana*, commum no nosso paiz, comem os pequenos crustaceos e molluscos.

As femeas chegada a epoca da postura dos ovos encaminham-se de noite para certas ilhas desertas, cujas praias arenosas lhe facilitam poder arrastar-se a certa distancia do mar, e abrem no solo com os pés, por vezes longe da beira-mar, covas com $0^m,60$ aproximadamente de fundo, e ahi depositam os ovos, cujo numero pode attingir a cem de cada postura, e fazendo até tres posturas successivas com o intervalo de duas ou tres semanas. Os ovos são perfeitamente esphericos, com $0^m,06$ a $0^m,08$ de circumferencia, e acabada a postura a tartaruga cobre-os com a areia que tirou da cova, tendo o cuidado de nivelar o terreno antes de se pôr a caminho para o mar aonde regressa.

Dos ovos expostos a temperatura elevada, produzida pela acção dos raios solares, quinze ou vinte dias depois da postura nascem as pequenas tartarugas, do tamanho de rãs, esbranquiçadas, e que sem perda de tempo se encaminham para o mar onde o seu crescimento se opera rapidamente. No trajecto muitas são victimas das aves de rapina, pois impellidas pela maré téem difficuldade de ganhar o mar largo.

Como dissemos, o crescimento d'estas tartarugas é bastante rapido, e vem a péllo transcrever um trecho d'uma carta escripta por um tal Laborie, advogado na ilha de S. Domingos, ao autor d'um antigo diccionario de Historia Natural, d'onde o transcrevemos.

«Meu pae, estabelecido n'esta ilha, partiu para França em 1741 ou 1742, e entre outras provisões teve o cuidado de mandar para bordo uma tartaruga que tencionava comer a meio da viagem Pesaria vinte ou vinte e cinco libras, e foi mettida n'uma celha com agua do mar, todos os dias mudada, e para alimento davam-lhe os talos das hortaliças e o interior da creação morta a bordo.

Passados quinze dias já a celha era pequena para a tartaruga, e foi mister serrar uma barrica ao meio para n'uma metade collocar o reptil. Crescia, porém, com tal rapidez, que o facto chamou a attenção não só de meu pae como tambem do capitão da embarcação, e resolveram comel-a á chegada a Bordeus. Em poucos dias já o alojamento era pequeno para a tartaruga, e foi necessario mettel-a n'um grande tonel que fazia parte do vasilhame da aguada...» O importante crescimento d'esta tartaruga, como mais abaixo diz o autor da carta, realisou-se em quarenta e cinco dias.

Encontram-se as tartarugas do mar aos bandos, mais ou menos numerosos, em todos os mares dos paizes quentes, principalmente da zona torrida. No oceano equinocial, nas praias das Antilhas, de Cuba, da Jamaica, da ilha de S. Domingos; no mar das Indias, nas ilhas de França e Madagascar; no golpho do Mexico; e no oceano Pacifico nas ilhas de Sandwich e Galapagos. As que accidentalmente apparecem fóra d'estes mares, isoladas, são individuos tresmalhados d'algum bando, e é raro encontral-os.

De todos os reptis são as tartarugas do mar os mais uteis ao homem, e aqnelles que mais perseguidos são. A carne é de excellente alimento, sadia e nutritiva, e de tão fino paladar que nas melhores mezas da Europa apparece como prato de estimação. A gordura de algumas especies, fresca, substitue a manteiga e o azeite, e a das especies de carne coreacea e de mau cheiro, serve para as luzes. Os ovos de quasi todas as tartarugas do mar são excellentes e de delicado sabor.

São as conchas d'estes reptis que forneeem a melhor tartaruga empregada em diversos artefactos, taes como pentes, cofres, caixas de rapé, encadernações de livros, e outros muitos objectos.

Entre os diversos processos empregados para haver as inoffensivas tartarugas, que teem por unico crime ser uteis ao homem, o mais seguido é esperal-as na epoca da postura dos ovos, nas ilhas onde costumam ir deposital-os, e seguindo-lhes a pista na areia vão encontral-as, cercam-n'as, e com as mãos ou com auxilio de paus conseguem viral-as de pernas para o ar, posição em que as pobres tartarugas ficam sem poder mover-se, até que veem buscal-as finda a caçada.

Ha pescadores que as arpoam quando surgem ao lume d'agua para respirar, e outros que as apanham em redes, onde os animaes se embaraçam, e não podendo vir á superficie da agua morrem asphixiados.

L. Figuier conta uma forma das mais curiosas de pescar as tartarugas, a qual por interessante vamos transcrever.

«Um methodo de pescar dos mais curiosos se pratica ainda hoje nas costas da China e no canal de Moçambique. Os verdadeiros pescadores não são homens, são peixes d'uma especie congenere do *echneis remora*.[1]

Teem estes peixes no alto da cabeça uma placa oval, com vinte laminasinhas parallelas, em duas series, guarnecidas nas bordas de pequenos ganchos. Os pescadores conservam muitos d'estes *pegadores* vivos n'uma celha com agua, e quando no mar vêem uma tartaruga adormecida aproximam-se d'ella o mais que podem e lançam ao mar o *pegador*. O peixe investe com o reptil, e agarra-o com o auxilio da placa que tem na cabeça, e estando preso a uma longa corda por meio d'um annel fixo á cauda, puxa-se o peixe e com elle a sua victima. Como se vê, esta fórma de pescar é realmente singular, com anzol vivo, indo elle proprio perseguir a presa dentro d'agua.»

As especies mais conhecidas das tartarugas do mar são doze, repartidas por dois generos : *Chelonia* e *Sphargis*. Mencionaremos tres, uma d'ellas commum em Portugal.

A TARTARUGA VERDE

Chelonia midas, de Dumeril e Bibron — *La tortue franche,* dos francezes

Esta especie, representada pela nossa gravura n.º 437, tem a concha quasi em forma de coração e pouco alongada ; loira com grande numero de malhas cór de castanha.

A tartaruga verde, nome que lhe vem da cór verde da carne e da gordura, vive no oceano Atlantico, habitando de preferencia as ilhas e costas mais desertas. E' a especie mais conhecida, e já os antigos d'ella falaram, pois Plinio cita um povo das costas do mar Vermelho que quasi exclusivamente se alimentava da carne e dos ovos d'esta tartaruga. E'

[1] Esta especie, de que falaremos mais tarde ao tratar dos peixes, tem o nome vulgar de *pegador, agarrador,* ou *peixe-piolho.* (Brito Capello, Cat. dos peixes de Portugal).

29

facil trazel-a viva para a Europa, e o que se sabe dos habitos das tartarugas do mar refere-se principalmente a esta especie.

«A carne é excellente e a gordura delicadissima, e d'ella se faz a famosa *sopa de tartaruga* de que os inglezes tanto gostam, menos conhecida em França. A sopa de tartaruga é a gloria da cozinha ingleza, e a sua descoberta não vem de longa data. Foi o almirante Anson o primeiro, em 1752, que trouxe para Londres a primeira tartaruga.

Por muito tempo foi a tartaruga um prato custoso ; mas a navegação com os seus progressos tornou o animal muito mais commum, e hoje abunda nos mercados inglezes.

A concha da tartaruga verde, posto que não seja a superior, é todavia a que a industria aproveita em maior quantidade.

A TARTARUGA IMBRICADA

Chelonia imbricata, de Dumeril e Bibron—*Le caret,* dos francezes

Da disposição das placas da concha d'estas tartarugas, imbricadas, isto é, postas á maneira das telhas no telhado, lhes vem o appellido. E' mais pequena esta tartaruga do que a da especie antecedente, com veios trigueiros em fundo loiro ou amarello.

Encontra-se no mar das Indias e nos mares da America. A carne é má, mas os ovos são bons, sendo muito procurada a tartaruga imbricada pela concha, que é de superior qualidade.

A TARTARUGA

Chelonia caouana, de Dumeril e Bibron—*La tortue caouane,* dos francezes

Com o simples nome de tartaruga se conhece vulgarmente esta especie no nosso paiz, onde é commum.

Tem a concha um tanto alongada, quasi do feitio d'um coração (Gr. n.º 438), trigueira ou cór de castanha. E' mais pequena do que a tartaruga verde, medindo apenas 1^m,25, e variando no peso de cento e cincoenta a duzentos kilogrammas.

E' muito voraz, alimentando-se principalmente de molluscos.

A carne não é aproveitavel, e a gordura só serve para luzes.

A TARTARUGA ENCOIRADA

Sphargis coreacea, de Dumeril e Bibron, — *La tourtue luth*, dos francezes

A tartaruga encoirada é a especie unica do genero *Sphargis*, e distingue-se das outras tartarugas do mar por não ter a concha coberta de placas, e sim de pelle espessa e coriacea. Não tem unhas.

A concha apresenta sete arestas longitudinaes, loiras, sendo o corpo d'um trigueiro claro ; a cabeça é trigueira, e os membros annegrados bordados d'amarello.

Vive esta especie no oceano Atlantico e no mar Mediterraneo, e é rara, pois só accidentalmente teem apparecido alguns individuos nas costas da França e da Inglaterra. No nosso Museu existe um magnifico exemplar morto em 1828 proximo de Peniche.

Nos habitos não differe da tartaruga verde.

Gr. n.º 439 — A tartaruga encoirada

REPTIS

ORDEM DOS SAURIOS

Os saurios são reptis de corpo alongado, n'alguns coberto de escamas, e a maior parte tendo quatro membros, raras vezes dois, com dedos armados de unhas aduncas; cauda d'ordinario comprida e muito grossa na base; maxillas guarnecidas de dentes muito agudos. Os saurios são carnivoros, e alimentam-se quasi que exclusivamente de presas vivas. Não bebem, e uma refeição copiosa serve-lhes d'alimento para muitos dias. As especies maiores são muito vorazes.

Devoram os mamiferos pequenos, aves, molluscos e insectos, e tendo a bocca muito rasgada podem engulir enormes pedaços. Os dentes são numerosos, mas não servem para mastigar, pois engolem grandes bocados inteiros digirindo-os vagarosamente.

Os saurios apresentam tal variedade de caracteres e habitos que não é facil descrevel-os na generalidade mais largamente. São muitas as familias em que os autores dividem esta ordem; só falaremos, porém, das mais principaes, designando-as pelo nome do seu principal representante.

OS CROCODILOS

Estes reptis são de longa data notaveis, e d'elles se occuparam os autores antigos, contando casos extraordinarios e as mais estranhas fabulas ácerca do seu viver. No velho Egypto era o crocodilo sagrado, adoravam-n'o, e ainda hoje se encontram as mumias d'estes animaes nos antigos templos em ruinas. Em Roma, annos antes de Jesus Christo, já elles figuravam nos circos.

«Se a aguia é a rainha das aves, o tigre e o leão tyrannos na floresta, a baleia o colosso dos mares, o crocodilo estende o seu temivel poderio ás praias e ás ribeiras. Vivendo nos limites da terra e da agua, é o enorme reptil a um tempo o flagello dos habitantes das aguas e das especies ribeirinhas. Maior que o tigre, o leão e a aguia, seria o mais avantajado dos animaes terrestres, se não existira o elephante, o hippopotamo, e algumas serpentes de descommunal comprimento» (Figuier).

O crocodilo no todo assimilha-se ao lagarto, em ponto grande, e tem por caracteres particulares cabeça achatada; focinho alongado; bocca rasgada além dos ouvidos, com enormes maxillas armadas de dentes conicos, agudos, inclinados para traz, deseguaes em tamanho e grossura, e n'algumas especies os da frente da queixada inferior tão grandes e agudos, que com a bocca fechada se vêem apparecer rompendo a pelle junto da maxilla superior. Só a queixada inferior é movel, e ainda assim sem movimento para os lados; como o crocodilo não tem beiços que cubram as maxillas, os dentes estão sempre á vista. Tem realmente seu tanto de medonho a enorme bocca do crocodilo aberta, eriçada de dentes agudos, ameaçadores, como outros tantos espetos aguçados.

Os olhos são pequenos, muito vivos, proximos um do outro, e collocados obliquamente; a cauda é muito longa, na base tão grossa como o corpo, e achatada; tem quatro membros, sendo os dedos dos posteriores palmados, tendo só tres unhas em cada pé. A pelle é dura, resistente, coriacea, protegida por escamas quadradas muito rijas, maiores ou menores segundo as diversas partes do corpo, com flexibilidade para se não quebrarem, e dispostas em faxas transversaes, formando uma couraça em muitos pontos á prova de bala d'espingarda. As escamas das partes inferiores do corpo são menos rijas.

Alimentam-se os crocodilos principalmente de peixes, por vezes d'aves aquaticas, passaros, mamiferos, vermes e reptis. Se a presa é um pouco mais volumosa, levam-n'a primeiro para debaixo d'agua, e depois de a asphixiarem deixam-n'a de mólho por algum tempo em sitio escuso, devorando-a em seguida a pedaços. É falso que o crocodilo devore immediatamente o homem, pois segue o processo que apontamos, e só depois de o arrastar até ao fundo do rio, onde morre asphixiado, se antes o não matou o terror de se ver entre os dentes do medoubo reptil. Parece que só depois de bem remolhado, o crocodilo o devora então a seu belprazer.

Comprehende-se quanto este feroz e voraz animal deve ser temido pelos habitantes das margens dos grandes rios, ou dos pantanos onde vive, tanto mais que a sua organisação de verdadeiro amphibio lhe permitte a existencia na agua e na terra, onde se move com agilidade. Tolhe-lhe, porém, a sua estructura especial o poder virar-se de lado, circumstancia que aproveitada dá ao homem meio de poder escapar-se sendo perseguido pelo voraz reptil.

Conta Figuier que á borda do lago Nicaragua, na America, um jacaré vinha em perseguição d'um inglez que surprehendera proximo do lago. O animal ganhando terreno ao homem estava prestes a alcançar a presa, quando uns hespanhoes gritaram ao inglez que corresse de modo a descrever um circulo. A advertencia veiu a proposito, e posta em pratica pelo inglez foi a sua salvação.

E' certo que a maneira de fugir ao crocodilo, aproveitando o defeito da sua estructura, que lhe não permitte voltar-se de lado, é correr em circulo até pôl-o fóra da pista.

Os crocodilos são oviparos, e as femeas põem ovos, de casca dura, em sitios favoraveis á sua incubação, que se realisa sem auxilio d'ellas. As femeas dos crocodilos do Nilo põem os ovos na areia das margens; mas affirma-se que em diversos pontos d'America ellas os depositam sob um montão de folhas accumuladas em sitios humidos, produzindo a fermentação o calor necessario para o desenvolvimento do germen.

Accrescenta-se mesmo que as femeas vigiam os pequenos por algum tempo depois do seu nascimento.

Os crocodilos nascem com $0^m,10$ a $0^m,20$ de comprimento; crescem porém rapidamente, e diz-se que alguns ha com 10 metros. A vida d'estes reptis parece ser bastante longa, carecendo porém de temperatura elevada, e nos pontos menos quentes da America, onde ainda se encontram, caem em entorpecimento durante o inverno. Sob o equador os grandes calores obrigam-n'os do mesmo modo a dormir o seu somno lethargico.

Encontram-se os crocodilos na Africa, na Asia e na America, não existindo na Europa nem na Oceania, posto que a primeira d'estas duas partes do globo fosse rica em animaes d'esta familia durante as primeiras epocas geologicas.

As especies da familia encontram-se nas tres partes do mundo em que vivem, pertencendo, porém, a cada uma certas e determinadas especies, de sorte que as do antigo continente não existem na America e vice-versa.

A familia dos crocodilos divide-se em tres generos: os *jacarés*, da America, *os crocodilos propriamente ditos,* da Africa; e os *gaviaes*, das Indias orientaes.

O JACARÉ COMMUM

Alligator cynocephalus, de Dumeril e Bibron— *Le caiman vulgaire,* dos franccezes

Teem os jacarés, ou *crocodilos americanos,* genero *Alligator,* a cabeça mais larga que longa e o focinho curto; dezenove a vinte e dois dentes deseguaes; pernas e pés trazeiros arredondados, estes com os dedos unidos até mais de meio por uma membrana, ou semi-palmados.

A especie citada é muito commum no Brazil, vivendo em quasi todos os rios d'aquelle vasto imperio, e attinge de dois a tres metros de comprimento.

Parece que os jacarés só vivem na agua doce, e na estação rigorosa enterram-se na vasa, e alli aguardam entorpecidos que a primavera venha despertal-os, reaquirindo então a sua actividade.

«A' noite, que preferem para pescar, unidos em grandes bandos, quando tudo jaz em silencio e a escuridão é completa, enxotam o peixe adiante de si, levando-o para alguma calheta bem escusa, para ahi a seu belprazer poderem assenhorear-se dos pobres habitantes do rio, que por movimentos da cauda são impellidos para a bocca largamente aberta. Á distancia d'uma milha ouve-se-lhe o bater dos dentes.» (Figuier).

N'alguns pontos da America os indigenas dão caça aos jacarés. Aguardam que algum appareça isolado, adormecido, ou deitado de costas fazendo a digestão de copioso repasto, e n'essa occasião atiram-lhe o laço. Então, armados de paus, apertam as cordas, açaimam o jacaré, e esmagam-lhe a cabeça.

Os indios teem ainda outro processo para se assenhorearem do jacaré. Preparam quatro pedaços de pau rijo, do comprimento de $0^m,30$ aproximadamente,

Gr. n.º 440 — O jacaré

grossos como o dedo minimo e aguçados nas duas pontas. Prendem-n'os a uma corda de modo que suppondo ser esta uma frecha, os quatro paus figurariam as pennas da parte superior da haste, e a outra extremidade atam-na a uma arvore. Esta sorte d'anzol prepara-se com pedaços de carne e lança-se ao rio.

O jacaré vem e engole a carne, enterrando-se-lhe as pontas dos paus nas guellas. Aguarda-se então que o reptil morra para o puxar para terra, ou semimorto acabam-n'o ás pedradas.

Apezar da sua immensa voracidade, podem os jacarés, á imitação do que se dá com as tartarugas e as serpentes, supportar jejuns prolongados, e ha exemplos d'alguns d'estes animaes viverem muitos mezes sem comer.

O CROCODILO

Crocodilus vulgaris, de F. Cuvier — *Le crocodile vulgaire*, dos francezes

O crocodilo tem a cabeça oblonga, duas vezes mais comprida do que larga; trinta dentes inferiores e trinta e oito superiores, sendo os quartos dos dois lados da maxilla inferior os mais compridos e mais grossos, e ficando a descoberto ainda mesmo tendo o animal a bocca fechada; os pés posteriores teem o lado de fóra guarnecido d'uma especie de crista dentada, e os intervallos dos dedos são completamente palmados. O crocodilo da especie citada, chamado *crocodilo do Nilo* por alguns autores, é d'um verde azeitona na parte superior do corpo, salpicado de negro na cabeça e no pescoço, e com malhas da mesma côr na cauda; nos flancos tem duas ou tres faxas largas negras obliquas; a parte inferior do corpo é d'um amarello esverdeado. Póde alcançar até 3 metros de comprimento.

Esta especie, que é o celebre crocodilo dos egypcios, de que falámos ao tratar em geral d'esta familia dos reptis, é muito commum na Africa, nos rios Nilo e Senegal, encontrando-se tambem nos da Cafraria. Parece que na India se encontra esta especie.

Vive na agua e em terra, e alimenta-se principalmente de peixe. Em voracidade o crocodilo é superior ao jacaré da America, e conta Hasselquist por muito frequente no Alto Egypto serem as mulheres

Gr. n.º 441 — O crocodilo

que veem buscar agua ao rio devoradas pelos crocodilos, e muitas vezes victimas do terrivel reptil as creanças que brincam nas margens do Nilo.

Geoffroy Saint Hilaire diz ser muito commum encontrar entre os arabes alguns a que falta uma perna, e que accusam o crocodilo como autor d'esta mutilação.

Ouçamos o celebre explorador da Africa equatorial, Livingstone, que mais d'uma vez teve occasião de se encontrar com o feroz reptil.

«O crocodilo faz todos os annos numerosas victimas das creanças que teem a imprudencia d'ir brincar para a borda do Liambo, quando alli vão buscar agua. O reptil dando-lhe com a cauda atordoa a victima, e arrasta-a em seguida para o fundo do rio até afogal-a.

Em geral mergulha o crocodilo quando avista o homem, encaminhando-se furtivamente para o lado onde o viu, ou correndo para elle com uma velocidade espantosa, que se denuncia pelas rugas á superficie da agua. Se uma antilope perseguida pelo caçador se acolhe nas lagunas do valle de Rarotsé, ou se o cão e o homem alli vão em busca da caça, não escapam ao crocodilo de que nem sequer suspeitavam a existencia n'aquelle sitio. A gente moça das povoações á borda do rio, depois de haver á noite dançado ao luar, lança-se ao rio para se lavar da poeira que lhe enxovalha o corpo, e acontece repetidas vezes nunca mais voltar.»

O GAVIAL OU CROCODILO DO GANGES

Crocodilus longirostris, de G. Cuvier — *Le gavial du Gange*, dos francezes

Os gaviaes são principalmente notaveis pelo grande comprimento da cabeça : teem o focinho estreito, cylindrico, alargando um pouco na extremidade; os pés posteriores dentados e palmados como os do crocodilo.

O gavial ou crocodilo do Ganges é de um verde escuro na parte superior do corpo, com numerosas malhas trigueiras; amarello desvanecido na parte inferior. Alguns attingem de cinco a seis metros de comprimento.

Nos seus habitos nada ha que mereça especial menção.

OS CAMALEÕES

Se aos camaleões não fôra dada a celebridade que se lhes attribue de mudar de côr segundo a dos objectos de que se aproximam, não a tendo propria, — fabula vulgarmente acceite, e d'onde provém o dar-se este nome ao homem astuto e variavel, que muda de cara segundo as circumstancias o exigem — nem por isso deixaria de ser um dos animaes mais curiosos pela sua conformação, uma mistura de lagarto e de sapo, pelos habitos, e por certas propriedades que serviram de motivo ás fabulas que vogam a seu respeito.

Os camaleões são pequenos reptis, com a pelle enrugada e granulosa, sem escamas ; o corpo comprimido aos lados ; cabeça muito grossa, angulosa, coberta de uma especie de capacete ; sobre o dorso uma aresta saliente; pescoço muito curto e grosso, confundindo-se com o tronco ; quatro pés muito delgados. São estes, em geral, os caracteres dos camaleões, e em seguida vamos dar alguns pormenores da sua organisação realmente singular.

Os olhos do camaleão são grandes e muito saidos, cobertos por uma só palpebra, tendo no centro um pequeno orificio por onde se vé brilhar a pupilla. Mas se esta conformação do olho já é singular, muito mais o é a faculdade que teem estes animaes de olhar para diversas partes ao mesmo tempo, isto é, em quanto com o olho direito avistam para a frente, com o esquerdo podem vêr o que se passa atraz, ou com um fitar os objectos que lhe estejam collocados superiormente, em quanto que o outro observa o que se passa em plano inferior.

A lingua não é menos curiosa. E' redonda, carnuda, e tão extensivel, que o animal póde lançal-a de subito, com extraordinaria rapidez, a distancia quasi egual ao comprimento do corpo, para assim, com a ponta viscosa, alcançar os insectos que deseja apanhar. Com promptidão egual a recolhe, carregada com a presa.

Tem cinco dedos nos pés, divididos como que em dois feixes, um formado de tres e outro de dois dedos, envolvidos na pelle até ás unhas, e dispostos em direcção inversa; de modo que lhes permitte facilmente agarrar os troncos das arvores pondo um dos feixes por um lado e o segundo pelo outro, á maneira dos papagaios e de outras aves trepadoras. Os dedos são armados de unhas agudas. A cauda é prehensivel, podendo enrolar-se em volta do corpo, servindo-lhe de quinto membro, á imitação de alguns monos, principalmente para o auxiliar a trepar, prendendo-a aos ramos das arvores.

D'esta conformação dos membros e da cauda resulta que o camaleão se move com mais facilidade nos ramos das arvores do que no solo, e n'elles se encontra principalmente este reptil, na mais completa immobilidade ou movendo-se pausadamente. E finalmente, o camaleão não carece de correr : podendo observar ao mesmo tempo o que se passa atraz e adiante, e d'ambos os lados, tem tempo de sobra para escapar aos seus inimigos; a lingua vae ella propria a distancia buscar o alimento de que o reptil carece.

Nos camaleões a pelle não adhere aos musculos em todas as partes do corpo, deixa espaços livres onde o ar penetra, e assim o animal póde inchar-se consideravelmente quando quer, ou rapidamente desinchar-se. Diz Figuier que «quando esta bexiga animada se vasa, o animal assimilha-se a um sacco de pelle com alguns ossos dentro.

Os camaleões, posto que não tomem a côr dos objectos de que se aproximam, é certo que mudam de côr e umas vezes são esbranquiçados, outras amarellados, verdes, avermelhados e mesmo negros, por egual em todo o corpo ou ás manchas. Por muito tempo attribuiu-se estas alterações de côr á maior ou menor dilatação dos vastos pulmões d'este animal, e ás modificações occasionadas pela quantidade de sangue que era levado á pelle. Hoje esta fórma d'explicar a mudança de côr d'estes animaes foi abandonada. Conforme a opinião de Milne Edwards, as causas das variações de colorido residem na estructura especial da pelle d'este reptil.

A femea do camaleão é assaz cuidadosa nos ovos, e toma certas precauções para a sua boa conservação ; feita a postura cobre-os de terra e de hervas para conservarem o calor recebido dos raios solares.

São conhecidas muitas species de camaleões, que vivem em todo o globo, á excepção da America. A mais conhecida é a seguinte :

O CAMALEÃO ORDINARIO

Chamaelio vulgaris, de Laurenti — *Le caméléon ordinaire* dos francezes

N'esta especie a parte posterior da cabeça é pontuda, o corpo coberto de grãosinhos quasi arredondados, muito juntos; uma especie de crista dentada na metade do dorso, outra menos saliente a partir de sob a mandibula inferior até ao anus. A côr é excessivamente variavel, e d'ordinario amarellada, podendo tornar-se branca ou preta, e outras vezes estas duas côres dispõem-se de tal sorte que o animal parece zebrado ou tigrino. Póde tambem ser trigueira ou amarella, com malhas côr de laranja, vermelhas ou negras. Mede aproximadamente $0^m,16$.

Do camaleão da especie citada conhecem-se duas variedades, uma que vive no sul da Hespanha, na Sicilia, e no norte da Africa, e outra nas Indias orientaes.

E' manso, muito indolente, e vive d'ordinario trepado ás arvores. O seu alimento consta de insectos que apanha pela fórma já dita.

AS OSGAS

São estes reptis que, pelo seu aspecto repellente, mais se tornam odiados, e a repugnancia que inspiram toma por vezes proporções mais vastas, attribuindo-se-lhes, sem razão, própriedades malfazejas. Timidos e inoffensivos, são incapazes do menor damno.

As osgas são de tamanho mediocre, de corpo massiço e achatado, andando quasi de rojo. A cabeça é larga, achatada, com olhos muito saidos, apenas orlados de palpebras curtas: a boçca grande, com as maxillas guarnecidas de dentes pequenos, eguaes, cortantes na coróa.

Teem as pernas curtas, pouco mais ou menos de egual comprimento, com os dedos orlados de membranas lateraes, e guarnecidos por baixo de laminas transversaes imbricadas, que adherindo solidamente ás superficies mais planas, lhes permittem correr pelas paredes mais lisas e ahi conservar-se por muito tempo immoveis. As unhas em geral recurvas, podendo encolhel as á imitação das do gato, auxiliam-n'as tambem a trepar ás arvores e aos muros. Correm com tão extraordinaria rapidez, que é difficil apanhal-as. As osgas véem de noite, e é então, principalmente, que se lhes ouve a voz.

Alimentam-se de larvas, lagartas e insectos, que apprehendem de ordinario nos buracos onde se acoitam.

Falaremos em seguida de duas especies, uma commum no nosso paiz, e outra exotica ; esta ultima representada na nossa gravura n.º 442.

A OSGA

Platydactylus muralis, de Dumeril e Bibron. — *L'a gecko des murailles*, dos francezes

Esta especie do genero *Platydactylus* é de um pardo cinzento nas partes superiores do corpo, e esbranquiçada por baixo. Tem os dedos livres, e só o terceiro e o quarto armados de unhas. Mede de comprimento $0^m,14$.

Habita em França, Hespanha, n'uma parte da Italia, e na Africa; em Portugal, como dissemos, é bastante commum.

O seu pouso habitual é nos muros velhos ; mas vê-se, por vezes, no interior das habitações trepar ao longo das paredes.

Impresso por Lallemant Frères, Lisboa.

O CAMALEÃO

A nossa gravura n.º 442 representa uma especie exotica, *platydactylus homa-* | *locephalus*, natural de Java, medindo 0ᵐ,16, e notavel por ter unhas em todos

Gr. n.º 442·— A osga *(platydactylus homalocephalus)*

os dedos á excepção dos pollegares; o corpo contornado, incluindo os lados da | cabeça, os membros e a cauda, d'uma especie de franja; a cauda achatada.

Gr. n.º 443 — O iguana

OS IGUANAS

Da ordem dos saurios é esta a familia mais numerosa, de que se conhecem, aproximadamente, cento e cincoenta especies, habitando a Africa, a Asia e a America; sendo n'esta parte do mundo, e quasi exclusivamente na America Meridional, que se encontra o maior numero. O genero typo da familia é o *iguana*, de que em seguida trataremos.

São os reptis d'esta familia caracterisa-

30

dos pelo corpo e cauda cobertos de escamas pequenas, tendo de ordinario ao longo do dorso uma especie de crista formada de pontas separadas e bem distinctas ; os dedos são livres e armados geralmente de cinco unhas arqueadas, em raras especies quatro nos membros posteriores.

Os iguanas são em geral dotados de grande agilidade, porque tendo os membros bastante desenvolvidos, permittem-lhes estes erguerem facilmente o corpo. Para alguns a cauda achatada e excessivamente longa serve-lhes de remo e leme, e d'esta sorte podem habitar nos terrenos encharcados, movendo-se facilmente na agua.

Auxiliados pelas unhas aduncas podem sem custo trepar e perseguir os insectos de que se alimentam habitualmente, posto que um grande numero de especies se sustentem quasi exclusivamente de substancias vegetaes. Na America alguns dos iguanianos são estimados pela carne, tida por excellente e de fino sabor.

Seguidamente mencionaremos algumas especies da familia, representadas pelas nossas gravuras.

O IGUANA

Iguana tuberculata, de Laurenti — *L'iguane tuberculeuse*, dos francezes

O iguana é um grande reptil, medindo $0^m,75$ de comprimento, que se distingue facilmente pela grande papeira que

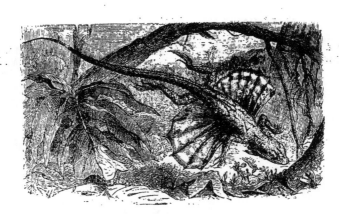

Gr. n.º 444 — O dragão

tem pendente da garganta, e pela crista dentada que se estende ao longo do dorso, desde a cabeça até á extremidade da cauda. E' esta muito longa, delgada e achatada. O iguana tem os dedos compridos e deseguaes.

Na parte superior do corpo é verde mais ou menos escuro, passando por vezes a azulado, com riscas em zigue-zagues nos flancos trigueiras orladas de amarello ; a parte inferior do corpo é amarella esverdeada.

, A alimentação d'estes reptis, que vivem na America Meridional, parece ser exclusivamente herbivora, pois nos individuos abertos apenas no estomago se lhes tem encontrado folhas e flóres.

- São mansos e inoffensivos, e n'alguns pontos caçam-n'os para lhes aproveitar a carne, que é estimada e servida mesmo nas boas mesas.

A especie *iguana delicatissima*, nome que lhe provém do finissimo sabor da carne, existe no Brazil.

O BASILISCO

Basiliscus mitratus, de Daudin — *Le basilic à capuchon*, dos francezes

Contavam os autores antigos de um animal chamado *basilisco*, que, sendo pequeno de corpo, grandes eram os damnos que podia fazer. O homem, cujos olhos se encontrassem com os do terrivel reptil, era victima d'um fogo interior que o devorava, morrendo depois de **crudelis-**

simos tormentos; mas passava a salvo se elle era o primeiro a ver o animal. A mordedura do basilisco era morte instantanea para quem a soffresse.

Outras muitas fabulas se attribuiam a este animal, que não era decerto o que hoje tem este nome, que só vive na America, então desconhecida, e que Linneo, levado pela similhança com o basilisco descripto pelos gregos, deu o nome de l certa basiliscus.

Entre os dois existe porém a importante differença de que tão inoffensivo é o basilisco de hoje, como malfazejo era o de então, a julgar pelo que d'elle se narrava.

O basilisco dos autores modernos mede de comprimento 0ᵐ,65, dos quaes pertencem á cauda tres terças partes. Tem atraz da cabeça uma especie de capuz, arredondado na extremidade, e um tanto inclinado sobre o pescoço; uma crista que se estende desde a cabeça até á cauda em fórma de barbatana; cauda achatada aos lados.

É trigueiro aloirado na parte superior do corpo; esbranquiçado na inferior com riscas d'um trigueiro tirante a côr

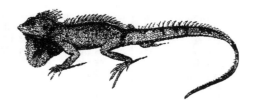

Gr. n.° 443 — Chlamydosaurus Kingii e Lophyrus dilopus

de chumbo na garganta, e aos lados dos olhos tem uma risca esbranquiçada orlada de negro, que se perde no dorso.

Esta especie encontra-se na America, entre outros pontos, na Guiana, no Mexico e na Martinica. Vive nas arvores, e saltando de ramo em ramo, persegue os insectos ou colhe as sementes de que se alimenta.

O DRAGÃO, OU LAGARTO VOADOR

Draco volans, de Linneo — *Le dragon volant*, dos francezes

O nome d'esta especie é, á maneira do basilisco, celebre tambem pelas ficções de antigos escriptores, que descreveram com o nome de dragão uma especie de monstro com azas, tendo um tanto de morcego e ao mesmo tempo participando da conformação geral dos mamiferos, com cauda de serpente. Era, finalmente, um ser exotico e medonho, que servia para guarda dos thesouros, e devorava um homem com a maior facilidade, tanto era feroz e voracissimo.

Se o dragão dos poetas antigos e dos artistas da edade media era um horrendo animal, fructo da sua imaginação, pois nada prova que tal monstro existisse, o reptil que lhe succedeu no nome não é menos notavel, embora seja inoffensivo, pois a sua conformação singular entre os reptis distingue-o de todos. É o unico reptil que tem azas (Gr. n.º 444), formadas por dobras da pelle, situadas dos dois lados do corpo entre os membros anteriores e os posteriores, mas independentes d'elles, e que se não são assaz vigorosas para vibrar o ar e permittir ao dragão voar como as aves, servem-lhe todavia de *pára-quedas*, e auxiliam-n'o consideravelmente nos saltos que dá de uns para outros ramos das arvores, á caça dos insectos de que faz a sua principal alimentação.

Teem os dragões o corpo pequeno, coberto de escamas imbricadas; a cabeça triangular, obtusa na frente; adiante do pescoço um grande sacco e dois mais pequenos aos lados da cabeça, que enchem de ar a seu bel-prazer; cauda muito longa, delgada, e um pouco deprimida na base; cinco dedos separados e todos armados de unhas.

O dragão da especie citada é na parte superior do corpo d'um pardo mais ou menos escuro, salpicado de negro na cabeça; as azas d'um pardo arruivado ou atrigueirado, malhadas e riscadas de negro, ou com faxas da mesma côr.

É natural de Java, e todas as especies suas congeneres vivem nas Indias orientaes, nas regiões arvorejadas do continente e das ilhas.

Como dissemos, a familia dos iguanas é rica em especies, e além das que citámos e das restantes mais exoticas, mencionaremos duas que vão representadas na nossa gravura n.º 445, as quaes pela sua conformação tão curiosa como singular merecem que as façamos conhecer dos nossos leitores.

A figura superior representa uma especie dos iguanas existente na Nova Hollanda, *chlamydosaurus Kingii*, unica especie do genero, notavel principalmente pelas duas largas membranas que tem no pescoço, e que abertas se assimilham a uma especie de gola.

A figura inferior é o *lophyrus dilopus*, especie não menos exotica, que vive nas ilhas de Java e Ambonia.

OS LAGARTOS

Esta familia dos saurios, conhecida desde tempos remotos, comprehende grande numero de especies do antigo e do novo continente, que se dividem em dois grupos diversos, tendo em vista principalmente a disposição dos dentes.

Como caracteres geraes diremos que os lagartos, variando no tamanho, teem o corpo arredondado, o pescoço perfeitamente distincto e um pouco mais estreito do que a cabeça e sem papeira; representa a cabeça uma pyramide quadrangular, achatada, terminando mais ou menos aguda, coberta de escamas que variam de numero e de tamanho, e que revestem as faces e as maxillas; os olhos vivos, geralmente, com tres palpebras moveis; os dentes deseguaes na fórma e no comprimento, em todas as especies insertos na borda interna das maxillas, e n'algumas especies insertos a mais no ceo da bocca. Teem quatro membros, com cinco dedos livres, armados de unhas recurvas; a cauda é conica, muito longa, arredondada, na maior parte das vezes, coberta em todo o comprimento de escamas distribuidas regularmente em anneis. A parte superior e a inferior do tronco são tambem revestidas de escamas variando de fórma e tamanho no dorso.

Os lagartos estão divididos pelos autores em muitos generos, de que nos não cabe falar, mais ou menos ricos em especies, e apenas d'estas citaremos algumas das principaes, depois de havermos dito algumas palavras ácerca do modo de vida d'estes reptis, realmente bellos e dignos de interessar qualquer observador.

Habitam os lagartos, segundo as especies, nos terrenos aridos e arenosos, no meio de pedras ou nos muros, entre o matto na orla dos bosques, e mesmo nos terrenos humidos e pantanosos. Por toda a parte estabelecem as moradas sob o sólo, em tocas que pertenceram a outros animaes ou aproveitando as cavidades naturaes. Muitos cavam elles proprios as habitações subterraneas que lhes servem, variando com as circumstancias, de asylo contra os inimigos, ou de abrigo nos dias tempestuosos e nas noites frias. Alli estabelecem tambem o seu dormitorio no inverno, quando o frio os entorpece obrigando-os a permanecer em estado lethargico.

São estes elegantes saurios mais ou menos lestos nos movimentos, alguns correndo com pasmosa velocidade, e mal se podem observar quando vão de fugida.

Trepam aos arbustos caté aos ramos inferiores das arvores.

Mudam a pelle os lagartos muitas vezes durante o estio, e tanto mais brilhantes e vivas são as côres que a adornam, quanto mais proximos estão da epoca em que se opera a muda.

Exercem sobre estes reptis notavel influencia as variações atmosphericas. O frio obriga-os a conservar-se mais ou menos entorpecidos nas suas moradas ; a chuva impede-os de sair dos covis ; mas se o sol brilha e o frio diminue, véem-se abandonar rapidamente os escondrijos e vir gozar com delicias do benefico calor dos raios solares, manifestando o seu bem-estar pelas suaves ondulações da cauda. Todos gostam do calor, e é facil observal-os durante horas inteiras, na mais completa immobilidade, expostos ao sol ardente do verão.

De manhã cedo, ao sair dos covis, ou á tarde, depois do sol posto, quando a temperatura baixa, são sempre estes animaes menos vivos e lestos do que em pleno dia. Até mesmo a vista e o ouvido, os dois sentidos mais desenvolvidos dos lagartos, parecem então menos apurados.

Segundo os logares que habitam, assim estes reptis buscam o alimento que melhor lhes convém. Um espreita, e com o auxilio da lingua aboca, com rapidez notavel, a mosca que imprudentemente lhe foi pousar a curta distancia ; outro vae em busca das aranhas e dos insectos de diversas especies ; procura um terceiro apossar-se dos vermes e dos molluscos ; e finalmente os maiores atacam mesmo os pequenos vertebrados. Engolem a presa sem a mastigar, não obstante terem dentes bastante agudos, que mordem a mão de quem os queira apanhar.

Vem aqui a péllo dizer que a mordedura do lagarto não tem consequencia nenhuma funesta, pois ao inverso do que muita gente julga não é venenosa.

Um facto bem conhecido é a facilidade com que os lagartos perdem a cauda á menor pancada, ou quando alguem os segura por ella, sem parecer que isso os moleste ou mesmo os incommode, parecendo mesmo ser a fragilidade da cauda uma prevenção da natureza, que assim lhes quiz dar um meio de escapar aos seus numerosos inimigos, que, julgando apprehender o reptil, só conseguem ficar-lhe com a cauda, vendo-o retirar apenas menos bello. Cicatriza a ferida rapidamente e um novo orgão cresce em breve, deixando todavia signaes da fractura nas escamas que a revestem no sitio onde ella existiu, ou então differe no tamanho ou na côr.

Acontece algumas vezes, por motivo de lesão secundaria ou pressão produzida por corpo estranho, que a cauda, ao crescer novamente, se divide em duas ou mais partes, parecendo ter o lagarto duas ou tres caudas, e tornando-se, para quem ignore esta circumstancia, motivo de espanto, e para muitos de receio, quando é certo que se póde, com facilidade, conseguir artificialmente dar aos lagartos mais d'uma cauda.

Chegando a primavera, os lagartos abandonam os seus quarteis d'inverno, veem reanimar-se ao calor do sol, readquirindo pouco a pouco o uso completo dos sentidos e toda a actividade. E' então que os individuos dos dois sexos se buscam, manifestando os seus sentimentos por afagos um tanto rudes e pelos movimentos da extremidade da cauda, andando o macho repetidas vezes em volta da femea, e tomando attitudes variadas e bastante comicas, até que a fecundação se opera repetidas vezes no mesmo dia.

A fidelidade não parece ser apanagio dos lagartos, posto que nem por isso os machos deixem de ser ciosos, maltratando-se por vezes uns aos outros e distribuindo formidaveis dentadas, como attestam os que por essa epoca apparecem sem cauda, e com cicatrizes que servem de prova ás rixas que entre elles se levantam.

A maioria das especies dos lagartos é ovipara, mas algumas são ovoviviparas.

Nas oviparas, quatro ou cinco semanas depois da reunião dos sexos, a femea vae depositar os ovos n'algum escondrijo, para esse fim preparado sob o solo, a pequena profundidade, ou debaixo de folhas e hervas seccas, e por vezes entre as pedras ou n'alguma fenda de muro. Os ovos, variando em numero segundo as especies, geralmente de sete a nove, são ovaes, esbranquiçados, elasticos, com a casca semi-dura, e de ordinario unidos n'um feixe por uma especie de colla natural. Assim permanece por algum tempo esta nova geração, occulta a todas as vistas, até que em agosto ou setembro os pequenos quebram a casca, havendo-se desenvolvido o germen sem outra acção que não seja a do calor atmospherico, pois as femeas, finda a postura, abandonam os ovos completamente. Os recemnascidos adquirem em pouco tempo a grande agilidade dos adultos.

Nas especies óvoviviparas, a femea só no mez de agosto ou setembro pare os filhos, que nascem vivos, saindo do ovo na propria occasião em que são expulsos do ventre da mãe.

O crescimento dos pequenos em ambos ós casos é vagaroso, e só ao terceiro anno os lagartos novos attingem a corporatura e todas as faculdades dos adultos. Chegado o outoño, variando a data com os annos e com os climas, desapparecem estes reptis no fundo das suas moradas, e ahi vão passar o inverno, dormindo o somno lethargico que lhe suspende a vida por algum tempo, umas vezes isolados, outras aos pares ou por familias.

Diz-se geralmente que o lagarto é amigo do homem, e é isto devido a que este reptil d'ordinario não só não foge do homem, mas parece vél-o até com certo agrado, posto que isto não seja motivo, como já dissemos, para que se não defenda se o quizerem agarrar.

São valentes e arrojados os lagartos, mais os dos paizes quentes, que attingem maiores diménsões, e só fogem depois de realmente conhecer o perigo. Diz-se que certas especies não teem duvida em bater-se com os cães, e principalmente

Gr. n.º 446 — O sardão e o lagarto

com as cobras. São sobrios, pois comem pouco e digerem com difficuldade, podendo supportar longos jejuns.

O SARDÃO

Lacerta viridis, de Daudin.— Le lezard vert, dos francezes

Tem os membros posteriores comparativamente grandes ; a cauda egual duas vezes ao tamanho do corpo ; a cabeça duas vezes mais comprida do que larga e bastante aguda. Mede ao todo 0^m,32, e Dumeril diz que na Grecia existem individuos com 0^m,76. D'esta especie exis-

tem bastantes variedades, que differem no tamanho e no colorido.

O sardão é d'um verde por egual na parte superior do corpo, trigueiro salpicado de verde, verde salpicado de amarello, ou atrigueirado com malhas verdes ou esbranquiçadas, ondeadas de negro ; na parte inferior do corpo é amarellado.

É commum esta especie nos paizes quentes da Europa e no norte da Africa, e pouco frequente no nosso paiz. Encontra-se de preferencia nos terrenos accidentados, pedregosos, cobertos de matto e abrigados. Esconde-se entre as pedras, nos buracos que topa, e trepa por vezes aos troncos e ramos superiores das arvores. É bastante agil, bravio, e morde, sem que todavia a mordedura seja perigosa.

O LAGARTO

Lacerta ocellata, de Daudin — *Le lezard ocellé*, dos francezes

Esta especie é muito commum em Portugal. Tem a parte superior do dorso verde, variado, malhado e riscado, á feição de malha de réde, de negro ; grandes malhas azuladas nos flancos ; a parte inferior do corpo esbranquiçada. Medem alguns até $0^m,43$ de comprimento, dos quaes $0^m,26$ pertencem á cauda.

Encontra-se nas cavidades das rochas, nos sitios mais expostos ao sol, entre as raizes das arvores, nas vinhas e nos valados. Alimenta-se quasi que exclusivamente de vermes e insectos, e diz-se que não duvida atacar os ratinhos, os musaranhos, as rãs e até as cobras. E' facil tornal-o domestico, sustentando-o de leite.

A LAGARTIXA

Lacerta muralis, de Laurenti — *Le lezard gris*, dos francezes

Esta especie distingue-se pela cabeça chata e triangular ; focinho arredondado ; cinco dedos nos pés, livres e guarnecidos de unhas curvas muito uteis para trepar ás arvores e correr pelos muros ; cauda muito longa e afusada, começando a diminuir de diametro logo junto á base.

A lagartixa é um lindo reptil, airoso e agil, cujo colorido é bastante variavel, tendo d'ordinario o alto da cabeça e o dorso d'um pardo cinzento, com salpicos ou riscos atrigueirados ; a parte inferior d'um branco esverdeado, algumas vezes salpicado de negro. A maior parte dos machos tem na parte inferior dos flancos malhas alternadas negras e azues.

Como dissemos varia muito o colorido da pelle n'esta especie, segundo as localidades, a estação e o sexo. Dá-se o mesmo com respeito á sua corporatura, e termo medio mede a lagartixa $0^m,20$ dos quaes $0^m,14$ pertencem á cauda.

Encontra-se este pequeno e inoffensivo reptil de preferencia nos sitios pedregosos, nos muros velhos, e bem assim nos sitios aridos e a descoberto, bem banhados pelo sol. E' notavel a rapidez com que a lagartixa corre no sólo ou ao longo

d'um muro, desapparecendo tão veloz que a vista mal póde acompanhal-a.

Consiste a sua alimentação principalmente em insectos, aranhas e molluscos. A femea põe de nove a quatorze ovos, n'uma fenda de muro, ou sob um monte de pedras, saindo os pequenos em junho ou julho.

«Diz Figuier que a lagartixa póde facilmente conservar-se captiva, e que sendo docil se torna em breve muito dada.

«Busca retribuir afagos por afagos, e aproximando a bocca dos labios do dono, suga a saliva com immensa graça, graça que nem todos lhe permittem exhibir.»

OS LICRANÇOS

Os licranços são reptis da ordem dos saurios, posto que tenham sido por alguns autores incluidos nos ophidios, porque, tendo certas analogias com uns e outros, differem dos individuos d'estas duas ordens em muitos pontos. Lagartos sem pernas, parecem-se pela sua conformação externa com as cobras, differindo d'ellas, todavia, pela sua organisação interna analoga á dos saurios.

Tendo as extremidades do tronco quasi eguaes, a posterior e a anterior, os olhos quasi invisiveis, a cauda muito curta, com a cloaca na extremidade do corpo, simulando outra bocca, não é para admirar que observadores menos minuciosos hajam dito que este reptil tem duas cabeças, affirmando-lhe a faculdade de caminhar para diante ou para traz a seu bel-prazer.

Plinio mesmo affirma que' este reptil possue duas cabeças, isto é, uma na cauda, «como se uma bocca só não fôra sufficiente, diz aquelle escriptor, para segregar o veneno.» Dois erros, pois não só o licranço não tem duas cabeças, como tambem não existe n'este reptil veneno algum.

Por caracteres principaes teem estes saurios o corpo cylindrico, quasi todo da mesma grossura, incluindo a cauda, muito curta, obtusa ou conica ; não teem membros, e a pelle é sem escamas, mas repartida em pequenas secções, mais ou menos regulares, dispostas em fórma de anneis em volta do corpo.

Privados de palpebras, sem escamas que sirvam para proteger o corpo, vivem estes reptis d'ordinario em cavidades sob o solo, e principalmente junto aos formi gueiros, alimentando-se de formigas e de larvas.

Conhecem-se diversas especies, quasi todas da America, existindo na Africa duas uma das quaes se encontra no sul da Europa, sendo commum em Portugal. É a que segue.

O LICRANÇO

Amphisbœna cinerea, de Vandelli — *L'amphisbene cendrée*, dos francezes

Esta especie, como já dissemos, é commum no nosso paiz. Tem a cabeça deprimida, focinho curto, olhos visiveis : a cabeça é branca, e as secções em que está dividida a pelle são d'um cinzento azulado ou d'um trigueiro mais ou menos arruivado ou côr de castanha, com os intervallos azulados, bem como os sulcos que existem ao longo dos flancos e do dorso. Mede 0ᵐ,25.

Entre as especies da America, mencionaremos uma que existe nos arredores do Rio de Janeiro, *amphisbœna oxyura*, conhecida alli vulgarmente pela *cobra de duas cabeças*. Tem a cauda e a cabeça tão eguaes em grossura, que é difficil differençal-as.

OS ESCINCOS

Damos o nome de *escincos* a uma familia de reptis, cujo genero principal é

Gr. n.º 447 — O Seps chalcides

o escinco, que se distinguem por ter as escamas do tronco dispostas á maneira de telhas, geralmente sobre o largo e arredondadas na borda externa ; na maior parte teem duas palpebras susceptiveis de poderem unir-se fechando os olhos.

Dos escincos alguns teem membros mais ou menos desenvolvidos, outros carecem d'elles ; o corpo é bastante alongado, com a conformação do das cobras ; andam de rojo.

Falaremos em seguida de tres especies, representando tres dos principaes generos comprehendidos n'esta familia.

O ESCINCO

Scincus officinalis, de Laurenti—*Le scinque*, dos francezes

Tem este reptil o focinho pontudo, o corpo coberto de escamas lisas, arredondadas, mais largas que longas, dispostas em series longitudinaes ; cauda grossa na base e delgada e comprimida para a extremidade, e mais curta do que o corpo; quatro membros com cinco dedos cada um, quasi eguaes, achatados, com as bordas em fórma de serra.

É na parte superior do corpo d'um amarello prateado, com sete ou oito faxas transversaes negras ; as partes lateraes e inferiores do corpo d'um branco prateado

.mais .ou menos limpo. Mede dc 0,^m18 a 0,^m20 de comprimento.

Parece que esta especie pertence á Africa, posto que habitando a Nubia, a Abyssinia, o Egypto, se encontre na Arabiá. Na Europa apparece na Sicilia e em certas ilhas do archipelago grego.

Encontra-se este reptil, no dizer dos autores, perto dos monticulos d'areia fina que o vento accumula junto ás sebes que rodeiam òs campos cultivados, vendo-se tranquillamente a tomar o sol ou caçando os insectos que topa. Corre rapidamente se o perseguem, e busca escapar enterrando-se na areia, por vezes á profundidade de 0^m,50, o que executa com notavel rapidez. Se o apanham procura fugir, mas não morde nem tenta defender-se com as unhas.

Os medicos arabes tinham o escinco como remedio efficaz para combater grande numero de doenças. Empregavam-n'o como contra-veneno nas feridas feitas por frechas envenenadas ; e a carne, principalmente a dos lombos, consideravam-n'a remedio depurativo, excitante, restaurativo, antisyphilitico, e aphrodisiaco.

Na Europa hoje não é usado este medicamento; mas os medicos orientaes recommendam-n'o ainda nos casos de elephancia, nas molestias cutaneas e em certos casos de ophthalmia.

Encontra-se no nosso paiz um reptil cujo nome vulgar ignoramos, e cremos mesmo que o não tem, o *seps chalcides,* (*lacerta chalcides*), de Linneo, que pelo corpo em fórma de serpente se assimilha ás cobras, e sendo intermediario entre os escincos e as anguinhas estabelece a passagem dos saurios para os ophidios. Como os escincos, tem quatro membros, mas muito afastados os anteriores dos posteriores, e quasi rudimentares, incompletos com relação ao numero de dedos. (gr. n.º 447).

.Na parte superior do corpo é d'um pardo cór d'aço com quatro riscas longitudinaes trigueiras, duas dc cada lado do dorso ; na parte inferior do corpo de um pardo esbranquiçado. Mede 0,^m33 de comprimento.

Encontra-se no meio dia da Europa e na Barbaria, sendo commum em Portugal, como já dissemos.

Outr'ora era este reptil tido por venenoso, e ainda hoje muita gente o considera como tal, estando todavia demonstrado por todos os observadores dignos dc confiança que este pequeno reptil é na verdade inoffensivo.

Quando o inverno se aproxima esconde-se sob o solo na cavidade que topa, d'onde sae só na primavera seguinte para ir habitar os sitios cobertos dc verdura, e junto dos terrenos pantanosos. Alimenta-se de aranhas, insectos e lesmas pequenas.

São viviparos os *seps,* pois os pequenos saem do ovo ainda no ventre da mãe. Por observações feitas sabe-se que a femea póde ter quinze filhos de cada barriga.

A ANGUINHA

Anguis fragilis, de Linneo — *L'orvet fragile,* dos francezes

A anguinha é um pequeno reptil com a apparencia exterior das cobras, pois o corpo cylindrico, arredondado nos flancos, e de grossura quasi uniforme, é privado de membros, e apenas sob a pelle se encontram signaes fugitivos dos membros posteriores. A cauda é comprida e cylindrica, na base de grossura egual á do tronco, diminuindo gradualmente d'espessura até ao termo. A cabeça é conica, arredondada na extremidade, coberta de numerosas escamas delgadas e de fórmas diversas.

A anguinha adulta varia muito no colorido : tem a parte superior do corpo acobreada, bronzeada, parda ou arruivada por egual, a maior parte das vezes sem mais ornamentação, outras com um risco dorsal negro ou annegrado, que n'alguns individuos tem duas linhas trigueiras parallelas, uma de cada lado e n'outros uns salpicos atrigueirados. Os flancos umas vezes eguaes no colorido ao dorso, mais claros ou escuros, mais d'ordinario trigueiros, ou annegrados. A parte inferior do corpo é d'ordinario parda ou esbranquiçada, e nos individuos mais novos atrigueirada, annegrada ou mesmo negra.

As anguinhas novas são pardas esbranquiçadas por cima, com um risco negro no dorso, e os flancos e a parte inferior do corpo d'um negro azulado ou violaceo.

Medem as adultas 0^m,25, dos quaes 0^m,15 pertencem á cauda, e teem a grossura de uma penna de cysne.

Esta especie existe espalhada pela Europa, encontrando-se tambem no norte da Africa. É muito frequente no nosso paiz.

Nos sitios seccos, cobertos de verdura ou em parte pedregosos, estabelece a anguinha a sua morada, n'um buraco ou sob qualquer abrigo. Por vezès afasta-se da habitação, caminhando de rojo rapidamente, á busca dos insectos, dos vermes, ou das lesmas que lhe servem d'alimento.

Embora privada de membros, nem por isso deixa a anguinha de abrir galerias sob o solo, relativamente bastante profundas, ajudando-se da cabeça e da cauda, ambas egualmente conicas. Ahi, em agosto ou setembro, a femea tem de oito a quatorze filhos, que saem dos ovos na mesma occasião em que são postos.

Ao aproximar-se o outono as anguinhas retiram-se aos seus quarteis d'inverno, sob o solo, tapando a entrada com terra e musgo, e é facil encontrar 20 a 30 individuos reunidos n'uma só galeria, ás vezes de $0^m,70$ a 1^m de comprimento.

A anguinha justifica o seu appellido de *fragil* porque a cauda, por vezes exeedendo metade do corpo, parte-se á menor pressão, exactamente como acontece á dos lagartos. Tem-se em geral este pequeno reptil por nocivo, e muita gente o julga venenoso, quando é realmente o mais inoffensivo dos animaes, e prestando serviços na destruição de muitos insectos prejudiciaes.

Gr. n.° 448 — A anguinha

REPTIS

ORDEM DOS OPHIDIOS

Os ophidios, conhecidos vulgarmente pelo nome de *serpentes*, teem o corpo alongado, cylindrico, sem membros, e terminando em cauda pontuda continuando-se ao corpo. A bocca é muito rasgada e susceptivel de dilatar-se; a lingua bastante longa e bifendida; nas maxillas teem dentes muito agudos; não teem palpebras, e por isso o olhar parece fixo e penetrante.

Algumas especies dos ophidios são notaveis pelc veneno que segregam d'uma glandula situada de cada lado da maxilla superior, por detraz da orbita, e conduzido por dentes especiaes, situados na parte anterior e media da maxilla superior, agudos, recurvos e ócos, que o vasam na ferida que fazem.

Antes de tratar da divisão dos ophidios, para em seguida mencionar algumas das suas principaes especies, apresentaremos acérca d'estes reptis algumas interessantes observações geraes transcriptas d'um distincto naturalista e observador directo, o dr. Victor Fatio; [1] e mais tarde, com relação a cada especie em particular, diremos ao cital-a e descrevel-a o que haja de especial no seu viver.

«Existem na Suissa serpentes que não sendo exclusivamente aquaticas [2] vivem todavia na agua ou proximô d'ella, e outras que preferem, pelo contrario, os sitios seccos e aridos. Cada qual escolhe, como melhor lhe apraz, morada mais a seu gosto, junto d'um charco, no prado, entre o matto, ou mesmo em terreno pedregoso, d'onde se afasta apenas o tempo necessario para ir em busca do alimento. Acontece, porém, ao aproximar-se o inverno, uma ou outra cobra ou a vibora metter-se a caminho, e, embora a viagem seja curta, ir em cata de habitação mais confortavel ou d'alguns dos seus similhantes para em sociedade passar a fria estação. Umas então introduzem-se nas fendas dos muros ou sob um monte de pedras, outras abrigam-se sob as raizes das arvores ou nos troncos, e mesmo nas galerias abertas pelos ratos campestres.

Os animaes pequenos que servem de alimento ás nossas especies de serpentes são, como se sabe, engulidos, sem que previamente sejam mastigados, uns ainda vivos, outros asphyxiados ou mortos pelo veneno.

O reptil para alcançar a presa recorre á astucia ou á destreza: a vibora agachada, immovel, aguarda pacientemente que o rato ou a ave que cubiça lhe passe ao alcance, e arremessando a ca-

---

[1] Faune des Vertébrés de la Suisse, vol III — Histoire naturelle des Reptiles e des Batraciens.

[2] Das especies da Suissa a maior parte encontra-se no nosso paiz, e o que ácerca d'ellas se vae ler póde tomar-se como referindo-se aos nossos ophidios em geral.

beça de subito sobre a presa, morde-a e espera em seguida pelos effeitos rapidos do envenenamento que acaba de produzir.

A cobra, mais agil, surprehende ou persegue, quer em terra quer na agua, as diversas victimas que encontra nos dois elementos, que em ambos ella se accommoda da mesma sorte. Trepando habilmente aos arbustos, espreita, por exemplo, um ninho de passaros, ou nadando silenciosamente no charco aboca n'um prompto a pobre rã que não deu pela aproximação do reptil. Algumas vezes, até, deslisando por entre as pedras vae ao fundo da agua, apanhando lestes os cadozes e outros peixes pequenos.

Engole os diversos animaes de cabeça para baixo, e humedecidos abundantemente pela saliva vão a pouco e pouco passando pela guela dilatavel da serpente, impedindo-os de recuar os dentes numerosos e recurvos proprios para tal fim, e assim vão lentamente caminhando, sob a influencia de fortes contracções musculares, até dar entrada no estomago do ophidio, que adquire proporções accommodadas ao volume e quantidade das presas tragadas.

E' certo que o reptil, depois de tão copioso repasto, perde uma parte da sua agilidade, e de ordinario fica por algum tempo em immobilidade quasi completa; ou então por vezes, se algum perigo a força a fugir, diligencia lançar fóra o peso que a opprime, abrindo a bocca desmedidamente.

O rato, qualquer ave ou um lagarto são em geral asphyxiados pela cobra antes de os engulir, mas a rã ou os peixes são devorados vivos. Ha muito quem distinga os gritos angustiosos do batrachio abocado pela serpente, e mais d'uma vez me aconteceu libertar alguma pobre rã, indo buscal-a ao fundo das guelas da cobra.

A progressão das serpentes faz-se tanto na agua como em terra, por meio de inflexões lateraes das diversas partes do corpo. As costellas, movidas por musculos poderosos, executam, quando o reptil se roja, funcções quasi analogas ás dos membros. Em quanto a columna vertebral facilmente se curva para a direita ou para a esquerda, as costellas, movendo-se de diante para traz, encontram no solo a resistencia que lhes dão as placas abdominaes em parte levantadas, e que de encontro ao terreno facilitam a cada uma das partes do corpo o seguir ávante

erguendo-se. Na agua produzem-se eguaes movimentos, e o pulmão, mais ou menos cheio de ar, á vontade do animal, permitte-lhe conservar-se á superficie ou no fundo.

Apoiando-se na cauda e em parte do tronco, a serpente póde erguer o corpo mais ou menos ; mas ha poucas, principalmente das venenosas, que suspendeu-do-se pela cauda possam levantar a cabeça ao nivel d'este orgão. As nossas cobras são, sob este ponto de vista, mais vigorosas que as viboras, e podem deitar o corpo de lado ou para traz, conservando no ar aproximadamente uma quarta ou terça parte do seu comprimento total, e arremessar de subito a parte anterior contra a presa.

Nunca vi nenhuma das nossas especies, venenosas ou não, erguer-se completamente do solo e saltar como muita gente affirma : havendo até quem assegure ter sido perseguido por viboras que davam saltos apoiando-se na ponta da cauda. Sempre observei que as nossas cobras fugiam do homem, a menos que este as surprehenda ou se vejam de qualquer maneira na necessidade de defender-se.

Com os primeiros calores do sol da primavera, variando a data segundo as especies, os annos e as localidades, do principio de março, nos valles, ao fim de maio, nos Alpes, as nossas serpentes despertam do torpor em que jazeram durante o inverno e abandonam os seus escondrijos ; e a partir d'essa epoca até ao outono mudam cinco ou seis vezes a pelle, isto é a epiderme, e ás vezes mais, segundo as circumstancias. Este involucro externo, que lhes reveste o corpo inteiro, incluindo os olhos, solta-se a pouco e pouco, fendendo-se largamente proximo aos beiços. O animal, que busca então largar esta vestimenta que se lhe torna inutil, passa e repassa atravez do matto mais cerrado, por entre as pedras ou pelo centro das raizes entrelaçadas, para conseguir alli deixar a velha tunica que o incommoda.

De ordinario pouco depois da primeira muda, em abril ou maio, começam os amores, e os indivíduos dos dois sexos procuram-se, reunindo-se muitos, ás vezes, n'um determinado sitio. O macho e a femea foliam juntos : umas vezes estendem-se immoveis um ao lado do outro, outras abraçam-se, entrelaçando-se amorosamente. O acto da fecundação dura apenas algumas horas, e durante ellas conservam-se as duas serpentes estreitamente unidas.

Tres ou quatro, até mesmo cinco mezes depois, e geralmente uma unica vez cada anno, a femea põe no solo, sob um monte de pedras ou despojos vegetaes, ou simplesmente sob o musgo nos sitios humidos, ovos brancos, ovaes, de casca mais ou menos rija, ou os pequenos vivos. O numero dos ovos póde variar com as especies, as condições de existencia e a edade dos paes, de seis a trinta e cinco ; mas nas especies em que os pequenos nascem vivos, o numero d'estes não vae além de doze a quinze.

Contam alguns autores haver observado nas especies exoticas uma sorte de incubação pela femea, que se enrola em volta dos ovos ; eu nada observei no meu paiz que a tal se assimilhasse, e encontrei sempre os feixes d'ovos abandonados. Depois da postura, conforme os casos e as especies, em diversos graus de desenvolvimento, os pequenos nascem dentro d'um periodo variando de tres a oito semanas. A cobra que pare os filhos vivos não me pareceu por isso merecer-lhe a sua progenie maior cuidado, embora a certos autores lhes apraza contar que a vibora vigia os filhos, e que ao menor perigo os engole para lançal-os fóra passado elle.

É certo que os pequenos da mesma barriga se conservam, muitas vezes, reunidos até ao anno seguinte no sitio onde nasceram, e que não obstante o seu diminuto tamanho, tomam em breve os modos lestos dos adultos, e vão em cata, cada um por si, do sustento de que carecem. Não passando os animaes que aos adultos servem d'alimento pela abertura da bocca dos pequenos, precisam estes nos primeiros tempos dirigir de preferencia os seus ataques aos vermes, insectos e molluscos.

Crescem as serpentes novas vagarosamente, e se aos quatro annos estão aptas para reproduzir-se, não attingem comtudo o tamanho dos adultos antes dos seis ou sete anuos. Os machos em geral são mais pequenos do que as femeas.

Teem as variações atmosphericas grande influencia nos ophidios. A maior parte das nossas especies apparecem de preferencia durante o calor e o bom tempo, e as do genero *Tropidonotus*, que

vivem principalmente na agua, arreceiam-se menos da chuva e do mau tempo.

As serpentes inoffensivas são principalmente diurnas; mas as especies venenosas parece serem, em certos casos, tanto nocturnas como diurnas. Muitos observadores affirmam que a luz exerce, n'estas ultimas, altracção perfeitamente analoga á que produz n'outros animaes incontestavelmente nocturnos ; e que as viboras, por exemplo, empregam de noite actividade muito diversa da apathia de que parecem victimas muitas vezes durante o dia. Quanto a mim, observei muitas vezes que as nossas serpentes venenosas não só comem, mas que a reunião dos sexos se executa durante o dia, o que me leva a crer que os seus habitos devem variar segundo as condições em que vivem.

As serpentes, a que se attribue tanta astucia e finura, não parece possuirem sentidos bastante apurados.

Só a vista se afigura mais desenvolvida, e o olho é n'estes animaes o orgão mais completo. A falta de canal auditivo externo deve diminuir a sensibilidade do ouvido, e difficilmente se accommoda com a fama de melomania que gratuitamente lhe crearam. O olphato da mesma sorte é pouco delicado, porque o cheiro mais activo parece não causar o menor desprazer a estes reptis. O tacto é egualmente pouco sensivel, e observa-se repetidas vezes pequenos animaes passeiarem pelo corpo da serpente sem que esta mostre dar por tal. Finalmente o gosto deve ser de todos os sentidos o menos perfeito, porque engole os alimentos sem os mastigar, e a lingua não toma parte na deglutição.

A lingua, todavia, está longe de ser inutil, antes desempenha um papel importante na existencia do ophidio ; não como instrumento para *picar*, como assevera muita gente, porque é macia e flexivel, mas serve-lhe simultaneamente d'orgão de tacto dos mais delicados, sendo um apparelho de linguagem muda dos mais expressivos.

Em qualquer circumstancia, e em presença de um objecto novo, a serpente arremessa a lingua para se pór em contacto com o mundo exterior ; toca mesmo algumas vezes nos objectos com as pontas agudas d'este orgão, isto nos corpos de que quer conhecer a natureza e propriedades. Além d'isso, como já disse, os movimentos da lingua, que este reptil estende passando pelo entalhe do beiço superior, exprime os sentimentos que o agitam em diversas circumstancias.

Todos os seus instinctos e paixões se traduzem pelos movimentos d'este orgão, tanto mais promptos quanto as impressões são mais violentas; e ao inverso vagarosas na razão da insensibilidade do animal, por doença ou entorpecimento. Aos movimentos expressivos da lingua une-se, em certos casos, e particularmente quando a colera o agita, uma sorte de assobio, estridente e prolongado, produzido provavelmente pela saida rapida do ar atravez do entalhe boccal; pelo menos nunca ouvi a nenhuma das nossas especies produzir este ruido com a bocca aberta.

As serpentes teem inimigos de sobra entre os mamiferos e as aves. Das segundas mencionaremos as aguias, os falcões, os mochos, os corvos, as cegonhas, as garças e alguns patos, etc.; nos primeiros figuram os gatos, os cães, as fuinhas, o tourão, o ouriço, o porco, etc. Affirma-se até que estes tres ultimos animaes nada soffrem com as mordeduras da vibora, que elles trincam a seu bel-prazer.

Chega finalmente a epoca, que se demora mais ou menos conforme os annos e as condições do clima, do fim d'outubro ao fim de novembro, por vezes só em dezembro, em que os nossos ophidios se refugiam uns em seguida aos outros nos seus quarteis d'inverno, sob o solo ou n'alguma cavidade bem abrigada. Apodera-se d'elles profunda lethargia, que os obriga a conservar-se soterrados até á primavera seguinte, agrupados por familias ou em numerosa sociedade, enredados ou enrolados uns nos outros.

Encontram-se por vezes n'estes feixes de serpentes entorpecidas individuos de diversas especies, mas na maioria dos casos as especies separam-se.»

O crescimento nos ophidios executa-se vagarosamente, mas a sua longevidade permitte-lhes attingir dimensões consideraveis. Varia o tamanho segundo os generos, e até os da mesma especie differem n'este ponto, concorrendo para isto a escassez ou abundancia da alimentação, e as diversas condições da sua existencia. Existem cobras cujo comprimento não vae além de $0^m,20$, outras alcançam de 3 a 5 metros, e mais.

O brilhante colorido da pelle d'algumas serpentes só pode bem observar-se no momento em que ellas a mudam, e então aos bellos tons das côres vivas, realçadas pelo brilho metallico, une-se o aspecto avelludado das côres escuras.

Conhecem-se hoje aproximadamente seiscentas especies, que vivem espalhadas por toda a superficie da terra, sendo certo que as maiores só se encontram nas regiões intertropicaes, onde habitam ao mesmo tempo as mais terriveis serpentes venenosas. Em face de tão avultado numero comprehende-se que resumamos a nossa noticia apenas a algumas das especies principaes, como representantes dos generos mais importantes, citando, todavia, todas as que sabemos existirem em Portugal. [1]

Como methodo mais facil, e segundo alguns naturalistas, dividimos as serpentes em dois grupos: *serpentes sem veneno* e *serpentes venenosas*.

SERPENTES SEM VENENO

A SERPENTE PYTHON

Python seba, de Dumeril e Bibron.—*Le python de Seba*, dos francezes

Dava-se na Mythologia o nome de Python a uma enorme serpente, que, tendo escolhido por morada o Parnaso, fôra morta ás frechadas por Apollo. Do nome d'este animal fabuloso vem o do genero *Python*, dado pelos modernos erpetologistas, e comprehendendo diversas especies de serpentes que excedem em tamanho todas as outras, até mesmo as *boas*. Citam-se serpentes d'este genero que se diz terem 15 metros, como refere Adamson, accrescentando, porém, que só as viu com 7 metros. Tendo-se por exagerada aquella dimensão, é certo existirem nas collecções individuos de mais de 8 metros de comprimento.

Só se encontram estes ophidios na Africa e na India.

Os individuos d'este genero teem o corpo grosso, arredondado, e por caracteristico essencial a existencia de dois esporões de cada lado do anus, considerados como vestigios dos membros posteriores, facto que se dá tambem nos individuos do genero *Boa*.

---

[1] Serviu-nos de guia o trabalho do digno director do Museu de Lisboa, o sr. dr. Barbosa du Bocage, a que já nos referimos.

No genero Python conhecem-se cinco especies, todas muito similhantes no colorido da pelle : teem uma especie de grande rêde trigueira ou negra, de malhas quasi quadrangulares, sobre fundo amarellado, estendendo-se desde a nuca até á cauda; de cada lado da cabeça uma faxa negra que parte das ventas, passa pelos olhos e vae até aos beiços.

Encontram-se nas arvores, nos sitios quentes e humidos, á borda das nasceutes e das correntes d'agua, d'onde espreitam os animaes que alli vão beber. Embora não sejam venenosas, são estas serpentes temiveis pelo tamanho. Varia o modo de atacar as presas segundo as circumstancias : ou seguras pela cauda á arvore conservam a parte anterior do corpo livre e oscillante, e arremessam-n'o contra a victima, ou esperam-n'a immoveis postas d'emboscada.

Alguns individuos d'esta especie existiam vivos no Museu de Paris, ainda ha poucos anuos, dos quaes Dumeril conta que um já tinha nove annos, sendo o maior do comprimento de 3 metros, dimensão que está longe da que estes animaes podem attingir, como já dissemos.

Para o leitor julgar da sobriedade dos ophidios, transcrevemos as seguintes linhas do autor citado, referindo-se ainda ás pythons.

As nossas pythons de Seba comem com bom appetite, e uma das tres, que se avantajou em tamanho, provou pelo seu maior crescimento a influencia que póde ter a alimentação abundante no desenvolvi-

Gr. n.º 449 — A serpente python

mento d'estes animaes. Em quanto a maior parte das nossas serpentes maiores tomam, termo medio, nove ou dez refeições por anno, a de que se trata comeu aproximadamente dezeseis vezes no mesmo periodo, regimen que durante tres annos deve ter sido o motivo do seu maior crescimento, e circumferencia augmentando esta pelo menos mais duas terças partes.

D'uma especie das pythons do museu de Paris, conta ainda Duméril que oito d'estes ophidios nasceram alli, tendo ao sair do ovo $0^m,45$ a $0^m,50$; aos vinte mezes já media o mais pequeno $1^m,17$ e o maior $2^m,34$, e aos quatro annos haviam attingido as dimensões que depois conservaram, isto é, o mais pequeno $2^m,50$ e o maior $3^m,30$. Uma das serpentes nascidas no museu, á data em que o distincto erpetologista a quem nos referimos escreveu esta noticia, já tinha doze annos e meio, e as outras haviam morrido.

A BOA

Boa constrictor, de Linneo — *La boa constricteur* dos francezes

O genero *Boa* comprehende a especie citada e outras que vivem na America, distinguindo-se não só pelo tamanho, pois excedem alguns d'estes ophidios tres metros de comprimento, como tambem pelo vistoso colorido da pelle.

As boas teem o corpo robusto, mais grosso no meio que nas extremidades e um pouco comprimido ; a cabeça relativamente pequena, mais larga na parte posterior e estreitando para a frente, bastante deprimida ; a cauda curta na prpporção do tronco, conica e susceptivel d'enrolar-se.

A boa, *boa constrictor*, menos rara que os congeneres, logo depois da muda é um lindo reptil, quasi côr de carne, com grandes malhas no dorso trigueiras avelludadas, com reflexos metallicos, postas a certa distancia umas das outras; na face superior da cauda tem outras malhas de um vermelho côr de tijolo, bordadas de negro.

Vive em parte da America do Sul, principalmente na Guiana, no Brazil, nas provincias do Rio da Prata, etc., e habita de preferencia os logares seccos no interior das florestas, passando a melhor parte da vida nas arvores. Outras especies, que hoje os naturalistas distinguem genericamente, e outr'ora faziam tambem parte do genero *Boa*, vivem á borda dos rios e dos pantanos, e mergulhando n'agua, enterradas na vasa, ou suspensas dos ramos das arvores que se debruçam na agua, esperam os animaes que vão beber para se lhes arremessar, e á maneira da boa apertam-n'os nas suas immensas voltas, que estreitando-se, lhes vão esmigalhando os ossos até reduzir as victimas a uma massa informe, que o reptil engole em seguida.

Diz-se que a carne d'estes ophidios é boa para comer, e no Brazil existem duas especies, a *giboia (boa conchria)*, e a *sucuriú* ou *sucuriuba (boa anacondo)*, cujas pelles são aproveitadas para calçado e outros usos.

A COBRA D'ESCULAPIO

Elaphis Æsculapii, de Duméril e Bibron — *La couleuvre d'Esculape*, dos francezes

Esta especie do genero *Elaphis*, rico em especies, vive no meio dia da Europa, e encontra-se no sul da França, na Allemanha e na Italia, onde é frequente. E' notavel por ser a especie venerada na antiguidade em Epidauro, onde existia um templo dedicado a Esculapio, o deus da medicina, a quem era consagrada esta serpente como symbolo da prudencia.

«Conservamos o nome de *serpente de Esculapio*, diz Lacépède, á especie que desde dezoito seculos, ao que parece, é assim denominada, como se a innocencia e mansidão d'este reptil fosse motivo para escolhei-a de preferencia para symbolo da divindade bemfazeja, repetidas vezes representada pelo emblema da serpente.»

Mede a cobra de Esculapio adulta, regularmente, $1^m,25$. E' de um trigueiro esverdeado, ornada especialmente nos flancos e no meio do corpo de salpicos brancos, dispostos em series; habitualmente de cada lado do pescoço, logo em seguida á cabeça, tem uma malha amarella, que unindo-se com a do lado opposto figura uma colleira.

Tem o habito singular d'atravessar-se nos caminhos e veredas,no dizer de Millet, estendida em linha recta e immovel; n'esta posição aguarda que lhe passe ao alcance algum animalsinho, de que possa fazer presa. Trepa ás arvores com grande facilidade, para alli surprehender as aves, e d'estas e dos ovos se alimenta.

A COBRA ESCADEADA

Rhinechis scalaris, de Bonaparte — *Le rhinechis à échelons*, dos francezes

No nosso paiz, é commum em Cintra, Coimbra e outros pontos, existe esta cobra do genero *Rhinechis* de que não sabemos o nome vulgar, ou que o não tem, sendo designada como todas pelo nome de *cobra*. Damos-lhe para a distinguir o de *cobra escadeada*, tirado do desenho da pelle, que sendo d'um loiro arruivado, tem duas riscas negras longitudinaes na parte superior do corpo, ligadas de distancia a distancia, e com intervallos quasi eguaes, por faxas largas e annegradas, dispostas como os degraus d'uma escada. D'esta circumstancia se deriva o nome scientifico *scalaris* e o francez *Rhinechis à échelons*.

Esta especie habita tambem na França, na Italia, e nas ilhas do mar Mediterraneo. É facil de guardar captiva.

A COBRA D'AGUA

Coluber natrix, de Linneo — *La couleuvre à collier*, dos francezes

Esta especie, do genero *Tropidonotus* dos modernos zoologistas, encontra-se em grande parte da Europa e é muito commum em Portugal.

Como caracteres genericos teem estas cobras a cabeça regular, mais ou menos larga atraz, e d'ordinario destacando-se do pescoço; focinho arredondado; o alto da cabeça achatado e revestido de nove grandes escamas; bocca muito rasgada;

cauda mediana, terminando pontuda e egual na base á grossura do tronco.

A cobra d'agua é parda azulada, trigueira, ou annegrada na parte superior do corpo, com malhas negras no dorso e nos flancos, e outras negras esbranquiçadas ou amarelladas de fórma irregular na parte inferior. Tem uma larga malha em fórma de crescente, esbranquiçada ou amarella, seguida d'outra triangular negra, de cada lado, na parte posterior da cabeça. O comprimento medio dos individuos adultos é aproximadamente d'um metro, e raras vezes excede esta medida.

As femeas são maiores de que os machos, mas estes teem a cabeça mais volumosa.

Habita a cobra d'agua de preferencia nos logares humidos, junto dos regatos; nos pantanos ou nos fossos, encontrando-se tambem nas mattas e nos terrenos enxutos. Corre com grande rapidez no solo, trepa se preciso fôr aos ramos inferiores dos arbustos, e nada habilmente. Alimenta-se, segundo as presas que pode haver, de ratos, aves pequenas, lagartos, rãs, e de varios insectos e vermes. Á maneira de todos os ophidios engole a presa sem a mastigar, e a maior parte das vezes ainda viva.

Ao aproximar-se o outono, a cobra d'agua vae em busca de sitio mais abrigado, aproveitando as moradas subterraneas d'alguns animaes, e até mesmo abeirando-se da morada do homem, e encontram-se n'essa

Gr. n.° 450 — A cobra d'agua

epoca algumas nas estrumeiras e até nos estabulos. D'aqui provém, de certo, a crença popular de que estes ophidios veem mamar nas vaccas, crença tão falsa como a que affirma que o reptil penetrando de noite nas habitações introduz na bocca das creanças a ponta da cauda, para d'esta sorte as calar, em quanto se regala com o leite das mães adormecidas. Carecendo de beiços carnudos, estas cobras não lograriam comprimir sufficientemente o bico do peito da mulher ou as tetas da vacca e da cabra a ponto de extrahir o leite, e os dentes pela sua disposição magoariam estas partes tão delicadas, obrigando a victima a despertar e a defender se.

Uma vez cada anno, em abril, realisa-se a união dos individuos dos dois sexos, e em julho ou agosto a femea põe, segundo

a edade, de dez até trinta ovos, de diametro egual aos das rolas, em sitio quente e humido. De tres a quatro semanas é o tempo sufficiente para se desenvolver o germen, e então os pequenos quebrando a casca nascem com $0^m,17$ a $0^m,22$ de comprimento, e bastante vigorosos para cada qual seguir para seu lado em busca do sustento, isto é, dos vermes e pequenos insectos que devem formar o seu primeiro alimento.

A cobra d'agua é completamente inoffensiva, e de todas a que melhor se presta á domesticidade. Por vezes, vendo o caminho tomado, finge-se morta para assim escapar; mas se a agarram morde, pequena mordedura, porém, e sem consequencias perigosas, pois a sua principal arma defensiva são as contracções da sua vigorosa musculatura.

cauda mediana, terminando pontuda e egual na base á grossura do tronco.

A cobra d'agua é parda azulada, trigueira ou annegrada na parte superior do corpo, com malhas negras no dorso e nos flancos, e outras negras esbranquiçadas ou amarelladas de fórma irregular na parte inferior. Tem uma larga malha em fórma de crescente, esbranquiçada ou amarella, seguida d'outra triangular negra, de cada lado, na parte posterior da cabeça. O comprimento medio dos individuos adultos é aproximadamente d'um metro, e raras vezes excede esta medida.

As femeas são maiores de que os machos, mas estes teem a cabeça mais volumosa.

Habita a cobra d'agua de preferencia nos logares humidos, junto dos regatos; nos pantanos ou nos fossos, encontrando-se tambem nas mattas e nos terrenos enxutos. Corre com grande rapidez no solo, trepa se preciso fôr aos ramos inferiores dos arbustos, e nada habilmente. Alimenta-se, segundo as presas que pode haver, de ratos, aves pequenas, lagartos, rãs, e de varios insectos e vermes. Á maneira de todos os ophidios engole a presa sem a mastigar, e a maior parte das vezes ainda viva.

Ao aproximar-se o outono, a cobra d'agua vae em busca de sitio mais abrigado, aproveitando as moradas subterraneas d'alguns animaes, e até mesmo abeirando-se da morada do homem, e encontram-se n'essa

Gr. n.º 450 — A cobra d'agua

epoca algumas nas estrumeiras e até nos estabulos. D'aqui provém, de certo, a crença popular de que estes ophidios veem mamar nas vaccas, crença tão falsa como a que affirma que o reptil penetrando de noite nas habitações introduz na bocca das creanças a ponta da cauda, para d'esta sorte as calar, em quanto se regala com o leite das mães adormecidas. Carecendo de beiços carnudos, estas cobras não lograriam comprimir sufficientemente o bico do peito da mulher ou as tetas da vacca e da cabra a ponto de extrahir o leite, e os dentes pela sua disposição magoariam estas partes tão delicadas, obrigando a victima a despertar e a defender se.

Uma vez cada anno, em abril, realisa-se a união dos individuos dos dois sexos, e em julho ou agosto a femea põe, segundo

a edade, de dez até trinta ovos, de diametro egual aos das rolas, em sitio quente e humido. De tres a quatro semanas é o tempo sufficiente para se desenvolver o germen, e então os pequenos quebrando a casca nascem com $0^m,17$ a $0^m,22$ de comprimento, e bastante vigorosos para cada qual seguir para seu lado em busca do sustento, isto é, dos vermes e pequenos insectos que devem formar o seu primeiro alimento.

A cobra d'agua é completamente inoffensiva, e de todas a que melhor se presta á domesticidade. Por vezes, vendo o caminho tomado, finge-se morta para assim escapar; mas se a agarram morde, pequena mordedura, porém, e sem consequencias perigosas, pois a sua principal arma defensiva são as contracções da sua vigorosa musculatura.

31

Lacépède narra curiosos pormenores acerca da docilidade da cobra d'agua, taes como : poder conservar-se nas habitações dando-lhe de comer ; de tal modo habituar-se ao tratador que ao menor signal se lhe enrosca em volta dos dedos, do braço ou mesmo do pescoço, sem tentar molestal-o ; sugar a saliva entre os labios do dono ; e sem receio permittir-lhe mesmo o conchegar-se entre o corpo e o fato.

A COBRA VIPERINA

Tropidonotus viperinus, de Dumeril e Bibron — *La couleuvre viperine*, dos francezes

Esta especie congenere da antecedente habita como ella na Europa, encontrando-se em Portugal, posto que seja aqui rara.

É mais pequena do que a cobra d'agua, medindo os individuos adultos termo medio 0m,65. Como o nome indica, esta especie assimilha-se bastante á vibora, e alguns individuos por tal forma se confundem com a vibora, especie *coluber berus*, que á primeira vista é difficil distinguil-os. Esta difficuldade parece não se dar só com as pessoas pouco afeitas a observar estes animaes, pois que Duméril, o notavel erpetologista francez, foi mordido em 1851 por uma vibora que tomára por uma cobra viperina.

Este ophidio tem a parte superior do corpo pardo esverdeado ou atrigueirado, com malhas annegradas muito juntas ou unidas formando uma linha sinuosa ; malhas escuras nos flancos com o centro mais claro ; na parte inferior do corpo é pardaço ou amarellado, com malhas pardas ou negras no ventre.

A cobra viperina é mais aquatica do que a cobra d'agua, pois encontra-se de preferencia nos charcos e nos pantanos, ou nas margens das ribeiras e dos lagos, raras vezes nas mattas ou em terrenos seccos. Não só é habil nadadora, mas conserva-se longo tempo debaixo d'agua, deslisando vagarosamente por entre as hervas ou pelas pedras do fundo, em busca das rãs, dos tritões e dos peixes pequenos, que todos estes animaes constituem o seu habitual alimento.

A femea põe de quinze a vinte ovos.

Não obstante a sua analogia exterior com a vibora, esta cobra é completamente inoffensiva, mordendo se a agarram, mas tão fraca é a mordedura que não penetra além da pelle.

Mencionaremos ainda, no avultado numero das *serpentes sem veneno*, uma especie que vive em Portugal.

Coluber hippocrepis, de Linneo, a que os francezes chamam *Pérops fer à cheval*, um lindo ophidio commum no nosso paiz, que se distingue pelas grandes malhas arredondadas, d'um trigueiro negro, dispostas em tres series e occupando as regiões superiores do corpo ; tem uma faxa em fórma de ferradura na região do craneo, a qual não é constante.

SERPENTES VENENOSAS

Como dissemos anteriormente, uma parte dos ophidios, felizmente a menor, é formada d'especies notaveis pelo terrivel veneno segregado em duas glandulas especiaes, situadas uma de cada lado da cabeça e conduzido por dois dentes da maxilla superior. A conformação d'estes dentes é apropriada ao horrivel mister que executam, pois são desde a base atravessados por um canal que se abre na frente junto á extremidade, ou teem simplesmente um sulco communicando com a glandula ; em qualquer dos casos são sempre mais longos do que os outros.

Tem de notavel o veneno d'estas serpentes, um dos mais violentos que se conhecem, dando por vezes a morte com rapidez assombrosa, poder ser engulido sem que resulte o menor damno ; em quanto que introduzido em qualquer ferida e misturando-se com o sangue, é morte certa n'alguns casos, e por vezes fulminante.

Varia a energia do veneno segundo as especies, e a mordedura das serpentes venenosas é tanto mais ou menos perigosa quanto nas glandulas que o segregam se contém em maior ou menor quantidade. Nos paizes quentes é mais prompto e terrivel o seu effeito do que nos paizes frios ou temperados.

Dissemos que os dentes destinados a entornar o veneno na ferida por elles feita eram situados na parte anterior e média da maxilla superior, facto que se dá nas especies mais terriveis, de que em seguida nos hemos d'occupar; mas não deixaremos passar sem menção um grupo d'ophidios que, devendo ser considerados como venenosos, tem todavia por caracter especial a maxilla superior guarnecida na frente de dentes lisos como os das cobras não venenosas, existindo, porém, na parte posterior da maxilla dentes mais longos com um sulco na frente, por onde o veneno se derrama.

. Posto que as serpentes d'este grupo sejam venenosas, é certo que pela disposição dos dentes conductores do veneno, situados na parte posterior da maxilla, não podem ser nocivas para os animaes cujo corpo lhes exceda o diametro boccal, visto que só podem ser mordidos quando penetrem até ao fundo da bocca, isto é, na entrada da pharynge. Para os animaes, pois, que pela sua maior corporatura não caibam na bocca d'estes ophidios, são elles inoffensivos, o que se não dá com as outras serpentes venenosas, as quaes, tendo os dentes conductores do veneno á frente da bocca, podem servir-se d'elles contra todos os animaes, qualquer que seja o tamanho.

A utilidade do veneno assim derramado pelos dentes situados no fundo da bocca, explicam-n'a os autores da *Erpetologia Geral*, Duméril e Bibron, pela seguinte fórma.

«A estria que se observa ao longo dos dentes posteriores apresenta um sulco tão profundo que mais parecem separados em todo o comprimento, e é ao longo d'este rêgo que deve correr o veneno destinado a introduzir-se nas carnes da victima, e produzindo provavelmente a insensibilidade nos animaes vivos.

Este virus, modificando a sensação penosa da dôr, se é que a não extingue completamente, reduz o corpo animado da victima ao estado de materia inerte, abundante em succos nutritivos já perfeitamente preparados, e dos quaes a serpente poderá extrahir no todo, embora a acção se effectue lentamente, todas as partes alimenticias que a presa lhe puder fornecer percorrendo o tubo digestivo, isto durante a longa permanencia que a substancia animal alli deve ter, não obstante a curteza do canal intestinal.»

N'este grupo das serpentes venenosas a que acabamos de referir-nos, *opisthoglyphos* dos autores, incluem-se numerosas especies que vivem espalhadas por todo o globo, mas apenas sabemos que exista a seguinte no nosso paiz

Cœlopeltis insignitus, de Wagler, especie conhecida em França por *couleuvre maillée*. E' originaria da Africa, encontrando-se todavia na Italia, no sul da França, e commum em Portugal nos arrabaldes de Lisboa. Os individuos adultos são na parte superior d'um verde azeitonado com tons negros proximos da cabeça; as partes inferiores do corpo amarellas com leves sombras negras; os flancos azulados.

Seguidamente damos noticia d'algumas das principaes especies das serpentes venenosas, conhecidas desde longo tempo pelo damno que causam, e algumas cuja mordedura é quasi constantemente mortal.

A COBRA DE CAPELLO

Coluber naja, de Linneo — *La serpent à lunettes ou à coiffe*, dos francezes

A cobra de capello, genero *Naja*, bastante frequente em todas as regiões da India, distingue-se principalmente, bem como as suas congeneres, pela faculdade de dilatar o pescoço. Quando o reptil está tranquillo, esta parte do corpo não tem maior diametro do que a cabeça; mas sob a influencia d'um sentimento qualquer que o agite, dilata-a rapidamente, voltando ao primeiro estado tão depressa cesse o motivo da sua agitação.

Outra circumstancia não menos notavel d'estes ophidios é poderem erguer verticalmente a parte anterior do corpo, conservando-a direita e firme, em quanto a parte posterior descança no solo, e servindo de ponto d'apoio permitte ao reptil poder avançar.

A mordedura da cobra de capello é bastante perigosa, pois o veneno que instila na ferida é muito subtil, e para nenhum é mais necessario que os recursos da medicina sejam empregados rapidamente. Em todos os tempos se teem indicado numerosos remedios contra as mordeduras d'esta serpente, mas na maior parte das vezes sem resultado favoravel.

A cobra de capello da especie citada é d'um amarello atrigueirado, mais desvanecido na parte inferior, raras vezes com faxas negras transversaes, tendo geralmente no pescoço um risco negro em fórma de luneta.

Vive no solo, abrigando-se nas galerias subterraneas formadas por outros animaes e é raro que trepe ás arvores. Durante o dia ou quando presente algum perigo occulta-se nos velhos troncos carcomidos, por vezes entre as pedras ou nas cavidades dos rochedos.

A ASPIDE

Coluber haje, de Linneo — *L'aspic,* dos francezes

Esta especie, congenere da cobra de capello, é mais pequena e tem o pescoço menos dilatavel. Encontra-se na Africa, sendo principalmente commum no Egypto.

Diz-nos a historia que Cleopatra, rainha do Egypto, tão celebre pela formosura como pelos crimes, receiando cair viva em poder de Octavio, depois da batalha em que este vencera o marido, se suicidara applicando uma *aspide* a um braço ou ao peito.

A aspide é esverdeada com malhas atrigueiradas.

Pretendiam os antigos, diz *Chenu,* que a mordedura d'este ophidio não causava dôr, e apenas determinava somno lethargico, e que tão ao de leve a mordedura era feita que d'ella não restavam vestigios. Outros autores affirmam que do somno lethargico se passa suavemente á morte; Chenu accrescenta que o veneno da aspide é mais deleterio que o das viboras da Europa.

Referindo-se ás serpentes do genero *Naja,* a cobra de capello e a aspide, conta L. Figuier o seguinte :

Gr. n.º 451 — A cobra de capello

«Os antigos habitantes do Egypto adoravam estas serpentes, e attribuiam-lhe a conservação das sementes, pelo que as deixavam livremente percorrer os campos amanhados. Hoje que estes ophidios não são já no Oriente objecto de adoração dão em quasi todos os paizes da Asia, na Persia e no Egypto um espectaculo bastante curioso.

O povo rodeia os charlatães que se annunciam dotados de poderes sobrenaturaes que lhes permittem domar e fascinar estes temiveis reptis. O *psyllo,* isto é, *o encantador de serpentes,* depois de tomar na mão certa raiz servindo-lhe de preservativo contra a mordedura venenosa da serpente, tira esta do vaso onde está encerrada e mostrando-lhe uma vara procura irrital-a. O animal então ergue a parte anterior do corpo, dilata o pescoço, abre a bocca alongando a lingua bifendida, brilham-lhe os olhos e solta os medonhos silvos.

Começa uma especie de luta entre a serpente e o *psyllo,* que, entoando certa canção monotona, mostra ao mesmo tempo o punho fechado ao reptil, ora d'um lado ora d'outro. O animal com o olhar fixo na mão que o ameaça segue-lhe todos os movimentos, e balanceando a cabeça e o corpo simula uma especie de dansa.

Outros domadores de serpentes conseguem d'estes reptis acompanharem de movimentos alternados e cadenciados do pescoço os sons que tiram de pequenas flautas. Conta-se mais que estes mysteriosos domadores sabem, com o auxilio de certos toques, mergulhar o seu perigoso inimigo n'uma especie de lethargia, dando-lhe a rigidez cadaverica, estado que a seu bel-prazer podem fazer cessar. Em todo o caso é certo que não lograriam impunemente tocar n'estes reptis, cuja mordedura é extremamente perigosa, sem haver de qualquer modo neutralisado o effeito do veneno.

Presume-se que os *psyllos* esgotam todos os dias o veneno ao reptil, obrigando-o a morder repetidas vezes n'um pedaço d'estofo, ou que, na maior parte das vezes, arrancam ás serpentes os dentes conductores do veneno, dos quaes uma unica picada é de sobra para matar rapidamente.»

A VIBORA

Vipera ammodytes, de Duméril e Bibron—*La vipère à museau cornu*, dos francezes

Citamos esta especie, ao tratar das viboras, ophidios de que nos occuparemos mais d'espaço, como sendo os unicos realmente venenosos que existem em Portugal, pois que no trabalho do dr. Barbosa du Bocage, a que já nos referimos antecedentemente, é esta especie apresentada como a unica das viboras que aquelle nosso distincto naturalista diz haver encontrado no nosso paiz.

As viboras distinguem-se facilmente das cobras sem veneno pela fórma da cabeça, mais triangular e mais larga na parte posterior; pelas placas mais pequenas que lhe cobrem a parte superior da cabeça, principalmente as das viboras *ammodytes* e *aspis;* pelas pupillas verticaes e não arredondadas, e finalmente pela cauda mais curta.

Da familia das viboras conhecem-se umas vinte especies, todas do antigo continente, e mais particularmente abundantes na Africa. Só tres habitam na Europa: *vipera aspis*, *vipera ammodytes*, e *pellias berus*.

A especie *vipera aspis*, a que os francezes chamam *vipère commune*, encontra-se frequentemente nos sitios montanhosos e arvorejados da Europa meridional e temperada, em Inglaterra, em França, na Italia, na Allemanha, na Polonia, e até mesmo na Suecia e Noruega. Nos arrabaldes de Paris habita nas florestas de Montmorency e Fontainebleau.

Mede de $0^m,35$ a $0^m,70$ de comprimento,

tendo de grossura maxima $0^m,03$. A cabeça é quasi triangular, um pouco mais larga do que o pescoço, obtusa e o focinho troncado; olhos pequenos, vivos, orlados de negro; lingua comprida e bifendida. O corpo é d'um pardo cinzento ou annegrado, com uma faxa dorsal continua, negra e flexuosa, ou formada de malhas distinctas contiguas, arredondadas ou rhomboides; na parte inferior do corpo o colorido é bastante variavel, geralmente d'um pardo côr de aço ou avermelhado, com malhas brancas irregulares.

A *vipera ammodytes*, que dissemos encontrar-se em Portugal, vive tambem em França, na Allemanha, na Italia, na Grecia, etc. Distingue-se principalmente da *aspis* pelo prolongamento do focinho em fórma de tromba pequena e carnuda, coberta d'escamas pequenas (Gr. n.º 453). E' mais pequena do que a especie antecedente.

A especie *pellias berus*, de que os autores formam um genero, tem o focinho curto e largo, e as escamas da cabeça grandes, analogas ás das cobras; circumstancia que, reunida á similhança do colorido, dá motivo a confundir-se esta vibora com a cobra viperina, como antecedentemente dissemos ao falar d'esta especie do grupo das serpentes sem veneno. Esta vibora é a que habita os pontos mais septentrionaes da Europa, e Duméril dá-a até vivendo na Siberia.

As viboras são pouco activas, e posto que uma ou outra vez se encontrem nos sitios humidos, vivem de preferencia nos logares seccos e aridos ou nas mattas. O inverno e o começo da primavera passam-n'os occultas em qualquer cavidade bastante funda, ao abrigo do frio, e entorpecidas. Diz-se que por vezes se encontram muitos d'estes ophidios reunidos, enroscados e enlaçados uns nos outros.

O andar da vibora é pesado e irregular, os movimentos vagarosos; de seu natural parece este reptil apathico. Aguarda que a victima lhe passe ao alcance, sendo raro perseguir a presa. Com a maior paciencia, immovel, sem causar o mais leve ruido que possa trahir a sua presença, espera a victima, e arremessando-se rapidamente sobre ella com a bocca aberta, morde-a com os dentes inoculadores do veneno, situados na frente da maxilla superior, e largando-a novamente, fica esperando pelo resultado do veneno que lhe inoculara no corpo. O animal mordido não tarda a cair agonisante, presa de violentas convulsões, e morre; então a vibora abeira-se-lhe novamente, volta-o, por vezes busca esmagal-o apertando-o nas dobras do corpo, até que o engole tomando-o pela cabeça.

Os filhos da vibora nascem vivos, depois de uma gestação de oito mezes, conservando-se durante o tempo que permanecem no ventre da mãe dentro d'ovos de casca membranosa. Nascem já dotados do terrivel veneno que tão proficuamente os auxilia desde logo a prover ás necessidades da sua alimentação; só, porém, aos seis ou sete anuos attingem todo o seu desenvolvimento. A vibora pode ter d'uma barriga doze a vinte e cinco filhos.

É occasião de descrevermos o terrivel apparelho da vibora, que a torna temida a ponto de se admittir por muito tempo que este reptil exercia sobre certos animaes uma especie de acção magnetica, a que se dava o nome de *fascinação*, e que deve attribuir-se unicamente a causa mais simples, isto é, ao sentimento de profundo terror que a vibora inspira, e que n'alguns animaes os torna immoveis, incapazes de fugir, como que petrificados. Conta Duméril d'um pintasilgo que tinha na mão com o maior cuidado—ao tempo em que leccionando no curso do Museu da Historia Natural pretendia demonstrar o effeito subito e mortal da mordedura da vibora nos pequenos animaes, — que a pobre avesinha não careceu de tanto para suc-

Gr. n.º 452 — A vibora *(Vipera aspis)*

cumbir: morreu á simples vista da vibora.

O apparelho venenoso da vibora compõe-se de tres partes distinctas: as *glandulas,* os *canaes* e os *dentes inoculadores* do veneno.

As glandulas estão situadas sob a pelle, uma de cada lado da cabeça, por baixo e atraz dos olhos, formadas de um certo numero de empolas, compostas de um tecido granuloso e dispostas com regularidade ao longo dos canaes excretores, como as barbas d'uma penna, disposição que só se observa com auxilio do microscopio. É aqui que se segrega o veneno, sob a fórma de um liquido amarellado, transparente e viscoso.

Segue-se a cada glandula um canal membranoso, que, partindo da glandula, vae abrir-se na base de cada um dos

dentes venenosos, e que levemente curvo serve tambem de deposito onde se accumula o veneno.

Finalmente, de ambos os lados, e collocados na maxillá superior, existem dois dentes maiores que os restantes, recurvos para o lado de dentro, muito agudos, e atravessados por um estreito canal que termina na ponta pelo lado anterior. Tão depressa os dentes venenosos, que são moveis, encontram ao morder a mais pequena resistencia, exercem pressão no reservatorio onde se guarda o veneno, e este projecta-se ao longo do dente vindo entornar-se na ferida, por mais pequena que seja, entrando assim na circulação.

Estes dentes, quando o animal não carece do seu uso, permanecem cobertos por dobras das gengivas, que os occultam em parte, mas saem do seu estojo natural toda a vez que a vibora precisa empregal-os. «Pouco mais ou menos como o homem, diz Figuier, que para defender-se ou atacar puxa da navalha, com a differença de que n'aquelle caso a navalha está envenenada.»

Dois ou tres dentes, mais pequenos que os primeiros, existem sempre como de prevenção por detraz d'estes, para no caso d'algum accidente que destrua os antigos serem estes substituidos.

Tal é a arma terrivel da vibora, e não a lingua, como o vulgo acredita, que dá a morte a todos os animaes com muito pequenas excepções.

Descripto o apparelho venenoso da vibora, resta-nos dizer quanto é perigosa a mordedura d'este reptil, e por ultimo quaes os meios praticos a empregar para evitar que ella possa ter consequencias fataes.

Como regra geral a vibora foge do homem; morde-o porém se elle lhe tocar, ou, em ultimo extremo, não tendo por onde escapar defende-se. Não se expõe ás funestas consequencias que sobreveem á mordedura d'este reptil quem tenha o cuidado de evitar em geral as serpentes, quando não saiba distinguir á primeira vista as especies venenosas das inoffensivas; e nos sitios onde estes animaes possam existir será sempre prudente observar o terreno para não correr o risco de pisal-as. A vibora arreceia-se da chuva e do frio, e nunca sae pelo mau tempo. Gosta de calor, e busca de preferencia os sitios pedregosos ou cobertos de matto, onde se observa estendida sob os ramos dos arbustos, ou immovel e enrolada sobre uma pedra á torreira do sol.

Ha quem habituado a conhecer estes reptis os segure pela extremidade da cauda, sendo certo que a vibora assim suspensa não tem vigor bastante para erguer a cabeça á altura da mão que a segura; mas deve-se ter sempre por arriscado o praticar d'esta sorte, pois que o animal torcendo-se póde aproveitar um momento em que a mão não vá a sufficiente distancia do corpo e morder a perna de quem a leva.

A mordedura da vibora opéra rapidamente nos pequenos animaes que lhe servem d'alimento, principalmente nos de sangue quente, taes como os ratos e as aves, que succumbem em poucos minutos, no meio de dôres angustiosas. Os animaes maiores, o carneiro e a cabra, morrem d'ordinario não sendo tratados; as vaccas e os cavallos se não morrem adoecem e a parte ferida incha consideravelmente.

Muitos casos se contam do homem succumbir á mordedura da vibora, e entre elles cita Lenz o d'um domador de serpentes, por nome Horselmann, que morreu á vista do narrador, cincoenta minutos depois de ser mordido na lingua por uma vibora. É certo, porém, que os effeitos do veneno variam de gravidade dadas certas circumstancias. O grau de temperatura e o estado da pessoa mordida parece influirem poderosamente na gravidade da mordedura.

«Tem-se notado que a mordedura da vibora é tanto mais perigosa quanto a temperatura é mais elevada, o paciente mais debil, encalmado, ou mais facilmente impressionavel, posto que o effeito esteja ainda dependente do estado da vibora n'aquella occasião. É certo que será mais ou menos perigosa a mordedura segundo o reptil estiver em jejum ou saciado, ou tenha feito uso do veneno ha mais ou menos tempo, porque accumulando-se este a pouco e pouco augmentará o perigo em relação á dose que tiver sido inoculada.

Favorecendo o calor a secreção e a absorpção, explica-se facilmente porque as mordeduras no começo da primavera ou no outono são geralmente menos graves do que as de verão. Parece que a vibora, em principio de entorpecimento, quando vae em busca d'abrigo contra os rigores do inverno, tem perdido já muito da sua terrivel faculdade de envenenar. (V. Fatio).

Parece-nos não só curiosa como tambem d'interesse a noticia de qual seja o melhor meio de combater o envenenamento produzido pela mordedura da vibora, e damol-a em seguida, lembrando sempre que o melhor dos tratamentos pouco vale não sendo applicado immediatamente.

«Apenas recebida a mordedura e encontrados os dois pequenos signaes vermelhos feitos pelos dentes agudos da vibora, é necessario atacar o mal sem perda de tempo. Poucos minutos bastam para que a dose de veneno acabou de inocular-se seja levada na circulação.

Nada de gastar tempo inutilmente, por exemplo, applicando o reptil á parte mordida, que para nada serve; como util recommenda-se apertar e chupar a ferida alternadamente, extrahindo d'esta sorte uma parte do veneno, que não tem acção deleteria tomado internamente em pequena dose, e que dizem só envenena penetrando directamente no sangue. Creio todavia, que será sempre mais prudente empregar, podendo ser, a ventosa substituindo a sucção, por duas razões : a primeira, porque não ha completa certeza de ter a mucosa boccal em perfeito estado, e corre-se o risco d'uma segunda inoculação ; a segunda, porque não julgo sufficientemente provado que o veneno dos. ophidios não possa, segundo a dose e o estado do individuo, tornar-se perigoso tomado internamente....

O mais conveniente a seguir, na minha opinião, é preparar rapidamente uma ligadura e com ella apertar um pouco acima o sitio mordido, não demasiadamente, abrandando assim a circulação, e acto continuo alargar a ferida fazendo-a sangrar. Em seguida, e o mais bre-

Gr. n.º 453 — Cabeça da vibora *(Vipera ammodytes)*

ve que possa ser, deve-se proceder á cauterisação bastante profunda, de preferencia pelo ammoniaco derramado na ferida. Tenho o ammoniaco por mais activo do que o nitrato de prata, podendo sem inconveniente empregar-se ambos, o segundo naturalmente depois do primeiro. [1] Algumas pessoas me tem recommendado o acido phenico em substituição do ammoniaco, mas não tive ainda óccasião de empregal-o.

Um banho demorado da parte atacada em agua fria, ou applicações d'esta e um copo d'agua com algumas gottas de al-

[1] Para cauterisar a ferida indica L. Figuier na sua obra, *Os Reptis*, as duas seguintes formulas:

Percholoreto de ferro....	4	grammas
Acido citrico..........	4	»
Acido chlorhydrico......	4	»
Agua.................	24	»

Agua..............	50	grammas
Iodureto de potassium...	4	»
Iodo metallico........	4	»

cali ou d'acido phenico, diminuirão a inchação e as dôres, bem como as syncopes e as nauseas.

Applicado este tratamento, rapida e intelligentemente, prevenirá algumas vezes quasi que completamente os accidentes, ou attenuará muito a sua gravidade ; na certeza, porém, de que passada uma hora depois da mordedura, terá elle perdido já grande parte da sua efficacia. Finalmente, depois de chegar au domicilio, o doente seguirá com o tratamento applicando fricções, emeticos e sudorificos. (dr. Victor Fatio).

A COBRA DE CASCAVEL

Crotalus durissus, de Linneo. — *Le serpent à sonnettes,* dos franceses

Sob a epigraphe de cobra de cascavel, especie citada, typo do genero *Crotalus,* falaremos d'estes ophidios, exclusivamente americanos.

Teem os crótalos a cabeça bastante volumosa, terminando em focinho curto, grosso e arredondado ; orificios lacrimaes, entre os olhos e as ventas ; e a cauda, d'onde lhe vem o appellido *cascavel,* tem a extremidade guarnecida de pequenas peças corneas, produzindo vibrações agudas quando o animal lhes imprime movimentos rapidos, ao agitar vivamente a cauda. «O som produzido é tão estranho que não é possivel esquecel-o, diz Duméril, principalmente, contam os viajantes, sendo ouvido nas campinas e florestas da America, onde a cobra de cascavel é tão temida.»

Quando este ophidio está inquieto ou quando se arrasta, ouve-se o ruido das capsulas caudaes, que, não sendo muito retumbante, se ouve ainda assim ao longe, aproximadamente a trinta passos de distancia, servindo de aviso providencial ao homem e a todos os animaes de que não está longe o mais terrivel dos reptis.

Os crótalos teem uma certa uniformidade no colorido da pelle. A cobra de cascavel, *crotalus durissus,* typo do genero, é parda e amarellada no dorso, com uma ordem de malhas negras longitudinaes, bordadas de branco. Os olhos são brilhantes ; a bocca muito rasgada, e deixando vêr a lingua negra e bifendida ; os dentes venenosos muito longos e situados na frente da maxilla superior. Medem estes ophidios regularmente 1^m,30 de comprimento, havendo-os que attingem 2^m.

Encontra-se esta especie principalmente nos Estados Unidos e no Mexico.

No Brazil vive outra especie do genero *Crotalus*, alli conhecida tambem pelo nome vulgar de *cascavel*.

Alimentam-se estes ophidios de animaes pequenos, mamiferos ou reptis. Aguardam pacientemente que elles se lhe approximem, e então desenrolam-se subitamente para os alcançar. São susceptiveis de longa abstinencia, e Duméril fala d'uma cobra de cascavel que viveu no Museu vinte e dois mezes sem comer, não contando o tempo que teria decorrido depois da sua ultima refeição até ser captiva, e a duração da viagem para França. Passado este tempo principiou a comer, tomando alimento seis ou oito vezes cada mez.

E' ovovivipara a cascavel, e parece, segundo a affirmativa d'alguns viajantes, que os filhos lhes não são completamente indifferentes, como succede com os ophidios em geral. Ha mesmo um viajante que refere haver presenceado um facto, testemunho singular do amor maternal d'este reptil. Querendo o viajante apossar-se d'uma cobra de cascavel, o reptil fez resoar o apparelho caudal, e, abrindo muito a bocca, o nosso narrador viu cinco pequenas serpentes alli alojar-se. «Surprehendido com tal espectaculo, refere o autor, desviei-me alguns passos, occultando-me por detraz de uma arvore, e o animal, convencido de que o perigo cessára, abriu a bocca e sairam os pequenos que alli se haviam abrigado. Reappareci, e os pequenos reptis correram de novo a buscar asylo na bocca da mãe, que d'esta vez se escapou por entre as hervas, levando comsigo tão precioso thesouro.

. A cobra de cascavel é o mais perigoso de todos os ophidios venenosos, e a sua mordedura tem effeitos tão graves como rapidos, sendo a morte, na maioria dos casos, o termo fatal tanto para o homem como para os maiores mamiferos, morte precedida de agonia em extremo penosa : séde devoradora, lingua infumecida, não cabendo na bocca ; sangue negro escorrendo pelas ventas; a gangrena, finalmente, corrompendo rapidamente o corpo.

. Entre muitos casos fataes cita-se o d'um domador de feras, chamado Drake, mordido por uma cobra de cascavel da sua collecção, em Rouen, na occasião em que julgando-a morta, lhe pegou imprudentemente para verificar o seu estado. A serpente mordeu-o n'um dedo, que Drake, segundo se conta, teve animo de cortar d'um golpe de machado ; mas a absorpção estava feita, e o homem morreu depois de nove horas de soffrimentos atrozes, apezar dos soccorros da medicina. Conta-se que, comprehendendo bem o seu estado, o infeliz teve ainda o generoso pensamento e sangue frio bastante para fechar o reptil que indiscretamente tirara da jaula.

Depois d'este facto foi prohibida em França a entrada d'estes ophidios, á excepção dos que eram destinados ao Museu, porque vivendo elles nos Estados Unidos cujo clima é egual ao da França, bastaria que por imprudencia um casal podesse escapar-se para o campo para que o paiz em pouco tempo fosse infestado pela sua progenie. As cascaveis que vivem no Museu de Historia Natural teem dupla jaula, e tomam-se as mais rigorosas providencias para impedir a sua fuga.

Como exemplo da violencia do veneno d'este reptil narraremos ainda o seguinte caso :

Haviam desembarcado em Liverpool, vindas da America, oito cobras de cascavel, e um exhibidor de feras comprou-as trazendo-as para Northampton onde tinha a sua collecção d'animaes, tendo o cuidado d'encerral-as em solida jaula.

Havendo transportado os animaes para Tundbridge-Wels, foi aqui que se deu o accidente que vamos narrar :

Sob a jaula das serpentes existia um reservatorio d'agua quente para assim obter temperatura mais conveniente á existencia dos reptis, e o guarda tinha por occupação aquecer a agua e vigiar os habitantes das gaiolas. Uma vez que a agua fervia com violencia, indo elle moderar o lume, deixou a porta entreaberta, e só depois deu pela fuga d'uma das serpentes.

O terrivel crótalo saltava no meio do pateo, silvando e erguendo a cabeça por forma ameaçadora. O guarda tratou de fechar a porta da jaula, gritando pelos outros guardas que se occupavam da limpeza das jaulas e outras habitações dos animaes. A vista do reptil ficaram todos tomados de terror panico, e só um, o mais edoso, por nome Godfrey, se deixou ficar, conseguindo por ultimo que mais alguns o acompanhassem. Armados de enxadas, pás e alavancas, tendo á sua frente Godfrey, os nossos homens encaminharam-se para a serpente.

Arremessaram-lhe primeiramente um sacco, julgando que d'esta sorte melhor lhe teriam mão ; mas o reptil escapou-se dirigindo-se para o meio da casa, silvando de modo medonho. Existiam em volta outros animaes encerrados em diversos compartimentos, pelos quaes a serpente passou sem causar damno, até que, chegando em frente d'um magnifico bufalo, deteve-se, introduziu-se no interior da gaiola e mordeu-o no focinho. Repassando novamente pelas grades seguiu para um pateo onde os criados se occupavam a carregar palha n'uma carroça.

Á carroça estava atrelado um soberbo cavallo, ao qual a serpente se arremessou mordendo-o; mas o cavallo empinando-se e escouceando com violencia derrubou a cobra, que ficou atordoada pela queda, e que mal tornou a si foi esmagada sob as ferraduras do cavallo que furioso a espesinhava.

Poucos momentos depois de mordido,

Gr. n.º 454 — A cobra de cascavel

o cavallo tremia, os olhos pareciam querer sair das orbitas, e soltava sentidos rinchos. Breve expirou em medonha agonia.

Ao mesmo tempo o bufalo, que primeiro havia sido mordido, era victima de horriveis convulsões, e caia por terra, morto tambem.» (Figuier).

Até depois de mortas as cascaveis, os dentes não perdem completamente o seu poder mortifero. No Museu da Historia Natural de Paris um naturalista adjunto, o sr. Rosseau, cravando no peito d'alguns pombos o dente d'uma d'estas serpentes, morta havia dois dias, os animaes succumbiram rapidamente.

Narra-se até a seguinte historia, que talvez pareça um pouco exagerada, mas que encontrámos citada em diversas obras, e entre outras nos Reptis de L. Figuier.

N'uma rua das Antilhas morreu um homem, que depois se soube fôra mordido n'um pé por uma cascavel, não obstante as grossas botas que trazia, não se dando n'aquella occasião pela causa da morte. Um dos filhos herdara entre outras coisas as botas do pae, calçou-as um dia, e breve caiu doente e morreu.

Vendeu-se o espolio do defunto e entre elle as malditas botas, que um irmão, julgando lhe serviriam bem, comprou, morrendo da mesma sorte logo depois de as calçar.

Os medicos trataram, então, d'averiguar qual poderia ter sido a causa d'estas tres mortes successivas e tão rapidas, e lembrando alguem as botas, foram estas examinadas com cuidado encontrando-se o dente da cascavel enterrado no coiro. Fóra pois o terrivel dente que victimara successivamente os tres homens.

Não terminaremos a historia da cascavel sem dar aos nossos leitores conhecimento d'um facto singular succedido com este reptil, que, apezar de toda a sua maldade, não é indifferente ao prazer da musica. E o facto tem a affirmal-o nada menos do que as seguintes linhas do celebre escriptor francez Chateaubriand.

« Viajavamos em julho de 1791 no Alto Canadá com algumas familias de selvagens dos Ounoutagnos. Um dia em que haviamos feito alto n'uma planicie nas margens da ribeira Génédie, entrou uma cobra de cascavel no nosso acampamento. Andava então comnosco um canadeano que tocava flauta, e querendo divertir-nos avançou para a serpente com esta arma de nova especie.

Na presença do inimigo a serpente armou-se em espiral ; achatou a cabeça dilatando as faces ; contrahiu os beiços, deixando a descoberto os dentes venenosos e a bocca vermelha ; a lingua bifendida agitava-se fóra da bocca ; os olhos brilhavam como carvões ardentes ; de raiva o corpo ora se erguia ora se abaixava á maneira d'um folle ; a pelle dilatada e eriçada d'escamas ; a cauda produzindo som sinistro, oscillava com tal rapidez que mais se nos afigurava tenue vapor. Eis que o canadeano começa o concerto, e então a serpente faz um movimento de surpreza, recua a cabeça, e a bocca vae-se-lhe a pouco e pouco fechando. Á medida que o effeito magico da musica se produzia no reptil os olhos perdiam o furor selvagem, as vibrações da cauda afrouxavam, e o ruido que toda ella fazia ia-se enfraquecendo e gradualmente extinguindo.

Menos perpendicular sobre a linha espiral, as dobras da serpente fascinada vão-se alargando e pouco a pouco vem descançar no solo formando circulos concentricos ; as escamas da pelle abaixando-se readquirem o brilho ; e o reptil, voltando rapidamente a cabeça, fica immovel na posição de gostosamente escutar.

O canadeano dá então alguns passos, tirando sempre da flauta sons brandos e monotonos, e o reptil abaixando o pescoço passa a cabeça atravez das hervas, e eil-o de rojo seguindo os passos do musico que o attrahe, parando quando elle pára, arrastando-se quando elle se afasta.

Assim foi levada a cascavel para fóra do acampamento, á vista da multidão de espectadores, selvagens e europeus, que a custo podiam acreditar o que os olhos viam.»

Na familia dos *Crótalos* comprehende-se outro genero d'ophidios, os *Trigonocephalos*, cujo nome se deriva de tres palavras gregas que sigificam — cabeça com tres angulos. Teem as formas das cascaveis, com a cauda pontuda, mas sem as escamas corneas ou *cascaveis*.

Uma das especies principaes é a que os francezes chamam *serpente amarella das Antilhas* ou *vibora ferro de lança*.

Tem a cabeça volumosa, notavel por ser uma parte triangular, e os tres angulos occupados pelo focinho e pelos olhos. De cada lado da maxilla superior vê-se um, ás vezes dois e mesmo tres dentes conductores do veneno.

Attinge por vezes esta serpente 2 metros. E' d'um amarello aurora, maculado de trigueiro e de negro, e com os flancos d'um vermelho vivo.

Vive em parte das Antilhas, na Martinica, em Santa Luzia e n'uma pequena ilha perto de S. Vicente.

Encontra-se de preferencia nas plantações de canna de assucar, e o seu alimento consta de reptis, aves, e principalmente de pequenos mamiferos, taes como ratos, etc.

O veneno dos trigonocephalos é quasi tão terrivel como o das cascaveis ; a sua mordedura mata em maior ou menor tempo todos os animaes, ainda mesmo os de grande corporatura como o boi. Á mordedura segue-se dôr violenta e inchação da parte atacada. O corpo esfria e torna-se insensivel, o pulso e a respiração afrouxam, o cerebro perturba-se, sobrevindo o côma e tornando-se a pelle azulada.

Dá-se n'esta especie uma circumstancia que a torna ainda mais temida : a sua fecundidade, pois tem-se encontrado no

corpo d'algumas femeas até sessenta filhos.

Os accidentes repetidos de que são victimas os habitantes d'aquellas ilhas, principalmente os negros empregados na cul-
tura da canna do assucar e os soldados
da guarnição, teem levado a diligenciar
obter um meio de destruir tão perni-
cioso reptil. Entre outros parece que o
mais efficaz seria acclimar-se o *secretario*,
ou *serpentario*, ave de rapina de que falámos em tempo aos nossos leitores, a

qual, como se devem lembrar, é habil
em destruir toda a casta de serpentes,
parecendo mesmo invulneravel ás suas
mordeduras. A Sociedade de acclimação
offerece premio a quem realisar a acclimação d'aquella ave nas ilhas infestadas
por estes ophidios.

Do genero *Trigonocephalus* vivem no
Brazil algumas especies, taes são as vulgarmente alli conhecidas por *urutús, su-
rucucús, jararacas, jararacussús.*

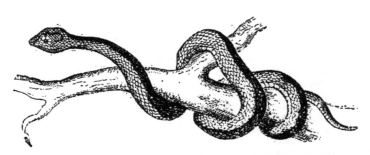

Gr. n.º 455 — A serpente amarella das Antilhas (*Trigonocephalus*)

OS BATRACHIOS

OS BATRACHIOS

Por muito tempo os batrachios fôram incluidos na mesma classe com os reptis, sendo certo, porém, que differem d'estes por muitas circumstancias da sua organisação, e que mais se aproximam dos peixes do que dos animaes hoje comprehendidos na classe dos reptis.

Nascem os batrachios com guelras como os peixes, unicos orgãos respiratorios que então possuem ; na primeira idade, pelas fórmas e no viver, e sob o ponto de vista physiologico são peixes. Antes, porém, de chegar á edade adulta, opera-se n'elles uma metamorphose essencial : adquirem pulmões, e a sua respiração feita até alli pelas guelras, orgãos que servem aos peixes para respirar o ar contido na agua, como já explicámos, passa a ser aeria como a dos animaes de que até aqui temos tratado.

Os batrachios, pois, estabelecem a transição dos reptis para os peixes, mas separam-se de ambos o sufficiente, pelos seus caracteres e organisação, para formar uma classe particular dos vertebrados.

Na introducção d'esta obra algumas palavras já dissemos ácerca da metamorphose dos batrachios, e vamos agora completar a descripção d'esta importante particularidade da sua organisação. A metamorphose d'estes animaes póde ser *completa* ou *incompleta*. Completa, quando as guelras e a cauda desapparecem inteiramente e os quatro membros se desenvolvem ; incompleta quando apparecem só dois membros ou nenhum, e a cauda e as guelras permanecem no individuo adulto.

Os batrachios saem do ovo sem similhança nenhuma com os paes : são pequenos e de corpo alongado, cabeça volumosa, privados de membros, cauda continua e achatada propria para a natação, guelras de ambos os lados do pescoço, assimilhando-se finalmente aos peixes, e como elles vivendo constantemente na agua, encontrando-se em numerosa quantidade nas aguas estagnadas dos charcos.

Chega, porém, uma época em que a transformação começa a operar-se : a cauda cae-lhe a pedaços ; atrophiam-se as guelras e fecham-se os orificios d'estas, desenvolvendo-se os pulmões ; apparecem os membros, e finalmente a metamorphose completa-se, ficando a sua organisação apta para outro modo de existencia. E' então que saindo da agua o batrachio pela primeira vez pisa o solo, mas sem nunca esquecer o elemento onde passou a infancia, pois é ainda na agua ou junto d'ella que passará o resto da vida. A nossa gravura n.º 456, que representa as metamorphoses do sapo, indica perfeitamente a fórma porque se opera a transformação do *gyrino*, que assim se denominam os batrachios antes da metamorphose.

N'alguns batrachios desenvolvem-se os pulmões persistindo por toda a vida as guelras e funccionando os dois orgãos, gozando estes animaes o privilegio de viver a seu bel-prazer no solo ou no fundo das aguas : são os verdadeiros amphibios.

A pelle dos batrachios é nua, e a der·me de natureza essencialmente mucosa, com numero consideravel de glandulas que vertem á superficie certo humor contendo um principio acre, e que em certas especies, taes como no sapo, na salamandra e no tritão, póde ser venenoso. D'aqui provém, justificando-se até certo ponto, a repulsão que estes animaes geralmente causam, pois é verdade que pela secreção cutanea certos batrachios são venenosos, e por fraca que seja a acção deleteria do veneno póde ainda actuar sobre alguns animaes.

O veneno da salamandra e do sapo inoculado n'uma rã suspende-lhe os movimentos do coração, e o da saramantiga actua nos musculos da vida da relação, exagerando-lhe os movimentos e tornando-os desordenados.

O apparelho circulatorio dos batrachios depois da metamorphose é similhante ao dos reptis; tem um só ventriculo no coração e duas auriculas. A respiração pulmonar é pouco activa, e exerce-se em maior grau pela pelle; alguns batrachios, taes como as rainetas e os sapos, absorvem mais oxygenio por a pelle do que pelos pulmões.

Pode a fórma dos batrachios ser á similhança dos lagartos, como por exemplo as *salamandras;* outros assimilham-se aos ophidios, como se dá com as *cecilias;* outros, a maior parte, são desprovidos de cauda e teem quatro membros á maneira das *rãs* e dos *sapos.*

São de fraca corporatura os batrachios em geral; mas certas especies exoticas excedem em tamanho as da Europa. Na America vivem rãs e sapos vigorosos bastante para atacar e devorar os patos pequenos, e existe no Japão uma salamandra cujo comprimento attinge aproximadamente um metro.

Já dissemos que os animaes da classe dos batrachios differiam na metamorphose, e esta circumstancia serve para determinar a sua classificação, resultando que alguns autores — os que dos batrachios formam uma classe, pois para outros estes animaes são comprehendidos n'uma quarta ordem dos reptis; — dividem os animaes vertebrados da classe dos batrachios em tres ordens a saber: os *anures*, os *urodelos* e os *peromelos* ou *cecilidios.*

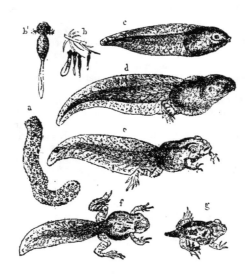

Gr. n.° 456 — Metamorphose do sapo

a, os ovos unidos em forma de cordão — *b*, o gyrino no momento de sair do ovo— *b'* o gyrino maior que o natural para deixar ver as guelras aos lados da cabeça — *c*, o gyrino já sem guelras exteriores mas não tendo ainda membros — *d*, com os membros posteriores— *e*, com os membros anteriores e posteriores — *f*, o corpo começa a perder a forma de gyrino para tomar o do individuo adulto — *g*, já pouco resta da cauda.

BATRACHIOS

ORDEM DOS ANURES

Como o vocabulo *anures* indica, os batrachios d'esta ordem caracterisam-se pela falta de cauda depois da metamorphose. Teem o corpo largo e execssivamente curto; a pelle nua e unida aos musculos e aos ossos só em determinadas partes do corpo; o pescoço não se distingue do tronco. São quatro os membros nos individuos adultos, deseguaes em tamanho e grossura, sendo os posteriores muito maiores do que os anteriores e mais vigorosos; a cabeça é achatada e larga; a bocca bastante rasgada com a lingua carnuda; os dentes faltam sempre na maxilla inferior, existindo na superior ou no ceo da bocca. A respiração dos anures no estado perfeito é pulmonar.

O gyrino dos anures, isto é, o animal antes da metamorphose, nasce do ovo com a cabeça muito grossa, confundindo-se com o ventre, respira por guelras, e o tronco continua-se pela cauda longa e comprimida que desapparece completamente logo que o animal alcança o seu perfeito desenvolvimento. De ordinario n'estes gyrinos os membros posteriores apparecem antes dos anteriores.

Tratando das especies, diremos o que houver de mais interessante nos habitos d'estes batrachios, mencionando apenas por agora que os anures em geral vivem de preferencia nos sitios humidos ou na agua, alimentando-se os adultos de presas vivas: molluscos, insectos, crustaceos, vermes etc.

Os autores dividem a ordem dos anures em dois grupos: no primeiro incluem os que teem lingua, *phaneroglossos,* comprehendendo tres familias, isto é, as *rãs, rainetas* e *sapos.* No segundo, os que carecem de lingua, *aglossos,* unidos n'uma só familia, *os sapos pipas.*

Citaremos de cada familia algumas das especies principaes, occupando-nos ao mesmo tempo dos seus habitos e particularidades do seu viver.

A RÃ

Rana viridis et esculenta, de Linneo — *La grenouille verte ou commune,* dos francezes

A familia das rãs comprehende os anures, tendo por caracteres geraes a maxilla superior armada de dentes, quatro dedos livres nas mãos e cinco nos pés unidos ou não por membranas.

São animaes de fórmas airosas, ageis, de movimentos graciosos e destros, inoffensivos, dignos finalmente de despertar o interesse pela sua metamorphose e conformação singular; mas apezar de tantas circumstancias favoraveis, uma só desfavoravel basta para que estes pequenos batrachios sejam temidos oudesprezados, e para muita gente motivo de repulsão: — a sua similhança com o sapo. Se o sapo não existisse é provavel que a rã merecessse as boas graças do homem, quanto mais que, além de ser curioso ornamento dos tanques e lagoas pela sua attitude graciosa e flexibilidade dos movimentos, a carne da rã é tenra, muito branca e de sabor delicado, um bom alimento, não obstante ser pouco usado e geralmente desdenhado no nosso paiz.

«É iguaria pouco estimada, diz Figuier, mas injustamente, posso affirmal-o. Cozinhada *à la poulette*, a rã tem um sabor analogo á da creação muito nova.» [1]

Conhecem-se numerosas especies de rãs, espalhadas por todo o globo, que alguns erpetologistas elevam ao numero de cincoenta e uma, mas das quaes apenas citaremos as seguintes como sendo as que vivem no nosso paiz.

A rã da especie citada, genero *Rana*, de que existem muitas variedades differindo no tamanho e no colorido, é d'ordinario verde mais ou menos escuro na parte superior do corpo, irregularmente maculada de malhas trigueiras ou annegradas, com tres riscas amarellas no dorso, e branca ou amarellada na parte inferior

do corpo. O comprimento medio d'este animal regula por $0^m,20$ medidos da extremidade do focinho á dos membros posteriores.

Vive esta especie na Africa, na Asia e em grande parte da Europa, sendo muito commum em Portugal.

É essencialmente aquatica esta rã, encontrando-se nas aguas correntes ou estagnadas, principalmente nos sitios lodosos junto das plantas aquaticas. Alimenta-se de insectos, molluscos pequenos e vermes.

Vive tambem no nosso paiz outra especie, menos commum do que a antecedente, conhecida do mesmo modo pelo nome vulgar de *rã*, *(rana temporaria de Linneo) grenouille rousse*, dos francezes. É ruiva, trigueira, pardaça ou esverdeada, com malhas irregulares tri-

Gr. n.º 457 — O sapo parteiro (*alytes obstetricans*)

gueiras ou negras] na parte superior do corpo; esbranquiçada, amarellada ou esverdeada com malhas ou riscas vermelhas, amarellas, esverdeadas ou annegradas na

parte inferior. Variando no colorido tem por caracter constante os lados da cabeça, entre os olhos e a espadoa, negros ou trigueiros escuros.

Esta especie vive nos sitios humidos, nos campos e nas vinhas, e ainda mesmo, de preferencia, nos logares cobertos de vegetação, entre o matto e nas florestas. Segundo as circumstancias abriga-se nos buracos que topa, sob as folhas seccas, ou mesmo debaixo d'algum monte de pedras.

Chegada a epoca da reproducção busca a agua e alli faz a postura dos ovos; e no fundo dos charcos e das lagoas hibernam algumas, outras passam a estação rigorosa em cavidades longe da agua.

Afóra estas duas especies europeas, e que habitam em Portugal, outra aqui se encontra que não deixaremos de mencionar pelo que de notavel teremos de re-

[1] Nunca é de mais dar a conhecer o modo de preparar um bom prato, pouco dispendioso, e que generalisado póde augmentar os recursos da nossa alimentação; sendo certo que hoje em Paris se vendem enfiadas de rãs, havendo muita gente que ganha a vida com este commercio. Em seguida vae explicado o modo de preparar as rãs e de cozinhal-as *à la poulette*.

Cortam-se abaixo das espadoas, aproveitando tamsómente os quartos trazeiros, tira-se-lhes a pelle, lavam-se e deixam-se por algum tempo de molho em agua fresca.

N'uma cassarola deita-se manteiga e farinha, levam-se ao lume as duas substancias misturando-se bem, e addiciona-se depois uma pouca d'agua, sal, pimenta, uma cebola e salsa, deixando ferver tudo a fogo brando durante um quarto de hora. Em seguida deitam-se as rãs preparadas pela fórma acima indicada, e depois de ferverem durante cinco minutos, junta-se-lhe gemma d'ovo batida e meche-se.

ferir ácerca da sua reproducção. Vae representada na nossa gravura n.º 457. É este batrachio conhecido no nosso paiz pelo nome vulgar de sapo, embora pertença á familia das rãs, genero *Alytes*.

E' a especie *alytes obstetricans* de Wagler, a que os francezes denominam vulgarmente *crapaud accoucheur*, notavel pelo corpo curto, massudo, analogo ao dos sapos, d'um pardo esverdeado ou atrigueirado, com malhas pequenas annegradas ou arruivadas na parte superior do corpo, e na inferior esbranquiçado ou amarellado com pequenos salpicos escuros. Mede da cabeça ao anus 0^m,046 aproximadamente.

Esta rã, de que nos occuparemos mais uma vez na seguinte descripção acerca dos habitos e modo de viver das rãs em geral, pelo que de interessante se nos offerece a dizer com respeito a este batrachio, vive em quasi todos os pontos da Europa temperada, sendo muito commum em Portugal.

Como dissemos, a rã vive segundo as especies na agua ou fóra d'ella, mas até mesmo as que habitam nos pantanos e charcos veem frequentes vezes a terra não só em busca d'alimento como tambem para se aquecerem aos raios do sol. E' vel-as então de corpo erguido, apoiando-se nos membros anteriores, e descançando nas pernas trazeiras, a cabeça levantada, n'uma attitude realmente elegante e mais propria d'um animal de classe superior do que d'um mesquinho habitante dos charcos e lameiros.

Distinguem-se ainda as rãs de quasi todos os batrachios e mesmo dos reptis pela faculdade de grasnar, geralmente em côro, ouvindo-se nos dias de calor pela manhã e á noite; e o seu canto, que se pretende imitar pelas syllabas *brekekenkoax, coax*, embora triste e monotono, ouvido a distancia em noite de luar, tem realmente a nosso vêr seu tanto d'agradavel e mesmo de contemplativo.

Não o entendiam, porém, d'esta sorte os antigos senhores feudaes, que, vivendo nos seus castellos cercados de fossos onde habitavam as rãs em numero consideravel, impunham aos vassallos o dever de pela manhã e á noite bater a agua dos fossos, impedindo por este modo que o grasnar das rãs lhes fosse perturbar o somno.

E' necessario accrescentar que só o macho solta a voz sonora e ouvida a dis-

tancia; ás femeas apenas se ouve um grunhido particular e pouco distincto.

Alimentam-se as rãs de larvas, insectos aquaticos, vermes, pequenos molluscos, e especies ha, — á maneira da *rana mugiens* que vive na America, nos arredores de New Yorck, e cujo comprimento attinge 0, 40 — que atacam tambem os pequenos mamiferos e os peixes. Qualquer, porém, que seja a presa que se lhes depare, é mister que esteja viva. Espreitam-n'a, e quando lhes passa a calculada distancia arremessam-se vivamente sobre ella para a abocarem, deitando a lingua fóra da boca para melhor se apoderarem da presa, ajudando-se do fluido viscoso que cobre este orgão.

Vem a pêllo dizer que a lingua da rã é mais ou menos livre na parte posterior e presa na frente, e que dobrando-a para diante pode projectal-a mais ou menos fóra da bocca.

Chegado o outono a rã cessa d'alimentar-se, e para se furtar aos rigores da estação invernosa trata de procurar abrigo enterrando-se profundamente na vasa, e para isso reune-se com outras, e ahi passam todo o inverno em completo estado de entorpecimento, acontecendo por vezes permanecerem por muito tempo entre o gelo sem que a morte sobrevenha.

Nos primeiros dias de primavera despertam do somno lethargico e começam a agitar-se, sendo então que se effectua a reunião dos sexos. A reproducção d'estes animaes merece realmente ser descripta.

O macho e a femea vivem por algum tempo unidos, ás vezes durante tres semanas, e o macho principalmente acompanha a femea para toda a parte para onde ella vae. Finalmente esta, depois de violentas contracções abdominaes, começa a postura dos ovos, e o macho auxilia o acto comprimindo-lhe o ventre com os membros dianteiros, e facultando a saida da numerosa progenie; ao tempo que os ovos vão saindo unidos uns aos outros por uma substancia viscosa e transparente, o macho fecunda-os regando-os com certo liquido que expulsa pelo anus.

E' enorme a multiplicação d'estes animaes, pois a femea pode pôr annualmente de 600 a 1:200 ovos, e d'este modo proucurou a natureza evitar a extincção da especie, porque abandonados os ovos á superficie da agua é uma grande parte destruida, não falando dos perigos que correm estes batrachios, no seu primeiro estado, victimas dos numerosos animaes aquaticos.

Os ovos abandonados na agua vão geralmente ao fundo e voltam á superficie, effectuando-se o desenvolvimento do germen sob a dupla influencia do liquido e do calor solar. Ao fim d'alguns dias, mais ou menos segundo o calor atmospherico, o *gyrino* rompe o involucro do ovo, solta-se pouco depois do muco que o envolve, e livre nada na agua onde se completa o seu desenvolvimento. E' então o gyrino de fórma oval, confundindo-se a cabeça com o tronco, e a este continua-se a cauda grande e achatada aos lados; em ambos os lados da cabeça existem duas guelras em forma de pennacho.

Prosegue o trabalho da sua organisação, e passados quinze dias já se lhe divisam os olhos e os rudimentos dos membros anteriores, e depois de egual periodo apparecem os posteriores; a cauda começa a atrophiar-se a pouco e pouco, de modo que tem desapparecido completamente quando o animal chega ao seu perfeito desenvolvimento.

O gyrino alimenta-se de pequenos animaes aquaticos e de vegetaes; o seu viver é exclusivamente aquatico, e como os nossos leitores teem noticia, a sua organisação differe muito da das rãs, pois o gyrino respira por guelras como o peixe, e a rã tem pulmões como os animaes superiores. As rãs mudam a pelle muitas vezes no anno.

A interessante metamorphose dos anures pode ser observada por quem tenha a curiosidade de assistir a estes phenomenos naturaes, seguindo dia a dia as admiraveis modificações que fazem do gyrino uma rã. Basta no tempo proprio recolher os ovos que se encontram nos charcos onde habitualmente vivem estes batrachios, e collocal-os com algumas hervas aquaticas n'um aquario ou mesmo n'um vidro dos usados para peixes. E' diversão a um tempo agradavel e instructiva que aconselhamos aos nossos leitores.

Resta-nos falar da fórma singular porque se conduz o macho da rã, *alytes obstetricans*, por occasião da reproducção.

Primeiro diremos que esta rã, pelos seus habitos nocturnos, é a menos facil de observar, conservando-se occulta durante o dia, só ou acompanhada, seja sob um monte de pedras, n'alguma cavidade natural, ou mesmo sob o solo.

Chega a epoca da postura dos ovos, na primavera, e então o macho auxilia a femea n'aquelle acto apertando-a para que os ovos saiam mais facilmente, e á maneira que elles vão saindo em fórma de rozario, ligados uns aos outros por uma especie de materia viscosa que endurece ao ar, vae-os enrolando em volta das coxas ficando assim solidamente ligados. Os ovos são amarellados, de casca um tanto resistente, tendo cada um o diametro d'um grão de milho, e a postura varía entre quarenta e sessenta.

O pobre do marido assim carregado com a sua progenie, que mal lhe deixa livre os movimentos dos membros posteriores, vae, o melhor que pode, ajudando-se dos membros anteriores, occultar-se sob o solo proximo d'algum charco, e por vezes a grande profundidade. A femea livre a esse tempo da progenie e do marido vae procurar vida por onde melhor lhe convem.

O macho conserva-se como que enterrado vivo por alguns dias, os sufficientes para que os ovos alcancem, para assim dizer, um determinado grau de maturidade; e em seguida, saindo do seu escondrijo, dirige-se para o charco mais proximo e mergulha d'envolta com a familia. A materia que unia os ovos, e que ao ar se tornara mais consistente, dissolve-se na agua, e então os ovos separam-se, restituindo a liberdade ao atribulado pae, que desde essa hora nada mais tem que vêr com a sua descendencia.

De cada ovo surgirá um gyrino, e a metamorphose executar-se-ha pelo modo que antecedentemente explicámos. A este singular habito do *alytes obstetricans* deve elle o nome scientifico e tambem o vulgar, *crapaud accoucheur*, dado pelos francezes, que poderemos traduzir pelo de *sapo parteiro*. (Gr. n.º 457).

A RAINETA

Hyla viridis, de Laurenti — *La rainette*, dos francezes

As especies comprehendidas na familia das rainetas distinguem-se principalmente das rãs pela existencia de pequenas placas sob os dedos, uma especie de *ventosas*, que dão ao animal a faculdade de se segurar a qualquer corpo por mais liso que seja e mesmo collocado verticalmente. Seguram-se a qualquer ramo e a face inferior d'uma folha d'arvore é-lhe sufficiente ponto d'apoio.

A raineta da especie citada, que vive na Europa, sendo mais commum nos paizes que avizinham o Mediterraneo, é frequente em Portugal. Encontra-se tambem na Asia Menor, no Egypto e na Barberia.

Tem a parte superior do corpo d'um bello verde gaio, sendo a pelle lisa, com duas riscas estreitas e amarellas que partem de ambos os lados da cabeça e se dirigem aos membros posteriores; e outras riscas similhantes nascendo no beiço superior prolongam-se até aos lados dos membros anteriores. A pelle da parte inferior do corpo é granulosa, esbranquiçada ou amarellada. Mede 0ᵐ,03 a 0ᵐ,04 de comprimento.

Conhecem-se trinta e quatro especies d'esta familia espalhadas pelo globo, uma unica na Europa, e vinte e quatro na America. No Brazil existe uma, a *Hyla tinctoria*, que se pode denominar a *raineta de tingir*, e a que os francezes dão o nome de *rainette à tapirer*.

Conta-se d'esta raineta, que é d'um trigueiro amarellado por egual com duas riscas brancas aos lados do corpo, ser usada pelos selvagens para com o sangue matizar a plumagem dos papagaios, pois segundo se diz arrancando-se as pennas a estas aves e esfregando-lhe a pelle com o sangue da *raineta*, as pennas crescem vermelhas ou amarellas.

A raineta como vimos é mais pequena do que a rã, mas não lhe cede em gentileza. De verão encontra-se nas folhas das arvores que vegetam nos sitios humidos, e o inverno, á imitação das rãs, passam-n'o no fundo das aguas d'onde apenas saem em maio depois da postura dos ovos. Emquanto o sol brilha no horisonte conservam-se estes pequenos batrachios ao abrigo das folhas das arvores, mas ás horas do crepusculo vêem-se saltar de ramo em ramo, trepar ás arvores, balouçar-se nas folhas, dando provas de agilidade superior á das rãs. Alimentam-se de pequenos insectos, vermes e molluscos sem concha, a que dão caça esperando-os durante longas horas immoveis no mesmo sitio.

O grasnar da raineta é muito similhante ao da rã, podendo imitar-se pelas syllabas *krac-krac* pronunciadas da garganta, e ouvem-se de manhã e á tarde, principalmente no tempo de chuva ou nas noites serenas de luar. Ouve-se-lhe o canto a grande distancia, pois desde que uma dá signal, tomam todas parte no concerto.

O SAPO

Bufo vulgaris, de Laurenti — *Le crapaud commun*, dos francezes

Se as formas massudas e o todo repellente não fossem bastantes para distinguir os individuos da familia dos sapos do resto dos anures, haveria como caracter principal a separal-os das rãs e das rainetas a falta de dentes.

Tem o sapo a pelle rugosa, cabeça mais larga do que comprida, bocca rasgada, olhos salientes ; os membros são deseguaes, menos porém do que os da maioria dos anures ; tem quatro dedos nos membros dianteiros e cinco nos trazeiros mais ou menos palmados.

O sapo da especie citada é d'um pardo esverdeado, arruivado ou trigueiro, com manchas mais ou menos visiveis, trigueiras ou negras, e muitas vezes com salpicos vermelhos ou amarellos na parte superior do corpo. A parte inferior é esbranquiçada ou amarellada, riscada ou maculada de pardo ou de côr annegrada. Tem a pelle muito tuberculosa. Mede o sapo adulto, termo medio, de 0ᵐ,08 a 0ᵐ,10 do focinho ao anus.

Esta especie é muito commum na Europa, e frequente em Portugal.

E' o sapo mais nocturno do que diurno, e fóra da epoca da reproducção busca estar só, conservando-se isolado dos seus similhantes. Durante o dia, a não ser que o tempo esteja humido, conserva-se immovel no seu escondrijo, sob uma pedra, nas fendas dos muros, n'alguma cavidade natural, ou mesmo nas que cava no solo. E' certo que por vezes se aproxima das habitações, estabelecendo-se nas estrumeiras, nos subterraneos, ou nas partes humidas e sombrias dos mattos.

Diz-se até que este animal se torna docil, e Pennant fala d'um que tendo estabelecido a sua morada sob uma escada, se acostumára a ir todas as tardes, mal via a luz, á casa de jantar que ficava proxima da sua habitação, e alli permittindo que lhe pegassem e o collocassem sobre a mesa comia o que lhe davam ; e se algum dia se esqueciam de lhe offerecer logar á mesa, pela sua attitude parecia implorar que o não olvidassem. Viveu d'este modo trinta e seis annos, morrendo victima d'um corvo domestico que existia na mesma casa.

Quando o tempo está chuvoso, o solo molhado, ou a atmosphera impregnada de humidade, o sapo aproveita estas circumstancias para dar o seu passeio pelo campo ou ao longo das estradas, e é então que se pode observar a astucia d'este animal que se finge morto á menor pancada que lhe déem. Deitado sobre o ventre, com as pernas estendidas, afigura-se-nos morto ; mas se o homem se esconde ou se afasta, e o sapo vê que o perigo passou, levanta-se tranquillamente e vae seu caminho.

Se o deitam de costas volta-se como que involuntariamente para apresentar sempre ao inimigo a parte dorsal, que se cobre de certo humor venenoso, arma offensiva e defensiva do sapo. Se o que-rem apanhar vasa na mão que o segura o conteudo da bexiga urinaria.

Muita gente tem o sapo por animal perigoso ; vejamos até que ponto é verdadeira esta asseveração.

O sapo não morde, e não morde por uma razão das mais convincentes: porque não tem dentes; a urina é quasi tão inoffensiva como a agua, áparte o nojo que ella possa causar ; resta a secreção produzida na pelle, e esta circumstancia, que até certo ponto explica o receio do contacto d'este batrachio, é ainda assim exagerada em relação ao homem.

Numerosas experiencias provam que o humor cutaneo dos batrachios pode envenenar sendo introduzido directamente na circulação; sabe-se que a secreção do

Gr. n.º 458 — O sapo

sapo ordinario pode matar um mamifero, uma ave, um reptil, ou mesmo um peixe ; mas é necessario que a dose inoculada seja sufficientemente forte e sempre proporcional ao tamanho do animal. Não possuindo o sapo, á imitação das serpentes, arma destinada a ferir e a introduzir o veneno na circulação, e sendo mister que a dose do veneno seja avultada e engulida ou inoculada para que possa tornar-se perigosa, resulta que qualquer pessoa que tiver na mão um sapo não soffrerá o menor damno, não podendo ser inoculado o veneno. Ainda mesmo que a mão tenha uma pequena arranhadura, o veneno que por alli se pode introduzir não será sufficiente para occasionar accidentes perigosos, sendo bastante neste caso ou sempre que o sapo esteja em contacto com a pelle uma simples lavagem d'agua commum.

Na reproducção os sapos não differem dos outros anures, e a femea põe os ovos, por vezes mais de mil, em forma de cordões, saindo dois ao mesmo tempo da cloaca, e excedendo cada um 1^m de comprimento. Os ovos, na maior parte das vezes, ficam no fundo da agua presos ás plantas aquaticas. Dos ovos nascem em pouco tempo os gyrinos, que seguem as mesmas phases dos das rãs.

Se não fosse os numerosos accidentes a que está sujeito este animal desde o ovo até ao seu perfeito desenvolvimento, e mesmo a guerra que lhe movem depois de adulto, o numero dos sapos seria enorme attenta a sua vasta multiplicação. Ha ainda um facto curioso que não passaremos em silencio, tal é a faculdade que teem os ovos de conservar a sua força vital por longo tempo, acontecendo que se ó charco onde foram depositados seccar, permanecendo alli ainda que seja annos, vindas as primeiras chuvas podem nascer os gyrinos.

O sapo como todos sabem é um animal repellente, que ninguem vê com bons olhos, e a sua sentença de morte está d'antemão lavrada, considerando-se todos com o direito de ser em qualquer occasião seus executores. Pois digamos que o sapo não é tão mau como o julgam, e que apezar da natureza o ter creado de aspecto tão desagradavel, é um animal util, que longe de merecer a morte pode ser aproveitado ; que o digam os jardineiros inglezes conservando-os nos seus jardins, certos de que durante a noite elles se lhes avantajarão na destruição dos insectos e vermes nocivos, das lesmas por exemplo, que tantos estragos causam nas plantas. Um sapo em Inglaterra paga-se approximadamente por um schilling, ou 220 réis da nossa moeda. Na Hollanda mettem-se estes batrachios nas estufas, na certeza de que destroem os bichos de conta e outros animaes que alli damnificam as plantas.

A vida pouco activa do sapo é todavia persistente, e podem estes animaes viver por longo tempo encerrados em espaços

Gr. n.° 459 — O sapo agua e o sapo pipa

limitadissimos, parecendo haver exemplos d'alguns que se conservaram d'esta sorte durante muitos mezes.

O SAPO PIPA

Rana pipa, de Linneo—*Le pipa d'Amerique*, dos francezes

Do genero *Pipa* existe uma unica especie na America, encontrando-se na Guiana e n'algumas provincias do Brazil.

O sapo pipa avantaja-se em hediondez ao nosso sapo, e as suas formas são das mais exoticas. A cabeça é achatada e triangular, separada do tronco pelo pescoço muito curto, e tambem deprimido; o tronco é achatado e nos membros anteriores tem quatro dedos completamente livres, tendo na extremidade de cada um pequenas digitações em forma de estrellas ; os dedos nos membros posteriores são cinco, completamente palmados. Tem os olhos muito pequenos e não tem lingua.

E' trigueiro ou azeitonado na parte superior do corpo, e esbranquiçado na inferior, medindo 0m, 16 de comprimento.

O que principalmente faz d'este batrachio um dos animaes mais notaveis é o modo de reproducção.—E' oviparo, mas não abandona os ovos como fazem os demais batrachios; quando a femea termina a postura, o macho toma os ovos e espalha-os nas costas da sua companheira, para em seguida fecundal-os.

A femea levando no dorso a sua futura progenie encaminha-se para um charco e ahi mergulha, desenvolvendo-se logo uma especie de inflammação erysipelosa na pelle em contacto com os ovos, e estes introduzem-se n'ella desapparecendo sob este tegumento. N'esta especie de cellulas onde os ovos se encerram effectua-se o nascimento do animal, que alli se demora durante o periodo de gyrino, saindo só depois de completa a sua metamorphose, quando a cauda já lhe **desappa**receu completamente.

Então a femea, livre já da progènie, abandona a sua residencia aquatica, onde se conservou até aquelle momento.

A nossa gravura n.º 459 representa o sapo pipa, e com elle outra especie do genero *Bufo* que vive tambem na America meridional. E' o *bufo agua*, de Latreille, que os francezes denominam *crapaud d'agua*, e que attinge 0^m,30 de comprimento.

BATRACHIOS

ORDEM DOS URODELOS

O caracter constante que separa os *urodelos* dos anures é a existencia da cauda mesmo depois da metamorphose, sendo esta no resto egual á dos batrachios que perdem a cauda.

São os urodelos batrachios de corpo alongado, coberto de pelle nua mais ou menos verrugosa ou glandulosa; pescoço na maioria das especies bem distincto; cabeça mais ou menos achatada; bocca pouco rasgada, armada de dentes nas maxillas e no ceo da bocca, tendo a lingua carnuda e curta; quatro ou dois membros, cada par muito separado do outro, curtos de modo que lhe não permittem saltar, e só caminhar vagarosamente no solo, arrastando o ventre; podem ao inverso mover-se com a maior facilidade e rapidez na agua, onde de preferencia habitam.

O modo de reproducção é analogo ao dos batrachios em geral, afóra algumas particularidades que mencionaremos ao falar das especies.

São aproximadamente cem as especies comprehendidas na ordem dos urodelos, não se contando na Europa mais de 14 ou 15 bem distinctas, e das quaes só se conhecem desde tempos remotos as *salamandras*. A classificação dos representantes d'esta ordem varia muito segundo os autores, que mais geralmente dividem os urodelos em duas sub-ordens: os *caducibranchios* e os *perennibranchios*, os primeiros que perdem as guelras quando passam ao seu estado perfeito, e os segundos que conservam estes orgãos de respiração aquatica ainda mesmo depois da metamorphose.

Na sub-ordem dos *caducibranchios* comprehende-se uma familia unica, as *salamandras*, de que em seguida nos oceuparemos falando dos dois generos principaes, *salamandras* e *tritões*, e simultaneamente das especies que vivem em Portugal. Na dos *perennibranchios* incluem-se os *proteos*, os *axolotes* e as *sereias*, generos pertencentes á America, existindo unicamente dos primeiros uma especie na Europa.

A SALAMANDRA

Salamandra maculosa, de Laurenti — *La salamandré tacheté*, dos francezes

As salamandras são conhecidas desde a mais remota antiguidade, e figuram em numerosos contos fabulosos attribuindo-se-lhes faculdades realmente assombrosas. Na edade media acreditou-se, e não sabemos se hoje ainda alguem toma a serio estas ficções, que a salamandra podia viver no meio do fogo, sendo como tal considerada incombustivel. Mas o gosto pelo sobrenatural não ficou por aqui: levou os escriptores d'aquelle tempo a affirmar que o mais violento incendio se extinguiria lançando-lhe uma salamandra.

Nos exorcismos das feiticeiras figurava sempre a salamandra; os poetas cantavam-n'a como symbolo do valor; os pintores nos seus quadros allegoricos representavam-n'a saindo incolume do mais atiçado brazeiro.

Foi mister que os naturalistas e escriptores modernos tomassem á sua conta provar pela experiencia quanto eram absurdos todos estes contos, e investigando-se o que teria dado causa a tal preconceito, apresenta-se como provavel o liquido segregado pelas glandulas que este animal tem sobre a nuca, que apparece em grande abundancia toda a vez que elle se irrita. De momento este humor acre e viscoso póde diminuir a violencia do fogo em contacto com o corpo da salamandra; mas em breve, cessando a secreção, aquelle elemento continuará a sua obra de destruição por um momento interrompida, e a morte não se fará esperar.

Não foram só estes os contos maravilhosos que vogaram acerca da salamandra; parece que a par de tão brilhantes faculdades outras se lhe attribuiam bem funestas. Plinio tinha este batrachio como um dos mais perigosos pelo veneno que produzia, — «contaminando com o veneno quasi todos os vegetaes d'um paiz vasto, póde dar a morte a nações inteiras». Vé-se pois que os antigos acreditaram no veneno da salamandra, e diziam até que a sua mordedura era fatal como a da vibora.

Observações feitas pelos peritos dão em resultado que a salamandra segrega, como o sapo, nas pustulas da pelle certo humor que é um veneno activo para os animaes, inoculado que seja na circulação, e experiencias feitas em aves, e em mamiferos taes como o porco da India e o cabrito, deram em resultado a morte d'estes animæes. Com relação ao

Gr. n.º 460 — A salamandra

homem veja-se o que a tal respeito dissemos tratando do sapo.

Do genero *Salamandra* serve de epigraphe a esta noticia a especie typo, que habita a Europa Central e Meridional, sendo commum no nosso paiz.

Tem a cabeça achatada, olhos bastante grandes, tronco espesso ; quatro membros, os anteriores com quatro dedos e mais curtos do que os posteriores que teem cinco ; cauda arredondada, conica em todo o seu comprimento e terminando em ponta conica.

Tem o corpo negro, verrugoso, com grandes malhas amarellas na cabeça, no dorso, nos flancos, nas pernas e na cauda. Mede 0,18 de comprimento total.

Encontra-se nos logares sombrios e humidos, e junto de algum velho muro ou á sombra do arvoredo, de manhã ou á noite ; conservando-se durante o dia nos seus escondrijos : a fenda d'um muro,

alguma galeria subterranea, ou simplesmente sob o abrigo que lhe fornecem o musgo ou as raizes das arvores. Quando o tempo ameaça chuva ou o solo está molhado é facil vel-a de dia, caminhando lentamente em cata dos vermes, dos molluscos e dos diversos animaes articulados que lhe servem de alimento.

A salamandra só procura a agua na epoca da reproducção, e a femea que é ovovivipara põe os ovos soltos, saindo os pequenos no momento da postura ou pouco depois, sendo certo que a salamandra põe os ovos com intervallos e por vezes em sitios diversos, intervallos que podem prolongar a postura até vinte dias. Affirmam alguns autores que os pequenos não excedem dez ou doze, outros que attingem de sessenta a setenta e dois, dando uma media de trinta e cinco a quarenta.

Nascem os pequenos com guelras, tendo quatro membros e uma barbatana caudal bastante larga,· e dura quatro a cinco mezes a sua transformação completa.

Em outubro ou novembro, segundo a estação corre mais ou menos fria, a salamandra retira-se para o quartel de inverno, geralmente um buraco' subterraneo, e ahi aguarda que a primavera venha despertal-a do seu entorpecimento e permittir-lhe vida mais activa. Estes animaes possuem a faculdade de supportar longa abstinencia, podendo prolongar-se por muitos mezes.

A SARAMANTIGA

Triton marmoratus, de Latreille—*Le triton marbré,* dos francezes

Pertence esta especie ao genero *Triton,* ou *salamandras aquaticas,* no nosso paiz

representado por esta e por outra especie vulgarmente conhecidas por *saramantigas.*

Teem estes batrachios a cabeça mais larga que longa, comparativamente elevada; o focinho arredondado ; o corpo alongado, e coberto de pelle lanosa e verrugosa ; a cauda que nas salamandras é arredondada e conica, nas saramantigas é achatada aos lados. O tronco é superiormente coberto por uma crista membranosa que se estende ao longo do dorso d'esde a cabeça até á extremidade da cauda, principalmente na época da reproducção.

A saramantiga (*Triton marmoratus*) é na parte superior d'um bello verde, mais ou menos claro, com salpicos ou traços negros ou annegrados bem distinctos ; o lado inferior é trigueiro ou d'um pardo annegrado e salpicado de branco. A

Gr. n.º 461 — A saramantiga

crista do macho é regularmente cortada de pequenas· riscas d'um branco rosado, e nos dois sexos existe uma faxa prateada lateral em toda a cauda, principalmente na epoca dos amores. Mede 0,ᵐ075 de comprimento total.

Encontra-se na Europa e é commum no nosso paiz.

A saramantiga (*Triton palmatus*), de pelle lisa,· e notavel por terem os machos os cinco dedos dos membros posteriores palmados, é trigueira esverdeada ou amarellada clara, côr de azeitona ou loira, mais ou menos matisada de tons amarellos ou doirados, principalmente nos flancos; a crista dorso-caudal é d'um pardo amarellado ou azeitonado sem manchas; a face inferior do corpo d'um branco prateado, mais ou menos lavado de amarello na garganta e no ventre. Mede 0,ᵐ074.

É commum esta especie em Coimbra.

As saramantigas vivem habitualmente

na agua, nos fossos ou pantanos, e nos sitios mais sombrios sob as pedras, entre a casca das arvores, debaixo do musgo, etc. São mais ageis no solo de que as salamandras, posto que não possam aqui viver por muito tempo.

São essencialmente carnivoras, podendo comtudo supportar longa abstinencia, e alimentam-se de moscas, insectos diversos, dos ovos das rãs, e até mesmo dos urodelos, não lhes escapando até os proprios filhos.

As femeas põem os ovos soltos, em pequenos grupos, muitas vezes de um ou dois, sob as folhas das plantas aquaticas que para esse fim dobram com os membros posteriores, sem que d'alli por diante se inquietem com a sorte da sua progenie. Os gyrinos, que por muito tempo conservam as guelras, só nascem quinze dias depois e seguem as phases da sua metamorphose á maneira dos outros urodelos. (Grav. n.º 462)

Chegado o inverno procuram estes animaes abrigar-se, alguns na vasa do fundo das aguas, outros, principalmente os novos e por vezes as femeas, sob o musgo, n'alguma abertura do solo, ou ainda mesmo entre a casca das arvores, e ahi se conservam até á proxima primavera.

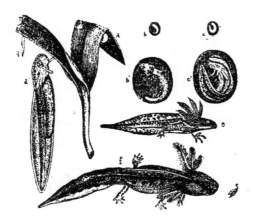

Gr. n.° 462 — Desenvolvimento da samarantiga

a, o ovo — *b*, *c*, desenvolvimento do germen — *b'*, *c'*, as mesmas figuras maiores do que o natural — *d*, o gyrinô no momento de sair do ovo — *d'*, o mesmo maior — *e*, já com membros — *f*, mais perfeito, não tendô ainda perdidô as guelras.

Os batrachios, como dissemos, dividem-se n'uma terceira ordem, os *peromelos* ou *cecilidios*, formando uma familia unica, as *cecilias*, [1] batrachios com forma de serpentes e dos quaes pouco teremos a dizer.

O corpo é arredondado, excessivamente comprido e sem membros, e por estes e outros caracteres teem estes animaes bastante analogia com os ophidios, e na ordem dos quaes muitos zoologos os incluem; mas a pelle viscosa, quasi nua, e outros caracteres os aproximam dos batrachios, principalmente a metamorphose que affirmam effectuar-se n'estes animaes.

Das cecilias, de que se indicam cinco ou seis especies particulares á America Meridional e ás Indias Orientaes, a especie mais conhecida é a *cecilia lumbricoide*, que tem a bocca situada transversalmente debaixo do focinho, medindo de comprimento total $0,^m11$ e de diametro $0,^m07$. E' d'um trigueiro azeitonado.

Encontra-se em Surinam e outros pontos da America Meridional.

Não são conhecidos os habitos d'estes animaes, mas pelas particularidades da sua conformação julgam os naturalistas que devem viver sob o ¡solo, de preferencia nos sitios humidos.

[1] Encontrámos estes animaes designados pelo nome de *ibicáras* ou *ibiáras* como nomes vulgares que lhes dão no Brazil, mas não lhes garantimos a exactidão.

OS PEIXES

·OS PEIXES

Como havemos praticado com as qua-tro classes dos vertebrados de que nos temos occupado n'esta obra, ao tratar da quinta e ultima classe, *os peixes*, diremos antes de tudo algumas palavras ácerca da sua organisação e funcções physiologicas. Os peixes, como todos sabem, vivem na agua, e consoante o seu modo de vida lhes deu a natureza conformação e orga-nisação especiaes. Apezar da variedade das suas fórmas, em geral são estes animaes oblongos e comprimidos latteralmente; não teem pescoço, e ao tronco segue-se im-mediatamente a cabeça. O esqueleto é osseo ou cartilaginoso : no primeiro caso formado de peças duras, verdadeiros ossos, mas sem o canal medular no inte-rior ; no segundo as peças que o com-põem são flexiveis e semi-transparentes. O corpo é coberto de pelle núa e em geral escamosa, e os membros existem nos peixes transformados em barbata-nas, orgãos adaptados á natação, e apoia-dos em muitos raios ou espinhos. Po-dem as barbatanas ser pares ou impa-res : as *pares* situadas aos lados do cor-po representam os membros; as duas que substituem os membros anterio-res chamam-se *barbatanas peitoraes*, e correspondem ao braço do homem e á aza da ave, e estão collocadas no tronco logo atraz da cabeça ; as outras duas que representam as pernas, situadas na parte posterior do corpo, denominam-se *barba-tanas abdominaes*. Umas vezes estes dois pares de barbatanas existem muito pro-ximos, outras muito afastados, e ha pei-xes que não teem barbatanas abdomi-naes, dando-se-lhe o nome de *apodos*.

As barbatanas *impares* são tres : uma que existe na parte media do dorso a que se dá o nome de *dorsal ;* outra pro-xima do anus, a *anal*; e a terceira collo-cada verticalmente na extremidade da cauda, a *caudal*.

Os peixes possuem um orgão especial considerado de grande auxilio na natação, a *vesicula natatoria*, uma especie de bolsa membranosa cheia de ar, situada no abdo-men sob a espinha dorsal, e que podendo ser dilatada ou comprimida pela acção das costellas, no primeiro caso enche-se de ar diminuindo o peso especifico do corpo e por consequencia permittindo ao peixe subir ; e no segundo augmentando o peso do corpo e podendo o peixe descer para o fundo da agua. Nas especies que só nadam profundamente ou vivem occul-tas na vasa, este orgão é muito pequeno ou não existe.

A respiração dos peixes é *branchial*, isto é, executa-se por meio das guelras, orgãos respiratorios constantes n'estes animaes, e que pela superficie exterior recebem e absorvem o oxygenio do ar dissolvido na agua. São estes orgãos d'ordinario cons-tituidos por laminas membranosas, dis-postas em series parallelas, á maneira dos dentes d'um pente. As guelras ficam quasi sempre occultas por laminas osseas ou cartilaginosas situadas aos lados da cabeça, que se abrem e fecham á maneira de valvulas, e que se denominam *operculos*.

Vejamos o mechanismo da respiração

nos peixes. A agua penetra pela bocca pelo movimento de deglutição e chega ás guelras, pondo-se em contacto com a sua superficie e permittindo a absorpção do oxygenio do ar dissolvido na agua, como já dissemos, e em seguida sae pelos opér- culos. Como exemplo, ao alcance de to- dos, apresentamos os peixes que é uso ter em vidros e que poucos dos nossos lei- tores terão deixado de observar. O animal abre a bocca e os operculos alternada- mente, e estes dois movimentos conti- nuados representam a *inspiração* e a *ex- piração*.

Durante o espaço em que as guelras estão em contacto com a agua, o sangue que circula n'este orgão abundantemente, e que lhe dá a côr vermelha que elle tem, combina-se chimicamente com o oxygenio contido no liquido, e o sangue d'este modo é oxygenado e torna-se *arte- rial*.

Digamos que o coração dos peixes, que fica perto das guelras, compõe-se só d'um ventriculo e d'uma auricula, correspon- dendo á metade direita do coração dos mamiferos e das aves. O sangue vindo de todas as partes do corpo entra no cora- ção, que o envia ás guelras, e ahi depois de oxygenado distribue-se pelo corpo sem voltar ao coração.

Os peixes teem os olhos muito gran- des, enormes, se attendermos ao volume da cabeça, sem palpebras, e parece que estes animaes vêem bem ao longe ; os ouvidos, embora se não observem exte- riormente, existindo sómente o ouvido interno, permittem-lhe distinguir bem os

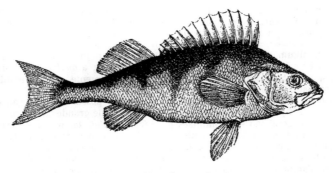

Gr. n.º 463 — A perca do rio

sons, e não ha pescador que ignore que para o bom resultado da pesca contri- bue o silencio.

A bocca n'estes animaes varia de ta- manho, mas em geral é susceptivel de abrir-se largamente para facilitar a appre- hensão dos alimentos. Os peixes são carni- voros, devoram sem escolha outros mais pequenos, e algumas especies ha que se nutrem de vegetaes. A maior parte dos peixes teem dentes numerosos, em diver- sas partes da bocca, sem raizes, soldados aos ossos, existindo não só nas maxillas como tambem na lingua, nas fauces, no ceo da bocca e até na pharynge á entrada do esophago. A digestão é muito rapida n'estes animaes.

Os vertebrados d'esta classe são geral- mente oviparos, e d'ordinario não teem o menor cuidado com os ovos ; limitam- se a pôl-os em sitio conveniente ao des- envolvimento do germen e abandonam-os. Citam-se, porém, alguns que construem verdadeiros ninhos, e ao tratar das espe- cies d'esta classe teremos occasião de nos referir a elles. Na maior parte das especies o macho e a femea que con- tribuem para a reproducção nem se co- nhecem.

A multiplicação d'estes animaes é real- mente extraordinaria; a femea põe my- riades de ovos como se a natureza quizesse d'este modo evitar a extincção das especies, attentos os perigos que cor- rem não só os ovos, pois nas circumstan- cias em que são abandonados pela femea perde-se avultado numero, como tambem os pequenos cercados de innumeros peri- gos.

A fecundação é feita pelos machos de- pois da postura, regando os ovos com o licor què expellem de si, produzido em duas grandes glandulas que correspondem e tem a forma e o tamanho das ovas da femea, onde se alojam os ovos.

Ha entre os peixes algumas especies, poucas, que são viviparas, isto é, nas quaes os pequenos se desenvolvem no ovario e saem vivos por um canal muito curto.

O instincto dos peixes é pouco desenvolvido; e os meios de observação de que dispómos para bem conhecer estes animaes são escassos, não os podendo nós acompanhar no meio em que vivem. Parece todavia que a voracidade insaciavel é o instincto dominante d'estes animaes, e d'alguma sorte o unico movel das suas acções, a não ser o furtar-se aos ataques dos inimigos. São muito limitadas as suas faculdades; parecem privados de certos sentimentos naturaes que são apanagio dos animaes das classes superiores, pois que, em geral, não só não conhecem os filhos, como até mesmo o macho póde não ter nunca visto a femea de que proveem os ovos que ha de fecundar.

Os peixes vivem nos mares ou nos rios e nos lagos d'agua doce, e alguns ha que se encontram tanto no mar como nos rios. Andam uns a grande profundidade, outros quasi á superficie da agua, no alto mar ou proximo da costa. Não é possivel ter noções bem exactas acérca da area de dispersão das especies, sabendo-se comtudo que algumas são mais frequentes n'umas paragens do que n'outras, e mais numerosas nos mares dos climas quentes do que nos do Norte.

O colorido da pelle dos peixes é bastante variado, havendo principalmente a notar a belleza dos matizes e a harmonia dos tons. Em muitos o oiro e a prata casam-se com as mais bellas côres, e sobre fundo branco ou rosado véem-se riscas e malhas d'um vermelho vivo, azul claras, ou amarellas. Estas brilhantes côres, porém, abandonam o animal tão depressa elle sae do meio em que vive, e não é possivel apreciar sufficientemente o brilho da pelle dos peixes nos individuos que observamos mortos.

Parece que os peixes teem vida longa, e julga-se que alguns vivem centenas de annos, adquirindo enorme corporatura. Diz-se que os salmões existentes no grande tanque de Fontainebleau alli vivem desde o reinado de Francisco I, sendo hoje muito grandes, havendo-se tornado a pelle quasi branca.

Modernamente descobriu-se que o homem podia obter a fecundação *artificial* dos peixes, e assim conseguir que estes animaes se multipliquem enormemente, evitando ao mesmo tempo que os ovos estejam sujeitos aos numerosos accidentes que destroem uma grande parte.

Os salmões e as trutas, cujos ovos pelo seu tamanho se prestam melhor a esta operação, podendo ser transportados para pontos muito distantes bem acondicionados entre hervas humidas e encerrados em caixas, atrazando-se mesmo o desenvolvimento do germen se preciso fôr envolvendo os ovos em gelo, teem podido ser acclimados em paizes onde não existiam, ou apparcciam em pequenas quantidades, insufficientes para satisfazer ás necessidades da alimentação publica. Para a Australia foram transportados ovos de salmão, e para os Estados Unidos teem sido enviados estes e os d'algumas especies que alli não existiam, e hoje se multiplicam n'aquelle paiz.

Da China, paiz onde a piscicultura de ha muito attingiu grande perfeição, teem vindo para a Europa peixes exoticos, notaveis pela sua singular conformação ou belleza das cores, e que aqui se teem multiplicado pela fecundação artificial.

« A fecundação *artificial*, que hoje se pratica em larga escala, dando motivo a uma nova e importante industria, consiste em obter os ovos no estado de maturidade, e regal-os com o licor do macho para assim obter a sua fecundação. Toma-se uma celha d'agua pura devendo ter a temperatura de + 3° a + 10°, e segurando-se a femea o mais perto possivel da agua comprime-se-lhe o ventre para extrahir os ovos contidos no oviducto. Feita esta operação larga-se a femea na agua, e tomando o macho pratica-se da mesma sorte, isto é, aperta-se-lhe brandamente o ventre para que o licor fecundante corra dentro da celha, e soltando-se o peixe agita-se suavemente a agua para que os ovos se ponham em contacto com o licor do macho.

Para que os peixes nasçam dos ovos assim fecundados artificialmente collocam-se n'um apparelho especial de vergas ou vimes entrelaçados, sobre o qual corra sem cessar um fio d'agua, ou então n'algum regato collocando os ovos nos intersticios das pedras ou do cascalho, e com este armando-lhe um abrigo. Decorrido o tempo necessario para o desenvolvimento do germen o peixe sae do ovo, e então fornece-se-lhe o alimento conveniente e appropriado á primeira edade, para assim obter o seu mais rapido desenvolvimento» (L. Figuier).

Como dissemos anteriormente, o esqueleto dos peixes é osseo ou cartilaginoso, e serve esta circumstancia para dividil-os em dois grupos ou sub-classes, isto é, *peixes ossiferos* e *peixes cartilaginosos.*

Cuvier dividiu ainda estes dois grupos ou sub-classes em nove ordens, sendo seis para os peixes ossiferos e tres para os cartilaginosos, a saber:

Peixes ossiferos. — *Acanthopterygios, malacopterygios abdominaes, malacopterygios sub-branchiaes, malacopterygios apodos, lophobranchios, e plectognates.*

Peixes cartilaginosos.—*Esturianos, selacios, e cyclostomos.*

A *ichthyologia,* ou parte da Historia Natural que trata dos peixes, é sciencia vasta, ácerca da qual existem numerosas e importantes obras publicadas, bastando dizer que hoje se conhecem para mais de doze mil especies, repartidas por numerosas familias.

Segundo o methodo que adoptamos n'esta obra, e accommodando-nos com a sua indole e curtas dimensões, dando noticia das grandes divisões, só seremos mais minuciosos na descripção das especies, e d'estas occupar-nos-hemos principalmente das do nosso paiz e das estrangeiras mais importantes, e cuja historia se torne mais interessante pelos seus habitos, pela sua utilidade na industria, ou pela parte que tomam na nossa alimentação.

OS PEIXES

ORDEM DOS ACANTHOPTERYGIOS

Os peixes comprehendidos n'esta ordem, a mais numerosa de todas, distinguem-se pela presença de raios espinhosos nas barbatanas. A primeira parte da barbatana dorsal, ou a primeira dorsal completa quando ha duas, é mantida pe los raios espinhosos, havendo-os tambem nas barbatanas anaes, e pelo menos um em cada uma das abdominaes. D'aqui o vocabulo *acanthopterygio*, formado de duas palavras gregas que significam *espinha e barbatana*, e que se refere á circumstancia de terem estes peixes raios firmes e agudos nas barbatanas, em quanto que outros os teem brandos e flexiveis, e por tal se denominam *malacopterygios*.

A PERCA DOS RIOS

Perca fluviatilis, de Linneo — *La perche commune*, dos francezes

Do genero *Perca* occupamo-nos d'esta especie representada na nossa gravura n.º 463, como sendo a especie typo e um dos mais bellos e melhores peixes d'agua doce, conhecido de longa data e muito commum em França, em toda a Europa temperada e n'uma parte da Asia, não se sabendo que exista em Portugal.

Tem o corpo oblongo e um pouco comprimido, estreitando para a cauda e para a cabeça de sorte que parece corcovado; duas barbatanas dorsaes separadas, com os raios da primeira espinhosos e os da segunda brandos, á excepção do primeiro que é espinhoso. A côr soffre alterações segundo as aguas em que vive; mas d'ordinario é d'um amarello mais ou menos doi-

rado e esverdeado, passando a amarello mais claro nos flancos e a branco quasi baço no ventre; tem de uma a oito faxas annegradas no dorso, as barbatanas de côres variadas: pardas ou violaceas, malhadas de negro, amarellas esverdeadas ou avermelhadas, e a cauda d'um vermelho vivo.

Mede regularmente de $0^m,45$ a $0^m,50$, postoque no Norte possa attingir $1^m,35$, havendo a notar que o crescimento d'este animal accommoda-se á extensão da massa d'agua onde vive. De preferencia demora-se nos sitios hervosos e pouco profundos, e só no inverno busca os sitios mais fundos, adiantando-se para o lado das nascentes dos rios e fugindo cuidadosamente da agua salgada.

A perca é voraz e carniceira, pois ainda mesmo depois de saciada ataca novas presas. Tem por armas as barbatanas, das quaes a primeira dorsal tem quinze raios espinhosos, fortes e agudos, que lhe servem para a defesa e para o ataque. Alimenta-se de insectos, peixes pequenos, vermes, gyrinos das rãs, arremessando-se á superficie da agua veloz como uma frecha para alcançar a presa.

Desova no principio de maio e a sua multiplicação é realmente prodigiosa. Dois autores affirmam: o primeiro haver contado duzentos e oitenta mil ovos n'uma perca de pequenas dimensões; o segundo perto d'um milhão. Tal fecundidade tornaria de certo este animal muito mais frequente do que é realmente, se não fossem os numerosos accidentes que se oppõem ao desenvolvimento dos ovos, e a destruição que lhe fazem certas aves aquaticas que habitam nos lagos e rios d'agua doce onde vive a perca. A femea põe os ovos presos uns aos outros por certa substancia viscosa, á maneira de longos rosarios, e prende-os ás pedras e ás plantas aquaticas.

A carne da perca é rija, branca, de bom sabor e facil digestão, e tida em França, no dizer d'alguns gastronomos, como immediatamente inferior á da truta.

O ROBALLO

Labrax lupus, de Cuvier e Valenciennes—*Le bar commun*, dos francezes

Esta especie do genero *Labrax*, e da familia das *Percas*, assimilha-se á perca dos rios, tendo todavia o corpo mais alongado e menos refeito, e duas barbatanas dorsaes, tendo a primeira nove raios espinhosos e muito rijos, sendo os dois primeiros mais curtos, e a segunda doze ou treze, o primeiro dos quaes é mais curto e espinhoso e os restantes brandos.

E' muito frequente no Mediterraneo e n'alguns rios que alli desaguam, e commum no nosso paiz. Apparece nos mercados de Lisboa e do Algarve todo o anno, encontrando-se em maior quantidade e attingindo fortes dimensões, 1^m e $1^m,05$, nos mezes de dezembro. [1]

Á imitação das percas são estes peixes muito vorazes e carnivoros, e frequentam as costas e principalmente a foz dos rios, subindo-os por vezes a grande distancia. O roballo desova em maio e junho nas cos-

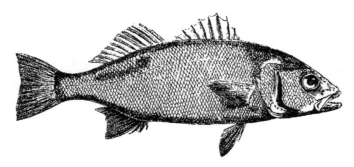

Gr. n.º 464 — O roballo

tas arenosas, e os ovos, muito numerosos, são d'um amarello desvanecido.

Os individuos adultos teem a parte superior do corpo parda azulada, os flancos mais claros e o ventre prateado. Cada escama tem na superficie um ponto prateado, e do conjuncto resultam reflexos do mais bello effeito. Os novos são muitas vezes malhados de trigueiro. Mede d'ordinario $0^m,50$ de comprimento.

A carne do roballo é muito boa, e já os antigos gregos e romanos a tinham em grande estima.

Outras especies do genero *Labrax* encontram-se na America e no Japão, vivendo nos rios de agua doce e no mar.

O CANARIO DO MAR

Anthias sacer, de Bloch — *Le barbier*, dos francezes

Os individuos do genero *Anthias*, a que pertence esta especie, teem o corpo alto e comprimido ; uma unica barbatana dorsal com os raios anteriores espinhosos, o terceiro com o dobro da altura dos outros e os restantes brandos. A cauda é muito aforquilhada e termina em dois longos filamentos.

O canario do mar é de um bello vermelho com reflexos metallicos, tendo os flancos doirados e o ventre prateado. Nas faces tem tres riscas amarelladas, e as

[1] Na indicação das especies de peixes que vivem nos mares de Portugal, seus nomes vulgares e epocas em que apparecem nos nossos mercados, guiamo-nos pelo *Catalogo dos Peixes de Portugal* e artigos diversos publicados no *Jornal da Academia das Sciencias de Lisboa*, trabalhos do mallogrado naturalista portuguez Felix de Brito Capello, um dos mais zelosos e intelligentes cultores da zoologia em Portugal, e que dos peixes fez o seu estudo predilecto.

barbatanas são amarellas matizadas de côr de rosa na base. Mede 0,25 a 0,30. E' um dos mais bellos peixes do Mediterraneo, e poucas vezes passa o estreito de Gibraltar em direcção ao Oceano, sendo raro nos nossos mercados. A carne é pouco estimada.

A GAROUPA

Serranus cabrilla, de Cuvier e Valenciennes
Le serran commun, dos francezes

Sob o nome vulgar de *garoupa* conhecem-se no nosso paiz duas especies do genero *Serranus*, caracterisado por uma unica barbatana dorsal, com a parte anterior espinhosa e a posterior branda, terminando os operculos em uma ou muitas pontas.

A garoupa da especie citada (Grav. n.º 465) tem o corpo alto e comprimido, na parte superior d'um bello trigueiro esbatendo-se gradualmente nos flancos, em muitos individuos cortado de faxas transversaes mais escuras. Os flancos são d'um amarello avermelhado com duas ou tres faxas longitudinaes azuladas; o ventre amarellado, e nas faces tem um certo numero de faxas irregulares da mesma côr. As barbatanas imitam as côres geraes do tronco. Mede de 0,10 a 0,12 de comprimento.

Este peixe é abundante no Mediterraneo, habitando de preferencia entre os rochedos a curta distancia da costa. Apparece por vezes no Oceano, e é pouco vulgar nos mercados do nosso paiz.

Alimenta-se de peixes pequenos, crustaceos e molluscos.

A *garoupa, serranus scriba*, — outra

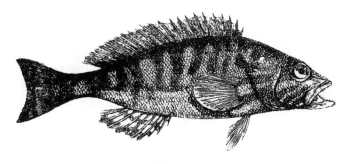

Gr. n.º 465 — A garoupa

especie congenere da antecedente, que vive tambem no Mediterraneo e é abundante no nosso paiz, sendo a carne delicada e muito estimada nos mercados da Europa, — tem no focinho, nas faces e na cabeça riscas azuladas irregulares; o dorso avermelhado é cortado de faxas verticaes d'um trigueiro escuro e o ventre é amarello; as barbatanas são d'um amarello ruivo malhado.

Para os antigos estas duas especies eram notaveis por se julgar não haver n'ellas individuos machos; eram todos hermaphroditas. Como taes as descreve Cuvier, e parece que depende ainda de novas observações a affirmação ou rejeição d'este singular caracter.

O MÉRO

Serranus gigas, de Cuvier e Valenciennes —
Le mérou, dos francezes

Além dos caracteres geraes das duas especies citadas, tem esta pequenas escamas na maxilla inferior, que faltam nas duas especies antecedentes em ambas as maxillas; caracter que serve para distinguir as garoupas do méro.

Tem este peixe a parte superior do corpo trigueira avermelhada, com os flancos e o ventre mais claros; duas riscas amarellas desmaiadas atravessam-lhe de ordinario as faces, e as barbatanas são trigueiras. Mede geralmente 0,^m35, mas encontram-se individuos com 1^m.

Pesca-se em todas as costas do Mediterraneo, e apparece no Oceano, indo até ao golfo da Gascunha. E' peixe de fundura, pouco vulgar no nosso paiz, e apanha-se accidentalmente com os chernes e congros.

Desova em fins de abril a principios de maio. A carne é muito estimada.

O CHERNE

Polyprion cernium, de Cuvier e Valenciennes — *Le cernier brun*, dos francezes

O cherne é um dos maiores peixes do Mediterraneo, frequentando tambem o Oceano, e abundante em toda a costa de Portugal desde dezembro até março, e raro no resto do anno.

Tem o corpo curto, grosso e alto ; a cabeça deprimida e rugosa na parte superior ; uma unica barbatana dorsal, da qual a parte anterior é pouco elevada e formada de raios espinhosos, e a posterior branda e bastante alta.

É pardo mais ou menos escuro, mais desvanecido nos flancos e passando a branco no ventre, levemente matizado de pardo. Os individuos novos teem algumas vezes duas malhas trigueiras. As barbatanas são d'ordinario da côr do corpo, algumas vezes bordadas de branco, e principalmente a caudal. Medem alguns ehernes até 2ᵐ.

Alimenta-se de molluscos e especialmente de perseves, encontrando-se-lhe tambem no estomago restos de peixes pequenos.

A carne é tenra, branca e muito saborosa.

O OLHUDO

Pomatopus telescopus, de Risso — *Le pomatome telescope*, dos francezes

Esta especie, pouco commum, deve o nome vulgar de *olhudo* á grandeza desmedida dos olhos, muito proximos um do outro. Tem corpo alongado, cabeça grande, duas barbatanas dorsaes bem separadas uma da outra, tendo a primeira

Gr. n.º 466 — O peixe aranha

os raios espinhosos, e a segunda brandos á excepção do primeiro ; a barbatana da cauda é muito desenvolvida.

O olhudo é d'um trigueiro violaceo com reflexos iriados, tendo as barbatanas mais escuras do que o corpo e com reflexos avermelhados. Mede quando muito 0ᵐ,40 ou 0ᵐ,50 de comprimento.

Este peixe é raro no nosso paiz; é do alto, e só accidentalmente se aproxima da costa.

A carne passa por ser excellente.

O PEIXE ARANHA

Trachinus draco, de Cuvier e Valenciennes — *La vive commune*, dos francezes

No nosso paiz dá-se o nome de *peixe aranha* a duas especies do genero *Trachinus*, das quaes só a citada é de uso alimentario, não o sendo a outra, *trachinus vipera*, pela sua pequenez. A primeira é pouco vulgar, a segunda rara nos mercados. Tem aquella o corpo alongado, a cabeça rugosa e achatada na parte superior, os olhos muito juntos e a bocca rasgada obliquamente ; duas barbatanas dorsaes, sendo a primeira muito curta e a segunda muito baixa e comprida ; a barbatana anal é ainda um pouco mais longa do que a segunda dorsal.

O peixe aranha (*trachinus draco*) é d'um pardo arruivado riscado em todo o corpo de escuro, quasi negro, e separados os traços por faxas azues ou d'um amarello claro. A parte superior da cabeça é parda escura, as lateraes amarellas claras, o ventre branco com reflexos amarellados ; a primeira barbatana dorsal é matizada de negro, a segunda mais clara e a caudal escura mosqueada de amarello. Mede 0ᵐ,35 de comprimento.

O peixe aranha (*trachinus vipera*) é mais pequeno do que a especie antecedente, pois raro é que exceda a 0ᵐ,15, mas tem com ella grande analogia. E trigueiro amarellado nas partes superiores do corpo e o ventre branco ; a primeira dorsal negra e as outras barbatanas trigueiras.

Alimenta-se a primeira especie de peixes pequenos, crustaceos e molluscos ; a segunda, de insectos aquaticos e pequenos crustaceos.

São estes peixes de fundura, habitando de preferencia nos fundos arenosos onde por vezes se enterram deixando apenas de fóra a cabeça. Este habito, dizem alguns autores, torna este peixe perigoso para os pescadores que carecem d'andar descalços na areia, e affirma-se mesmo que não é o primeiro banhista que tem sido ferido pelos raios espinhosos da barbatana dorsal d'estes peixes.

«Os pescadores lançam-n'o ao mar, diz F. Capello referindo-se ao *trachinus vipera*, assim que o véem, e se por acaso escapa algum nos barcos, ou apparece quando o *arrastam*, esmagam-no logo com pedras com receio de serem feridos pelos espinhos da dorsal, que produzem grandes dôres, segundo é constante entre elles.»

Os francezes dão a estes peixes o nome de *vives* pela faculdade que teem de viver por muito tempo fóra d'agua, podendo por consequencia ser transportados a grande distancia.

No começo do verão aproximam-se estes peixes das costas para desovar.

O PAPA-TABACO OU MASCA-TABACO

Uranoscopus scaber, de Cuvier e Valenciennes—*L'uranos-cope vulgaire*, dos francezes

O caracter mais particular d'esta especie é, como exprime o nome generico formado de duas palavras gregas *ceo* e *eu vejo*, ter os olhos collocados na parte su-

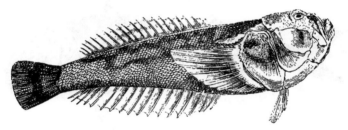

Gr. n.º 467 — O masca-tabaco

perior da cabeça e muito juntos, de modo que só pode ver para cima. O corpo é conico, a cabeça grande, rugosa, e guarnecida nas partes superiores de espinhos muito agudos, a bocca rasgada verticalmente ; tem duas barbatanas dorsaes, a primeira curta e formada de quatro ou cinco raios espinhosos, a segunda muito mais longa, tendo um raio espinhoso seguido de quatorze brandos.

⁀ O masca-tabaco, nome que Capello diz ter este peixe no mercado de Lisboa, é d'um pardo atrigueirado, n'alguns sitios malhado de trigueiro, e as malhas reunidas formam faxas longitudinaes. A primeira barbatana dorsal é negra, a segunda mais clara, e a caudal mais ou menos escura.

Frequenta este peixe os fundos de vasa e hervosos, onde encontra em grande abundancia os peixes pequenos e os molluscos de que se alimenta. Posto que seja um dos peixes mais feios, nem por isso a carne é completamente má : branca e por vezes muito rija, o gosto a lodo que quasi sempre tem torna-a pouco procurada.

O SALMONETE

Mullus surmuletus, de Cuvier e Valenciennes — *Le surmulet*, dos francezes.

Os salmonetes, genero *Mullus*, teem o corpo alongado e sobre o redondo, a cabeça curta, bocca pequena, dois barbilhões no extremo da maxilla inferior, duas barbatanas dorsaes muito separadas uma da outra, a primeira de forma triangular, resultado dos sete raios espinhosos de que é formada irem diminuindo d'altura gradualmente, a segunda menos elevada com um raio espinhoso seguido de oito brandos ; a barbatana da cauda é muito aforquilhada.

No nosso paiz conhecem-se duas especies de salmonetes, as duas unicas da Europa, a citada e o *mullus barbatus,* celebre desde tempos remotos.

A primeira que vive no Oceano e no Mediterraneo é vulgarissima todo o anno no rio e costa de Setubal, e pouco commum em Lisboa.

E' lindo este peixe, com o dorso e os flancos d'um bello vermelho assombreado, com riscas longitudinaes amarellas doiradas e o ventre côr de rosa desvanecida. As barbatanas dorsaes são vermelhas lavadas de amarello, e a caudal mais escura.

Na epoca da desova, em maio, ganham estas côres em brilho. Mede este salmonete 0ᵐ,35 a 0ᵐ,45 de comprimento.

O *mullus barbatus,—rouget barbet* dos francezes — assimilha-se muito ao salmonete da especie antecedente, distinguin-do-se pela cabeça mais vertical ; na frente pelos barbilhões mais longos, e pela côr vermelha mais viva, mais acarminada, apresentando os mais bellos cambiantes, e sem as riscas amarellas da especie acima descripta.

Encontra-se abundante no Mediterraneo e no Oceano, sendo vulgar em Setubal.

Esta especie foi dos antigos romanos a mais estimada, tanto pela delicadeza da carne como pelo colorido, e para aquelle povo o salmonete era n'aquella epoca um motivo de ostentação ; para possuil-os em viveiros gastavam-se quantias enormes. O valor crescia extraordinariamente segundo o tamanho, e no dizer de Plinio o salmonete ordinario pesava duas libras, e apresental-o já era luxo ; pesando tres libras era motivo de

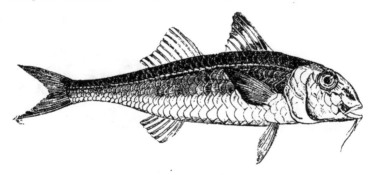

Gr. n.º 468 — O salmonete (*mullus barbatus*)

admiração e prova da opulencia do amphitrião ; um salmonete, porém, de quatro libras tinha-se por um prato verdadeiramente ruinoso.

Séneca conta a historia d'um salmonete apresentado a Tiberio, salmonete que pesava quatro libras e meia, e que sendo por este enviado ao mercado, o celebre gastronomo Apicio e Octavio disputaram a sua posse, sendo entregue ao segundo pela quantia de 5:000 sestercios, ou aproximadamente 175$000 réis da nossa moeda. Juvenal cita um d'estes peixes vendido por 6:000 sestercios e pesando seis libras; e finalmente Suetonio fala de tres vendidos por 30.000 sestercios (1:050$000), causa das leis sumptuarias promulgadas por Tiberio, taxando os comestiveis expostos nos mercados.

Varrão conta tambem que Hortensius, o rival de Cicero, possuia nas suas pisci-nas avultado numero de salmonetes, que por meio de tubos vinham dar á sala de jantar, e expostos á vista dos seus convivas podiam estes gozar as alterações que no bello colorido do peixe causava a asphyxia lenta e dolorosa que precedia a morte do animal.

Os salmonetes alimentam-se de pequenos crustaceos, molluscos e vermes do mar, viajando em cardumes ao longo das costas.

Nos mares da America e das Indias vivem aproximadamente vinte especies de salmonetes, todas notaveis pela opulencia do colorido e na maior parte estimadas pela sua excellente carne.

O ROCAZ OU RASCASSO

Scorpaena scrofa, de Cuvier e Valenciennes — *La grande scorpène,* dos francezes.

Do genero *Scorpaena* temos a mencionar duas especies, a citada e o *requeime preto* de que em seguida nos occupare-mos.

Teem os peixes d'este genero a cabeça larga e comprimida, sem escamas aos la-dos, e armada d'espinhos e appendices car-nudos; o corpo grosso, a bocca muito ras-gada.

O rocaz tem a barbatana dorsal muito longa, sendo a sua maior altura no ter-ceiro raio espinhoso, e tendo doze d'estes raios, seguidos de nove brandos. As bar-batanas peitoraes são muito largas e a da cauda arredondada.

É vermelho com malhas mais escuras ou brancas em certos sitios, tendo-as tam-bem mais pequenas nas barbatanas, e só as abdominaes são côr de rosa, bem co-mo o espaço comprehendido entre as peitoraes e a parte inferior da cabeça.

As barbatanas peitoraes são por vezes par-das.

Pode attingir $0^m,35$ a $0^m,40$ de com-primento.

Este peixe, muito abundante no Medi-terraneo, onde vive em cardumes numero-sos, e menos frequente no Oceano, é vul-gar no nosso paiz, posto que pouco abundante, apparecendo no inverno com as gallinhas do mar.

É para temer este peixe e o da especie em seguida descripta, sua congenere, pe-los espinhos que lhes eriçam o corpo, cau-sando feridas bastante dolorosas.

A carne do rocaz é boa, mas por vezes dura, e outr'ora attribuiam-lhe a proprie-dade de curar a pedra da bexiga ou dos rins.

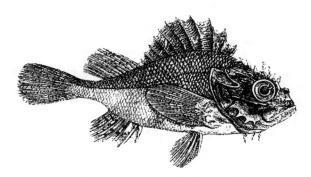

Gr. n.º 469 — O rocaz ou rascasso

O REQUEIME PRETO

Scorpaena porcus, de Cuvier e Valenciennes—*La scorpène brune*, dos francezes

Este peixe, congenere do antecedente, é muito mais pequeno do que elle; os olhos são grandes, e os appendices car-nudos, situados sobre elles, no focinho e aos lados, são menos numerosos do que no rocaz. Distingue-se d'este principal-mente na côr.

Tem o dorso quasi sempre trigueiro maculado de negro; o ventre branco com reflexos avermelhados; as barbatanas la-vadas de amarello ou matizadas de côr de rosa, sendo as peitoraes mais escuras.

Esta especie, que vive tambem no Me-diterraneo, tem sido pescada nas costas da America proximo de New-Yorck, e sendo pouco vulgar em Lisboa, appare-ce todo o anno em Setubal, posto que em pequena quantidade.

Na America e no mar das Indias vi-vem numerosas especies congeneres d'esta e da antecedente.

A GALLINHA DO MAR

Sebastes imperialis, de Cuvier e Valenciennes — *Le sébaste imperiale,* dos francezes

Do genero *Sebastes* menciona Brito Ca-pello quatro especies de Portugal, appa-recendo só no inverno e sendo raras nas outras estações. Teem estes peixes a ca-beça larga, comprimida, armada de espi-nhos, em menor quantidade porém do que os rocazes, coberta de escamas e sem appendices cutaneos. A unica barbatana dorsal tem os raios anteriores espinhosos e os posteriores brandos.

A gallinha do mar é vermelha, com malhas trigueiras formando em certos individuos cinco faxas transversaes ; os flancos são mais claros e o ventre branco. A carne da gallinha do mar é mediocremente estimada.

Nos mares do Norte vive uma especie d'estes peixes, attingindo a mais de 0^m,65, vermelha, e cuja carne fornece aos esquimaus apreciado alimento ; no dizer de Cuvier, dos raios espinhosos muito rijos das barbatanas fabricam aquelles povos agulhas.

O BEBO OU BEBEDO

Trigla cuculus, de Cuvier e Valenciennes — *Le grondin,* dos francezes

Do genero *Trigla* conhecem-se quinze especies, vivendo algumas nos mares da Europa, principalmente no Mediterraneo, e outras nos mares das Indias. No nosso paiz conhecem-se sete, e tantas são as citadas por Brito Capello no seu catalogo.

Os peixes d'este genero teem a cabeça bastante desenvolvida, mais ou menos achatada na região facial, aspera ao tacto e armada de espinhos mais ou menos rijos ; o corpo é escamoso, teem duas barbatanas dorsaes, e as peitoraes muito grandes.

O bebo tem o corpo irregularmente arredondado, adelgaçando-se a partir da base da barbatana anal, muito analogo na forma ao *ruivo,* — peixe bastante conhecido e seu congenere, de que em seguida trataremos ; tem a cabeça angulosa e rugosa em toda a superficie ; duas barbatanas dorsaes, sendo a primeira muito alta e pouco longa, formada de nove raios espinhosos dos quaes o segundo é o maior; a segunda dorsal, mais baixa e alongada, tem dezoito raios brandos.

A cabeça, o dorso e os flancos do bebo são dum lindo vermelho vivo, tendo as partes' inferiores dos flancos e o ventre brancos. As barbatanas dorsaes e a caudal são côr de zarcão, as peitoraes am arellas, as abdominaes côr de rosa, a anal d'um branco de leite na base e matizada d'amarello na borda. Mede 0^m,25 a 0^m,30 de comprimento.

Vive no Mediterraneo, no Atlantico e tambem no mar do Norte: sendo pouco vulgar em Lisboa, apparece em Setubal todo o anno, posto que em pequena quantidade. Nos mezes de maio e junho aproxima-se das praias para effectuar a desova.

Alimenta-se de molluscos, crustaceos e peixes pequenos ; a carne é excellente, rija e de sabor delicado.

Diz-se que este peixe ao ser tirado da agua solta certos sons que se assimilham ao grito do cuco, e d'aqui lhe provém o seu nome especifico *cuculus.*

Conhecido em Lisboa com o mesmo nome de bebo, ou bebedo, e aqui pouco vulgar, mas no Algarve appellidado *ruivo,* existe outro peixe, *trigla lineata* de Linneo, o *trigle camard* dos francezes, que attinge por vezes 0^m,40 de comprimento.

Tem a cabeça mais curta do que a especie antecedente, o perfil mais vertical, as barbatanas peitoraes mais largas. E' d'um vermelho brilhante por egual á excepção do ventre que é branco, e na região dorsal tem pequenas manchas negras. As barbatanas peitoraes são semeadas de malhas azues formando quatro ou cinco series transversaes.

O RUIVO OU CABAÇO

Trigla hirundo, de Cuvier e Valenciennes — *Le trigle hirondelle,* dos francezes

O ruivo, congenere do bebo, parece-se muito com o da primeira especie descripta, *trigla cuculus,* differindo todavia na cabeça mais achatada, nos olhos mais separados ; as barbatanas peitoraes são muito mais desenvolvidas, e tanto que d'aqui lhe provém o nome especifico *hirundo* (andorinha), pela similhança que tem com duas azas pequenas.

Tem o dorso, os flancos, as barbatanas dorsaes e a caudal vermelhas trigueiras, côr que vae esmorecendo a partir do meio dos flancos, e o ventre branco ; as barbatanas peitoraes são matizadas d'azul na face externa. E' maior do que o bebo, attingindo alguns individuos 0^m,70. (Grav. n,° 470).

Vive no Mediterraneo, no Oceano Atlantico, na Mancha, no mar do Norte e no Baltico ; em Portugal é vulgar e abundante, apparecendo todo o anno. E' peixe de fundura, e é raro vél-o á superficie, alimentando-se de molluscos, crustaceos e peixes pequenos.

Conhecidas tambem sob o nome vulgar de *ruivos,* apparecem nos nossos mercados outras duas especies do genero

Trigla, — *trigla obscura,* Linneo, e *trigla poeciloptera,* Cuvier e Valenciennes.

A primeira tem por caracteres especiaes o focinho armado de dois espinhos na extremidade, e do operculo á barbatana caudal corre-lhe uma faxa de placas mais altas do que largas.

E' d'um vermelho desvanecido, esmorecendo nos flancos, e a região abdominal d'um branco amarellado.

E' muito commum no Mediterraneo, e vulgar nos mares de Portugal.

O ruivo *trigla poeciloptera,* a que os francezes denominam *petit perlon,* é a mais pequena das especies do genero *Trigla,* e encontra-se no Atlantico, sendo vulgar em Portugal no verão, deixando de apparecer nas outras estações.

Tem a cabeça larga e achatada no alto, uma linha de espinhos a partir do foci- nho até ao olho ; tendo-os tambem sobre os olhos, na extremidade do focinho, e mesmo no corpo se lhe encontram, em cima das barbatanas peitoraes, e uma serie d'elles na base das duas dorsaes.

Das duas barbatanas dorsaes, a primeira é mais alta e triangular, a segunda segue-a a curta distancia.

Tem o dorso vermelho trigueiro com reflexos doirados nos flancos, e o ventre branco. As barbatanas são avermelhadas, e n'alguns individuos a segunda dorsal e a caudal matizadas de côr de violeta.

A CABRA OU CABRINHA

Trigla lyra, de Linneo — *Le trigle lyre,* dos francezes

Est'outra especie do genero *Trigla* é no nosso paiz vulgar e abundante no verão, apparecendo em menos quantidade

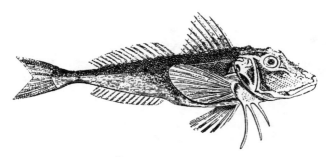

Gr. n.º 470 — O ruivo

todo o resto do anno. Tem este peixe a cabeça grande e um tanto arredondada na parte superior ; o focinho fendido na extremidade apresenta de cada lado uma saliencia achatada nas bordas ; o corpo diminuindo de espessura desde a cabeça até á base da barbatana caudal é n'esta parte muito estreito. Tem nove raios na primeira barbatana dorsal, e dezeseis na segunda.

A cabeça, o dorso e os flancos d'este peixe são d'um bello vermelho, e o ventre branco. As barbatanas superiores imitam a côr do corpo, as abdominaes e a anal são desvanecidas.

O EMPRENHADOR

Trigla gurnardus, de Linneo. — *Le trigle gourneau,* dos francezes

Este peixe, tambem congenere do ruivo, tem muita similhança com a especie que acabamos de descrever, e egualmente com o bebo, differindo d'este por ter a bocca maior e a cabeça menos elevada.

E' nas partes superiores do corpo e nos lados d'um pardo esverdeado ou atriguei· rado, com pequenas malhas brancas nos flancos ; o ventre é prateado ou apresenta reflexos amarellos. Tem as barbatanas pardaças ou matizadas de trigueiro.

,O emprenhador é commum no Mediterraneo e no Oceano Atlantico, sendo raro nos nossos mercados; anda em cardumes vindo por vezes em numero consideravel á superficie da agua, não obstante ser peixe de fundura.

A carne é branca e rija, mas este peixe é pouco estimado pela sua pequenez.

O PEIXE VOADOR

Trigla volitans, de Linneo. — *Le dactyloptère volant*, dos francezes

Os peixes do genero *Dactylopterus* são conhecidos de longa data pelas narrações dos navegantes, e denominados *peixes voadores* pela faculdade que teem de se elevar a um ou dois metros fóra d'agua e percorrer d'esta sorte algumas centenas de metros, sem todavia poderem mudar de direcção, pois as barbatanas de raios muito longos e em fórma d'azas que estes peixes teem abaixo das barbatanas peitoraes, apenas lhes servem de para-quedas quando saltam fóra d'agua. O corpo tem analogia com o dos peixes do genero Trigla que acabámos de descrever, o ruivo, o bebo etc.; mas a cabeça é mais achatada, dura e ossuda, o focinho muito curto, a bocca pequena e rasgada por baixo, sendo a maxilla superior mais longa do que a inferior.

A especie acima citada é muito commum no Mediterraneo, encontrando-se no Oceano Atlantico, no mar das Antilhas e no Brazil. Não a vemos mencionada no catalogo dos peixes de Portugal, sendo certo que ella é muito abundante, mas apparece raras vezes nos mercados pela má qualidade da carne.

Tem a parte superior do corpo d'um trigueiro mais ou menos escuro, por vezes com reflexos violaceos; os flancos vermelhos e o ventre côr de rosa. As barbatanas peitoraes que lhe servem d'azas

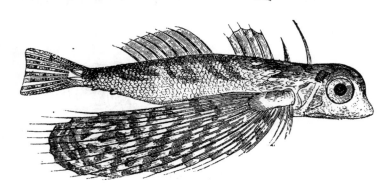

Gr. n.º 471 — O peixe voador

são d'um verde annegrado malhado de azul. Mede 0m,35 de comprimento.

Por vezes véem-se cardumes d'estes animaes elevarem-se acima das ondas, perseguidos pelos peixes carniceiros, taes como as doiradas, que veem em sua perseguição; mas fugindo d'estes acontece exporem-se aos ataques das numerosas aves maritimas, as fragatas, e os albatrozes, que d'elles se alimentam e lhes dão caça, e assim aos miseros sobram inimigos em qualquer dos elementos onde se encontrem. Ainda assim pela destreza e agilidade com que passam d'um elemento a outro, nadando ou voando, conseguem furtar-se por vezes aos ataques dos seus inimigos.

A nossa gravura n.º 471 representa uma especie dos peixes voadores do mar das Indias, que muito pouco differe nas formas do da Europa, e só nas côres, pois é trigueiro doirado na parte superior do corpo e esbranquiçado por baixo.

O ESGANAGATA

Gasterosteus brachycentrs, de Cuvier e Valenciennes — *Le épinoche à courte épine*, dos francezes

Vamos occupar-nos presentemente de um genero de peixes, *Gasterosteus*, comprehendendo avultado numero de especies d'agua doce e uma que vive no mar. No nosso paiz só se conhece até hoje a especie citada, que se encontra em Setubal e a denominam vulgarmente *esganagata*, apparecendo tambem no Mondego; e a que vive no mar.

São muito pequenos, estes peixes, geral

mente de 0ᵐ,07 ou 0ᵐ,08, não excedendo os maiores 0ᵐ,10. Teem o corpo alongado e comprimido lateralmente, diminuindo de espessura da cabeça para a cauda; a cabeça lisa, sem espinhos; olhos grandes, duas barbatanas dorsaes, a primeira das quaes é formada de raios espinhosos separados uns dos outros e a segunda de raios flexiveis ligados entre si por uma membrana. As abdominaes reduzem-se a um espinho unico, rijo e agudo. No dorso teem placas osseas nas quaes se articula um certo numero de espinhos que o animalsinho só ergue se o atacam. Distinguem-se principalmente as diversas especies pelo numero de raios espinhosos soltos que teem na primeira barbatana dorsal, e a especie que se encontra em Portugal tem tres.

E' em geral esverdeado por cima, prateado nos flancos, sendo o macho e a femea similhantes no colorido durante o inverno; mas na primavera o primeiro ostenta as mais lindas côres: o azul, o vermelho e o oiro matizam o corpo d'estes peixes.

E' a epoca das nupcias a epoca da sua nidificação, pois os peixes de que actualmente nos occupamos fazem ninho á imitação das aves, com a differença, porém, que é o macho que se encarrega da sua construcção, para abrigo dos ovos que a femea alli deve pôr.

Estes animaes, abundantes nos rios, nas ribeiras, nas aguas estagnadas dos charcos, teem dado ensejo a que muitos observadores lhes hajam podido estudar os habitos, descortinando no seu viver ac

Gr. n.° 472 — A femea do esganagata no ninho

tos que motivam a admiração de quantos os conhecem.

São dotados de grande agilidade, e dão saltos fóra d'agua a 0,35 d'altura; armados d'espinhos agudos, distribuidos por diversas partes do corpo, não receiam inimigos de maior corporatura, e por vezes dão-lhe batalha, lutando tambem entre si. Dão caça aos vermes aquaticos, aos insectos, aos molluscos sem concha; devoram tambem os ovos dos peixes, não escapando mesmo os individuos recemnascidos da sua especie, pois é enorme a voracidade d'estes peixes: certo naturalista falla de um, ao qual viu devorar em 5 horas 74 peixes pequenos de 0ᵐ,007 a 0ᵐ,008.

Em certos pontos da Europa abundam tanto estes peixes, que são apanhados em grande quantidade para estrumar as terras, e tambem, diz-se, para sustento dos

porcos. Não se aproveitam em geral para alimentação do homem pela sua pequenez e muitas espinhas, posto que a carne seja boa, e possa fazer-se com estes peixes um excellente e saboroso caldo.

Resta-n'os falar da nidificação d'estes peixes, a mais curiosa e interessante particularidade do seu viver, e vamos satisfazer a esta parte da nossa descripção transcrevendo o que a tal respeito esereveu L. Figuier no seu livro Os Peixes.

«No começo de junho o macho busca sitio asado á construcção do ninho, e depois de definitivamente escolhido, escarva na vasa uma pequena cavidade, e transportando para alli despojos de plantas aquaticas, indo por vezes buscal-os a distancia, forma com elles uma especie de tapete. Como seria facil que a corrente d'agua lhe levasse os materiaes que compõem a primeira parte do edificio, tem a prevenção de tomar uma porção d'areia na bocca e colloca-a sobre as hervas. Em seguida, para que estes materiaes adquiram maior consistencia calca-os com o corpo, ligando-os com o muco que este transsuda ; e para verificar que tudo está solidamente unido, move rapidamente as barbatanas agitando a agua emvolta do ninho e se observa que alguma hastesinha se desprende, volta novamente a calcal-o com o focinho, alisando-o, e com auxilio do muco da pelle solidifica aquella parte.

Estando as coisas n'este estado, o nosso pequeno architecto, digno rival das femeas das aves, trata d'escolher materiaes mais solidos, taes como raizes e hastes, que prende no interior ou á superficie da sua primeira construcção, collocando -as todas na mesma direcção longitudinal, de sorte que as duas extremidades correspondam mais tarde uma á entrada e a outra á saida do ninho.

Formado assim o sobrado e as paredes lateraes do edificio, resta a cobertura, que o peixe construe dos mesmos materiaes e seguindo egual processo, tendo o cuidado de deixar uma abertura convenientemente preparada em volta, artisticamente unida e fixada com o humor que a pelle segrega.

O ninho assim construido tem a fórma d'uma abobada arredondada, de 0,10 aproximadamente de diametro, com uma só abertura, a que o macho ou a femea em breve abre segunda, furando o ninho de lado a lado. O que fica dito refere-se a um certo numero d'especies (entre as quaes se inclue a esganagata), pois outras mais pequenas que differem em certos caracteres de que não fazemos aqui menção, não construem os ninhos na vasa, suspendem-n'os aos ramos dos vegetaes aquaticos, tomando as maiores precauções para occultal-os.

O macho vae em cata das conférvas, plantas aquaticas, e, transportando-as na bocca ; amontoa-as no sitio que encontra accommodado á construcção do ninho, ligando-as aos ramos que lhes servem de esteio. Accumulados estes materiaes em quantidade sufficiente, introduz-se no centro como n'um estojo,. penetrando por entre elles a pouco e pouco, e executando sobre si uma serie de movimentos de rotação que, á medida que se effectuam, vão pela pressão do corpo soldando os vegetaes que se enrolam em volta do corpo em fibras circulares, dando ao ninho

a fórma d'um regalo. Julga o sr. Coste [1] que esta disposição em fibras annelladas é resultado dos numerosos espinhos que o animal possue ao longo do dorso, e que produzem, operando circularmente nas conférvas, os mesmos effeitos dos dentes das machinas de cardar lã.

Tão depressa a construcção está em estado de receber os ovos, o macho, que a esse tempo ostenta as galas do seu vestuario de nupcias, vae encontrar-se com as femeas. As faces e a região abdominal perderam a esse tempo a côr desvanecida habitual e tornaram-se d'uma côr de laranja viva, o dorso outr'ora pardaço passa por successivas gradações das côres verde, azul e prateada.

A femea segue então o macho; que, dirigindo-se para o ninho, introduz a cabeça na abertura, alargando-a, e retira-se em seguida para ceder a vez á femea, que a seu turno alli entra, demorando-se dois ou tres minutos, o tempo de concluir a postura, e sae pelo lado opposto furando o ninho de lado a lado. O macho logo que a femea sae introduz-se outra vez no ninho, deslisa sobre os ovos meneando-se vivamente, e sae depois de curta demora.

D'esta ¡sorte, e durante muitos dias, convida elle a mesma femea ou outras que estejam para desovar, presta-lhes o seu auxilio em tão dolorosa conjunctura, e anima-as afagando-as com o focinho.

O ninho vae por este modo tornandose rico deposito da descendencia d'estes peixes, e os ovos alli accumulados formam importante volume, sem que a femea d'elles tenha o menor cuidado, antes desejo de devoral-os. E' então a vez do pae, que construiu o ninho e a instancias do qual a mãe ou as mães alli foram depositar os ovos, vigiar pela sua geração, encargo que desempenha com o maior zelo.

O escriptor citado observou e descreve minuciosamente os diversos actos d'este pequeno animal, velando pela salvação dos futuros representantes da sua especie.

Para que o ninho, cujo volume é algumas vezes egual á metade do corpo do peixe, adquira maior solidez, cobre-o de

---

[1] Luiz Figuier diz n'outra parte do seu livro que extrahiu tão curiosos pormenores acerca da nidificação d'estes peixes d'uma memoria escripta por este illustre homem de sciencia.

pedras, conservando-lhe apenas uma entrada, que elle veda a qualquer animal que se abeire, mas atravez da qual impelle a agua que agita com os movimentos rapidos das barbatanas peitoraes. A agua assim agitada tem por fim, no dizer de Coste, lavar os ovos obstando a que se cubram de musgo, o que poderia atrazar o seu desenvolvimento.

A qualquer individuo da sua especie, macho ou femea, que se abeire do ninho, accommette elle vigorosamente, e mesmo a quatro ou cinco que se apresentem não receia atacal-os e repellil-os pela força. Se o inimigo cresce em numero, faz o que a prudencia aconselha; recorre a diversos ardís, que nem sempre teem bom exito. O sr. Coste viu alguns d'estes animaes occupados em reconstruir o ninho,

cinco e seis vezes, e todas ellas sem alcançar o resultado appetecido.

Se o macho logra que o ninho se conserve sem damno até á época em que os peixes devem sair do ovo, é vél-o dobrar de zelo: allivia-o das pedras para melhor ficar em contacto com a agua, agita esta para ficar mais rapidamente em volta dos ovos, mexe-os, passando-os de cima para baixo e vice-versa.

Passados dez ou doze dias de canceiras e cuidados nascem os pequenos, carecendo ainda por muito tempo da protecção do pae, porque a sua vesicula umbilical bastante volumosa torna-os tão ineptos que não lograriam escapar aos inimigos. Não permitte elle que os recemnascidos saiam do seu berço, e se algum se tresmalha corre a tomal-o na bocca para o trans-

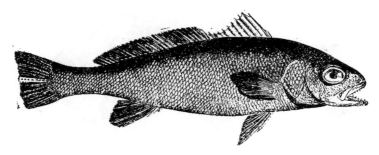

Gr. n.º 473 — A corvina

portar ao domicilio. Se o numero dos desertores cresce, elle reconduz todos ao mesmo tempo, e a nenhum maltrata.

A medida que os pequenos se desenvolvem, o pae alarga o espaço em que lhes permitte correr e exercitar-se; mas augmentam os cuidados, e sendo mais difficil guardal-os, mais activa se torna a sua vigilancia. «Vé-se, diz o sr. Coste, correr d'um para outro lado, á maneira dos cães de guarda em volta do rebanho, conduzindo as ovelhas que se tresmalham, e sempre promptos a defendel-as contra os ataques dos inimigos.»

Duram estas fadigas quinze ou vinte dias, findos os quaes o pae volta ao seu antigo viver em companhia dos da sua especie.

E mencione-se um facto realmente notavel. Este pae que construe o ninho, que presta o seu auxilio ás femeas, que cuida dos ovos, que defende e guia os peque-

nos, vive na mais perfeita abstinencia durante os longos dias que dura a nidificação, a incubação e a primeira creação dos pequenos.»

A CORVINA

Sciaena aquila, de Cuvier e Valenciennes
Le maigre, dos francezes

A corvina é um dos maiores peixes que frequentam as costas de Portugal; mede d'ordinario 1m, mas póde attingir 2m de comprimento. Abundante no Mediterraneo, encontra-se tambem no Oceano, sendo vulgar e abundante no nosso paiz de março a maio, pescando-se no resto do anno em menor quantidade.

A corvina caracterisa-se pela cabeça arqueada, a maxilla superior excedendo um pouco a inferior, o focinho conico, os beiços delgados, e a bocca mediocre em relação ás dimensões do corpo. Tem duas barbatanas dorsaes, a primeira curta e muito alta, tendo nove raios espinhosos; a segunda tres vezes mais longa do que a primeira e mais baixa, com vinte oito ou trinta raios, os quaes á excepção d'um só são brandos; a barbatana caudal termina a direito.

A corvina é geralmente d'um pardo prateado, mais escura no dorso e levemente colorida de vermelho trigueiro; as barbatanas vermelhas, e só a caudal é matizada de trigueiro.

Era muito conhecida a corvina dos antigos, e em Roma, onde a denominavam *umbrina*, nome porque ainda hoje este peixe se conhece em Italia, era muito estimada a sua carne, e a cabeça passava por ser uma das mais saborosas iguarias, e como tal e por valiosa se offerecia ás pessoas de distincção.

Sob este mesmo nome vulgar conhece-se ainda outra especie, a *umbrina cirrhosa* de Cuvier e Valenciennes, denominada pelos francezes *ombrine commune*, a qual, como caracter generico servindo para distinguil-a da especie de que anteriormente falámos, tem um pequeno barbilhão na maxilla inferior, sendo nas fórmas muito similhantes estas duas especies, que ambas como dissemos se denominam vulgarmente corvinas.

Na côr differem, pois esta especie tem o corpo amarellado, raiado de verde transversal e obliquamente; a parte superior da cabeça mosqueada de negro, e nos

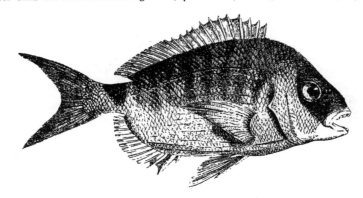

Gr. n.º 474 — O sargo

operculos riscas verdes. Pode medir este peixe mais de 2^{m} de comprimento e pesar 16 kilogrammas.

E' muito abundante no Mediterraneo, e tambem no Oceano, mas é raro nos nossos mercados. A carne é excellente.

O SARGO

Sargus Rondeletti, de Cuvier e Valenciennes—*Le sargue, dos francézes*

Este peixe do genero *Sargus*, pouco vulgar no mercado de Lisboa, tem aqui o nome de *sargo* e no Algarve o de *bicudo*. Tem o corpo alto e achatado nos lados; a cabeça curta e escamosa lateralmente com os operculos lisos; o focinho arredondado e a bocca um pouco rasgada; uma só barbatana dorsal, da qual a primeira parte tem doze raios espinhosos e a segunda de doze a quinze brandos; a anal tem tres raios espinhosos e tres brandos, a caudal é aforquilhada.

E' d'um pardo prateado no dorso e nos flancos, com faxas transversaes annegradas ou prateadas, e o ventre mais claro; as barbatanas peitoraes e abdominaes são annegradas com reflexos verdes, a dorsal pardaça, e a caudal esverdeada e lavada de negro nas extremidades. Mede: aproximadamente 0^{m};20 de comprimento.

Este peixe, vivendo no mar, entra nas enseadas e nos portos em busca dos numerosos detritos organicos de que se alimenta. Reune-se em bandos numerosos, e a sua alimentação ordinaria consta de peixes pequenos, molluscos e zoophytos.

O ALCARRAZ

Sargus annularis, de Cuvier e Valenciennes — *Le petit sargue*, dos francezes

Esta especie, congenere da anteceden-te e de pequenas dimensões, tem o corpo menos elevado do que os sargos. E' amarello na região dorsal, pardo com reflexos prateados nos flancos e branco na região abdominal. Na região caudal tem uma malha negra em forma d'annel, d'onde lhe provém o nome especifico *annularis*.

E' muito abundante nas costas do Mediterraneo esta especie dos sargos ; apparece nos mercados de Portugal, sendo conhecida em Setubal pelo nome de *alcarraz*.

A DOIRADA

Chrysophys aurata, de Cuvier e Valenciennes — *La daurade*, dos francezes

A doirada que se pesca nas costas do Mediterraneo e do Atlantico é pouco vulgar nos nossos mercados, e apparece sómente de verão. Tão elegante de fórmas como matizada de lindas côres, a doirada mereceu dos gregos ser consagrada a Venus, e davam-lhe o nome de *sobrancelhas d'oiro*, em attenção a uma brilhante malha doirada que tem entre os olhos. Os mais opulentos romanos apresentavam-na á sua meza, havendo até um certo Sergius que se alcunhava *aurata*, como referencia ao preço excessivo por que pagava estes peixes.

Tem a doirada o corpo muito elevado, comprimido lateralmente, mais alto na parte que corresponde ao terço da barbatana dorsal ; a cabeça curta e larga, bocca estreita, beiços grossos, e a maxilla inferior um pouco mais curta do que a superior. Os olhos são grandes com um circulo doirado e as pupillas negras.

Tem uma unica barbatana dorsal, com onze raios espinhosos e cinco brandos, e a caudal um pouco aforquilhada.

E' difficil descrever com exactidão as côres da doirada, quanto mais que fóra d'agua alteram-se consideravelmente. Pode-se dizer, todavia, que tem as partes superiores do corpo d'um pardo violaceo com reflexos avermelhados ou azulados, os flancos d'uma linda côr de oiro, e o ventre prateado ; entre os olhos uma faxa brilhante côr de oiro. Mede d'ordinario 0^m,35 de comprimento e pode pezar seis kilos. Na primavera a doirada vem á costa desovar, e no inverno conserva-se na fun-

dura ; alimenta-se de crustaceos pequenos e de molluscos.

A carne d'esta especie é excellente.

Nos mercados do nosso paiz apparece outra especie de doirada, rara, a que vulgarmente se dá o nome de *doirada femea*, *chrysophrys crassirostris*, muito inferior em tamanho á especie antecedente.

O PARGO

Pagrus vulgaris, de Cuvier e Valenciennes — *Le pagre vulgaire*, dos francezes

O pargo tem muita analogia nas formas com a doirada, mas distingue-se á primeira vista pelo corpo menos alto e bastante mais alongado. A cabeça é curta, a bocca rasgada obliquamente, os beiços grossos ; os operculos lisos e mais altos do que largos ; a barbatana dorsal muito alongada, baixa, e formada de doze raios espinhosos, todos pouco mais ou menos da mesma altura, e seguidos de doze raios brandos ; a caudal é um tanto chanfrada na extremidade posterior.

Tem o pargo as partes superiores do corpo claras e rosadas, os flancos praleados com reflexos côr de rosa menos viva que a do dorso ; o ventre branco ou levemente amarellado.

Este peixe vive em bandos pouco numerosos, procurando as funduras, e alimenta-se de peixes pequenos, crustaceos, molluscos e mesmo de substancias vegetaes, e só no verão se abeira das costas. Encontra-se no Mediterraneo e no Oceano Athlantico, sendo vulgarissimo e abundante nos nossos mares, e posto que appareça em todas as epocas, é no inverno que se pesca no alto mar.

O GORAZ

Pagellus centrodontus, de Cuvier e Valenciennes — *Le pagel à dents aigues*, dos francezes

E' bem conhecido e vulgarissimo em Portugal este peixe do genero *Pagellus*, do qual existe uma duzia de especies espalhadas por todos os mares, e d'estas cinco ou seis peculiares aos da Europa.

A especie citada tem o corpo muito alto, a cabeça curta, o focinho arredoudado. A barbatana dorsal tem quinze raios espinhosos e treze brandos, a cauda é aforquilhada. A parte superior do corpo é d'um pardo avermelhado, tendo os flancos mais claros e o ventre branco com reflexos doirados; ao lado e proximo da cabeça tem uma malha negra larga. As barbatanas dorsal e anal são trigueiras, e as peitoraes, as abdominaes e a caudal vermelhas.

Este peixe que no verão frequenta a costa, no inverno busca as funduras; alimenta-se de pequenos crustaceos, de molluscos e de vegetaes. Encontra-se no Mediterraneo e no Oceano, abundantissimo nos nossos mercados em dezembro e janeiro, continuando a apparecer até março, e no resto do anno em menor quantidade.

A carne do goraz, de que no nosso paiz se faz largo consumo, nem por isso é tida em grande estima.

A BICA

Pagellus erythrinus, de Cuvier e Valenciennes—*Le pagel commun*, dos francezes

Do genero *Pagellus* apparece nos nossos mercados mais esta especie, além da antecedente, e da qual Capello diz haveremlhe affirmado tèr sido outr'ora abundante em Setubal, onde se pescava á rede e a anzol, sendo hoje rara.

Tem o corpo de fórma oval e alongado, cabeça curta, a bocca mediocremente rasgada e os beiços grossos, tendo a maxilla inferior um pouco mais longa do que a superior. A barbatana dorsal tem doze raios espinhosos seguidos de dez brandos; as abdominaes são longas e pontudas e a caudal muito aforquilhada. Na parte superior do corpo é d'um vermelho vivo esbatendo-se nos flancos; o ventre prateado; as barbatanas são da mesma côr do corpo, mais desvanecidas as das partes inferiores.

Frequenta durante o inverno as funduras, e só no começo do verão se apro-

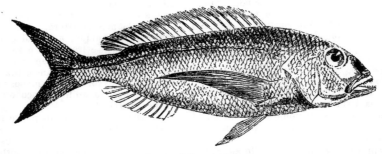

Gr. n.° 475 — A bica

xima da costa; é em extremo voraz, alimentando-se de pequenos crustaceos, molluscos e vegetaes.

O VESUGO

Pagellus acarne, de Cuvier e Valenciennes — *Le pagel acarne*, dos francezes

O vesugo é congenere das duas especies antecedentes. Encontra-se no Mediterraneo e no Atlantico, alcançando as costas de Inglaterra, e é vulgar nos nossos mercados todo o anno, postoque seja pescado em maior quantidade no inverno.

Tem o vesugo o corpo menos elevado do que a bica e o focinho mais arredondado; a barbatana dorsal tem doze raios espinhosos seguidos de onze brandos. Em geral o corpo é d'um pardo prateado com reflexos doirados ou avermelhados, e tem na parte axillar das barbatanas peitoraes uma larga malha trigueira avermelhada. As barbatanas dorsal e caudal são d'um bello vermelho, as peitoraes e abdominaes brancas.

Tem habitos similhantes aos seus congeneres já descriptos.

Sob o nome vulgar de *vesugo* apparecem nos nossos mercados outras duas especies congeneres da antecedente : *Pagellus bogaraveo,* de corpo menos alongado de que o vesugo da especie antecedente, excedendo raras vezes 0ᵐ,15 ou 0ᵐ,20 de comprimento e tendo as partes superiores do corpo rosadas e os flancos e ventre prateados, muitas vezes com reflexos doirados. A barbatana dorsal é avermelhada orlada de negro, as peitoraes e as abdominaes amarelladas e a caudal côr de rosa deslavada.

Pagellus mormyrus, em Lisboa raro e

conhecido vulgarmente pelo nome de *ferreiro*; em Setubal denominam-no *vesugo d'ova*, e pesca-se em todas as epocas do anno no rio e na costa.

Tem o corpo muito alongado, com reflexos prateados; faxas annegradas nos flancos separadas por outras mais claras e menos longas; ventre branco.

O DENTÃO

Dentex vulgaris, de Cuvier e Valenciennes—*Le denté vulgaire*, dos francezes

No mercado de Lisboa apparece esta especie do genero *Dentex*, ainda que pouco vulgar e geralmente confundida, diz Brito Capello, com o pargo. Tem o corpo elevado e comprimido, a cabeça obtusa e achatada entre os olhos, a maxilla inferior mais longa do que a superior, e ambas armadas de quatro dentes caninos recurvos; tem onze raios espinhosos na barbatana dorsal, sendo esta mais alta no quarto raio, e seguidos de onze brandos; a cauda é talhada em forma de crescente.

Tem as partes superiores do corpo d'um trigueiro avermelhado, muitas vezes com malhas annegradas; os flancos mais claros, o ventre d'um branco sujo. As barbatanas são d'um trigueiro mais ou menos escuro tirante por vezes a amarello. Alcançam alguns grande desenvolvimento, apparecendo d'estes peixes com 1ᵐ.

O dentão é peixe de fundura, mas na primavera abeira-se das costas e frequenta a foz dos rios, indo alli desovar.

A carne é muito estimada.

O CACHUCHO

Dentex macrophthalmus, de Cuvier e Valenciennes—*Le dentex aux gros yeux*, dos francezes

Outra especie do genero *Dentex*, vulgar todo o anno no nosso paiz e mais abundante no verão, epoca em que attinge o seu maior desenvolvimento, é o cachucho, muito mais pequeno que o deutão, de olhos muito grandes, e d'um vermelho por egual.

A CHOUPA

Cantharus vulgaris, de Cuvier e Valenciennes—*Le canthère commun*, dos francezes.

. Do genero *Cantharus*, de que se conhecem quatro especies da Europa e muitas da Africa e mar das Indias, a especie citada é conhecida no nosso paiz, sendo vulgar em Lisboa e muito commum em Setubal todo o anno.

E' um lindo peixe, a choupa, de corpo alto e arqueado, diminuindo de elevação para a cauda, onde é muito estreito. Tem a bocca pequena, com beiços grossos; a barbatana dorsal muito á frente, bastante longa, alta e formada de onze raios espinhosos seguidos de doze brandos; a cauda é mediocremente aforquilhada.

Na parte superior do corpo é de um azul pardaço com reflexos verdes, tendo o dorso e os flancos com faxas longitudionaes de côr mais escura. A barbatana dorsal é de um trigueiro desvanecido, as peitoraes da côr do corpo, as abdominaes, a caudal e a anal trigueiras. Attinge grande comprimento, pois individuos ha que medem de 0ᵐ,30 a 0ᵐ,50.

Busca de preferencia os fundos rochosos, alimentando-se simultaneamente de substancias animaes e vegetaes.

A BOGA

Box vulgaris, de Cuvier e Valenciennes — *Le bogue commun*, dos francezes.

A especie citada do genero *Box* é conhecida de ha muito, bastante commum no Mediterraneo, e passando por vezes para o Atlantico sendo encontrada nos mares da Madeira e das ilhas Canarias. É vulgar nos mercados do nosso paiz.

A boga tem o corpo cylindrico, alongado, arredondado na região dorsal e achatado na abdominal; olhos grandes com a iris doirada; bocca pequena; a barbatana dorsal muito longa, a principio alta e diminuindo até aos raios brandos, sendo os primeiros d'estes mais altos do que os ultimos espinhosos; tem quatorze raios espinhosos e outros tantos brandos; a caudal é bastante aforquilhada.

E' a boga de um amarello azeitonado no dorso com os flancos mais claros, e riscas longitudinaes amarellas; o ventre branco. Vive nos fundos rochosos na vizinhança das costas, alimentando-se em grande parte de substancias vegetaes.

A carne da boga é muito estimada.

Do mesmo genero *Box* é vulgar em Setubal, apparecendo todavia em pequena quantidade, a *salema*, *box salpa* de Cuvier e Valenciennes, que se distingue da boga na forma do corpo, mais alto e comprido, e d'um lindo colorido.

O dorso e os flancos são pardos azulados, o ventre mais claro e a garganta levemente amarellada ; o corpo é riscado longitudinalmente de côr de laranja.

O TROMBEIRO OU TROMBETA

Smaris gagarella, de Cuvier e Valenciennes — *Le picarel commun*, dos francezes

Do genero *Smaris* é vulgar e abundantissimo no nosso paiz este peixe que no Algarve denominam *trombeiro* ou *trombeta*. Tem o corpo pouco elevado e alongado, achatado na região abdominal e bastante curvo na dorsal ; a cabeça é curta e esguia, os olhos grandes, a bocca pequena e rasgada obliquamente. Tem uma unica barbatana dorsal, bastante desenvolvida, com onze raios espinhosos seguidos de doze brandos.

O dorso é de um pardo esverdeado com reflexos prateados ou doirados ; os flancos mais claros e cortados de faxas azuladas; o ventre branco. A barbatana dorsal e de côr azeitonada, matizada de côr de rosa desvanecida nos raios ; as peitoraes e abdominaes amarellas arruivadas ; a caudal levemente colorida de côr de rosa. Atraz das barbatanas peitoraes e na parte superior tem uma malha trigueira ennegrada, que n'alguns individuos é completamente negra.

Frequenta este peixe de preferencia os fundos de vasa proximos da costa, e alimenta-se de peixes pequenos e de molluscos.

A SARDA

Scomberscomber, de Cuvier e Valenciennes — *Le maquereau commun*, dos francezes.

E' bem conhecido entre nós este peixe, vulgar e abundante em todas as epocas, mas principalmente no verão. Encontra-se em todos os mares do globo, tanto nas regiões tropicaes como nas glaciaes, e muitos autores consideram-no emigrante. Vive por vezes proximo da costa, outras nas grandes funduras, e Jarrel diz que vizinha das costas na epoca da desova.

A sarda tem o corpo alongado, muito estreito na região caudal ; a cabeça conica, o focinho pontudo, tendo a maxilla inferior um pouco mais longa do que a superior. Tem duas barbatanas dorsaes, a primeira de forma triangular, situada no terço anterior da região dorsal, com onze raios ; a segunda situada muito atraz, mais baixa, e menos larga que a primeira, dividida em muitas partes, das quaes a primeira que constitue a verdadeira segunda dorsal tem doze raios, sendo o primeiro espinhoso. Seguem-se cinco series de pequenos raios separadas por espaços livres, a que se chamam falsas barbatanas. A barbatana anal, á imitação da segunda dorsal, é seguida de cinco falsas barbatanas. A caudal é muito aforquilhada.

A parte superior do corpo da sarda é d'um azul esverdeado com reflexos iriados, com faxas de côr mais escura; os flancos teem reflexos rosados, o ventre é branco. As barbatanas dorsaes, a caudal, as peitoraes e as abdominaes são pardas com reflexos verdes, a anal prateada. Mede de $0^m,35$ a $0^m,40$ de comprimento.

A pesca da sarda faz-se em grande escala nos mares da Europa nos mezes de verão, e a sua immensa voracidade permitte apanhal-a facilmente, pois qualquer substancia animal serve de isca. Pesca-se á linha proximo da costa ou á rede no alto mar, apanhando-se por vezes muitos milhares de um só lanço.

A femea da sarda pode dar de cada desova 500:000 ovos. As sardas são tão vorazes, diz Figuier, que, não obstante as suas fracas dimensões, atrevem-se a atacar com a maior audacia peixes muito maiores e mais vigorosos, pretendendo-se mesmo que a carne humana lhes não desagrada. Conta Pontoppidan, um bispo naturalista que viveu no seculo XVI, que um marinheiro d'um navio ancorado n'um dos portos da Noruega, havendo-se lançado ao mar para banhar-se, fôra accommettido por um cardume de sardas. Correram em soccorro do homem, e com custo poderam pôr em debandada os seus vorazes inimigos, mas era tarde, porque o infeliz falleceu poucas horas depois.

É certo, porém, que por justa compensação da natureza, lhes não escasseam inimigos: não só os grandes peixes que as devoram a seu belprazer, como tantos outros na apparencia fracos, as moreias, que lhes levam vantagem».

A sarda, como os leitores não ignoram , sendo apanhada em quantidade superior ás necessidades do mercado mais proximo, é preparada e salgada, podendo ser expedida a distancia ou conservada por certo tempo, fornecendo recurso alimentar ás classes menos abastadas.

A carne é gorda e de bom sabor, mal recebida porém pelos estomagos mais delicados. Diz Figuier que em outros tempos usava-se, para assim dizer, espremer este peixe para obter uma especie de substancia liquida, muito nutritiva, a que se dava o nome de *garum*.

O preço d'esta substancia era bastante elevado, pela medida moderna valia 3$600 réis o litro. Tinha gosto acre, nauseabundo e como de substancia putrefacta, com a propriedade, porém, de avigorar o estomago e abrir o appetite. O *garum* n'aquelle tempo substituia as especiarias de hoje, quando ainda se não conheciam as numerosas substancias excitantes que a India actualmente nos fornece.

Séneca já então attribuia ao *garum* a propriedade de arruinar o estomago e a saude dos que abusavam d'este condimento, tal como hoje se diz da pimenta e dos pimentões. O uso do *garum* conservou-se por muito tempo, e o naturalista e viajante Pierre Belon diz que na sua epoca, seculo XVI, era muito estimado em Constantinopola.

Pertencem as sardas ao grupo dos peixes phosphorecentes, isto é, que brilham

Gr. n.º 476 — As sardas accomettendo o homem (pg. 392)

no escuro, principalmente quando começam a corromper-se.

A CAVALLA

Scomber colias, de Linneo — *Le maquereau colias*, dos francezes

Esta especie, congenere da antecedente, é muito similhante tanto nas fórmas como no colorido, e distingue-se pelo corpo menos elevado do que o da sarda, a cabeça e o focinho mais alongados, os olhos maiores, e principalmente pela existencia da vesicula natatoria que as sardas não teem.

Na cór em geral pouco differem á primeira vista; todavia a cavalla tem as riscas no dorso mais accentuadas, entrando mais pelos flancos, e estes cobertos de manchas pardas esverdeadas variando de tamanho nos diversos individios.

É vulgar e abundante nos mares da Europa como a sarda, e no nosso paiz o seu tempo proprio é o verão.

O ATUM

Scomber thynus, de Linneo — *Le thon commun*, dos francezes

O atum é um dos nossos maiores peixes, e a especie citada muito conhecida dos antigos. A sua carne era bastante estimada na Grecia e Roma antigas e n'outros pontos banhados pelo Mediterraneo, mar onde principalmente este peixe é abundante.

Na costa occidental do nosso paiz, segundo diz Brito Capello, é o atum pouco vulgar, não succedendo o mesmo na costa do sul, no Algarve, onde é abundantissimo de abril a junho, na occasião em que se dirige em grandes massas para o Mediterraneo onde vae desovar.

N'esta epoca dá-se-lhe o nome de *atum direito*, e é de melhor qualidade ; no verão quando volta chamam-lhe os pescadores *atum de retorno* ou de *revez*, sendo de inferior qualidade.

Tem o atum bastante analogia na sua conformação com a sarda, sendo todavia maior e mais redondo no tronco, e alguns d'aquelles peixes podem attingir 2ᵐ de comprimento e pesarem 50 kilogrammas.

O focinho do atum é curto; a maxilla inferior um pouco mais longa do que a superior, e a bocca relativamente pequena, duas barbatanas dorsaes, a primeira longa e pouca elevada, diminuindo d'altura até encontrar-se com a segunda, da qual apenas a separa um raio espinhoso livre e baixo. A segunda é pouco desenvolvida, com treze raios brandos e seguida de nove ou dez falsas barbatanas. A barbatana anal é tambem seguida de sete falsas barbatanas.

Teem estes peixes as partes superiores do corpo d'um azul escuro tirante a negro, e o peito mais escuro ; os flancos e o ventre d'um branco pardaço com reflexos prateados em certos sitios. A primeira dorsal, as peitoraes e as abdominaes são annegradas ; a caudal atrigueirada ; a segunda dorsal e a anal rosadas; as falsas barbatanas amarelladas com uma orla negra.

Á maneira da sarda o atum emigra em

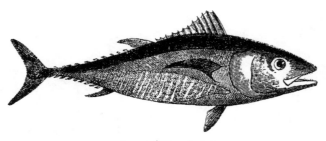

Gr. n.° 477 — O atum

certas epocas, e no verão encontra-se em grande abundancia no Mediterraneo, onde é certo desovar, crescendo os pequenos rapidamente. Vive em grandes cardumes, alimentando-se de peixes pequenos, crustaceos e outros animaes.

A carne do atum é como se sabe gorda e parecida com a da vitella, saborosa mas um tanto pesada ; e come-se fresca, salgada, ou d'escabeche. D'esta ultima fórma é para muita gente iguaria de subido merecimento, preparando-se em grande quantidade em Marselha e Cette, com o nome de *thon mariné* e em outros pontos do Mediterraneo ; no nosso paiz no Algarve.

A ALBACORA

Thynnus brachypterus, de Cuvier e Valenciennes—*Le thon à pectorales courtes*, dos francezes.

Esta especie é similhante ao atum com-mum, differindo pelas menores dimensões da segunda barbatana dorsal, das peitoraes e da anal. Na parte superior do corpo é d'um azul escuro, com os flancos e o ventre prateados. Na região dorsal tem malhas mais claras e faxas verticaes mais escuras, e sobre estas d'espaço em espaço outras mais pequenas d'um azul desvanecido. As barbatanas são pardaças. Mede d'ordinario 0ᵐ,90 de comprimento.

No Algarve é vulgar e abundante, e pesca-se junto com a especie antecedente.

O JUDEU

Thynnus thunina, de Cuvier e Valenciennes. — *La thonine commune*, dos francezes

Outra especie de atum, o *judeu*, apparece nos nossos mares, muito analogo nas formas ao atum commum, differindo todavia n'alguns caracteres.

Tem o focinho mais curto, a primeira barbatana dorsal mais alta na parte anterior, a segundo baixa, e as peitoraes tambem mais curtas. No dorso é d'um bello azul cortado d'arabescos annegrados, com reflexos doirados nos flancos; o ventre prateado com malhas pardaças de distancia a distancia, principalmente na parte anterior.

O GAYADO

Thynnus pelamys, de Cuvier e Valenciennes. — *La bonite, dos francezes*

Este peixe congenere do atum, mais pequeno do que elle, posto que na conformação do corpo haja certa analogia entre ambos é frequente no Mediterraneo e no Oceano, apparecendo nos nossos mares.

Tem o gayado a cabeça conica e alongada, o focinho pontudo, a maxilla inferior mais longa do que a superior, e os olhos muito acima da cabeça; a primeira barbatana dorsal tem o primeiro raio espinhoso muito alto e é formada de quinze raios, a segunda tem um raio espinhoso e doze brandos, seguindo-se oito falsas barbatanas.

Tem o dorso azul annegrado, os flancos mais claros com reflexos iriados, o ventre prateado com quatro faxas longitudinaes d'um trigueiro esverdeado; caracter que bem distingue o gayado das outras especies de atuns.

São estes peixes vorazes á maneira dos atuns, e alimentando-se de peixes pequenos, são vistos por vezes saltar fóra d'agua em perseguição da presa. Os marinheiros algumas vezes conseguem apanhal-os atando na extremidade da linha um peixe arti-

Gr. n.° 478 — O romeiro

ficial, que obrigam a mover-se ao lume d'agua.

A carne do gayado é mais escura do que a do atum, e inferior áquella.

O ATUM GUELHA COMPRIDA

Thynnus alalonga, de Cuvier e Valenciennes. — *Le germon, dos francezes*

Esta especie é abundante no Oceano e apparece nos nossos mares. Nas formas é similhante ao atum commum, mas é facil distinguil-o á primeira vista pelas barbatanas peitoraes muito longas, que collocadas contra o corpo excedem a extremidade posterior da segunda dorsal. E' d'um azul annegrado na região dorsal, tornando-se mais claro nos flancos; o ventre é branco amarellado.

Á maneira do atum este peixe encontra-se em grandes cardumes, e a sua immensa voracidade obriga-o a morder em qualquer isca que se lhe apresente.

A carne do atum **guelha comprida** é muito estimada.

O SERRA

Pelamys sarda, de Cuvier e Valenciennes. — *La pélamide commune, dos francezes*

Do genero *Pelamys* encontra-se nos nossos mares esta especie, pouco vulgar, apparecendo sómente no verão e no mar alto. Nas fórmas geraes este peixe tem analogia com a sarda, posto que seja muito maior, sem todavia alcançar as dimensões do atum, pois attinge pouco mais de 0ᵐ,60 de comprimento.

Tem a cabeça alongada, a bocca bem rasgada, a primeira dorsal com vinte e dois raios espinhosos, a segunda dois e treze ou quatorze brandos, seguida de oito ou nove falsas barbatanas.

O peixe serra tem o dorso azulado, tornando-se esta côr mais clara á maneira que se aproxima dos flancos, e com faxas obliquas mais escuras, d'ordinario dez e por vezes mais. Os flancos são mais claros e o ventre tem reflexos iriados.

Este peixe que se encontra em quasi todos os mares da Europa, vae até aos da America e do Cabo da Boa Esperança. A carne é estimada.

O ROMEIRO

Naucrates ductor, de Cuvier e Valenciennes.— *Le pilote*, dos francezes

Esta especie do genero *Naucrates* encontra-se no Mediterraneo e no Oceano Atlantico, sendo rara nos nossos mercados.

Tem o corpo alongado e arredondado na região dorsal, a cabeça curta e o focinho obtuso, a maxilla inferior excedendo a superior ; duas barbatanas dorsaes, tendo a primeira quatro ou cinco raios curtos e espinhosos, e a segunda, que começa junto da primeira, tem um raio espinhoso seguido de vinte e seis a vinte e oito brandos. Tem espinhos soltos adiante da barbatana dorsal, e dois muito curtos que precedem a anal.

É lindamente colorido este peixe, d'um

Gr. n.º 479 — O agulhão atacando a baleia

azul com reflexos prateados na região dorsal, mais claro nos flancos ; cinco faxas azues mais escuras em volta do corpo, e por vezes uma malha da mesma côr na parte superior da cabeça. A parte do ventre comprehendida entre estas faxas é d'uma linda côr de rosa desmaiada. As barbatanas são azues por egual. Mede 0m,35 de comprimento.

O nome de piloto que os francezes dão a este peixe, e porque é conhecido tambem n'outros paizes, deriva-se do habito que elle tem de seguir os navios para se aproveitar de tudo quanto de bordo se lança ao mar ; e como os tubarões tenham egual costume, alguns viajantes, principalmente os antigos, affirmavam que o romeiro servia de guia ao tubarão. Mas o que parece averiguado é que aquelle peixe trata de aproveitar alguns restos d'alimento que sejam lançados ao mar, detendo-se para os apanhar, e evitando sempre aproximar-se do tubarão para o que nada com grande velocidade.

A carne do romeiro é delicada, muito parecida com a da sarda.

O AGULHÃO OU AGULHA

Xiphias gladius, de Linneo — *L'espadon*, dos francezes

Este peixe é um dos mais notaveis que

apparece nos nossos mares, não só pelo tamanho, pois attinge de 2^m a 3^m, como principalmente pela fórma do focinho : a maxilla superior, prolongando-se horisontalmente em fórma de espada de dois gumes, comprida e aguda, serve-lhe para atacar os mais vigorosos habitantes dos mares, e não só estes como os objectos inanimados que topa no seu caminho, pois arremessa-se com o mesmo furor contra os peixes ou contra os navios.

«Em 1725, conta L. Figuier, na occasião em que alguns carpinteiros francezes examinavam o fundo de um navio que regressava da sua viagem aos mares tropicaes, encontraram a arma de um aguilhão por tal modo cravada no cavername do navio, que para tanto se obter com um instrumento de ferro de egual tamanho e fórma, seria mister, segundo os seus calculos, oito ou nove pancadas de um martello pesando quinze kilogrammas.

Pela posição em que se encontrou a arma perfurante do aguilhão, era evidente que o peixe seguira o navio quando este corria a todo o panno, e com elle atravessara uma pollegada do forro metallico, tres pollegadas de espessura do taboado, e meia pollegada do cavername.»

O aguilhão não tem duvida em bater-se com o tubarão ; e mesmo o grande colosso dos mares, a baleia, o não amedronta, sendo possivel que ao atacar os navios se lhe afigure arremessar-se contra algum d'estes enormes cetaceos.

Tem estes peixes o corpo alongado, redondo e adelgaçando junto á cauda; uma barbatana dorsal com tres raios espinhosos seguidos de quarenta brandos nos novos, e variando o numero nos adultos; a cauda é em forma de crescente. Tem a parte superior do corpo de um azul annegrado com reflexos prateados, e o ventre branco.

Alimenta-se de peixes pequenos e de plantas maritimas, sendo a carne branca, de excellente sabor, e de melhor digestão que a do atum.

Pesca-se geralmente este peixe com o arpão : mal se sente ferido desapparece na fundura do mar, sendo necessario largar-lhe corda sufficiente para evitar o abalo que poderia imprimir á barca, e bastante vigoroso para viral-a ; só quando o animal tem perdido as forças se recolhe a bordo.

No estreito de Messina a pesca d'este peixe tem certa importancia. Os pescadores de Messina e de Reggio, tripulando um certo numero de barcos com pharoes, vão para o mar, onde um d'elles, subindo ao tope do mastro, indica á companha a presença do aguilhão, correndo todas as barcas para aquelle sitio com o fim de arpoal-o.

N'alguns museus existem pedaços de navio onde se observa ainda cravada parte da arma do aguilhão

O CARAPAU

Caranx trachurus, de Cuvier e Valenciennes.— *Le saurel,* dos francezes

Este peixe é vulgarissimo, muito abundante nos nossos mercados, e pesca-se durante todo o anno. Quando é novo denomina-se *carapau* ; o mesmo peixe adulto tem o nome de *chicharro*, e é mais abundante de janeiro a março.

Tem este peixe o corpo de forma oblonga, com escamas pequenas, mas aos lados do corpo tem outras muito largas em linha, formando uma serie de placas escamosas que terminam agudas na extremidade posterior. A cabeça é curta, os olhos grandes, a bocca rasgada obliquamente, duas barbatanas dorsaes, a primeira de forma triangular e formada de nove raios espinhosos ; a segunda muito proxima da primeira, com um raio espinhoso e trinta e um a trinta e tres brandos, muito alta na parte anterior e diminuindo gradualmente até ao termo, muito proximo da caudal.

O corpo d'este peixe é pardo azulado no dorso, mais claro nos flancos, com o ventre prateado ou levemente matizado de amarello ; tem uma malha negra na extremidade do operculo. As barbatanas dorsaes e as peitoraes são mais escuras, as abdominaes e a anal mais claras. Medem os adultos, quando vulgarmente se appellidam chicharros, $0^m,35$ de comprimento, havendo-os maiores.

O carapau vive no Oceano e no Mediterraneo, e viaja em cardumes por vezes numerosos.

Do genero *Trachurus* a que pertence este peixe, outras especies se encontram no Oceano, no Mediterraneo e nos mares da America.

O PIMPIM

Capros aper, de Cuvier e Valenciennes. — *Le sanglier*,
dos francezes

Esta especie do genero *Capros*, conhecida dos antigos, rara no Mediterraneo e
no Oceano, rarissima nos nossos mercados, tem o corpo muito similhante ao
da doirada, muito alto e achatado aos
lados, arqueado no dorso, abaixando rapidamente a cabeça para o lado; os olhos
grandes e orlados d'um circulo doirado,
a bocca pequena, rasgada obliquamente,
e muito extensivel, podendo alongal-a de
modo a duplicar o comprimento da cabeça. Tem duas barbatanas dorsaes, a primeira bastante alta formada, de nove raios
espinhosos, sendo o terceiro o maior ; a
segunda muito proximo d'aquella, mais
baixa, com vinte e tres ou vinte e quatro
raios brandos.

Na parte superior do corpo o pimpim
é d'uma linda côr amarella alaranjada
com reflexos vermelhos, os flancos mais
claros, o ventre branco ; as barbatanas
matizadas como o corpo de vermelho
mais ou menos vivo. Succede raras vezes exceder 0^m,20 de comprimento.

A carne do pimpim é excellente.

O PEIXE GALLO, OU ALFAQUIM

Zeus faber, de Linneo. — *La dorée*, dos francezes

Este peixe foi conhecido dos antigos,
e já descripto por Plinio ; em parte da
França e na Italia conhecem-n'o por *peixe
de S. Pedro*, attribuindo-se-lhe, conta Valenciennes, ser este o peixe que S. Pedro retirara do mar por ordem de Jesus
Christo, e os dedos do apostolo ficaram
para todo o sempre impressos no corpo
do peixe, em duas malhas negras que
todos os individuos da especie teem nos
flancos.

O peixe gallo, genero *Zeus*, de que existem outras especies nos mares da Europa,
da Asia e da Africa, tem o corpo muito
achatado nos lados, de forma oval, alto ;
a cabeça muito grande, bastante comprimida e angulosa, e tão grande, como o
resto do corpo quando dilata a bocca;
olhos grandes e collocados muito para a
parte superior da cabeça.

Tem duas barbatanas dorsaes, a primeira formada de nove raios espinhosos, e
tendo na parte membranosa tambem nove
filamentos muito longos, collocados pela
parte posterior dos espinhos e tres vezes

mais longos do que estes ; a segunda con-
tigua á primeira e formada de vinte e
dois raios, menos alta do que esta, tendo
de cada lado na base uma serie de espinhos, que varia entre sete e dez. O peixe
gallo na parte superior do corpo é d'um
trigueiro azeitonado matizado d'amarello,
com reflexos metallicos; os flancos amarellos claros e o ventre branco. Acima e
pela parte de traz das barbatanas peitoraes tem uma mancha circular muito
larga, d'um bello negro violaceo no centro c mais clara para as extremidades,
Mede geralmente 0^m,60 de comprimento,
e alguns individuos mais.

Vive o peixe gallo no alto mar, isolado, encontrando-se principalmente no
Mediterraneo e no Oceano, sendo vulgar
nos nossos mercados e apparecendo em
todo o tempo, posto que em pequena
quantidade.

A FREIRA, OU CHAPUTA

Brama Raii, de Bloch.—*La castagnole*, dos francezes

Esta especie do genero *Brama*, que se
encontra no Atlantico e no Mediterraneo,
é vulgar nos nossos mercados e por vezes
abundante no verão.

O corpo é alto e comprimido ; a cabeça pequena e o focinho curto, os
olhos muito grandes, a bocca rasgada
obliquamente. Tem uma unica barbatana
dorsal, cujos tres raios espinhosos são
mais pequenos que os primeiros brandos,
aos quaes se seguem muitos, muito mais
curtos, formando ao todo trinta e tres
raios brandos. A barbatana caudal é bastante desenvolvida e chanfrada.

A freira é d'um negro azulado nas
partes superiores do corpo, com os flancos pardos tirantes a côr de chumbo, e
o ventre mais desvanecido. Em certos individuos encontram-se faxas trigueiras
pelo corpo, tomando formas bastante va-
riadas. Mede de 0^m,70 a 0^m,80 de comprimento.

A carne d'esta especie é boa.

A PESCADA PRETA

Centrolophus pompilus, de Cuvier e Valenciennes. — *Le
centrolophe pompile*, dos francezes

No nosso mercado apparece ainda que
pouco vulgar uma especie do genero *Centrolophus*, a que em Lisboa se denomina
pescada-preta, pouco commum no Mediterraneo e no Atlantico.

Tem o corpo muito alongado, de forma oval, com a cabeça curta, o focinho arredondado, a bocca mediocre e rasgada obliquamente ; uma unica barbatana dorsal, com trinta e nove a quarenta e um raios, e a cauda bastante grande e pouco chanfrada.

É d'um azul escuro nas partes superiores e lateraes do corpo, e mais clara no ventre, nos flancos tem alguns reflexos prateados, visiveis principalmente nos individuos novos. Aos lados da cabeça véem-se pequenas riscas d'um negro esverdeado.

A pescada negra alimenta-se de molluscos, e a carne é molle e insipida.

O PEIXE ESPADA

Lepidopus lusitanicus, de Leach. — *Le poisson d'argent, ou jarretiere d'argent*, dos francezes

O peixe espada, genero *Lepidopus*, tem, como é bem sabido, o corpo muito alongado, comprimido nos lados, e a cabeça muito esguia na parte anterior. Os olhos são grandes e as maxillas deseguaes. A barbatana dorsal toma-lhe todo o dorso, principiando logo atraz da cabeça, e, conservando sempre a mesma altura aproximadamente, vae terminar a pouca distancia da barbatana caudal. Faltam-lhe as barbatanas abdominaes, e a caudal é muito pequena e mediocremente chanfrada. Não tem escamas este peixe.

O peixe espada é prateado com refle-

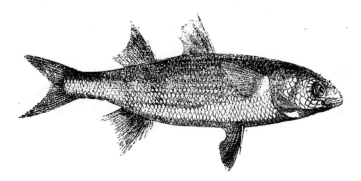

Gr. n.º 480 — A tainha

xos iriados na região dorsal, e as barbatanas pardas.

É frequente no Mediterraneo, no Atlantico, e muito vulgar e abundante nos nossos mercados ; pesca-se em todas as epocas no alto mar, posto que o seu tempo proprio seja março e abril.

É bem sabido quanto a carne d'este peixe é saborosa no tempo proprio.

O PEIXE ESPADA LIRIO

Trichiurus lepturus, de Cuvier e Valencieunes—*Le trichiure de l'Atlantique*, dos francezos

Esta especie do genero *Trichiurus* encontra-se só no Oceano Atlantico, mais abundante nos climas quentes. No mar das Indias vivem outras especies suas congeneres.

Tem este peixe o corpo esguio, muito

comprimido lateralmente, e a pelle sem escamas como o peixe espada ; não tendo, como este, barbatanas abdominaes, differe principalmente por lhe faltar a barbatana caudal, terminando o corpo pontudo.

A cabeça é alongada, achatada nos lados e na região frontal, com o focinho conico e as maxillas deseguaes, excedendo a inferior muito a superior ; a barbatana dorsal que se estende ao longo do dorso, desde a cabeça até ao começo da parte filiforme em que termina o corpo, tem cento e trinta e cinco raios, sendo os mais altos os que occupam a parte média.

O peixe espada lirio é d'um branco prata por egual, e vendo-se no momento de sair [da agua apresenta reflexos iriados do mais lindo effeito ; as barbatanas são amarellas deslavadas, e a dorsal tem na extremidade livre pequenas manchas annegradas formando uma malha entre os primeiros raios.

A carne do lirio não merece grande apreço, mas como seja muito abundante nos mares tropicaes salgam alli este peixe em grande quantidade para entregal-o ao consumo.

A TAINHA

Mugil caputo, de Cuvier e Valenciennes — *Le muge cephale*, dos francezes

Nos nossos mercados conhece-se esta especie do genero *Mugil* pelo nome vulgar de *tainha*, e os individuos de grandes dimensões denominam-se *fataças*, tendo ainda outro nome especial, *bicudo*. E' muito abundante no Mediterraneo, d'onde passa para o Oceano, subindo pelos rios acima aos milhares, e sendo vulgar nos nossos mares 'e rios onde se pesca todo o anno.

Os peixes d'este genero teem o corpo cylindrico, alongado e comprimido lateralmente, coberto de escamas grandes ; a cabeça de forma quasi conica, e a bocca regular com beiços grossos; os olhos muito grandes com o iris amarello esverdeado ; duas barbatanas dorsaes, a primeira a meio corpo, mais alta que longa, formada de quatro raios muito rijos; a segunda bastante separada da primeira, com o primeiro raio espinhoso, e ao todo sete ou nove ; a caudal bastante desenvolvida e em forma de crescente.

A tainha é nas partes superiores do corpo d'um pardo azulado, com os flancos e o ventre d'um branco esverdeado e cortados de faxas longitudinaes d'um amarello mais ou menos vivo ; nos lados da cabeça tem reflexos dourados, e na base das barbatanas peitoraes uma malha annegrada. As barbatanas são d'um verde mais ou menos escuro. Apparecem fata-

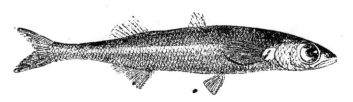

Gr. n.º 481 — O peixe rei

ças superiores a 0m;50 de comprimento, mas são pouco communs.

A carne d'esta especie é muito boa.

Com os mesmos nomes vulgares e tambem o de *mugueiru*, veem aos nossos mercados outra especie congenere da antecedente, muito similhante nas formas, differindo todavia em certas particularidades e na côr.

A tainha, *mugil cephalus* tem as côres mais brilhantes do que a antecedente: o dorso é pardo azulado e os flancos prateados cortados por sete faxas longitudinaes com reflexos dourados ; as barbatanas dorsaes são d'um pardo esverdeado, as peitoraes da mesma côr, tendo na base uma malha d'um azul annegrado; as restantes mais claras e matizadas de amarello.

Apparece ainda uma terceira especie que além do nome de *tainha* se conhece tambem pelo de *muge* ou *garrento*, vulgar nos nossos mercados, apparecendo em abundancia todo o anno.

E' mais pequena do que as antecedentes, e tem nos operculos uma linda malha amarella com reflexos metallicos.

Com o nome de *corvéo*, recebendo tambem o de tainha e fataça, outra especie do genero *Mugil* se encontra vulgarmente nos nossos mercados durante todo o anno: o *mugil chelo*, a que os francezes denominam *muge à grosses lèvres*, e que effectivamente se distingue pela grossura dos beiços, muito carnudos, tendo como o *mugil cephalus* uma malha negra nas barbatanas peitoraes, e egualando-o nas dimensões.

A carne de todas estas especies é excellente, principalmente no verão, por serem n'esta estação estes peixes mais gordos.

O PEIXE REI

Atheryna presbyter, de Cuvier e Valenciennes — *L'athérine prêtre*, dos francezes

Este peixe do genero *Atheryna*, vulgar no nosso paiz, tem o corpo muito alongado e pouco comprimido, com a cabeça de fórma pyramidal; os olhos grandes e muito proximos da parte superior do craneo, a bocca pequena e rasgada obliquamente. Tem duas barbatanas dorsaes, a primeira com sete raios, e a segunda mais alta e longa do que a primeira com doze ou treze; a caudal é muito aforquilhada.

Tem as partes superiores do corpo esverdeadas com reflexos amarellos nos flancos, e o ventre d'um bello branco com reflexos doirados.

Os peixes-rei e todos os seus congeneres attingem curtissimas dimensões, e encontram-se em numerosos cardumes, vivendo muitas especies d'este genero nos mares da America, do Cabo da Boa Esperança, e da Nova Hollanda.

O MURTEFUGE

Blennius gattorugine, de Cuvier e Valenciennes — *Le blennie à bandes*, dos francezes

Do genero *Blennius* veem aos nossos mercados algumas especies, das quaes a citada é vulgar no Algarve onde a denominam *murtefuge*. São estes peixes de corpo alongado, pelle lisa e viscosa, cabeça curta e focinho obtuso, e tendo uma unica barbatana dorsal. O *murtefuge*, especie citada, tem o corpo largo adiante e estreito na região caudal; os olhos grandes e sobre as orbitas um appendice membranoso mais ou menos longo segundo os individuos, e ramificando-se na parte superior. A barbatana dorsal que occupa

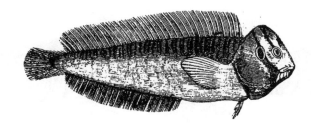

Gr. n.º 482 — O mortefuge ou judia

toda a parte superior do corpo é bastante alta, formada de trinta e tres raios, dos quaes os primeiros são espinhosos e os restantes brandos; as abdominaes, situadas sob a garganta, limitam-se a dois pequenos raios.

Tem as partes superiores do corpo e da cabeça d'um trigueiro avermelhado esbatendo-se nos flancos, e no ventre passando a trigueiro amarellado; os beiços rosados. N'este peixe as côres são baças, e por todo o corpo encontram-se muitas e pequenas malhas escuras. As barbatanas são malhadas como o corpo e da mesma côr.

Os peixes do genero *Blennius* medem entre 0ᵐ,12 a 0ᵐ,15, os maiores alcançam raras vezes 0ᵐ,24. De ordinario encontram-se por entre os rochedos que bordam as costas. A carne não é tida em grande apreço.

Com o mesmo nome de *murtefuge* ou *judia*, é conhecida outra especie congenere da antecedente, e rara nos nossos mercados: o *blennius pavo*, representado pela nossa gravura n.º 482. N'esta especie o macho distingue-se da femea pela presença d'uma crista membranosa na parte superior da cabeça. Teem estes peixes o corpo alongado, mais largo na região abdominal, e o focinho arredondado; faltam-lhe os appendices sobre as orbitas, e na cabeça teem de cada lado uma malha negra circular.

São d'um verde escuro tirante a amarellado na garganta e no ventre, com seis malhas d'um verde annegrado ao longo do dorso, e estendendo-se pela borda da barbatana dorsal; a crista do macho é d'uma bella côr de laranja. Variam muito as côres d'uns para outros individuos.

O ALCABOZ

Blennius pholis, dé Linneo —*Le blennie pholis*, dos francezes

Este peixe é congenere do *murtefuge* com o qual se assimilha nas fórmas, differindo em não ter os appendices sobre as orbitas. Com respeito ao colorido, posto que varia segundo a edade, o sexo e o meio em que vive, pode dizer-se em geral que é d'um pardo azeitonado malhado de escuro com manchas esbranquiçadas, e nos lados da cabeça reflexos metallicos. As barbatanas são amarelladas e malhadas de negro.

Frequenta este peixe as funduras onde abundam as plantas maritimas; vive por muito tempo fóra d'agua. E' vulgarissimo nos nossos mares.

O CABOZ

Gobius niger, de Cuvier e Valenciennes, — *Le gobie noir*, dos francezes

Sob o nome vulgar de *caboz* conhecem-se por serem pescadas nos nossos mares cinco especies do genero *Gobius*, e além d'estas outras muitas frequentam os mares do velho e novo continente.

São estes peixes caracterisados pelo corpo mais ou menos alongado e coberto d'escamas muito grandes, a cabeça pouco arredondada, e superiormente achatada; duas barbatanas dorsaes.

O *caboz*, especie citada, alcança 0m,12 a 0m,15 de comprimento; é d'um trigueiro esverdeado com malhas irregulares mais escuras, e o ventre mais claro que as outras partes do corpo. Tem as barbatanas dorsaes e a caudal malhadas de negro, a anal d'um trigueiro amne-

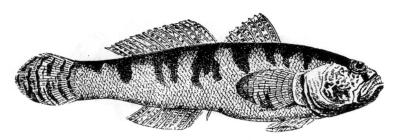

Gr. n.º 483 — O caboz

grado, as abdominaes pardas trigueiras; e uma malha negra adiante das peitoraes.

A nossa gravura representa uma especie de *caboz* que vive no Mediterraneo, o *gobius limbatus*

O PEIXE PAU OU O PEIXE PIMENTA

Callionymus lyra, de Linneo —*Le callionymelyre*, dos francezes

Esta especie de genero *Callionymus* é pouco vulgar nos nossos mercados, e caracterisa-se pelo corpo deprimido na parte anterior, cylindrico no resto, e sem escamas; a cabeça triangular e achatada na parte inferior, a bocca rasgada horisontalmente por debaixo do focinho, tendo a maxilla superior maior do que a inferior não só na frente mas tambem aos lados; olhos muito proximos um do outro e situados na parte superior da cabeça.

Tem duas barbatanas dorsaes; a primeira com quatro raios unicos, e de forma singular, pois o primeiro raio muito longo e filiforme alcança por vezes proximo da barbatana caudal; a segunda dorsal começa um pouco atraz da primeira, e tem nove raios da mesma altura, egualmente distanciados uns dos outros.

Tem lindas côres este peixe: nas partes superiores do corpo e nos flancos é de um amarello mais ou menos escuro, e o ventre branco amarellado. No focinho no resto do corpo, de espaço em espaço, tem malhas circulares de ordinario azues, algumas vezes tirantes a côr de violeta. Na cabeça e nos flancos véem-se riscas ou faxas d'estas mesmas côres, e bem assim nas barbatanas dorsaes e na base da caudal. As barbatanas peitoraes teem os raios vermelhos alaranjados, as abdominaes é a anal são matizadas de negro. Mede este peixe de 0m,15 a 0m,20 de comprimento.

O TAMBORIL

Lophius piscatoris, de Linneo — *Le boudroie commun,* dos francezes

Do genero *Lophius* conhece-se esta especie no nosso paiz, ainda que pouco vulgar, existindo outras nos mares da America, do Cabo da Boa Esperança e da India. E' dos peixes mais vorazes e realmente dos mais feios que se conhecem. O tamboril tem o corpo largo e achatado na parte anterior, esguio e conico na região caudal ; a pelle é lisa e viscosa, a cabeça enorme e muito achatada, a bocca desmedidamente rasgada e situada na parte superior, avançando a maxilla inferior sobre a superior; os olhos grandes. Tem duas barbatanas dorsaes, a primeira formada de seis raios longos e fle-xiveis, sendo os tres primeiros situados na cabeça, e os tres ultimos separados dos primeiros por grandes intervallos e tambem independentes uns dos outros; a segunda dorsal é muito inclinada para traz, branda, e formada de onze a doze raios. Nas partes superiores é d'um trigueiro esverdeado mais ou menos escuro, e de distancia em distancia tem malhas mais escuras e por vezes negras; as partes inferiores do corpo são brancas; as barbatanas dorsaes, a caudal e as peitoraes da mesma côr que as partes superiores do corpo; a anal mais clara, e as abdominaes brancas. O tamboril mede por vezes mais de 1ᵐ de comprimento.

São curiosos os seus habitos, pois vivendo na areia ou na vasa, escarva com auxilio das barbatanas uma cavidade on-

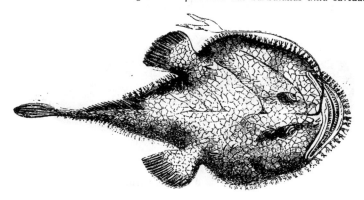

Gr. n.º 484 — O tamboril

de se enterra, deixando apenas de fóra as partes superiores do corpo. O appendice que tem na extremidade do primeiro raio da barbatana dorsal, que elle sem cessar agita, serve de isca para attrahir os outros peixes que elle observa perfeitamente, tendo os olhos situados na parte superior da cabeça, e mal dos que teem a desgraça de aproximar-se da guella sempre aberta do tamboril.

Apesar do aspecto repellente d'este peixe, a carne é bastante saborosa.

O BODIÃO OU CANARIO

Labrus mixtus, de Linneo— *Le labre vari,* dos francezes

Entre as especies do genero *Labrus* que veem ao nosso mercado, a mais vulgar é a citada, representada pela nossa gravura n.º 485.

Os peixes d'este genero teem o corpo de forma oval, regular, a cabeça muito alongada e o focinho mais ou menos pontudo, com os beiços bastante carnudos, parecendo duplo o superior. Ostentam as mais lindas côres, o amarello, o verde, o azul e o vermelho, em faxas ou malhas, a par dos brilhantes reflexos metallicos.

Seis especies cita Brito Capello, como apparecendo nos nossos mercados, todos com o mesmo nome vulgar *Bodião,* á excepção da especie citada, tambem conhecida por *Canario,* e dos Margota. D'estas duas faremos a descripção em particular, como sendo das mais vulgares.

O bodião ou canario tem a barbatana

dorsal muito longa, formada de uma parte de raios espinhosos, mais curta, e de outra de raios brandos, mais alta; a caudal é arredondada. Diversificam muito os individuos d'esta especie no colorido, sendo difficil' descrevel-os mesmo na generalidade, podendo, dizer-se, todavia, que são de um amarello alaranjado, mais escuros no dorso, e menos nos flancos, principalmente na região abdominal; a cabeça e a parte anterior da região dorsal são de um azul esverdeado, por vezes de um trigueiro violaceo, tendo na cabeça, nos operculos e nas partes lateraes do corpo tres faxas largas azuladas.

A barbatana dorsal é azulada na parte anterior, no resto côr de laranja, e posteriormente orlada de azul; a caudal é azul ou amarella no centro, com as extremidades azuladas. As outras barbatanas são de côr alaranjada e por vezes bordadas de azul.

A femea differe muito do macho na côr, pois é, de ordinario, de um vermelho mais ou menos desvanecido, nos flancos tirante a côr de rosa, e completamente branca na região abdominal.

A *margota, labrus bergylta*, tem o corpo mais alto, e a barbatana dorsal baixa na parte dos raios espinhosos, muito mais alta na dos raios brandos, e arredondada.

A margota varia muito no colorido, sendo umas vezes d'um pardo azulado, d'um vermelho mais ou menos sobre o escuro, ou azul com reflexos esverdea·dos no dorso; os flancos são mais claros, e o corpo é semeado de malhas amarellas alaranjadas. Tem a cabeça d'um azul esverdeado nas partes superiores, os beiços verdes amarellados. Mede de 0ᵐ,30 a 0ᵐ,35 de comprimento.

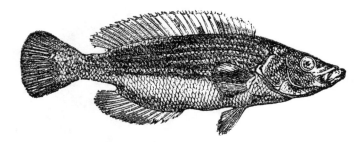

Gr. n.° 485 — O bodião ou canario

Só no mar, podendo observal-os nos sitios onde a agua se conserva tranquilla, ao abrigo dos rochedos, se consegue admirar as lindas côres d'estes peixes, pois perdem-n'as quasi totalmente e todo o brilho que alli ostentam, ao serem tirados do elemento em que vivem, morrendo promptamente.

Abundam no Oceano e no Mediterraneo, e as especies que acabamos de descrever são vulgares nos nossos mercados, apparecendo todo o anno.

Reunem-se proximo da costa sem todavia formarem grandes cardumes, e alimentam-se de pequenos crustaceos, mesmo dos de crosta dura, taes como o caranguejo e a lagosta, que os bodiões conseguem facilmente partir.

Na primavera buscam os sitios abundantes em algas marinhas para alli as femeas desovarem, podendo os pequenos ao nascer encontrar abrigo não só contra a violencia das vagas como tambem furtarem-se á voracidade dos seus inimigos que são em numero consideravel.

A carne d'estas especies é branca e rija e diz-se bastante agradavel.

A JUDIA

Julis vulgaris, de Cuvier e Valenciennes—*La girelle commune*, dos francezes

Brito Capello menciona no seu catalogo duas especies do genero *Julis* como apparecendo nos nossos mercados, a citada e outra com o mesmo nome vulgar, o *julis pavo*.

Teem estes peixes o corpo comprimido e de fórma oblonga, coberto de escamas pequenas, á excepção da cabeça; uma unica barbatana dorsal.

Do genero *Julius*, a que pertencem as duas especies citadas, conhecem-se cem especies, vivendo principalmente nos mares das regiões quentes do globo, sendo notaveis estes peixes pelas côres brilhantes e variadas que os ornam.

A judia, *julis vulgaris*, é um dos mais bellos peixes do mar, de corpo alongado e fusiforme, com o focinho pontudo; é d'um bello verde com reflexos metallicos nas partes superiores do corpo, que n'alguns individuos são azuladas. Os flancos d'um azul violaceo com uma larga faxa longitudinal amarella mais ou menos escura e recortada nas extremidades, e na maior parte das vezes côr de laranja; o ventre prateado ou d'um amarello deslavado. Nos lados da cabeça observa-se por vezes a côr azul violacea dos flancos, mas d'ordinario são d'um amarello alaranjado com reflexos doirados.

Tem a barbatana dorsal bordada de côr de laranja, na base amarella clara, e na membrana que prende os primeiros raios espinhosos uma malha azul violeta tendo em volta um circulo vermelho; a barbatana caudal é violacea na extremidade e amarella mais ou menos escura na base.

Varia muito nas côres este peixe, e é de pequenas dimensões.

A judia, *julis pavo*, tem o focinho curto e arredondado. E' d'ordinario verde ou trigueira matizada d'amarello, com reflexos doirados e faxas verticaes verdes, e em cada escama uma pequena estria vermelha. A barbatana dorsal tem faxas azues, verdes ou vermelhas, e a caudal é azul com os raios matizados de vermelho.

Vivem estes peixes d'ordinario proximos da costa, na visinhança das rochas, onde encontram em abundancia os molluscos e crustaceos de que se alimentam, e cujo envolucro conseguem facilmente destruir com os dentes rijos e conicos.

PEIXES

ORDEM DOS MALACOPTERYGIOS ABDOMINAES

Dissemos já que ao inverso dos *acanthopterygios*, peixes de que acabamos de falar, e que nas barbatanas teem raios espinhosos, os *malacopterygios* os teem brandos e flexiveis. Por outros caracteres, porém, divide-se este grande grupo em tres ordens, das quaes a mais importante é a dos *malacopterygios abdominaes*, cujo caracter especial é terem as barbatanas abdominaes situadas na parte posterior do corpo, atraz das peitoraes.

Comprehende-se n'esta ordem a maior parte dos peixes d'agua doce, e avultado numero de especies maritimas.

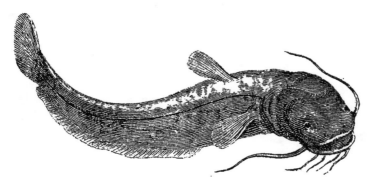

Gr. n.º 486 — O siluro

Seguiremos conforme o nosso plano na descripção d'algumas especies mais importantes e conhecidas.

O SILURO, OU BAGRE DA EUROPA

Siluris glanis, de Linneo.— *Le silure*, dos francezes

Os bagres formam um grupo de peixes d'agua doce comprehendendo diversos generos e numerosas especies, na maior parte de grandes dimensões, abundantes nos rios dos paizes quentes, encontrando-se todavia alguns nas regiões frias do globo e a grandes altitudes. Uma unica especie, a citada, vive na Europa.

Os siluros são os maiores habitantes das aguas doces da Europa, d'ordinario medindo $1^m,35$ a 2^m, e citam-se alguns excedendo muito estas dimensões. No rio Volga diz-se existirem d'estes peixes com 4 e 8 metros, e fala Lacépède d'um, visto na Pomerania, perto de Limritz, cuja bocca tinha o diametro necessario para dar passagem a uma creança de seis aunos.

Os siluros teem a cabeça grossa e achatada; a bocca muito rasgada, com as maxillas armadas de numerosos dentes, tendo seis barbilhões; os olhos são pequenos e a grande distancia um do outro. O corpo é alongado, sem escamas, com uma unica barbatana dorsal, grosso no dorso e no ventre e coberto de certo humor viscoso.

Na parte superior é d'um trigueiro pardaço mais ou menos tirante a verde escuro, com os flancos mais claros e o ventre amarellado; os beiços bordados de vermelho, e as barbatanas d'um trigueiro mais ou menos escuro.

Encontra-se este peixe na maior parte dos grandes rios do norte da Europa: no Rheno, no Danubio, no Volga, no Elba, e n'alguns lagos taes como o de Harlens na Hollanda e Neuchatel na Suissa, havendo-se feito nos ultimos tempos tentativas para acclimal-o n'alguns pontos da França, e aguardando-se que tenham feliz exito.

A carne do siluro é gorda, branca e doce, agradavel ao paladar no dizer de Lacépède, mas de difficil digestão; n'alguns paizes vende-se nos mercados principalmente para lhe aproveitarem a gordura que substitue a do porco. Da visicula natatoria faz-se excellente colla, e nas margens do Danubio a pelle secca ao sol de ha

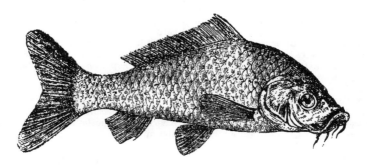

Gr. n.º 487 — A carpa

muito substitue o toucinho para os habitantes pobres d'aquelles sitios.

Conta-se que o siluro é muito voraz, não poupando nenhum dos outros peixes á excepção da perca, e a esta pelos espinhos que lhe servem de defesa. Vão, porém, mais além os crimes que lhe attribuem, pois d'elle se contam os seguintes casos a que o leitor dará o credito que quizer.

Em 1700 um pescador apanhou um siluro perto de Thora, encontrando-se-lhe no estomago uma creança; e na Hungria citam-se muitos casos de creanças devoradas por estes peixes na occasião de entrarem no rio para encher os cantaros. Diz-se mais que nas fronteiras da Turquia foi pescado um siluro tendo no estomago o corpo d'uma mulher, encontrando-se a esta na algibeira do vestido uma bolsa com dinheiro, e um anel n'um dos dedos.

Teem os siluros habitos sedentarios, e de preferencia conservam-se enterrados na vasa; agitando os barbilhões attrahem os outros peixes, que vindo em cata d'uma supposta presa, desapparecem na enorme bocca do seu voraz inimigo.

Dos siluros citaremos ainda o siluro electrico, que se encontra em muitos rios do interior da Africa, um peixe grosso e curto com o tronco arredondado e a cabeça achatada, de 0m,20 a 0m,60 de comprimento, notavel pelo apparelho electrico que serve para entorpecer os outros peixes podendo devoral-os mais facilmente, similhante ao das tremelgas e gymnotos, de que adiante falaremos, e por esta occasião diremos então ao leitor o que em geral se entende por peixes electricos.

A carne do siluro electrico diz-se ser boa, posto que pouco sadia.

A CARPA

Cyprinus carpio, de Linneo — La carpe commune, dós francezes

Esta especie, typo do genero *Cyprinus*, é vulgar em Portugal e vive nas aguas doces. E' conhecida vulgarmente por salmão, confundindo-se d'esta sorte com o peixe a que este nome realmente pertence e de que adiante falaremos.

Tem o corpo alto e comprimido lateralmente, coberto de grandes escamas; cabeça de forma pyramidal, bocca pequena com dois pares de barbilhões, um situado no beiço superior e o outro mais longo nos cantos da bocca. A unica barbatana dorsal é situada na parte posterior do corpo, pouco elevada, comprida, com o primeiro raio osseo e dentado á maneira d'uma serra.

Tem a carpa o dorso d'um trigueiro azeitonado e doirado enfraquecendo gradualmente nos flancos, e o ventre branco amarellado; as barbatanas abdominaes e a caudal por vezes matizadas de côr de violeta, e a anal vermelha. Ha a notar que esta forma de colorido pode soffrer notaveis modificações, accomodadas ao genero d'agua em que o peixe viver.

Mede $0^m,35$ de comprimento.

Existem d'esta especie muitas variedades, e no nosso paiz encontra-se a variedade *Regina*, que differe por ter o corpo menos elevado e mais sobre o comprido.

Este peixe foi conhecido dos antigos, e é muito commum nas aguas doces de quasi todos os paizes da Europa, com excepção dos mais septentrionaes. Por toda a parte se multiplica extraordinariamente, e prospera da mesma sorte nos grandes rios ou nos pequenos tanques. É uma das especies d'agua doce mais estimadas pela belleza do colorido, excellencia da carne, rapido desenvolvimento dos pequenos, e extraordinaria fecundidade, até mesmo prodigiosa, podendo contar-se até dez mil ovos n'uma femea das maiores, numero que muitos autores consideram ainda bastante diminuto.

No primeiro anno este peixe cresce rapidamente, e aos oito ou dez mezes attinge $0^m,20$ a $0^m,25$ de comprimento; depois o crescimento opera-se mais vagarosamente, apparecendo todavia d'estes peixes com dois e tres kilogrammas. Na Prussia alcançam em geral o peso de vinte kilogrammas, e mesmo de quarenta e cinco na Suissa, no lago de Zug.

São notaveis as carpas pela sua longividade, e cita Buffon as dos fossos de Pontchartrain com cento e cincoenta annos. Affirma-se que nos lagos do jardim real de Charlottenbourg, proximo de Berlim, existem d'estes peixes com duzentos annos, havendo até quem pretenda que os que habitam nos tanques de Fontainebleau, enormemente volumosos, datam do tempo de Francisco I, isto é, teem a bagatella de trezentos e cincoenta annos. Esta extraordinaria longevidade é, porém, negada por alguns naturalistas.

Em Portugal ninguem se dedica á creação d'estes e outros peixes, como acontece n'outros paizes, onde se lhes prepara em tanques especialmente destinados para esse fim alimento conveniente, semeando certos vegetaes aquaticos no fundo ou proporcionando-lhes substancias que influem não só na sua maior nutrição como tambem no sabor da carne. Gostam as carpas muito de leite coalhado, sopas de vinho, etc., e diz-se que assim alimentadas podem ser transportadas d'uns para outros pontos, fóra d'agua, tendo o cuidado de collocal-as sobre musgo e conservando-o sempre humido. Contribue para isto a vida tenaz que teem estes peixes, que mesmo depois de escamados e cortados em postas se agitam ainda por algum tempo.

O PEIXE DOIRADO

Cyprinus auratus, de Linneo — Le poisson rouge dos francezes

Entre nós poucas serão as pessoas que não conheçam estes peixes, que bem podemos dizer domesticos, pois repetidas vezes se guardam nos nossos aposentos em bocaes de vidro, expressamente feitos para servirem de carcere a tão lindos prisioneiros. Duas palavras da sua biographia.

São naturaes da China, da provincia de Tche-Kiang, e alli se denominam Kin-gu. Diz Yarrell que depois da descoberta da India foram os portuguezes os primeiros que trouxeram estes peixes para o Cabo da Boa Esperança, onde ainda hoje são bastante communs, e d'aqui vieram para Lisboa.

Os primeiros que entraram em França foram enviados pelos directores da Companhia das Indias á senhora de Pompadour. Hoje são communs em todos os pontos do globo, e pelas suas brilhantes córes e graciosas evoluções captivam a attenção de quantos os observam.

Na China onde este peixe se encontra em todas as casas de distincção, e diz-se que nos tanques dos palacios reaes se véem alguns com $0^m,50$ de comprimento, conhecem-se, no dizer de Sauvigny, oitenta e nove variedades, differindo principalmente no numero das barbatanas, e algumas variedades notaveis por as terem duplicadas. A uns falta a barbatana dorsal, outros teem-n'a muito desenvolvida, alguns ha com os olhos singularmente saidos das orbitas. Das córes é bastante difficil affirmar ao certo quaes sejam, tanto variam, e só em geral se pode dizer que os novos são trigueiros azeitonados, e os adultos tomam gradualmente a bella cór vermelha doirada que os caracterisa; havendo-os tambem malhados de preto, esverdeados, cór de rosa, e prateados.

O peixe doirado alimenta-se de substancias vegetaes, de vermes e d'insectos, e nos tanques e mesmo os que vivem em vidros proprios podem alimentar-se de migalhas de pão, gemma d'ovo cozido, moscas e caracoes extrahidos da casca.

Para um chinez é diversão muito do seu gosto dar a estes peixes um verme, por vezes maior do que elles, e vél·os, vorazes como são, correr atraz do que primeiro apanhou a preza, procurando alcançal-a pela extremidade livre para a subtrahirem ao primeiro possuidor.

Posto que na China e n'alguns outros pontos sirvam estes peixes de alimento, são geralmente tidos por toda a parte como agradavel passatempo.

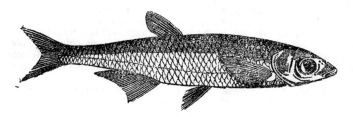

Gr. n.° 488 — Ablette

O BARBO

Barbus fluviatilis, de Cuvier e Valenciennes. — *Le barbeau commun* dos francezes

Os peixes do genero *Barbus* são conhecidos pelo corpo alongado, maxilla superior com dois barbilhões na frente e dois aos cantos da bocca, e mais longa do que a inferior; as barbatanas anal e dorsal curtas, e esta com um raio osseo dentado na frente.

Vivem estes peixes nas aguas doces da Europa, sendo communs em Inglaterra nos rios Trent e Tamisa, na Alemanha, no Rheno, no Elba e no Danubio. Encontra-se abundante tambem no Nilo e nos rios da India, conhecendo-se mais de sessenta especies.

Brito Capello cita duas especies existentes em Portugal, conhecidas uma com o nome vulgar de *barbo* e outra com o de *cuva*.

A especie citada é esverdeada no dorso, com os flancos prateados ou doirados segundo a edade, semeados de pequenas malhas annegradas; o ventre branco. As barbatanas peitoraes são amarellas, as abdominaes, a anal e a caudal d'um vermelho mais ou menos deslavado. Mede $0^m,75$, havendo destes peixes no Elba que medem 1^m, e $1^m,60$. Diz-se que no rio Volga pescam-se pesando 20 a 25 kilogrammas.

Os barbos buscam o alimento no fundo com o auxilio dos barbilhões, e consiste este em vermes, insectos, molluscos, substancias animaes em decomposição e outras vegetaes; na primavera, epoca da desova, unem-se em bandos, as femeas na frente, após os machos adultos, e os novos fechando a columna. As femeas põem os ovos nas pedras.

Na maior parte dos rios da Europa, preferindo as aguas correntes, e encontrando-se numerosos em França, no Sena, no Loire, no Mosella etc., vivem uns pequenos peixes, de corpo esguio, comprimido lateralmente, com o dorso d'um verde metallico e o ventre branco prateado. Medem regularmente de $0^m,15$ a $0^m,18$.

Denominam-n'os os francezes *ablettes*, e no nosso paiz não sendo conhecido este peixe do genero *Leuciscus*, não tem nome vulgar.

Não tem valor algum a carne d'esta especie, mas utilisam-se as escamas do ventre valendo aproximadamente uma libra por kilogramma. D'ellas se obtem a substancia com que se fabricam as perolas falsas.

Para obter esta substancia, que em França se chama *essence d'Orient*, segue-se o seguinte processo.

Um certo numero de creanças e mulheres empregam-se em escamar o peixe com todo o cuidado, aproveitando só as escamas do ventre, pois as do dorso nada valem, pela sua côr esverdeada, e depois de bem lavadas são batidas e trituradas n'um vaso com pouca agua. O producto realisado por esta forma é passado por uma peneira para o separar das escamas, deixa-se assentar e lava-se de novo, obtendo uma especie de pó muito fino, como que impalpavel, a que se addiciona uma certa quantidade de ammoniaco para o preservar de toda a decomposição animal, e sendo depois diluido n'uma dissolução de gelatina é introduzido e fixado em pequenas bolas de vidro, convenientemente preparadas, obtendo-se d'esta sorte imitar as verdadeiras perolas.

Parece ter sido um conteiro de Paris o primeiro que descobriu o fabrico das perolas artificiaes ; mas no começo d'esta industria eram as perolas feitas de cera e cobertas com o preparado obtido pela forma que dissemos, o que as tornava de facil deterioração.

Existem fabricas de perolas falsas em França nas povoações marginaes d'alguns rios onde abundam estes peixes, e esta industria occupa hoje numerosos operarios, principalmente do sexo femenino.

«A exportação annual d'este producto, diz Figuier, eleva-se hoje a mais de réis 180:000$000, e na exposição universal de 1867 appareceram perolas falsas obtidas pelo processo indicado difficeis de distinguir das perolas finas.

São necessarios quatro mil peixes para obter meio kilogramma de escamas, e estas apenas fornecem a quarta parte do seu peso da substancia conhecida, como dissemos, pelo nome de *essencia do Oriente*.

O LUCIO

Esox lucius, de Linneo — *Le brochet commun*, dos francezes

O lucio é a unica especie do genero *Esox* que vive na Europa, encontrando-se principalmente nos lagos, rios e ribeiras dos paizes septentrionaes, muito abundante na Suecia, na Noruega, na Russia, commum na Europa central, faltando em Hespanha, e em Portugal não o vemos citado no catalogo do nosso naturalista Brito Capello.

O lucio é denominado *tubarão das aguas doces*, tamanha é a sua voracidade, pois não só devora os pequenos peixes de agua doce, como tambem os da sua especie, e até os mamiferos pequenos, as aves aquaticas e os reptis. Muitas pessoas teem sido mordidas por este peixe, e recebido ferimentos bastante graves nas pernas ou nas mãos, por occasião de atravessarem os rios a vau ou quando alli lavam roupa.

Antes de narrarmos diversos factos interessantes e que servem de prova á voracidade do lucio, façamos a sua descripção.

Individuos ha, raros, que medem 2^m, mas regularmente attingem $0^m,75$ e mesmo 1^m. Teem o corpo alongado, quasi da mesma altura junto á cabeça ou á barbatana caudal ; com a cabeça muito achatada e o focinho longo ; bocca bastante rasgada, armada de dentes numerosos e rijos, que são o terror dos outros peixes de agua doce ; a barbatana dorsal é situada na parte posterior do corpo proxima da caudal.

Tem a cabeça e a parte superior do corpo d'um verde azeitonado, mais ou menos escuro ; os flancos mais claros, com reflexos amarellados, cortados de faxas esverdeadas, dispostas irregularmente ; ventre branco

Voltando á enorme voracidade do lucio, que o leva a atacar tudo quanto vê agitar-se na sua frente, reproduziremos o que a tal respeito escreve L. Figuier.

«Conta Boulker, na sua *Arte de pescar ao anzol*, que seu pae, tendo apanhado um lucio do peso de desoito kilogrammas, o offereceu a lord Cholmondley. Em má hora o lord recebeu a offerta, porque lançando o lucio no seu viveiro, abundantissimo em peixes, ao fim de um anno tinham todos desapparecido devorados pelo lucio, que apenas poupara uma carpa de quatro a cinco kilogrammas de peso, e esta mesmo já mordida gravemente.»

Tem-se visto o lucio arremessar-se aos patos e a outras aves aquaticas e arrastal-os debaixo d'agua.

Narra certo caçador que atirando ás gralhas e tendo uma caido na agua, fôra á sua vista devorada por um lucio. De um d'estes peixes se conta que morrera engasgado por querer engulir outro da sua especie, grande de mais para ser devorado de uma só vez.

Outro lucio, em Trenton, n'um canal pertencente a lord Grower, no momento em que um cysne mergulhava a cabeça, arremessou-se a elle e apertou-lhe com tanto vigor o pescoço, querendo devoral-o a todo o custo, que um e outro, mal feridos pelo ataque e pela defeza, morreram pouco depois.

Diz-nos ainda Walton que um dos seus amigos observara em certo dia um lucio esfaimado lutando com uma lontra. O caso era que a lontra havia pescado um salmão, e preparava-se para o festim; mas um lucio que antecipadamente cubiçara a mesma presa e a espreitava a distancia, furioso por vêr esta escapar-lhe em proveito alheio, arremessou-se ao nariz da lontra, e quiz arrancar-lhe a victima. D'aqui seguiu-se a luta, mas é certo que o lucio não levou a melhor n'este combate singular!

Muitos autores dizem que póde este peixe viver longos annos, e affirma-se que mais de cem. Conrad Gesner, um dos naturalistas do seculo XVI, na sua *historia dos animaes*, cita um lucio que viveu no lago de Kayserweg com **267** aunos. Averiguara-se a edade do animal ao encontrar-se-lhe um annel em volta do corpo com a seguinte inscripção em lingua grega:

Fui o primeiro peixe que n'este lago entrou, e aqui lançado pela propria mão do senhor do mundo, Frederico II, a 5 d'outubro de 1230.

Lutando com a escassez d'espaço, ainda assim não podemos resistir ao desejo de dar conhecimento aos nossos leitores da seguinte anedocta, narrada n'uma memoria apresentada pelo doutor Warwich á *Sociedade litteraria e philosophica de Li-*

verpool em 1850. O caso a dar-se prova que o lucio por mais voraz que seja não é absolutamente privado d'intelligencia.

«Estando eu em Durham, passeando certo dia no parque do conde de Stemenford, abeirei-me do lago onde era d'antemão lançado o peixe destinado ao consumo dos habitantes do palacio. Chamou-me a attenção um bello lucio aproximadamente de tres kilogrammas de peso, que vendo dirigir-me para elle se precipitou na agua como uma flecha.

Na fuga bateu com a cabeça no gancho de ferro d'um poste de madeira, e mais tarde averiguei que havia fracturado o craneo e offendido o nervo optico. O animal dava indicios de soffrer dores terriveis, pois arremessava-se ao fundo, enterrava a cabeça na vasa, e andava á roda com tal velocidade que por momentos cessei de vel-o; mergulhava ora n'uma parte ora n'outra, até que veiu parar á borda do lago completamente fóra d'agua. Pude então examinal-o e ver que uma parte diminutissima do cerebro saia pela fractura do craneo.

Com todo o cuidado **repuz** o cerebro no seu logar, e auxiliado d'um palito de prata colloquei convenientemente as partes dentadas do craneo. Durante a operação o peixe conservou-se tranquillo, depois d'um salto mergulhou no tanque, e ao fim d'alguns minutos appareceu de novo mergulhando successivamente em diversos pontos, até que se arremessou novamente fóra d'agua, repetindo estes movimentos muitas vezes seguidas. Então chamei o guarda, e por elle auxiliado, pude applicar ao peixe uma ligadura no sitio da fractura, depois do que o lançamos no tanque abandonando-o d'esta vez á sua sorte.

No dia seguinte de manhã aproximando-me do tanque onde estava o lucio, vi-o abeirar-se do sitio onde eu parava, e em seguida descançar a cabeça nos meus pés. O facto era realmente extraordinario, mas sem mais commentarios tratei d'examinar a ferida, e conhecendo que ia em via de cura, deixei o peixe e continuei o meu passeio ao longo do tanque. O lucio, porém, acompanhou-me nadando na direcção dos meus passos, e quando em certo ponto voltei pelo mesmo caminho, o peixe imitou-me, e como d'esta vez era o olho **inutilisado** o que estava virado para o lado por onde eu seguia, mostrava pela sua **agitação** quanto isso

lhe era desagradavel, e assim praticando todas as vezes que me acompanhou n'esta mesma direcção.

Convidei alguns amigos para no dia seguinte observarem este facto, e o lucio ao ver-me nadou para mim como fizera no dia anterior. Com o tempo ganhou tal docilidade que bastava eu assobiar-lhe para vel-o apparecer, e da minha mão acceitava o comer que lhe offerecesse.

Estes factos, porém, davam-se excepcionalmente comigo, pois de resto continuou a ser para todos timido e arisco como sempre o fôra.»

A carne do lucio é saborosa, e n'alguns pontos salgam este peixe para ser transportado a distancia. Em paizes onde primitivamente não existia, como por exemplo em Inglaterra, foi introduzido e ahi se multiplica, mas em sitios onde se não pretende conservar outras especies de peixes, pois pela sua enorme voracidade as destruiria em breve.

Da familia dos lucios, genero *Stomias*, existe no Mediterraneo um peixe realmente curioso, com o corpo alongado, estreito e comprimido ; a cabeça similhante á das serpentes, focinho muito curto, bocca extraordinariamente rasgada, dentes pouco numerosos mas longos e recurvos, e um barbilhão por baixo da maxilla inferior.

Não é conhecido no nosso paiz, pois como dissemos só se encontra no Mediterraneo, e á falta de nome vulgar conservar-lhe-hemos, á imitação dos autores

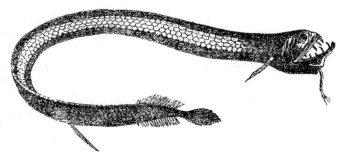

Gr. n.º 489 — O stomias boa

francezes, o nome scientifico *stomias boa* (Grav. n.º 489).

Tem o corpo coberto d'escamas pequenas, d'um azul annegrado muito escuro no dorso e no ventre, mais claro nos flancos. Mede 0m,16.

A carne é molle e de mau gosto e passa na opinião dos pescadores por ser venenosa, facto que não está provado. O *stomias boa*, muito frequente nos mares da Italia, é alli conhecido dos pescadores por *peixe diabo* e *vibora do mar*, nomes que provam a aversão que elles lhe teem.

O PEIXE AGULHA

Belone vulgaris, de Cuvier e Valenciennes
L'orphie vulgaire, dos francezes

Do genero *Belone* existem numerosas especies dispersas por todos os mares, e só uma se aproxima das nossas costas, a citada, conhecida dos pescadores pelo nome de *peixe agulha*.

Teem estes peixes a justificar-lhes o nome o corpo estreito e muito alongado ; arredondado no dorso e e com o ventre comprimido ; a cabeça longa, achatada superiormente, e o focinho muito comprido com a maxilia inferior muito mais longa do que a superior, armadas de dentes pequenos e numerosos. A barbatana dorsal é situada muito atraz, curta e pouco elevada, com dezesete raios sendo os primeiros mais altos.

Tem as partes superiores da cabeça e o dorso d'um verde azulado com reflexos metallicos, os flanços mais claros, o ventre branco, as barbatanas dorsal e caudal pardas, as restantes brancas. Mede 0m,65 de comprimento, affirmando-se que existe uma especie de peixe agulha com 3m de longo, sendo a sua mordedura para receiar.

Vive o peixe agulha em cardumes, e nada muito á superficie da agua, moveu-do-se com grande rapidez. A carne é boa, postoque para muitas pessoas se torne d'antemão desagradavel pela cór verde das espinhas. Em Inglaterra é muito estimada e faz-se d'este peixe largo consumo.

O PEIXE VOADOR

Exocetus lineatus. de Bloch — *L'exocet fuyard,* dos francezes

Com o nome de *peixe voador* descrevemos já uma especie do genero *Dacty-*lopterus, da ordem dos acanthopterygios, não conhecido nos nossos mares, mas pelo mesmo nome é vulgarmente conhecido no nosso paiz a especie do genero *Exocetus* acima citada, rara nos nossos mercados. ·

Estes peixes teem o corpo alongado, arredondado no dorso e na região abdominal, um pouco comprimido nos flancos; a cabeça longa, larga e achatada na parte superior e comprimida aos lados, o focinho curto e arredondado, a bocca pequena e os olhos muito grandes. E' notavel principalmente pelo grande desenvolvimento das barbatanas peitoraes, em forma d'azas, permittindo-lhe elevar-se a cima da agua e fugir dos ini-

Gr. n.º 490 — O peixe voador

migos que o perseguem no seio das ondas.

Quantas vezes, porém, fugindo aos dentes do tubarão, vae o pobre peixe voador dar de frente com o albatroz ou com a fragata, os quaes pairando á superficie das aguas aguardam o momento de se lhe arremessarem para o devorar. O privilegio que a natureza concedeu a este peixe de sair do seu elemento habitual, podendo elevar-se nos ares á altura d'um metro, e no pouco tempo que dura o vôo percorrer ainda assim distancia consideravel, se por vezes é a salvação é n'outras a sua perda, e diremos como Figuier que *a natureza lhe tira com uma mão o que com a outra lhe deu!* ·

O peixe voador da especie citada tem o dorso cinzento azulado muito escuro, e mais claro nos flancos onde a cór é francamente o azul prateado do aço; o ventre é branco prateado. Uma faxa escura a partir da base da barbatana peitoral estende-se por todo o corpo até á caudal. Mede este peixe 0m,30 de comprimento, e alguns individuos mais.

A carne é boa e de bom sabor.

O HARENQUE

Clupea harengus, de Linneo — *L'hareng commun,* dos francezes

Os harenques são o genero typo d'uma das familias dos peixes mais uteis ao homem, pela parte importante que tomam na sua alimentação as diversas especies n'ella comprehendidas; basta citar entre todas, além do *harenque,* as *sardinhas,* os *saveis*, as *anchovas*, etc. de que adiante falaremos.

Os harenques são nas formas muito similhantes á sardinha, e isto dispensa-nos de maior descripção, mesmo porque muitos dos nossos leitores os terão comido ou pelo menos devem tel-os visto salgados e empilhados nos barris onde se expõem á venda. Se conhecem a sua conformação, ignoram porém que o harenque é d'um azul esverdeado nas partes superiores do corpo, com os flancos prateados e o ventre branco ; as faces e os operculos prateados, e muitas vezes com reflexos doirados. Mede aproximadamente 0^m,30 de comprimento.

O harenque encontra-se em grande quantidade no oceano boreal, isto é, nas bahias da Groenlandia, da Islandia, da Laponia e das ilhas Féroe ; apparece e é abundantissimo nos mares da Noruega, da Suecia, da Dinamarca, existindo tambem no Baltico, nas costas da Inglaterra, e nas da França até á foz do Loire, não passando d'ahi para o sul, e sendo desconhecido nas costas de Hespanha e de Portugal.

Os harenques encontram-se aos cardumes, e é prodigiosa a quantidade d'estes peixes que por vezes se observa nos mares do Norte, emigrando d'uns para outros pontos. Conta Valenciennes d'um pescador de Dieppe que encontrando-se com um bando de harenques a vinte kilometros ao noroeste da ponta d'Ailly, n'um fundo de dezoito braças, observou-os formados em columnas regulares, parallelas, na extensão de mais d'um kilometro. Caminhavam para oeste, e tão á flor d'agua iam, que facil era distinguir os individuos que as compunham.

Teem sido vistos estes peixes em noites de luar, com o tempo sereno, formados em columnas de cinco ou seis milhas de comprimento por tres ou quatro de largura, avançando quasi á superficie da agua, e figurando immenso tapete prateado onde brilham os reflexos da saphira e da esmeralda. O brilho augmenta-se pelas scintillações phosphorescentes que se desprendem d'aquella massa de corpos vivos.

Nas costas da Escossia, em 1773, foram por tal forma abundantes os harenques durante dois mezes, que, segundo os calculos exactos de que ha noticia, todas as noites se carregavam no golfo de Terridon 1:650 barcos d'estes peixes, transpor-tando aproximadamente vinte mil toneladas de peso.

Mais tarde appareceram em tão prodigiosa quantidade na costa occidental da ilha de Skya, que se tornou impossivel receber todos quantos vinham nas redes. Depois de carregados os barcos e quando já todas as povoações haviam feito as suas provisões, o resto era lançado ás estrumeiras para adubo das terras.

Outro facto similhante se deu em 1825 no golfo de Ulm, sendo invadido completamente na extensão de mais de meia legua por cardumes d'harenques, de tal forma compactos, que trouxeram adiante de si numerosos peixes d'outras especies, vindo dar á praia na frente da primeira linha d'harenques, que ao impulso do grosso dos bandos alli veiu morrer, cobrindo completamente as margens do golfo.

Explica-se a prodigiosa abundancia d'estes peixes pela maior existencia das femeas e pela sua espantosa fecundidade, avaliando-se a postura de 21:000 a 36:000 ovos. Posto que seja difficil calcular o numero dos ovos, é certo que na época em que os harenques se abeiram da costa para desovar, vê-se no baixa-mar o fundo coberto d'uma camada d'ovos por vezes de dois a quatro centimetros d'espessura. Nos movimentos que as femeas fazem para expulsar os ovos perdem uma parte das escamas do ventre, e estas vindo ao lume d'agua figuram uma vasta toalha de prata cobrindo o mar.

O harenque pela sua grande abundancia e baixo preço tem grande parte na alimentação dos povos dos paizes septentrionaes, sendo menos procurado nos paizes do meio dia onde o seu consumo é escasso. A sua pesca é pois uma das industrias mais lucrativas e das que empregam maior numero de braços n'alguns paizes do Norte.

Os francezes, os dinamarquezes e os suecos apenas pescam na razão do consumo dos seus paizes ; os inglezes, os hollandezes e os norueguezes abastecem não só os seus como tambem os mercados estrangeiros.

«A quantidade de harenques que todos os annos pescam os nossos vizinhos d'além da Mancha é realmente enorme. Só do pequeno porto de Yarmouth saem quatrocentos barcos de 40 a 60 toneladas, sendo os maiores tripulados por dôze homens. O valor da pesca é aproximadamente de 3:150 contos dos réis. Em 1857 tres d'estes navios, pertencentes a um unico proprietario, apanharam tres milhões setecentos e sessenta e dois mil peixes.

Desde o principio d'este seculo os pescadores escossezes rivalisam com os inglezes, e em 1826 aquelles empregavam já quarenta mil seiscentos e trinta e tres barcos, quarenta e quatro mil seiscentos e noventa e um pescadores e setenta e quatro mil e quarenta e um salgadores.

Em 1603 o valor dos harenques exportados pela Hollanda elevou-se a perto de 9:000 contos de réis, e occupavam-se n'esta pesca dois mil barcos e trinta e sete mil homens. Tres anuos mais tarde encontramos as Provincias-Unidas com tres mil barcos pescadores, nove mil transportando os harenques para outros paizes, e o commercio d'este peixe precioso

dando emprego aproximadamente a duzentas mil pessoas.

Diz Bloch que no seu tempo os hollandezes salgavam seiscentos e vinte e quatro milhões d'harenques. Segundo uma locução dos Paizes Baixos *Amsterdam foi fundada sobre cabeças de harenques.*

Ainda hoje importante, a pesca hollandeza está longe de igualar o esplendor de ha dois seculos. Em 1858 empregava noventa e cinco navios, em 1859 noventa e sete, e em 1860 noventa e dois. Em 1860 a pesca do harenque na Hollanda foi avaliada em 214:412$220 réis» (Moquin-Tandon). [1]

O SAVEL

Clupea alausa, de Cuvier— *L'alose*, dos francezes

E' esta a especie typo do genero *Alausa*, que comprehende mais de vinte especies distribuidas pelos mares do novo e velho mundo, bem conhecido entre nós e abun-

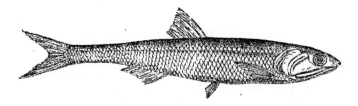

Gr. n.º 491 — A anchova

dante no Tejo e outros rios de Portugal.

O savel tem o corpo alto e comprimido aos lados, a cabeça relativamente pequena, a bocca muito rasgada, e olhos grandes ; a maxilla inferior excede um pouco á superior.

Tem as partes superior do corpo esverdeadas, os flancos e o ventre prateados com reflexos acobreados. Atraz dos ouvidos uma malha annegrada mais ou menos distincta nos diversos individuos.

Alimenta-se de vermes, insectos e peixes pequenos; gosta de se aproximar da costa, e na primavera entra nos rios onde vae desovar.

A carne do savel é excellente, e a dos individuos pescados na agua doce muito superior á dos apanhados no mar.

A SAVELHA

Clupea finta, de Cuvier — *L'alose finte*, dos francezes

A savelha é muito parecida com o sa-

vel, tendo o corpo mais alongado, as escamas mais pequenas, e os dentes mais vigorosos. Na cór differe pouco da especie precedente, mas distingue-se á primeira vista pela existencia nos flancos d'uma a seis malhas annegradas.

Á maneira do savel a savelha vem desovar na d'agua doce dos rios nos mezes da primavera, e n'essa epocha é vulgar mas menos abundante do que o savel.

A SARDINHA

Clupea pilchardus, de Bloch — *La sardine*, dos francezes

A sardinha é um dos peixes mais vulgares e abundantes nos nossos mercados, e pesca-se nas costas da Hespanha, da França e da Italia. Muito abundante no Mediterraneo, nas costas da Sardenha, parece derivar-se d'esta circumstancia o nome de *sardinha* que nós lhe damos, o

[1] *Le Monde de la mer*, 2.ª edição, pag. 508.

de *sardina* que lhe dão os hespanhoes, *sardine* os franccezes e *sardella* os italianos.

A sardinha tem as partes superiores do corpo d'um verde azulado, e os lados da cabeça matizados d'amarello ; os flancos e o ventre prateados.

Alimenta-se de peixes pequenos, de crustaceos e de molluscos, e na epoca da desova aproxima-se da costa em grandes cardumes, sendo então mais rendosa a pesca d'este peixe. Finda a postura retira-se para o alto mar.

Todos nós sabemos que a sardinha é um peixe saboroso ; e que no nosso paiz deve' o pouco apreço que os ricos lhe dão á sua grande abundancia e baixo preço porque é vendido. Sem esta circumstancia seria tida em particular estima e considerada um dos melhores peixes. Faz parte importante da alimentação das classes pobres nas povoações situadas á beira mar, e é artigo importante de commercio sendo exportada para o interior depois de salgada. Em França é valiosa a pesca d'este peixe, que, depois de preparado e conservado em azeite, é exportado, entrando no nosso paiz com o nome de *sardinhas de Nantes.*

N'estas condições teem as sardinhas francezas o privilegio negado aos individuos da mesma especie pescados nos nossos mares, o de apparecerem ás mezas dos ricos.

A ANCHOVA OU BIQUEIRÃO

Clupea encrasicholus, de Linneo — *L'anchois* dos francezes

Este peixe, que mede de $0^m,12$ a $0^m,15$ de comprimento, tem o corpo muito alongado, arredondado no dorso e comprimido na região ventral. A cabeça é grande, o focinho muito pontudo e a bocca bastante rasgada.

Tem o dorso e as partes superiores da cabeça d'um verde mais ou menos escuro, com os flancos e o ventre prateados.

São muito abundantes as anchovas, não obstante a pesca activa que lhe fazem, e o grande numero que serve de pasto aos cetaceos e aos grandes peixes que as devoram. A anchova geralmente não se come fresca, e n'este estado tem pouco valor, mas sendo previamente salgada é de excellente sabor e muito estimada. Preparam-se pondo-as primeiro de salmoira, e depois tirando-lhes a cabeça e o interior acamam-se em barris ou caixas de folha, collocando alternadamente uma camada de anchovas e uma de sal.

O SALMÃO

Salmo salar, de Linnen.— *Le saumon commun,* dos francezes.

A familia dos salmões é formada de grande numero de generos, cujos representantes vivem uns na agua doce, outros alternadamente n'esta e no mar. Alcançam certas especies de salmões grande corpo, e a carne é afamada pelo seu sabor delicado, dando motivo a importante commercio.

Como caracteres geraes teem estes peixes o corpo escamoso, com uma barbatana dorsal de raios brandos e atraz d'esta outra pequena barbatana adiposa, isto é, formada da pelle e no interior da gordura. As barbatanas abdominaes atraz das peitoraes ; a bocca grande e sem barbilhões.

Das especies existentes falaremos da citada, genero *Salmo,* conhecida no nosso paiz e vulgar nas provincias do norte de Portugal, e bem assim da truta, *salmo fario,* adiante discripta.

O salmão tem o corpo alongado, o focinho pontudo, a parte superior do craneo coberta de pelle lisa, o corpo coberto de escamas pequenas, d'um azul ardosia, com os flancos prateados e a parte inferior do corpo d'um branco prateado nacarado, e bem assim as faces ; a garganta é branca baça e tem na parte superior da cabeça e dos olhos, e nos operculos grandes salpicos negros, e no dorso e flancos malhas irregulares trigueiras que desapparecem muitas vezes na agua salgada. De resto estas côres estão sujeitas a variar. Mede $0^m,80$ a 1^m, e pode em casos raros attingir $1^m,60$.

O salmão é uma das especies mais communs nas costas septentrionaes da Europa banhadas pelo Oceano, tornando-se raro nas lattitudes elevadas ; encontra-se nas costas septentrionaes da America. E' abundante no Baltico, no mar Branco, no mar Caspio e até mesmo na Asia.

Parece que o salmão gosta d'abrigar-se nas grandes cavidades cavadas pelo mar ao longo das costas, e na epoca da desova, isto é, de junho ao fim de setembro, e n'esse tempo apresenta muitas vezes pelo corpo malhas vermelhas, penetra nos rios que vão desaguar ao mar, subindo-os a grande distancia da foz.

A cauda do salmão é um verdadeiro remo movido por musculos vigorosos. Não o detem uma queda d'agua ou uma cataracta de seguir o seu caminho, e na epoca propria de passar das aguas salgadas para as doces ; curvando a columna verterbal forma uma especie de mola, e batendo de encontro á agua com violencia consegue elevar-se a quatro ou cinco metros no ar e transpôr assim o obstaculo

Existem em Inglaterra quedas d'agua celebres pelo *salto do salmão*.

Na cidade de Pembroke a ribeira de Zing lança-se perpendicularmente no mar de grande altura, e é facil observar a força e destreza com que os salmões saltam a consideravel altura para transporem a cataracta e passarem do mar para as aguas doces da ribeira.

Por maior, porém, que seja a pericia d'estes peixes a saltar, alguns erram e vão cair nos ramos d'arvores que os habitantes d'aquelles sitios collocam nos rochedos convenientemente dispostos para receber os menos peritos.

Conta J. Franklin uma curiosa anedocta, se não verdadeira pelo menos bastante espirituosa, mas que ambas as coisas pode ser passando-se o caso com um inglez, lord Lovat.

Parece que o lord tendo observado que muitos salmões erravam o salto na queda d'agua de Kilmorack, vendo-os cair nos rochedos, teve a ideia de collocar sobre uma ponta da rocha uma fornalha acesa e sobre ella uma frigideira. Aconteceu que alguns dos miseros salmões ao errar o salto foram alli cair, e d'este modo o lord pôde encarecer os grandes recursos do seu paiz, onde bastava accender o lume e preparar o azeite na frigideira para que o peixe alli fosse dar

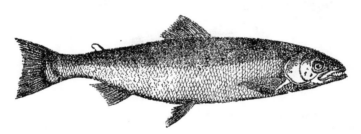

Gr. n.º 492 — O salmão

poupando ao homem despeza e trabalho.

Chegado o outono os salmões abandonam os rios e vão passar o inverno no mar, e no dizer de certos autores, no anno seguinte regressam ao sitio onde estiveram no verão anterior.

As femeas no momento da desova cavam na areia regos de certa profundidade onde depositam os ovos, e teem mesmo o instincto de preparar entre as pedras uma especie de ninho para servir de abrigo aos ovos e aos pequenos recemnascidos, vindo os machos fecundar os primeiros no sitio onde a femea os deposita.

O salmão tem a carne vermelha, mas excellente e muito estimada. A sua pesca é de bastante importancia pelo valor que este peixe tem em fresco, ou preparado d'escabeche e salgado.

Parece que n'outros tempos era o salmão por toda a parte mais commum do que hoje, sendo consideravelmente menor o seu valor. Na Escossia era tão abundante este peixe, que os moços de lavoira quando se assoldadavam punham por condição de lhe não darem salmão mais de tres vezes por semana.

A TRUTA

Salmo fario, de Linneo. — La truite commune, dos francezes

A truta pelas formas assimilha-se ao salmão ; o corpo é alongado e cylindrico, mais alto do que largo ; a cabeça achatada e o focinho pouco alongado e obtuso ; a bocca bastante rasgada. Tem uma barbatana dorsal pouco desenvolvida, e outra adiposa á maneira do salmão, situada muito á parte posterior do corpo.

Nenhum peixe é mais dado a grandes

variações no colorido do que a truta, variações que teem por causa a edade, a estação, o sexo, a natureza das aguas em que vive, e até mesmo a fundura d'ellas. Em geral tem as partes superiores do corpo d'um verde azeitona, desvanecendo-se gradualmente para os flancos, que se tornam quasi brancos, e com reflexos prateados no ventre; no dorso, nos operculos e na barbatana dorsal tem malhas negras, e outras redondas nos flancos, d'um vermelho alaranjado com um circulo em volta mais claro. Pode attingir esta especie 0ᵐ,50 de comprimento. Encontra-se n'alguns rios do nosso paiz, e Brito Capello cita exemplares do museu procedentes do rio Zezere.

A truta gosta das aguas correntes e limpidas, nadando em geral contra a corrente, e á imitação do salmão vence saltando as grandes quedas d'agua. Gosta de abrigar-se nas cavidades que encontra nas margens dos rios, e conserva-se ahi por longo tempo tão tranquilla, que por vezes é possivel apanhal-a á mão. Alimenta-se de peixes pequenos e principalmente de insectos.

A femea deposita os ovos n'uma especie de ninho que fórma na areia, não os pondo todos no mesmo logar e desovando

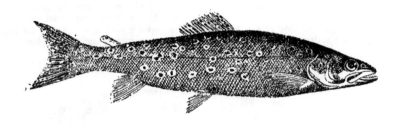

Gr. n.º 493 — A truta

por differentes vezes com oito ou dez dias de intervalo.

A carne da truta é tão boa como a do salmão, tendo a seu favor o ser branca.

A TRUTA SALMONEJA

Salmo truta, de Linneo — *La trute de mer*, dos francezes

Esta truta, representada na nossa estampa, vive alternadamente na agua doce e na salgada, e aproxima-se nas fórmas mais do salmão do que da truta commum, de que se distingue perfeitamente pelo colorido.

Tem as partes superiores do corpo d'um pardo azulado com os flancos prateados, e tanto n'estes como no dorso malhas annegradas, que se encontram tambem nos operculos e na barbatana dorsal, tomando por vezes a côr vermelha; o ventre branco.

Alcança esta truta avantajadas proporções. pois sendo o seu peso ordinario quatro ou cinco kilogrammas, algumas ha que pesam quinze. Desova no mez d'outubro, e alimenta-se de vermes, insectos aquaticos e peixes.

A carne da truta salmoneja é excellente e tema côr avermelhada a do salmão.

Impresso por Lallemant frères. Lisboa.

A TRUTA SALMONEJA

PEIXES

ORDEM DOS MALACOPTERYGIOS SUB-BRANCHIAES

Os peixes comprehendidos n'esta ordem teem os raios das barbatanas brandos ou cartilaginosos, sendo as abdominaes situadas muito perto das peitoraes, e articulando-se aos ossos das espadoas. E' esta ordem menos rica em generos e especies do que as antecedentes.

O BACALHAU

Gadus morrhua, de Linneo—*Le cabiau* ou *morue vulgaire*, dos francezes

Das especies do genero *Gadus* é a citada que se encontra mais abundante e dá motivo á consideravel industria onde se empregam milhares de navios de differentes nacionalidades. Antes, porém, de seguirmos n'alguns promenores ácerca da importancia d'esta industria, e do modo porque se pesca o bacalhau nos mares onde é mais frequente, faremos a descripção d'esta especie ; pois embora seja um dos peixes de que se faz mais largo consumo, chega até nós de tal sorte mutilado que impossivel seria julgar das suas fórmas pelos despojos que nos apresentam.

Tem o bacalhau o corpo fusiforme, alongado e mediocremente comprimido; a cabeça grande, comprimida, sem escamas ; os olhos situados aos lados mas muito proximos um do outro ; a bocca bastante rasgada com a maxilla inferior mais curta do que a superior. São tres as barbatanas dorsaes d'este peixe, duas as anaes, e as abdominaes, situadas sob a garganta, pequenas e agudas. Tem as partes superiores da cabeça e do corpo d'um pardo malhado de trigueiro avermelhado, com os flancos mais claros, e o ventre branco. As barbatanas dorsaes e a caudal são escuras e maculadas de amarello, as peitoraes amarelladas, as abdominaes e anaes pardas. Mede regularmente de 0,^{m}65 a 1,^{m} havendo muitos individuos que attingem maior comprimento.

O bacalhau só vive na agua salgada, nas grandes funduras, e abeira-se das costas tamsómente na época da desova.

Seguindo a distribuição geographica d'esta especie, tal como a apresenta Lacépède, temos que no Oceano existem duas vastas regiões preferidas por este peixe. A primeira limitada d'um lado pela Groenlandia e do outro pela Islandia, Noruega, costas da Dinamarca, Alamanha, Hollanda, e norte e leste da Grã-Bretanha ; a segunda, conhecida mais modernamente, avizinha-se da Nova Inglaterra, Nova Escossia, principalmente da ilha da Terra Nova, junto da qual existe o famoso banco d'areia medindo aproximadamente duzentas leguas de comprimento por sessenta e duas de largura, e vinte a cem metros abaixo da linha d'agua, onde o bacalhau se encontra em innumeros cardumes, existindo alli em abundancia os harenques e outros animaes de que se

PEIXES

ORDEM DOS MALACOPTERYGIOS SUB-BRANCHIAES

Os peixes comprehendidos n'esta ordem teem os raios das barbatanas brandos ou cartilaginosos, sendo as abdóminaes situadas muito perto das peitoraes, e articulando-se aos ossos das espadoas. E' esta ordem menos rica em generos e especies do que as antecedentes.

O BACALHAU

Gadus morrhua, de Linneo—*Le cabiau* ou *morue vulgaire*, dos francezes

Das especies do genero *Gadus* é a citada que se encontra mais abundante e dá motivo á consideravel industria onde se empregam milhares de navios de diferentes nacionalidades. Antes, porém, de seguirmos n'alguns promenores ácerca da importancia d'esta industria, e do modo porque se pesca o bacalhau nos mares onde é mais frequente, faremos a descripção d'esta especie; pois embora seja um dos peixes de que se faz mais largo consumo, chega até nós de tal sorte mutilado que impossivel seria julgar das suas fórmas pelos despojos que nos apresentam.

Tem o bacalhau o corpo fusiforme, alongado e mediocremente comprimido; a cabeça grande, comprimida, sem escamas; os olhos situados aos lados mas muito proximos um do outro; a bocca bastante rasgada com a maxilla inferior mais curta do que a superior. São tres as barbatanas dorsaes d'este peixe, duas as anaes, e as abdóminaes, situadas sob a garganta, pequenas e agudas. Tem as partes superiores da cabeça e do corpo d'um pardo malhado de trigueiro avermelhado, com os flancos mais claros, e o ventre branco. As barbatanas dorsaes e a caudal são escuras e maculadas de amarello, as peitoraes amarelladas, as abdóminaes e anaes pardas. Mede regularmente de $0,^m65$ a $1,^m$ havendo muitos individuos que attingem maior comprimento.

O bacalhau só vive na agua salgada, nas grandes funduras, e abeira-se das costas tamsómente na época da desova.

Seguindo a distribuição geographica d'esta especie, tal como a apresenta Lacépède, temos que no Oceano existem duas vastas regiões preferidas por este peixe. A primeira limitada d'um lado pela Groenlandia e do outro pela Islandia, Noruega, costas da Dinamarca, Alamanha, Hollanda, e norte e leste da Grã-Bretanha; a segunda, conhecida mais modernamente, avizinha-se da Nova Inglaterra, Nova Escossia, principalmente da ilha da Terra Nova, junto da qual existe o famoso banco d'areia medindo aproximadamente duzentas leguas de comprimento por sessenta e duas de largura, e vinte a cem metros abaixo da linha d'agua, onde o bacalhau se encontra em innumeros cardumes, existindo alli em abundancia os harenques e outros animaes de que se alimentam. E' n'este banco, principalmente, que os navios americanos, inglezes, francezes, hollandezes, norueguezes e suecos, e em tempo os portuguezes, pescam a quantidade prodigiosa d'este peixe com que fornecem os mercados de todos os paizes.

O bacalhau é dos peixes mais vorazes que se conhece; tudo quanto encontra que se mova engole, mesmo que sejam bocados de pau ou outras substancias inuteis para seu alimento. D'aqui provém a facilidade de iscal-o com qualquer substancia, até mesmo com pedaços de panno vermelho.

A fecundidade d'esta especie é realmente prodigiosa, e só assim se póde comprehender como se abastece o mundo d'este producto comestivel, hoje um dos importantes recursos da alimentação humana, limitada a pesca aos pontos que indicámos. Calcula-se que uma femea do bacalhau medindo $0,^m75$ a $1,^m$ de comprimento, póde conter nos ovarios nove milhões de ovos! Ainda assim a quantidade d'este peixe parece diminuir em certos pontos onde era em outras epocas mais abundante, tendo até desapparecido d'outros, sendo possivel que em epoca mais ou menos proxima seja mister ir em perseguição das especies antarticas do mesmo genero, que pódem bem substituir esta.

«A ilha da Terra Nova foi descoberta e visitada pelos norueguezes no seculo X e Xi, isto é, antes do descobrimento da America, mas só em 1497, depois da descoberta de Christovam Colombo, foi que o navegador Jean Cabot, tendo visi-

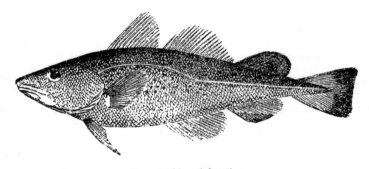

Gr. n.º 494 — O bacalhau

tado aquellas paragens, lhes deu o nome porque hoje se conhecem, e soube da existencia alli de grandes cardumes de bacalhaus. A Inglaterra e outras nações, após isto, trataram de explorar tão rica e vasta mina, e em 1578 enviava a França 150 navios ao banco da Terra Nova, a Hespanha 125, Portugal 50 e a Inglaterra 40» (L. Figuier).

Hoje avalia-se de cinco a seis mil o numero de navios de todas as nações empregados n'esta pesca, e transportando a todos os pontos do globo trinta e seis milhões de bacalhaus preparados e conservados por diversos modos. Mais de dois mil navios inglezes e aproximadamente trinta mil homens se empregam todos os annos n'esta industria.

Nas costas da Noruega, da Russia ao cabo Lindesness, a pesca do bacalhau é fonte de uma industria e commercio importantes. Dá occupação a mais de vinte mil pescadores, tripulando cinco mil barcos, e avalia-se em mais de vinte milhões o numero de peixes entregues ao consumo d'aquelles paizes.

«O bacalhau pesca-se á réde e á linha. A réde empregada na Terra Nova, e usada tamsómente nas proximidades da costa, é rectangular, guarnecida de chumbo na parte inferior e de cortiça na superior, com uma das extremidades em terra e a outra no mar, seguindo uma curva formada pelos barcos. Arrasta-se o peixe puxando as duas extremidades da réde, e por vezes d'um só lanço obtem-se a carga de muitos barcos.

As linhas são de duas especies: *linha de mão* que cada pescador tem á direita e esquerda do barco, e *linha de fundura* formada por cordas muito fortes a que prende certo numero de linhas, parciaes. A uma das extremidades da corda prende-se uma fateixa que a arrasta para o fundo, e á outra uma ancora com um pequeno cabo amarrado a uma boia de cortiça. Preparam-se d'esta sorte até tres mil anzoes.

A isca é fresca ou salgada; a fresca fornecida pelo harenque ou pelo *caplano*, peixe pequeno que na primavera vem dos mares do Norte perseguido pelo bacalhau. Fugindo aos innumeros cardumes dos seus inimigos, os caplanos dispersam-se por todos os mares que avisinham a Terra Nova em massas tão compactas, que por vezes as vagas veem deposital-as na areia da praia.

A pesca mais importante do caplano, destinado a servir d'isca ás *linhas de fundura*, faz-se na costa da Terra Nova, e os habitantes d'estas paragens fornecem aquelle producto aos pescadores de bacalhau que vão a S. Pedro.

Os navios depois de receberem a bordo porção consideravel d'este peixe, largam de S. Pedro e aproando a nordeste seguem na direcção do banco. Alli chegados o capitão escolhe o sitio que julga mais conveniente para fundear, ficando o navio amarrado a longos cabos de linho, em quarenta ou sessenta braças de fundo, e procede-se então ao preparo das linhas de fundura para serem lançadas ao mar. A todo o instante estas se levantam para recolher o peixe, e postas as iscas onde faltem são de novo lançadas ao mar e assim successivamente.

O primeiro preparo que o bacalhau recebe para não corromper-se consiste em abril-o, extrahir-lhe o interior, e depois de rasgado de alto abaixo é salgado e posto ás pilhas. Esta operação é feita simultaneamente com a pesca, e os homens encarregados da salga trabalham dia e noite, muitas vezes encharcados até aos ossos, cobertos de sangue e escorrendo em azeite, mal se vendo no meio dos despojos dos peixes que exhalam cheiro pestifero.

A pesca com as linhas de fundura não basta, e as embarcações pequenas largam do navio todos os dias tripuladas por dois homens, indo a distancia deitar as linhas de mão, e regressando ao navio quando teem obtido quantidade sufficiente de peixe.

A maior parte do bacalhau entregue ao consumo não tem outro preparo além d'aquelle que acabamos de indicar; ou-

tros processos, porém, se empregam para conservar este peixe, entre elles o de seccal-o ao sol.

Do genero *Gadus*, conhecida tambem vulgarmente pelo nome de bacalhau, vem raras vezes aos nossos mercados outra especie, (*gadus merlangus*, Linneo) abundante nas costas septentrionaes do Atlantico, e cuja carne muito estimada pela sua delicadeza, mas pouco nutritiva e de facil digestão pela limitada proporção de materias gordas, é tida por muito conveniente aos estomagos debeis, e recommendada aos convalescentes.

Mede este peixe d'ordinario de $0^m,20$ a $0^m,30$ de comprimento; o corpo é proporcionalmente mais sobre o comprido do que o do bacalhau da especie antecedente; a cabeça alongada, o focinho conico, a bocca muito rasgada e a maxilla superior mais longa do que a inferior. Na parte superior do corpo é d'um pardo arruivado mais ou menos desvanecido, com os flancos mais claros e o ventre prateado. Acima da inserção das barbafanas peitoraes tem uma malha annegrada.

Desova nos mezes de inverno.

A FANECA

Gadus luscus de Linneo — *Le tacaud*, dos francezes

Nos nossos mercados é vulgarissima esta outra especie congenere do bacalhau, a *faneca*, cuja carne é todavia inferior á das especies antecedentes.

Tem o corpo alongado, comprimido e muito mais alto de que o do bacalhau; a cabeça mais curta, os olhos grandes e a maxilla inferior mais longa do que a superior armada d'um barbilhão. Tem tres barbatanas dorsaes sendo a primeira a mais alta.

Na parte superior da cabeça e do dorso é d'um trigueiro amarellado, os flancos e as faces mais claras, o ventre esbranquiçado. Adiante da articulação das barbatanas peitoraes tem uma malha annegrada.

O LACRAU DO MAR

Gadus poutassou, de Risso — *Le poutassou*, dos francezes

Este peixe, tambem congenere do bacalhau, abundante nas costas septentrionaes da Europa banhadas pelo Oceano

36

pelo Mar do Norte e pelo da Mancha, é raro nos nossos mercados.

Tem o corpo mais alongado e delgado do que o do bacalhau, a bocca muito rasgada, a maxilla inferior excedendo a superior, os olhos grandes com a pupilla negra e a iris prateada; as tres barbatanas dorsaes muito separadas umas das outras.

É d'um trigueiro esverdeado nas partes superiores do corpo, com os flancos mais claros, tendo nas partes lateraes da cabeça reflexos amarellados; o ventre é branco prateado. Acima das barbatanas peitoraes tem uma larga malha escura.

O BADÉJO

Gadus pollachius, de Linneo — *Le merlan jaune*, dos francezes

Esta especie tambem do genero *Gadus*, muito vulgar em Setubal e menos no mercado de Lisboa, é bastante commum nos mares do norte da Europa, nas costas da Inglaterra e da Noruega.

Raro é que exceda de $0^m,40$ a $0^m,50$ de comprimento; tem o corpo alongado e alto no centro, a cabeça grossa, bocca bastante rasgada e sem barbilhão; tres barbatanas dorsaes muito juntas.

A parte superior da cabeça e do corpo é d'um trigueiro azeitonado, com os flancos prateados e malhados de amarello; o ventre branco.

Vive em cardumes numerosos, desovando proximo do inverno. A carne é branca e rija.

A PESCADA

Merlucius vulgaris, de Bonaparte — *La merluche vulgaire*, dos francezes

É tão conhecida esta especie no nosso paiz que bem dispensa ser descripta, pois é vulgar e abundante em todo o tempo na costa de Portugal.

Póde a pescada attingir avantajadas proporções e medir 1^m, pesando até 10 kilogrammas. A sua carne branca e de excellente sabor é geralmente estimada, e como este peixe se encontra em grandes bandos, acontece a sua pesca ser facil e por vezes tão abundante, principalmente no verão, que uma parte é salgada. Dá-se esta circumstancia mais frequentemente nas costas septentrionaes da Europa, onde se dá á pescada salgada o nome de *stockfish*.

A ABROTEA

Phycis blennoides, de Bloch. — *Le merlus barbu*, dos francezes

Phycis mediterraneus, de Delaroche. — *Le lanche de mer*, dos francezes

Sob o nome vulgar de *abrotea* conhecem-se no nosso paiz duas especies do genero *Phycis*, a primeira pouco vulgar em Lisboa e mais em Setubal, a segunda bastante frequente n'este segundo mercado.

Tem a abrotea, primeira especie cilada, o corpo comprimido latteralmente, diminuindo progressivamente d'altura; cabeça curta, achatada superiormente e escamosa; focinho arredondado, bocca grande, e na maxilla inferior um barbilhão curto e delgado. Tem duas barbatanas dorsaes, ambas baixas, a segunda muito comprida e mais baixa do que a primeira, e esta de forma triangular; as barbatanas abdominaes situadas á frente das peitoraes consistem n'um unico raio muito longo e bifurcado na extremidade.

É d'um trigueiro annegrado no dorso, mais claro nos flancos e na região abdominal, e da mesma côr as barbatanas á excepção das abdominaes que são brancas.

A segunda especie differe da primeira na forma da primeira barbatana dorsal, que não sendo triangular é ao inverso arredondada e egual em altura á segunda. Quanto ás côres não differe da especie precedente.

Estes peixes attingem grandes dimensões, e a carne passa por ser muito boa.

A DONZELLA

Molva vulgaris, de Nilsson. — *La môlve vulgaire*, dos francezes

Duas especies do genero *Molva* veem aos nossos mercados, ambas raras, e distinguem-se genericamente pelo corpo muito alongado e pouco alto, coberto d'escamas pequenas; cabeça grossa e deprimida na região superior, duas barbatanas dorsaes e a anal muito longa. Um barbilhão na maxilla inferior.

A *donzella* tem as partes superiores do corpo, o dorso e os flancos d'um pardo azeitonado, e o ventre prateado. As barbatanas dorsaes, anal e caudal da côr do dorso, orladas de branco, e a caudal com uma faxa negra na base; as peitoraes e abdominaes d'um branco amarellado. Existem d'estes peixes medindo 1ᵐ a 1ᵐ,50 de comprimento.

Muito abundante no norte da Europa, e mais rara nas costas occidentaes, a *donzella* é alli muito estimada pela excellencia da carne, branca e de bom sabor, conservando-se salgada melhor ainda que o bacalhau, e dando motivo a importante commercio. Pesca-se todo o anno e segue-se na salga processo egual ao do bacalhau.

A JULIANNA

Molva alongata, de Nilsson. — *La molve allongèe*, dos francezes

Esta é a segunda especie do genero *Molva* a que antecedentemente nos referimos, differindo tamsómente da primeira por ter a maxilla inferior mais longa do que a superior, e as barbatanas abdominaes e a anal mais desenvolvidas.

O PICO D'EL-REI

Motella tricirrata, de Nilsson. — *La motelle vulgaire*, dos francezes

Do genero *Motella* vem vulgarmente aos nossos mercados esta especie, tornando-se notavel tanto pelas formas como pelo colorido. Tem o corpo cylindrico, alongado e coberto d'escamas extremamente pequenas; a cabeça grossa e achatada na parte superior, dilatada aos lados; focinho obtuso, arredondado, com tres barbilhões, dois proximos das ventas e o terceiro abaixo da maxilla inferior. Das barbatanas dorsaes a primeira podendo occultar-se n'uma especie de ranhura aberta aos lados da base, e a segunda maior e mais alta sem este caracter. Tem a parte superior da cabeça e do corpo d'um bello trigueiro vermelho alaranjado, com os flancos e o ventre mais claros, e riscas de variadas formas mais escuras no alto da cabeça, ao longo do dorso e nas barbatanas dorsaes, peitoraes e caudal. Mede geralmente de 0ᵐ,50 a 0ᵐ,60 de comprimento.

A carne d'esta especie é pouco estimada, e corrompe-se rapidamente.

O PREGADO

Rhombus maximus, de Cuvier. — *Le turbot*, dos francezes

Antes de descrevermos este peixe, o primeiro da familia dos *pleuronectos*, ou *peixes chatos*, de que vamos tratar, diremos algumas palavras ácerca da sua estranha conformação.

Teem os *pleuronectos* o corpo alto, achatado por um dos lados, um tanto arqueado pelo outro; o lado completamente chato é esbranquiçado, o arqueado é no inverno por vezes vivamente colorido, e n'este estão os olhos, pois existe n'estes peixes um singular caracter, unico entre os vertebrados, a falta de symetria na cabeça : os dois olhos são situados do mesmo lado, n'umas especies á direita e n'outras á esquerda, e os lados da bocca deseguaes.

O deslocamento dos orgãos visuaes está em harmonia com o viver d'estes peixes, que descançam o corpo nos fundos arenosos ou de vasa pelo lado chato, onde não teem olhos. Movendo-se, os *pleuronectos*, cujo nome se deriva de duas palavras gregas que significam *nadar de lado*, conservam a mesma posição, e é raro que nadem verticalmente.

De resto estes peixes nadam mal, e de ordinario conservam-se no fundo, occultos entre a vasa, occupados em prover á sua sustentação. Teem de substituir a falta d'agilidade pela mais completa immobilidade, pois não podendo perseguir a presa aguardam que ella se aproxime. A sua alimentação exclusivamente animal consta de todos os pequenos animaes de que podem apossar-se.

O grupo de peixes chatos comprehende limitado numero de especies, vivendo quasi que exclusivamente ao longo das costas, e algumas penetrando nos rios alli se conservam por longo tempo na agua doce. Attingem alguns d'estes peixes avantajadas proporções, e citaremos aqui uma especie do norte da Europa, — *pleuronectus hippoglossus*, Linneo — *le fletan*, dos dos francezes — principalmente abundante na Noruega, na Islandia e na Groenlandia, que alcança por vezes o comprimento de mais de 2ᵐ e o peso de 150 a 200 kilogrammas.

A carne posto que branca é dura e pouco saborosa, o que não obsta a que os habitantes dos paizes citados façam d'ella largo consumo, fresca, salgada, ou fumada.

Feitas estas considerações geraes ácerca dos *peixes chatos*, passemos a falar do pregado, um dos mais estimados pela excellencia da carne, estima concedida de longa data, pois já os antigos romanos o appellidavam *phasianus aquatilis, faisão do mar*, como ainda hoje o denominam n'alguns pontos da França.

Conta-se mesmo que o imperador Domiciano não hesitou em convocar o senado para que resolvesse sobre um ponto realmente intricado, com respeito a este peixe, o de saber com que molho deveria ser comido um pregado de proporções gigantescas !

O pregado, (grav. n.º 495), tem o corpo tão alto como comprido, medindo de circumferencia mais de 1ᵐ,35, sem escamas mas eriçado de pequenos tuberculos conicos e pontudos ; a cabeça tão longa como alta, a maxilla superior mais curta do que a inferior, bocca grande, olhos situados do lado esquerdo, o inferior adiante do superior ; a barbatana dorsal começa adiante d'este e vae terminar na base da caudal.

O lado esquerdo do corpo é d'um trigueiro amarellado ou esverdeado mais ou menos escuro com as barbatanas mais claras, e tendo estas á imitação do corpo pequenas malhas mais escuras irregularmente dispostas ; o lado direito é d'um branco rosado. Alcançam grandes dimensões os pregados pescados nas costas de França e d'Inglaterra, não sendo raros os que pesam 10 a 15 kilogrammas. No nosso paiz este peixe é vulgar mas pouco abundante.

E' peixe de fundura, preferindo os fundos arenosos, e alimenta-se de peixes pequenos, molluscos e crustaceos.

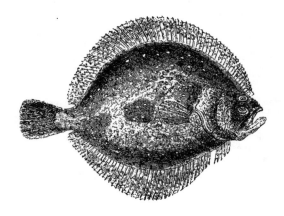

Gr. n.º 495 — O pregado

O RODOVALHO

Rhombus laevis, de Rondelet —*La barbue*, dos francezes

Este peixe do grupo dos pleuronectos é um dos mais estimados pela excellencia da carne ; pesca-se como o pregado nas costas da Europa, sendo no nosso paiz á imitação d'aquelle peixe vulgar mas pouco abundante.

O corpo é similhante ao do pregado mais sobre o comprido, coberto de pequenas escamas e sem tuberculos; a bocca muito rasgada com a maxilla inferior excedendo a superior, os olhos situados do lado esquerdo.

D'este lado é d'um trigueiro escuro, com malhas arredondadas ou em fórma de crescente trigueiras arruivadas.

O rodovalho é mais pequeno de que o seu congenere, o pregado, havendo todavia alguns que excepcionalmente pesam 4 e 5 kilogrammas. Nos habitos tambem pouco differe do pregado, alimenta-se da mesma forma, e attrahe os peixes pequenos agitando a extremidade das barbatanas.

A CARTA

Arnoglossus boscii, de Risso —*L'arnoglosse bosquien*, dos francezes

Nos peixes chatos distingue-se o genero *Arnoglossus*, e d'este duas especies, sendo a citada pouco vulgar e a outra rara no nosso paiz. Por caracteres genericos teem estes peixes o corpo de forma oval alongado, coberto d'escamas muito grandes e finas, bocca grande, olhos situados no lado esquerdo, a barbatana dorsal começando adeante dos olhos e terminando muito proximo da caudal.

A *carta*, especie citada, que attinge por vezes $0^m,30$ a $0^m,40$, tem o lado esquerdo do corpo d'um pardo arruivado transparente, e duas malhas arredondadas e annegradas nas regiões posteriores das barbatanas dorsal e anal.

A carne d'estas-especies é pouco estimada.

A PATRUSSA OU SOLHA

Pleuronectus flesus, de Linneo—*Le flet*, dos francezes

Do genero *Platessa* de que se conhecem diversas especies nas costas da Europa, uma, a citada, é vulgar em Portugal. Pertencem estes peixes ao grupo dos pleuronectos, e teem o corpo em geral muito alto, nu ou coberto d'escamas muito pequenas, como se dá na *solha*; as maxillas deseguaes, olhos d'ordinario do lado direito, mas por vezes do esquerdo, separados por uma especie de crista pouco elevada.

A solha tem o lado do corpo onde estão situados os olhos d'um trigueiro escuro com reflexos esverdeados, e geralmente em riscas annegradas, variando o colorido na razão da natureza da agua e do fundo, pois n'alguns individuos encontram-se malhas d'um vermelho alaranjado. Mede d'ordinario de $0^m,15$ a $0^m,20$, havendo individuos de maiores dimensões.

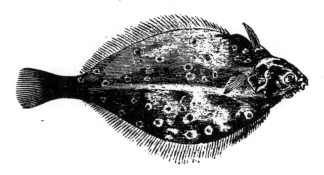

Gr. n.º 496 — A patrussa ou solha

Este peixe é principalmente notavel porque subindo rio acima, a grande distancia da foz, conserva-se nas aguas doces.

A carne não é tida em muita estima.

O LINGUADO

Solea vulgáris, de Risso—*Le sole vulgaire*, dos francezes

No *catalogo dos peixes de Portugal* cita Brito Capello seis especies do genero *Solea* mais ou menos vulgares nos nossos mercados, sendo duas raras e vulgar e abundante a que citámos. Não é para aqui dar descripção em separado de todas ellas. E' bem conhecido o linguado e universal a sua fama pela delicadeza e sabor da carne, sendo n'alguns pontos do littoral da França conhecido pelo nome de *perdiz do mar*.

A especie citada tem o corpo oval muito alongado, com escamas pequenas, cabeça mais alta que comprida, focinho arredondado e bocca pequena ; os olhos são pequenos, o inferior situado acima do canto da bocca.

Do lado direito o linguado é d'um trigueiro amarellado ou azeitonado mais escuro em certos sitios, e do esquerdo branco ; tem uma malha negra na barbatana peitoral direita, sendo a esquerda branca. Mede regularmente $0^m,30$, havendo-os de maiores dimensões.

O linguado é melhor fresco do que salgado, e só no primeiro estado é uso comel-o no nosso paiz, tendo todavia grande consumo em Inglaterra depois de salgado.

O PEIXE-PIOLHO

Echneis remora, de Linneo — *L'echène rèmora ou sucet*, dos francezes

Este peixe raro no nosso paiz, denominado tambem *pegador* ou *agarrador*, perténce a um genero de peixes notavel por terem os individuos n'elle comprehendidos a cabeça perfeitamente plana na parte superior, e n'ella um disco formado de numerosas laminas cartilaginosas, com o auxilio do qual estes peixes se aferram vigorosamente aos rochedos e mesmo aos navios.

O peixe-piolho é das especies do genero *Echneis* a mais notavel, encontrando-se no Mediterraneo e no Atlantico, è celebre já era na antiguidade, sendo objecto de contos fabulosos, e attribuindo-se-lhe diversas faculdades mais ou menos maravilhosas.

Tem o corpo alongado, fusiforme, coberto de pequenas escamas; na cabeça o orgão singular a que já nos referimos, uma especie de ventosa, (Grav. n.º 497); focinho arredondado e bocca muito rasgada ; duas barbatanas dorsaes, a primeira formando o disco na parte superior da cabeça, a segunda na parte posterior do corpo e alongada. É d'um

Gr. n.º 497 — O peixe-piolho

trigueiro escuro no dorso, mais claro nos flancos e no ventre, com as barbatanas da mesma côr. Mede d'ordinario 0ᵐ,50 de comprimento.

No numero das fabulas que abundam na historia d'este peixe, tal como a escreveram os antigos, figura a de poder sustar elle só o andamento de qualquer navio, e muito a serio diz Plinio que na batalha de Actium o navio de Antonio foi retido por este obstaculo invencivel, dando a victoria a Augusto !

E' realmente desnecessario affirmar aos nossos leitores que o peixe não suspende o andamento dos navios, mas é certo que se prende á quilha por meio do orgão singular a que nos referimos não só para descansar como tambem, ao que parece na intenção de transportar-se mais commodamente. Dá-se este facto com os navios, e da mesma sorte com todos os corpos fixos ou boiando ao lume d'agua, pois o peixe piolho agarra-se não só aos rochedos como tambem aos troncos das arvores levados pela corrente, e o que é mais aferra-se ao corpo do tubarão e d'outros peixes, realisando d'esta sorte longas viagens transportado por estas locomotivas animaes. E quando seja o tubarão, duas vantagens tem o nosso passageiro, furta-se ao cansaço da viagem e não haja receio de que os inimigos o accommettam, basta a terrivel locomotiva para os conservar a respeitosa distancia !

PEIXES

ORDEM DOS MALACOPTERYGIOS APODOS

Os peixes comprehendidos n'esta ordem, formando numero avultado de generos e especies, caracterisam-se pela falta de barbatanas abdominaes, tendo todos o corpo alongado, a pelle grossa, macia e pouco escamosa.

Encontram-se espalhados por quasi todos os mares do globo, á excepção das especies que vivem na agua doce, e que abundam em quasi todos os rios e lagos. Daremos breve descripção d'algumas especies mais notaveis.

A ENGUIA

Anguilla acutirostris, de Yarell. — *L'anguille à long bec,* dos francezes

A especie citada e a *eiroz,* de que adiante nos occupamos, são por Brito Capello as unicas citadas no seu catalogo dos peixes de Portugal como sendo vulgares e abundantes no nosso paiz, posto que se conheçam algumas outras especies do genero *Anguilla,* abundantes nos lagos e rios d'outros paizes.

E bem conhecido este genero de peixes de corpo alongado, serpentiforme, quasi cylindrico e achatado para a cauda; a cabeça na especie que citamos é delgada e o focinho pontudo, a pelle coberta de certa mucosidade que permitte ao animal escorregar facilmente das mãos e escapar-se por mais que pretendamos retel-o. Varia o colorido segundo a natureza das aguas, sendo a parte superior do corpo negra e a inferior parda amarellada, ou aquellá d'um verde matizado ou riscado de trigueiro, e esta prateada.

As enguias á imitação dos salmões e dos saveis veem do mar para os rios estabelecer-se nas aguas doces, com a differença, porém, de que os ultimos aqui desovam, emquanto que a enguia só desova no mar. Todos os anuos myriadas de pequenas enguias ainda incolores assomam á foz dos rios, e subindo-os veem continuar o seu desenvolvimento na agua doce. N'essa epoca são muito pequenas, filiformes, com $0^m,04$ ou $0^m,05$ de comprimento, e apparecem aos cardumes. E' então que se podem recolher, e conservando-as em hervas humidas transportal-as ainda mesmo a distancia, para povoarem os tanques ou lagos d'agua doce onde adquirem fortes dimensões.

E' todavia ainda hoje obscuro o modo porque estes peixes attingem o seu completo desenvolvimento, e os naturalistas em desaccordo explicam-n'o por diversas formas. Vejamos o que ácerca d'este ponto escreve Chenu, seguindo a enguia depois da sua primeira entrada nos rios.

«Quando já mede $0^m,10$ ou $0^m,12$, tendo o diametro d'um tubo de penna, é côr d'enxofre : em seguida, medindo já de $0^m,20$ a $0^m,30$ sendo da côr dos adultos, só se encontra proxima do mar, ignorando se d'aqui ávante o seu modo de vida até que attinge $0^m,45$ ou $0^m,50$ de comprimento, encontrando-se novamente na agua doce. E cresce ainda consideravelmente, porque sendo o seu comprimento habitual 1,ᵐ pode attingir 1ᵐ,70 de grossura havendo enguias com 14 kilogrammas de peso.»

A enguia vive indifferentemente nas aguas correntes ou estagnadas, e accommoda-se facilmente ás circumstancias, conservando-se tranquilla durante o dia ao abrigo das plantas aquaticas ou nas cavidades que topa nas margens ; de noite vae em busca d'alimento, devorando os peixes pequenos e todas as substancias animaes que encontra, mesmo um tanto corrompidas, e não obstante a pequenez da bocca é muito voraz. Durante o frio acolhe-se na vasa, e acontece ao despe-

jar um tanque ser necessario revolver esta para as obrigar a sair.

O mais singular, porém, é a enguia por vezes não desgostar de dar o seu passeio em terra firme, e assim o affirmam escriptores autorisados, sendo encontrada por vezes a distancia da sua morada aquatica atravessando os terrenos humidos ; e arrastando-se á maneira da cobra vae em busca dos vermes e insectos e mesmo de certas plantas leguminosas e só regressando á sua habitação depois de saciado o appetite. Accrescenta-se que por vezes, sendo surprehendida pela luz do dia, n'estas excursões conserva-se

Gr. n.º 498 — O congro

acoutada entre as hervas aguardando que a noite lhe permitta voltar para a agua cobrindo-a com o seu negro manto.

A enguia pela forma cylindrica do corpo tem tal ou qual similhança com a cobra, sendo este o motivo da repulsão de que por muito tempo foi victima e que ainda hoje certas pessoas lhe guardam, o que não impede de ser um excellente peixe, muito apreciado pelo seu optimo sabor, e de que se faz largo consumo principalmente em certos pontos da Europa onde é abundantissimo.

As lagunas de Commachio, na Italia, alimentadas pelas cheias do Pó e d'outros rios, são celebres de ha muito pela quantidade de enguias que ali se encontra, avaliando-se a pesca de setembro a de-

zembro n'um milhão de kilogrammas, e na primavera em cérca de trezentos e noventa kilogrammas.

O mercado de Londres é fornecido d'este peixe por duas companhias hollandezas, possuindo cada uma cinco navios convenientemente acondicionados para o transporte de oito a dez mil kilogrammas de enguias vivas.

A EIROZ

Anguila lattirostris, de Yarrel.—*L'anguille à large bec*, dos francezes.

Esta especie congenere da antecedente é, como dissemos, vulgar e abundante nos nossos mercados, e differe da enguia na cabeça muito larga, arredondada na parte posterior e achatada na região nasal. Tem o dorso d'um trigueiro esverdeado, variando todavia muito na côr geral do corpo. Pode applicar-se á eiroz o que dissemos ácerca do viver da enguia, sua congenere.

O CONGRO

Conger vulgaris, de Cuvier. —*Le congre vulgaire*, dos franceses

O congro na forma do corpo é perfeitamente similhante á enguia, tendo a cabeça comprida e achatada, com a maxilla superior mais larga do que a inferior ; a barbatana dorsal começando logo atraz das peitoraes é baixa e confunde-se com a caudal, succedendo o mesmo á anal. Tem o dorso d'um trigueiro esbranquiçado com os flancos mais claros e o ventre branco ; as barbatanas dorsal e anal orladas de negro. Mede de $1^m,75$ a 2^m, e diz-se que alguns congros attingem 4^m.

Gr. n.º 499 — O peixe cobra

E' abundante nas costas occidentaes da Europa e no Mediterraneo, sendo vulgar no nosso paiz, onde é conhecido quando novo pelo nome de *safio*. E' estimado posto que a sua carne não seja das mais saborosas.

O PEIXE COBRA

Ophisurus serpens, de Lacépède.—*La serpent de mer*, dos francezes.

Este peixe de conformação singular, representado na nosa gravura n.º 499, attinge por vezes $1^m,75$ e mesmo 2^m, com a grossura d'um braço de homem. Tem o corpo muito alongado, cylindrico e esguio na região caudal, terminando em ponta e sem barbatana caudal ; o focinho é delgado, a bocca bastante rasgada, e as barbatanas dorsal e anal terminam um pouco antes da extremidade do corpo.

E' trigueiro na parte superior do corpo e prateado na posterior, com as barbatanas dorsal e anal orladas de negro.

Sendo principalmente commum no

Atlantico, na visinhança do estreito de Gibraltar, é pouco vulgar nos nossos mercados.

Os movimentos d'este peixe são bastante rapidos, e o seu modo de locomoção dá-lhe completa similhança com as serpentes.

A MOREIA

Murœna helena, de Linneo. — *Le murène hélène*, dos francezes

A moreia da especie citada, uma das muitas do genero *Murœna* que vivem espalhada por todos os mares, é bastante fre-frequente no Mediterraneo; menos commum, porém, no Oceano, sendo vulgar nos nossos mercados.

As moreias teem o corpo alongado e cylindrico, comprimido na frente e pouco elevado na região caudal, sem escamas.

A cabeça é pequena, a bocca grande, o focinho aguçado e os olhos pequenos; não tem barbatanas peitoraes, e a dorsal que segue em todo o comprimento do dorso reune-se á caudal bem como esta á anal.

Na parte anterior do corpo a moreia é d'um trigueiro amarellado salpicado de negro, e a parte posterior avermelhada, coberto por inteiro de malhas irregulares mais ou menos escuras, em geral azuladas, purpureas ou trigueiras, variando o colorido com a idade, sexo, e epoca do anno em que se observa. Pode attingir $1^m,35$ a $1^m,75$ de comprimento.

A moreia alimenta-se de peixes pequenos e de caranguejos, e é tal a sua voracidade que por vezes, dizem, á falta de melhor roem estes peixes a cauda uns aos outros.

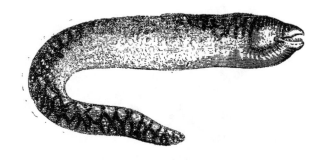

Gr. n.º 500 — A moreia

A carne da moreia é branca, de optimo sabor, e foi outr'ora apreciada dos romanos a ponto de tornar-se este peixe celebre na antiga Roma pelas enormes quantias gastas na construcção de viveiros onde eram mantidos aos milhares.

«Lendo-se os escriptores latinos sabe-se quanto a moreia foi estimada dos romanos, estima que não era só resultado dos seus appetites gastronomicos. Nos tempos da degeneração do imperio romano praticavam-se realmente loucuras para possuir estes peixes, gastando-se sommas enormes na conservação dos viveiros; e ahi de tal sorte se multiplicavam, que Cezar por occasião d'uma das suas victorias mandou distribuir aos seus amigos seis mil moreias.

Licinio Crassus foi celebre em Roma pela opulencia dos seus viveiros de mo-

reias. Obedeciam os peixes, dizem, á sua voz, e bastava chamal-os para correrem a receber o alimento que de sua propria mão lhes dava. Foi elle e Quintus Hortensius, outro opulento patricio, que choravam a perda das moreias que morriam nos viveiros.

Até aqui, porém, era questão de gosto ou de moda, mas o que segue era barbaro e resultado da depravação dos costumes.

Alguem, entre os romanos, descobriu que as moreias alimentadas de carne humana eram mais saborosas, e houve um liberto, de nome Pollion, homem opulento, que não deve confundir-se com um orador celebre assim chamado, que praticava a crueldade de mandar lançar os escravos condemnados á morte nas piscinas das moreias, e mesmo por ve-

Impresso por Lallemant Frères, Lisboa.

ESCRAVO ROMANO
LANÇADO NO VIVEIRO DAS MOREIAS

zes alguns que de modo nenhum haviam merecido castigo.

Jantava certo dia no palacio de Pollion o imperador Augusto, quando um misero escravo teve a má sorte de quebrar um vaso de subido valor, pelo que foi condemnado a ser lançado vivo ás moreias. Interveiu porém o imperador e salvou o escravo dando-lhe a liberdade, e querendo provar quanto o indignára a barbara acção do opulento liberto ordenou que fossem feitos pedaços todos os vasos preciosos que se encontrassem no palacio.

A moreia está longe ao presente de tão subida estima, posto que seja ainda hoje bastante apreciada nas costas da Italia. Guardam-se os pescadores dos dentes acerados d'estes peixes, cujas mordeduras são realmente para recelar.

O GYMNOTO ELECTRICO

Gymnotus electricus, de Linneo.— *La gymnote électrique,* dos francezes

Na America do Sul existe um genero de peixes de agua dôce de que se conhecem varias especies, uma porém, a que citamos e vae representada pela nossa gravura n.º 501, bastante celebre pela sua singular organisação.

Os *gymnotos,* a que nos referimos, teem o corpo muito alongado, quasi cylindrico e serpentiforme, com a região caudal relativamente muito longa, sem barbatana dorsal, e a anal tomando-lhe quasi toda a parte inferior do corpo que termina pontuda.

A especie que citamos mede por vezes 2^m, embora d'ordinario sejam estes peixe mais pequenos, e tem o corpo annegrado com riscas estreitas mais escuras.

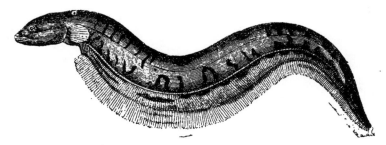

Gr. n.º 501 — O gymnoto electrico

São as propriedades electricas dos gymnotos que os tornaram celebres, e o astronomo Richer, que em 1678 foi enviado a Cayenna pela Academia das Sciencias de Paris, referindo-se a estes peixes conta o seguinte :

« Qual foi a minha admiração ao vêr um peixe de tres ou quatro pés de comprido, similhante a uma enguia, paralysar durante um quarto de hora o movimento do braço e da parte do corpo mais proxima a quem ousasse tocar-lhe com um dedo ou mesmo com um' pau. Fui testemunha ocular do effeito produzido pelo contacto d'este peixe, e senti-o eu proprio quando em certo dia toquei n'um ainda vivo, embora ferido pela fateixa com que os selvagens o haviam tirado da agua. Não souberam dizer-me o nome, affirmaram-me porém que tocando nos outros peixes com a cauda os entorpecia,

para em seguida devoral-os, facto que tinha todos os visos de verdadeiro, considerando o effeito que o seu toque produzia nos homens.»

Outros diversos escriptores e viajantes confirmaram depois a singular propriedade d'este peixe, por muitos posta em duvida, até que Humboldt apresentou a primeira descripção dos gymnotos em termos preciosos, tendo-os observado na America, e vindo d'esta sorte confirmar o que os seus antecessores haviam dito, dando a conhecer outros muitos promenores interessantes.

Conta que na sua viagem pela provincia de Caracas teve occasião de observar os gymnotos n'um ponto onde eram abundantissimos, a ponto de forçarem a gente d'aquelles sitios a abandonar certa estrada por ser necessario passar a vau uma ribeira na qual se afogavam annualmente

muitas mulas, aturdidas pelas descargas electricas dos gymnotos.

Assistiu o celebre naturalista a que nos referimos a uma pesca do gymnoto com auxilio de cavallos meio selvagens, que obrigados a entrar na agua e a alli conservar se, receberam as primeiras descargas electricas dos gymnotos, e alguns mesmo morreram afogados, até que estes peixes, perdendo a pouco e pouco a sua propriedade electrica, fosse porque o orgão electrico cessasse as suas funcções estando fatigado pelo uso repetido, poderam facilmente ser apanhados com fateixas.

Depois de haver observado, diz Humboldt, que as enguias derrubavam um cavallo privando-o completamente da sensibilidade, não era para admirar que houvesse receio de tocar-lhes logo no primeiro instante em que se tiravam da agua; e tão forte era o receio dos indigenas que nenhum se atrevia a soltar os gymnotos do arpão com que haviam sido apanhados e transportal-os para as pequenas cavidades cheias de agua fresca que haviamos aberto na praia. Foi necessario que me resolvesse a receber os primeiros choques, que de certo não foram dos menos violentos, os mais energicos superiores aos choques electricos mais dolorosos que me lembra de haver recebido accidentalmente d'uma grande garrafa de Leyde completamente carregada.

Desde então comprehendi não haver exagero nas narrativas dos indios, quando affirmavam que era facil um nadador afogar-se recebendo uma descarga electrica d'um d'estes peixes, ainda que fosse n'um braço ou n'uma perna. A descarga é tão violenta que póde bem paralysar durante alguns minutos toda a acção dos membros...»

PEIXES

ORDEM DOS LOPHOBRANCHIOS

Comprehende esta ordem limitado numero de especies, e os peixes n'ella admittidos teem por carecteristico a singular estructura das guelras, de que se não encontra exemplo nos individuos de outra qualquer ordem. As guelras não teem a fórma de laminas ou pentes como acontece no geral dos peixes, dividem-se em uma especie de pequenas borlas redondas, aos pares, dispostas ao longo dos arcos branchiaes.

Estes peixes teem o corpo duro, secco e desprovido de carne.

Dos *lophobranchios* citaremos apenas a especie seguinte.

O CAVALLO MARINHO

Hippocampus breviostris, de Cuvier — *l'hippocampe*, dos francezes

Deve este peixe o nome vulgar á fórma especial da cabeça tendo certa analogia com a do cavallo.

O corpo é comprimido aos lados, muito alto na parte media e diminuindo rapidamente de elevação e adelgaçando-se até á extremidade caudal. A cabeça na parte superior tem oito tuberculos salientes, uma especie de crista e aos lados é guarnecida d'espinhos; o corpo formado de quarenta e sete auneis, que recordam vagamente a estructura da lagarta. Tem uma barbatana dorsal, as peitoraes muito proximas da cabeça, e faltam-lhe as abdominaes e a caudal.

O corpo do cavallo marinho é de um verde atrigueirado malhado de branco ou azul desmaiado, formando as malhas linhas irregulares na parte posterior dos flancos; na barbatana dorsal tem uma faxa negra. Attingem 0ᵐ,30 ou 0ᵐ,40 de comprimento.

A femea distingue-se do macho pela existencia na primeira d'uma especie de bolsa situada na base da região caudal, onde os ovos dão entrada e nascem os pequenos, abrindo-se em epoca propria para lhes dar saida.

Nadam estes peixes guardando sempre a posição vertical, com a cabeça erguida, e

Gr. n.º 502 — O cavallo marinho

servem-se da cauda á maneira de orgão de aprehensão para se fixarem ás plantas maritimas ou a qualquer outro corpo que possam encontrar na agua; n'esta posição observam o que se passa em volta, promptos a arremessar-se sobre a preza com a maior destreza e rapidez.

PEIXES

ORDEM DOS PLECTOGNATES

Os peixes que esta ordem comprehende estabelecem pela sua organisação a passagem dos peixes ossudos aos peixes cartilaginosos. O seu principal caracter consiste na immobilidade da maxilla superior, fixa aos ossos do craneo.

Daremos noticia de algumas especies mais notaveis.

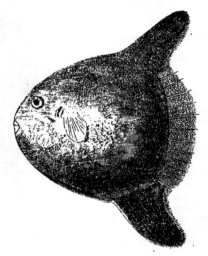

Gr. n.º 503 — O peixe lua

OS BIDENTES, OU OURIÇOS DO MAR

Diodon, de Linneo — *Les diodons*, dos francezes

Nos mares dos paizes quentes e estranho á Europa encontra-se um grupo de peixes que faz parte da ordem dos plectoguates, notavel pela faculdade que teem estes animaes de se dilatarem á maneira d'um balão, enchendo pela deglutição o estomago d'ar, ou antes uma especie de papo muito dilatavel que occupa toda a extensão do abdomen. N'este estado viram-se de ventre para o ar, fluctuando ao lume d'agua sem direcção, e como o corpo seja guarnecido de espinhos que n'esta posição se erguem, ficam ao abrigo dos ataques dos inimigos.

O nome scientifico *Diodon*, isto é *bidentes*, deriva-se da fórma das maxillas ossudas, formando uma só peça cada uma, sem fenda nem chanfradura, similhando dois dentes. Este apparelho é perfeitamente accommodado á mastigação, podendo quebrar a concha dos molluscos e o envolucro rijo dos crustaceos de que estes peixes se alimentam.

São, pode dizer-se, os ouriços ou porcos espinhos do mar, pois como estes erguem os espinhos em sua defeza.

Conhecem-se muitas especies dos bidentes, alguns medindo 0^m,35, cuja carne é dura e despresada como alimento, pois diz-se ser venenosa, e principalmente o fel é tido por veneno violento.

OS QUADRIDENTES

Tetraodon, de Linneo.— *Les tétrodons*, dos francezes

Estes peixes differem dos antecedentes principalmente em terem as maxillas divididas ao centro, com a apparencia de dois dentes em cada uma, ou quatro dentes nas duas, d'onde lhes provém a denominação de *quadridentes*.

Gozam da mesma faculdade singular de tornarem o corpo globoso pela absorpção de certa quantidade de ar, que accumulando-se na região abdominal torna esta parte do corpo mais leve, e permitte ao

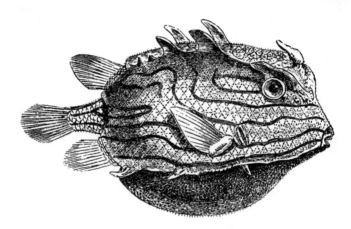

Gr. n.° 504 — O ostracião

animal boiar ao lume d'agua com o ventre para cima. Só no abdomen teem espinhos, menos rijos e longos do que os dos bidentes.

Vivem estes peixes nos mares e rios das regiões quentes do globo, e uma especie tem vindo accidentalmente á Europa, o *tetraodon Pennantii*, que figura no catalago dos peixes de Portugal de Brito Capello.

O PEIXE LUA

Orthagoriscus mola, de Schneider— *Le poisson lune*, dos francezes

Este peixe representado pela nossa gravura n.° 503, é tambem conhecido vulgarmente nos nossos mercados pelos nomes de *roda e rodim*, e o de peixe lua, nome que os francezes tambem lhe dão, parece provir não da sua configuração mas sim do brilho prateado que o corpo reflete.

«É principalmente de noite que melhor lhe vae o nome, quando brilha da propria luz com um fulgor phosphorescente, e tanto mais bem cabido quanto mais escura é a noite. Quando se observa este peixe debaixo d'agua, a pequena profundidade, a luz que se reflete do corpo e que as camadas d'agua que atravessa tornam ondiante, assimilha-se á claridade da lua vista atravez da neblina.

É surprehendente ver nadar na fundura este disco suavemente luminoso, e sem querer julga-se observar a imagem da lua projectando-se na agua, isto quando o astro da noite está ausente do firmamento.»

E' realmente bastante singular a conformação d'este peixe, de corpo arredondado, comprimido, muito alto, e como que troncado na parte posterior ; a pelle grossa e rugosa, bocca pequena e as maxillas formadas d'uma só peça ; as barbatanas dorsal e anal situadas muito atraz, junto da caudal, que toma toda a parte posterior do corpo entre aquellas duas.

Tem a parte anterior do corpo d'um pardo azulado com os flancos muitas vezes matizados de trigueiro azeitonado; o ventre branco. Pode alcançar grandes dimensões, 1ᵐ,30 de comprimento, e pesar 150 kilogrammas, no dizer d'alguns escriptores.

Vive no Mediterraneo e no Atlantico, e é raro apparecer nos nossos mercados. A carne é má.

OS OSTRACIÕES

Ostracion, de Linneo—*Les ostracions ou coffres,* dos francezes

São realmente curiosos os peixes que indicamos sob o nome d'*ostraciões*, não tendo como os outros peixes o corpo escamoso, mas encerrado n'uma especie de couraça formada de placas osseas e regulares, soldadas umas ás outras, sem movimento, de sorte que o peixe só pode mover as barbatanas, uma parte maior ou menor da cauda e a bocca. Alguns d'estes peixes tem o corpo coberto d'espinhos, outros carecem d'elles, variando tambem na forma, umas vezes triangular outras quadrangular.

Vivem os ostraciões nos mares da America e das Indias, e a especie representada na nossa gravura vive n'estes ultimos, sendo notavel pela forma dos espinhos similhantes, os da frente, a duas orelhas. Não attingem grandes dimensões, e nada valem sob o ponto de vista alimenticio, pois a carne não só é pouca mas tambem tida por doentia.

PEIXES

ORDEM DOS ESTURIANOS

A ordem dos esturianos é a primeira do segundo grupo dos peixes, ou *peixes cartilaginosos*, e caracterisam-se aquelles peixes pelas guelras livres e cobertas de operculo movel; são desprovidos de dentes. Comprehende esta ordem uma só familia pouco rica em generos.

Os esturianos são de grandes dimensões e vivem nos mares; mas em certas epocas entrando nos rios ahi se conservam na agua doce.

Citaremos duas das especies mais importantes.

O PEIXE COELHO

Chimara monstrosa, de Linneo — *La chimère arctique*, dos francezes

Este peixe, que se encontra nos mares septentrionaes vivendo entre os gelos e nas grandes funduras, apparece tambem nas regiões temperadas, vindo por vezes aos nossos mares, e citam-se alguns exemplares do museu de Lisboa obtidos nos mercados.

É dos peixes de fórmas mais exoticas, e n'alguns paizes chamam-lhe *mono marinho*, *gato do mar*, *rato*, etc. Denominaram-n'o os naturalistas *chymœra*, ainda pela mesma razão, e vejamos o que a tal respeito escreveu Figuier.

«Os naturalistas Clusius e Aldovrande quando baptisaram este peixe de *chimera do norte* tiveram em vista a sua singular conformação. O caprichoso das fórmas, o modo estranho e desegual porque move as diversas partes do focinho e mostra os dentes, certas contorsões do mono, a cauda longa similhante á dos reptis e que o animal agita rapidamente, todas estas circumstancias prenderam a attenção do vulgo e dos antigos naturalistas.

Clusius e Aldovrande compararam então este peixe á *chimera*, monstro da antiga mythologia, representada com corpo de cabra, cabeça de leão, cauda de dragão, e guela aberta por onde vomitava chammas. Mais tarde contentaram-se em ver-lhe apenas a cabeça do leão, e sendo este o rei dos animaes e carecendo-se d'um reino para a chimera, decidiu-se que lhe seria dado o dos harenques, visto ella perseguir os enormes bandos d'estes peixes. E assim foi denominada *rei dos harenques*.» [1]

Tem este peixe o corpo alongado e comprimido, terminando á maneira da cauda d'uma lagartixa, mais comprida e filiforme; cabeça grande com o focinho muito prominente, conico, prolongando-se além da bocca; olhos grandes; duas barbatanas dorsaes, a primeira triangular, e a segunda mais baixa avançando muito pela região caudal.

Tem as partes superiores do corpo matizadas de trigueiro, com os flancos prateados e o ventre branco, por vezes todo o corpo salpicado de trigueiro. Os olhos são tão vivos que por vezes assimilham-se no brilho aos do gato. Mede $1^m,65$ a 2^m.

A carne é dura e pouco apreciada, apparecendo todavia nos mercados do norte da Europa; na Noruega comem os

[1] Dão este nome n'alguns paizes do norte da Europa ao peixe coelho.

ovos e o figado d'este peixe e d'elle extrahem certo oleo medicinal.

No oceano anctartico vive outra especie muito similhante a esta na conformação e nos habitos, differindo na existencia d'um appendice cartilaginoso no focinho, que prolongando-se se curva em seguida sobre a bocca.

O SOLHO

Acipenser sturio, de Linneo — *L'esturgeon,* dos francezes

Pelo nome vulgar de sólho é conhecido nos nossos mercados um peixe aqui raro, mas commum, elle ou os seus congeneres, no mar do Norte e principalmente no mar Negro e no mar d'Azof, apparecendo periodicamente nos rios. E' abundantissimo no Volga e no Danubio, pescando-se por vezes no Rheno, no Sena no Loire, e no Gironda. Pertence ao numero dos maiores peixes conhecidos, pois medindo d'ordinario 2^m a 2^m, 30 de comprimento, póde attingir 5 ou 6 metros.

Tem o corpo alongado diminuindo gradualmente de espessura a partir da cabeça até á barbatana caudal, e na base d'esta muito delgado, coberto de uma ordem de placas osseas longitudinaes tendo no centro um espinho inclinado para traz ; o focinho é muito longo e pontudo ; a bocca consideravelmente rasgada é situada por baixo do focinho, tendo as maxillas guarnecidas de cartilagens substituindo os dentes, e no espaço comprehendido entre a bocca e a extremidade do focinho quatro barbilhões. A unica barbatana dorsal é situada quasi na extremidade posterior do corpo.

E' amarellado no dorso, sendo esta côr mais clara nos flancos, e tem o ventre prateado.

No inverno o sólho procura a agua doce para desóvar, e os pequenos pouco tempo depois de nascidos dirigem-se para o mar. O sólho alimenta-se de harenques, sardas e bacalhaus durante a sua permanencia no mar, e nos rios desvasta os salmões, sendo aproximadamente na mesma epoca que estes dois peixes frequentam a agua dôce. Diz-se que os barbilhões servem ao sólho para atrahir os peixes, vindo estes descuidados metter-se na bocca do inimigo, julgando ver boa presa onde só encontram a morte ; para melhor os enganar o sólho esconde a cabeça entre as plantas marinhas.

A carne d'este peixe é delicada e tida em grande apreço, e nos rios onde elle abunda a pesca faz-se em grande escala. Os maiores d'estes peixes, pesando 500 a 600 kilogrammas, só se encontram nos rios que desaguam no mar Caspio e no mar Negro, e pescam-se nos rios Volga, Danubio e Don. Digamos ainda que dos ovos do sólho se prepara na Russia um manjar alli muito apreciado, conhecido pelo nome de *caviar*. A'cérca da utilidade d'este peixe diz L. Figuier: «As avantajadas dimensões d'este peixe, excellencia e qualidades nutritivas da carne, sã de magnifico sabor, e a enorme quantidade d'ovos que se extrahe das femeas, são motivos de prosperidade para o commercio e industria dos habitantes das povoações marginaes do mar Caspio e do mar Negro. Daremos ideia da abundancia dos ovos nas maiores especies do sólho dizendo que o peso dos ovos é quasi igual a um terço do peso total do peixe, pois d'uma femea de 1400 kilogrammas pesam as ovas 400 kilogrammas.

Os ovos do sólho são a base do *caviar*, alimento tanto mais estimado quanto mais elles forem escolhidos com esmero, lavados, e preparados com sal e outros ingredientes. O *caviar* se não fez as delicias de muitos dos visitadores da Exposição Universal de 1867, foi pelo menos motivo d'admiração no restaurante russo, e ficará sendo uma das suas mais *caras* recordações».

Da vesicula natatoria d'este peixe extrahe-se um producto valioso, quasi toda a *colla de peixe* que se consome na Europa, conhecida pelo nome de *ichthyocolla*, servindo para preparar as geléas e clarificar os licores.

Nos paizes meridionaes da Russia a gordura fresca do sólho substitue a manteiga e o azeite, e a pelle serve na falta do coiro d'outros animaes ; a dos indivíduos novos, bem limpa de todas as substancias que possam tornal-a opaca, depois de secca substitue as vidraças dos caixilhos n'uma parte da Russia e da Tartaria.

PEIXES

ORDEM DOS SELACIOS

Os *selacios* teem as guelras fixas e adherentes á pelle, e ambas as maxillas armadas de dentes vigorosos e cortantes. N'esta ordem comprehende-se o maior numero d'especies dos peixes cartilaginosos, variando enormemente nas fórmas. Entre estes peixes avultam alguns de fortes dimensões e notaveis pela sua vorocidade. Vivem espalhados por todos os mares do Globo, sendo mais abundantes nos do Norte.

Daremos seguidamente a descripção d'algumas das especies mais notaveis dos selacios, por alguns autores divididos em dois grupos distinctos, os *esqualos* e as *raias*, os primeiros com as fórmas geraes da maior parte dos peixes, e as segundas de corpo achatado e conformação singular.

O TINTUREIRO

Carcharias glaucus, de Linneo — *Le squale bleu*, dos francezes

Este esqualo, a que os nossos pescadores denominam *tintureiro*, tem o corpo delgado, longo de 2 a 3 metros, coberto de pelle aspera e rija. A cabeça é conica, o focinho longo e pontudo, e as temiveis maxillas armadas de dentes triangulares com as bordas dentadas. A parte inferior da barbatana caudal é inferior a metade da superior, sendo esta longa e em fórma de fouce.

É d'um azul annegrado na região dorsal e na cabeça, com os flancos mais claros e o ventre branco. As barbatanas imitam a côr do corpo.

Vive este peixe em quasi todos os mares das regiões quentes e temperadas do Globo, sendo muito commum no Mediterraneo e no Oceano Atlantico. E' vulgar nos nossos mares, e no Museu de Lisboa existe um exemplar com 2^m,48 de comprimento.

As femeas d'esta especie, á maneira de outros selacios, teem os oviductos organisados por fórma que os pequenos saem do ovo no interior do corpo da mãe, e ao individuo que acima citámos refere Brito Capello haver encontrado nos oviductos oitenta fetos, alguns de 0^m,45 de comprimento.

É muito voraz este esqualo, que confundindo-se na côr com a agua do mar torna-se um inimigo terrivel, não só para os peixes que persegue e de que se alimenta, como tambem para o homem a quem não poupa.

O OLHO BRANCO

Carcharias lamia, de Risso — *Le requin*, dos francezes

Pode affirmar-se que o esqualo a que os nossos pescadores chamam vulgarmente *olho branco*, e que realmente tem os olhos brancos, é, se não o mais temivel, pelo menos o mais feroz de todos os habitantes dos mares. Conhecem-n'o os leitores de nome, mas teem-n'o ouvido designar por *tubarão* e não por *olho branco*, sendo este o nome que encontramos no catalogo do nosso naturalista Brito Capello como vulgar em Portugal, e que os francezes tambem por vezes usam para designar a mesma especie, — *requin à œil blanc*.

Attinge por vezes este peixe nove metros e mais de comprimento, com o peso de 500 kilogrammas; tem o corpo alongado, fusiforme, coberto de pelle rugosa, tão rija que se emprega em alisar certas obras de madeira ou de marfim, na cobertura de estojos, e no fabrico de correias e prisões de diversas especies. A cabeça é achatada, com o focinho curto e arredondado; a bocca enorme, em fórma de semi-circulo, situada por baixo da cabeça e atraz das ventas, armada de seis ordens de dentes triangulares e dentados, apro-

ximadamente com dois metros d'abertura nos individuos de maiores dimensões, e a que se segue guela proporcionada.

Não é pois para admirar que este peixe, no dizer de Rondelet e d'outros escriptores, possa engulir um homem inteiro, e quando morto e arrojado pelo mar á praia, conservando por qualquer circumstancia as maxillas abertas, se haja visto os cães entrando pela bocca irem até ao estomago em cata dos restos d'alimento anteriormente devorado pelo enorme esqualo.

Terminando a descripção dos caracteres d'esta especie, diremos que tem duas barbatanas dorsaes, das quaes a primeira mais proxima da cabeça do que da cau-

Gr. n.º 505 — O olho branco

da, e a segunda junto d'esta; as barbatanas peitoraes muito grandes, e a anal com a parte superior excedendo no dobro a inferior. A cauda é tão vigorosa, que d'uma pancada póde quebrar uma perna ao homem mais robusto.

O olho branco é d'um pardo annegrado na parte superior do corpo, mais claro nos flancos e no ventre.

Encontra-se em todos os mares sendo raro nas costas de Portugal.

O macho e a femea no verão andam juntos, proximos das praias. Os pequenos nascem dos ovos ainda no ventre da mãe, sendo expulsos aos dois e aos tres de cada vez.

«Tão depressa nasce o olho branco tor-

na-se o flagello dos mares, e tudo lhe serve: os molluscos, os peixes, e entre estes de preferencia o atum e o bacalhau. De todas as presas, porém, a que mais parece agradar-lhe, e que procura com decidido empenho, é o homem, a quem dedica grande affeição, affeição puramente gastronomica. No dizer de diversos autores manifesta até mesmo preferencia por certas raças.

Se dermos credito ao que alguns naturalistas e viajantes teem escripto, das tres ou quatro variedades de carne humana ao alcance d'este peixe, prefere elle o europeu ao asiatico e este ao negro; mas seja qual fôr a côr, é certo que a carne humana lhe agrada sobremaneira.

Frequenta todas as paragens onde lhe parece poder encontrar tão delicada iguaria, e alli se conserva aturado, perseguindo o homem e praticando os mais extraordinarios esforços para poder alcançal-o. Salta ás embarcações e lança-se aos pescadores espavoridos; atravessa-se na próa d'um navio correndo a todo o panno para poder tragar algum pobre marinheiro que encontre no costado do navio occupado em qualquer mister; acompanha os navios negreiros, segue-os com perseverança, aguardando para devoral-o que seja lançado ao mar o cadaver do pobre negro, que succumbiu aos tormentos da viagem.

Narra Commerson o seguinte facto bem frisante. Na extremidade d'uma verga estava suspenso o cadaver d'um negro, a mais de vinte pés acima do nivel d'agua, e o olho branco arremessando-se-lhe repetidas vezes, por ultimo conseguiu alcançal-o, decepando-o membro por membro, sem receio dos gritos e das aggressões da tripulação, que no convez assistia a tão estranho espectaculo.

E' necessario que os musculos da parte posterior do corpo sejam admiravelmente vigorosos, para permittirem a este animal tão pesado saltar a tamanha altura.

Sendo a bocca d'este peixe situada na parte inferior da cabeça, precisa elle

Gr. n.º 506 — O peixe martello

voltar-se todas as vezes que pretende apossar-se d'objectos que lhe não estejam inferiores. Homens ha que levam a sua coragem ao ponto de aproveitar esta circumstancia para destruirem este feroz e temivel animal. Na costa d'Africa véem-se os negros nadar ao encontro do terrivel esqualo, e esperando o momento em que se volta rasgam-lhe o ventre com a faca» (Figuier).

Em certos pontos da costa d'Africa os habitantes adoram o olho branco. Consideram o estomago d'este peixe como o melhor e mais curto caminho para chegar ao céo, e celebram tres ou quatro vezes cada anno a sua festa, sacrificando-lhe uma creança de dez annos, desde o nas-

cimento apontada como victima n'este sangrento sacrificio. L. Figuier, de quem havemos estes promenores, diz a tal respeito e bem conceituosamente. «O homem em todos os tempos adorou a força; beija a mão que o esmaga e venera os dentes que o dilaceram. Respeita o senhor ou o rei que o opprime, e adora o tubarão!»

A carne do olho branco é dura e de difficil digestão, mas utilisa-lhe a gordura e a pelle.

O PEIXE MARTELLO

Squalus zygaena, de Linneo — *Le squale marteau*, dos francezes

Esta especie pertence como a antecedente ao grupo dos esqualos, e pela con-

formação da cabeça merece bem ser descripta. Tem o corpo fusiforme e coberto
de pelle rugosa; a cabeça, tres vezes mais
larga do que comprida, prolongando-se
aos lados e achatada na frente, é similhante á cabeça d'um martello. N'estes
dois prolongamentos estão situados os
olhos, grandes, saídos, com a iris doirada e a pupilla negra. Por baixo da
cabeça e proxima do sitio onde começa
o tronco existe a bocca, semi-circular e
armada nas duas maxillas de tres ou quatro ordens de dentes largos e agudos.
Tem duas barbatanas dorsaes. A nossa
gravura n.º 506 representa esta especie e
dá idéa mais exacta da sua singular conformação.

O peixe martello é d'um trigueiro pardaço mais esbranquiçado nas partes inferiores do corpo, e mede regularmente
3ᵐ pesando 250 kilogrammas.

Vive no Mediterraneo e no Oceano
Atlantico, encontrando-se tambem nas
costas da America, na Australia e no Japão. E' peixe de fundura e habita os
fundos de vasa; extremamente voraz, alimenta-se principalmente das raias e dos
harenques. A carne é coriacea e de mau
sabor, mas do figado extrahe-se azeite em
abundancia, e a pelle emprega-se em certos artefactos.

O CAÇÃO

Mustelus vulgaris de Linneo — *L'emisolle ou mustèle
vulgaire*, dos francezes

O cação faz parte do grupo dos esqualos, sendo vulgar nos nossos mercados ; a
carne é má e obtem baixo preço. Tem
este peixe as formas geraes do olho branco ; corpo alongado e fusiforme, com os
olhos situados muito acima e o focinho
pontudo ; duas barbatanas dorsaes, e a
caudal com a parte superior longa e

Gr. n.º 507 — O pata-roxa

estreita e a inferior dividida em duas
partes.

E' d'um pardo uniforme malhado de
branco nos flancos, e alguns individuos
são pardos por egual. Mede 1ᵐ,50 de
comprimento.

Esta especie é vivipara, isto é, os filhos
desenvolvem-se no utero da femea, presos por uma especie de placenta.

O TUBARÃO

Carcharodon lamia, de Bonaparte — *Le carchorodon
lamie*, dos francezes

D'esta especie do grupo dos esqualos,
diz Brito Capello que só pela descripção
d'alguns pescadores suppõe que appareça
raras vezes nas costas de Portugal, sendo
conhecido pelo nome vulgar de tubarão.

Vive no Mediterraneo e no Oceano
Atlantico, e no dizer de certos autores
póde este peixe pesar mais de 1500 kilogrammas, e alguns se tem apanhado medindo 11 metros e mais. Tem o corpo
fusiforme, a cabeça conica com o focinho
muito curto e pouco pontudo ; bocca
enorme com numerosos dentes, grandes,
triangulares, achatados, direitos e com
as bordas dentadas, que lhe permittem
dilacerar e engulir d'uma só vez presas
de avantajadas dimensões.

As barbatanas dorsaes são duas, e as
peitoraes alongadas, largas e em forma de
fouce ; a caudal em fórma de crescente.

O corpo é d'um pardo annegrado com
reflexos azulados no dorso, o ventre d'um
branco pardaço.

Nos terrenos terciarios teem sido encontrados dentes de varias especies d'este
genero, alguns medindo de 0ᵐ,08 a 0ᵐ,10
de comprimento. Comparando-os aos da
especie de que tratamos, unica do genero *Charcharodon* hoje conhecida, temos que aquelles peixes deveriam attingir o comprimento de 30 metros !

O PEIXE RAPOZO OU ZORRO

Alopias vulpes, de Bonaparte — *Le squale renard*,
dos francezes

Esta especie, comprehendida tambem no grupo dos esqualos, vive no Mediterraneo e no Atlantico, apparecendo por vezes nas proximidades das costas. E' vulgar no nosso paiz.

Tem o corpo arredondado e coberto de pelle quasi lisa; a cabeça curta e o focinho comeo; a bocca em forma de ferradura, com as maxillas armadas de dentes chatos e triangulares, lisos e cortantes. O caracter mais notavel d'esta especie é o grande comprimento da parte superior da barbatana caudal, pois medindo o peixe rapozo entre 2 e 4 metros, tem aquella 1^m,50 de extensão.

É d'um pardo azulado na parte superior, branca no inferior, matizada de côr de roza por vezes na região abdominal. A carne, posto que pouco agradavel, tem consumo.

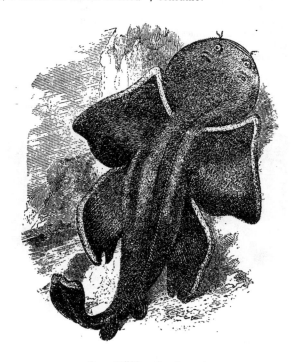

Gr. n.º 508 — O peixe anjo

O PATA-ROXA

Scyllium canicula, de Cuvier —*La grande roussete*,
dos francezes

Esta especie dos esqualos é muito commum no Mediterraneo e no Oceano Atlantico, sendo vulgar nos mercados do nosso paiz. Tem este peixe o corpo baixo e sobre o comprido, diminuindo gradualmente de espessura á medida que se aproxima da extremidade posterior; a cabeça é achatada superiormente, o focinho curto e obtuso, olhos e bocca grandes, tendo esta uma cartilagem na maxilla inferior, e ambas as maxillas armadas de dentes pequenos e triangulares. Duas barbatanas dorsaes, e a caudal com a parte superior longa e a inferior triangular.

E' d'um pardo arruivado malhado de trigueiro ou de negro nas partes superiores do corpo, e as inferiores d'um branco sujo. Attinge 1^m a 1^m,30 de comprimento.

A carne do pata-roxa é pouco estimada, e tem certo cheiro que lhe é peculiar tornando-a desagradavel ao paladar. A pelle emprega-se na industria, servindo para cobrir malas, estojos, etc.

O PEIXE-ANJO

Squatina vulgaris de Risso — *L'ange de mer*, dos francezes

Este peixe differe nas fórmas dos outros esqualos. A cabeça é larga, arredondada, achatada e separada em parte do tronco; a bocca situada na frente, os olhos arredondados e na parte superior da cabeça; as barbatanas peitoraes e abdominaes bastante desenvolvidas e dispostas horisontalmente; as dorsaes situadas na parte posterior do corpo junto da caudal, e esta com a parte superior mais curta do que a inferior.

Nas partes superiores do corpo é d'um verde azeitona matizado de trigueiro, com o ventre e a parte inferior da cabeça brancos. Alguns d'estes peixes attingem grandes dimensões, 2 metros e mais.

Vive o peixe-anjo em todos os mares da Europa sendo vulgar nas costas de Portugal, e apparecendo nos mercados de Lisboa e Setubal. A carne é dura e má, mas do figado extrahe-se grande quantidade de azeite.

Gr. n.° 509 — O espadarte

O ESPADARTE

Pristis antiquorum, de Latham — *La scie*, dos francezes

Este peixe, uma das especies do genero *Pristis*, tem dos esqualos o corpo alongado, achatado porém na frente, e differe de todos os peixes conhecidos pela fórma da cabeça que se prolonga á imitação da folha d'uma espada. Este prolongamento do focinho é longo, rijo e coberto de pelle resistente, guarnecido aos lados de dezeseis a vinte pares de dentes, separados uns dos outros, agudos, e cortantes pelo lado anterior. Tem as barbatanas peitoraes muito grandes, as abdominaes pequenas, duas dorsaes, e á caudal falta-lhe a parte inferior.

O espadarte é d'um pardo amarellado por egual. Alguns d'estes peixes attingem avantajadas proporções, havendo-os de 5 e 6 metros.

Encontram-se no Mediterraneo e no Oceano Atlantico.

Os pescadores que frequentam os mares do Norte affirmam que o espadarte não duvida atacar o grande colosso dos mares, a baleia, e do singular duello entre os dois campeões parece que nem sempre a victoria pertence ao gigantesco cetaceo.

E' certo que a baleia com uma pancada da cauda se libertaria para sempre do seu adversario, mas o esqualo é agil, evita o choque terrivel da cauda do cetaceo, e saltando fóra d'agua arremessa-se á baleia e enterra-lhe no dorso a arma terrivel formada pelo prolongamento do focinho. Parece que por vezes o espadarte arremette tambem contra os navios, deixando enterrada na madeira uma parte da espada.

A TREMELGA

Torpedo marmorata, de Risso — *La torpille marbré*, dos francezes

A nossa gravura n.º 510 representa esta especie do genero *Torpedo*, pouco vulgar nos nossos mares, existindo outra mais commum a *torpedo oculata*.

As tremelgas frequentam o Mediterraneo e o Oceano Atlantico, sendo notaveis desde a mais remota antiguidade pelos energicos choques electricos que recebe quem lhes toca, unica arma de defeza que teem estes peixes, fracos, indolentes e pouco ageis, vivendo quasi constantemente occultos na vasa, e servindo-lhes tambem para primeiro entorpecer os peixes de que se alimentam, e dos quaes só assim pódem facilmente apossar-se.

O braço mais robusto sente-se paralysado tomando-se na mão a tremelga, e os peixes que correm para devoral-a estacam entorpecidos, recebendo os choques invisiveis que d'ella se transmitem mesmo a consideravel distancia.

Rédi, naturalista italiano do seculo XVII, o primeiro que observou este peixe scientificamente, referindo-se a uma tremelga que acabava de ser tirada da agua, diz o seguinte:

Gr. n.º 510 — A tremelga

«Apenas lhe toquei, tomando-a na mão, senti n'esta um formigueiro que se communicava ao braço e ao hombro, seguido de tremor bastante desagradavel e de dór aguda e insupportavel no cotovelo, de sorte que fui forçado a largal-a.»

A dór e o tremor resultantes do contacto da tremelga, no dizer do citado autor, cessam á medida que o animal perde as forças, e terminam com a sua morte. Teem a vida tenaz estes peixes, e no tempo frio só morrem vinte e quatro horas depois de tirados da agua.

Pertencem as tremelgas ao segundo grupo dos selacios, as *raias*, e com estas teem muita analogia. O corpo é achatado e sobre o redondo, resultando esta conformação do grande desenvolvimento das barbatanas peitoraes; entre estas está situada a cabeça, a ellas ligada por cartilagens, existindo entre estes orgãos o apparelho productor da electricidade. A bocca e os olhos são pequenos, e atraz d'estes tem dois respiradouros em fórma d'estrellas; a região caudal é grossa e curta e n'ella estão situadas as duas barbatanas dorsaes, terminando pela barbatana caudal de fórma triangular.

A pelle é perfeitamente lisa, e varía o colorido segundo as especies, sendo a tremelga da especie representada pela nossa gravura d'um trigueiro claro com malhas da mesma cór mais escuras, por vezes claras, e mesmo brancas, havendo individuos trigueiros por egual.

A carne da tremelga não é boa, mas tambem não é nociva como se diz, e póde comer-se; os pescadores, porém, receiam-se e com razão dos seus choques electricos.

AS RAIAS

Raja, de Cuvier — Les raies, dos francezes

Conhecem-se muitas especies de raias, e Brito Capello no seu catalago dos peixes de Portugal cita quatorze especies mais ou menos vulgares no nosso paiz. Na impossibilidade de falarmos de todas as especies, descreveremos os caracteres geraes do genero, e a nossa gravura n.º 511 representa a especie *raja batis*, Linneo.

São as raias singularmente conformadas ; a parte anterior do corpo de fórma rhomboide comprehende a cabeça e o tronco, sendo orlada por ambos os lados das barbatanas peitoraes, consideravelmente desenvolvidas ; a região posterior é formada pela cauda mais ou menos longa e delgada. As ventas, a bocca e as aberturas branchiaes são situadas na parte inferior do corpo, os olhos e os respiradouros na superior.

A pelle é raras vezes lisa, e quasi sempre coberta de asperezas mais ou menos desenvolvidas e d'espinhos implantados em tuberculos osseos. A barbatana caudal é mediocre ou rudimentar.

Varia o colorido segundo as especies, e a que a nossa gravura representa, uma das que attinge maiores dimensões, 2 metros e o peso de 100 kilogrammas, é d'um pardo cinzento com malhas annegradas, tendo a parte inferior do corpo branca salpicada de negro.

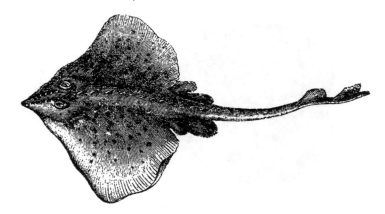

Gr. n.º 511 — A raia

Diz-se que a cauda longa e flexivel das raias, armada d'espinhos, serve-lhes á maneira d'açoite para deffender-se, e ao mesmo tempo para atacar os peixes que lhe passam ao alcance, quando se conservam acoitadas na vasa e entre as algas. Brandindo-a com força sobre a presa, deixam-n'a mal ferida ou morta, podendo em seguida devoral-a facilmente.

Os ovos das raias merecem especial menção pela sua conformação singular, que egual não existe em nenhum outro peixe. São quadrangulares, um pouco achatados, e tendo a cada canto um cordão cylindrico recurvo em forma de gancho.

A carne das raias é em geral branca, e vémol-a por certos autores qualificada de tenra e saborosa, sendo certo, que tem bastante procura nos mercados d'outros paizes. Nos nossos mercados, onde algumas especie são vulgares, é tida em mediocre apreço, e vende-se por baixo preço.

O UGE OU URZE

Trygon pastinaca, de Cuvier — La pastenague, dos francezes

Este peixe é na fórma do corpo analogo á raia, e tem a região caudal muito alongada, sem barbatanas, e armada d'um vigoroso espinho dentado pelos dois lados. Tem o focinho pequeno e triangular, os olhos grandes e a bocca pouco rasgada, (Grav. n.º 512). E' ouge d'um pardo amarellado, algumas vezes azulado na parte superior do corpo, e a inferior é esbranquiçada com uma faxa marginal arruivada.

Attinge este peixe por vezes mais de 4 metros de comprido, e diz-se que a carne é tenra e saborosa.

O espinho que arma a cauda do uge passa por venenoso, seja porque as feridas que causa se tornam graves. O caso é que os pescadores arreceiam-se d'elle, e parece que á maior parte d'estes peixes que vem ao mercado falta-lhe este appendice, que os pescadores lhe arrancam.

O RATÃO

Myliobatis aquila, de Cuvier — *L'aigle de mer*, dos francezes

Este peixe do grupo das raias appellida-se vulgarmente nos mercados de Lisboa

Gr. n.º 512 — O uge ou urze

e Setubal *ratão*, *rato* lhe chamam no Algarve. E' de fórma triangular, tendo o disco com as barbatanas peitoraes muito desenvolvidas sendo mais largo do que alto. A cabeça é arredondada e excede a extremidade superior da barbatana; o dorso prominente, bocca transversal e quasi direita, olhos grandes e situados aos lados. A cauda delgada é egual aproximadamente a duas vezes o comprimento do corpo, e tem a distancia da base um espinho agudo. (Grav. n.º 514).

O ratão na parte superior do corpo é d'um trigueiro esverdeado com reflexos bronzeados, sendo as extremidades do disco mais claras; na parte inferior é d'um branco amarellado.

A carne do ratão é de má qualidade.

PEIXES

ORDEM DOS CYCLOSTOMOS

Os peixes comprehendidos n'esta ultima ordem caracterisam-se pela conformação singular da bocca, circular e só propria para sugar. O corpo é alongado, nú e viscoso, lembrando na fórma o das serpentes; as vertebras reduzidas a simples anneis cartilaginosos, apenas distinguindo-se uns dos outros, e outras circumstancias do esqueleto tornam estes peixes os mais imperfeitos da classe e mesmo dos vertebrados. Não teem barbatanas peitoraes nem abdominaes, e as restantes são rudimentares.

Como typo da familia conhece-se a lampréa, e só d'ella nos occuparemos.

Gr. n.º 513 — A lampréa

A LAMPREA

Petromyzon marinus, de Linneo — *La grande lamproie* dos francezes

Esta especie, representada pela nossa gravura n.º 513, é uma das que vive na Europa, havendo outras duas aqui conhecidas e algumas proprias da America e dos paizes quentes. A lampréa citada encontra-se no nosso paiz.

Tem o corpo cylindrico, a bocca circular com um beiço carnudo em volta, armada pela parte de dentro de muitas ordens circulares de dentes rijos, uns simples outros duplos, e sete aberturas branchiaes de cada lado do corpo formando duas linhas longitudinaes. As duas barbatanas dorsaes separadas uma da outra.

O corpo é amarellado e riscado de trigueiro. Mede de 0m,65 a 1m.

Vive no Mediterraneo e no Oceano Atlantico, e na primavera encontra-se na foz d'alguns rios, onde se pesca em abundancia. Alimenta-se de vermes, molluscos e peixes, sendo a bocca um poderoso chupadouro com auxilio do qual a lampréa se aferra ao corpo d'animaes por vezes de grandes dimensões, conseguindo por este modo devoral-os. É muito voraz, e todas as substancias animaes lhe servem, mas com especialidade os vermes e os peixes.

E' ainda com auxilio da bocca, que opera á maneira de ventosa, que a lampréa se fixa ás pedras e a outros corpos solidos, sem que o corpo deixe de agitar-se ondeante d'um para outro lado.

A carne da lampréa é muito estimada, e merece bem o favor que lhe dispensam. E até certo ponto confirma a excellencia da iguaria tornando-a historica o farto consumo que d'ella fez o rei d'Inglaterra Henrique I, que morreu nas vizinhanças de Elbeuf, d'uma *real* fartadella de lampréa.

Assim o diz Figuier, um dos autores que por vezes temos citado no decurso deste trabalho, e ao qual bem como a muitos outros devemos os materiaes empregados na estructura d'esta obra, que oxalá possa ter offerecido aos nossos leitores algumas horas de util passatempo, e a alguns o desejo de proseguir no conhecimento dos segredos sublimes da Natureza, que nos descerra o estudo das *Sciencias Naturaes*.

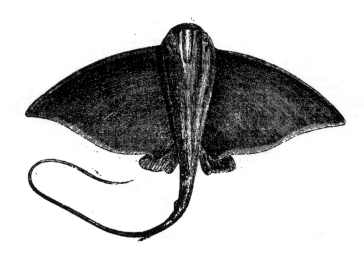

Gr. n.° 514 — O ratão

TABOA ANALYTICA

DAS

MATERIAS CONTIDAS N'ESTE VOLUME

Pag.

AVES

Ordem das trepadoras

Pag.

AVES

Ordem dos gallinaceos

OS POMBOS

38

Pag.

Pag.

AVES

Ordem das Palmipedes

OS LAMELLIROSTROS

Pag.

Pag.

PEIXES

Ordem dos Cyclostomos

COLLOCAÇÃO DAS ESTAMPAS

FIM DO 3.º E ULTIMO VOLUME

CPSIA information can be obtained
at www.ICGtesting.com
Printed in the USA
BVHW072049051118
532207BV00018B/1098/P